ISE를 이용한 Verilog HDL 및 FPGA 실습

Xilinx ISE 8.1i 시리즈 활용
EDA-Lab 3000 시리즈 활용

공학박사 김재철

홍릉과학출판사

저자 머리말

이 책은 2003년 6월에 출간된 "ISE를 이용한 VHDL 및 FPGA실습" 책을 Verilog HDL 작성하여 최근의 Xilinx ISE 8.1i로 실습하고 문법을 정리하여 작성하였다. 처음 VHDL 책을 쓸 때, 강의 준비를 위하여 이것저것 실습 안을 찾고 실습 하나하나를 참고서적을 보고 강의 자료로 준비한 것 보다 쉽게 작업하리라 생각을 했는데, 이 책 역시 많은 시간이 걸린 것 같다.

이 책은 "ISE를 이용한 VHDL 및 FPGA 실습" 책과 같이 "Verilog HDL 및 FPGA를 이용한 설계 초보자를 대상"으로 작성되었다. 그리하여 디지털 공학을 배운 학생들이 쉽게 따라갈 수 있도록 최대한 노력하였다. 그리고 이론적인 디지털 공학의 일반적인 전개 구성과 비슷한 구성을 가지고 전개하였다. 왜냐하면, 디지털 공학에서 배우는 논리적인 해석을 통한 Hardware 설계와 Verilog HDL을 이용한 설계를 비교해서 배울 수 있도록 하기 위하여 비슷한 구성을 전개하였다. 그러하여 디지털 공학실험에서 다루는 TTL IC를 Verilog HDL 코드로 변경하는 예제를 삽입하여 TTL IC의 기능을 Verilog HDL로 설계된 회로가 훌륭히 동작하는 것을 배울 것이다.

위와 같은 이유로, 이 책은 크게 6개의 구성과 총 14장으로 이루어져 있다. 제 1장과 제 2장은 Verilog HDL의 기본적인 설명을 한다. 제 3장과 제 4장은 시뮬레이션과 에뮬레이션에 대하여 설명을 한다. 조금 더 자세히 설명하면, 제 3장은 ISE 8.1i를 이용한 기능적인 (functional) 시뮬레이션과 시간적인(timing) 시뮬레이션을 수행하고, 그리고 설계 회로 정보를 갖고 있는 bit 파일을 만들어, 리버트론의 EDA-Lab 3000 실습장비에 다운로드시키고 에뮬레이션을 수행해 보도록 한다. 제 4장에서는 시뮬레이션의 강화를 위한 시뮬레이션 툴(tool)의 사용법에 대하여 설명한다.

제 5장부터 제 8장까지는 조합논리에 대하여 설명을 한다. 조금 더 자세히 설명하면, 제 5장은 코드 변환에 대하여 설명한다. 제 6장은 가산기와 비교기에 대하여 설명한다. 제 7장은 데코더와 엔코더에 대하여 설명한다. 그리고 제 8장은 다중화기(MUX)와 역다중화기(DEMUX)에 대하여 설명하고 있다.

제 9장과 제 10장은 순차논리 회로에 대하여 설명하고 있다. 제 9장은 순차논리 회로에서 반드시 사용되는 플립플롭에 대한 Verilog HDL 표현과 동기식 reset과 비동기식 reset과 직렬 신호의 병렬 변환에 대하여 공부한다. 제 10장은 동기식/비동기식 계수기의 설계와 분주회로로서의 계수기에 대하여 공부한다.

제 11장은 조합논리 회로의 응용으로 오류검출 및 정정에 대하여 설명하고 있다. 제 12장에서 제 14장까지는 Verilog HDL을 이용한 설계 응용 부분으로 StopWatch와 Digital Watch에 대한 설계를 설명하고 있다. 제 12장은 StopWatch와 Digital Watch에 공통적으로 필요한 기능 블럭에 대하여 설명하고 있다. 제 13장은 StopWatch 그리고 제 14장은 Digital Watch에 대하여 설명하고 있다.

각 장에서는 예비 문제와 연습 문제를 두었다. 예비 문제는 실습 전에 준비할 이론적인 내용과 실습 내용을 파악하도록 하였고, 연습 문제는 실습 내용의 실습을 마친 후 배운 내용의 정리와 응용을 위하여 마련하였다.

두 번째 출간되는 책임에도 불구하고 마무리 정리까지 많은 노력이 필요한 것 같다. 아무리 노력을 기울여도 불구하고 여기 저기 미비한 부분이 많으리라 생각된다. 이러한 미비한 부분은 계속 수정 보완하여 독자들에게 유익한 책자가 되도록 노력하고자 한다.

끝으로 이 책이 나오기까지 많은 부분의 원고를 도와준 경북대학교 고집적회로 설계 연구실의 후배인 원종백님, 최창님, 최인규박사님의 고마움에 감사를 드립니다. 그리고, 함께 근무하면서 여러모로 많은 조언과 도움을 주신 구미1대학 정보통신 계열 류강수 박사님과 김태민 박사님께도 감사드립니다. 이 책이 나오기까지 물심양면 도와주신 리버트론 관계자님들에게도 감사의 고마움을 전합니다.

이 책을 책답게 다듬어 주신 홍릉과학출판사의 이 연우 사장님과 임직원 여러분 그리고 지식적으로 저를 길러 주신 경북대학교 박종식 교수님과 지금은 항상 자식 같은 보살핌을 주시며 퇴임하신 최근배 교장 선생님께 깊은 감사를 드립니다. 마지막으로, 이 책을 위하여 보이지 않게 도움을 준 참고문헌의 저자들에게도 감사드립니다.

2006년 8월
저자 씀

추천의 글

안녕하십니까?

여러 해 동안 자일링스 제품을 국내에 소개하면서 학생들이나 엔지니어들에게 적절히 추천할 수 있는 안내서가 많지 않았다고 생각합니다.

본서는 디지털 하드웨어 시스템 설계 시 널리 사용되는 Velilog 기초와 자일링스의 FPGA 설계 디자인 툴인 ISE(Integrated Software Environment)™를 통해 하드웨어 시스템 설계를 최적화하는 방법을 쉽고 자세히 기술하였을 뿐만 아니라 다양한 실습 예제를 통하여 대학연구소나 실제 현장에서 시스템 설계를 하는 엔지니어 분들에게 실질적인 도움을 줄 수 있는 좋은 안내서입니다.

최근 자일링스는 업계 최고의 65nm 트리플-옥사이드 기술, 최첨단 익스프레스패브릭 기술 및 입증된 ASMBL™ 아키텍처를 기반으로 구축된 버텍스-5 제품군을 발표하였으며 Virtex 5는 자일링스 핵심 디자인 팀의 공정 기술, 아키텍처 및 제품 개발 방법론과 관련된 기술 혁신을 통해, 이전 세대인 90nm FPGA 대비 평균 30% 속도 향상과 65%의 성능개선으로 유례없이 뛰어난 성능 및 집적도 향상을 구현했습니다.

이러한 진보된 FPGA의 성능과 기능을 충분히 활용하기 위하여서는 기본 소프트웨어의 패키지 내용을 충분히 숙지하고 PLD설계에 적용할 수 있게 하는 것이 필수적이라 할 수 있는데 ISE 8.1i버전의 사용법과 Simulation을 포함하는 Verilog기초 교재를 개정 집필하신 김재철 교수님께 감사를 드리는 바입니다.

이 책이 자일링스 소프트웨어 패키지의 훌륭한 기능들을 충분히 숙지하고 활용하여 경쟁력 있는 디지털 시스템을 설계하는데 많은 도움이 되리라 기대하며 이런 좋은 교재를 소개해 주신 구미 1대학의 김재철 교수님과 이 책의 편찬을 후원해 주신 리버트론의 김만복 사장님께 감사드립니다.

자일링스 코리아
안 홍 식

차 례

Chapter 01 Verilog HDL의 기초

Chapter 02 Verilog HDL의 설계 표현

Chapter 03 Xilinx ISE 8.1i 사용법과 EDA-Lab 3000을 이용한 에뮬레이션

Chapter 04 Xilinx ISE 8.1i의 Simulation

Chapter 05 코드변환

Chapter 14 기본 디지털시계

Appendix 부 록

Chapter_01

Verilog HDL의 기초

1.1 Verilog HDL에 대하여

집적회로 기술은 1980년대에 괄목할 성장을 하여 디지털 회로의 설계 과정 및 도구의 표준화 요구를 가져오게 된다. 이 시점에 HDL(Hardware Description Language) 중 하나인 Verilog HDL은 Gateway Design Automation이라 불리는 CAE 소프트웨어 회사에 의해 만들어진다. 초기의 Verilog HDL은 디지털 회로의 simulation과 verification(회로검증)을 목적으로 개발되었다. 그 이후 1980대 말, Gateway Design Automation사는 Cadence Design System사에 인수된다. Verilog HDL은 Cadence Design System에 의해 발전을 거듭하여 1995년에는 IEEE Standard 1364-1995 표준안이 채택되게 되었고 2001년에는 IEEE Standard 1364-2001로 불리는 Verilog 2001 version이 개정되었다. 그리고 HDL을 이용한 디지털 회로 설계에서 Verilog HDL과 VHDL(Very High Speed Integrated Circuits HDL)이 널리 사용되고 있으며, 최근 들어 HDL을 이용하여 디지털 회로를 설계하는 사용자가 꾸준히 증가하는 실정이다.

HDL의 발전은 컴퓨터 관련 하드웨어 및 소프트웨어 기술의 변화를 가져오게 하여 하드웨어 및 소프트웨어 개발 개념을 새로이 하고 있다. 이러한 새로운 시스템 개발 개념은 디지털 시스템에 소프트웨어적 개발이 도입됨으로써 개발의 용이함, 개발 기간 단축 그리고 설계의 정형화를 통하여 저비용 고효율의 개발 시스템으로 변화되고 있는 실정이다. 이러한 디지털 시스템 개발의 변화를 주도하는 것이 HDL의 발전과 프로그래밍 가능 소자인 PLD (Programmable Logic Device)의 발전이 아닌가 한다. HDL은 크게 VHDL과 Verilog HDL이 널리 사용되고 있다. 그 동안 대학에서는 VHDL, 산업체에서는 Verilog HDL를 많이 사용하고 있는 실정이었다. 최근 들어, 산업체의 기술 수요에 따라 대학에서도 Verilog HDL의 강의가 증가하는 입장이다. 그리고, PLD 소자로는 소용량의 PAL, GAL에서 대용량의 CPLD, FPGA로 사용이 변화되고 있으며, 디지털 시스템 및 SoC(System on Chip) 개발 등에서는 고속의 대용량 FPGA를 널리 사용하고 있는 실정이다.

Verilog HDL은 하드웨어 기술 언어 가운데 하나로 Verilog Hardware Description Language를 줄여서 사용하고 있다. 이 Verilog HDL은 디지털 시스템의 설계에서 회로의 기능과 동작뿐만 아니라 하드웨어적 특징을 알고리즘 레벨에서 게이트 레벨에 이르는 여러 레벨에서 디지털 시스템을 설계할 수 있도록 설계되었다. Verilog HDL을 이용하여 설계되는 임의의 디지털 시스템은 게이트 레벨의 조합논리처럼 간단하거나 ALU(Arithmetic Logic Unit) 또는 DSP (Digital Signal Processor) 같은 아주 복잡한 디지털 시스템일 수 있다. 이러한 디지털 시스템 설계는 설계의 복잡도의 증가에 따라 top-down 설계 방식이 요구되며, 이는 Verilog HDL을 이용하여 계층적으로 기술될 수 있으며 구현(implementation) 이전에 검증(verification)을 위해 타이밍도 명시적으로 모델링될 수 있는 장점이 있다.

일반적인 소프트웨어와 하드웨어의 큰 차이점은 동작의 특징에 있지 않나 싶다. 즉, 소프트웨어 동작은 주로 알고리즘의 표현을 위하여 프로그램의 실행 순서가 있으며, 실행에 맞추어 코드의 순서에 따라 동작을 하는 순차문이다. 하드웨어 동작은 시스템 내의 모든 부분과 기능들이 동시에 동작되는 병렬 동작으로 이루어진다. 컴퓨터를 생각해 볼 때, 모니터 출력 신호가 계속적으로 발생되고, CPU는 CPU대로 열심히 연산을 한다. 이때 컴퓨터 메인보드의 각 칩셋(chipset)들도 그 기능적인 역할을 모두 다 수행할 것이다. 즉, 각각의 부품과 기능은 병렬로 동작하는 것을 쉽게 이해할 수가 있다.

Verilog HDL은 디지털 시스템의 하드웨어적인 동작을 모델링한 병렬적(concurrent) 수행과 소프트웨어적 메모리맵 표현의 장점을 살린 순차적(sequential) 수행을 표현할 수도 있다. 그리고 가장 기본적인 디지털 회로 설계 단위인 module로 되어 있으며, 같은 기능의 중복 설계를 피하기 위하여 이미 설계된 module 회로를 이용하도록 하고 있다. 이미 설계된 작은 회로의 module을 이용하여 큰 회로의 module을 만들 수 있다. 이는 작은 디지털 시스템뿐만 아니라 큰 디지털 시스템에서도 설계할 수 있도록 하였고, 큰 디지털 시스템의 구현을 용이하게 하는 계층 구조를 지원한다. 그리고 하나의 설계 모델 내에서 병렬적 구문과 순차적 구문들을 결합하여 시스템을 종합적으로 기술할 수 있다. 또한, Verilog HDL로 기술된 디지털 시스템은 시뮬레이터를 이용하여 설계된 디지털 회로가 올바르게 기술되었는지 검증할 수도 있다. Verilog HDL은 VHDL과 달리 ADA[1] programming 언어와 우리가 널리 사용하는 C programming 언어를 혼합하여 만들어졌다. 그리하여 Verilog HDL은 C 언어와 유사하며, C 언어와 혼합한 설계 표현을 허용한다. 그리고 대부분의 유명한 논리 합성 툴들(logic systhesis tools)이 Verilog HDL을 지원한다.

디지털 시스템의 기능이 광범위하고 복잡하여 하드웨어 회로만으로는 이해하기 힘든 경우가 아주 많다. 그러나, Verilog HDL을 이용하여 모델링할 경우 하드웨어의 복잡한 특징을 이해하지 않더라도 주요 기능을 Verilog HDL로 기술할 수 있다. 이러한, Verilog HDL은 작은 기능 블록을 조합함으로써 크고 작은 디지털 하드웨어 시스템을 기술하는 데 충분하리라 생각된다.

Verilog HDL이 여러 HDL 중에서도 가장 광범위하게 사용되는 이유는 다음과 같다.

첫 번째, Verilog HDL은 IEEE에 위해 공인되어 미국 정부 및 업체의 하드웨어 개발, 정보 교환, 기록에 표준으로 사용되고 있는 표준 언어로서 정부와 업체의 지원을 받고 있다.

1) 미 국방성에서 사용한 언어

두 번째, 우수한 모델링 능력이라고 말할 수 있다. 이는 시스템 레벨에서부터 게이트 레벨까지의 하드웨어의 동작(behavioral)을 위한 메모리맵 레벨 기술의 사용뿐만 아니라 하드웨어적인 구조적(structural) 표현에 따른 기술, 그리고 이들 기술에 대한 종합적인 기술이 가능하기 때문이기도 하다.

세 번째, Verilog HDL은 특정 반도체 업체의 특정 기술이나 공정에 무관하게 사용할 수 있으며, 그리고 설계 과정의 여러 단계에서 다양한 설계 도구가 사용될 수 있다. 또한 Verilog HDL은 회로의 문서화도 다른 HDL에 비하여 용이한 편이기 때문이다.

1.2 Verilog HDL의 회로 설계 구조

```
module MOD1;                in-line
   } ...
'include "mod2.v"           included
   } ...
endmodule                   file
```

그림 1-1 Verilog design entity

Verilog HDL에서는 설계 본질(design entity)은 module 선언(declaration)이라는 하나의 설계 단위(design unit)를 가진다. 그림 1-1에서 보는 바와 같이 module 선언은 Verilog HDL에서 유일한 설계 단위(design unit)이다. Module 내에 사용된 모든 선언은 위치적으로 module 내에 선언되어야만 한다. 종종 컴파일러 지시어(compiler directive) 'include는 분리된 system file을 참조하여 사용된다. 이 directive는 simulator, synthesizer, 또는 다른 유사한 tool에 의해 compiled 될 때 참조하기 위하여 file내의 내용으로 대치된다. 다른 Verilog HDL 파일의 코드로부터 참조하는 분리된 파일(separate file)내의 일반적인 Verilog HDL 코드를 작성할 때 아주 유용하다.

1.2.1 모듈(module)의 정의

Verilog HDL을 이용한 디지털 설계회로를 module의 모음으로 표현한다. 위에서 얘기한 바와 같이, Verilog HDL을 이용한 디지털 설계회로의 기본 단위는 module이다. 짐작하건대, 설계된 회로에서의 module은 각종 신호 및 변수의 선언부과 회로 동작을 표현하는 부분으로 이루어 질 것이다. 그러므로 제일 먼저 해야 할 일은 설계하고자 하는 회로를 위한 module을 정의하여야 한다.

```
module module_name ( port_list ) ;
        // declaration for signals and variables
                port mode : input, output, inout identifer ;

                nets ( e.g., wire A[3:0] ; )
                register variable ( e.g., reg B[15:0] ; )
                constant : ( e.g., parameter size=8 ; )

        // declaration for description of circuits function
                - named event
                - continuous assignment ( e.g., assign sum = A + B ; )
                  ( combinational circuits description )
                - behaviors always ( cyclic ), initial ( single-pass )
                  ( sequential circuits description )
                - specify  ...  endspecify
                - function  ...  endfunction
                  ( combinational circuits description )
                - task  ...  endtask
        // Instantiations
                - primitives
                - modules
endmodule
```

그림 1-2 Module문의 구성 요소

일단, 회로 설계를 위한 module의 정의에 필요한 구성 요소들을 생각해 보자. 그림 1-2와 같이, 디지털 회로의 설계 표현인 module은 module의 이름, module의 외부와 통신을 위한 신호들의 입출력을 위한 선언, 그리고 실제 회로의 설계 부분이 될 것이다. 각각의 module은 다른 module과의 인터페이스뿐만 아니라 그 자체의 회로적인 설계 내용을 가진다.

그림 1-2와 같이 모듈(module)문의 형식은 "**module ~ endmodule**" 쌍으로 이루어진다. 그리고 그 내부와 신호적인 연결을 위한 module 내외의 입출력 신호들의 정의를 위한 port 신호들의 선언, 설계 부품들의 실제 신호 선들의 연결을 위한 "wire" 선언, 그리고 module 내부의 신호 값의 간직을 위한 register 변수들의 선언 등을 한다. 그리고, module내의 구체적인 회로의 동작 설명을 위한 설계 부분에서는 구조적(structural) 표현, 동작적(behavioral) 표현, 그리고 혼

합적 표현으로 기술한다.

Verilog HDL의 세 가지 표현은 표현 방법에 따라 아래와 같이 나누어진다.

1. 동작적 표현 : 회로의 기능을 논리식과 프로그래밍 설계 방식의 알고리즘적 표현
2. 구조적 표현 : 이미 설계 module과 primitive 게이트 등을 이용한 표현
3. 혼합적 표현 : 동작적 표현과 구조적 표현이 혼합된 표현

첫째, 동작적 표현은 continuous assignment statement와 process statement의 initial statement와 always statement 등으로 기술한다. 두 번째, 구조적 표현은 primitive gate instantiation과 module instantiation으로 나눌 수 있다.

1.2.2 동작적 표현(Concurrent Behavioral statement)

동작적 표현은 시스템과 같은 복잡한 회로의 high-level적인 측면을 표현하기 위한 추상적인 힘을 제공한다. 동작적 표현의 구문은 continuous assignment(연속 할당문)와 procedural assignment(절차적 할당문)로 분류된다.

1. Continuous assignment : 신호(net)의 의해 신호에 값을 할당되도록 수행한다. 이는 논리 게이트의 상호 연결이 없이 조합 논리회로의 모델링 방법을 제공한다. 회로의 논리적 구조에 밀접하다.
2. Procedural assignment : 신호의 의해 variable에 값을 할당되도록 수행한다. Always, initial, task, function 구문내의 procedure 내에서 표현한다.

Procedural assignment(절차적 할당문)에서는 blocking procedural assignment(블럭킹 절차적 할당문), nonblocking procedural assignment(넌블럭킹 절차적 할당문)와 procedural continuous assignment(절차적 연속 할당문)로 구분된다.

1. Blocking procedural assignment : always 구문 내에서 begin-end block문이 끝나기 전에 바로 variable의 값이 수정된다. (VHDL에서의 variable처럼 합성된다.)
2. Nonblocking procedural assignment : always 구문 내에서 begin-end block문이 끝날 때 variable의 값이 수정된다. (VHDL에서의 signal처럼 합성된다.)
3. Procedural continuous assignment : 키워드 assign과 force를 사용하는 variable 또는 net에 연속적으로 값을 인가하는 표현의 procedural statement이다.

여기에서 R-S latch 회로를 이용하여 회로 설계 표현을 해보도록 하자.

1) Continuous assignment 표현

이 표현은 신호의 레벨에 의해 동작되며 예약어 assign이 선언되어야 한다. 이는 표현에 논리식이 주로 사용되며 조건 연산자(?:)도 사용이 가능하다.

```
//* RS_Latch 회로 */
module rs_latch( set, reset, q, qb ) ;

      input set;
      input reset;

      output q;
      output qb;

      assign  q = ~ ( reset | qb ) ;
      assign  qb = ~ ( set | q ) ;
endmodule
```

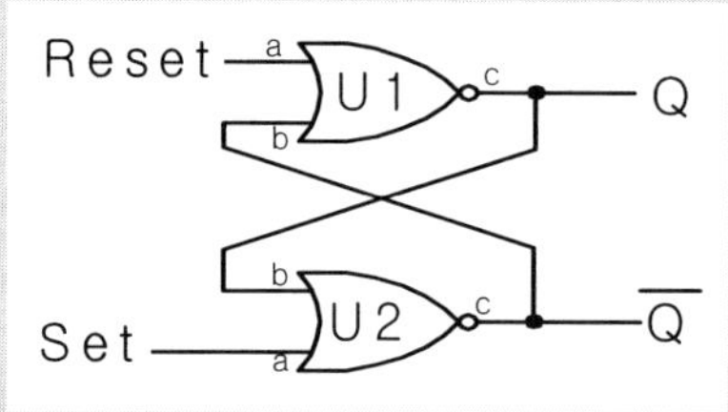

| 프로그램 1-1 | Verilog HDL의 continuous assignment 표현

2) Blocking procedural statement 표현

이 표현은 always 구문 내에 사용되며 variable에 값의 할당을 위하여 '='을 사용한다. 이는 현재의 코드가 다음 코드로 넘어가기 전에 처리된다. 그러므로, 코드의 순서에 따라 회로 합성의 결과가 달라진다. 이 표현은 VHDL의 variable처럼 합성된다.

```
//* RS_Latch 회로 */
module rs_latch( set, reset, q, qb ) ;

      input set;
      input reset;
      output reg  q;
      output reg  qb;

      always @( set, reset )
              if (set==1 & reset==0 ) begin
                          q = 1;      qb = 0;
```

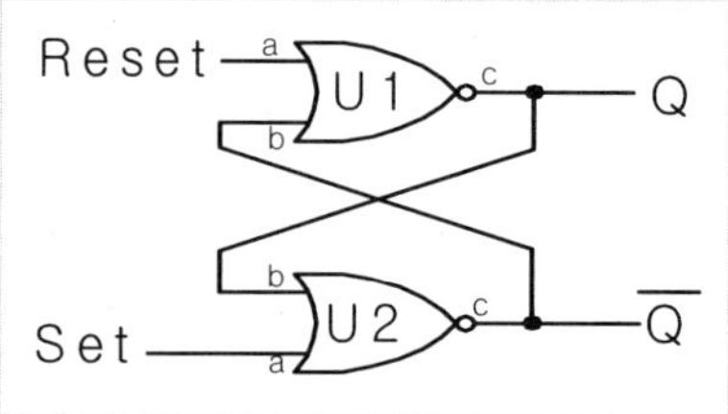

| 프로그램 1-2 | Verilog HDL의 blocking procedural statement 표현

```
            end else if ( set==0 & reset==1 ) begin
                         q = 0;       qb = 1;
            end else if ( set==0 & reset==0 ) begin
                         q = q;       qb = qb;
            end
endmodule
```

| 프로그램 1-2 | Verilog HDL의 blocking procedural statement 표현 *(계속)*

3) Nonblocking procedural statement 표현

이 표현은 always 구문 내에 사용되며 variable에 값의 할당을 위하여 '<='을 사용한다. 이 표현은 always 구문 블록 단위로 처리되어 always 내에서의 코드 순서 변화와는 관계없이 합성이 된다. 이 표현은 VHDL의 signal처럼 합성된다.

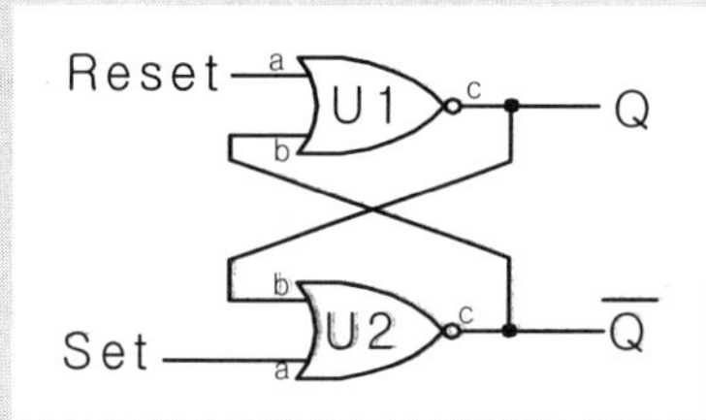


```
//* RS_Latch 회로 */
module rs_latch( set, reset, q, qb ) ;

        input set;
        input reset;
        output reg q;
        output reg qb;

        always @( set, reset )
            if (set==1 & reset==0 ) begin
                         q <= 1;      qb <= 0;
            end else if ( set==0 & reset==1 ) begin
                         q <= 0;      qb <= 1;
            end else if ( set==0 & reset==0 ) begin
                         q <= q;      qb <= qb;
            end
endmodule
```

| 프로그램 1-3 | Verilog HDL의 nonblocking procedural statement 표현

4) Procedural continuous statement 표현

이 표현은 always 구문에서 continuous assignment 표현처럼 예약어 assign을 선언하여 사용하는 표현이다. 이 표현은 모든 procedural assignment의 variable을 중복해서 사용할 수 있다.

이때는 예약어 deassign로 끝나야 한다. 자세한 사항은 2장에서 다루도록 한다.

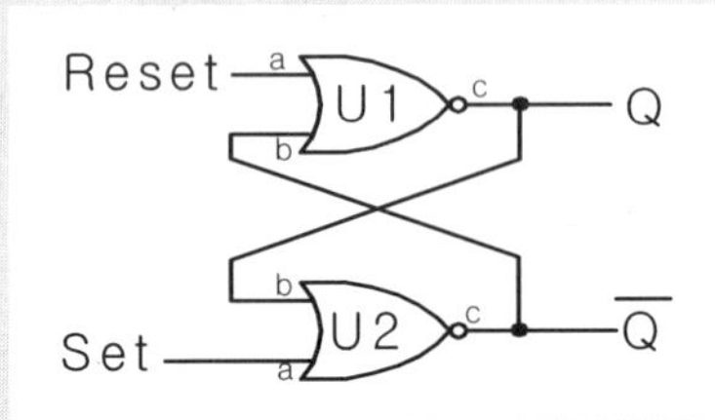


```
//* RS_Latch 회로 */
module rs_latch( set, reset, q, qb ) ;
      input set;
      input reset;
      output reg q;
      output reg qb;

      always @( set, reset )
            if (set==1 & reset==0 ) begin
                  assign q = 1;
                  assign qb = 0;
            end else if ( set==0 & reset==1 ) begin
                  assign q = 0;
                  assign qb = 1;
            end else if ( set==0 & reset==0 ) begin
                  assign q = q;
                  assign qb = qb;
            end
endmodule
```

| 프로그램 1-4 | Verilog HDL의 procedural continuous assignment 표현

1.2.3 구조적 표현(structural statement)

구조적 표현은 회로의 실제 하드웨어적 표현과 가까운 표현으로 Verilog HDL에서 미리 정의된 게이트를 이용하여 설계하는 표현과 필요에 의해 설계된 회로 모듈을 이용하여 설계하는 표현으로 나눌 수 있다.

1) Primitive gate를 이용한 instantiation

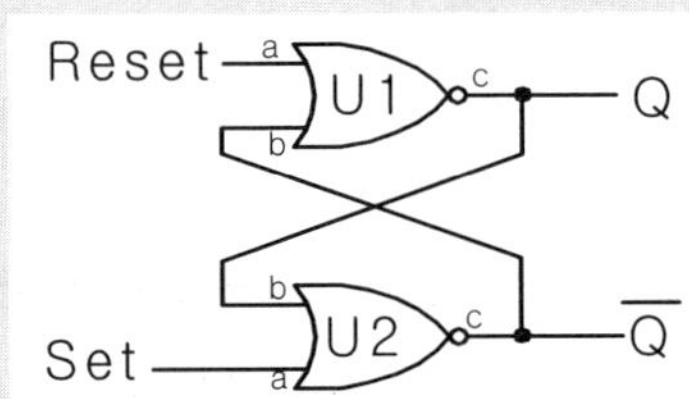


```
//* RS_Latch 회로 */
module rs_latch( set, reset, q, qb ) ;
      input set;
      input reset;
```

| 프로그램 1-5 | Primitive gate를 이용한 RS latch의 Verilog HDL

```
        output q;
        output qb;

        wire q, qb ;        // 생략 가능

        nor U1 ( q, reset, qb ) ;         // Primitive gate
        nor U2 ( qb, set, q)  ;           // Primitive gate

endmodule
```

| 프로그램 1-5 | Primitive gate를 이용한 RS latch의 Verilog HDL *(계속)*

2) Module을 이용한 instantiation

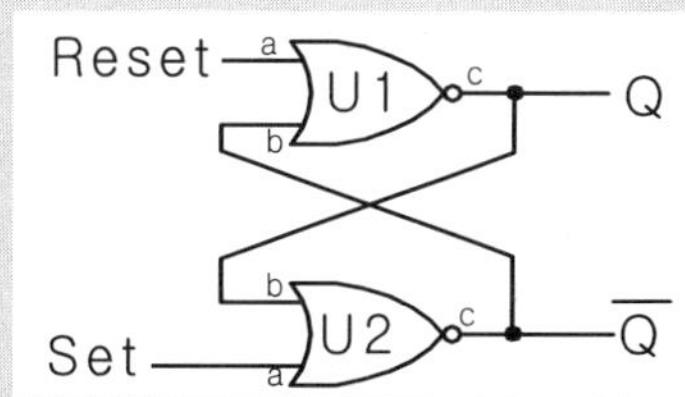


```
module rs_latch_nor_gate(set, reset, q, qb) ;
        input set;
        input reset;
        output q;
        output qb;

        wire q, qb;         // 생략 가능
        // 이름결합
        nor_gate u1( .in1(qb), .in2(reset), .out(q) );
        nor_gate u2( .in1(q), .in2(set), .out(qb) );
endmodule
//------------------------------------------------------------
module nor_gate(in1, in2, out) ;
        input in1;
        input in2;
        output out;

        wire  out;          // 생략 가능

        assign out = ~ (in1 | in2);
endmodule
//------------------------------------------------------------
```

| 프로그램 1-6 | Module을 이용한 RS latch의 Verilog HDL 표현

1.3 Verilog HDL의 구문(syntax)

Verilog HDL에 사용되는 문자는 아래와 같은 알파벳 대소문자, 아라비아 숫자, 구두점, 특수 문자 등이 포함된다. Verilog HDL에서는 대소문자의 구별이 있으며, 프로그램 작성 시에는 일반적인 프로그램 언어(C, Basic...) 작성 방법으로 하면 크게 무리가 없으리라 생각된다. 즉, 아래에 있는 특수 문자들은 프로그램 작성 시에 사용될 일이 거의 없으리라 생각된다. 표 1-1은 특수 문자와 호칭을 나타내고 있다.

| 표 1-1 | 특수 문자와 호칭

<table>
<tr><td>" : quotation mark</td><td># : sharp</td><td>& : ampersand</td></tr>
<tr><td>' : apostrophe</td><td>(: left parenthesis</td><td>) : right parenthesis</td></tr>
<tr><td>* : star, multply</td><td>+ : plus</td><td>, : comma</td></tr>
<tr><td>– : hyphen, minus</td><td>. : dot, point, period</td><td>/ : slash, divide</td></tr>
<tr><td>: : colon</td><td>; : semi–colon</td><td>〈 : less than</td></tr>
<tr><td>= : equal</td><td>〉 : greater than</td><td>_ : underline</td></tr>
<tr><td>| : vertical bar</td><td>! : exclamation mark</td><td>$: dollar</td></tr>
<tr><td>% : percent</td><td>@ : commercial at</td><td>? : question mark</td></tr>
<tr><td>[: left square bracket</td><td>₩ : back–slash</td><td>] : right square bracket</td></tr>
<tr><td>^ : circumflex</td><td>` : grave accent</td><td>{ : left brace</td></tr>
<tr><td>} : right brace</td><td>~ : tilde</td><td></td></tr>
</table>

1.3.1 화이트 스페이스(White space)

화이트 스페이스는 공백(\b) 탭(\t) 그리고 개행(\n)을 나타낸다. Verilog HDL에서 화이트 스페이스는 토큰들을 분리할 때를 제외하고 항상 무시된다. 하지만 문자열에서는 포함된다.

1.3.2 주석(comment)

주석은 회로 설계의 설명, 참고사항, 그리고 설계자가 필요하다고 생각되는 내용 등을 첨부하는 부분이다. Verilog HDL에서는 설명(documentation)은, C 프로그래밍 언어와 같이 짧은 주석(comment)은 "//"로 시작하여 해당 code 줄(line)의 끝까지가 주석으로 인식된다. 여러 줄에 이루어진 긴 주석은 "/*"로 시작해서 "*/"로 끝난다. 주석은 Verilog HDL 표현의 어느 곳에서도 표현이 가능하며 컴파일러나 시뮬레이터의 결과에는 영향을 주지 않는다.

```
/* --------------------This line is comment------------------------
*   Program by Kim, Jae Chul
*   Update : 2006. 02. 07.
* ------------------------------------------------------------- */
module nor_gate(in1, in2, out) ;        // nor_gate : module name
      input in1, in2 ;                  // input signal name
      output out;                       // output signal name
      wire  out;                        // 생략 가능
      assign out = ~ (in1 | in2);       //
endmodule  // 주위 : endmodule 문장에는 세미콜론(;)이 없음
// ---------------------------------------------------
```

| 프로그램 1-7 | 주석 예

1.3.3 문자열(String)

문자열은 겹 따옴표(")로 둘러싸며, 한 줄을 넘을 수 없다. 그리고 문자열은 시뮬레이션에서만 사용 가능하다. 문자열은 C 프로그래밍 언어와 달리 캐리지 리턴(carriage return)을 포함할 수 없으나, 줄 바꿈은 에스케이프 문자("/n")를 사용하여 지정할 수 있다. 에스케이프(escape) 문자로는 "\t", "\n", "\\", "\", "%%"를 사용할 수 있다.

```
\t = tap,              \n = new line,
\\ = backslash,        %% = %sign           \" = doble quote mark("),
```

1.3.4 숫자(numbers)

Verilog HDL에서 숫자는 정수(integer)와 실수(real number)를 사용할 수 있으며 다음과 같이 표현한다.

4'ha

[size]['radix]constant

4 = size를 말하며 4 bits를 얘기한다. (size : bits 수)

h = radix는 16진을 얘기하며 radix로 2진수, 8진수, 10진수, 16진수를 표현한다.

d = decimal　　　b = binary

h = hexadecimal　　　o = octal

a = constant 값을 얘기하며 십진수 10을 이진수로는 4'b1010으로 표현한다.

Radix를 표기하지 않았을 경우는 10진수(decimal)로 인식되어진다. 실제 값이 bits 수가 size의 bits 보다 크다면, MSB쪽은 0으로 채워진다. 값의 bits 수인 size의 크기가 생략되면 32 bits로 인식된다. 그리고, 해독성(readability)을 향상시키기 위하여 숫자에 언더라인(_)을 사용하여 읽기 쉽게 할 수 있으며, 이 언더라인(_)은 합성에 있어 숫자 값에는 영향을 주지 않는다.

| 표 1-2 | 숫자 표현의 예

숫자 표현	비트 크기	진수	2진수로 표현
10	32	10	0000 ··· 01010
1'b1	1	2	1
'b10	32	2	0000 ··· 00010
8'b0101_1010	8	2	01011010
4b10	4	2	0010
4'd10	4	10	1010
'da	32	10	0000 ··· 01010
8'haa	8	16	10101010
8'hbx	8	16	1011XXXX
'hff	32	16	0000 ··· 011111111
14e-2		실수	0.14
2.5E2		실수	250

Verilog HDL에서는 과학적인 기호나 10진수로의 표현을 위하여 실수(real number) 표현을 할 수 있다. 표 1-2와 같은 형식으로 과학적인 기호로 표현할 수 있다. 표 1-2에서 설명하는 실수 표현은 시뮬레이션에서만 사용된다.

1.3.5 키워드(Keyword)와 식별자(Identifiers)

Verilog HDL의 모든 키워드(keyword)들은 소문자로 되어 있으며 에스케이프 문자가 아닌, 미리 정의된 언어 구성 요소이다. 에스케이프 문자는 키워드로 사용할 수 없다.

식별자(identitiers)는 모듈 이름, 포트 이름, 함수 이름, 인스턴스 이름, 그리고 사용자가 정의한 변수 등을 말하며, 아래와 규칙이 있다.

- 설계자가 정의한 공백이 없는 문자열이다.
- 처음 문자는 영문자로 시작하여 숫자 및 언더라인(_)을 사용할 수 있다.
- 문자열 가운데는 영문자, 숫자, 언더 바(_), 달러($)를 사용할 수 있다.
- 대소문자를 구별한다.

에스케이프가 있는 식별자(Escaped identifiers)는 백슬래시(\)로 시작하여 공백(white space)으로 끝난다. 백 슬러시와 화이트 스페이스 사이에 출력 가능한 모든 ASCII 문자를 사용할 수 있다.

1.3.6 시스템 태스크(System Task)와 펑션(Functions)

시스템 태스크는 테스트벤치(testbench)에 주로 사용되며 "$"로 시작한다. 시스템 태스크와 functions은 10개 범주로 나누어져 있다. 10개 범주로는 화면 출력 태스크(Display tasks), 파일 입출력 태스크(File I/O tasks), Timescale tasks, 시뮬레이션 제어 태스크(Simulation control tasks), PLA modeling tasks, Stochastic analysis tasks, 시뮬레이션 시간 펑션(Simulation time functions), Conversion functions, Probabilistic distribution functions, Command line input 등이 있다. 이 책에서는 화면 출력 시스템 태스크, 파일 입출력 태스크, 시뮬레이션 제어 태스크, 시뮬레이션 시간 펑션 가운데 많이 사용되는 시스템 태스크 및 function에 대하여 간략히 알아보도록 한다.

1) 화면 출력 시스템 태스크

- `$display( arg1, arg2, arg3, … , arg#)`
  변수 값, 문자열 또는 수식을 출력한다. 인자로 표현된 arg1, arg2, ..., arg#은 변수 값, 문자열 또는 수식이 될 수 있으며, 인자가 없이는 새로운 라인으로 변경을 실행한다.

- `$monitor( arg1, arg2, arg3, … , arg#)`
  신호의 값이 변할 때 신호 값을 출력한다. 인자로 표현된 arg1, arg2, ..., arg#는 변수 값 또는 수식이 출력된다.

- `$strobe( arg1, arg2, arg3, … , arg#)`
  정해진 시간에 시뮬레이션 데이터를 출력한다.

- C 언어의 printf와 유사하다.
- 자동적으로 새로운 줄이 삽입된다.
- string format specifier로는 다음과 같은 것 있다.

  `%b or %B` : in binary
  `%d or %D` : in decimal
  `%h or %H` : in Hexadecimal
  `%o or %O` : in Octal
  `%f or %F` : real number in decimal

%t or %T : 시간

%s or %S : string

%m or %M : hierarchical name of the module (모듈의 계층 이름)

■ 특수 문자

\n : 캐리지 리턴

\t : 탭

\\ : 백 슬래시(\)

\" : 겹 따옴표(")

\ddd : 임의의 문자, d는 8진수

2) 파일 입출력(읽기/쓰기) 시스템 태스크

■ 파일 읽기

```
$readmemh("file_name", register_array_name, start_address, end_address);
                                                              // 16진수
$readmemb("file_name", register_array_name, start_address, end_address);
                                                              // 2진수
```

주의사항

① start address와 end address는 생략할 수 있다.

② 읽기 파일 내에서는 공백(탭, 스페이스, 캐리지 리턴) 및 코멘트 등을 사용할 수 있다.

▸ `$fopen("파일명")` : 파일명의 파일을 연다. 32 bits 멀티채널 디스크립터 또는 32 bits 파일 디스크립터를 반환한다.

▸ `$fclose(fhandle)` : 32bits 멀티채널 디스크립터 또는 32 bit 파일 디스크립터에 규정된 파일을 닫는다.

▸ `$fdisplay(fhandle, arg1, arg2, ... , argN)` : $fopen 함수로 Open된 파일에 display하고자 하는 형태로 기록한다.

▸ `$fwrite(fhandle, arg1, arg2, ... , argN)` : $fopen 함수로 Open된 파일에 write하고자 하는 형태로 기록한다.

▸ `$fmonitor(fhandle, arg1, arg2, ... , argN)` : $fopen 함수로 Open된 파일에 monitoring하고자 하는 형태로 기록한다.

▸ `$fstrobe(fhandle, arg1, arg2, ... , argN)` : $fopen 함수로 Open된 파일에

strobing하고자 하는 형태로 기록한다.

3) 시뮬레이션 시간 시스템 태스크

- $time : 현재 시뮬레이션 시간을 64-bit integer 값으로 반환한다.
- $stime : 현재 시뮬레이션 시간을 32-bit integer 값으로 반환한다.
- $realtime : 현재 시뮬레이션 시간을 real 값으로 반환한다.

4) 시뮬레이션 제어 시스템 태스크

- $stop : 설계자가 시뮬레이션을 잠시 중단시킬 때 사용한다. 즉 시뮬레이션을 중단하여 신호들의 값을 조사할 때 사용한다. (suspend simulation)
- $finish : 시뮬레이션을 끝내기 위하여 사용한다. (terminate simulation)

5) Xilinx ISE에서 지원하는 시스템 태스크

Xilinx ISE에서 지원하는 시스템 태스크를 표 1-3에서 볼 수 있다.

| 표 1-3 | Xilinx ISE에서 지원하는 시스템 태스크 형태

시스템 태스크명	지원 형태	시스템 태스크명	지원 형태
$display	Supported*	$random	Ignored
$fclose	Supported	$readmemb	Supported
$fdisplay	Supported	$readmenh	Supported
$fgets	Supported	$signed	Supported
$finish	Ignored	$stop	Ignored
$fopen	Supported	$strobe	Ignored
$fscanf	Supported**	$time	Ignored
$fwrite	Supported	$unsigned	Supported
$monitor	Ignored	$write	Supported*
all others Ignored			

*Escape sequences are limited to %d, %b, %h, %o, %c and %s
**Escape sequences are limited to %b and %d

1.3.7 시간 지연 연산자(#)

회로 합성과는 관계가 없으며 테스트벤치(testbench) 문장에서 시간의 지연을 나타낸다. 시간 지연의 값은 10진수로 표시된다.

```
#값
```

1.3.8 컴파일러 지시어(Compiler Directive)

C 언어에서처럼 시뮬레이션 실행 전 또는 컴파일하기 전에 미리 처리되는 것을 얘기한다. 즉, C 언어의 프리프로세서(preprocessor)와 같이 처리된다. 컴파일러 지시어는 " '(액센트그래브)"로 시작된다. 많이 사용하는 컴파일러 지시어는 'define, 'include, 'timescale 등이 있다.

1) 'define

"'define" 지시어는 Verilog HDL에서 텍스트 매크로를 정의하는 데 사용되며, C 언어의 "#define"과 거의 비슷하게 동작한다. "'define" 지시어는 지연 시간, 벡터 등을 전역 인수로 정의하며, 반드시 " ' " 기호가 필요하다. Verilog HDL 컴파일러가 실행도중 매크로를 인식하면 텍스트로 치환이 된다.

```
'define  BYTE_SIZE  8
'define  WORD_SIZE  16
'define  MEMORY_SIZE  1024
'define  BYTE_REG  reg [7:0]
```

2) 'include

"'include" 지시어는 Verilog HDL에서 다른 Verilog 파일에 있는 설계된 회로의 Verilog HDL 소스 코드를 컴파일하는 동안 포함시켜 준다. 이 지시어는 C 언어의 #include와 유사하며, 일반적인 사항 및 일반적으로 사용되는 정의를 포함하는 헤더 파일을 포함하는 데 사용된다.

```
'include "lib.v"                  // lib.v 파일을 삽입
'include "verilog/conuter.v"      // verilog 폴더에 있는 counter.v 파일을 삽입
           ⋮
```

3) 'timescale

"'timescale" 지시어는 Verilog HDL에서 참조 시간 단위와 참조 정밀도를 지정할 수 있다. 시간 단위 및 정밀도는 정수 1, 10, 100만으로 표현한다.

```
'timescale reference_time_unit/time_precision
```

- reference_time_unit : 시간과 지연의 측정 단위를 나타냄.
- time_precision : 시뮬레이션 동안 반올림된 지연의 정확도를 나타냄.

4) 'ifdef ~ 'else ~ 'endif(조건 컴파일)

시스템의 환경은 사용자에 따라 천차만별이다. 이러한 이유로 Verilog HDL은 시스템 환경에 따라 컴파일되어 실행이 될 수 있으며, 또 다른 어떤 환경에서는 컴파일이 안 될 수도 있다. 회로 설계자는 두 환경에서 컴파일 가능한 Verilog HDL 코드를 작성하면 아주 편하게 사용할 수 있을 것이다. 회로 설계자는 환경에 따른 변화에 적응하도록 하는 Verilog HDL 코드를 작성할 수 있다. 이러한 방법을 조건 컴파일(conditional compile)이라고 한다. 그리고 회로 설계자는 run-time 시에 Verilog HDL 코드의 특정 부분만을 실행 가능하도록 Verilog HDL 코드를 작성할 수 있으며, 이를 조건 실행(conditional execution)이라 한다.

```
'ifdef behavioral
      f = a1 & a2;              // AND 연산자 사용
'else
      AND2 a1 (f, a1, a2);      // 2-Input AND Gate에 mapping
'endif
```

1.4 Verilog HDL의 데이터형

Verilog HDL의 데이터 형들은 디지털 시스템을 구성하는 디지털 데이터의 저장과 전송 소자를 표현하기 위하여 설계되었다. Verilog HDL에서 사용하는 데이터 형(data type)은 nets 데이터 형과 variable 데이터 형으로, 두 개의 그룹(group)으로 나누어진다. Nets는 회로의 연결에서 물리적이고 구조적인 연결을 위하여 사용된다. Variables는 회로에 있어 디지털 정보의 저장을 위하여 사용된다. Xilinx ISE에서 지원하는 데이터 형을 표 1-4에 정리하였다. 회로 설계 시에 참조하기 바란다.

| 표 1-4 | Data types in Verilog HDL

Net	net type	wire	Supported
		tri	Supported
		supply0, supply1	Supported
		wand, wor, triand, trior	Supported
		tri0, tri1, trireg	Unsupported
	drive strength		Ignored
Variable (Register)	reg		Supported
	integer		Supported
	real		Unsupported
	realtime		Unsupported
Vectors	net		Supported
	reg		Supported
	vectored		Supported
	scalared		Supported
Multi-Dimensional Array (<=3 dimensional)			Supported
Parameters			Supported
Named Events			Unsupported

1.4.1 논리 값

Verilog HDL에서 net나 variable은 scalar나 vector로 표현되는데, 이들의 signal은 "0", "1", "x", "z" 등의 4개 값이 올 수 있다.

| 표 1-5 | Verilog HDL의 4가지 기본 논리 값

논리 값	상 태
0	Logic value 0, False state
1	Logic value 1, True state
x	Unknown value
z	High impedance

1.4.2 넷(Nets)

Nets 데이터 형은 합성회로의 노드(node)들 사이에 물리적인 연결을 나타내며 연속적인 출력 신호를 보내나, 그 값을 저장하지 않는다. Nets의 비트 수를 정의하지 않으면 기본적으로 1 bit로 선언되며, 기본 값은 high impedance "z"의 값을 가진다. 일반적인 합성에 필요한 wire와 tri에 대하여 알아보자.

wire는 어떤 논리회로의 출력을 다른 논리회로의 입력에 연결시키는 데 사용된다. 아래는 scalar를 선언한 예이다.

```
wire x ;
wire y, z;
```

아래는 vector를 선언한 예이다.

```
wire [3:0] x ;       // x는 4bits, x[3], x[2], x[1], x[0]
wire [1:2] y, z ;    // y, x는 2bits, y[1], y[2], z[1], z[2]
```

대괄호 [ ](square bracket)는 wire의 비트의 수, 즉 vector의 범위를 결정한다. 단일 비트 x[i]의 index i는 변수 처리가 가능하지만, vector의 일부를 표현하는 여러 비트 표현 x[2:1]에서 index [2:1]은 반드시 상수 표현이여야 한다.

tri는 wire와 동일하나, 3-상태(tri-state)로 연결된 회로를 표현한다. 이는 3-상태 게이트(tri-state gate)를 포함한다는 것을 나타낸다.

```
tri         q ;
tri [7:0]   data ;
```

| 표 1-5 | Data types of Nets in Verilog HDL

Net Types	
wire	Establishes connectivity, with no logical behavior or functionality implied
tri	Establishes connectivity, with no logical behavior or functionality implied. This type of net has the same functionality as wire, but is identified distinctively to indicate that it will be three-stated in hardware
wand	A net that is connected to the output of multiple primitives. It models the hardware implementation of a wired-AND, e.g., open collector technology.
wor	A net that is connected to the output of multiple primitives. It models the hardware implementation of a wired-OR, e.g., emitter coupled technology.

| 표 1-5 | Data types of Nets in Verilog HDL (계속)

Net Types	
triand	A net that is connected to the output of multiple primitives. It models the hardware implementation of a wired-AND, e.g., open collector technology. The physical net is to be three-stated
trior	A net that is connected to the output of multiple primitives. It models the hardware implementation of a wired-OR, e.g., emitter coupled technology. The physical net is to be three-stated.
supply0	A global net that is connected to the circuit ground
supply1	A global net that is connected to the power supply
tri0	Unsupported in Xilinx Synthesis Technology A net that is connected to ground by a resistive pull-down connection
tri1	Unsupported in Xilinx Synthesis Technology A net that is connected to the power supply by a resistive pull-up connection
trireg	Unsupported in Xilinx Synthesis Technology A net that models the charge stored on a physical net.

1.4.3 Variable(레지스터 : register)

Verilog HDL에서는 동작적 표현을 위하여 variable이란 개념을 도입하였다. 이는 데이터를 저장할 수 있으며, 다음 상태의 논리 값이 입력되기 전까지는 그 값을 유지되도록 한다. Variable은 단지 값을 저장할 수 있는 변수를 얘기하며, nets와는 달리 신호들의 연결은 아니다.

Verilog 2001에서는 이전 표준안의 register 용어 대신에 variable이란 용어를 사용한다. 이전의 register는 reg와 integer 데이터 형을 표현하는 데 사용되었다. 그런데, 실제 회로 합성에서 순차 논리회로(sequential logic circuits)에 나타나는 edge-triggered flipflop인 실제 하드웨어 register와 혼동이 발생하기에 variable로 수정하였다.

이는 variable 데이터 형에는 reg, time, integer, real, realtime 데이터 형이 있다. reg, time, 그리고 integer 데이터 형의 초기 값은 unknown value인 "x" 가지며, real과 realtime 데이터 형의 초기 값은 "0.0"을 가진다.

| 표 1-6 | Variable data type의 종류

Variable data type	의미	비고
reg	부호가 없는 정수	합성 가능
integer	부호가 있는 32 bits 정수 (산술 연산에서는 2의 보수로 출력)	시뮬레이션만 가능
real	부호가 있는 부동 소수점(double precision)	시뮬레이션만 가능
realtime	부호가 있는 부동 소수점(double precision)	시뮬레이션만 가능
time	부호가 없는 64 bits 정수	시뮬레이션만 가능

1) reg

데이터 형 reg는 variable 데이터 형의 하나이며, 기본 논리 값은 "x"이다. procedural assignments에 의해 reg 데이터 형에 할당한다. reg 데이터 형은 새로운 논리 값이 할당(assignment)될 때까지 논리 값을 간직하기 때문에, 하드웨어 합성회로에서 register로 modeling 될 수 있다. 특히, edge-sensitive와 level-sensitive 저장 소자로 modeling될 수 있다. reg는 조합 논리회로를 표현하기 위하여 사용되기 때문에 저장 소자로서 표현될 필요는 없다. 항상 부호가 없는 정수의 형태로 저장된다.

2) integer, real, times, and realtimes

하드웨어 모델링에 있어 variables은 또 다른 용도가 있다. Reg variable은 계수기에서 계수를 헤아리는 것과 같이 일반적인 목적을 위하여 사용될 수 있다. Integer와 time variable 데이터 형은 편리하게 이용될 수 있다.

▲ 정수

정수는 키워드 integer에 의해 선언되며, integer 데이터 형은 하드웨어 register로 합성되지 않는 수를 다루기 위한 일반적인 목적의 variable이다. Integer 데이터 형은 LSB가 0을 가지는 부호가 있는 reg 데이터 형으로 다루어진다. Integer 데이터 형의 산술 연산은 2의 보수(2's complement) 결과를 갖는다.

▲ Time

Time 데이터 형은 시뮬레이션 시 시간 검사가 요구되고 진단 및 디버깅 목적을 위하여 시간량을 다루고 저장하기 위하여 사용된다. 이 데이터 형은 시스템 함수 $time과 함께 사용된다. 64bits의 reg와 같이 수행된다. Time 데이터 형은 부호가 없으며, 부호가 없이 연산이 수행된다.

Real

Real 데이터 형은 실수를 저장하는 variable이다.

Realtime

Realtime 데이터 형은 실수의 시각을 저장하는 variable이다.

1.4.4 벡터(Vector)

Verilog HDL에서는 net과 reg 선언에서 bit 폭(size)에 대한 범위 규정이 없으면 1 bit 폭을 가진다. 우리는 이를 스칼라(scalar)라 부른다. 여러 bits의 폭을 선언한 여러 bits의 net과 reg를 벡터(vector)라 한다. 여기서 벡터는 하나의 소자를 얘기하며 n-bits를 갖는다는 것이다.

Vector의 선언 형식은 아래와 같다.

```
형식 :  data_type  [MSB# : LSB#] signal_name ;
```

항상 좌측에 있는 것이 MSB를 나타낸다. 아래의 예에서 5번째 줄의 reg 데이터 형의 a[5] bit가 최상위 비트이나, 8번째 줄의 reg 데이터 형의 b[-1] bit가 최상의 비트가 된다. 벡터는 index의 지정에 따라 주소 bit 또는 벡터의 일부분을 선택할 수 있다.

```
wire            w1, w2 ;            // w1,w2 두 개의 wires 선언
wand            w ;                 // 데이터 형 wand를 갖는 스칼라 net
tri     [7:0]   bus_x ;             // 3 - 상태 8-bit 버스
reg             y ;                 // 스칼라 reg
reg     [5:0]   a, b, c ;           // 3개의 6 bits reg 선언
reg     [3:0]   z ;                 // 4-bits 벡터이다. MSB부터 LSB는 다음과 같다.
                                    // z[3], z[2], z[1], and z[0]
reg signed  [3:0]  signed_reg ;     // 4-bit 벡터이며 범위는 -8 ~ 7
reg         [-1:4]  b;              // 6-bit 벡터 reg
```

위의 예의 3번째 줄의 bus_x 신호를 다음과 같이 나타내었다.

```
bus_x[2:0]
```

이것은 bus_x 신호의 일부분인 하위 3 bits를 표현하고 있다.

1.4.5 배열(Array)

Verilog HDL에서 net와 variable에 대한 배열 선언은 스칼라와 벡터에 대하여 선언할 수 있다. 벡터(vector)와 배열(array)의 차이점은 다음과 같다. 벡터는 여러 bits를 갖는 하나의 소자를 말한다. 그러나, 배열은 1-bit 또는 여러 bits를 갖는 여러 개의 소자를 얘기한다. 배열의 선언에서 표현할 수 있는 배열의 개수는 16777216(2^{24})개를 가질 수 있다.

인스턴스(instances)의 연결 포트로 net의 배열을 사용할 수 있다. 배열의 각 요소(element)들은 스칼라 또는 벡터 net으로서 같은 종류로 사용된다.

배열은 아래와 같은 형식을 갖는다.

형식 : **data_type [vector_index] identifier [array_address_index];**

예는 아래와 같다.

```
reg            a[11:0] ;     // 1bit scalar a reg의 12개의 원소를 갖는 array
wire   [0:7]   b[5:0] ;      // 8 bits wide vector wire의 6개의 원소를 갖는
                                array
reg    [31:0]  c[127:0] ;    // 32-bits wide reg의 128개의 원소를 갖는 array
```

메모리(Memory)

메모리는 1차원 배열로 이루어진 데이터 형 reg 요소를 갖는다. 메모리는 ROMs, RAMs을 얘기하며, reg file을 이용하여 모델링에 사용된다. 배열의 각 reg를 요소(element) 또는 워드(word)라 하고 단일 배열 index에 의해 지정된다.

Array declarations and assignment to array element

```
// 배열의 선언 ( Array declaration )
reg   [7:0]   memory_a[0:255];  // 8-bit로 이루어진 256개의 요소를 갖는 메모리
reg           array_b[7:0][0:255];  // reg 1 bit의 2차원 배열
wire          array_c[7:0][5:0];    // wire 1 bit의 2차열 배열
integer       int_a[1:64];          // integer의 64요소를 갖는 1차원 배열
integer       int_b;                // integer의 scalar 선언
```

Memory와 Array의 차이

```
// vector : n-bit로 이루어진 1개를 요소를 갖는 배열(memory)
reg [9:0] reg_a;
```

```
// array : 1-bit로 이루어진 10개 요소를 갖는 배열(memory)
reg         mem_a [9:0];
```

1.4.6 파라미터(parameter)

Verilog HDL 파라미터는 variable 데이터 형 그룹 및 net 데이터 형 그룹 어느 곳에도 속하지 않는다. 파라미터는 변수가 아니라 상수이다. 파라미터에는 module 파라미터와 specify 파라미터가 있다. 각 모듈의 파라미터 값은 합성(synthesis) 시에 개별적으로 대치된다. 파라미터를 사용하여 모듈을 작성하면, 모듈 인스턴스가 발생될 때 파라미터의 변경을 통하여 동일한 형태의 다른 모듈을 위하여 사용할 수 있다. defparam문을 사용하여 모듈 내의 파라미터 값을 변화시킬 수 있다. 아래는 12장에서 14장까지의 Verilog HDL을 이용한 스톱워치와 디지털시계에 사용된 파라미터의 선언과 사용 예이다.

```
module TimeBase_Gen2 ( clk, reset, clk_out );
    parameter       main_clk=50000000, output_freq=1000;
    parameter       clk_hilow_cnt_value=( (main_clk / output_freq )/2)-1;
    input           clk;
    input           reset;
    output reg      clk_out;

    integer         clk_cnt;

    always @ (negedge reset, posedge clk) begin
            if (reset == 1'b0) begin
                    clk_cnt         <= 0;
                    clk_out         <= 1'b0;
            end else begin
                    if (clk_cnt == clk_hilow_cnt_value) begin
                            clk_cnt         <= 0;
                            clk_out         <= ~clk_out;
                    end else
                            clk_cnt         <= clk_cnt + 1;
                 end
      end
endmodule
```

| 프로그램 1-8 | TimeBase Signal Generator 블록의 파라미터 선언과 사용 예

```
// -- 1 kHz 출력 신호를 위한 사용 예
TimeBase_Gen2
        U1_1kHz (           .clk(clk),                   // 50 MHz input
                            .reset(reset),               // System Reset
                            .clk_out(tmp_clk_1KHz)  // 1 kHz output for debounce, mux
        ) ;

// -- 100 Hz 출력 신호를 위한 사용 예
TimeBase_Gen2 #( .main_clk(50000000), .output_freq(100) )
        U1_100Hz (          .clk(clk ),                  // 50 MHz input
                            .reset(reset),               // System Reset
                            .clk_out(clk_100Hz)          // 100 Hz ouput for stopwatch
        ) ;
```

| 프로그램 1-8 | TimeBase Signal Generator 블록의 파라미터 선언과 사용 예 *(계속)*

1.5 Verilog HDL의 연산자(Operators)

연산자는 피연산자와 함께 사용되며 설계자가 원하는 결과를 이끌도록 한다. Verilog HDL에서는 여러 형태의 연산자를 제공하고 있으며 C 언어와 유사하다는 특징을 가진다.

Verilog HDL에서 제공되는 연산자의 그룹은 산술 연산자, 논리 연산자, 관계 연산자, 등가 연산자, 비트단위 연산자, 축소 연산자, 이동 연산자, 반복 연산자, 결합 연산자, 조건 연산자 등이 있다. 이들 그룹에 속하는 연산자는 표 1-8에 나타나 있다. 이들 정확한 사용은 Verilog HDL 표준안을 참고하기 바란다.

| 표 1-8 | Verilog HDL의 연산자들

구 분	연산자	표 현
산술 연산자 (Arithmetic operators)	+	Addition
	−	Subtraction
	*	Multiplication
	/	Division
	%	Modulus
	**	Exponentiation

| 표 1-8 | Verilog HDL의 연산자들 *(계속)*

<table>
<tr><th>구 분</th><th>연산자</th><th>표 현</th></tr>
<tr><td rowspan="3">논리 연산자
(Logical operators)</td><td>!</td><td>negation</td></tr>
<tr><td>&&</td><td>logical and</td></tr>
<tr><td>||</td><td>logical or</td></tr>
<tr><td rowspan="4">관계 연산자
(relational operators)</td><td><</td><td>Less than</td></tr>
<tr><td>></td><td>greater than</td></tr>
<tr><td><=</td><td>less than or equal</td></tr>
<tr><td>>=</td><td>great than or equal</td></tr>
<tr><td rowspan="4">등가 연산자
(Equality operators)</td><td>===</td><td>equal : including x and z</td></tr>
<tr><td>!==</td><td>not equal : including x and z</td></tr>
<tr><td>==</td><td>equal : result may be unknown</td></tr>
<tr><td>!=</td><td>not equal : result may be unknown</td></tr>
<tr><td rowspan="5">비트단위 연산자
(Bit-wise operators)</td><td>&</td><td>Bit-wise binary and</td></tr>
<tr><td>^</td><td>Bit-wise binary exclusive</td></tr>
<tr><td>|</td><td>Bit-wise binary or</td></tr>
<tr><td>^~, ~^</td><td>Bit-wise binary exclusive nor</td></tr>
<tr><td>~</td><td>Bit-wise unary negation</td></tr>
<tr><td rowspan="6">축소 연산자
(unary reduction operators)</td><td>&</td><td>reduction and</td></tr>
<tr><td>~&</td><td>reduction nand</td></tr>
<tr><td>|</td><td>reduction or</td></tr>
<tr><td>~|</td><td>reduction nor</td></tr>
<tr><td>^</td><td>reduction xor</td></tr>
<tr><td>~|</td><td>reduction nxor</td></tr>
<tr><td rowspan="4">이동 연산자
(Shift operators)</td><td>>></td><td>logic shift right</td></tr>
<tr><td><<</td><td>logic shift left</td></tr>
<tr><td>>>></td><td>arithmetic shift right</td></tr>
<tr><td><<<</td><td>arithmetic shift left</td></tr>
<tr><td>조건 연산자(Conditional operators)</td><td>? :</td><td>conditional operation</td></tr>
<tr><td>중복 연산자(Replication operator)</td><td>{ { } }</td><td>Replication</td></tr>
<tr><td>결합 연산자(Concatenations operator)</td><td>{ }</td><td>Concatenations</td></tr>
</table>

Chapter_02

Verilog HDL의 설계 표현

Verilog HDL은 하드웨어의 동작을 표현한 것으로 기본적으로는 문장 단위로 병렬 수행하는 병행문(concurrent statement)이다. 이 병행문은 일반적인 프로그램의 순차적인(sequential) 동작과는 달리 기술 문장 순서와는 관계없이 동시에 수행되는 문장을 얘기한다.

Verilog HDL에서 사용한 병행문의 종류는 다음과 같다.

- initial construct
- always construct
- continuous assignment statement
- primitive instantiation statement
- module instantiation statement
- ...

이들 문장들 가운데 always construct statement와 module instantiation statement를 많이 사용하며, always construct statement는 내부 동작에서 순서적(sequential)으로 수행하는 문장이다. 그리고 Verilog HDL을 이용한 디지털 회로 설계는 설계 표현 방법에 따라 아래와 같은 두 가지 표현으로 구별한다.

- **동작적 표현(behaviorial description) :** high level 표현으로 Verilog HDL을 이용한 회로 설계 개념에 가장 부합하는 표현으로 회로 설계의 동작 이해가 쉬우며, 순차적 동작 표현이 가능하므로 알고리즘 표현이 가능한 장점이 있다.
- **구조적 표현(structural description) :** 이 표현은 계층적 구조(Hierarchical structure) 표현으로 동작적 표현보다 low level 표현으로 설계된 회로의 동작 이해가 어렵고, 신호 명에 따른 netlist에 의한 연결을 표현하며 하드웨어의 신호선 결선에 따른 회로 설계 표현을 나타낸다.

Verilog HDL의 구조적 표현에는 설계된 module들의 계층적 구조 표현 외에도 게이트와 스위치 레벨 표현이 있을 수 있다. 이 표현는 아래와 같다.

- **게이트와 스위치 레벨 표현(Gate and switch level descriptin) :** Verilog HDL에서 제공하는 설계 표현 가운데 가장 하위 수준이다. 게이트 레벨 표현은 회로 구현을 논리 게이트와 논리 게이트의 연결로 표현한다. 이 표현에서의 설계는 논리 다이어그램에 의해서 묘사될 수 있다. 스위치 레벨 표현은 스위치와 기억 노드, 그리고 그것들의 연결에 의해서 회로가 설계 구현된다. 스위치 수준에 대한 지식이 필요하다.

그리고 Verilog HDL 또는 VHDL을 이용한 디지털 회로 설계 시 다음의 사항을 반드시 고려하여 설계를 하여야 한다.

- **디바이스의 입출력이 확실히 정의되어 있어야 한다.**
  입력 신호와 출력 신호 정의는 회로 설계의 기본이며, 반드시 명확히 정의해야 한다.
- **궁극적 목표는 칩 제작이므로 합성이 가능한 HDL 문법을 이용하여 프로그램을 하여야 한다.**
  아직까지 HDL은 시뮬레이션 수준까지 동작하는지 실제 구현(implementation) 가능한지에 대하여 반드시 확인하여야 한다.
- **사용자는 HDL 합성툴이 제공하는 제한 요소들을 정확히 알고 사용해야 한다.**
  여러 회사에서 합성툴을 제공하고 있다. 이들 합성툴마다 회로 합성 능력과 제공되는 문법적 사항이 차이가 있을 수 있다. 이에 대하여 잘 이해하고 있어야 한다.

2.1 Behavioral Modeling(동작적 모델링, 행위 수준 모델링)

Verilog HDL을 이용한 회로 설계자는 회로의 동작(behavior)을 표현하여 설계할 수 있다. 이는 설계된 회로가 구체적으로 어떤 logic을 이용하여 구현되느냐는 것 보다 알고리즘을 표현하는 다소 추상적인 수준에서 회로 표현을 동작적 모델링이라 한다.

회로 설계의 동작적 모델링을 표현하는 procedure로 always construct와 initial construct가 있다. 이 두 가지 procedure는 동작적 모델링 표현에서 가장 기본적인 procedure이다. 동작적 모델링 표현의 문장(procedural statement)들은 반드시 always construct와 initial construct 내에서 사용하여야만 한다. Procedural statement는 시뮬레이션을 제어하고 미리 선언된 데이터 형의 variables을 다룬다. 이들 procedural statement들은 procedure 내에 있다.

2.1.1 구조적 프로시저(Structured Procedure)

Verilog HDL에서의 모든 프로시저는 아래의 네 가지 문장 중의 하나이다.

- initial construct
- always construct
- Task
- Function

Initial construct와 always construct는 시뮬레이션의 시작과 함께 동작한다. Initial construct는 단지 1회만 수행이 된다. 이와 반대로 always construct는 시뮬레이션이 종료될 때까지 계속 반복하여 수행이 된다. 모듈 내에 정의되는 initial construct와 always contruct내의 문장의 수는 제한이 없다.

Task와 Function은 다른 procedure 내에 하나 이상 놓여져 사용되는 procedure이다. Task procedure와 fucntion procedure는 다음 절에서 설명하도록 한다.

1) Initial construct

Inital construct는 시뮬레이션하는 동안에는 단 1회만 수행된다. 회로의 합성과 구현에서는 제외된다.

형식 : **initial statement**

다음의 initial construct는 시뮬레이션의 시작 시점에서의 reg_a와 memory 배열 초기화를 위한 사용 예이다.

```
initial begin
      reg_a = 0;                      // reg_a 초기화
      for ( index = 0; index < size; index = index + 1)
            memory[index] = 0;     //memory 배열 초기화
end
```

아래의 initial construct는 회로의 주요 신호 부분의 입력 신호를 제공하기 위하여 한 번 수행되는 파형 표현을 나타낸다.

```
initial begin
      input_a = 'b00000;           // 시간 단위 = 0에서 초기화
      #10 input_a = 'b01101;       // 시간 단위 = 10에서 값 설정
      #10 input_a = 'b01101;       // 시간 단위 = 20에서 값 설정
      #10 input_a = 'b01100;       // 시간 단위 = 30에서 값 설정
      #10 input_a = 'b00100;       // 시간 단위 = 40에서 값 설정
end
```

2) Always construct

always construct는 시뮬레이션하는 동안에는 계속적으로 반복한다. 회로의 합성과 구현이 실제로 되는 구문이다.

형식 : **always statement**

Always construct의 반복의 특징 때문에 always construct는 시간 제어와 함께 사용될 때 유용하다. Always construct가 시뮬레이션 시간이 없다면, 그것은 시뮬레이션 데드락 조건(simulation deadlock condition)을 발생시킨다. 즉 race condition을 야기 시킨다.

아래의 always consturct는 시간 단위 "0"을 갖는 지연(zero delay) 무한 루프(infinite loop)를 만든다.

```
always          signal = ~signal;
```

위의 always consturct에서 시간을 제어하려면 아래에 있는 always consturct와 같이 시간 지연을 갖는 표현으로 변경하여야 한다. 이는 가장 흔하게 사용하는 clock의 발생 표현이기도 하다.

```
always #10      signal = ~signal;
```

3) Initial construct와 always construct의 사용

아래의 코드는 intial construct와 always construct를 포함하는 Verilog HDL의 동작적 모델을 보여준다.

```
module behavior;
    reg [1:0] x, y;
    //
    initial begin
        x = 'b0;
        y = 'b1;
    end
    //
    always  #50 x = ~x;
    //
    always  #100 y = ~y;
    //
endmodule
```

이 동작적 모델의 시뮬레이션은 시뮬레이션 시간 단위 “0”에서 inital construct와 always contruct문은 함께 시작한다. Initial constructs는 한 번 실행되고, always constructs은 반복해서 실행된다. 이 동작적 모델에서 reg variables x와 y는 시뮬레이션 시간 “0”에서 각각 “0”과 “1”으로 초기화된다. Initial construct는 완전히 수행하면 시뮬레이션이 수행되는 동안에는 다시는 실행을 하지 않는다. 이 initial construct는 순차 블록(sequential block)이라 불리는 “begin~end” block을 포함한다. 이 “begin~end” block내의 x가 초기화되고 난 후 y가 초기화된다.

두 개의 always construct도 시뮬레이션 시간 “0”에서 시작한다. 그러나, variable의 값들은 delay control에 의해 규정된 시간 단위까지 변화를 가지지 않는다. 이런 까닭에, reg x는 50 시간 단위가 경과한 후에 반전되고, reg y는 100 시간 단위가 경과한 후에 반전된다. 두 개의 always construct는 반복적으로 실행되기 때문에 두 개의 구형파(square wave)를 만든다. reg x는 100 시간 단위의 주기를 가지고 비트 값을 변화시킨다. reg y는 200 시간 단위의 주기를 가지고 비트 값을 변화시킨다. 두 개의 always construct는 전체 시뮬레이션이 실행을 통하여 병렬(concurrent)로 처리된다.

2.1.2 Procedural assignment

Procedural assignment에서는 reg, integer, time, real, realtime의 variables 데이터 형들이 사용되며(continuous assignments와 중요한 차이점은 다음과 같다.

- Continuous assignments
  nets를 구동하며 입력 신호의 변화가 있을 때 마다 출력이 갱신된다.
- Procedural assignments
  procedural assignment를 둘러싼 procedural flow constructs의 제어 하에 variables의 값이 갱신된다.

Procedural assignment의 우측 항은 논리 값을 구하는 표현이 될 수 있다. 좌측 항은 우측 항으로부터 할당(assignment)되는 값을 받는 variable이 될 것이다.

우측 항이 좌측 항보다 적은 bit를 가질 때는 우측 항이 부호가 있다면, 그것은 좌측 항의 크기에 따라 부호가 확장될 것이다. Verilog HDL은 두 가지 형태의 procedural assignment 문장이 있다. 하나는 blocking procedural assignment statements이고, 다른 하나는 non blocking procedural assignment statements이다.

1) The Blocking procedural assignments

Blocking procedural assignment statement는 "begin~end" 순차 블록 내에 문장의 순서대로 수행된다. Blocking procedural assignment의 연산자는 "=" 표시된다. 그리고 지연 또는 사건 제어(delay_or_event_control)는 임의의 내부 할당 시간 제어(intra-assignment timing control)로서 시간 지연 제어(delay control : #6) 또는 사건 제어(event_control : @(posedge clk))가 될 수 있다. 내부 할당 시간 제어(#)에 의해 정해진 시간에 값이 전달될 것이다.

Blocking procedural assignments에 사용되는 assignment 연산자 "="는 continuous assignments와 procedural continuous assignments에 사용된다.

아래의 예는 always construct내의 blocking procedural assignment를 보여주고 있다. 이 예에서 각 문장들은 차례차례 실행이 된다. 즉, "d=a;" 문장이 실행되어 결과 값이 갱신(update)된 후에 "x=c^d;" 문장이 실행이 된다. 그리하여 "d=a;"와 "d=b;" 문장의 결과 값 reg variable d의 값이 달리하여 합성이 된다. 즉, 문장의 실행과 동시에 값이 갱신된다.

```
module seqential_blocking(a, b, c, x, y);
      input a, b, c;
      output reg x, y;
      reg d;
```

| 프로그램 2-1 | 순차 블록문의 blocking procedural assignment 표현

```
always @( a, b, c) begin
        d = a;          // updated !!
        x = c ^ d;      // exclusive or
        d = b;          // updated !!
        y = c ^ d;      // exclusive or
    end
endmodule
```

| 프로그램 2-1 | 순차 블록문의 blocking procedural assignment 표현 *(계속)*

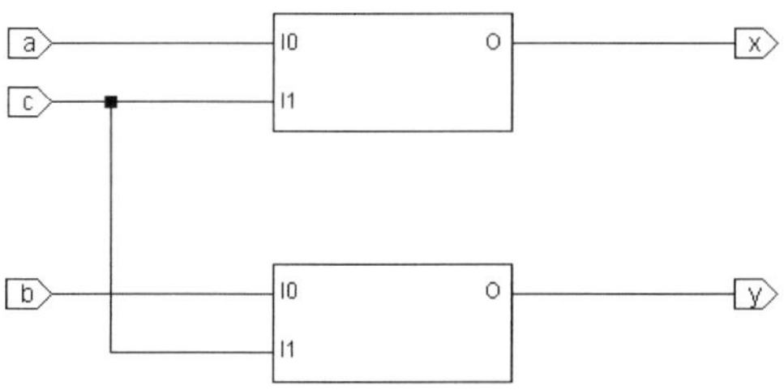

(a) 전체 블록

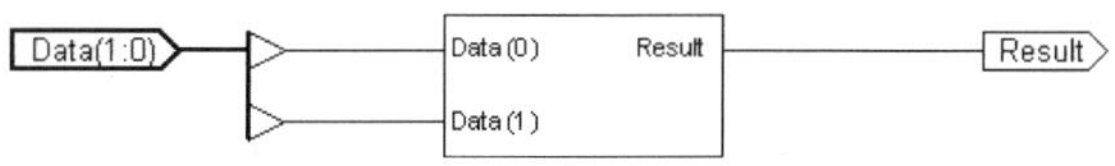

(b) 전체 블록 (a)의 상단 블록 내부 블록

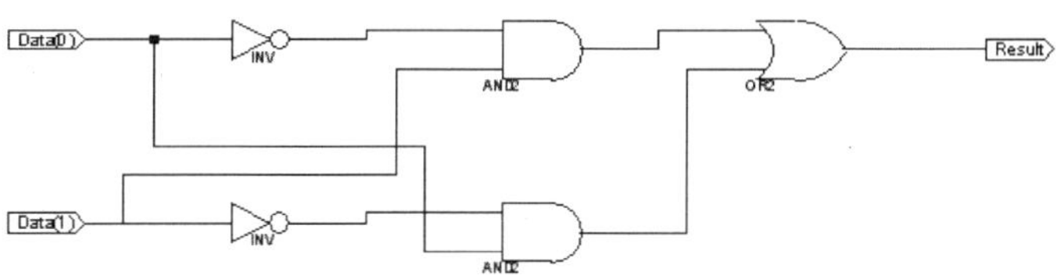

(c) (b)블록의 상세 schematic

그림 2-1 프로그램 2-1의 합성된 RTL schematic

2) The non blocking procedural assignments

Non-blocking procedural assignment statement는 같은 시간 단계 내에 몇몇 variable assignment가 순서와 관계없이 이루어질 때 사용될 수 있다. 즉, non-blocking 문장들은 begin~end 블록 구문 끝에서 값이 갱신(update)된다.

Non-blocking procedural assignment 연산자는 "<="으로 표현된다. 지연 또는 사건 제어(delay_or_event_control)는 임의의 내부 할당 시간 제어(intra-assignment timing control)로서는 blocking procedural assignment와 같이 시간 지연 제어(delay control : #6) 또는 사건 제어(event_control : @(posedge clk))가 될 수 있다.

연산자 "<="은 조건 문장에서 사용될 때 관계 연산자로서 해석된다. Non-blocking procedural assignment 문장 내에 사용될 때는 assignment 연산자로서 해석될 것이다. 프로그램 2-2는 non-blocking procedural assignment의 예이다. 이는 begin~end 블록이 끝나는 시점에서 결과값이 갱신(update)되므로 첫 번째 나오는 reg variable d는 무시되고, 두 번째 나오는 reg variable d만 의미가 있게 된다. 이와 같은 현상을 겹쳐 쓰기(override)라 한다.

```
module non_blocking(a, b, c, x, y);
    input           a, b, c;
    output reg  x, y;
    reg d;

    always @( a, b, c) begin
        d <= a;      // ignored !!
        x <= c ^ d;  // exclusive or
        d <= b;      // overrides !!
        y <= c ^ d;  // exclusive or
    end
endmodule
```

| 프로그램 2-2 | Non-blocking procedural assignment 표현

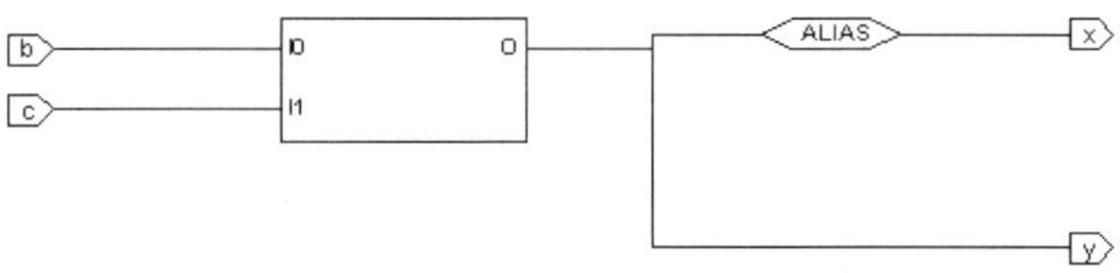

(a) 전체 블록

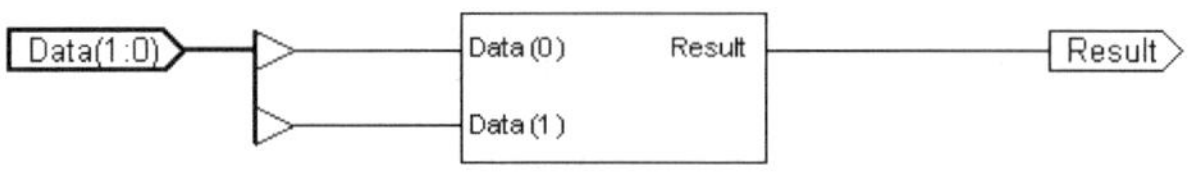

(b) 전체 블록 (a)의 내부 블록

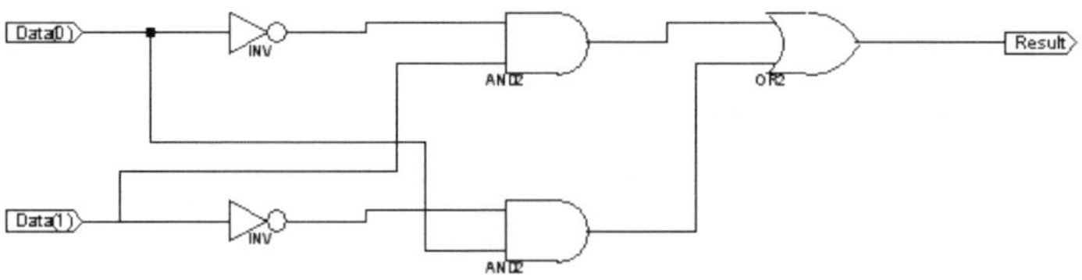

(c) (b)블록의 상세 schematic

그림 2-2 프로그램 2-2의 합성된 RTL schematic

2.1.3 Procedural continuous assignment

Procedural continuous assignments는 키워드(keyword) assign 또는 force를 가지는 procedural assignments이다. 이것은 variable 또는 net에 연속적으로 값을 전달되는 표현이다. Xilinx 툴에서는 force 구문을 지원하지 않으며, assign/deassign 구문에도 제한적인 요소가 있음에 주의해야 한다.

1) The assign and deassign procedural statements

The assign procedural continuous assignment statement는 all procedural assignments의 variable을 겹쳐서 쓴다(overriding). The deassign procedural statement 문장으로 procedural continuous assignment 블록 문장을 deassign variable로 끝낸다. variable reg의 값은 procedural assignment 또는 procedural continuous assignment에 의해 새로운 값이 할당될 때까지 같은 값을 유지한다. Xilinx 툴에서는 assign/deassign 구문의 사용에 있어 약간의 제약이 있으므로 숙지하여 사용하여야 한다. 제약 사항은 아래와 같다.

- assign/deassign 구문에서는 주어진 signal에 대하여 단 한 번만 사용하여야 한다.
- assign/deassign 구문은 같은 always 블록 내에 if-else 구문으로 사용하여야 한다.
- assign/deassign 구문에서는 1 bit 또는 일부분의 bits 표현은 사용되지 않는다.

프로그램 2-3은 일반적인 assign/deassign 표현의 D-type edge-triggered 플립플롭을 설계한 것이다. 이 회로에서 비동기 clear 신호와 preset 신호는 assign procedural statements 그리고 deassign procedural statements에서 clear 또는 preset 신호가 활성화될 때 clock은 동작되지 않는다. 프로그램 2-3은 preset과 clear 입력 신호를 갖는 D-type 플립플롭의 동작적 표현으로 assign procedural statement와 deassign procedural statement의 사용을 보여주고 있다. 이 회로는 claer 신호 또는 preset 신호 중 어느 하나가 "0"이면, 출력 q는 적절한 일정한 값을 계속적으로 유지될 것이고, 이때 clock의 상승 에지(positive edge)는 q에 영향을 미치지 않는다. clear 신호와 preset 신호 두 개 모두 "1"을 가지면, 출력 신호 q는 할당이 해제된다.

```
module d_ff (q, d, clear, preset, clock);
    output  q;
    input   d, clear, preset, clock;
    reg     q;
    //
```

| 프로그램 2-3 | assign/deassign문을 이용한 D-type edge-triggered 플립플롭

```
    always @( clear or preset )
        if (!clear)
            assign q = 0;
        else if (!preset)
            assign q = 1;
        else
            deassign q;
    //
    always @( posedge clock)  q = d;
endmodule
```

| 프로그램 2-3 | assign/deassign문을 이용한 D-type edge-triggered 플립플롭 *(계속)*

2) if~else statement

조건문(if~else statement)은 문장을 수행시킬 것인지 또는 멈추게 할 것인지를 조건에 따라 결정하는 데 사용되며, 다음과 같은 형식을 가지며 수행된다.

```
형식 :  if (expression)      begin
                statement_1 ;
        end
        else        begin
                statement_2 ;
        end
```

조건(expression)이 참이면("0"이 아니면), 첫 번째 문장 statement_1이 실행된다. 조건이 거짓이면("0", "x", "z"이면) 첫 번째 문장을 실행하지 않는다. else문이 있으면 조건이 거짓이면 else문인 statement_2 문장이 실행될 것이다. 조건문은 조건 표현의 값이 "0"에 대하여 비교하기 때문에 명확한 간략화가 가능하다. 아래의 두 개의 문장 표현은 같은 논리 값을 가진다.

```
if (expression)              // expression이 1이면
if (expression != 0)         // expression이 0이 아니면
```

if-else의 else 부분은 선택적이기 때문에, else가 if문 내에 if문이 올 경우 혼돈이 될 수 있으므로 주의하기 바란다. 들여쓰기를 함으로써 else와 if의 관계를 정리하면 프로그램의 이해를 돕는다.

```
if (index > 0)
```

```
        if (reg_a > reg_b) result = reg_a;
    else                              // else applies to preceding if
        result = reg_b;
```

위의 프로그램 작성 방법이 마음에 들지 않다면, begin-end block statement를 사용하여 적절한 블록으로 표현하여 아래와 같이 사용할 수 있다.

```
    if (index > 0) begin
        if (reg_a > reg_b) result = reg_a;
    end
    else result = reg_b;
```

프로그램 2-4는 if~else 구문을 이용한 4 입력 MUX 회로이다.

```
module mux4 (sel, a, b, c, d, outmux);
    input [1:0] sel;
    input  a, b, c, d;
    output reg  outmux;

    always @(sel, a, b, c, d) begin
          if (sel[1])
               if (sel[0])     outmux = d;
               else            outmux = c;
          else
               if (sel[0])     outmux = b;
               else            outmux = a;
    end
endmodule
```

| 프로그램 2-4 | if~else문을 이용한 4 입력 MUX

3) Case statement

Case문은 여러 병렬 가지(branch)의 하나를 비교하여 실행한다. 이 case문은 다중 결정문(multiway decision)이다. Case문은 if문과 같이 조건에 의해 실행할 문장을 선택하는 것이 아니라, case_item의 값에 따라서 실행 문장을 선택하여 실행한다.

형식 :
```
case ( expression )
    case_item_1 : statement_1 (or function_case_item_1) ;
    case_item_2, case_item_3 : statement_2 (or function_case_item_2) ;
                    ⋮
    default : statement_N(or function_case_item_2) ;
end case
```

Case문은 쓰여진 순서대로 비교되며, 첫 번째 case_item_1이 참이면 statement_1이 실행된다. 첫 번째 case_item_1이 거짓이면 case_item_2를 비교한다. Case_item 가운데 expression과 같은 것이 없으면 default 문장이 실행이 된다.

Case_item은 보통 상수를 사용하며, 식 또는 여러 식을 사용할 시에는 콤마(,)로 분리하여 사용한다. 하나의 case statement에서는 하나의 default statement가 사용된다. 여러 문장을 처리할 경우에는 "begin~end"문으로 묶어야 한다. 주의할 사항은 unsized integer는 case~endcase 표현에 사용하지 말기 바란다.

Casez~endcase 표현은 don't care로서 모든 high impedance "z" 값을 다룬다. Casex~endcase 표현은 don't care로서 모든 high impedance "z"와 unknown logic value "x"를 다룬다. Casex~endcase와 casez~endcase 표현에서는 물음표(?)를 don't care로 사용할 수 있다.

```
module mux4 (sel, a, b, c, d, outmux);
    input [1:0] sel;
    input  a, b, c, d;
    output reg outmux;

    always @(sel or a or b or c or d) begin
        case (sel)
            2'b00: outmux = a;
            2'b01: outmux = b;
            2'b10: outmux = c;
            default: outmux = d;
        endcase
    end
endmodule
```

| 프로그램 2-5 | case~endcase문을 이용한 4 입력 MUX

4) Looping statement(반복문)

반복문에는 4개 형태의 반복문이 있다. 반복문은 문장을 0, 1, 또는 여러 번 수행을 제어하는 것을 의미한다. 한 문장 또는 여러 문장으로 이루어진 블록을 지정한 만큼 조건이 참일 경우에 수행을 반복한다. 반복문의 예약어로는 forever문, repeat문, while문, for문 등이 있다. 여기에서는 for문, repeat문, while문에 대하여 설명한다.

`forever` Xilinx 툴에서는 지원되지 않는다.

`repeat` 고정된 횟수만큼 문장을 반복한다. 표현이 unknown 또는 high impedance로 된다면, "0" 값으로 다루어지므로 반복 수행은 되지 않는다.

`while` 조건 표현이 거짓이 될 때까지 문장을 수행한다. 조건 표현이 거짓이 되면, 문장은 수행하지 않을 것이다.

`for` 3단계 처리에 의해 관계하는 문장의 수행을 제어한다.

a) 반복을 위해 수행되어야 하는 variable의 초기화를 수행한다.
b) 조건 결과가 "0"이면 for-loop를 빠져나올 것이다. 그리고, 결과가 "1"이면, for-loop는 step c가 될 때까지 수행할 것이다. 조건 표현이 unknown 또는 high-impedance 값을 가지면, 그것은 "0"으로 다루어진다.
c) 반복 제어 variable의 값을 갱신하여 step b를 반복하라.

프로그램 2-6은 for문을 이용하여 덧셈과 이동 연산자를 사용하여 곱셈기(multiplier)를 구현하였다. 프로그램 2-7은 repeat문을 이용하여 덧셈과 이동 연산자를 사용하여 곱셈기(multiplier)를 구현하였다. 프로그램 2-8은 while문을 이용하여 덧셈과 이동 연산자를 사용하여 곱셈기(multiplier)를 구현하였다.

```
module multipler_using_for(input_a, input_b, result );
    parameter size = 8, longsize = size*2;
    input       [size:1]      input_a, input_b;
    output reg [longsize:1] result;

    reg [longsize:1] shift_a, shift_b;
    integer i;

    always @( input_a, input_b )
```

| 프로그램 2-6 | For문을 이용한 곱셈기

```
    begin : multipler_for
        shift_a = input_a;
        shift_b = input_b;
        result = 0;
        //
        for( i=0 ; i<size; i++) begin
            if ( shift_b[1])  result = result + shift_a;
            shift_a = shift_a << 1;
            shift_b = shift_b >> 1;
        end
    end
endmodule
```

| 프로그램 2-6 | For문을 이용한 곱셈기 *(계속)*

```
module multipler_using_repeat(input_a, input_b, result );
    parameter size = 8, longsize = size*2;
    input         [size:1]      input_a, input_b;
    output reg [longsize:1] result;

    reg [longsize:1] shift_a, shift_b;

    always @( input_a, input_b)
        begin : multipler_repeat
            shift_a = input_a;
            shift_b = input_b;
            result = 0;
            //
            repeat (size) begin
                if ( shift_b[1])  result = result + shift_a;
                shift_a = shift_a << 1;
                shift_b = shift_b >> 1;
            end
    end
endmodule
```

| 프로그램 2-7 | Repeat문을 이용한 곱셈기

```
module multipler_using_while(input_a, input_b, result );
    parameter size = 8, longsize = size*2;
    input       [size:1]     input_a, input_b;
    output reg [longsize:1] result;

    reg [longsize:1] shift_a, shift_b;
    integer iteration ;

    always @( input_a, input_b )
    begin : multipler_while
        shift_a = input_a;
        shift_b = input_b;
        result = 0;
        iteration = size;
        //
        while ( iteration ) begin
            if ( shift_b[1]) result = result + shift_a;
            shift_a = shift_a << 1;
            shift_b = shift_b >> 1;
            iteration = iteration - 1;
        end
    end
endmodule
```

| 프로그램 2-8 | While문을 이용한 곱셈기

5) Procedural timing controls

Verilog HDL은 procedural statements에서 두 형태의 명확한 시간 제어(timing control)를 가진다. 첫 번째 형태는 지연 제어(delay control)이다. 문장을 만나고 실제로 수행될 때의 시간(time duration)을 규정한다. 지연(delay) 표현은 회로 상태의 동적 기능이다. 그러나, 단순한 수이며, 시간에 맞추어 문장을 수행한다. 지연 제어(delay control)는 시뮬레이션 입력 파형(stimulus waveform)을 표현할 때 중요한 특징이다.

시간 제어(timing control)의 두 번째 형태는 사건 표현(event expression)이다. 사건 표현(event expression)은 procedure 내에 발생하는 신호들의 변화(event)가 일어날 때까지 기다렸다가 수행한다. 대부분, 사건 제어(event control)는 clock 신호의 상승 edge 또는 하강 edge이다.

Delay control

지연 제어(delay control)를 갖는 procedural statement는 정의된 지연(delay)에 의해 지연 제어(delay control) 이전의 procedural statement 관해 수행이 지연된다. 지연(delay) 표현이 음수를 가지면, 시간 변수(time variable)로서 같은 크기의 2의 보수인 부호가 없는 정수(unsigned integer) 값으로 해석된다. 파라미터(parameters)가 지연(delay) 표현에 쓰여 질 수도 있다. 아래의 코드는 10 시간 단위 지연을 수행한다.

```
#10 reg_a = reg_b;
```

아래 실행 코드는 수식 표현의 값에 의해 정해진 시뮬레이션 시간만큼 지연한다.

```
parameter d = 10, e=20;
#d          reg_a = reg_b;       // d is defined as a parameter
#((d+e)/2) reg_a = reg_b;       // delay is average of d and e
#reg_r      reg_r = reg_ + 1;    // delay is the value in reg_r
```

Event control(@)

Procedural statement의 실행은 net, variable의 변화 또는 선언된 event의 발생과 동기화될 수 있다. Net 또는 variable의 변화 값은 문장의 실행을 촉발(trigger)하는 event로서 사용될 수 있다. 이것은 암시적인(implicit) event 검출(detecting)로서 알려졌다. event는 변화의 방향에 기초하고 있다. 논리 값 “0”에서 논리 값 “1”로 변하면 상승 에지(posedge) 또는 논리 값 “1”에서 논리 값 “0”으로 변하면 하강 에지(negedge)라 한다. 상승 에지 event 그리고 하강 에지 event의 동작은 다음과 같이 정리된다.

- **하강 에지(negedge)** : 논리 값 “1”에서 논리 값 “x”, “z”, 또는 “0”의 변화 검출 그리고 논리 값 “x” 또는 “z”에서 논리 값 “0”의 변화 검출
  표현 : `@( negedge clk )`

- **상승 에지(posedge)** : 논리 값 “0”에서 논리 값 “x”, “z”, 또는 “1”의 변화 검출 그리고 논리 값 “x” 또는 “z”에서 논리 값 “1”의 변화 검출
  표현 : `@( posedge clk )`

표현이 1-bit 이상의 값을 평가한다면, edge의 변화는 LSB의 변화를 검출할 것이다. 식 표현 결과의 LSB의 값에서 변화가 없는 피연산자의 값의 변화는 edge로서 검출되지 않는다. event 논리적 or 연산자 대신하여 콤마(,)의 사용을 보여주고 있다.

아래의 표현은 edge 제어문의 예이다.

```
// reg r 신호의 값 변화에 의해 제어
@r reg_a = reg_b;
// clock 신호의 상승 에지에 의해 제어
@( posedge clock ) reg_a = reg_b;
```

아래의 표현은 논리적 or 연산자의 사용에 대해 보여준다.

```
@(trig or enable) reg_a = reg_b;    // trig 또는 enable 신호에 의해 제어
@(posedge clk_a or posedge clk_b or trig) reg_a = reg_b;

always @( a, b, c, d, e)
always @( posedge clk, negedge rstn)
always @( a or b, c, d or e)
```

2.2 Structural Modeling(구조적 모델링, 구조적 수준 모델링)

Verilog HDL은 모듈 내에 다른 모듈을 가지는 계층적 하드웨어 표현 구조(hierarchical hardware description structure)를 지원한다. 상위 레벨의 모듈(Higher-level modules)은 하위 레벨의 모듈(lower-level module)의 instance를 만들고 입력 포트(input port), 출력 포트(output port), 그리고 양방향 포트(bidirectional port)를 통하여 모듈들 간 통신을 한다. 이들 모듈의 입출력 포트들은 scalar 또는 vector가 될 수 있다.

계층적 모듈의 예로써 하나의 임의의 시스템을 생각하자. 이 시스템은 여러 개의 PCB (Printed Circuit Board)로 이루어진다. 시스템은 최상위 계층(top-level)의 모듈로 표현되고, 최상위 모듈은 PCB를 표현하는 모듈의 instance를 이용하여 만들어 질 것이다. PCB 모듈은 IC를 표현하는 모듈의 instance를 이용하여 만들 것이다. 그리고 IC 모듈은 filp-flop, mux, 그리고 ALU 등을 이용한 모듈의 instance로 만들 것이다.

모듈의 계층을 표현하기 위하여, 사용자는 여러 모듈의 정의를 제공한다. 하나의 모듈 정의에 다른 모듈의 정의를 할 수 없다. 즉 모듈을 중첩하는 것을 허용하지 않는다. 모듈 정의 내의 문장들은 모듈의 instance를 만들고, 그리하여 계층적인 구조를 표현한다.

2.2.1 Modules

이 절은 모듈 정의와 모듈 instantiation의 예를 통하여 모듈 정의 및 모듈 사례(instantiation)을 위한 공식적인 문법을 설명한다. 모듈의 정의는 키워드 "module"로 시작하여 "endmodule"로 끝이 난다.

키워드 모듈 다음에 오는 식별자(identifier)는 정의된 모듈의 이름이 될 것이다. 파라미터(parameter) 정의의 선택 목록은 모듈을 위한 파라미터의 순서화된 목록(ordered list)으로 규정한다. 포트의 선택 목록 또는 포트 선언은 모듈을 위한 포트의 순서화된 목록으로 규정한다. Module_parameter_port_list 및 포트의 목록(the list of ports)에서 파라미터의 목록을 정의할 때 사용되어지는 순서는 모듈을 사례(instantiation)를 보여줄 때 중요한다. 이 목록에서의 식별자(identifier)들은 모듈의 정의 내에서 입력(input), 출력(output) 그리고 입출력(inout) 문장으로 선언될 것이다. 포트 선언 목록에 선언된 포트들은 모듈의 몸체(body of the module) 내에서는 재선언되지 않는다. 모듈 아이템(module item)들은 많은 다른 형태 선언과 정의를 포함하는 모듈을 구성하는 것을 정의한다.

1) Top-level modules

최상위 모듈(Top-level modules)은 소스를 포함하는 사례(instantiation)되지 않는 모듈이다.

2) Module instantiation

사례(instantiation)는 하나의 모듈에 다른 모듈의 복사본을 합하여 통합하도록 한다. 모듈의 정의는 중첩되지 않는다. 즉, 하나의 모듈 정의는 module~endmodule 키워드 쌍 내에 다른 모듈 정의를 포함하지 않는다. 모듈 정의는 다른 모듈을 사례(instantiation)함으로써 중첩한다. 모듈 사례(instantiation) 문장은 하나 또는 그 이상의 정의된 모듈의 named instances 만든다.

예를 들면, 계수기 module(conuter module)은 flipflop의 복수 instance를 만들어 D flip flop 모듈을 사례(instantiation)할 수 있다. 모듈의 사례(instantiation)는 범위 규정(range specification)을 포함할 수 있다. 이것은 instance의 배열이다. 하나 또는 그 이상의 모듈 instance는 하나의 모듈 instantiation 문장 내에 규정될 수 있다. 포트 연결 목록은 포트와 함께 정의된 모듈들에 대하여 제공될 것이다. 괄호는 항상 요구된다.

프로그램 2-9는 nor 게이트를 이용한 RS Latch 회로로 기본적인 구조적 표현을 보여주고 있다.

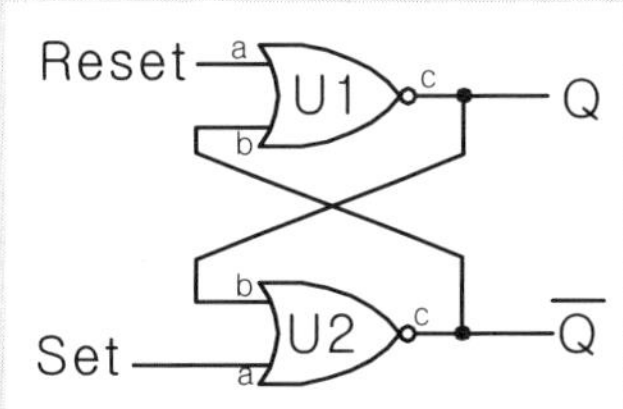


```
module rs_latch_nor_gate(set, reset, q, qb) ;
      input  set,  reset;
      output  q,  qb;

      // 이름 결합
      nor_gate u1( .in1(qb), .in2(reset), .out(q) );
      nor_gate u2( .in1(q), .in2(set), .out(qb) );
endmodule
//------------------------------------------------------------
module nor_gate(in1, in2, out) ;
      input in1, in2;
      output out;

      assign out = ~ (in1 | in2);
endmodule
//------------------------------------------------------------
```

| 프로그램 2-9 | RS latch의 구조적 표현

포트 연결 목록은 순서화된 포트 연결 방법을 사용하므로 이루어진다. 목록의 첫 번째 요소는 모듈에 선언된 첫 번째 포트와 연결할 것이다. 두 번째 요소는 두 번째 포트와 연결할 것이다. 연결은 간단한 참조로 variable 또는 net 식별자, 표현 또는 공백이 될 수 있다. 표현은 모듈 입력 포트에 값을 공급하는 것으로 사용될 수 있다. 공백 포트 연결은 포트가 연결되지 않은 곳의 상황을 표현할 것이다.

이름에 의한 포트 연결(connecting ports by name)일 때, 연결되지 않은 포트는 포트 목록에 생략되거나 괄호에 표현이 제공되지 않는다.

- 순서에 의한 연결

```
nor_gate u1( qb, reset, q );
```

- 순서에 의한 연결의 생략 신호

```
nor_gate u1( qb,  , q );
```

- 이름에 의한 연결

```
nor_gate u2( .in1(qb), .in2(reset), .out(q) );
```

■ 이름에 의한 연결의 생략 신호

```
nor_gate u2( .in1(qb), .in2( ), .out(q) );
```

3) Generated instantiation

Verilog HDL을 이용한 회로 설계의 문법적 분석을 한 후, 그러나, 시뮬레이션 시작 전에, 설계회로는 정의된 모듈과 연결되어 instantiated 모듈을 가져야 하고 여러 모듈들 사이의 파라미터 그리고 계층적 참조를 가져야만 한다.

Generate문에 사용되는 변수 선언을 위한 genvars는 단지 generate instantiation의 평가하는 동안 정의된다. 그리고 설계의 시뮬레이션 동안에는 존재하지 않는다. Generate문은 파라미터화된 설계 모델을 만들기에 쉽다. 모든 generate instantiation은 모듈 영역 내에서 코드화되고 키워드 "**generate~endgenerate**"가 필요하다. Generate문은 variable의 선언, 함수, 그리고 태스크(task) 등을 제어할 뿐만 아니라 instantiation도 제어한다.

Generated instantiations은 하나 또는 그 이상이 될 수 있으면 아래 사항들이 instantiation 된다.

- 모듈
- Verilog gate primitives,
- continuous assignment,
- always block

Generated 선언 그리고 사례(instantiation)는 설계에 있어 조건적으로 사례(instantiation)될 수 있다. Generated variable 선언과 사례(instantiation)는 설계에 있어 증가될 수 있다. Generated instances는 유일한 식별 이름을 가지고 계층적으로 참조될 수 있다.

구조적 요소들(structural elements)과 procedural block들 사이의 상호 연결을 지원하기 위하여, generate문은 다음에 오는 Verilog HDL 데이터 형이 generate 영역 내에서 선언되도록 한다.

- net, reg, integer, real, time, realtime, and event.

Generated 데이터 형은 유일한 식별 이름을 가지고 계층적으로 참조될 수 있다.

순서되고 또는 명명된 "parameter = value" assignment 또는 defparam문들에 의해 사용하는 파라미터 재정의는 generate 영역 내에서 선언될 수 있다.

그러나, generate 영역 내 또는 계층적으로 사례(instantiation) 내의 defpram문은 generate 영

역 내에서 또는 계층적으로 사례(instantiation) 내에서 선언된 파라미터의 값을 수정할 것이다.

Task와 function의 선언은 generate 영역 내에서 될 것이다. 그러나 generate 루프 내는 아니다. Generated task와 function들은 유일한 식별 이름을 가질 것이고 계층적으로 참조될 수 있다. Generate문 내에 사용할 수 없는 모듈 선언과 모듈 아이템은 아래의 내용을 포함한다.

- parameters
- local parameters
- input declarations
- output declarations
- inout declarations
- specify blocks

Generated module instances의 연결은 일반적인 module instances를 다루는 같은 방법으로 다루어진다.

Generated statements은 아래의 세 가지 방법 중 하나를 사용하여 만들어진다.

- generate-loop
- generate-conditional
- generate-case

genvar–generate statement index variable

Generate 문에 사용을 위해 선언될 index variable은 키워드 genvar로서 선언될 것이다.

형식 : **genvar gevar_identifer {, genvar_identifer } ;**

Genvar은 genvar가 사용되는 모듈 내에 선언될 것이다. Genvar는 generate 영역 내부 또는 외부에 선언될 수 있다. Genver는 index variable로서 사용하는 generate 루프 내에 사용되는 지역 정수이다. Genver variable의 어떤 비트라도 “X” 또는 “Z”이거나 genvar 음수를 가지면 error가 발생할 것이다. Genvars은 단지 generate 블록의 평가되는 동안 정의되고, Verilog HDL 설계 시뮬레이션 동안에는 존재하지 않는다.

키워드 genvar의 값은 generate 루프에 정의된다. 같은 index variable을 사용하는 두 개의 generate loop는 중첩될 수 없다. Genvar의 값은 파라미터의 값이 참조되는 어떤 곳이라도 참조될 수 있다.

generate-loop

Generate-loop는 하나 또는 그 이상의 variable declarations, modules, gate primitives, continuous assignments, for~loop를 사용하는 다수의 사례(instantiation)하는 always block들이 올 수 있다. Generate for~loop에서 사용되는 index loop variable은 키워드 genvar로서 선언된다.

For~loop 내에서 두 개의 키워드 genvar 할당문은 genvar을 할당할 것이다. 프로그램 2-10은 generate for~loop를 이용한 설계한 2진수를 그레이코드로 변경하는 회로이다. 파라미터의 수정을 통한 사례(instantiation) 시에 bits의 변화를 줄 수 있도록 하였다. 프로그램 2-11은 generate for~loop를 이용하여 설계한 그레이코드를 2진수로 변경하는 회로이다.

```
module gray2bin1 (bin, gray);
    parameter SIZE = 8;        // this module is parameterizable
    output [SIZE-1:0] bin;
    input [SIZE-1:0] gray;
    genvar i;
    generate for (i=0; i<SIZE; i=i+1) begin:bit
        assign bin[i] = ^gray[SIZE-1:i];
    end endgenerate
endmodule
```

| 프로그램 2-10 | Generate for~loop를 이용한 2진수의 그레이코드 변환회로 설계

```
module gray2bin2 (bin, gray);
    parameter SIZE = 8;        // this module is parameterizable
    output [SIZE-1:0] bin;
    input [SIZE-1:0] gray;
    reg [SIZE-1:0] bin;

    genvar i;

    generate for (i=0; i<SIZE; i=i+1) begin:bit
        always @(gray[SIZE-1:i])      // fixed part select
        bin[i] = ^gray[SIZE-1:i];
    end endgenerate
endmodule
```

| 프로그램 2-11 | Generate for~loop를 이용한 그레이코드의 2진수 변환회로 설계

프로그램 2-12와 2-13의 모듈은 Verilog gate primitive를 생성(generate)시키기 위하여 반복문(loop)을 사용함으로써 리플 가산기의 모듈을 파라미터화 했다. 프로그램 2-12는 generate-loop의 바깥에서 gate primitive들 사이의 연결을 위하여 2차원 net 선언을 사용한다. 프로그램 2-13은 loop의 각 반복을 위한 gate primitive들의 연결을 위한 wire들을 생성(generate)시키기 위하여 generate- loop 내에 net 선언을 한다.

프로그램 2-12는 Generate-loop 외부에 2차원 net 선언을 갖는 리플 가산기 회로이다. 프로그램 2-13은 Generate-loop 내부에 net 선언을 갖는 리플 가산기 회로이다.

```
module adder_gen1 (co, sum, a, b, ci);
    parameter SIZE = 4;
    output [SIZE-1:0] sum;
    output co;
    input [SIZE-1:0] a, b;
    input ci;
    //
    wire [SIZE :0] c;
    wire [SIZE-1:0] t [1:3];
    //
    genvar i;
    //
    assign c[0] = ci;
    //
    generate
        for(i=0; i<SIZE; i=i+1) begin:bit
            xor g1 ( t[1][i], a[i],    b[i]);
            xor g2 ( sum[i],  t[1][i], c[i]);
            and g3 ( t[2][i], a[i],    b[i]);
            and g4 ( t[3][i], t[1][i], c[i]);
            or g5 ( c[i+1],   t[2][i], t[3][i]);
        end
    endgenerate
    assign co = c[SIZE];
endmodule
```

| 프로그램 2-12 | Generate-loop 외부에 2차원 net 선언을 갖는 리플 가산기

```
module adder_gen2 (co, sum, a, b, ci);
    parameter SIZE = 4;
    output [SIZE-1:0] sum;
    output co;
    input [SIZE-1:0] a, b;
    input ci;
    //
    wire [SIZE :0] c;
    //
    genvar i;
    //
    assign c[0] = ci;
    //
    generate
        for(i=0; i<SIZE; i=i+1) begin:bit
            wire t1, t2, t3;  // generated net declaration
            xor g1 ( t1, a[i], b[i]);
            xor g2 ( sum[i], t1, c[i]);
            and g3 ( t2, a[i], b[i]);
            and g4 ( t3, t1, c[i]);
            or g5 ( c[i+1], t2, t3);
        end
    endgenerate
    //
    assign co = c[SIZE];
    //
endmodule
```

| 프로그램 2-13 | Generate-loop 내부에 net 선언을 갖는 리플 가산기

generate-conditional

Generate-conditional 구문은 "generate~endgenerate" 표현에 기반을 두고 조건적 다음의 사항들을 사례(instantiation)하는 if-else-if generate 구문이다.

- module
- Verilog gate primitives
- continuous assignments
- always blocks

generate-case

Generate case 구문은 많은 case 구문 중 하나를 선택하여 조건적으로 다음의 사항들을 사례(instantiation)하는 구문이다.

- modules
- Verilog gate primitives
- continuous assignments
- always blocks

2.3 Task and Function

Verilog HDL에서 subprogram으로는 function과 task가 있다. 이들은 여러 번 사용되는 동일한 설계 부분을 다시 이용하는 것으로 동작적 표현으로 설계한 module을 이용하는 것과 동일한 결과를 얻을 수 있다. module을 이용한 계층적 구조와 task와 function을 이용한 계층적 구조의 가장 큰 차이점은 다음과 같을 것이다. module을 이용한 계층적 구조 갖는 설계를 할 경우는 module 별로 하드웨어적으로 분할될 것이다. 반면에, task와 function을 이용한 계층적 구조를 갖는 설계는 개념적으로 분할된다는 점이 차이라 생각된다. module을 이용하든지 task 또는 fuction을 이용한 계층적 구조를 설계를 하면 다음과 같은 장점이 있으리라 생각된다. 첫째, 기능별로 모듈화가 용이하다. 둘째, 자주 사용하므로 자연스런 검정을 통한 설계회로의 신뢰성을 높일 수 있다. 셋째 개발회로의 전체 설계 코드를 줄일 수 있다.

2.3.1 Task와 Function의 공통점과 차이점

Task와 function은 다음과 같은 공통점을 갖는다.

- 디지털 회로 설계에 여러 번 사용되며 설계 블록으로서 다루어진다.
- Task와 function은 모듈에 선언되어야 한다.
- 기본적으로 자기 반복적인(recursive) function과 task는 지원되지 않는다.
- Verilog-2001에서는 키워드 automatic과 함께 사용될 경우 자기 반복 task와 function을 지원한다.

Task와 function은 다음과 같은 차이점을 갖는다.

- Task call은 procedural statement에서만 사용되어지는 반면, function call은 procedural statement뿐만 아니라 continuous assignment statement에서도 사용되어진다.
- Task는 반환 값(return value)을 가지지 않으나 inout port 그리고 output port를 통하여 출력 값을 1개 이상을 가질 수 있으나, fucntion은 input port만 가질 수 있으며 1개 반환 값만 가질 수 있다.
- Ttask는 입력이 없거나, 1개 이상의 신호(argument)를 가질 수 있으나, function은 적어도 1개의 입력 신호를 가져야 한다. 그러나, inout port 또는 output port는 사용할 수 없다.
- Task는 시간 제어(#)와 사건 제어(@) 문장을 가질 수 있으나, function은 이러한 문장을 사용할 수 없다.
- Task는 task 또는 function을 호출할 수 있으나, function은 단지 function만 호출할 수 있다.
- Task 호출은 statement이며, function 호출은 연산자 표현이다. 그러므로 function은 피연산자로 사용되며, 이때 피연산자의 값은 function의 반환 값이 된다.

2.3.2 Tasks

Task의 선언은 module 내에서 이루어져야 한다. adder_using_task task 선언은 1 bit 가산기를 설계하여 선언하였다. 이 선언된 task는 4 bits 가산기를 만들기 위하여 always 구문에서 파라미터의 변화를 가지며 4번 호출이 된다.

```
module adder_using_task (A, B, CIN, S, COUT);
     input [3:0] A, B;
     input CIN;
     output [3:0] S;
     output COUT;
     reg [3:0] S;
     reg  COUT;
     reg  [1:0] S0, S1, S2, S3;
     //
     // 1 bit adder task 선언
     task One_Bit_Adder;
          input        A, B, CIN;
          output       [1:0] C;
          reg          [1:0] C;
```

| 프로그램 2-14 | Task를 이용한 4 bits 가산기

```
        reg         S, COUT;
        //
        begin
            S = A ^ B ^ CIN;
            COUT = (A&B) | (A&CIN) | (B&CIN);
            C = {COUT, S};
        end
    endtask
    //
    always @( A , B , CIN )
    begin
        One_Bit_Adder (A[0], B[0], CIN, S0);
        One_Bit_Adder (A[1], B[1], S0[1], S1);
        One_Bit_Adder (A[2], B[2], S1[1], S2);
        One_Bit_Adder (A[3], B[3], S2[1], S3);
        S = {S3[0], S2[0], S1[0], S0[0]};
        COUT = S3[1];
    end
endmodule
```

| 프로그램 2-14 | Task를 이용한 4 bits 가산기 *(계속)*

2.3.3 Functions

Function의 선언은 module 내에서 프로그램 2-15와 같이 이루어져야 한다. Function인 adder_using_function의 역할은 task와 마찬가지로 one-bit 가산기이다. 이 function은 4bits 가산기를 만들기 위하여 continuous assignment 구문에서 파라미터의 변화를 가지며 4번 호출이 된다.

```
module adder_using_function (A, B, CIN, S, COUT);
    input     [3:0] A, B;
    input     CIN;
    output    [3:0] S;
    output    COUT;
    wire      [1:0] S0, S1, S2, S3;
    //
    // 1-bit adder function 선언
```

| 프로그램 2-15 | Function을 이용한 4 bits 가산기

```
        function signed [1:0] One_Bit_Adder;
            input           A, B, CIN;
            reg             S, COUT;
            begin
                S = A ^ B ^ CIN;
                COUT = (A&B) | (A&CIN) | (B&CIN);
                One_Bit_Adder = {COUT, S};
            end
        endfunction
        //
        assign  S0 = One_Bit_Adder (A[0], B[0], CIN),
                S1 = One_Bit_Adder (A[1], B[1], S0[1]),
                S2 = One_Bit_Adder (A[2], B[2], S1[1]),
                S3 = One_Bit_Adder (A[3], B[3], S2[1]),
                S = {S3[0], S2[0], S1[0], S0[0]},
                COUT = S3[1];
endmodule
```

| 프로그램 2-15 | Function을 이용한 4 bits 가산기 *(계속)*

Chapter_03

Xilinx ISE 8.1i 사용법과 EDA-Lab 3000을 이용한 에뮬레이션

3.1 실습 목적

이 장에서는 Xilinx ISE 8.1i를 사용하여 Verilog HDL을 이용한 디지털 회로 설계를 관리하는 project의 생성과 관리 그리고 시뮬레이션과 에뮬레이션을 통하여 실습의 전체적인 흐름을 파악하도록 한다. 즉, Verilog HDL 코드를 편집하고, 저장, 가져오기 등 HDL editor에 관한 것과 설계된 코드의 기능적인(functional) 관점을 시뮬레이션하기 위한 Synthesis와 실제 시간적인 (timing) 관점 시뮬레이션 및 구현을 위한 Implementation 과정을 설명할 것이다. 그리고 EDA-Lab 3000을 이용한 에뮬레이션 방법에 대하여 설명한다.

3.2 설 명

Verilog HDL 코드로 표현한 2 입력 and gate를 관리하기 위한 project 생성과, Verilog HDL 코드 편집, Verilog HDL 코드의 RTL 레벨 systhesis, 그리고 implementation을 통한 timing 시뮬레이션을 절차에 따라 하도록 한다.

1) Project의 생성

새로운 설계를 위하여 반드시 Project를 생성시켜야 한다. 이 Project는 설계된 파일들의 상호 관계 및 관리를 위하여 아주 중요한 역할을 한다. 다음에 나타나는 그림과 설명을 따라 Project를 생성시키고 시뮬레이션을 하여 보자.

① Xilinx ISE 8.1i 아이콘 그림 3-1(a)를 더블 클릭하여 Xilinx ISE 8.1i 프로그램을 시작한다. 그 결과 Xilinx ISE 8.1i의 초기 화면은 그림 3-1(b)와 같다.

(a) 아이콘

그림 3-1 Xilinx ISE 8.1i Project Navigator의 아이콘과 초기 화면

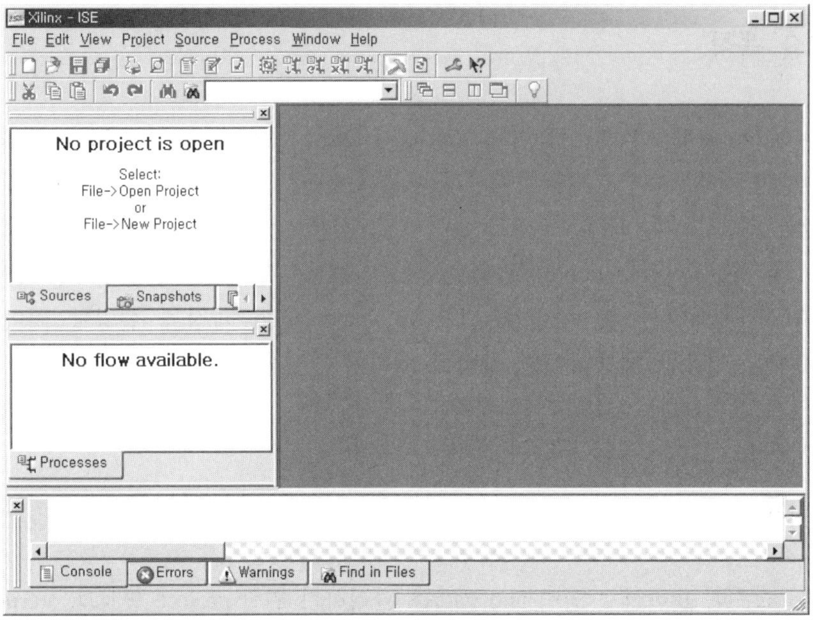

(b) 초기 화면

그림 3-1 Xilinx ISE 8.1i Project Navigator의 아이콘과 초기 화면 *(계속)*

② 그림 3-2와 같은 Xilinx - ISE 초기 화면의 File 메뉴에서 New Project를 실행하면 그림 3-3과 같은 New Project 창이 생성된다.

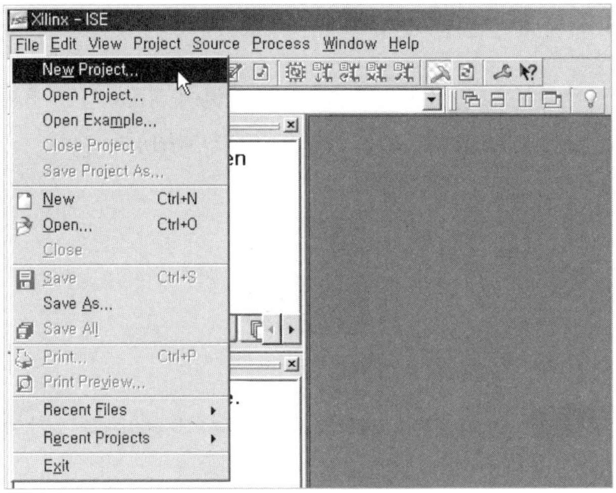

그림 3-2 New Project 메뉴

③ **New Project** 대화 창 첫 번째에서 작업할 디렉토리의 경로와 **Project Name**을 설정하여 보자. 디렉토리의 경로는 ...(Browse) 버튼을 클릭하여 사용자가 원하는 경로(**C:\work 등등**)로 설정할 수 있다. 그림 3-3의 나머지 설정은 다음과 같이 하여 보자.

Project Name => 2input_and_gate
Project Location => **사용자가 원하는 경로**
Top-Level Source Type => HDL

로 선택한 뒤 Next > 버튼을 클릭한다.

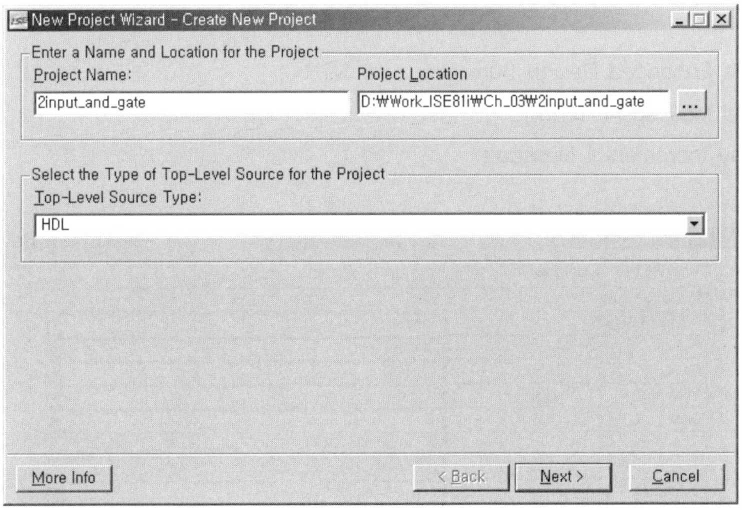

그림 3-3 New Project의 설정, Name, 그리고 Top-Level Source Type 설정

④ **New Project Wizard - Device Properties** 대화 창에서는 Xilinx device의 범주(category), device의 선택과 형태, HDL 및 시뮬레이션 관련 사항을 설정하도록 되어있다. (Xilinx Device는 실제 구현을 위한 FPGA의 칩 번호에 대한 정보를 표현하는데 시뮬레이션만을 위해서는 변화시킬 의미가 없으나, 실제 구현 및 설계한 회로의 크기에 따라 구현 가능한 FPGA의 gate 수가 다르므로 반드시 확인하고 설정해 주어야 한다. 본 계열에서 구입된 실습 장비 Libertron의 EDA-Lab 3000 series에는 기본적으로 Spartan2 XC2S100-PQ208-5C device가 장착되어 있다.) 그림 3-4의 나머지 설정은 다음과 같이 하여 보자. Value 값을 클릭하면 DropDown 메뉴가 생겨난다.

Product Category => General Purpose (All, General Purpose, Automotive, Military/HI-Reliability, Radiation

	Hardened 중 하나 선택)
Family	=〉 Spartan2
Device	=〉 xc2s100
Package	=〉 pq208
Speed Grade	=〉 -5
Top-Level Module Type	=〉 HDL 〈= 앞 화면에서 설정되었음.
Synthesis Tool	=〉 XST (VHDL/Verilog)
Simulator	=〉 Modelsim-XE Verilog
Enable Enhanced Design Summary	=〉 ☑ :
Enable Message Filtering	=〉 ☐ :
Display Incremental Message	=〉 ☐ :

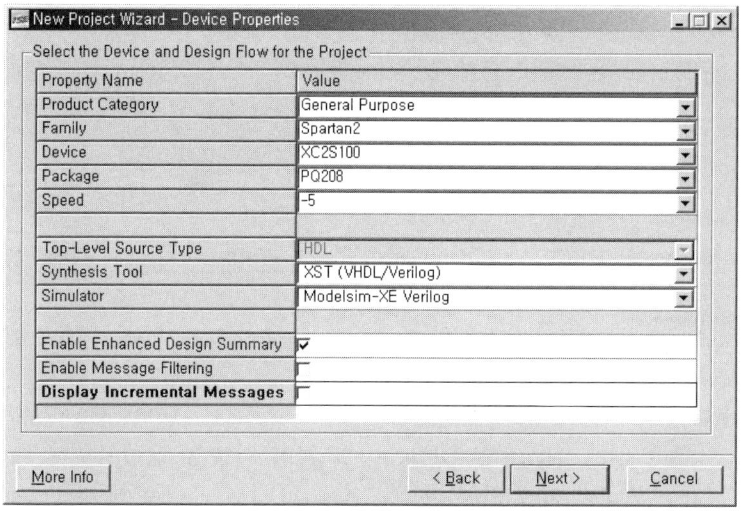

그림 3-4 Xilinx Device Properties 및 시뮬레이션 관련 사항 설정

⑤ **New Project Wizard - Create New Source** 대화상자에서는 project에 포함되는 새로운 source를 만들 수 있도록 한다. 이 대화상자는 선택 사항으로 **Xilinx ISE - Project Navigator** 대화상자의 "**Project → New Source**" 메뉴를 선택하여 새로운 source를 더할 수 있다. 그러므로 여기에서는 [Next >] 버튼을 클릭하여 다음 대화상자 화면으로 넘어가도록 하자.

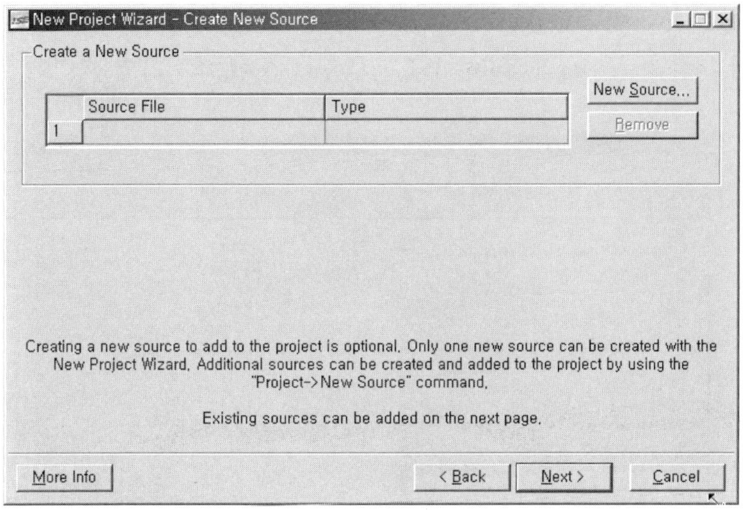

그림 3-5 New Project에 새로운 source 작성을 위한 창

⑥ **New Project Wizard - Add Existing Source** 대화상자에서는 이미 존재하는 source 파일을 project에 첨부되도록 한다. 이 대화상자는 선택 사항으로 **Xilinx ISE - Project Navigator** 대화상자의 "**Project → Add Source**" 또는 "**Project → Add Copy of Source**" 메뉴를 선택하여 이미 만들어진 source를 더할 수 있다. 그러므로 여기에서는 Next > 버튼을 클릭하여 다음 대화상자 화면으로 넘어가도록 하자.

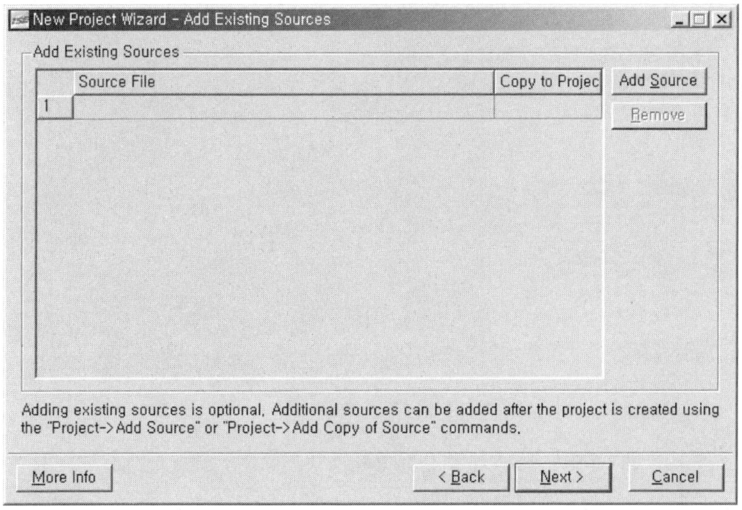

그림 3-6 New Project에 이미 작성된 Verilog HDL source 파일 첨부를 위한 창

⑦ **New Project Wizard - Project Summary** 대화상자는 지금까지 설정된 정보를 보여준다. Finish 버튼을 클릭하면 **Xilinx ISE - Project Navigator** 초기 화면이 나타난다.

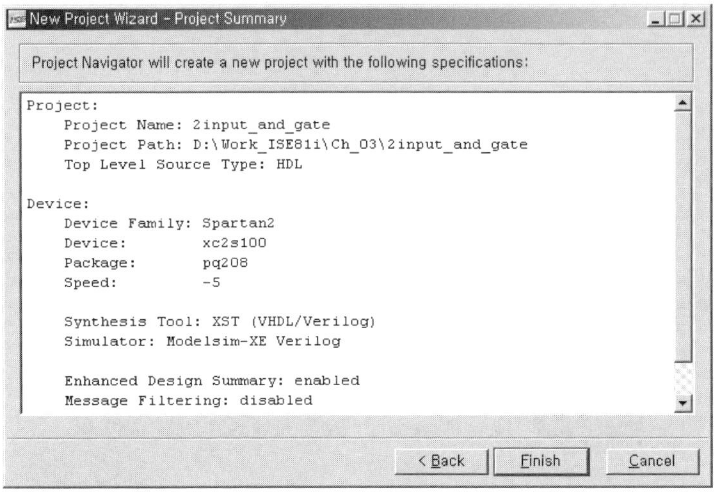

그림 3-7 설정된 정보를 보여주는 Project Summary 대화상자

⑧ 모든 설정이 끝난 **Xilinx ISE 8.1i**의 초기 화면이 나타난다.

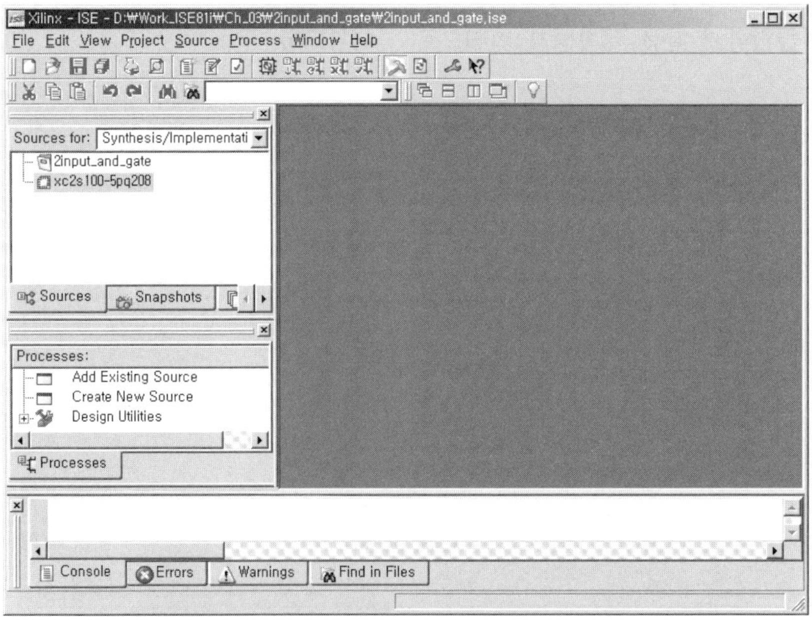

그림 3-8 Device 설정 후의 Xilinx ISE 8.1i 초기 화면

2) Verilog HDL Source 코드 작성

Verilog HDL을 이용한 회로 설계를 위하여 반드시 코딩 작업이 필요하며, 코딩된 source는 저장되어야만 한다. New Project를 만드는 과정에서 새로운 source 코드를 작성하거나 필요에 따라서는 이미 작성된 Verilog HDL source 코드를 가지고 올 수 있다. 여기에서는 새로운 source 코드를 작성하고 이를 Project에 삽입시켜 보자.

① 그림 3-9의 Xilinx ISE - **Project** 메뉴 창에서 **New Source**를 실행하면 그림 3-10과 같은 **New Source Wizard - Select Source Type** 대화 창이 생성된다.

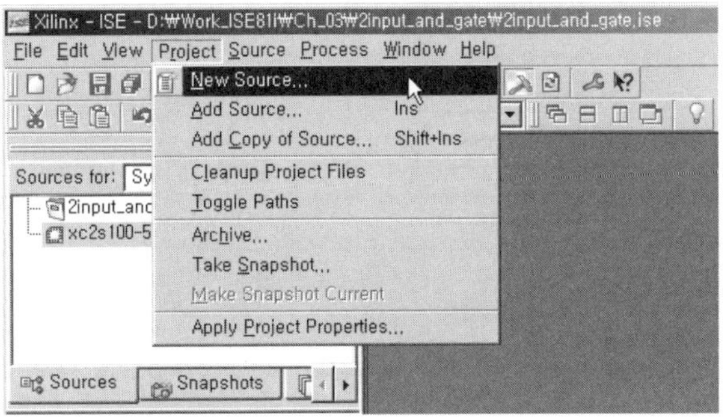

그림 3-9 Xilinx-ISE – Project 메뉴 창

② **New Source Wizard - Select Source Type** 대화 창에서 **Verilog HDL Module**을 선택하고 **"Two_input_and_gate"** 파일 이름을 입력한다. 그리고 반드시 **Add To Project**를 설정하였음을 확인하여 준다. 에디터가 파일을 저장하더라도 파일을 project에 add시켜주지 않으면 수행되지 않으니 주의하도록 한다. 준비를 마쳤으면 [Next >] 버튼을 클릭한다. 그러면, 그림 3-11의 **Define VHDL Source** 대화 창이 생성된다.

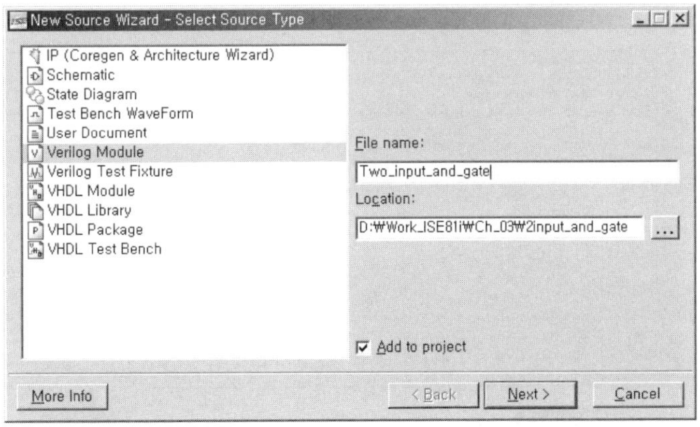

그림 3-10 New Source Wizard – Select Source Type 대화 창

③ **New Source Wizard - Define Module** 대화 창에서 Module Name과 입출력 신호를 정의하기 위한 Port Name과 방향을 설정한다. 이러한 이름들은 이후에 HDL Editor 창에서 수정할 수도 있다. 설정을 마쳤으면 [Next >] 버튼을 클릭하기 바란다. 그러면, 그림 3-12와 같은 **New Source Wizard - Summary** 대화 창이 생성된다.

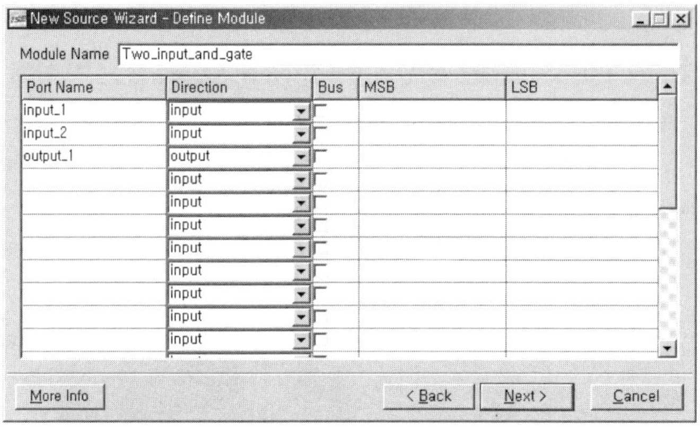

그림 3-11 New Source Wizard – Define Module 대화 창

④ 그림 3-12 **New Source Wizard - Summary** 대화 창에서는 설계하고자 하는 Verilog HDL 소스 코드의 정보를 표시해 준다. 수정할 사항이 있으면 [< Back] 버튼을 클릭한 후 그림 3-11에서와 같이 **New Source Wizard - Define Module** 대화 창에서 변경한 후 [Finish] 버튼을 클릭하면 된다. 모든 정보가 바르게 입력되었으면 [Finish] 버튼을 클릭한다. 그러면, 그림 3-13과 같은 **Project Navigator-HDL Editor**에서 설계하고자 하는 Verilog HDL 코드의 골격을 갖춘 초기 화면이 나타난다.

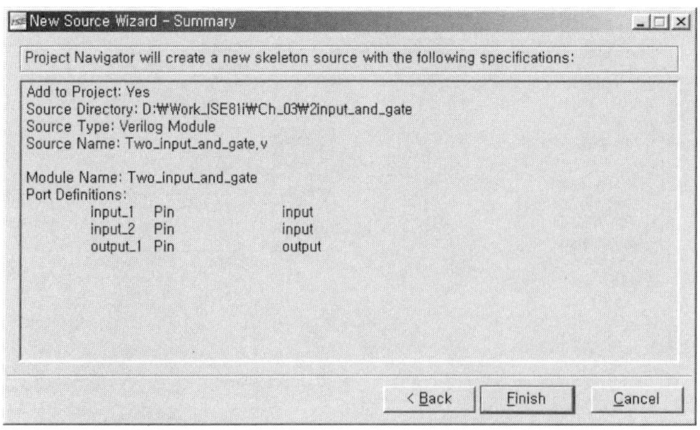

그림 3-12 New Source Wizard – Summary 대화 창

⑤ 그림 3-12 **New Source Wizard - Summary** 대화 창에 나타나는 **Xilinx ISE - HDL Editor** 창에서 그림 3-13과 같이 기본적인 소스 코드의 틀을 자동으로 만들어 준다. 이미 작성된 소스 코드에서 설계하고자 하는 회로 표현의 소스 코드를 추가하거나 변경할 수 있다.

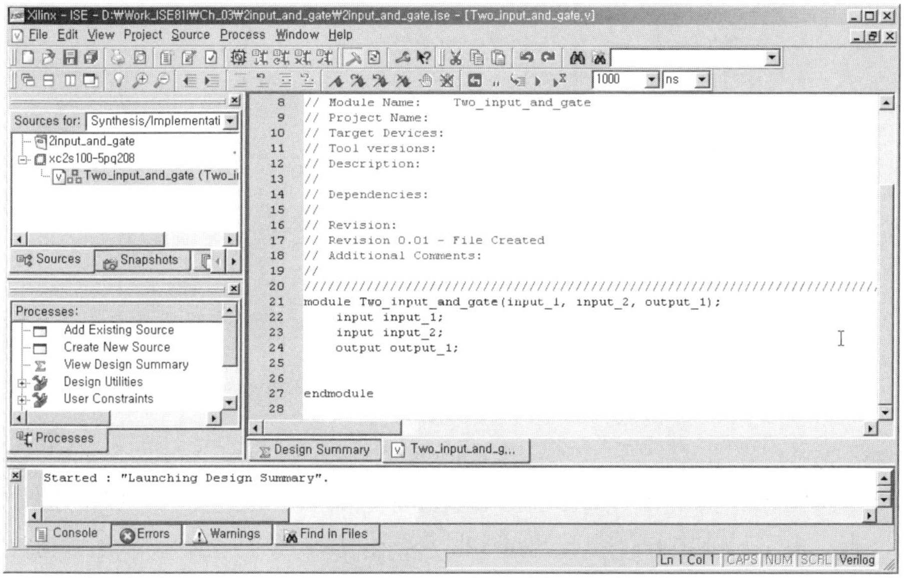

그림 3-13 HDL Editor 초기화면

⑥ 그림 3-13의 HDL Editor 창에서 보여주는 source code에서 module 부분에 설계된 프로그램 3-1의 source와 같이 코딩한다.

```
module Two_input_and_gate(input_1, input_2, output_1);
   input input_1;
   input input_2;
   output output_1;

   assign output_1 = input_1 & input_2 ;

endmodule
```

| 프로그램 3-1 | 2 input and gate의 Verilog HDL source code

⑦ File Menu에서 Save한 후 "**Processes :**" 창의 Synthesize-XST Menu에서 **Check Syntax**를 더블 클릭하여 작성한 소스 코드의 syntax를 확인한다.

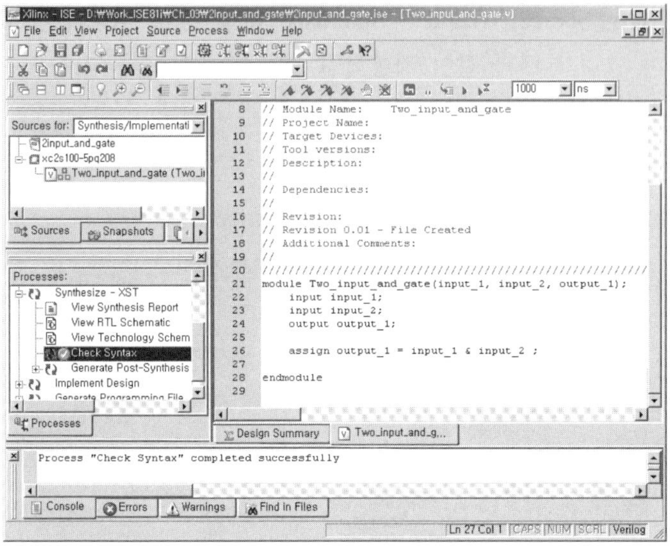

그림 3-14 Synthesize-XST Menu에서 Check Syntax 선택

⑧ Check Syntax가 정상적으로 수행되면 **Console** 창에서 "**Process "Check Syntax" Completed successfully**"라는 메시지가 나타나고 "**Processes :**" 창의 **Check Syntax** 메뉴 앞에 녹색 원의 체크 표시가 나타나게 된다. Syntax에 오류가 있을 경우 소스 코드를 수정하고 그림 3-10의 "**Processes :**" 창의 Synthesize Menu에서 **Check Syntax** 과정을 반복한다.

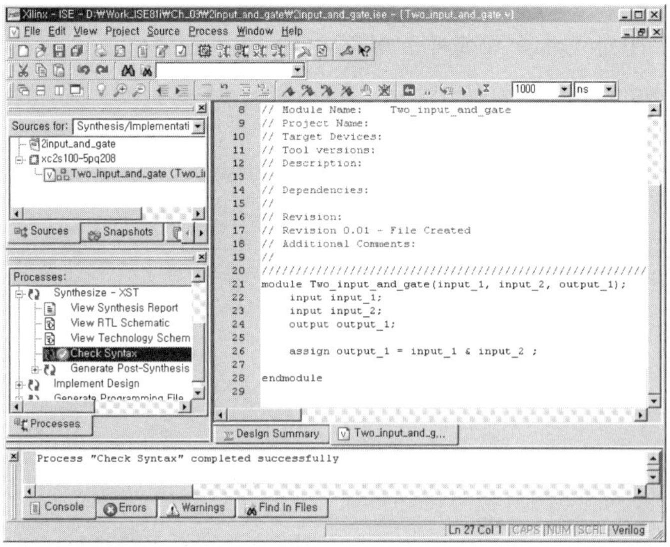

그림 3-15 Synthesize-XST Menu의 Check Syntax 수행 완료

3) Functional Simulation

우리가 설계한 회로가 의도한 대로 동작을 하는지 구현하기 전에 확인할 수 있으면 설계의 debugging 시간과 전체 개발 시간을 단축시킬 수 있을 것이다. 이렇게 설계된 회로의 기능적인 면을 테스트하는 것을 functional simulation이라 한다. 이 functional simulation은 입력 신호에 대한 출력 신호를 기능적인 면만 테스트한다. 이 functional simulation은 시간적인 지연의 개념이 없기 때문에 초보자가 회로의 올바른 설계를 확인할 때 용이하다. 아래의 순서를 따라 functional simulation을 해보자.

① **Check Syntax**에서 에러가 없으면 작성한 소스 코드의 동작을 확인하기 위하여 **Function Simulation**을 수행하여야 한다. 이를 위해 먼저 시뮬레이션 조건을 설정하기 위한 Verilog HDL 코드로 **Test Bench**를 작성하여야 하며 작성된 Test Bench는 Function 시뮬레이션뿐만 아니라 Timing Simulation에서도 그대로 사용할 수 있다. Test Bench를 project에 추가하기 위해 그림 3-16의 **Xilinx ISE - Project** 메뉴 창에서 **Project** 메뉴에서 **New Source**를 실행한다.

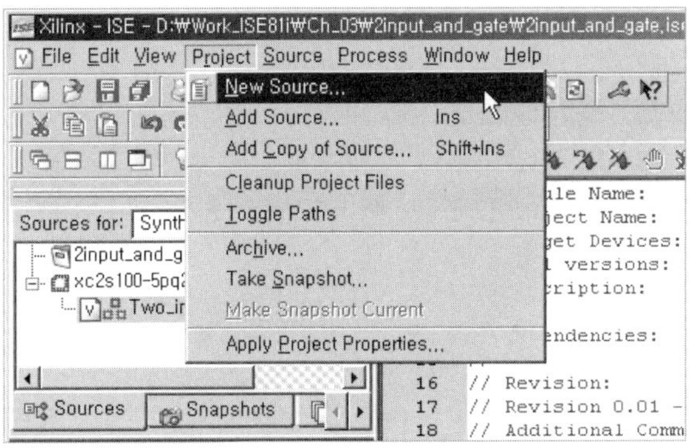

그림 3-16 Test Bench 생성을 위한 Project 메뉴 New Source 선택

② **New Source Wizard - Select Source Type** 대화 창에서 **Verilog Test Fixture**를 선택하고 **"tb_Two_input_and_ gate"** 파일 이름을 입력한 후 **Add To Project**를 설정하였음을 확인하여 준다. Next > 버튼을 클릭한다. 그러면 그림 3-18과 같은 **Select** 대화 창이 나타난다. Test Bench 프로그램임을 구분하기 위하여 **"tb_"**를 접두사로 **"Two_input_and_ gate"** 앞에 붙였다.

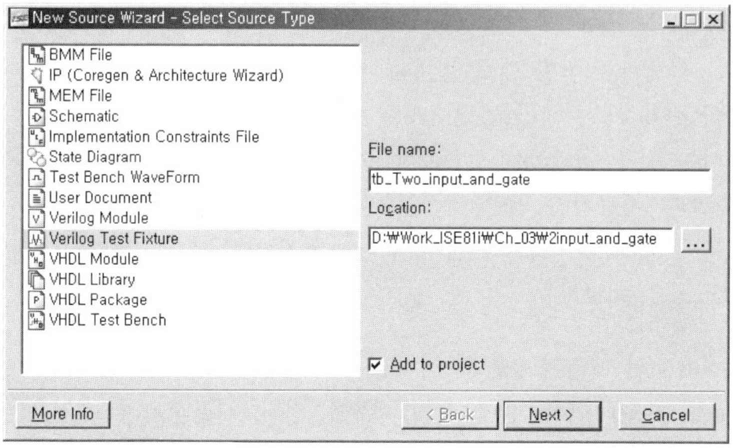

그림 3-17 Test Bench 생성을 위한 New Source Wizard – Select Source Type 대화 창

③ **New Source Wizard - Associate Source** 대화 창에서는 작성할 Test Bench를 시뮬레이션 시에 적용하기 위한 여러 개의 module이 있으면 그 중 하나를 선택하고 [Next >] 버튼을 클릭한다. 그러면 그림 3-19와 같은 **New Source Information** 대화 창이 생성된다.

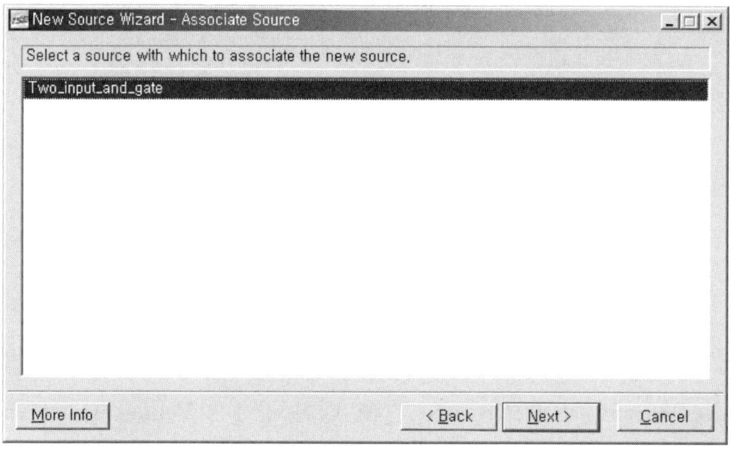

그림 3-18 New Source Wizard – Associate Source 대화 창

④ **New Source Wizard - Summary** 대화 창에서 HDL Editor에 생성될 소스 코드의 정보를 표시해 준다. [Finish] 버튼을 클릭한다.

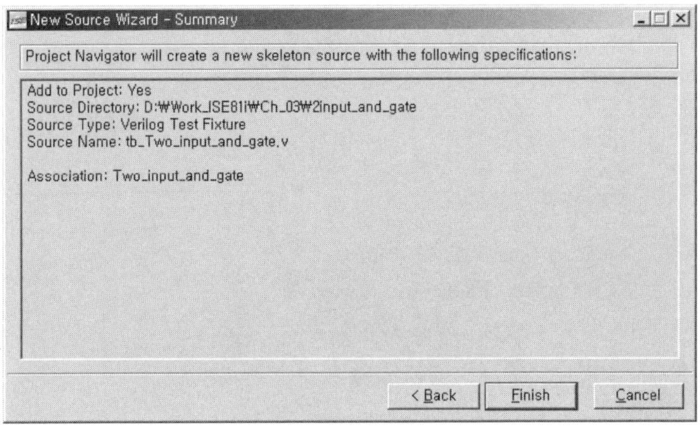

그림 3-19 Test Bench 생성을 위한 New Source Wizard – Summary 대화 창

⑤ 입력한 정보에 따라 **Xilinx ISE**에서 그림 3-20과 같이 Test Bench 소스 코드의 틀을 자동으로 만들어 준다.

```
`timescale 1ns / 1ps

////////////////////////////////////////////////////////////////////////////////
// Company:
// Engineer:
//
// Create Date:   00:02:28 04/23/2006
// Design Name:   Two_input_and_gate
// Module Name:   tb_Two_input_and_gate.v
// Project Name:  2input_and_gate
// Target Device:
// Tool versions:
// Description:
//
// Verilog Test Fixture created by ISE for module: Two_input_and_gate
//
// Dependencies:
//
// Revision:
// Revision 0.01 - File Created
// Additional Comments:
//
////////////////////////////////////////////////////////////////////////////////

module tb_Two_input_and_gate_v;

	// Inputs
	reg input_1;
	reg input_2;

	// Outputs
```

그림 3-20 자동 작성된 Test Bench HDL Editor 초기 화면

⑥ Test Bench HDL Editor 창에서 시뮬레이션 조건 설정을 위해 다음의 source를 coding한다. Test Bench의 1회 실행을 위하여는 **"initial begin~end"** 구문내의 "**// Add stimulus here**" 아래에 **Verilog HDL을 이용하여 코딩을** 하면 된다. 또는 계속적인 반복을 위하여서는 **"always begin~end"** 구문을 새롭게 작성하면 된다.

```
'timescale 1ns / 1ps

////////////////////////////////////////////////////////////////////////////////
// Company:
// Engineer:
//
// Create Date:   00:02:28 04/23/2006
// Design Name:   Two_input_and_gate
// Module Name:   tb_Two_input_and_gate.v
// Project Name:  2input_and_gate
// Target Device:
// Tool versions:
// Description:
//
// Verilog Test Fixture created by ISE for module: Two_input_and_gate
//
// Dependencies:
//
// Revision:
// Revision 0.01 - File Created
// Additional Comments:
//
////////////////////////////////////////////////////////////////////////////////

module tb_Two_input_and_gate_v;
   // Inputs
   reg input_1;
   reg input_2;

   // Outputs
   wire output_1;

   // Instantiate the Unit Under Test (UUT)
   Two_input_and_gate uut (
          .input_1(input_1),
          .input_2(input_2),
          .output_1(output_1)
   );

   initial begin
```

| 프로그램 3-2 | Two input and gate의 시뮬레이션을 위한 Test Bench 코드

```
        // Initialize Inputs
        input_1 = 0;
        input_2 = 0;
        // Wait 100 ns for global reset to finish
        #100;

        // Add stimulus here
        input_2 = 0; input_1 = 0; #100;
        input_2 = 0; input_1 = 1; #100;
        input_2 = 1; input_1 = 0; #100;
        input_2 = 1; input_1 = 1; #100;
    end

endmodule
```

| 프로그램 3-2 | Two input and gate의 시뮬레이션을 위한 Test Bench 코드 *(계속)*

⑦ 시뮬레이션 프로그램을 실행하기 위해서 먼저 **"Source for : XXXX"** 창에서 **"Behavioral Simulation"**을 선택하고 Test Bench 코드인 **"tb_Two_input_and_ gate.v"**를 선택하면 **"Processes :"** 창에 **ModelSim Simulator** 메뉴가 나타난다. 설계된 회로의 동작을 검증하기 위해 **"Simulate Behavioral Model"**을 더블 클릭한다. **ModelSim XE III 6.0d**가 수행이 되어 그림 3-22와 같은 ModelSim XE III 6.0d 초기 화면이 나타난다.

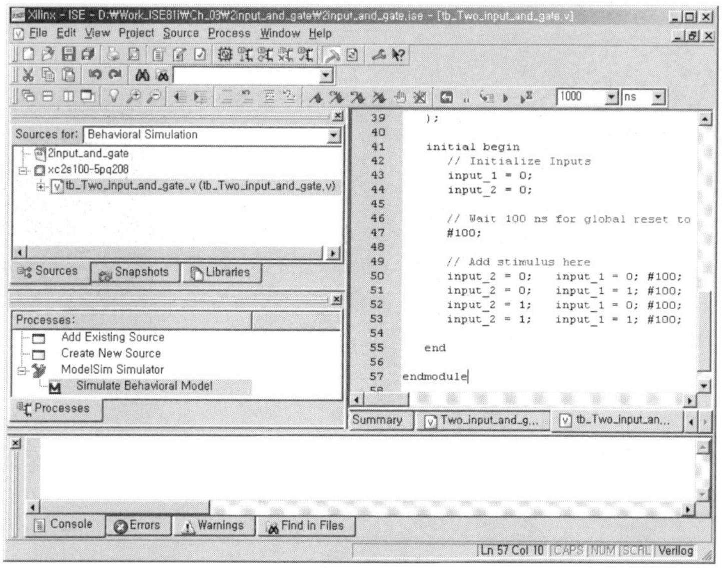

그림 3-21 Simulation Behavioral Model 선택

⑧ 그림 3-22는 "Source for : Behavioral Simulation" 선택과 이때 나타나는 Process 창이다. 여기서 Functional 시뮬레이션을 위하여 Process 창에서 "ModelSim Simulator의 Simulate Behavioral Model"을 더블 클릭하면 ModelSim XE III 6.0d는 시뮬레이션이 수행되면서 그림 3-23과 같이 ModelSim XE III/Starter 6.0d - Custom Xilinx Version 창 내에 4개의 창

- Workspace 창
- Objects 창
- Wave 창
- Transcript 창

이 나타낸다. 시뮬레이션 결과는 Wave 창에 출력이 된다.

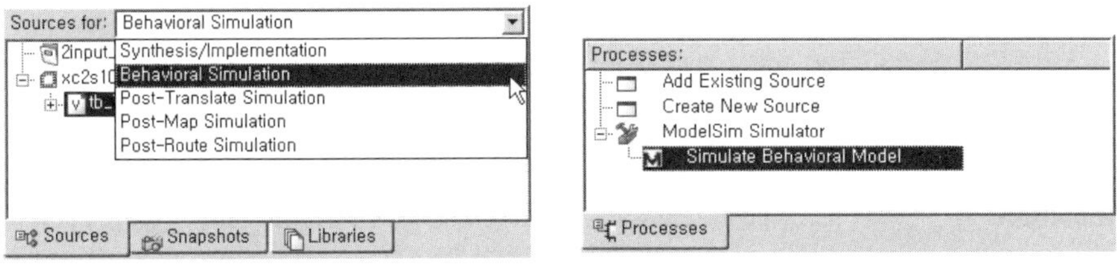

(a) Source for : 선택 창 (b) Process 선택 창

그림 3-22 Source for : Behavioral Simulation 선택 및 Process 창

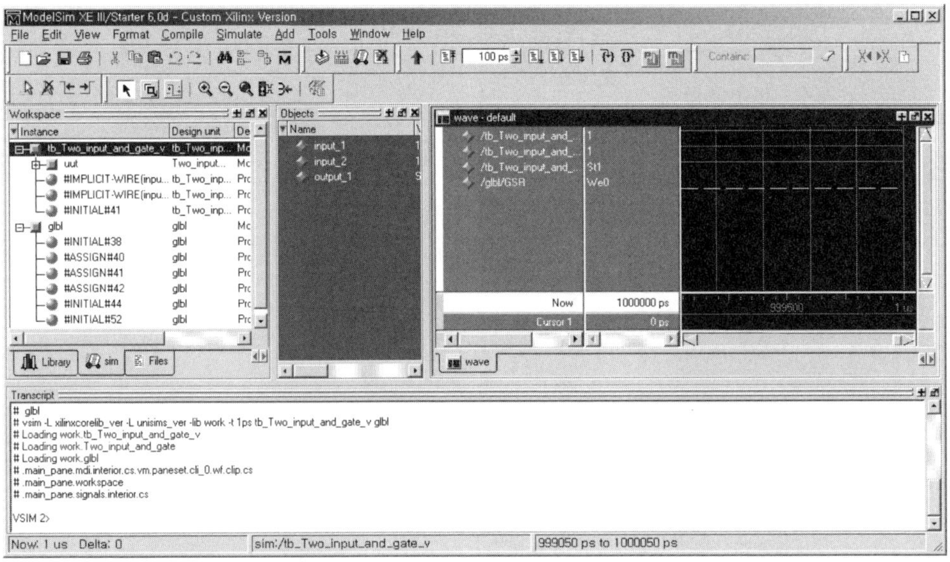

그림 3-23 ModelSim XE III 6.0d의 초기 화면

⑨ Wave 창에서 시뮬레이션 출력 파형을 살펴보기 위해 신호들의 이름을 알 수 있도록 창을 적절히 조절하거나, Wave 창만을 보기 위하여 도킹 기능을 해제하기 위하여 **Dock/Undock pane** 아이콘( )을 click하면 된다. 도킹 기능을 해제한 후, **Zoom Full** 아이콘( )을 클릭하면 그림 3-25와 같이 전체 파형을 Wave 창에 맞추어 출력해 준다. Test Bench HDL Editor에서 작성한 Verilog 코드는 input_1, input_2 두개의 입력 신호는 100 ns 마다 변화가 있도록 되어 있지만, 실제로는 input_1 입력 신호는 100 ns 마다 토글되고 input_2 입력 신호는 200 ns 마다 토글된다.

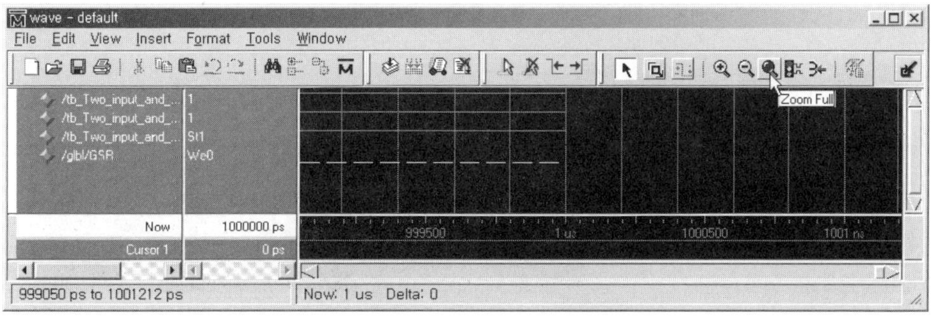

그림 3-24 Zoom Full 선택

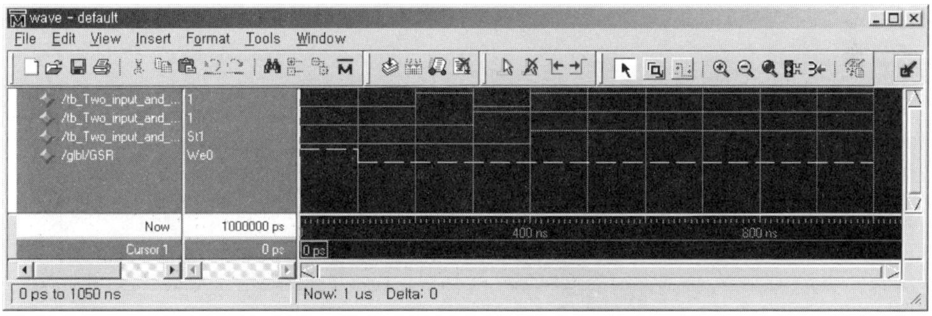

그림 3-25 시뮬레이션 전체 결과 출력 파형

⑩ 출력 파형의 일부 영역을 확대해서 보고자 할 경우 **Zoom Mode** 아이콘( )을 선택한 후 마우스로 선택 영역을 지정하게 된다. 이렇게 하면 선택된 영역만이 Wave 창에 출력되게 되어 자세히 출력 파형을 살펴볼 수 있다. 선택된 영역의 출력 파형을 살펴보면 출력 신호가 입력 신호에 대해 시간 지연 없이 바로 출력을 가짐을 알 수 있다. 이는 **functional simulation**의 경우 논리 소자나 소자간의 배선 지연을 무시하고 소스 코드의 논리적 동작 검증만을 수행하기 때문이다.

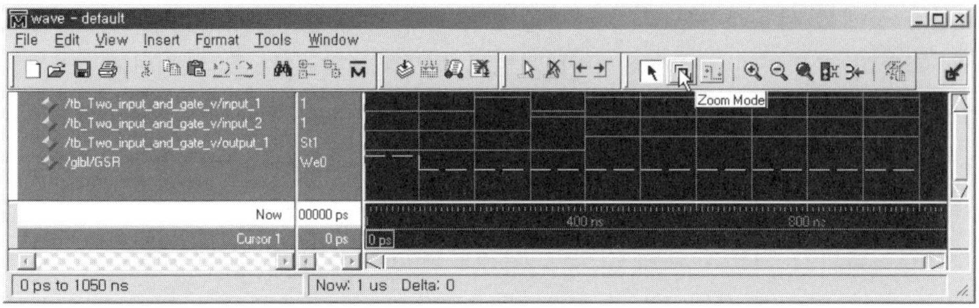

그림 3-26 Zoom Mode 아이콘 선택

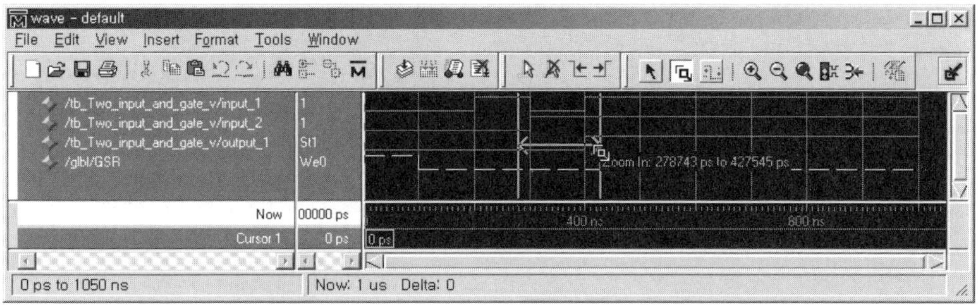

그림 3-27 Zoom Mode에 따른 확대 영역 선택 과정

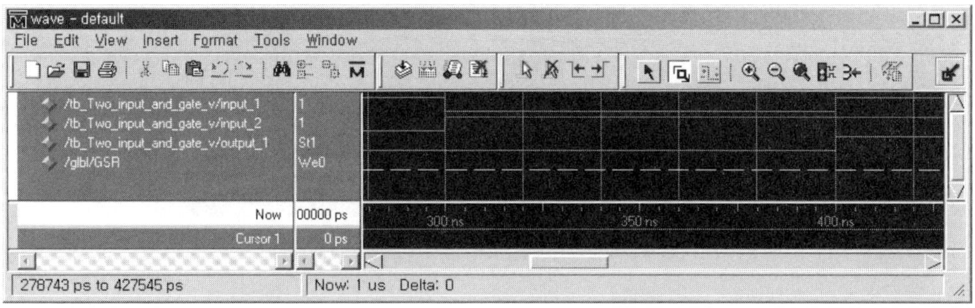

그림 3-28 Zoom Mode에 따른 확대 영역 결과 파형

4) 논리 소자 합성(Synthesis)

① 설계한 Verilog HDL 소스를 논리 소자로 합성하기 위해 "**Source for** : Synthesis/Implemention" 창에서 Two_input_and_gate(Two_input_and_gate.v)를 선택하면 "**Processes** :" 창의 메뉴들이 behavioal Simulation와 달리 변경된다. 여기에서 **Synthesize - XST**를 선택한 후 마우스 오른쪽 버튼을 클릭하여 Properties를 선택한다.

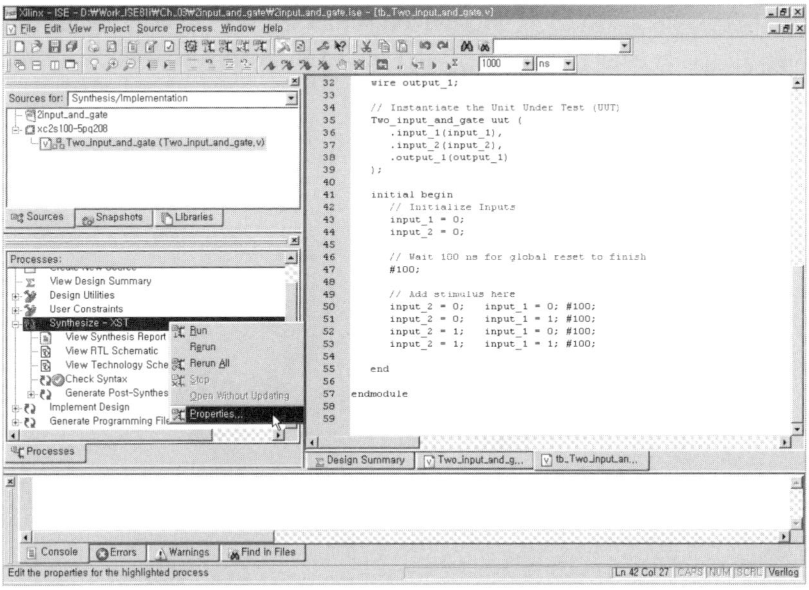

그림 3-29 Synthesize – XST의 Properties 선택

② 그림 3-30의 **Synthesize-XST**의 **Process Properties** 대화 창에서는 **Synthesis** 시에 사용할 **Property Name**의 값을 설정하기 위해 다음 화면이 나타난다. 이 대화 창에서 필요한 옵션을 선택하고 [OK] 버튼을 클릭한다. (Default Value로 설정해도 상관없다.)

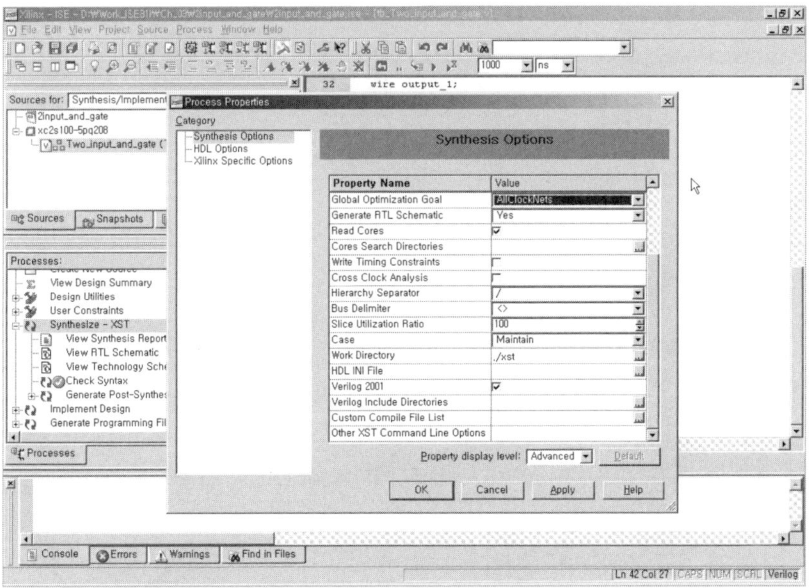

그림 3-30 Synthesize-XST의 Process Properties 대화 창

③ 그림 3-31의 Synthesize-XST의 Process Properties 선택이 끝나면 Synthesis를 실행하기 위해 **"Processes :"** 창에서 **Synthesize** 메뉴를 더블 클릭한다.

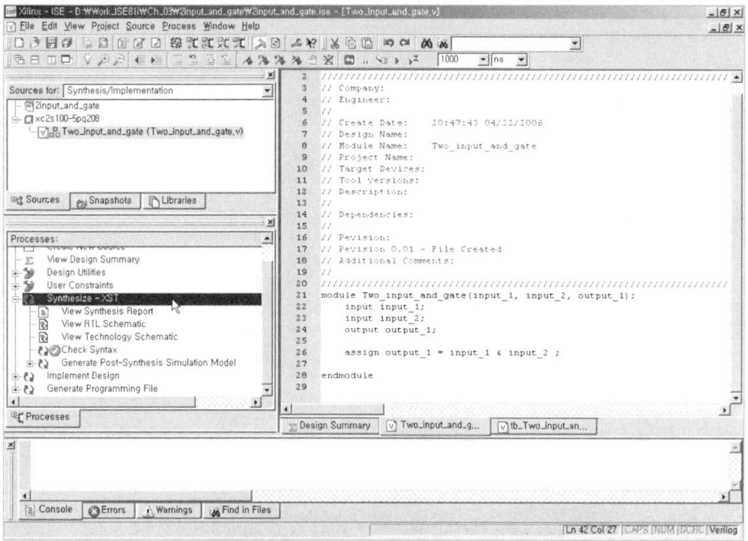

그림 3-31 Synthesize 실행

④ 그림 3-32의 **Synthesize-XST의 Synthesis** 과정이 성공적으로 종료되면 **Console** 창에서 **"Process "Synthesize" Completed successfully"**라는 메시지가 나타나고 **"Processes :"** 창의 Synthesize 메뉴 앞에 **"녹색 바탕의 원에 백색의 체크"** 표시가 나타나게 된다.

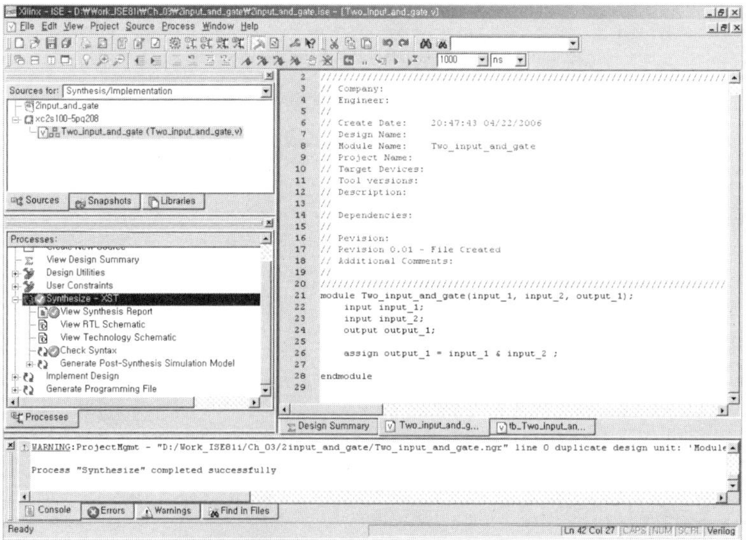

그림 3-32 Synthesize-XST 수행 완료

5) Implementation(구현)

Implementation은 Translate, Map 그리고 Place & Route 과정을 수행한다. 여기서 Translate, Map, Place & Route의 기능은 다음과 같다.

- **Translate :** EDIF 네트리스트를 implementation tool에서 내부적으로 사용하는 format으로 변환하며, design rule의 검토를 수행한다.
- **Map :** 논리회로에 대해 회로의 속도를 높이거나 사용된 게이트 수를 줄이기 위하여 다양한 최적화를 수행한다. 또한 구현하고자 하는 논리회로가 FPGA 내에 존재하는 리소스(CLB, IOB)에 구현될 수 있도록 매핑하는 작업이 이루어진다.
- **Place & Route :** 네트리스트 내의 게이트를 특정 CLB에 할당하고, 그들 간의 상호 연결을 PSM 및 배선을 위해 사용할 수 있는 다른 리소스를 이용해 배선한다.

CLB(Configurable Logic Block)이란?

PSM(Programmable Switch Matrices)과 함께 FPGA를 구성하는 기본 블록이다. 이것은 3개의 LUT(look up table), 2개의 플립플롭 그리고 성능 향상을 위한 약간의 회로로 구성되어진다.

PSM(Programmable Switch Matrices)이란?

CLB의 출력 신호를 이웃한 CLB의 입력으로 전달할 수 있도록 path를 만들어 주는 역할을 한다.

① 논리 소자로 합성된 회로를 FPGA 내부에 구현하기 위해서는 Implementation을 해야 한다. 이를 위해 그림 3-33과 같이 "**Processes :**" 창에서 Implement Design을 선택하고 오른쪽 마우스 버튼을 클릭하여 Properties를 선택하면 그림 3-34와 같이 Implementation 시에 사용할 파라미터를 설정한다.

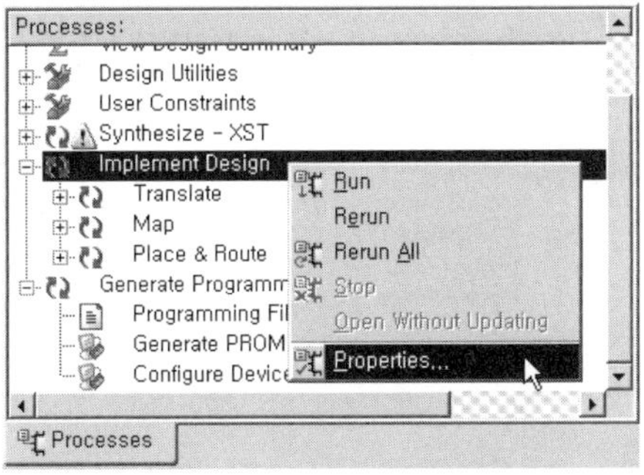

그림 3-33 Implement Design Properties 선택

② 그림 3-34의 Implement Design의 Process Properties 대화 창은 Implementation 시에 사용될 파라미터를 설정하기 위한 화면이다. 이 대화 창에서 필요한 옵션을 선택하고 OK 버튼을 클릭한다. (Default Value로 설정해도 상관없다.)

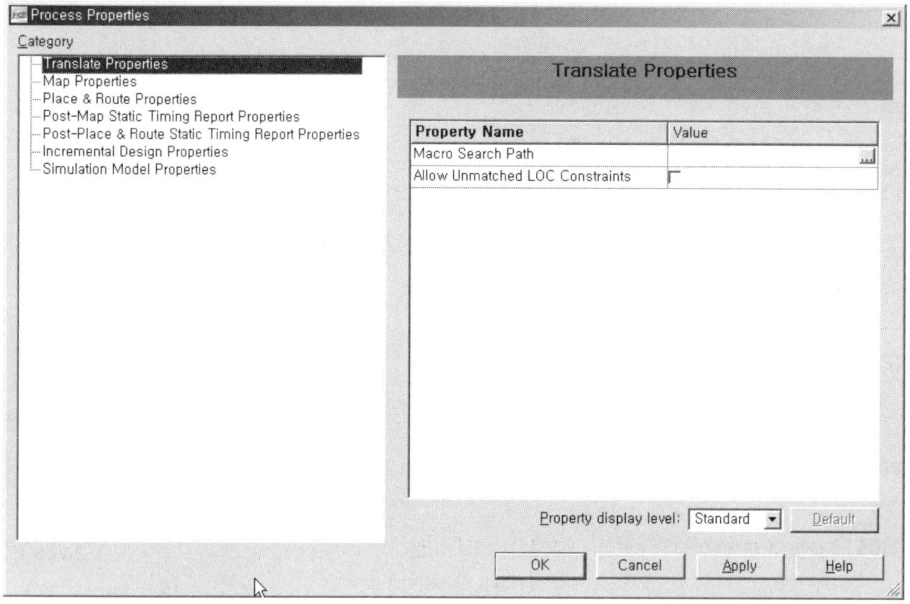

그림 3-34 Implement Design의 Process Properties 대화 창

③ 그림 3-35는 설계된 회로를 FPGA에 구현(Implementation)하기 위한 조건들을 설정하기 위해 **User Constraints** 메뉴에서 **Create Timing Constraints**를 더블 클릭한다.

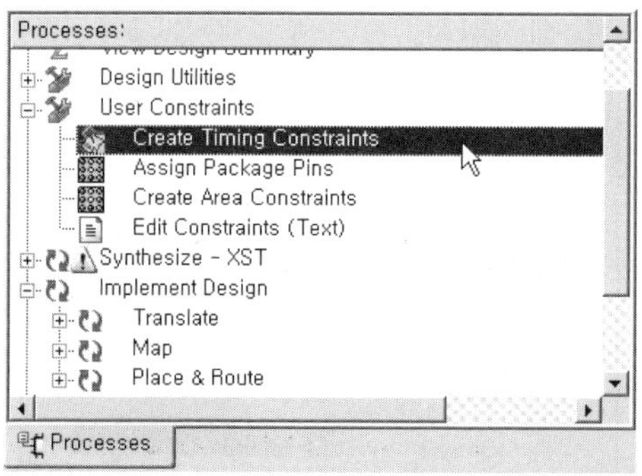

그림 3-35 User Constraint – Create Timing Constraints 실행

④ 그림 3-36은 **Create Timing Constraints**를 수행하기 위해서 Project Navigator에서는 Implement Design 과정의 하나인 Translate를 먼저 수행한 후 Constraint Editor 창을 띄워주게 되므로 약간의 시간이 걸린다. (a)는 *.UCF 파일의 생성을 묻는 Projector Navigator 대화상자이다. (b)는 Xilinx Constraints Editor의 초기 화면이다. Constraints Editor의 Global 창에서는 설계된 회로의 클록 신호에 대한 조건(주기)을 설정해 줄 수 있으며 Implementation 시에 이를 만족하도록 FPGA 내부 회로를 구성하게 된다. 설계된 회로에서는 클록 신호를 사용하지 않으므로 아무런 정보도 표시되지 않는다.

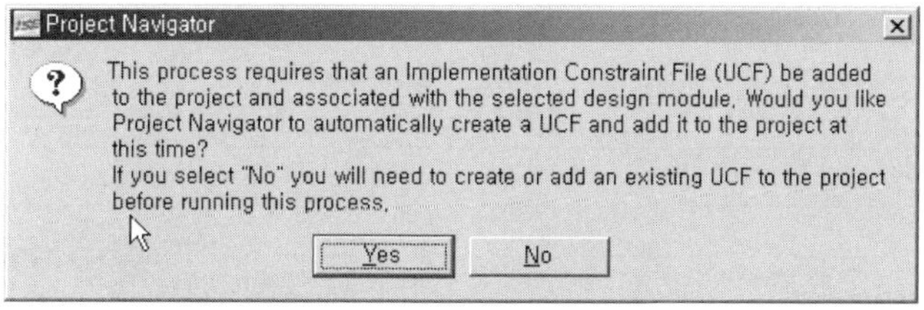

(a) *.UCF 파일의 생성을 묻는 Project Navigator 대화상자

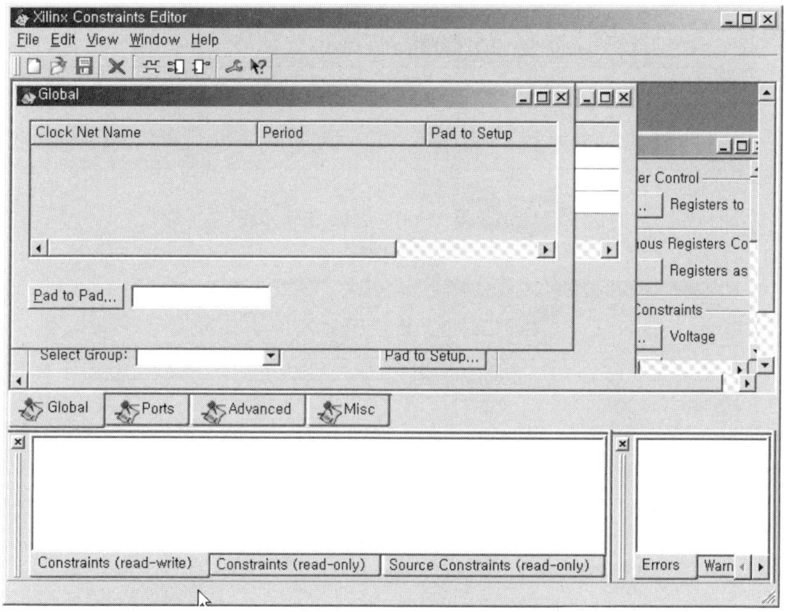

(b) Xilinx Constraints Editor 초기 화면

그림 3-36 입출력 신호 설정을 위한 Xilinx Constraints 화면

⑤ **Xilinx Constraints Editor**의 **Global** 창에서는 설계된 회로의 입출력 신호에 대한

Implementation 조건을 설정해 줄 수 있다. 그림 3-37은 **Xilinx Constraints Editor**의 **Port** 대화 창의 초기 화면이며, 그림 3-38의 **Xilinx Constraints Editor**의 **Port** 대화 창에서 설계된 회로의 입출력 신호를 FPGA 외부와 주고받기 위해서는 각 신호가 입출력되기 위한 FPGA의 핀 번호를 할당하여야 한다. **Port 대화 창**에서 각 입출력 신호에 번호를 할당한 후 이를 저장하고 Constraints Editor 창을 닫는다. 필요에 따라서는 “Processes :” 창에서 User Constraints 메뉴의 Edit Constraint (Text)를 선택하여 그림 3-39와 같이 **HDL Editor**에서 **FPGA** 핀 번호와 입출력 신호에 대한 할당을 직접 타이핑하여도 된다.

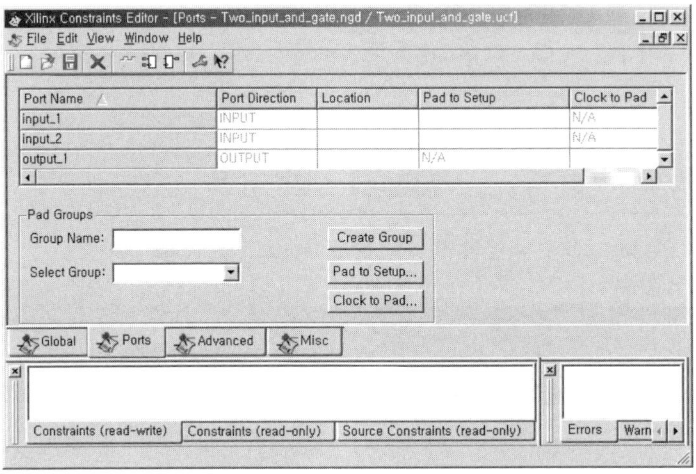

그림 3-37 Ports 정보 출력 화면

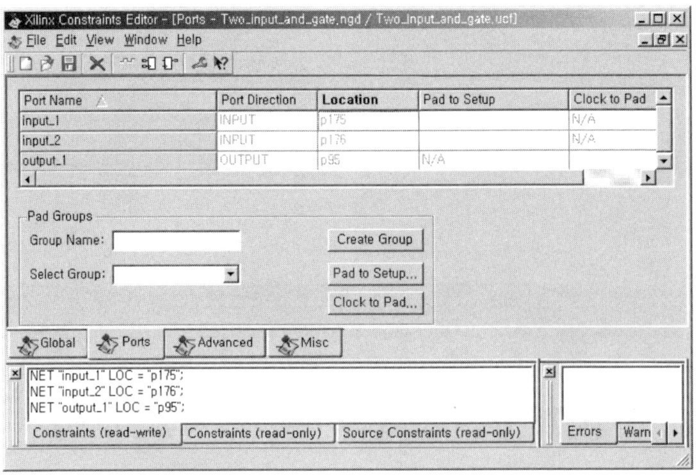

그림 3-38 입출력 신호의 Pin Location 할당

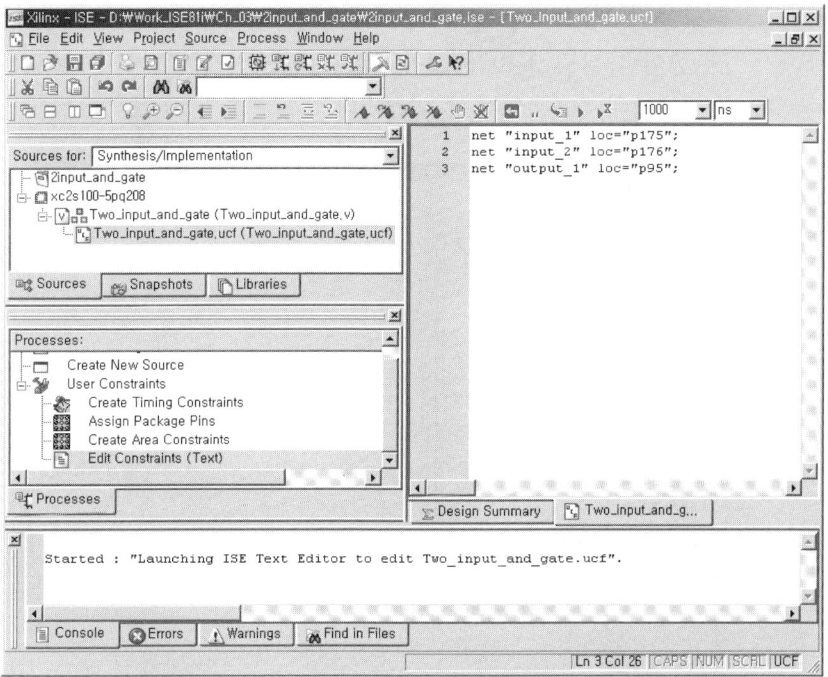

그림 3-39 HDL Editor를 이용한 입출력 신호의 Pin Location 할당

| 표 3-1 | Two input and gate 회로의 emulation을 위한 EDA-Lab 3000의 핀 할당 정보

EDA Lab의 Signal Name	설계된 회로의		각 Connector 간의 케이블 연결 두 핀		XC2S100PQ208의 핀 할당
	입력 신호명	출력 신호명			
FPGA_DOUT0	input_1		JP5-1	JP4-19 JP16-3	p175
FPGA_DOUT1	input_2		JP5-2	JP4-20 JP16-4	p176
FPGA_SIN0		output_1	JP7-1	JP2-41	p95

여기에서 **JP4-19**와 **JP4-20**는 **FPGA**에 좌측에 있는 **connector**를 얘기하고, **JP16-3**와 **JP16-4**는 확장 보드를 결합하기 위해 만든 **connector** 세 개 가운데 두 번째 **connector**를 얘기한다. 이들 connector에 연결된 pin들은 XC2S100PQ208 FPGA의 175번, 176번 핀에 연결되어 있다. 입력 단자로 **JP4-19** 또는 **JP16-3** 그리고 **JP4-20** 또는 **JP16-4** 중 어느 하나를 사용하면 된다. **JP5, JP6**는 **PC**에서 가해지는 신호가 **EDA-Lab 3000**으로 입력되는 **control data connector**이고, **JP6, JP7**은 설계회로의 확인을 위한 출력 신호 확인 위한 **status data monitoring connector**이다. (그림 3-50 *EDA-Lab 3000 보드 사진 참조.)

⑥ Translate를 재시작하기 위해 Implement Design 메뉴의 Translate를 마우스로 클릭한 후 Translate가 수행중이면 그림 3-40과 같이 Translate를 선택하고 마우스 오른쪽 버튼을 클릭해 Stop을 선택하여 Translate를 중지시킨다.

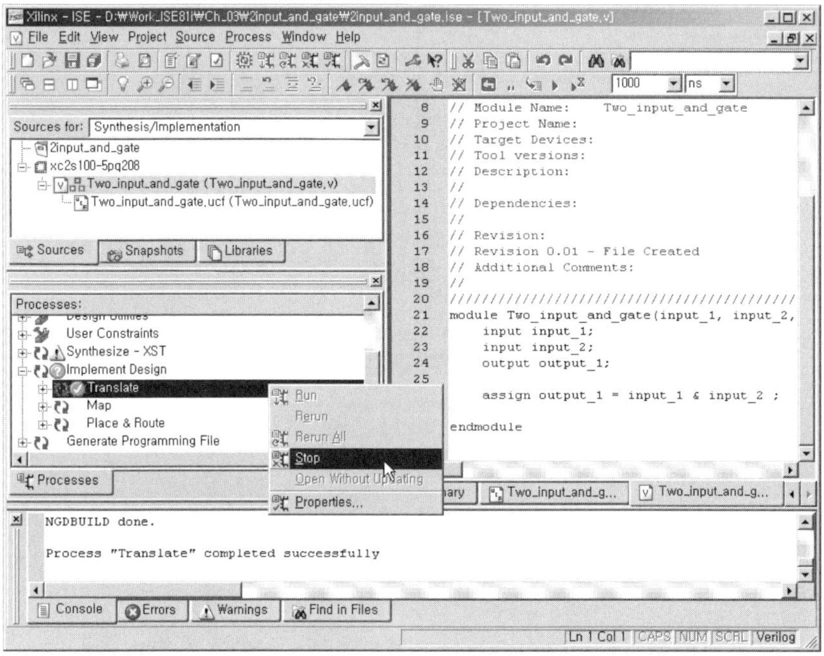

그림 3-40 Translate 중지 선택

⑦ 그림 3-41은 Translate 재시작 선택 창이다. Translate를 재시작하기 위해 Translate를 마우스로 클릭한 후 오른쪽 버튼을 클릭하여 Rerun을 선택한다.

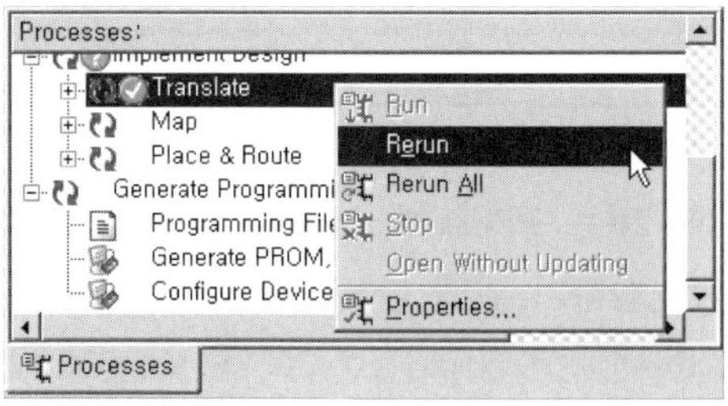

그림 3-41 Translate 재시작 선택

⑧ 그림 3-42와 같이 Translate 과정이 성공적으로 완료되면 Console 창에 "**Process "Translate" completed successfully**"와 같은 메시지가 출력된다.

그림 3-42 Translate 수행 완료

⑨ Implement Design 과정의 나머지 Implementation을 진행하기 위해 "Processes :" 창에서 **Implement Design**을 더블 클릭한다.

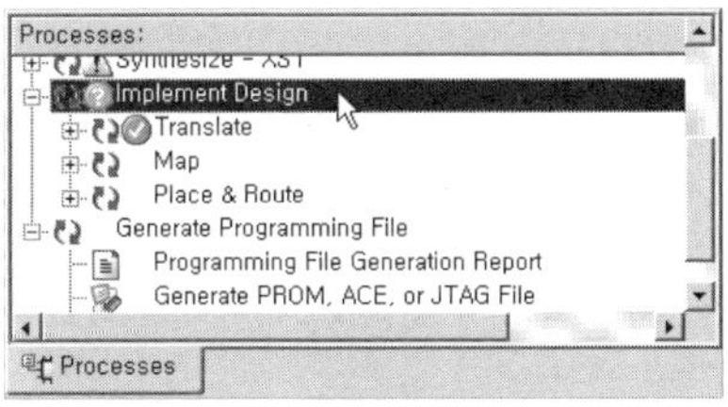

그림 3-43 Implement Design 실행

⑪ 그림 4-44는 Implement Design 메뉴의 Implementation 과정을 성공적으로 종료한 화면이다. 이때 Console 창에서 "**Process 'Generate Post-Place & Route Static Timing" completed successfully**"라는 메시지가 나타나고 "**Processes :**" 창의 Implement Design 메뉴 앞에 녹색 바탕의 원에 흰색의 체크 표시 또는 노란 색의 느낌표가 나타나게 된다.

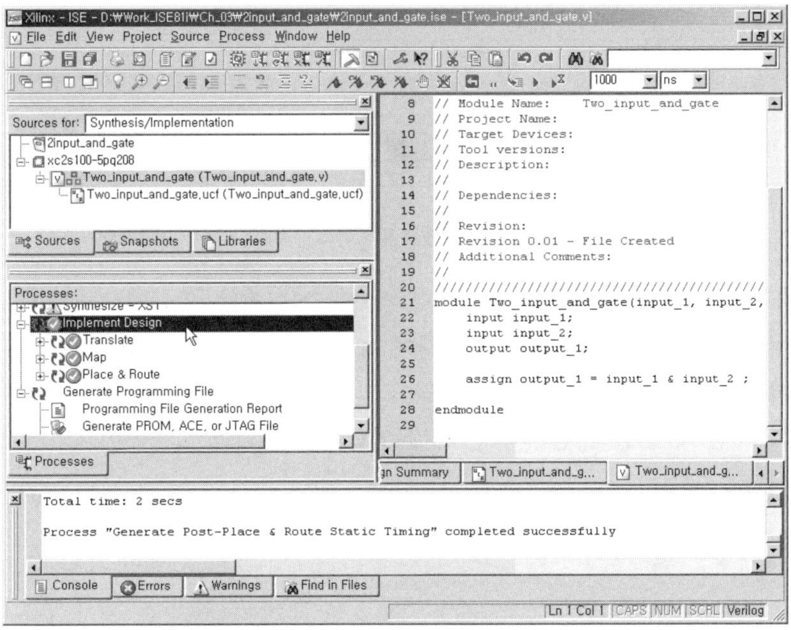

그림 3-44 Implementation Design 수행 완료

6) Timing Simulation(Verification)

Timing Simulation은 설계한 회로가 정확히 동작되는지 입력 신호에 대한 출력 신호의 지연 시간을 확인할 수 있다. 이 Timing Simulation은 Implementation을 한 후에 수행하여야 한다.

① Implement Design 과정이 완료되면 **"Sources for :"** 창의 콤보상자 메뉴에서 **"Post-Route Simulation"**을 선택하고 **"Processes :"** 창에서 **Simulate Post-Place & Route Model**을 더블 클릭한다.

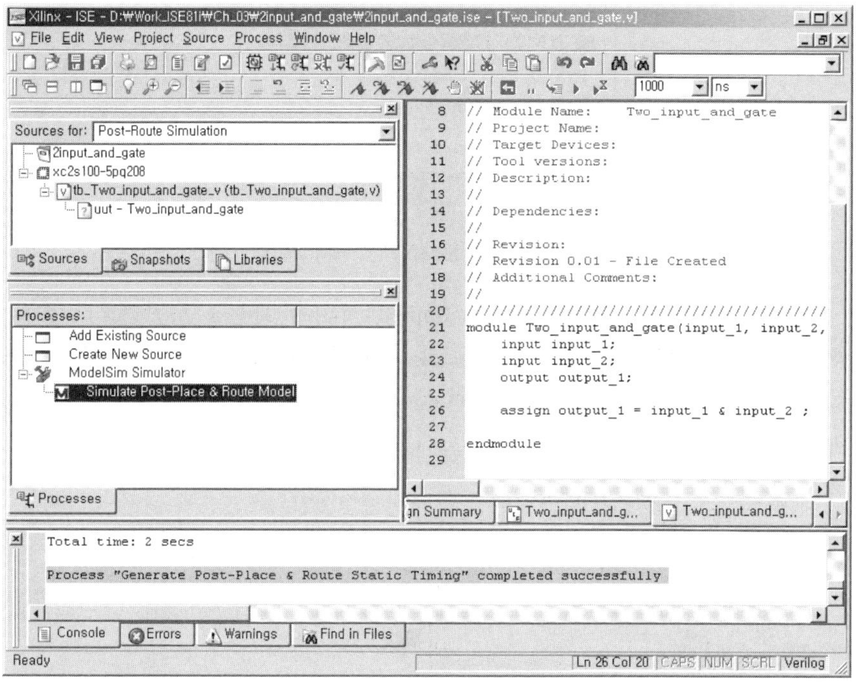

그림 3-45 Timing Simulation을 위한 Post-Place & Route Model 선택

② Functional Simulation과 같은 방법으로 결과를 확인한다. Zoom Mode( ) 아이콘을 사용하여 출력 파형을 일부분을 확대하여 보면 Function Simulation 결과와는 달리 출력 신호가 입력 신호에 대해 시간 지연되어 발생함을 볼 수 있다. 이는 FPGA 내부의 논리 소자와 배선 및 입출력 핀에 의한 시간 지연이 포함되어 시뮬레이션되기 때문에 나타난 결과이다.

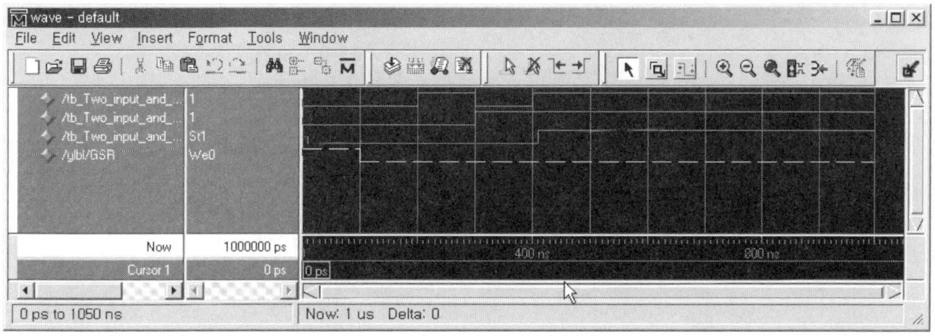

그림 3-46 Timing Simulation 결과 파형 화면

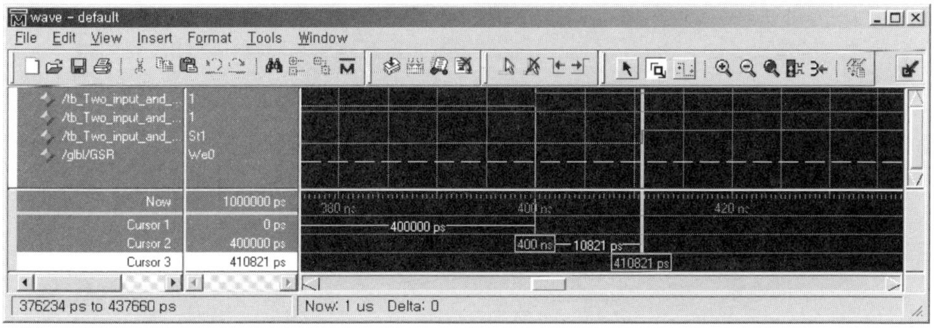

그림 3-47 Zoom Mode을 이용한 지연 시간의 확인 화면

7) Bit file 생성

지금까지는 "**Two input and gate 회로**"를 Verilog HDL로 설계하였고, 설계된 회로의 검증을 위하여 Test Bench 프로그램을 작성하여 functional 시뮬레이션과 timing 시뮬레이션을 수행하였다. 마지막으로 설계된 회로의 정확한 검증을 위하여 에뮬레이션을 하고자 한다. 이를 위하여 먼저 설계된 회로의 논리 함수를 Xilinx의 FPGA 디바이스에 구현하기 위한 다운로드될 bitstream을 생성하고 이를 저장하여 *.bit 파일을 생성시키거나 PROM을 사용하기 위한 *.hex 파일을 생성시킬 수 있다. bit 파일은 FPGA design을 Implementation하여 실제 다운로드할 때에 사용하는 Xilinx FPGA design의 내용이 담긴 파일이다.

① Implement Design 과정이 완료되면 "**Sources for :**" 창의 콤보상자에서 "**Synthesis/Implementation**"을 선택하고 "**Processes :**" 창에서 **Generate Programming File**을 더블 클릭한다. 에러가 없으면 **console** 창에 "**Process "Generate Programming File" completed successfully**"라는 메시지가 나타난다.

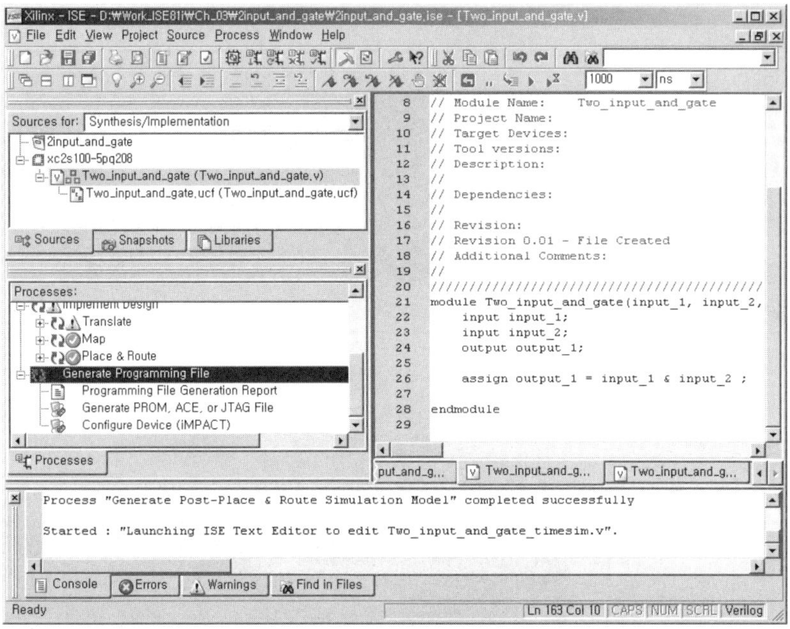

(a) Generate Programming File 수행 전

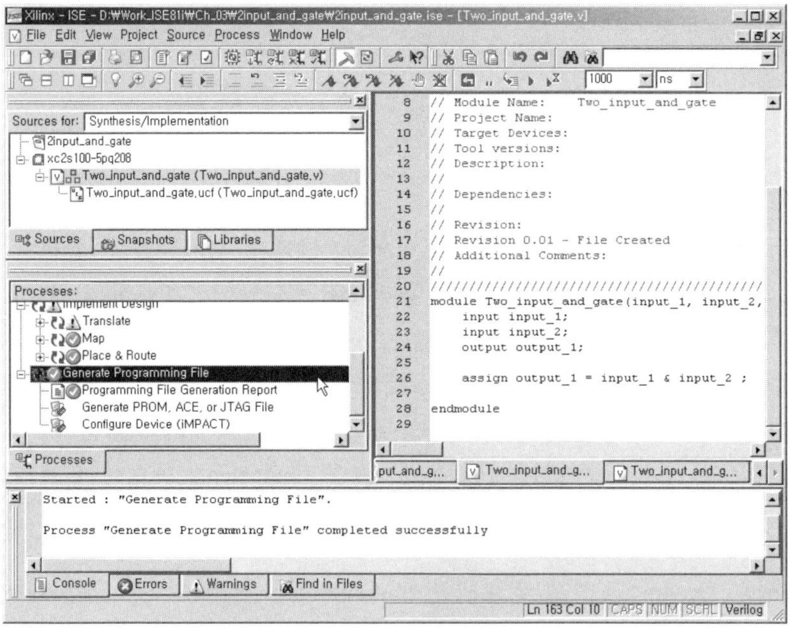

(b) Generate Programming File 수행 후

그림 3-48 Two_input_and_gate.bit 파일 생성

8) 에뮬레이션

지금까지 "**Two_input_and_gate.bit**" 파일을 생성시켰다. 이를 Libertron사의 DesignPro Shop 3.1을 이용하여 Libertron사의 EDA-Lab 3000 실습 장비에 다운로드하여 에뮬레이션(emulation) 하도록 한다.

에뮬레이션이란 일종의 한 하드웨어 시스템에 부가 장치를 부착하여 다른 하드웨어를 흉내 내는 것으로 하나의 컴퓨터가 다른 컴퓨터와 똑같이 동작하도록 만들어진 마이크로프로그래밍의 소프트웨어와 하드웨어를 이용하는 기법이다.

여기서는 실제로 동작하는 EDA-Lab 3000 실습 장비를 이용하여 설계된 회로의 동작을 확인하기 위하여 **PC 상에서 출력 신호(control data)를 가하고**, PC에서 가해진 출력 신호는 VHDL로 설계된 회로의 **FPGA를 통하여 동작된 결과 출력 신호(status data)를 PC에 입력되도록 하여 확인**하도록 한다. 여기서 임의 입력 신호를 가할 수 있도록 하는 기능, 즉 실제 회로에서 입력되는 임의의 데이터를 가할 수 있도록 하여 사용자가 구현한 회로가 실제상황과 유사한 조건에서 동작하도록 입력하는 기능을 Test Pattern Generate 기능이라 한다. 그리고 실제 회로의 동작 결과 출력 신호를 확인하는 기능을 Logic Analysis 기능이라 한다. 이 두 기능은 디지털 회로 설계의 디버깅(debugging) 작업에 있어 반드시 필요한 기능이다. 이를 위하여 Libertron사의 DesignPro Shop 3.1은 EDA-Lab 3000과 연동하여 사용하는 에뮬레이션 프로그램이다.

DesignPro Shop 3.1 에뮬레이션 프로그램의 주요 기능은 다음과 같다.

- FPGA Bit File 다운로드
- Micom(Intel 8051) Hex file 다운로드
- FPGA 및 Micom 개별 Reset 신호 출력 기능
- FPGA 및 Micom 입력 클럭 개별 256 단계 분주기능
- Single Step 16 bits Test Pattern Generate 및 16 bits Logic Analysis 기능
- Multi Step 16 bits Test Pattern Generate 및 16 bits Logic Analysis 기능
- Waveform Viewer 및 Waveform 상태에서의 Multi Step 16bits Test Pattern Generate 및 16 bits Logic Analysis 기능

에뮬레이션하기 전에 반드시 해야 할 작업이 있다. 이 작업은 테스트를 위해 입출력 신호를 위하여 그림 **3-49**의 **EDA-Lab monitoring cable**을 사용자 입력 신호인 **PC** 출력 신호**(Control Data [0..15])**를 설계된 회로의 입력 핀과 연결하고, Logic Analysis 기능을 위하여 **EDA-Lab monitoring cable**을 설계된 회로의 출력 신호와 **PC** 입력 신호**(Status Data [0..15])** 핀을 연결하여야 한다. 각 커넥터 간의 연결에 대한 정보는 표 3-1에 나타나 있다. 그림 **3-50**은 **EDA-Lab monitoring cable**을 연결한 **EDA-Lab** 실습 장비이다.

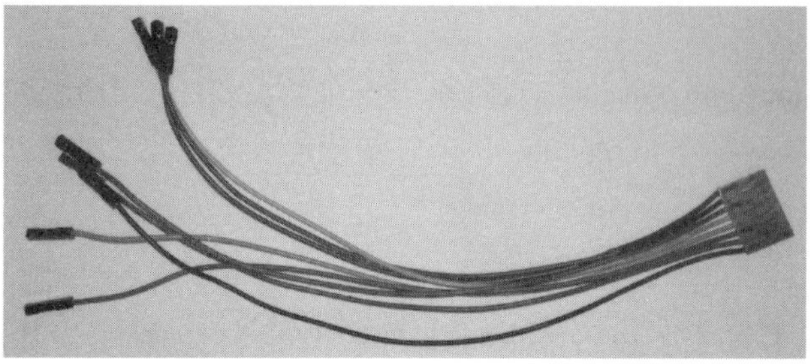

그림 3-49 EDA-Lab Monitoring Cable

그림 3-50 EDA-Lab 3000 series에서의 Monitoring Cable 연결 사진

① 그림 3-49의 monitoring cable을 이용하여 **표 3-1**을 참고하여 **표 3-2**와 같이 각 **connector**들 간의 연결을 하면 된다. 그림 3-50과 같이 monitoring cable을 연결하면 에뮬레이션 준비를 위한 결선을 마친다.

| 표 3-2 | Two input and gate 동작을 위한 EDA-Lab 3000의 각 Connector 간 Cable 연결 핀 번호

Main B/D Silk Name		설계된 회로의		Target FPGA Silk Name
		입력 신호명	출력 신호명	
Ctrl Data 0 (FPGA_DOUT0)	JP5의 1번	input_1		JP4의 19번
Ctrl Data 1(FPGA_DOUT0)	JP5의 2번	input_2		JP4의 20번
Status Data 1(FPGA_SIN0)	JP7의 1번		output	JP2의 41번

그림 3-51은 그림 3-50에서 보여주는 각 connector JP1~JP8까지의 배치도이며 같은 색깔의

핀들을 표 3-1과 표 3-2를 참고하여 EDA-Lab monitoring 테스트 케이블을 연결하면 된다. 에뮬레이션을 위하여 EDA-Lab monitoring cable을 입력 2개선과 출력 1개선만 연결하면 된다. 사용하지 않는 선들의 처리를 위하여 그림 3-51과 같이 나머지 선들도 연결하였다.

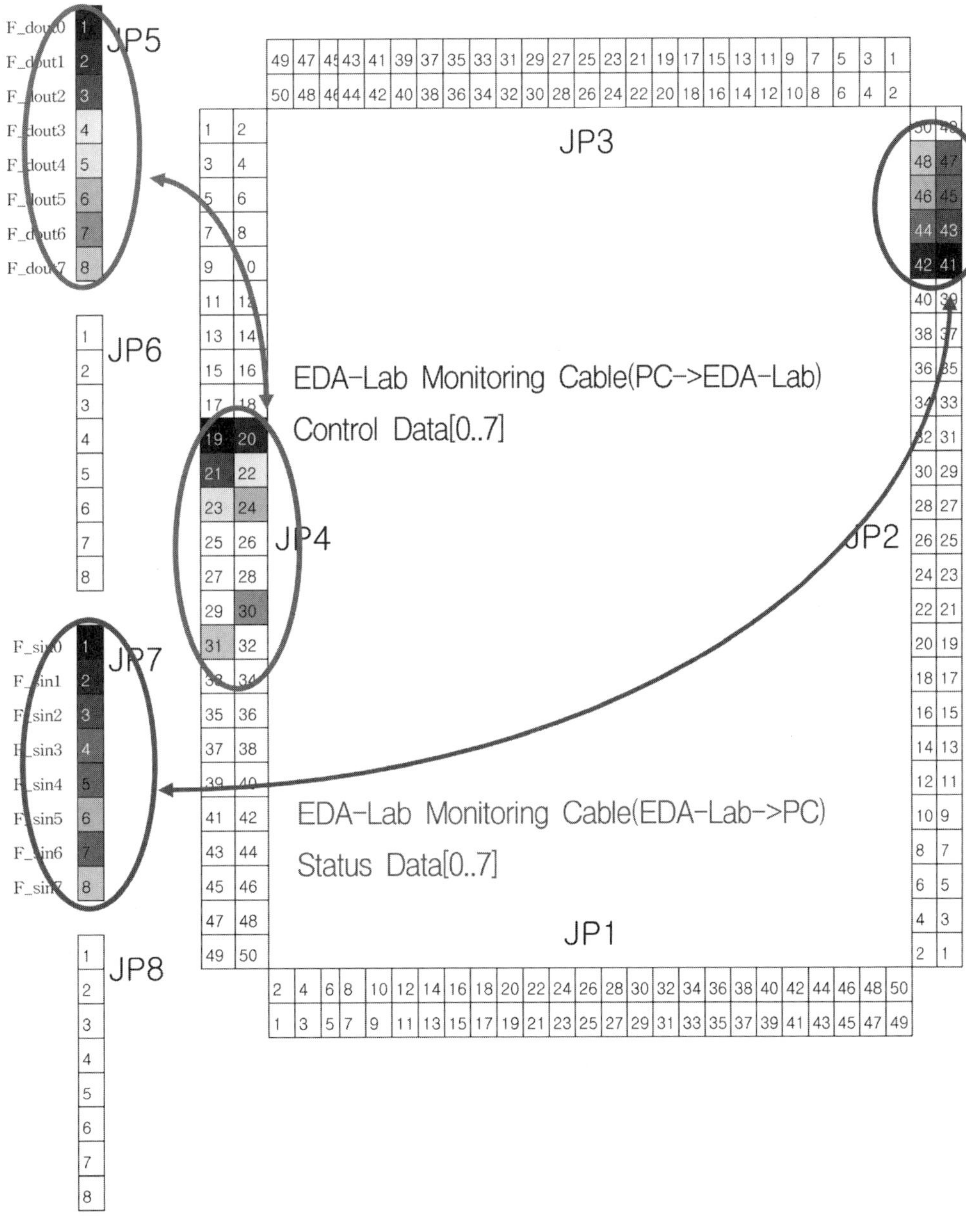

그림 3-51 Two input and gate를 위한 EDA-Lab Monitoring 케이블 핀 연결을 위한 Jump Pin 배치도

② 에뮬레이션을 위하여 생성된 Two_input_and_gate.bit 파일을 다운로드하기 위하여 DesignPro Shop 3.1 아이콘( )을 더블 클릭하면 DesignPro Shop 3.1의 초기 화면이 나타난다.

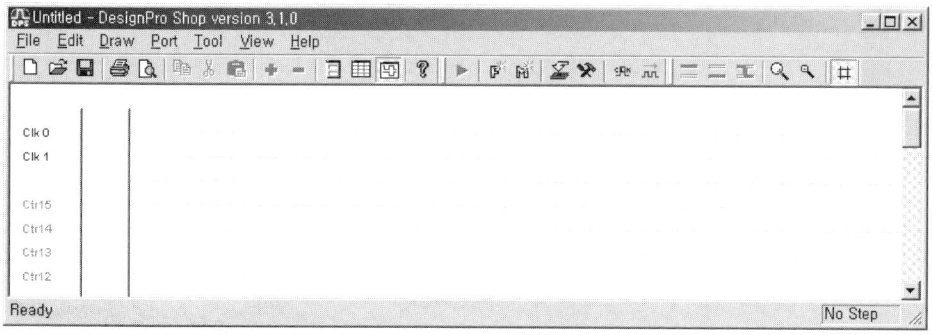

그림 3-52 DesignPro Shop 3.1의 실행 초기 화면

③ 생성된 Two_input_and_gate.bit 파일을 다운로드를 위하여 먼저 그림 3-53에서 **Tools → Option → Hardware** 메뉴를 선택하면 *.bit 파일 download를 위한 환경 설정을 위한 그림 3-54와 같은 팝업 메뉴 화면이 나타난다.

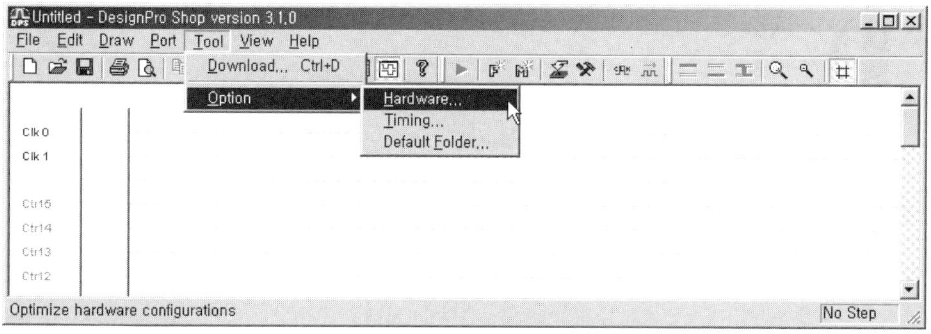

그림 3-53 Download 환경 설정을 위한 Tools → Option → Hardware 메뉴

④ "*.bit" 파일 download를 위한 환경은 특별히 변경된 사항이 없다면 아래와 같이 설정하면 [확인] 버튼을 클릭하면 된다.

LPT Address => 0x378 (LPT1)

Cloack Rate : FPGA => 50.0000 MHz

Micom => 22.1184 MHz

Bios Parallel Port Mode => EPP

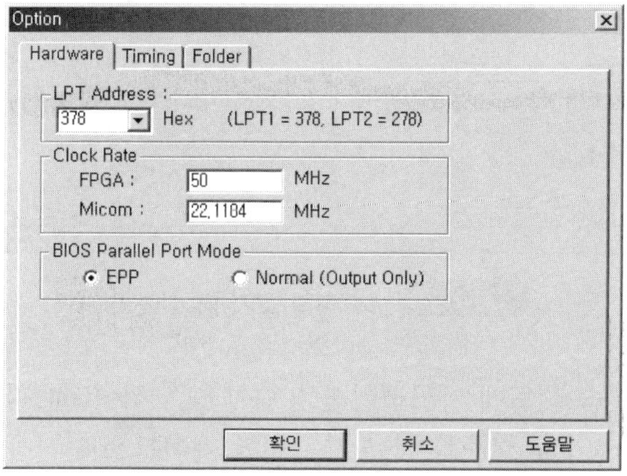

그림 3-54 Download를 위한 환경 설정

⑤ 생성된 Two_input_and_gate.bit 파일의 다운로드를 위하여 먼저 그림 3-55에서 **Tools → Download** 메뉴를 선택하면 *.bit 파일 선택을 위한 그림 3-56과 같은 팝업 메뉴 화면이 나타난다.

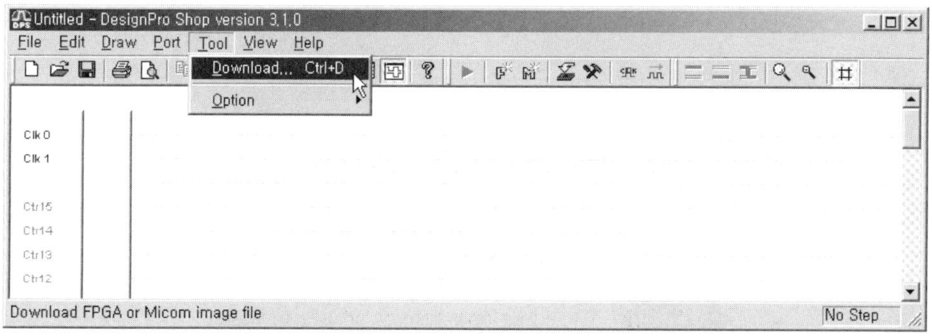

그림 3-55 다운로드를 위한 Tools 풀다운 메뉴 창

⑥ 생성된 Two_input_and_gate.bit 파일을 다운로드를 위하여 Browse 창에서 Two_input_and_gate.bit 파일을 찾아 선택하고 다운로드하면 된다. 사용자가 작업하는 project 디렉토리에 bit 파일이 생성되어 있다.

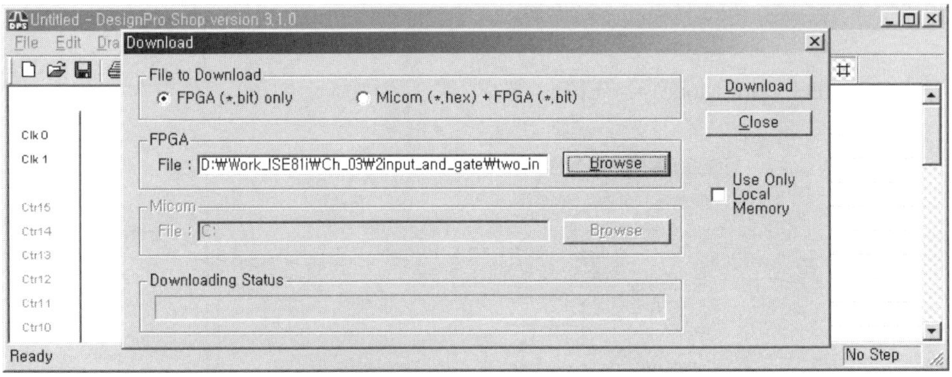

그림 3-56 bit 파일 찾기 및 선택 창

⑦ EDA-Lab 3000 실습 키트에 에뮬레이션을 수행을 위하여 bit 파일 다운로드를 하기 전에 EDA-Lab monitoring cable과 다운로드 병렬 케이블을 연결하고 EDA-Lab 3000 실습 키트 전원을 반드시 켜야 한다. 그리고 Two_input_and_gate.bit 파일을 다운로드하면 된다. 다운로드가 정상적으로 완료되면 **Success 팝업 창**이 나타난다.

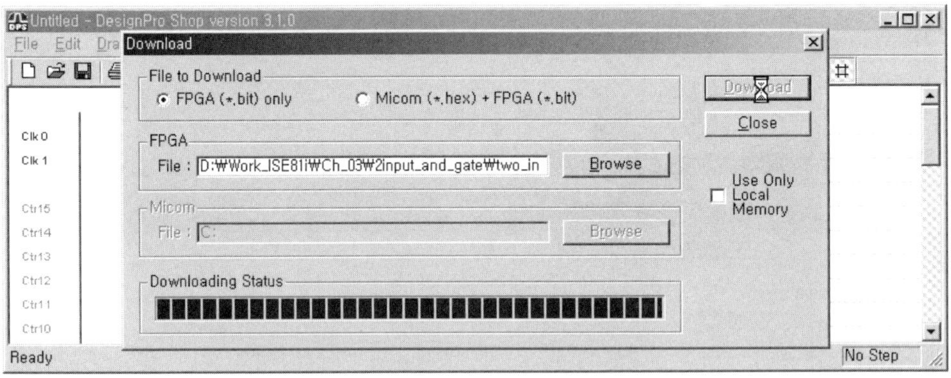

(a) two_input_and_gate.bit 파일 다운로드 과정

그림 3-57 Two_input_and_gate.bit 파일의 다운로드

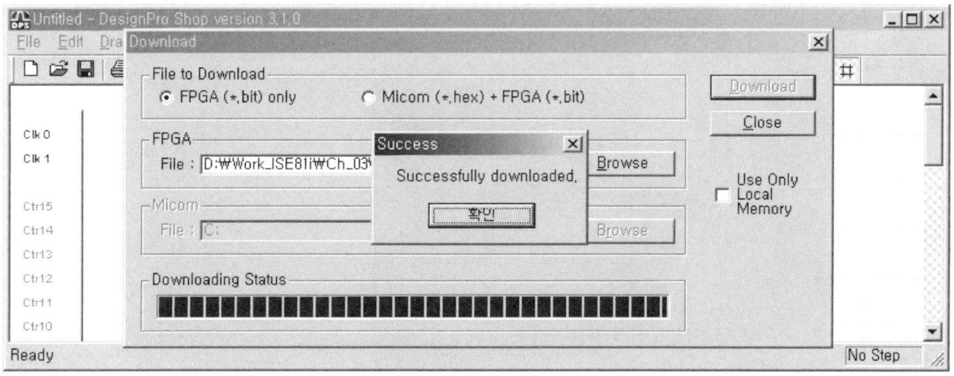

(b) 정상적인 다운로드 과정을 알리는 Success 팝업 창

그림 3-57 Two_input_and_gate.bit 파일의 다운로드 *(계속)*

⑥ 에뮬레이션을 위하여 DesignPro Shop 3.1의 Single-Step 모드, Multi-Step 모드, Waveform 모드를 이용하여 파형 입력 및 출력 파형을 확인할 수 있다.

Single-Step 모드에서는 다음과 같은 기능이 지원된다.

- Manual Clock(Rising/Falling Edge) 생성 기능
- 16 bits 테스트 패턴(control data)을 가하는 기능
- FPGA 내외부 신호 상태를 동시에 16개(status data)까지 확인할 수 있는 기능

우선 DesignPro Shop 3.1에서 Single-Step 모드 아이콘( )을 클릭하면 그림 3-58과 같은 Single-Step 모드 초기 화면을 보게 될 것이다. 그림 3-59는 FPGA Control Data 입력을 위한 값 설정이 된 화면이다. 이 화면에서 좌측의 "**붉은 원 1**"의 사각 FPGA Control data 입력 창에 값을 입력하고 [Write] 버튼을 클릭하면 출력된 Control data 값이 Message 창에 나타난다. 이 출력된 값들을 "**붉은 원 2**"로 표시하였다. 다음의 순서에 따라 Control data 값을 입력하고 [Write] 버튼을 클릭하면

- Control data 편집 창에 '0' 입력 → [Write]
- Control data 편집 창에 '1' 입력 → [Write]
- Control data 편집 창에 '2' 입력 → [Write]
- Control data 편집 창에 '3' 입력 → [Write]

그 결과는 그림 3-59 화면과 같다. "**붉은 원 3**"은 결과 값을 표시하는 status data 값을 표시하고 있다. Status Data 값이 '1'을 나타낼 때 LED0는 on 상태가 됨을 알 수 있다.

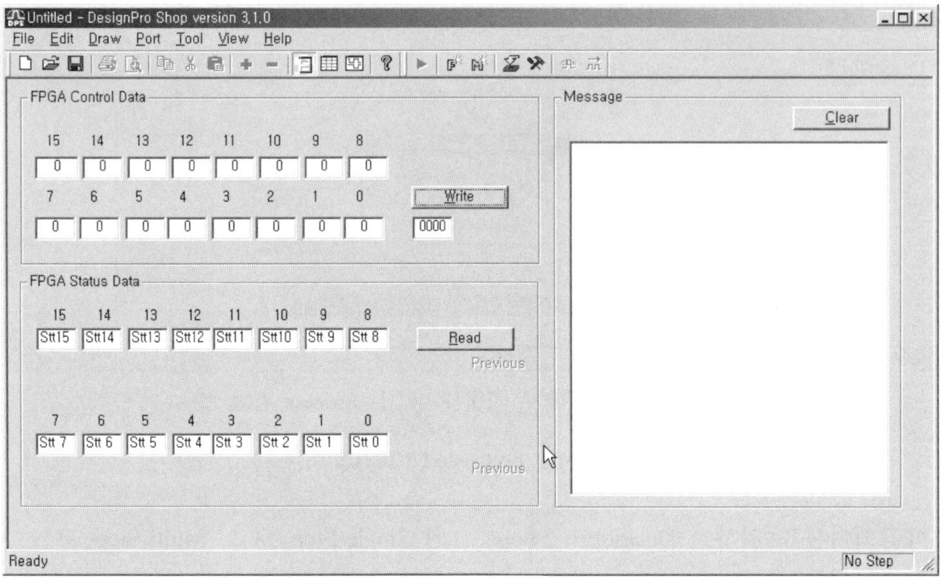

그림 3-58 Single-Step 모드 초기 화면

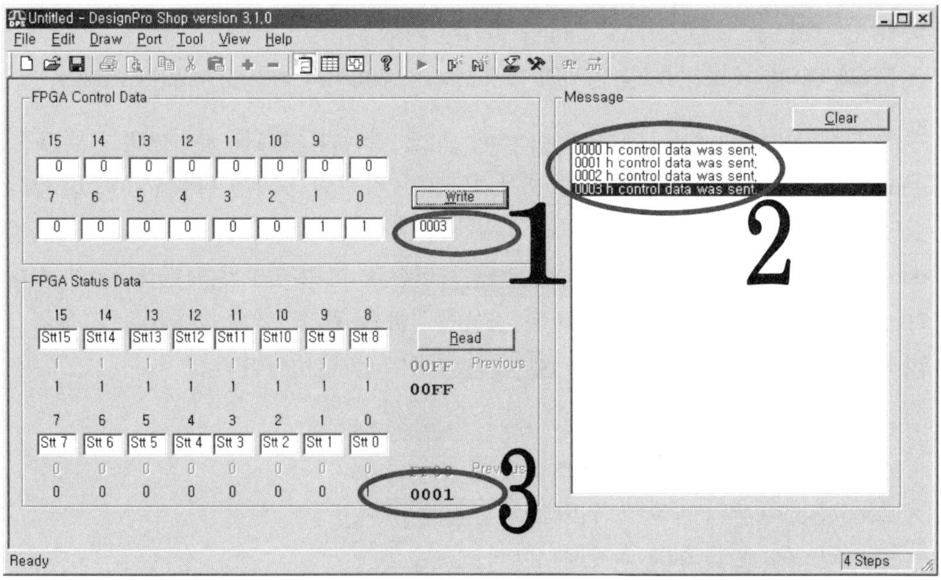

그림 3-59 Two input and gate의 Single-Step 모드 수행 결과

3.3 예비 문제

1. Xilinx 홈페이지를 방문하여 아래의 순서에 따라 접속하여 최신의 Free ISE WebPACK 프로그램을 다운받아 보시오.

① www.xilinx.com → ② Products and Service
→ ③ Design Tools Center
→ ④ Logic Design Product 항목에서 ISE WebPACKTM 선택
→ ⑤ 아래의 ISE WebPACKTM 다운로드 홈페이지에서 등록 후 다운로드

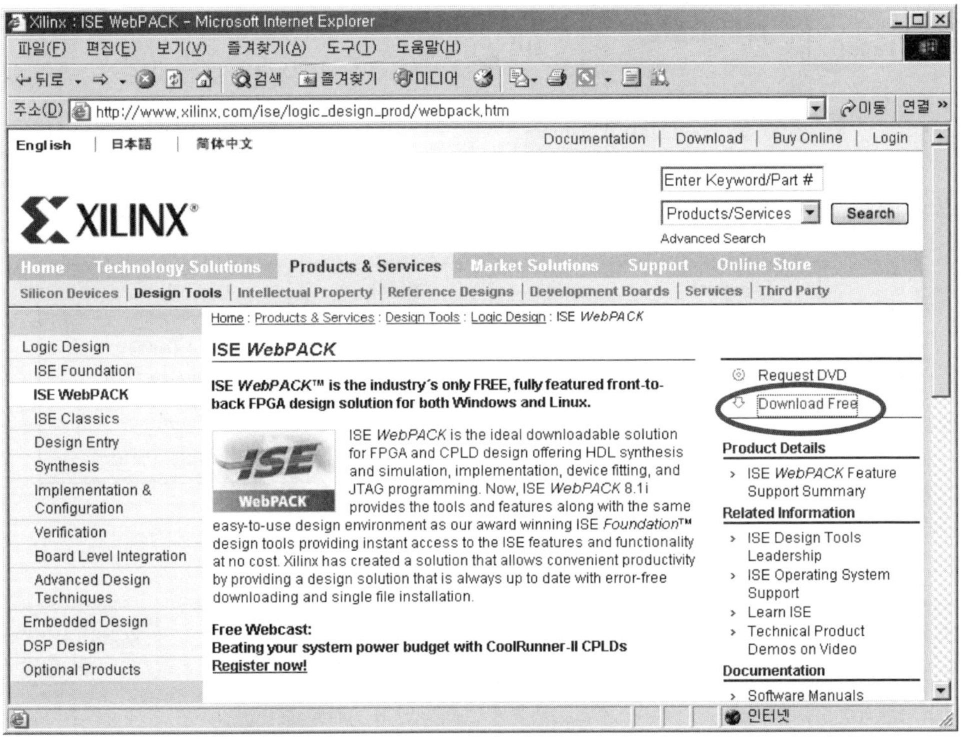

그림 3-60 Free ISE WebPACK 8.1i 다운로드 사이트

2. 다운받은 Free ISE WebPACK 8.1i를 설치하고 프로그램 3-1을 functional 시뮬레이션과 timing 시뮬레이션을 3.2절 설명 1) ~ 7)까지의 순서에 따라 실습하여라.

3.4 실습 내용

Practice 1 다음 R-S 래치에 대하여 Verilog HDL의 동작적 표현인 Procedural nonblocked statement 표현과 continuous assignment 표현, 그리고 구조적 표현인 nor gate module을 이용하여 각각 설계하고 functional 시뮬레이션과 그리고 시뮬레이션 입력 파형과 같은 입력을 가지도록 하여 에뮬레이션하여라.

그림 3-61 RS-Latch의 Symbol

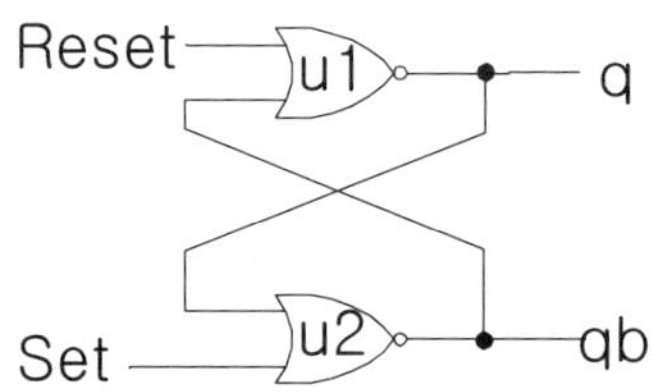

그림 3-62 RS-Latch의 구체적인 회로

| 표 3-3 | RS-Latch의 진리표

Set	Reset	Q(t+1)	Description
0	0	Q(t)	No Change
0	1	0	Reset
1	0	1	Set
1	1	--	undetermine

| 표 3-4 | RS-Latch 동작을 위한 EDA-Lab 3000의 핀 할당 정보

EDA Lab의 Signal Name	설계된 회로의		케이블 연결 두 핀		XC2S100PQ208의 핀 할당
	입력 신호명	출력 신호명			
FPGA_DOUT0	set		JP5-1	JP4-19 JP16-3	p175
FPGA_DOUT1	reset		JP5-2	JP4-20 JP16-4	p176
FPGA_SIN0		q	JP7-1	JP2-41	p95 (LED 0)
FPGA_SIN1		qb	JP7-2	JP2-42	p96 (LED 1)

① 동작적 표현 – Procedural nonblocked statement

```
module rs_latch(set, reset, q, qb);
       input  set;
       input  reset;
       output q;
       output qb;

       wire rs_set, rs_reset;

       reg    q, qb;

       IBUF   U1_IBUF( .I (set),    .O (rs_set) ); // 생략 시 ISE 8.1i에서 Error 생김
       IBUF   U2_IBUF( .I (reset), .O (rs_reset) ); // 생략 시 ISE 8.1i에서 Error 생김

       always @(rs_set, rs_reset)
       begin
              if ( (rs_set==1) & (rs_reset==0)) begin
                     q <= 1;            qb <= 0;
              end else if ( (rs_set==0) & (rs_reset==1)) begin
                     q <= 0;            qb <= 1;
              end else if ( (rs_set==0) & (rs_reset==0)) begin
                     q <= q;            qb <= qb;
              end
       end
endmodule
```

| 프로그램 3-3 | Verilog HDL의 procedural nonblocked statement 표현의 RS latch source

프로그램 3-4는 자동으로 생성된 Test Bench 프로그램을 수정하였다. 왜냐하면 자동으로 생성된 Test Bench를 수행하면 에러가 발생한다. 또한 입력 신호에 대한 정의를 사용자가 하여야 한다. 즉, 프로그램 3-4(b)와 같이 수정하여 사용하여야 한다. 수정된 내용에 대하여 간단히 설명하면 다음과 같다.

프로그램 3-3은 RS latch의 procedural nonblocked 표현으로 출력 신호 q, qb는 output으로 선언하였다. 그런데, 프로그램 3-3의 always 구문 내에 있는 output q, qb의 신호를 간직할 필요가 있다. 이때 output 신호 q, qb를 reg로 선언하여 사용할 수 있다. 이는 출력 신호의 latch를 의미하기도 한다.

사용자 추가 부분

```
always begin
        set = 1;  reset = 0;  #50;
        set = 0;  reset = 1;  #50;
        set = 0;  reset = 0;  #50;
end
```

(a) 자동으로 생성된 Test Bench 프로그램

```
module tb_rs_latch_behavioral_v;

  // Inputs
  reg set;
  reg reset;

  // Outputs
  wire q;
  wire qb;

  //Instantiate the Unit Under Test
    (UUT)
  rs_latch_behavioral uut (
        .set(set),
        .reset(reset),
        .q(q),
        .qb(qb)
);

  initial begin
      // Initialize Inputs
      set = 0;
      reset = 0;

      // Wait 100 ns for global
      // reset to finish
      #100;

      // Add stimulus here
  end
```

(b) 수정된 Test Bench 프로그램

```
module tb_rs_latch_behavioral_v;

  // Inputs
  reg set;
  reg reset;

  // Outputs
  wire q;
  wire qb;

  //Instantiate the Unit Under Test
    (UUT)
rs_latch_behavioral uut (
        .set(set),
        .reset(reset),
        .q(q),
        .qb(qb)
);

  initial begin
      // Initialize Inputs
      set = 0;
      reset = 0;

      // Wait 100 ns for global
      // reset to finish
      #100;

      // Add stimulus here
  end
```

| 프로그램 3-4 | Test Bench의 수정

```
endmodule
```

```
always begin
    set=1; reset=0; #50;
    set=0; reset=1; #50;
    set=0; reset=0; #50;
end

endmodule
```

(a) 자동으로 생성된 Test Bench 프로그램　　(b) 수정된 Test Bench 프로그램

| 프로그램 3-4 | Test Bench의 수정 *(계속)*

② 동작적표현 – continuous assignment(일명 : 자료흐름 표현)

프로그램 3-5를 시뮬레이션을 위한 Test Bench 프로그램은 프로그램 3-4에서 사용자가 추가한 부분을 그대로 사용하여도 된다.

```
module rs_latch_nor (set, reset, q, qb);
        input set;
        input reset;
        output q;
        output qb;

        wire q, qb;  // 생략 가능

        assign q = ~ ( qb | reset);
        assign qb = ~ (q | set);
endmodule
```

| 프로그램 3-5 | Verilog HDL의 continuous assingment 표현의 RS latch source code

③ 구조적 표현(module을 이용한 instantiation)

프로그램 3-6을 시뮬레이션하기 위한 Test Bench 프로그램은 프로그램 3-4에서 사용자가 추가한 부분을 그대로 사용하여도 된다.

```
module rs_latch_struc(set, reset, q, qb);
       input set;
       input reset;
```

| 프로그램 3-6 | VHDL 구조적 표현의 RS latch source code

```
        output q;
        output qb;

        wire q, qb;

        nor_gate u1(qb, reset, q);
        nor_gate u2(q, set, qb);
endmodule
---------------------------------------------------------------
module nor_gate(in1, in2, out);
        input in1;
        input in2;
        output out;

        wire out;

        assign out = ~ (in1 | in2);
endmodule
```

| 프로그램 3-6 | VHDL 구조적 표현의 RS latch source code *(계속)*

Practice 2 전가산기의 진리표를 그리고 카노맵을 이용하여 논리식을 간략화한 다음 Verilog HDL을 이용하여 전가산기를 표현하고 Test Bench를 이용하여 시뮬레이션 및 에뮬레이션을 하여라.

c_in	x	y	c_out	sum
0	0	0	0	0
0	0	1	0	1
0	1	0	0	1
0	1	1	1	0
1	0	0	0	1
1	0	1	1	0
1	1	0	1	0
1	1	1	1	1

(a) 진리표

(b) 심볼

그림 3-63 전가산기의 진리표와 심볼

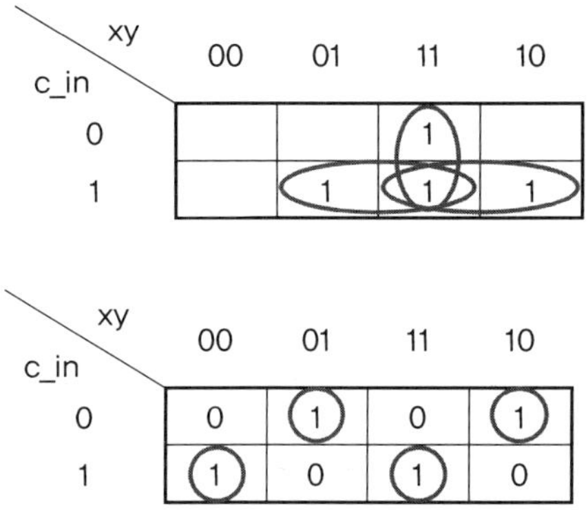

c_out = (x·y) + (c_in·y) + (c_in·x)

sum = (c_in'·x'·y) + (c_in'·x·y') + (c_in·x'·y') + (c_in·x·y)
= c_in **xor** x **xor** y

그림 3-64 전가산기의 진리표에 대한 카노맵과 논리식

입력 신호에 대한 Test Bench 사용자 추가 부분

```
always begin
        x = 0;          #50;
        x = 1;          #50;
end
---
always begin
        y = 0;          #100;
        y = 1;          #100;
end
---
always begin
        c_in = 0;       #200;
        c_in = 1;       #200;
end
---
```

| 프로그램 3-7 | 시뮬레이션을 위한 입력 신호에 대한 Test Bench 사용자 정의 부분

| 표 3-5 | 전가산기 동작을 위한 EDA-Lab 3000의 핀 할당 정보

EDA Lab의 Signal Name	설계된 회로의		케이블 연결 두 핀		XC2S100PQ208의 핀 할당
	입력 신호명	출력 신호명			
FPGA_DOUT0	x	–	JP5–1	JP4–19 JP16–3	p175
FPGA_DOUT1	y	–	JP5–2	JP4–20 JP16–4	p176
FPGA_DOUT2	c_in	–	JP5–3	JP4–21 JP16–5	p178
FPGA_SIN0	–	sum	JP7–1	JP2–41	p95 (LED 0)
FPGA_SIN1	–	c_out	JP7–2	JP2–42	p96 (LED 1)

① 전가산기 – continuous assignment 표현 1

시뮬레이션을 위한 Test Bench 프로그램에서 "always begin ~ end" 구문을 추가하고 시뮬레이션하면 된다. 그리고 에뮬레이션을 위하여 반드시 *.ucf 파일을 표 3-5를 참조하여 작성하여야 한다(81페이지의 5)절 implementation을 참조하기 바란다).

```
module full_adder(x, y, c_in, sum, c_out);
        input  x, y, c_in;
        output sum, c_out;

        wire sum, c_out;

        assign c_out = (x & y) | (c_in & y) | (c_in & x);
        assign sum = x ^ y ^ c_in;
endmodule
```

| 프로그램 3-8 | Verilog HDL의 continuous assignment 표현의 전가산기 source code 1

② 전가산기 – continuous assignment 표현 2

시뮬레이션을 위하여 ①의 Test Bench 프로그램에서 사용자가 작성한 **"always begin~end"** 구문을 추가하고 시뮬레이션하면 된다. 그리고 에뮬레이션을 위하여 반드시 *.ucf 파일을 표 3-5를 참조하여 작성하여야 한다.

```
module full_adder(x, y, c_in, sum, c_out);
       input  x, y, c_in;
       output sum, c_out;

       wire [2:0] din;
       wire [1:0] dout;

       assign din = {x, y, c_in};
       assign c_out = dout[1];
       assign sum = dout[0];

       assign dout = (din==0) ? 0 :
                     ((din==1) ? 1 :
                     ((din==2) ? 1 :
                     ((din==3) ? 2 :
                     ((din==4) ? 1 :
                     ((din==5) ? 2 :
                     ((din==6) ? 2 : 3 ) ) ) ) ) );
endmodule
```

| 프로그램 3-9 | Verilog HDL의 continuous assignment 표현의 전가산기 source code 2

3.5 연습 문제

1. 3.4절의 실습 내용의 프로그램 3-2의 RS latch는 ISE 8.1i로 implementation 시에 에러가 발생하는 문제점이 있는 프로그램으로 파악되었다. 이 에러를 없애기 위하여 입력 버퍼 module을 instantiation하였다. Xilinx FPGA xc2s100pq208의 매뉴얼을 Xilinx사 Homepage를 방문하여 다운 받아서 사용자가 사용할 수 있는 입력 버퍼 및 출력 버퍼의 종류와 역할에 대하여 조사해 보자.

Chapter_04

Xilinx ISE 8.1i의 Simulation

4.1 실습 목적

이 장에서는 Xilinx ISE 8.1i를 이용한 시뮬레이션에 대하여 좀 더 상세히 공부하도록 한다. 이를 위하여 다음 사항을 공부하도록 한다.

- Verilog HDL 소스 코드의 simulation을 위하여 Test Bench의 작성법을 익힌다.
- Xilinx ISE에서의 simulation을 위하여 ModelSim XE의 사용법을 익힌다.

4.2 설 명

제3장에서 실습한 가산기를 이용하여 Test Bench와 ModelSim XE의 사용법에 대하여 좀 더 자세히 공부하도록 하자.

1) 가산기

가산기에는 두 개의 이진수(bit)를 더하는 조합회로를 반가산기(half adder : HA)라 부르며, 두 개의 이진수와 자리올림수(carrier)도 고려하여 더해주는 조합회로를 전가산기(full adder : FA)라 부른다. 이러한 1 bit 형태의 가산기를 확장하여 N bits 가산기를 설계하여 사용하기도 한다. N bits 가산기에서 올림수(carrier)의 처리에 따라 Carrier look ahead 방식 등 몇 가지의 올림수 처리 방법이 있다.

2) 반가산기(half adder)

X	Y	Carrier	Sum
0	0	0	0
0	1	0	1
1	0	0	1
1	1	1	0

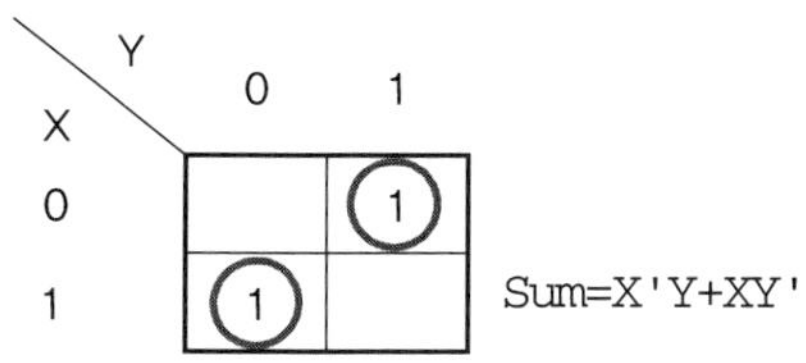

합(sum)에 대한 간략화

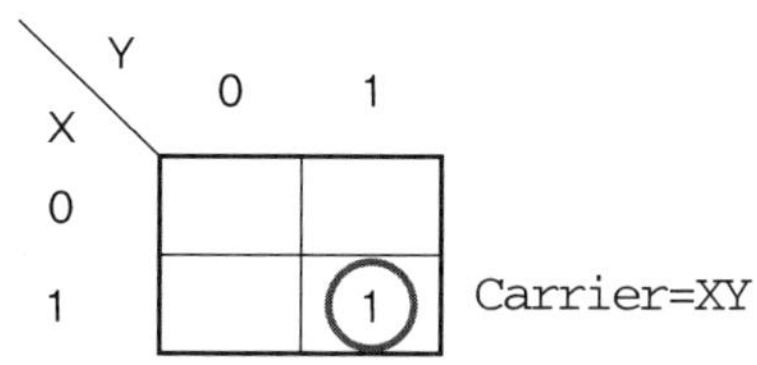

올림수(carrier)에 대한 간략화

3) 반가산기 – continuous assignment 표현

```
module half_adder(x, y, sum, carrier);
        input  x;
        input  y;
        output sum;
        output carrier;

        wire sum;
        wire carrier;

        assign sum = x ^ y;
        assign carrier = x & y;
endmodule
```

| 프로그램 4-1 | Boolean's function을 이용한 continuous assignment 반가산기 설계 표현

4) 반가산기 – behavioral procedural statement 표현

```
module half_adder(x, y, sum, carrier);
        input  x;
        input  y;
        output sum;
        output carrier;

        reg sum, carrier;
        wire [1:0] din;

        assign din = {x, y};

        always @(din)
                if (din==0) begin
                        carrier = 0;    sum = 0;
                end else if (din==1) begin
                        carrier = 0;    sum = 1;
                end else if (din==2) begin
                        carrier = 0;    sum = 1;
```

| 프로그램 4-2 | Behavioral procedural statement 표현의 반가산기 설계

```
                end else begin
                        carrier = 1;     sum = 0;
                end
endmodule
```

| 프로그램 4-2 | Behavioral procedural statement 표현의 반가산기 설계 *(계속)*

5) 전가산기의 진리표와 Symbol

c_in	x	y	c_out	sum
0	0	0	0	0
0	0	1	0	1
0	1	0	0	1
0	1	1	1	0
1	0	0	0	1
1	0	1	1	0
1	1	0	1	0
1	1	1	1	1

6) 카노맵과 논리식 간략화

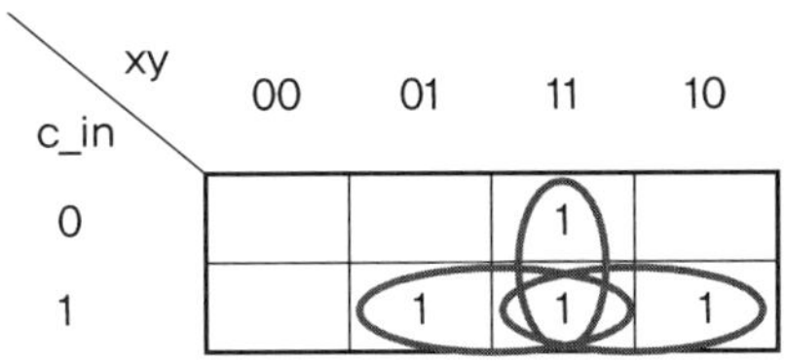

$c\_out = (xy) + (c\_in \cdot y) + (c\_in \cdot x)$

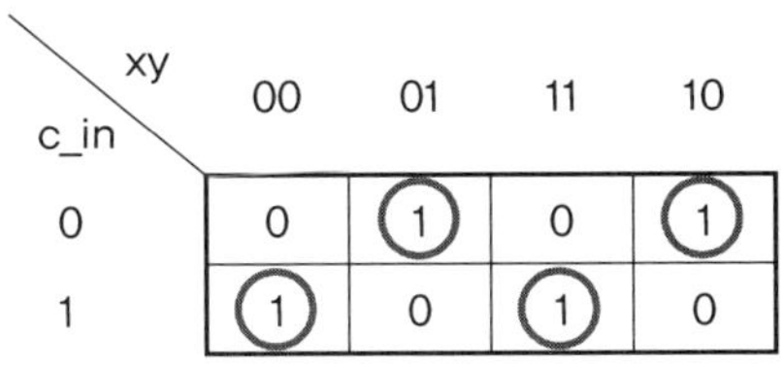

$sum = (c\_in' \cdot x' \cdot y) + (c\_in' \cdot x y')$
$+ (c\_in \cdot x' y') + (c\_in \cdot x y)$
$= c\_in$ **xor** x **xor** y

7) 전가산기 – Boolean's function을 이용한 continuous assignment statement

```
module full_adder(x, y, c_in, sum, c_out);
       input  x;
       input  y;
       input  c_in;
       output sum;
       output c_out;

       wire sum;        // 생략 가능
       wire c_out;      // 생략 가능

       assign c_out = (x & y) | (c_in & y) | (c_in & x);
       assign sum = x ^ y ^ c_in;
endmodule
```

| 프로그램 4-3 | Boolean's function을 이용한 continuous assignment statement 전가산기 설계

8) 전가산기 – 조건 연산자를 사용한 continuous assignment statement

```
module full_adder(x, y, c_in, sum, c_out);
       input  x, y, c_in;
       output sum, c_out;

       wire [2:0] din;
       wire [1:0] dout;

       assign din = {x, y, c_in};
       assign c_out = dout[1];
       assign sum = dout[0];

       assign dout = (din==0) ? 0 :
                     ((din==1) ? 1 :
                     ((din==2) ? 1 :
                     ((din==3) ? 2 :
                     ((din==4) ? 1 :
                     ((din==5) ? 2 :
                     ((din==6) ? 2 : 3 ) ) ) ) ) );
endmodule
```

| 프로그램 4-4 | 조건 연산자를 사용한 continuous assignment statement 전가산기 설계

4.3 예비 문제

① 아래의 감산기 진리표를 완성하고 Verilog HDL을 이용하여 설계를 완성하여라.

x	y	z	borrow	difference
0	0	0		
0	0	1		
0	1	0		
0	1	1		
1	0	0		
1	0	1		
1	1	0		
1	1	1		

```
module full_subtraction (x, y, z, borrow, difference);
       input  x;
       input  y;
       input  z;
       output borrow;
       output difference;

       wire [2:0] din;
       wire [1:0] dout;

       assign din = {x, y, z};
       assign borrow = dout[1];
       assign difference = dout[0];

       assign dout = (din==0) ? (      ) :
                     ((din==1) ? (      ) :
                     ((din==2) ? (      ) :
                     ((din==3) ? (      ) :
                     ((din==4) ? (      ) :
```

| 프로그램 4-5 | 조건 연산자를 이용한 continuous assignment 표현의 전감산기 설계

```
                    ((din==5) ? (      ) :
                    ((din==6) ? (      ) : (      ) ) ) ) ) ) );
endmodule
```

| 프로그램 4-5 | 조건 연산자를 이용한 continuous assignment 표현의 전감산기 설계 *(계속)*

② ①의 설계된 감산기에 대하여 functional 시뮬레이션과 timing 시뮬레이션을 하여라.

③ 다음의 EDA-Lab 3000 실습키트를 이용한 에뮬레이션을 위하여 부록에 있는 "EDA-Lab 3000 series 사용자 가이드"를 참조하여 핀 할당 정보표를 완성하여라.

| 표 4-1 | 전감산기 동작을 위한 EDA-Lab 3000의 핀 할당 정보

EDA Lab의 Signal Name	설계된 회로의		케이블 연결 두 핀			XC2S100PQ208의 핀 할당
	입력 신호명	출력 신호명				
FPGA_DOUT0	x	-	JP5-1	JP4-19	JP16-3	
FPGA_DOUT1	y	-	JP5-2	JP4-20	JP16-4	
FPGA_DOUT2	z	-	JP5-3	JP4-21	JP16-5	
FPGA_SIN0	-	borrow	JP7-1	JP2-41		
FPGA_SIN1	-	difference	JP7-2	JP2-42		

4.4 실험 내용

Practice 1 **Behavioral continuous assignment modeling을 이용한 반가산기의 Test Bench 작성**

반가산기를 실험하기 위하여 먼저 **Project**를 생성시키고 반가산기의 behavioral continuous assignment model의 소스 코드를 작성한다. 소스 코드의 시뮬레이션에 인가될 입력 신호를 설정하기 위한 **Test Bench**를 작성하기 위하여 **Xilinx ISE**의 **Project** 메뉴에서 **New Source**를 선택한 후 Verilog Test Bench 작성을 위하여 **Verilog Test Fixture**를 선택한 후 파일명을 입력한 후 다음을 클릭한다. **Select** 창 나타나면 Test Bench를 적용하기 위한 소스 파일을 선택하고 HDL Editor에 Test Bench의 틀이 나타날 때까지 3장의 내용을 참고하여 과정을 진행한다.

① 먼저 Project를 생성시키기 위하여 그림 4-1의 Xilinx - ISE의 File 메뉴 창의 New Project를 선택하면 그림 4-2와 같은 New Project Wizard - Create New Project 대화 창이 생성된다.

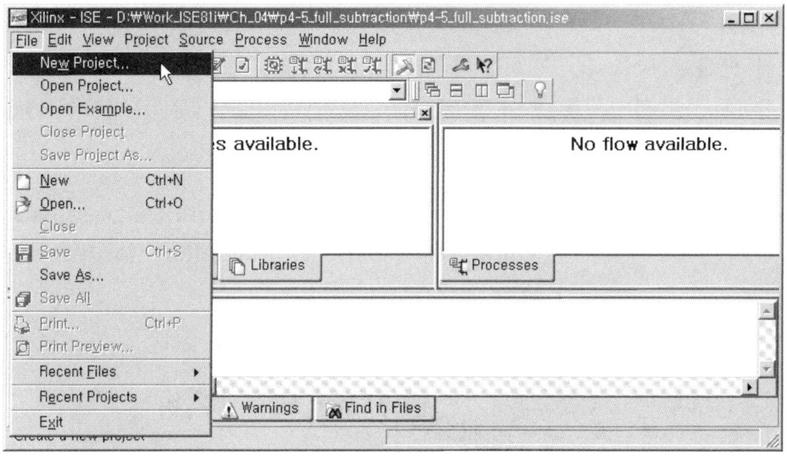

그림 4-1 Project 생성을 위한 Xilinx-ISE 창에서 New Project 선택

② 그림 4-2의 **New Project Wizard - Create New Project** 대화상자 첫 번째에서 작업할 디렉토리의 경로와 **Project Name**을 설정하여 보자. 디렉토리의 경로는 ...(Browse) 버튼을 클릭하여 사용자가 원하는 경로(**C:\Work_ISE81i\ch_04**)로 설정할 수 있다. 그림 4-2의 나머지 설정은

Project Name	=> Half_adder
Project Location	=> **사용자가 원하는 경로**
Top-Level Module Type	=> HDL

로 선택한 뒤 Next > 버튼을 클릭한다.

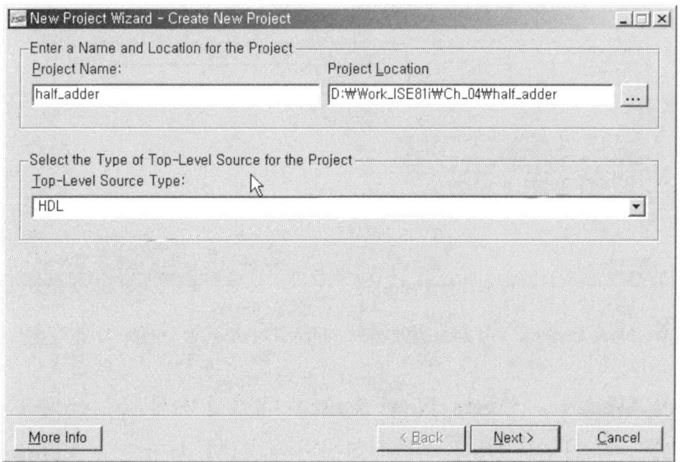

그림 4-2 New Project의 설정, Name, 그리고 Top-Level Module Type 설정

③ **New Project Wizard - Device Properties** 대화상자에서 Xilinx device 사용과 HDL 및 시뮬레이션 관련 사항을 설정하도록 되어있다. 3장에서 설정했던 것과 같이 하면 된다. 그림 4-3의 나머지 설정은 다음과 같이 하여 보자. Value 값을 클릭하면 DropDown 메뉴가 생겨난다.

Product Category	=>	General Purpose (All, General Purpose, Automotive, Military/HI-Reliability, Radiation Hardened 중 하나 선택)
Family	=>	Spartan2
Device	=>	xc2s100
Package	=>	pq208
Speed Grade	=>	-5

Top-Level Module Type	=>	HDL <= 앞 화면에서 설정 되었음.
Synthesis Tool	=>	XST (VHDL/Verilog)
Simulator	=>	Modelsim-XE Verilog

Enable Enhanced Design Summary	=>	☑ :
Enable Message Filtering	=>	☐ :
Display Incremental Message	=>	☐ :

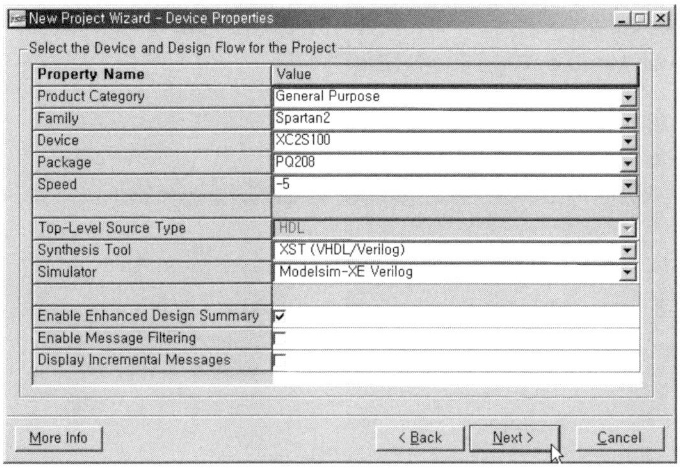

그림 4-3 New Project Wizard 창에서의 Xilinx Device 및 시뮬레이션 관련 사항 설정

④ **New Project Wizard - Create New Source** 대화상자에서는 project에 포함될 새로운 source를 만들 수 있도록 한다. 이 대화상자는 선택 사항으로 **Xilinx-ISE Project Navi-**

gator 대화상자의 "Project → New Source" 메뉴를 선택하여 새로운 source를 더할 수 있다. 그러므로 여기에서는 [Next >] 버튼을 클릭하여 다음 대화상자 화면으로 넘어가도록 하자.

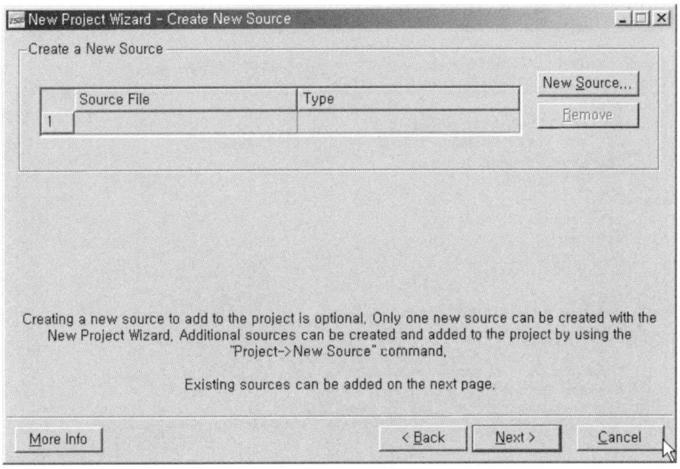

그림 4-4 Create New Source 창에 새로운 source 작성을 위한 창

⑤ **New Project Wizard - Add Existing Sources** 대화상자에서는 이미 존재하는 source 파일을 project에 첨부되도록 한다. 이 대화상자는 선택 사항으로 **Xilinx-ISE Project Navigator** 대화상자의 **"Project → Add Source"** 또는 **"Project → Add Copy of Source"** 메뉴를 선택하여 이미 만들어진 source를 더할 수 있다. 그러므로 여기에서는 [Next >] 버튼을 클릭하여 다음 대화상자 화면으로 넘어가면 된다.

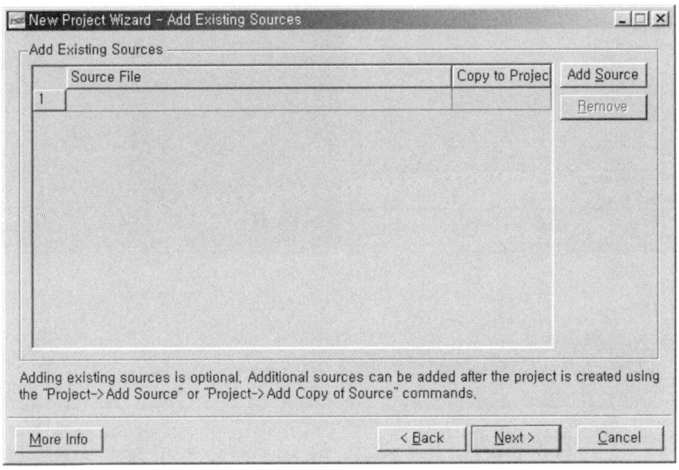

그림 4-5 New Project에 이미 작성된 VHDL source 파일 첨부를 위한 창

⑥ New Project Wizard - Project Summary 대화상자는 Half_adder project에 설정된 정보를 보여준다. [Finish] 버튼을 클릭하면 Half_adder 초기 화면인 **Project Navigator** 화면이 나타난다.

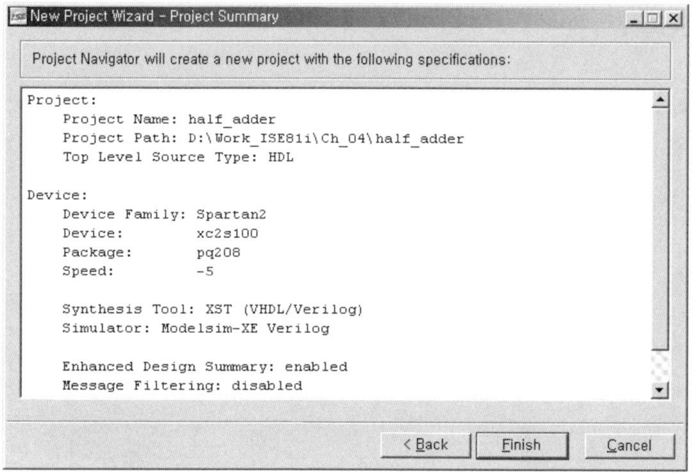

그림 4-6 Half_adder의 New Project Summary 대화상자

⑦ Half_adder project가 생성된 **Project Navigator** 초기 화면이 나타난다.

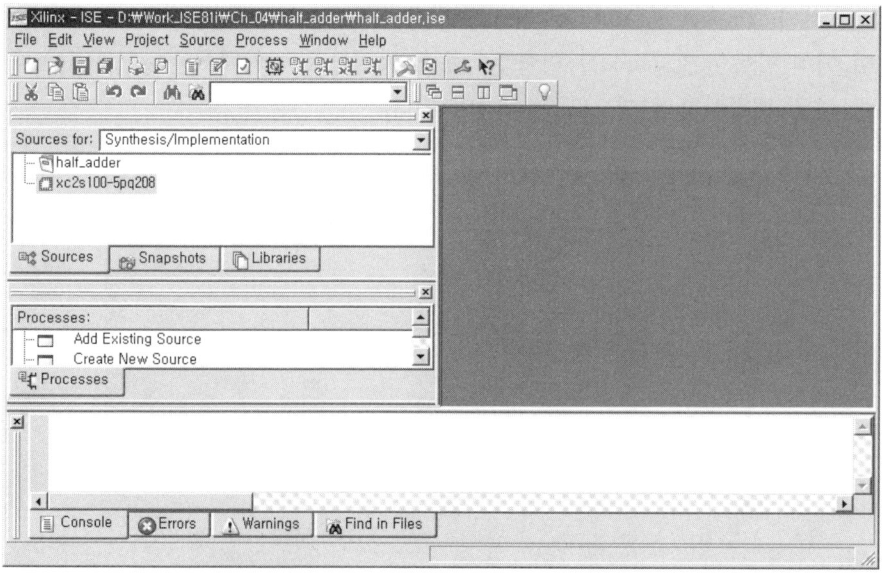

그림 4-7 Half_adder Project 생성 초기 화면

⑧ 반가산기의 소스 코드 입력을 위하여 Xilinx - ISE Project Navigator의 "**Project → New Source**" 메뉴를 선택하면 그림 4-9와 같은 New Source 대화 창이 생성된다.

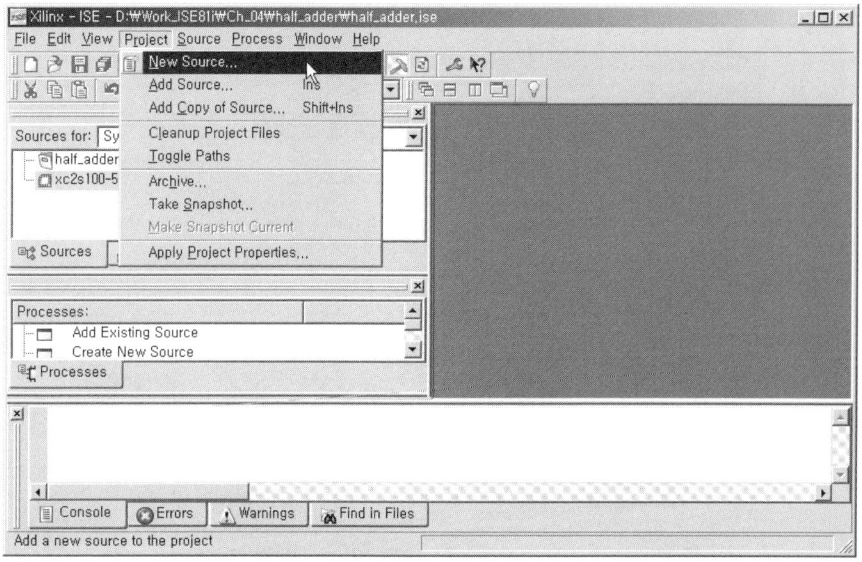

그림 4-8 Project Navigator의 Project 메뉴 창

⑨ **New Source Wizard - Select Source Type** 창이 나타나면 **Verilog Module**을 선택하고 File name을 "Half_adder"로 한다. 그리고 반드시 **Add to project**에 **check**를 하고 [Next >] 버튼을 클릭한다.

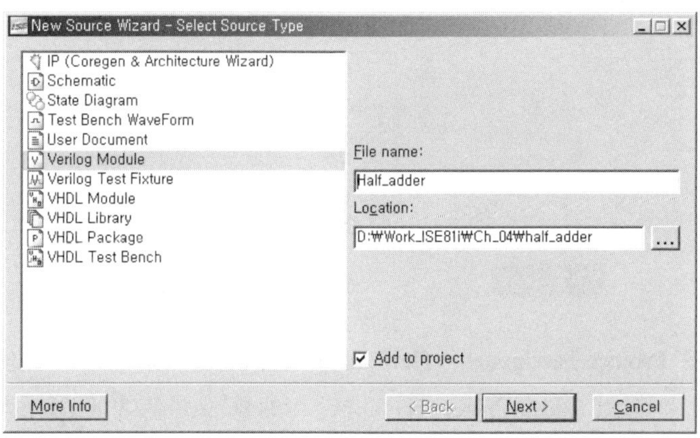

그림 4-9 New Source Wizard 창에서 Source 파일 이름 및 위치 설정

⑩ **New Source Wizard - Define Module** 창에서 입출력 신호들을 정의하지 않는다면 그대로 Next > 버튼을 클릭하여도 괜찮다. 다음은 그림 4-11과 같은 New Source Wizard - Summary 창이 발생한다.

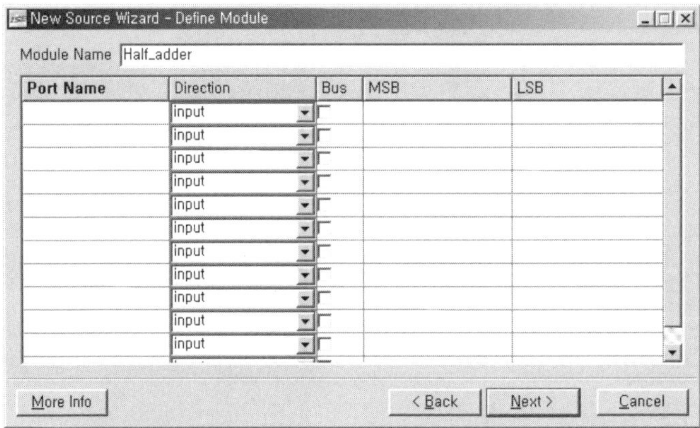

그림 4-10 New Source Wizard – Define Module 창

⑪ **New Source Wizard - Summary** 창에서는 정보를 확인한 후 Finish 버튼을 클릭하면 된다.

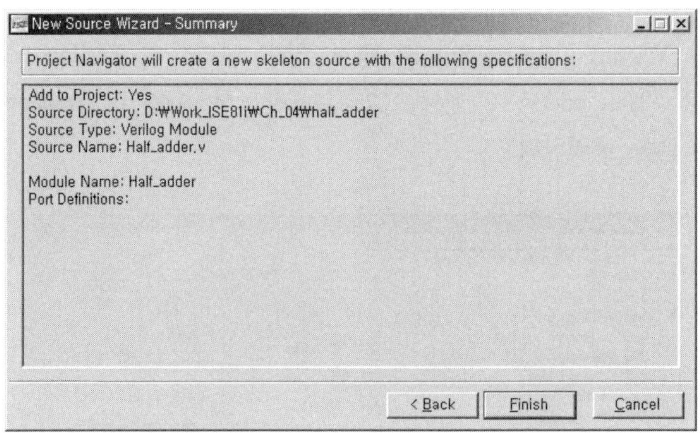

그림 4-11 New Source Wizard – Summary 창

⑫ Xilinx - ISE Project Navigator - Half_adder의 Design Summary 화면이 초기 화면으로 나타난다. 이는 Half_adder Project의 요약된 정보를 보여준다. HDL을 editor를 나타내기 위해서는 "**Half_adder**" 페이지 버튼을 선택하거나 **Source for** 창에서 **module**의 이름을 더블 클릭하면 된다.

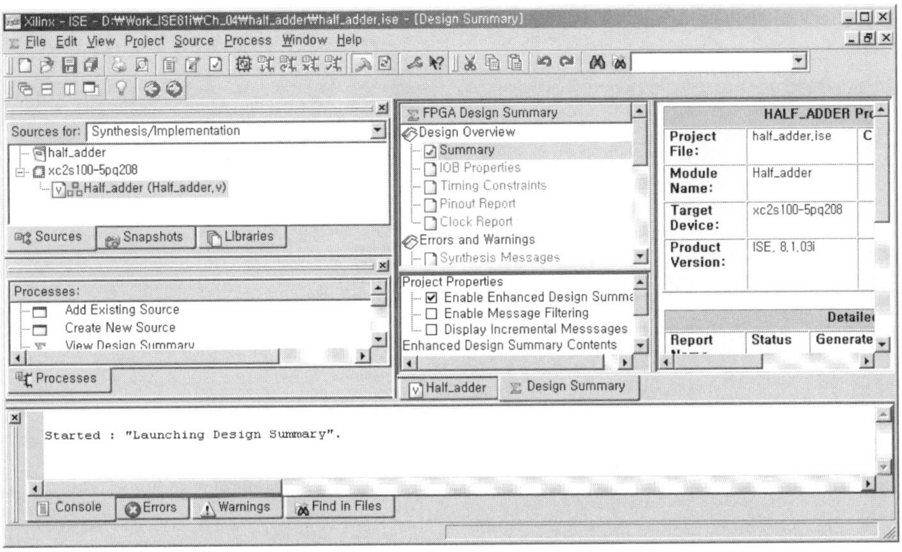

(a) Xilinx-ISE Project Navigator-Half_adder의 Design Summary 화면

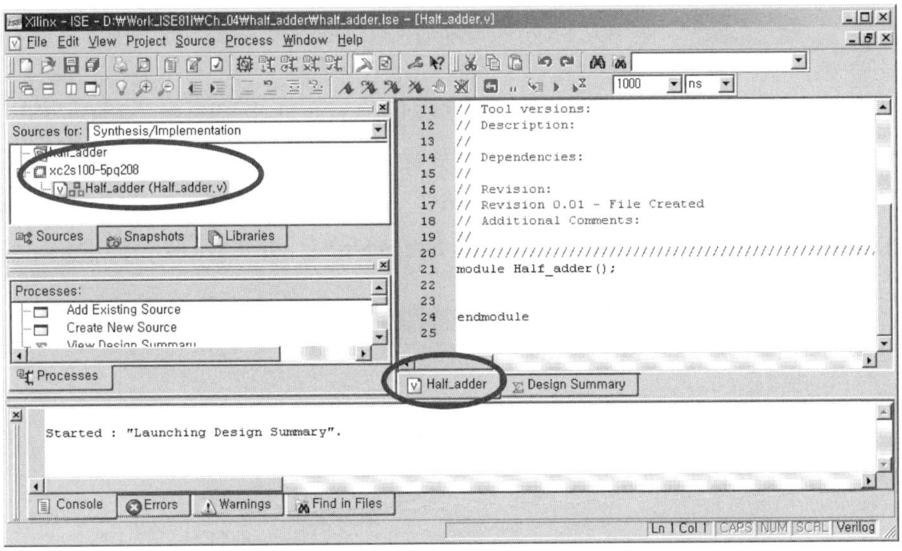

(b) Xilinx-ISE Project Navigator-Half_adder의 HDL Editor 초기 화면

그림 4-12 Xilinx-ISE Project Navigator의 HDL Editor 초기 화면

⑬ 그림 4-12의 HDL Editor 창의 Source code를 그대로 이용하여도 괜찮으나, 이들을 모두 지우고 프로그램 **4-1**의 **behavioral continuous assignment** 표현을 이용한 반가산기 설계

코드로 대치하시오.

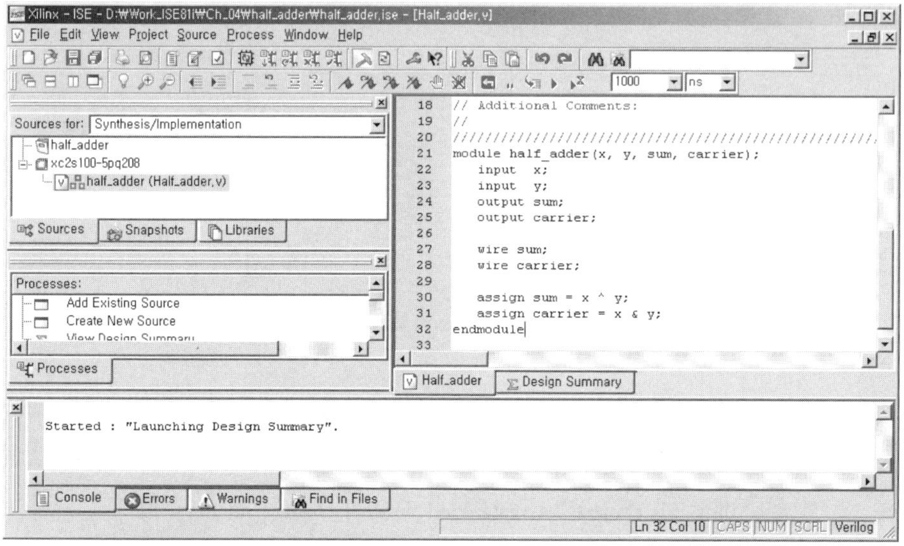

그림 4-13 기본 HDL Editor의 삭제 및 half adder의 Verilog HDL 코드

⑭ 반가산기의 simulation을 위하여 Test Bench를 작성하기 위하여 Xilinx- ISE Project Navigator의 "**Project → New Source**" 메뉴를 선택하면 그림 4-14와 같은 New Source 창이 생성된다. 이 New Source Wizard - Select Source Type 창에서 **Verilog Test Fixture**를 선택하고 Test Bench 명을 "**tb_half_adder**"로 하고 [Next >] 버튼을 클릭한다.

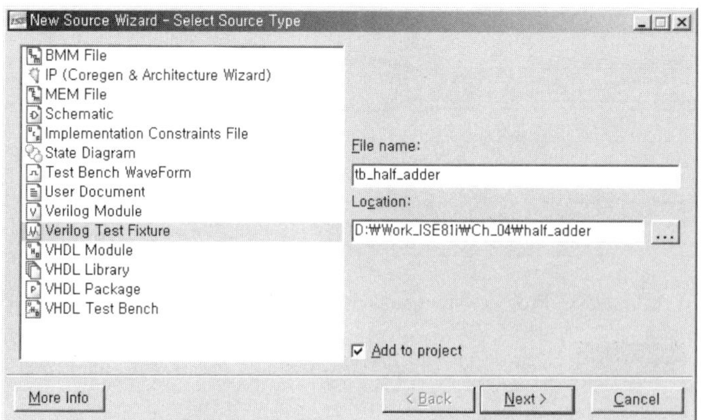

그림 4-14 Test Bench 생성을 위한 설정

⑮ New Source Wizard - Associate Source 창에서는 생성되는 Test Bench가 포함되는 Verilog module를 선택하고 [Next >] 버튼을 클릭한다.

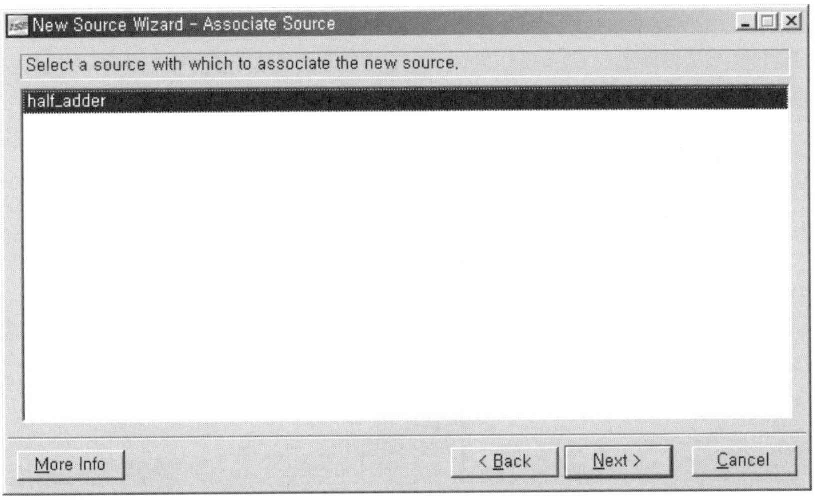

그림 4-15 Test Behch가 포함될 Verilog module 소스 코드 선택

⑯ New Source Wizard - Summary 창에서는 생성되는 Test Bench 요약 정보를 보여준다. 이를 확인한 후 [Finish] 버튼을 클릭하면 된다.

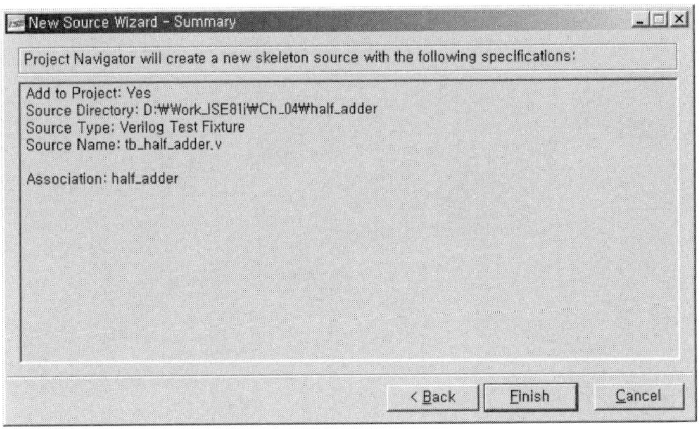

그림 4-16 Test Bench의 New Source Wizard – Summary 창

⑰ HDL Test Bench Editor 초기 화면을 위하여 "**Source for : Behavioral Simulation**"을 선택하면 그림 4-17과 같이 **Process** 창에는 **ModelSim Simulator**가 나타난다. "tb_half_ adder_v"를 더블클릭하면 Test Bench 편집 창이 나타난다. 사용자는 Simulation을 위하여 **"initial begin~end"** 구문 또는 **"always begin~end"** 구문에 입력 신호를 가해 줄 수 있도록 하는 Verilog HDL 코드를 추가 작성하면 된다.

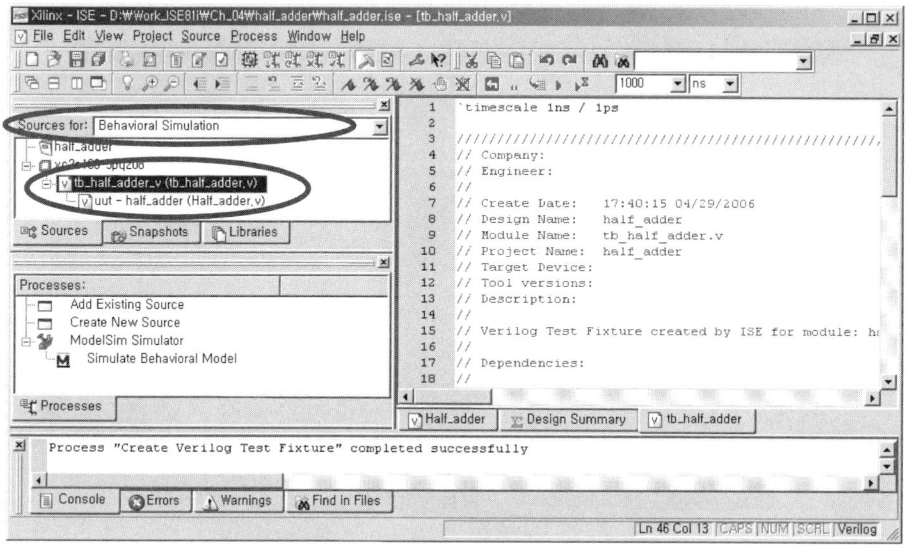

그림 4-17 HDL Test Bench Editor 초기 화면

⑱ HDL Editor에서 module 부분의 **"always begin~end"** 부분에 다음과 같이 Test Bench를 작성한다.

```
module tb_half_adder_v;
    // Inputs
    reg x;
    reg y;

    // Outputs
    wire sum;
    wire carrier;

    // Instantiate the Unit Under Test (UUT)
    half_adder uut (
        .x(x),
```

| Test Bench 4-1 | 반가산기의 Test Bench

```
        .y(y),
        .sum(sum),
        .carrier(carrier)
    );
    initial begin
        // Initialize Inputs
        x = 0;
        y = 0;
        // Wait 100 ns for global reset to finish
        // #100;
        // Add stimulus here
    end
    // 사용자 추가 always begin ~ end 구문
    always begin
        x=0;  y=0;  #50;  -- ①
        x=0;  y=1;  #50;  -- ②
        x=1;  y=0;  #50;  -- ③
        x=1;  y=1;  #50;  -- ④
    end
endmodule
```

| Test Bench 4-1 | 반가산기의 Test Bench *(계속)*

Test Bench 코드는 시뮬레이션하고자 하는 소스 코드에 입력 신호를 인가하는 역할을 하기 때문에 회로 설계된 module 자신이 입출력 신호를 가지지 않는다. 따라서 Test Bench의 module에서는 입출력 신호를 선언하지 않으며 시뮬레이션하고자 하는 소스 코드를 module instantiation하여 그 입출력 신호에 연결하기 위한 신호의 값을 선언한다. Test Bench module에서는 module instantiation의 입력 신호를 생성시키기 위하여 Verilog HDL 코드를 가지게 된다. 입력 신호의 값은 할당을 통해서 결정할 수 있으며 타이밍은 Test Bench 4-1에서와 같이 **"always begin~end"** 구문 내에서 주로 시간 표현을 위한 **"#시간"** 표현 사용하여 이루어지며, 이 구문은 무한히 반복된다. **"#시간"**의 경우 **"always begin~end"** 구문 내에서 선언된 이전의 출력 상태를 설정된 시간 동안 유지하게 된다. 그리고 "initial begin~end" 구문은 simulation 초기에 1회만 수행되어진다. 그리하여 Test Bench 4-1에서는 "always begin~end" 구문을 이용하였으며 시뮬레이션 시에

①에 의해 half_adder의 입력 x에 '0', y에 '0'을 50 ns 동안 인가하게 된다.
②에 의해 half_adder의 입력 x에 '0', y에 '1'을 50 ns 동안 인가하게 된다.

③에 의해 half_adder의 입력 x에 '1', y에 '0'을 50 ns 동안 인가하게 된다.
④에 의해 half_adder의 입력 x에 '1', y에 '1'을 50 ns 동안 인가하게 된다.

또한 예를 들어 Flip-Flop과 같은 소자에 주기가 20 ns인 클록 입력 신호를 생성하여야 할 경우 Test Bench는 다음과 같은 Verilog HDL 코드를 가지면 된다.

```
'timescale 1ns/1ps
   :
always begin
       clk = '0';        #10;
       clk = '1';        #10;
end
```

```
'timescale 1ns/1ps
   :
always begin
       #10 clk = ~clk;
end
```

Procedural 구문인 "**always begin~end**" 구문은 순차적으로 수행되기 때문에 clk에 '0' 신호를 10 ns 동안 유지하고 그 후 10 ns 동안은 clk에 '1' 신호를 유지하게 된다. 또한 "**always begin~end**" 구문은 무한히 반복 수행되기 때문에 10 ns 마다 clk 신호가 토글되어 50 MHz의 clock 신호를 생성하게 된다.

Practice 2 ModelSim XE의 사용법

Test Bench 4-1의 작성이 끝났으면 Project Navigator의 "**Sources for : Behavioral Simulation 창**"에서 "**Test Bench 프로그램을 마우스로 선택**"하면 "**Processes :**" 창에 "**ModelSim Simulator**" 메뉴가 나타난다. "**Simulate Behavioral Model**"을 더블 클릭하면 ModelSim Simulator가 실행되어 작성한 회로의 동작을 파형으로 관찰할 수 있게 된다.

에러 메시지

Test Bench 코드나 소스 코드에 오류가 있을 경우 **ModelSim XE III/Starter 6.0d**의 **Transcript** 창에서 붉은 글씨로 그림 4-18과 같이 에러가 있음을 알려주게 된다. 그림 4-18은 Test Bench 코드에서 ④부분의 wait 구문에 "**세미콜론(;)이 빠진 경우**"에 나타나는 메시지를 보여준다.

```
# ** Error: tb_half_adder.v(59): near "end":  expecting: IDENT
# ** Error: C:/Verilog_Modeltech_xe_starter/win32xoem/vlog failed.
```

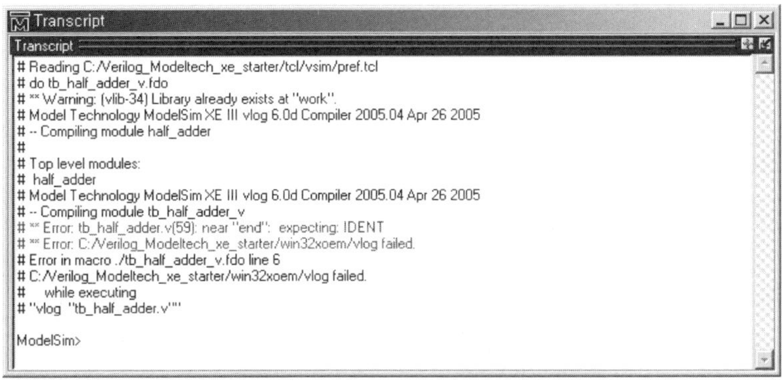

그림 4-18 Test Bench 코드에 의한 에러

이 에러들에서 tb_half_adder.v 파일의 59번째 줄에서 에러가 있음을 알 수 있다. 그러나, 실제 59번째 줄에는 에러가 없다. 여기서 발생된 에러는 58번째 줄의 **"#시간" 구문**에 **"세미콜론(;)이 빠졌기에 발생된 에러"**임을 알 수 있다. 그러므로 에러가 발생할 경우 에러 메시지에 나타난 줄의 코드와 이전 줄의 코드를 참조하여 코드를 수정하여 저장하고 ModelSim 프로그램을 종료한 후 닫고, 시뮬레이션 프로그램을 다시 시작하도록 한다.

소스 코드나 Test Bench에 오류가 없으면 그림 4-19와 같이 **ModelSim XE III/Starter 6.0d - Custom Xilinx Version** 화면 창에 **Workspace** 창, **Object** 창, **Transcript** 창 그리고 **Wave** 창과 같은 네 개의 창이 나타나게 된다. **ModelSim XE III** 창은 프로그램을 제어하는 메인 창이다. **Workspace** 창은 시뮬레이션하는 회로들 간의 instance와 구조를 나타낸다. **Object** 창은 Workspace 창에서 선택된 module instance의 signal을 나타내준다. 마지막으로 **Wave** 창은 Test Bench에서 선언된 signal의 시뮬레이션 결과를 파형으로 나타내준다. 파형은 아이콘을 이용하여 자세히 살펴볼 수 있다.

- : 시뮬레이션 파형을 2배 확대하여 나타낸다(zoom in).
- : 시뮬레이션 파형을 2배 축소하여 나타낸다(zoom out).
- : 선택된 영역을 wave 창에 나타낸다(zoom mode).
- : 시뮬레이션 전체 파형을 wave 창에 보여준다(zoom full).

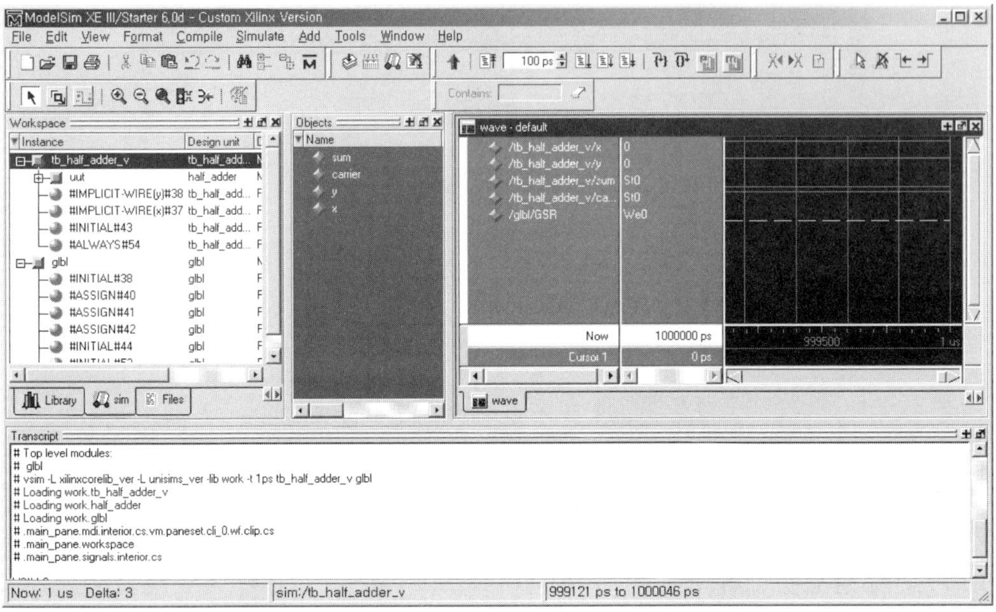

그림 4-19 ModelSim XE Ⅲ/Starter 6.0d 시뮬레이션 초기 화면

시뮬레이션 시간 설정

Project Navigator에서 **ModelSim XE III 프로그램**을 시작할 경우 default로 1 us까지 시뮬레이션을 수행하여 그 결과를 보여준다. 시뮬레이션을 계속해서 수행하고자 할 경우 **ModelSim XE III/Start** 창에서나 **Wave** 창에서 을 클릭하면 된다. 그러면 **ModelSim XE III/Start** 창에 설정된 시간만큼(ps 단위) 시뮬레이션을 추가로 수행하게 된다. 사용자가 특정 시간만큼 시뮬레이션을 보고자 할 경우는 **ModelSim XE III/Start** 창에서 설정 시간을 수정하면 된다.

그림 4-20과 같이 시뮬레이션 시간을 "**500 ns**"로 설정하고 시뮬레이션을 위하여 을 클릭한다. 그 결과 그림 4-21과 같이 **시뮬레이션 1500 ns까지 수행됨**을 볼 수 있다.

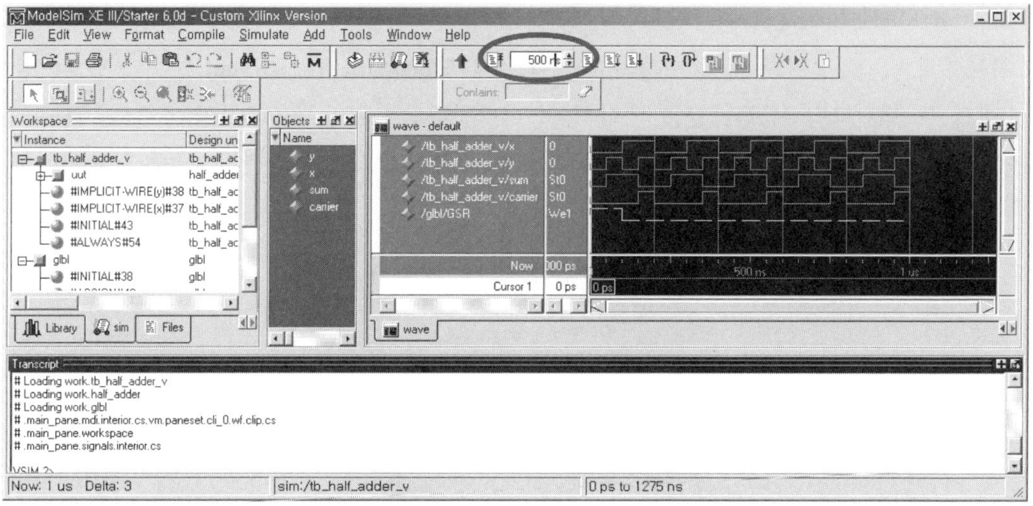

그림 4-20 시뮬레이션의 시간 설정

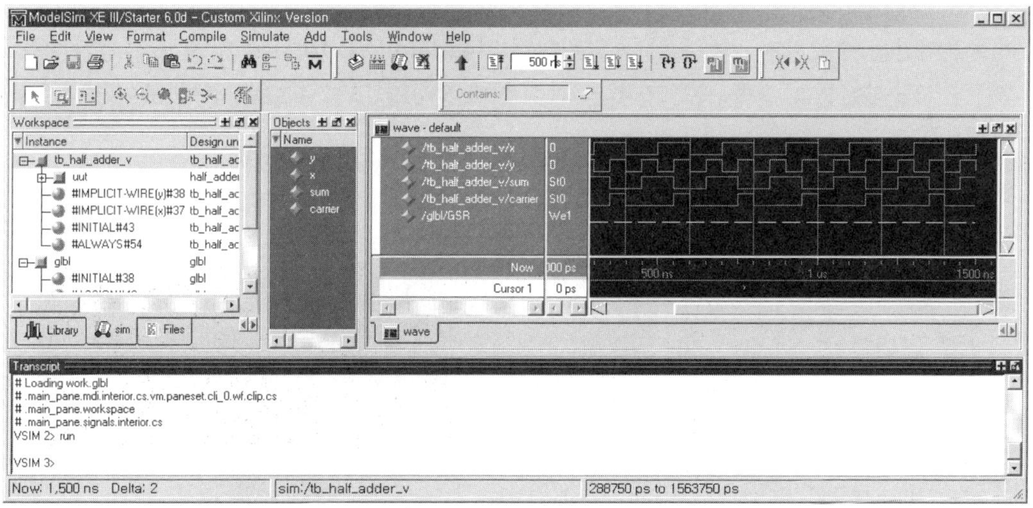

그림 4-21 시뮬레이션 시간 500 ns 설정 후의 수행 결과

시뮬레이션 재시작

시뮬레이션을 처음부터 다시 시작하고자 할 경우 **ModelSim XE III/Start** 창이나 **Wave** 창에서 [아이콘]를 누르면 그림 4-22와 같은 대화 창이 나타난다. 현재의 시뮬레이션 조건을 그대로 유지하기 위하여 [Restart] 버튼을 클릭하면 Wave 창의 파형이 모두 지워지고 새로 시뮬레이션을 수행할 수 있게 된다.

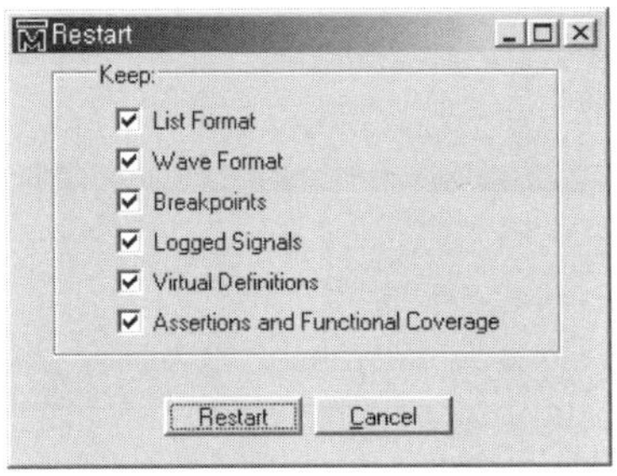

그림 4-22 Restart 대화 창

시뮬레이션을 수행하기 위해 [아이콘]를 클릭하면 **ModelSim XE III/Start 창**에서 설정된 500 ns 시간만큼 시뮬레이션을 수행하고 그 결과 파형을 조절하면 그림 4-23과 같이 보여 주게 된다.

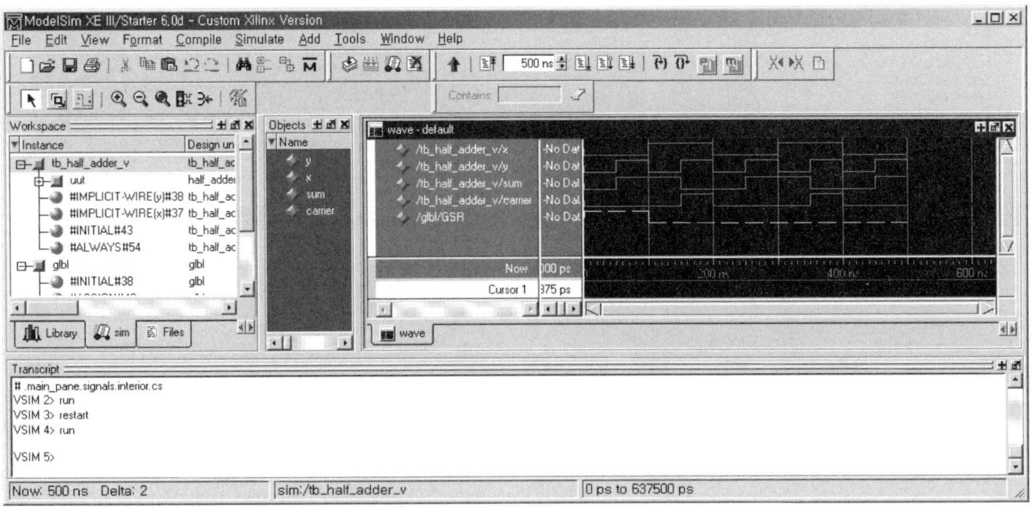

그림 4-23 시뮬레이션 재시작 후 출력 파형

Wave 신호의 추가

Wave 창에서 관찰하고자 하는 신호를 추가하기 위해서는 먼저 **Workspace** 창에서 그 신호가 속해 있는 module을 선택한다. 이렇게 하면 **Object** 창에 선택된 module에 포함된 모든 신호를 보여주게 되므로 여기서 그림 4-24와 같이 원하는 신호를 선택한다. **Wave** 창에 추가하기 위해서는 선택된 신호를 드래그하여 **Wave** 창에서 신호 이름이 있는 부분에 드롭하면 된다. **Wave** 창에 신호를 추가하는 순간에 결과 파형이 나타나는 경우도 있지만 일반적으로 신호가 추가될 경우 **Wave** 창에서 결과 파형이 바로 나타나지 않기 때문에 시뮬레이션을 재시작하여야 한다. 그림 4-25는 신호를 추가한 후 시뮬레이션을 재시작 한 경우의 결과 파형이다.

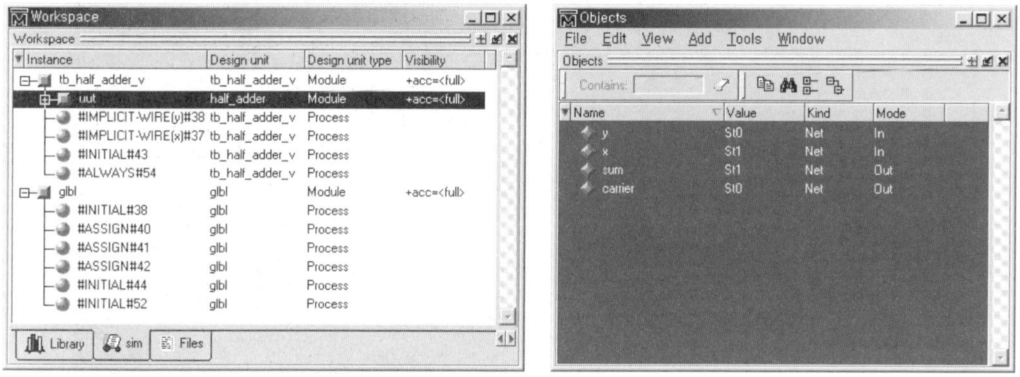

그림 4-24 추가할 신호의 선택

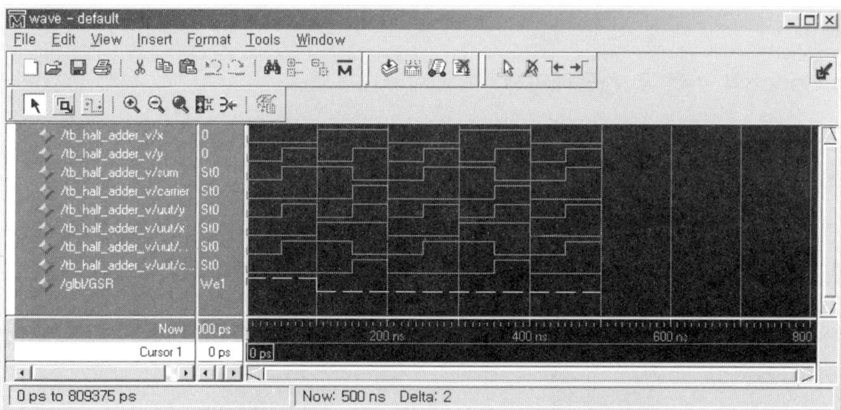

그림 4-25 추가된 신호의 시뮬레이션 결과 파형

Wave 창에서 신호의 제거

Wave 창에서 관찰할 필요가 없는 신호를 제거하고자 할 경우 그림 4-26에서와 같이 신호를 선택한 후 마우스 오른쪽 버튼을 클릭하면 선택을 위한 팝업 창이 나타난다. 이 팝업 창에서 **Delete**를 선택하면 된다.

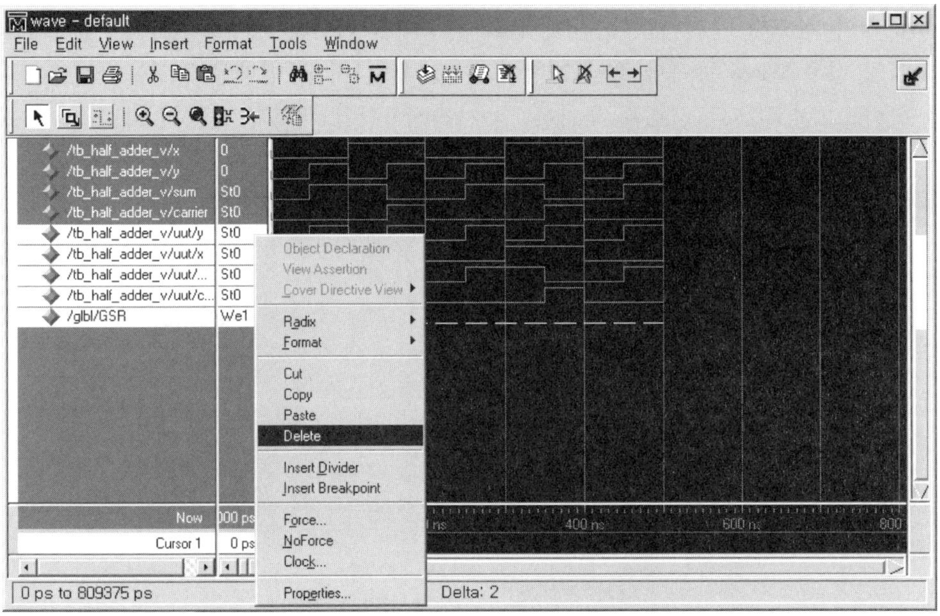

그림 4-26 Wave 창에서 신호의 제거

Test Bench의 수정 후 시뮬레이션

시뮬레이션에 사용할 입력 신호를 수정할 경우에는 Test Bench를 변경한 후 새로 컴파일 과정을 거쳐 시뮬레이션을 재시작 하여야 한다. Xilinx - ISE Project Navigator의 **HDL Editor** 창으로 돌아가서 Test Bench 4-2와 같이 "**initial begin~end**" 구문의 "**// Add stimulus here**" 부분에 코드를 추가하거나, "**always begin~end**" 구문의 코드를 변경하고 저장한다.

Test Bench 4-2의 작성된 "**always begin~end**" 구문 부분의 수정된 코드는 시뮬레이션 시에 아래와 같이 동작한다.

①에 의해 x에 '1', y에 '1'을 100 ns 동안 인가하게 된다.
②에 의해 x에 '1', y에 '0'을 100 ns 동안 인가하게 된다.

③에 의해 x에 '0', y에 '1'을 100 ns 동안 인가하게 된다.
④에 의해 x에 '0', y에 '0'을 100 ns 동안 인가하게 된다.
always 구문에 의해 이러한 과정을 무한히 반복하게 된다.

```
— *** 추가된 Test Bench - User Defined Section ***
   always begin
         x = 1;       y = 1;       #100;    -- ①
         x = 1;       y = 0;       #100;    -- ②
         x = 0;       y = 1;       #100;    -- ③
         x = 0;       y = 0;       #100;    -- ④
   end ;
— *** 추가된 End Test Bench - User Defined Section ***
```

| Test Bench 4-2 | 반가산기의 Test Bench 수정 부분 예

Test Bench 코드의 수정이 끝났으면 **ModelSim XE III/Start** 창의 "**Compile → Compile**" 메뉴를 선택한다.

그림 4-28에서와 같이 "**Compile Source File**" 대화 창이 나타나면 Test Bench의 파일 이름 "tb_half_adder.v"를 선택하고 [Compile] 버튼을 클릭하면 Test Bench를 새로 컴파일한다. 컴파일 과정에서 에러가 발생하면 그림 4-18과 같이 붉은색의 에러 메시지가 출력된다. 에러 메시지를 참고하여 코드의 오류를 수정하고 컴파일 과정을 반복한다.

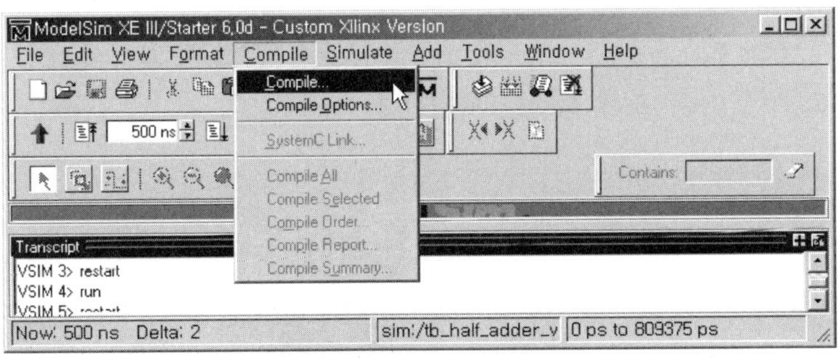

그림 4-27 컴파일 선택

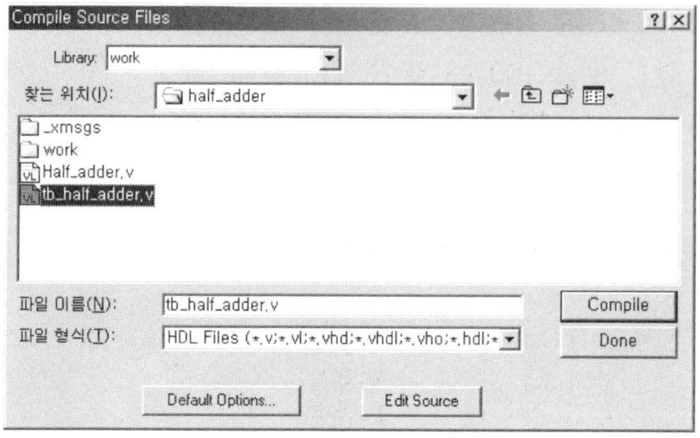

그림 4-28 Test Bench 코드 수정 후 컴파일을 위한 파일 선택

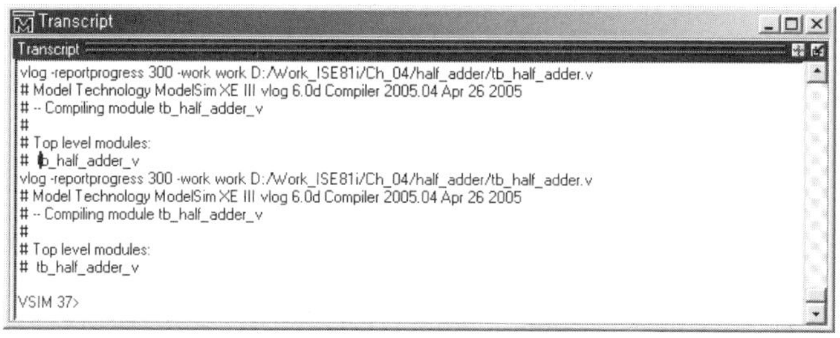

그림 4-29 컴파일 완료를 나타내는 Transcript 대화 창

컴파일이 성공적으로 수행되면 **ModelSim XE III/Start** 창이나 **Wave** 창에서 restart ( ) 아이콘을 클릭하여 시뮬레이션을 재시작한 후 **ModelSim XE II/Start** 창에서 시뮬레이션 시간을 1 us로 설정하고 run ( ) 아이콘을 클릭하여 시뮬레이션을 수행하면 그림 4-30과 같은 결과 파형이 나타난다. Test Bench 4-2의 코드와 입력 신호를 비교하여 입력 신호가 제대로 인가되었는지 살펴보고 이에 따른 출력 신호를 확인한다.

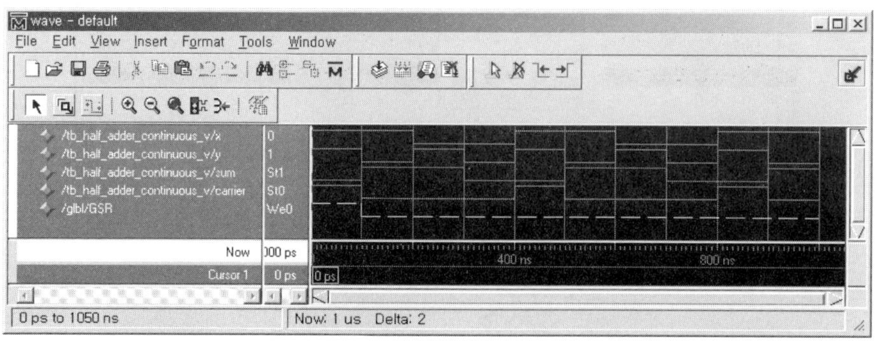

그림 4-30 수정된 Test Bench 4-2를 이용한 시뮬레이션 결과 파형

Practice 3 Behavioral continuous assignment 표현을 이용한 전가산기의 시뮬레이션

먼저 Project를 생성시키고 프로그램 4-3의 Boolean's function을 이용한 behavioral continuous assignment 표현의 전가산기의 소스 코드를 작성한다. 그리고 시뮬레이션을 위하여 Test Bench 4-3과 같이 코드를 작성한다.

```
'timescale 1ns / 1ps

module tb_full_adder_continuous_v;
        // Inputs
        reg x;
        reg y;
        reg c_in;

        // Outputs
        wire sum;
        wire c_out;

        // Instantiate the Unit Under Test (UUT)
        full_adder uut (
                .x(x),
                .y(y),
                .c_in(c_in),
                .sum(sum),
                .c_out(c_out)
        );

        initial begin
                // Initialize Inputs
                x = 0;
                y = 0;
                c_in = 0;

                // Wait 100 ns for global reset to finish
                // #100;
                // Add stimulus here
```

| Test Bench 4-3 | 전가산기의 Test Bench

```
        end

        always begin
                #50 c_in = ~c_in;
        end
        always begin
                #100 y = ~y;
        end
        always begin
                #200 x = ~x;
        end

endmodule
```

| Test Bench 4-3 | 전가산기의 Test Bench *(계속)*

Test Bench 4-3에서 x 신호는 200 ns 마다 토글되며, y 신호는 100 ns 마다, 그리고 c_in 신호는 50 ns 마다 토글되어 Boolean's function을 이용한 전가산기의 소스 코드에 입력되게 된다. 1 us까지 시뮬레이션할 경우의 출력 파형은 그림 4-31과 같다.

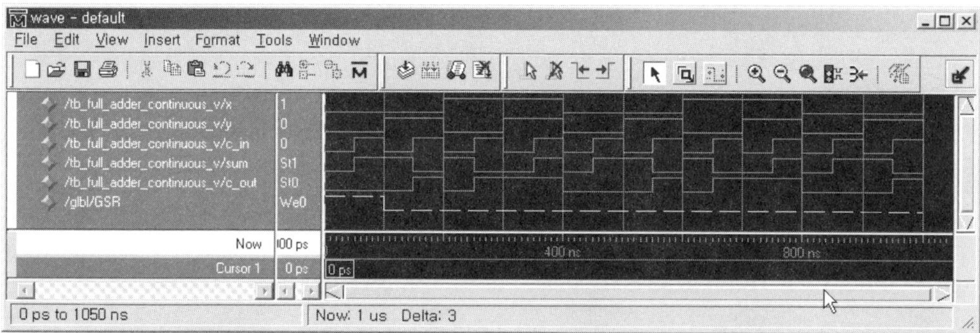

그림 4-31 Test Bench 4-3을 이용한 전가산기의 시뮬레이션 결과

전가산기에서 x와 y 입력 신호에 의한 출력 신호를 살펴보기 위해서는 c_in 입력을 고정시킨 상태에서 x와 y 입력만을 변화시키면 된다. 이를 위해서 Xilinx-ISE Project Navigator의 **HDL Editor** 창에서 Test Bench의 코드를 Test Bench 4-4와 같이 수정한다.

ModelSim XE III/Start 창에서 수정한 Test Bench를 다시 컴파일하고 시뮬레이션을 재시작하여 2 us까지 시뮬레이션을 수행한다. c_in 신호가 '0'이 된 후의 출력 신호는 반가산기의 경우와 일치하게 되므로 c_in 신호가 없는 전가산기는 반가산기와 같음을 알 수 있다.

또한 400 ns 이후의 파형을 살펴보면 그림 4-30의 반가산기 시뮬레이션 파형과 입력 및 출력이 일치함을 볼 수 있다. 따라서 Test Bench 4-2와 Test Bench 4-4를 비교해 보면 시뮬레이션 시에 동일한 입력 신호를 인가하기 위해서 Test Bench의 Verilog HDL 코드를 다양하게 작성할 수 있음을 알 수 있다.

```
initial begin
        c_in = 0;
end
//
always begin
        y = 0; #100;
        y = 1; #100;
end
//
always begin
        x = 0; #200;
        x = 1; #200;
end
```

| Test Bench 4-4 | 전가산기의 Test Bench 수정 예

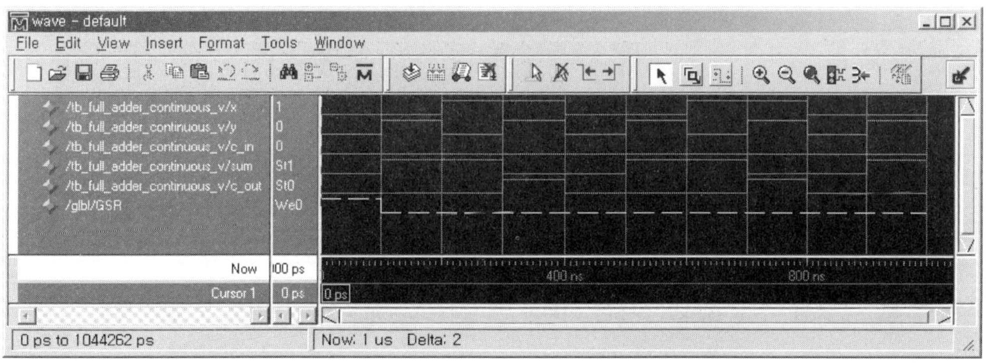

그림 4-32 Test Bench 4-4를 이용한 전가산기의 시뮬레이션 결과

Practice 4 Behavioral procedural statement 표현을 이용한 반가산기의 시뮬레이션

먼저 Project를 생성시키고 "프로그램 **4-2 behavioral procedural statement** 표현의 반가산기"의 소스 코드를 작성한다. 그리고 시뮬레이션을 위하여 "Test Bench 4-1 반가산기의 Test Bench"의 사용자 추가 작성 부분의 코드인 Test Bench 4-5의 "**always begin~end**" 구문을 추가하여 functional 시뮬레이션 및 timing 시뮬레이션을 하여라.

```
— *** 추가된 Test Bench – User Defined Section ***
      always begin
         x = 0;      y = 0;      #50;
         x = 0;      y = 1;      #50;
         x = 1;      y = 0;      #50;
         x = 1;      y = 1;      #50;
      end ;
— *** 추가된 End Test Bench – User Defined Section ***
```

| Test Bench 4-5 | 반가산기의 사용자 추가 부분 Test Bench

Test Bench 4-5에서 x 신호는 100 ns 마다 반전되며, y 신호는 50 ns 마다 반전되어 behavioral procedural statement 표현의 반가산기 설계회로에 입력되게 된다. 그림 4-33은 1 us까지 functional 시뮬레이션의 출력 파형이다.

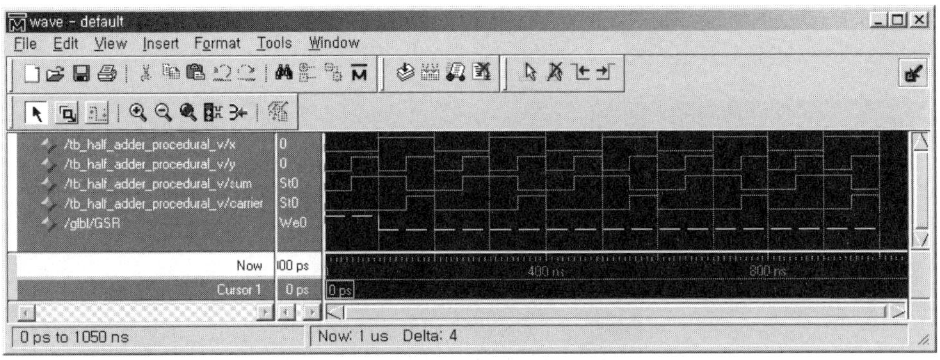

그림 4-33 Test Bench 4-5를 이용한 반가산기의 functional 시뮬레이션 결과 파형

프로그램 4-2를 **Implementation**을 수행한 후 timing 시뮬레이션하도록 한다. 그림 4-34는 timing 시뮬레이션의 출력 파형이다. 그림 3-35는 timing 시뮬레이션의 출력 파형에서 신호의 전파 지연 시간을 측정해 보도록 한다.

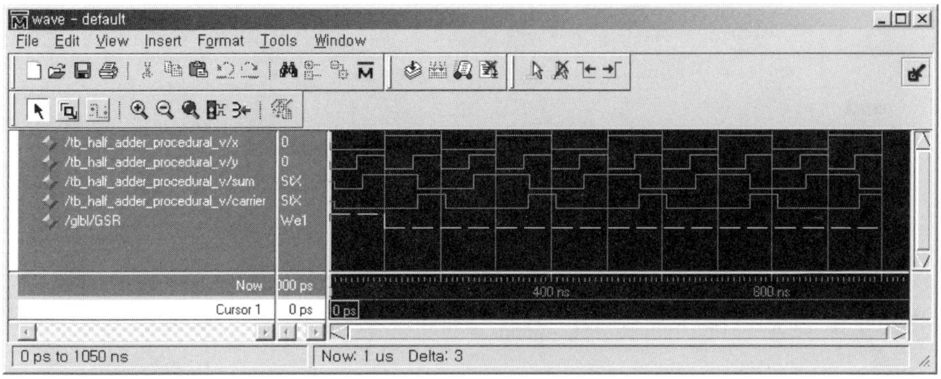

그림 4-34 Test Bench 4-5를 이용한 반가산기의 timing 시뮬레이션 결과 파형

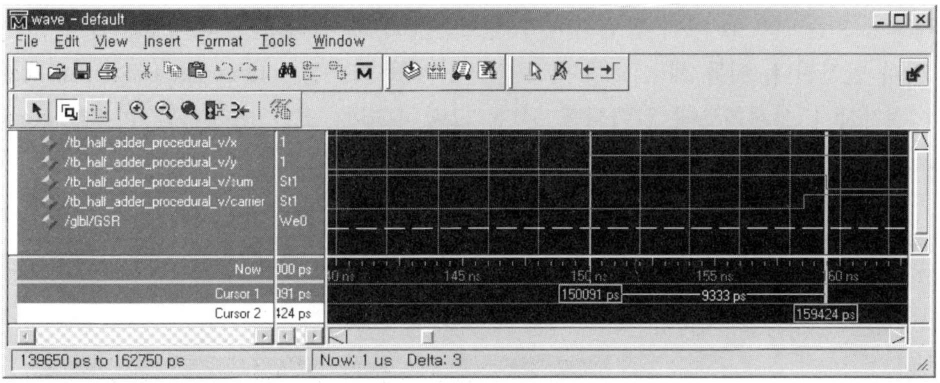

그림 4-35 Test Bench 4-5를 이용한 반가산기의 timing 시뮬레이션에서 신호 전파 지연 시간 측정

Practice 5 조건 연산자를 사용한 **continuous assignment** 표현을 이용한 전가산기의 시뮬레이션

먼저 Project를 생성시키고 "**프로그램 4-4** 조건 연산자를 사용한 **continuous assignment statement** 전산기 설계"의 소스 코드를 작성한다. 그리고 시뮬레이션을 위하여 "Test Bench 4-6의 "**initial begin~end**" "**always**" 구문을 추가하여 functional 시뮬레이션 및 timing 시뮬레이션을 하도록 하여라.

```
— *** 추가 및 변경된 Test Bench – User Defined Section ***
      initial begin        // Initialize Inputs
            x = 0;
```

| Test Bench 4-6 | 전가산기의 사용자 추가 부분 Test Bench

```
            y = 0;
            c_in = 0;
      end

      always  #50 c_in = ~c_in;
      always  #100 y = ~y;
      always  #200 x = ~x;

// *** 추가 및 변경된 End Test Bench - User Defined Section ***
```

| Test Bench 4-6 | 전가산기의 사용자 추가 부분 Test Bench *(계속)*

Test Bench 4-6에서 initial 구문에 의해 신호 x, y, c_in은 '0'으로 초기화된다. always 구문에 의해 x 신호는 200 ns 마다 반전되며, y 신호는 100 ns 마다 반전되며, 그리고 c_in 신호는 50 ns 마다 반전된다. 이들 세 신호들이 조건 연산자를 이용한 continuous assignment statement 표현의 전가산기 설계회로에 입력되게 된다. 그림 4-36은 조건 연산자를 이용한 continuous assignment statement 표현 전가산기의 functional 시뮬레이션의 출력 파형이다.

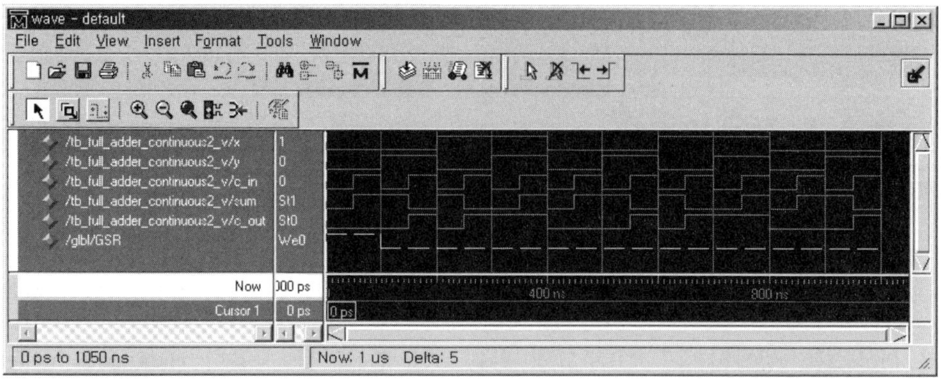

그림 4-36 Test Bench 4-6을 이용한 전가산기의 functional 시뮬레이션 결과 파형

프로그램 4-4를 **Implementation**을 수행한 후 timing 시뮬레이션하도록 한다. 그림 4-37은 timing 시뮬레이션의 출력 파형이다. 그림 3-38은 timing 시뮬레이션의 출력 파형에서 신호의 전파 지연 시간을 측정해 보도록 한다.

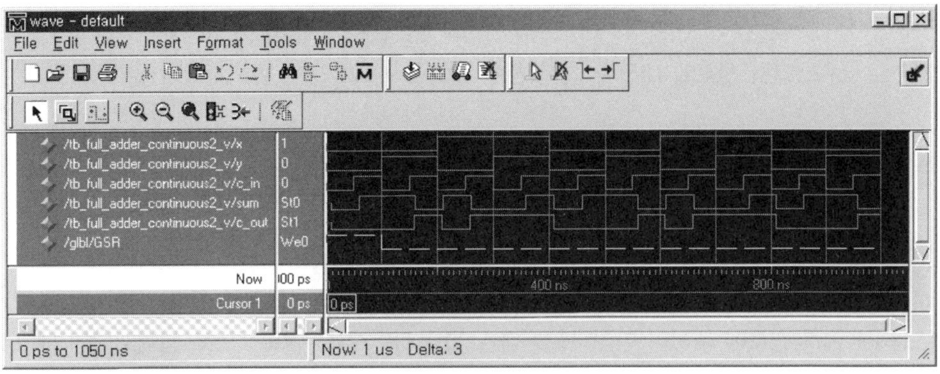

그림 4-37 Test Bench 4-6을 이용한 전가산기의 timing 시뮬레이션 결과 파형

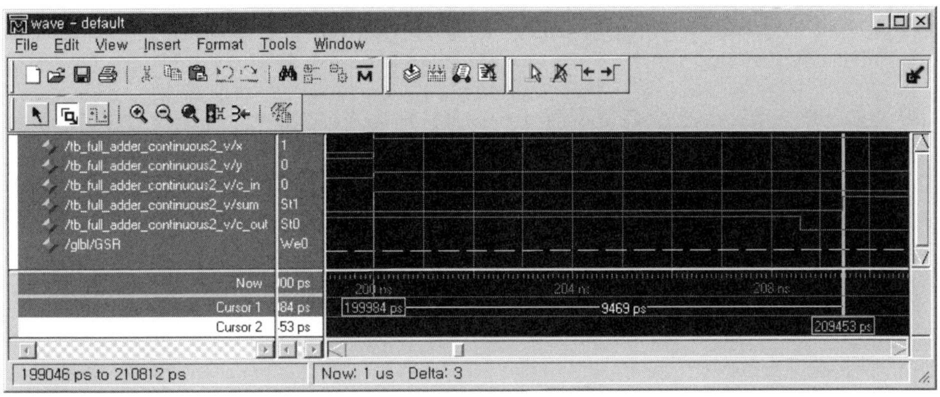

그림 4-38 Test Bench 4-6을 이용한 전가산기의 timing 시뮬레이션에서 신호 전파 지연 시간 측정

4.5 연습 문제

1. 2장의 프로그램 2-1 순차 블록문의 blocking procedural assignment 표현 "**exclusive or**" 회로를 작성하여라. 그리고, 시뮬레이션이 가능하도록 Test Bench를 작성하여 functional 시뮬레이션과 timing 시뮬레이션을 하여라. 그리고 합성된 RTL schematic 회로도를 확인하여라.

   〈참고〉 a, b, c 입력 신호에 대하여 이진 신호 "000" ~ "111"까지 변화시키면 된다.

2. 2장의 프로그램 2-2 Non-blocking procedural assignment 표현 "**exclusive or**" 회로를 작성하여라. 그리고, 시뮬레이션이 가능하도록 Test Bench를 작성하여 functional 시뮬레이션과 timing 시뮬레이션

레이션을 하여라. 그리고 합성된 RTL schematic 회로도를 확인하여라.

〈참고〉 a, b, c 입력 신호에 대하여 이진 신호 "000" ~ "111"까지 변화시키면 된다.

3. 프로그램 2-1과 프로그램 2-2의 차이점에 대하여 간략히 설명하여라.

4. 2장의 프로그램 2-9 RS-latch의 구조적 표현회로를 작성하여라. 그리고, 시뮬레이션이 가능하도록 Test Bench를 작성하여 functional 시뮬레이션과 timing 시뮬레이션을 하여라. 시뮬레이션을 위하여 set, reset 입력 신호에 대하여 이진 신호 "00", "01", "10" 값을 반복적으로 입력시키면 되고, "11"의 값 입력 시에 출력 신호 q가 부정이 되는 것을 확인해 보도록 하여라.

5. 2장의 프로그램 2-14 Task를 이용한 4 bits 가산기 설계회로를 작성하라. 그리고, 시뮬레이션이 가능하도록 Test Bench를 작성하여 functional 시뮬레이션과 timing 시뮬레이션을 하여라.

6. 2장의 프로그램 2-15 Function을 이용한 4 bits 가산기 설계회로를 작성하여라. 그리고, 시뮬레이션이 가능하도록 Test Bench를 작성하여 functional 시뮬레이션과 timing 시뮬레이션을 하여라.

Chapter_05

코드변환

5.1 실습 목적

Verilog HDL을 이용하여 각종 코드 변환기(code converter)를 설계하고 에뮬레이션을 위한 input data와 output data의 처리에 대하여 배운다.

- BCD to excess-3 코드 변환기에 대한 Verilog HDL 설계 표현을 배운다.
- Binary to Gray 코드 변환기에 대한 Verilog HDL 설계 표현을 배운다.
- Gray to Binary 코드 변환기에 대한 Verilog HDL 설계 표현을 배운다.

5.2 설 명

여러 시스템들이 정보를 교환할 때 서로 다른 코드 시스템을 가질 수 있다. 이 경우에 두 시스템 사이에 코드 변환기(code converter)를 사용하여 코드를 변환하여 사용하여야 한다. 많은 코드 체계 가운데 수치 데이터 코드인 BCD 코드, 그레이 코드, 3초과(excess-3) 코드, Hamming 코드에 대하여 간단히 알아보고 서로의 코드 변환에 대하여 Verilog HDL로 표현을 한다. 그리고 Hamming 코드는 오류 검출 및 정정 코드로 11장에서 공부하도록 한다.

1) BCD 코드

- 2진화 10진수 코드(binary-coded decimal code)
  10진수 각각을 2진수로 표현한 것을 말함.
- 8421 코드라고도 함(weight code).
- 예) 2진수에서 15는 1111로 표현되지만 BCD code에서는 0001 0101로 표현됨.

2) 3-초과(excess-3) 코드

- BCD code + 3의 10진수에 대응하는 코드
- Self-complement 코드(자기 보수 코드)
- Non-weighted 코드

3) Gray 코드

- 인접한 숫자 사이에는 1 bit만 다르게 구성된 코드
- Non-weighted 코드

- 최소 변환 코드(minimum change code)

4) Hamming 코드

- error 검출 및 정정이 가능한 코드
- 실제 데이터에 비해 많은 잉여 bit가 필요함.
- 전송 관점에서 효율이 낮음.

| 표 5-1 | 각종 코드

10진수	2진수	BCD	Excess-3	Gray	Hamming for BCD
0	0000	0000	0011	0000	0000000
1	0001	0001	0100	0001	1001011
2	0010	0010	0101	0011	0101010
3	0011	0011	0110	0010	1100001
4	0100	0100	0111	0110	0011001
5	0101	0101	1000	0111	1010010
6	0110	0110	1001	0101	0110011
7	0111	0111	1010	0100	1111000
8	1000	1000	1011	1100	0000111
9	1001	1001	1100	1101	1001100
10	1010	0001 0000	0011 0000	1111	1001011 0000000
11	1011	0001 0001	0011 0011	1110	1001011 1001011

표 5-1의 BCD 코드를 excess-3 코드로 변환하는 회로를 프로그램 5-1에서 Verilog HDL의 continuous assignment 표현으로 작성하였다. 그리고 프로그램 5-2에서는 동작적 표현의 case문을 이용하여 작성하였다.

```
// BCD to excess-3 code converter modeling 1 ( continuous assignment description )
module bcd2excess3(bcd, excess3);
        input  [3:0] bcd;
        output [3:0] excess3;

        wire [3:0] excess3;
        wire [3:0] tmp4, tmp5, tmp6, tmp7, tmp8, tmp9, tmp10, tmp11;
```

| 프로그램 5-1 | BCD 코드에서 excess-3 코드 변환 continuous assignment 표현

```
        assign excess3 = (bcd==0) ? 3 :  tmp4;
        assign tmp4 = (bcd==1) ? 4 : tmp5;
        assign tmp5 = (bcd==2) ? 5 : tmp6;
        assign tmp6 = (bcd==3) ? 6 : tmp7;
        assign tmp7 = (bcd==4) ? 7 : tmp8;
        assign tmp8 = (bcd==5) ? 8 : tmp9;
        assign tmp9 = (bcd==6) ? 9 : tmp10;
        assign tmp10 = (bcd==7) ? 10 : tmp11;
        assign tmp11 = (bcd==8) ? 11 : 12;
endmodule
```

| 프로그램 5-1 | BCD 코드에서 excess-3 코드 변환 continuous assignment 표현 *(계속)*

```
// BCD to excess-3 code converter modeling 2 ( behavioral case description )
module bcd2excess3(bcd, excess3);
        input  [3:0] bcd;
        output [3:0] excess3;

        reg [3:0] excess3;

        always @(bcd)
                case (bcd)
                        0 : excess3 = 3;
                        1 : excess3 = 4;
                        2 : excess3 = 5;
                        3 : excess3 = 6;
                        4 : excess3 = 7;
                        5 : excess3 = 8;
                        6 : excess3 = 9;
                        7 : excess3 = 10;
                        8 : excess3 = 11;
                        default : excess3 = 12;
                endcase
endmodule
```

| 프로그램 5-2 | BCD 코드에서 excess-3 코드 변환 동작적 표현

5) 2진수를 Gray 코드로 변환하는 방법

① 2진수의 MSB는 Gray 코드의 MSB가 되도록 한다.

② 이웃해 있는 아래 위치한 2진수를 서로 합하여 자리올림(carry)은 버리고 합(sum)만을 Gray 코드 bit로 한다. 즉, exclusive-OR를 수행하면 된다.

③ ②의 과정을 끝까지 반복한다.

④ Gray 코드 변환 예

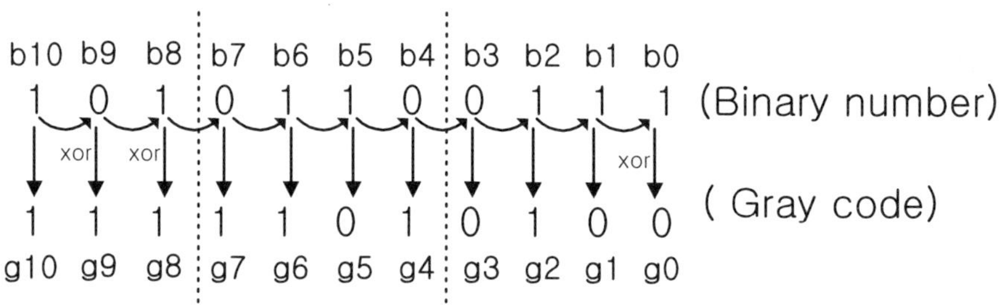

그림 5-1 2진수를 Gray 코드로 변환하는 흐름도

여기서 Gray 코드 변환 예를 설명하면 다음과 같다. 이진수의 MSB인 11번째 bit b10는 그대로 Gray 코드 MSB인 11번째 bit g10으로 되며, Gray 코드 10번째 bit인 g9는 이진수 b10과 b9의 exclusive-OR를 한 결과를, Gray 코드 9번째 bit인 g8는 이진수 b9와 b8의 exclusive-OR를 한 결과를 얻으면 된다. 이와 같이 반복을 하여 Gray code 0번째인 g0은 이진수 b1고 b0의 exclusive-OR를 한 결과로 얻을 수 있다. 이와 같은 내용을 논리식으로 표현하면

```
g10 = b10 ,
g9  = b9 XOR b10 ,
g8  = b8 XOR b9 ,
g7  = b7 XOR b8 ,
        ⋮
g0  = b0 XOR b1 ,
```

같이 표현할 수 있을 것이다. 이 논리식을 살펴보면 구하려는 Gray 코드는 입력되는 이진수 값을 이용하므로 Gray 코드 g10, g9, …, g0을 구할 경우 지연 시간 없이 얻을 수 있을 것이다.

위의 binary 코드에서 Gray 코드로 변환하는 알고리즘을 이용하여 4 bits 코드 변환기를 자료흐름 표현으로 작성하였다.

```
----------------------- Binary code to Gray code Converter.-----------------------
module binary2gray(binary, gray);
       input  [3:0] binary;
       output [3:0] gray;
       wire   [3:0] gray;

       assign gray[3] = binary[3];
       assign gray[2] = binary[2] ^ binary[3];
       assign gray[1] = binary[1] ^ binary[2];
       assign gray[0] = binary[0] ^ binary[1];
endmodule
```

| 프로그램 5-3 | Binary에서 Gray 코드 변환 continuous assignment 표현

6) Gray 코드를 2진수 코드로 변환하는 방법

① Gray 코드의 MSB는 2진수의 MSB bit가 되도록 한다.

② 2진수의 MSB 비트와 Gray 코드의 두 번째 비트를 대각선으로 합하여 자리올림(carry)은 버리고 합(sum)만을 2진수 코드 bit로 한다.
- 즉 exclusive-OR를 수행하면 된다.

③ ②의 과정을 끝까지 반복한다.

④ Gray 코드에서 이진수로의 변환 예

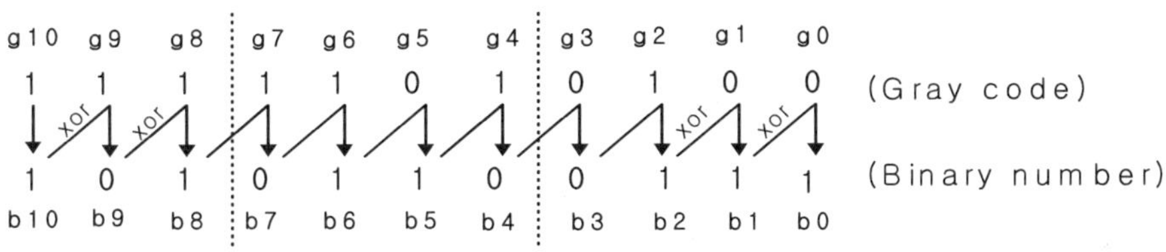

그림 5-2 Gray 코드를 binary 코드로 변환하는 흐름도

여기서 Gray 코드에서 이진수로의 변환 예를 설명하면 다음과 같다. Gray 코드의 MSB인 11번째 bit g10는 그대로 이진수의 MSB인 11번째 bit b10으로 되며, 이진수 10번째 bit인 b9는 변환된 이진수 b10과 변환이 안 된 g9의 exclusive-OR를 한 결과를, 이진수 9번째 bit인 b8는 변환된 이진수 b9와 Gray 코드 9번째 bit인 g8과의 exclusive-OR를 한 결과를 얻으면 된다. 이와 같이 반복을 하여 이진수 0번째인 b0은 변환된 이진수 b1과 변환 전의 Gray 코드 0번째 bit인 g0와의 exclusive-OR를 한 결과로 얻을 수 있다. 이와 같은 내용을 논리식으로 표현하면

```
b10 = g10
b9  = g9 XOR b10
b8  = g8 XOR b9
b7  = g7 XOR b8
        ⋮
b0  = g0 XOR b1
```

같이 표현할 수 있을 것이다. 이 논리식들을 자세히 살펴보면 이진수 b10과 이진수 b0를 구하는 데 차이를 느낄 수 있을 것이다. 이진수 b9를 구하고 위해서는 반드시 b10을 구해야 하며, b8를 구하기 위해서는 반드시 b9를 구해야 한다. 그러므로 b0를 구하기 위해서는 b10, b9, …, b1를 차례대로 구한 다음 b0를 구해야 한다. 그 결과 b0를 구하기 위해서는 상당한 시간 지연을 갖게 될 것이다. 또한 Gray 코드에서 이진수로의 변환은 출력 신호를 입력으로 사용하기 때문에 VHDL의 동작적 표현에도 약간의 제약을 생각할 수 있다. 즉, bit수가 작을 경우는 나타날 수 있는 Gray 코드 값에 대한 이진 값을 진리표를 이용하여 VHDL의 동작적 표현으로 나타낼 수 있으나, bit 수가 확장될 경우 확장된 Gray 코드 bit로 인한 경우의 수가 많이 발생하여 동작적 표현에 상당히 문제를 발생시킨다. 프로그램 5-4에서는 Gray 코드를 binary 코드로 변환하는 코드 변환기를 자료흐름 표현으로 작성하였다.

```
———————————— Gray code to Binary code Converter. ————————————
module gray2binary(gray, binary);
       input  [3:0] gray;
       output [3:0] binary;

       assign binary[3] = gray[3];
       assign binary[2] = gray[2] ^ binary[3];
       assign binary[1] = gray[1] ^ binary[2];
       assign binary[0] = gray[0] ^ binary[1];
endmodule
```

| 프로그램 5-4 | Gray 코드에서 binary 코드 변환 자료흐름 표현

5.3 예비 문제

1. 프로그램 5-1을 if문으로 변환하고 functional 시뮬레이션하여라.

2. 프로그램 5-1을 case문으로 변환하고 functional 시뮬레이션하여라.

3. 프로그램 5-1과 프로그램 5-2의 Verilog HDL 코드의 동작에 대한 차이에 대하여 간단히 설명하여라.

4. 프로그램 5-3을 동작적 표현으로 변환하고 functional 시뮬레이션하여라.

5. 프로그램 5-4를 동작적 표현으로 변환하고 functional 시뮬레이션하여라.

5.4 실습 내용

Practice 1 다음의 Verilog HDL 프로그램을 작성하고 설명에 따라 시뮬레이션과 에뮬레이션 실습을 하여라.

```
————————— Program Name :   Pin_test_01.v —————————

module pin_test_01(input_signal, output_led);
     input  [7:0] input_signal;
     output [7:0] output_led;

     wire   [7:0] output_led;                 // 생략 가능

     assign output_led = input_signal;    // 구체적인 프로그램 동작
endmodule
```

| 프로그램 5-5 | 핀 할당 테스트 프로그램

프로그램 5-5의 핀 할당 테스트 프로그램은 8 bits 입력 input 신호를 8 bits 출력 LED 신호를 출력단으로 그대로 보내는 Verilog HDL 프로그램이다. 시뮬레이션은 입출력 신호에 대하여 핀 할당이 없어도 수행 가능하지만, 에뮬레이션을 위해서는 반드시 핀 할당이 주어져야 한다. 이러한 핀 할당에 대한 정보를 ucf 파일에 기록하도록 한다. 다음의 실습 절차에 따라 실

습을 해보기 바란다.

❶ Project의 생성과 source 작성

① **"File 메뉴 → New Project"**를 선택하고 Project 명이 "p5-5_pin_test" 갖는 project를 다음과 같은 내용으로 **New Project Wizard - Create New Project** 대화 창에서 설정하기 바란다.

Frame : Enter a Name and Location for the Project
- Project Name => p5-5_pin_test
- Project Location => 사용자가 원하는 디렉토리

Frame : Select the type of Top-Level Source for the Project
- Top-Level Module Type => HDL

Frame : Select the Device and Design Flow for the Project
- Product Category => General Purpose
- Family => Spartan2
- Device => xc2s100
- Package => pq208
- Speed Grade => -5

- Top-Level Module Type => HDL **<= 앞 화면에서 설정되었음.**
- Synthesis Tool => XST (VHDL/Verilog)
- Simulator => Modelsim-XE Verilog

- Enable Enhanced Design Summary => ☑ :
- Enable Message Filtering => ☐ :
- Display Incremental Message => ☐ :

(Device는 실제 구현을 위한 FPGA의 칩 번호에 대한 정보를 표현하는데 시뮬레이션만을 위해서는 변화시킬 의미가 없으나, 실제 구현 및 설계한 회로의 크기에 따라 구현 가능한 FPGA의 gate 수가 다르므로 반드시 확인하고 설정해 주어야 한다. Libertron의 EDA-Lab 3000 series에는 기본적으로 Xilinx사의 xc2s100-5pq208가 장착되어 있다.)

② **"Project 메뉴 → New Source → Verilog module"**을 선택하고 **New Source Wizard - Select Source Type** 대화 창에서 **Verilog Module**을 선택하고 **Verilog HDL** 파일명을 **"pin_test_01"**로 입력한다.

③ **New Source Wizard - Define Module** 대화 창은 무시하여도 관계없다.

④ HDL Editor 창에서 프로그램 5-5에 source를 코딩하고, "**File** 메뉴 → **Save**"를 하기 바란다.

⑤ **Processes :** 창의 Synthesis Menu에서 **Check Syntex**를 더블 클릭하여 작성된 소스 코드에 syntax를 확인하기 바란다.

⑥ Check Syntax가 정상적으로 수행되면 **Transcript** 창에서 "**Process "Check Syntax" completed successfully**"라는 메시지가 나타나고 **Processes :** 창의 **Check Syntax** 메뉴 앞에 녹색 원의 백색 체크 표시가 나타나게 된다. Syntax에 오류가 있을 경우 소스 코드를 수정하고 **Processes :** 창의 Synthesis Menu에서 **Check Syntax** 과정을 반복한다.

② Functional 시뮬레이션

① **Check Syntax**에서 에러가 없으면 작성한 소스 코드의 동작을 확인하기 위하여 **Function Simulation**을 수행하여야 한다. 이를 위해 먼저 시뮬레이션을 위한 signal들의 입력 조건을 설정하기 위한 Verilog HDL 코드인 **Test Bench**를 작성하며, 작성된 Test Bench는 Function 시뮬레이션뿐만 아니라 Timing Simulation에서도 그대로 사용할 수 있다. Test bench를 project에 추가하기 위해 **Xilinx - ISE Project Navigator**에서 "**Project** 메뉴 → **New Source**"를 실행한다.

② **New Source Wizard - Source Select Type** 대화 창에서 **Verilog Test Fixture**를 선택한 후 **Test Bench** 파일 이름 "**tb_pin_test_01**"을 입력한 후 "**Add To Project**" check box를 설정하였음을 확인한다. 그리고, [Next >] 버튼을 클릭한다. 그러면, **New Source Wizard - Associate Source** 대화 창이 나타난다.
(이 책에서는 Test Bench 프로그램임을 구분하기 위하여 "**tb_**"를 접두사로 "**pin_test_01**" 앞에 붙였다.)

③ **New Source Wizard - Associate Source** 대화 창에서 작성할 Test Bench를 시뮬레이션 시에 적용하기 위한 소스 코드를 선택하고 [Next >] 버튼을 클릭한다. 그러면 **New Source Wizard - Summary** 대화 창이 생성된다.

④ **New Source Wizard - Summary** 대화 창에서 HDL Editor에 생성될 소스 코드의 정보를 표시해 준다. 모든 정보를 확인한 후 [Finish] 버튼을 클릭한다.

⑤ 입력한 정보에 따라 **Xilinx - ISE Project Navigator**에서 그림 5-3과 같이 Test Bench 소스 코드의 기본 틀을 자동으로 만들어 준다.

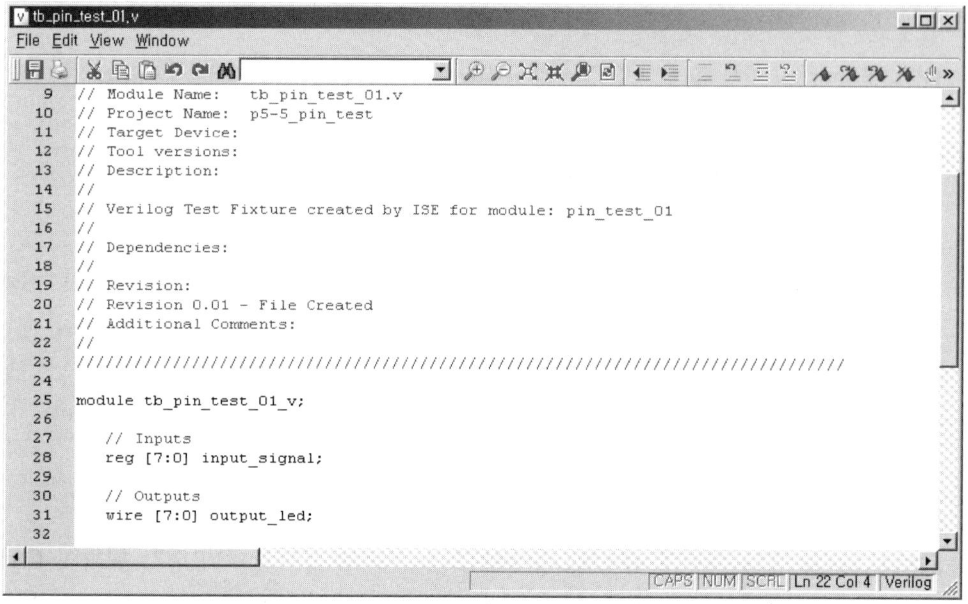

그림 5-3 자동 작성된 Test Bench HDL Editor 초기 화면

⑥ Test Bench HDL Editor 창에서 시뮬레이션을 위한 signal들의 입력 조건을 설정하기 위해 프로그램 5-6에서는 사용자가 추가한 Verilog HDL source를 코딩한다.

```
always begin
      #50 input_signal = 8'b0000_0000;
      #50 input_signal = 8'b0101_0101;
      #50 input_signal = 8'b1010_1010;
      #50 input_signal = 8'b0000_0001;
      #50 input_signal = 8'b0000_0010;
      #50 input_signal = 8'b0000_0100;
      #50 input_signal = 8'b0000_1000;
      #50 input_signal = 8'b0001_0000;
      #50 input_signal = 8'b0010_0000;
      #50 input_signal = 8'b0100_0000;
      #50 input_signal = 8'b1000_0000;
end
```

| 프로그램 5-6 | pin_test.v 시뮬레이션을 위한 Test Bench의 추가된 Verilog HDL 코드

⑦ 시뮬레이션 프로그램을 실행하기 위해서 먼저 **"Source for : Behavioral Simulati -on 창"** 에서 Test Bench 코드인 **"tb_pin_test_01.v"**를 선택하면 **"Processes : 창에 ModelSim Simulator"** 메뉴가 나타난다. 설계된 회로의 동작 검증을 위해 **"Simulate Behavioral Model"**을 더블 클릭한다. **ModelSim XE III**가 수행이 되어 ModelSim XE III 초기 화면이 나타난다.

⑧ **ModelSim XE III**가 수행되면 **ModelSim XE III/Starter 6.0d- Workspace, Object, Transcript, wave** 창들이 나타나게 된다. 시뮬레이션 결과 파형은 Wave 창에 출력된다.

⑨ 시뮬레이션 출력 파형을 살펴보기 위해 **Zoom Full** ( ) 아이콘을 클릭하면 전체 파형을 Wave 창에 맞추어 출력해 준다. 적당히 관찰하기 편하도록 출력 파형을 조절하기 바란다. 이 출력 파형을 관찰하면 Test Bench에서 작성한 대로 8 bits 입력 신호 input_signal은 8 bits 출력 신호 output_lcd로 출력됨을 50 ns 마다 전달되는 것을 알 수 있다.

⑩ **출력 파형의 일부 영역을 확대해서 보고자 할 경우 Zoom Area** ( ) **아이콘을 클릭한** 후 마우스로 선택 영역을 지정하게 된다. 이렇게 하면 선택된 영역만이 Wave 창에 출력되게 되어 자세히 출력 파형을 살펴볼 수 있다. 선택된 영역의 출력 파형을 살펴보면 출력 신호가 입력 신호에 대해 시간 지연 없이 바로 출력을 가짐을 알 수 있다. 이는 **functional simulation**의 경우 논리 소자나 소자간의 배선 지연을 무시하고 소스 코드의 논리적 동작 검증만을 수행하기 때문이다.

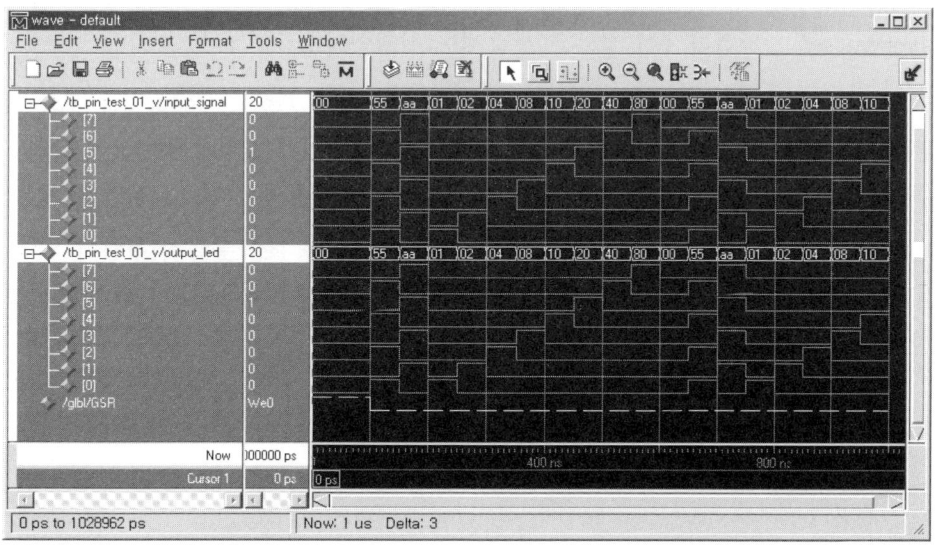

그림 5-4 pin_test 프로그램의 functional 시뮬레이션

③ 논리 소자 합성(Synthesis)

① 설계한 Verilog HDL 소스를 논리 소자로 합성하기 위해 "**Sources for : 창**"에서 **Synthesis/Implementation** 선택하면 **pin_test_01.v** 파일이 나타나며 **pin_test_01.v** 파일을 선택하면 **Processes : 창**이 변하여 **Synthesize - XST** 메뉴가 나타난다. 여기에서 **Synthesize - XST** 메뉴를 선택한 후 마우스 오른쪽 버튼을 클릭해서 **Properties**를 선택한다(생략해도 상관없다).

② **Synthesis** 시에 사용할 파라미터를 설정하기 위해 **Process Properties** 대화 창이 나타난다. 이 대화 창에서 필요한 옵션을 선택하고 확인 버튼을 클릭한다. (Default Value로 설정해도 상관없다.)

③ Properties 선택이 끝나면 Synthesis를 실행하기 위해 "**Processes : 창**"에서 **Synthesize - XST** 메뉴를 더블 클릭한다.

④ **Synthesis**가 성공적으로 종료되면 **Transcript** 창에서 "**Process "Synthesize" completed successfully**"라는 메시지가 나타나고 Source **for :** 창의 Synthesize - XST 메뉴 앞에 녹색 원의 백색체커(✔) 표시가 나타나게 된다.

④ 논리회로 구현(Implementation)

① 논리 소자로 합성된 회로를 FPGA 내부에 구현하기 위해 **Processes : 창**에서 **Implement Design** 메뉴를 선택하고 오른쪽 마우스 버튼을 클릭한다. 그러면 팝업 창이 나타나는데 Properties를 선택한다. (이 부분은 생략해도 상관없다.)

② Implementation 시에 사용할 파라미터를 설정하기 위해 **Process Properties** 대화 창이 나타난다. 이 대화 창에서 필요한 옵션을 선택하고 확인 버튼을 클릭한다. (Default Value로 설정해도 상관없다. ①을 수행하지 않았으면 생략된다.)

③ 설계된 회로를 FPGA에 구현(Implementation)하기 위한 조건들을 설정하기 위해 "**User Constraints** 메뉴 → **Create Timing Constraint** 또는 **Edit Constraints(Text)**"를 더블 클릭한다.

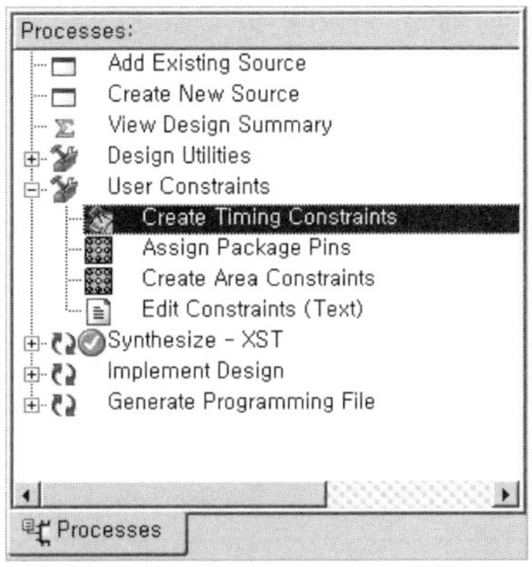

그림 5-5 Create Timing Constraints 실행

④ **Create Timing Constraints** 메뉴를 수행하기 위해서 Xilinx- ISE Project Navigator에서는 Implement 과정의 하나인 Translate를 먼저 수행한 후 Xilinx Constraint Editor 창을 띄워 주게 되므로 약간의 시간이 걸린다. Xilinx Constraints Editor의 Global 창에서는 설계된 회로의 클록 신호에 대한 조건(주기)을 설정해 줄 수 있으며 Implementation 시에 이를 만족하도록 FPGA 내부 회로를 구성하게 된다. 설계된 회로에서는 클록 신호를 사용하지 않으므로 아무런 정보도 표시되지 않는다.

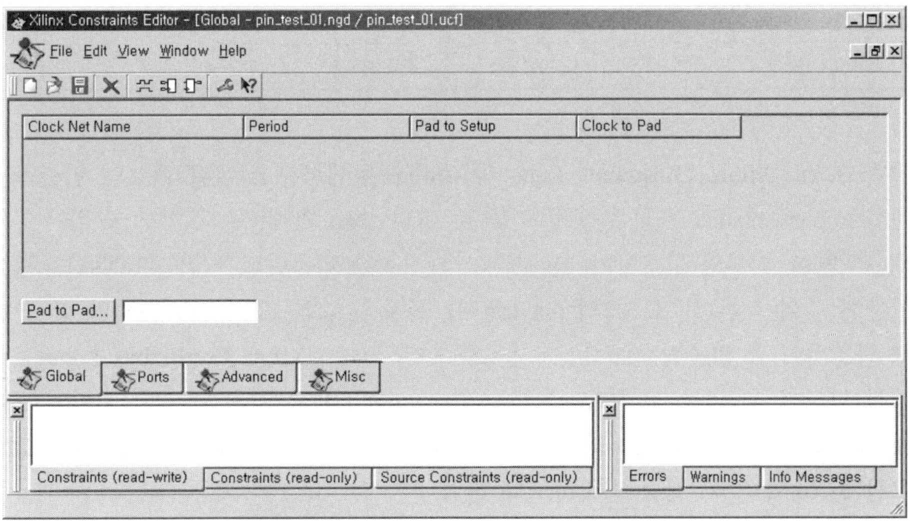

그림 5-6 Xilinx Constraint Editor 초기 화면

| 표 5-2 | pin_test_01 동작을 위한 EDA-Lab 3000의 핀 할당 정보

EDA Lab의 Signal Name		설계된 회로의		각 Connector간 케이블 연결핀			XC2S100PQ208의 핀 할당
		입력 신호명	출력 신호명				
Control Data [0..7]	FPGA_DOUT0	input(0)	-	JP5-1	JP4-19	JP16-3	p175
	FPGA_DOUT1	input(1)	-	JP5-2	JP4-20	JP16-4	p176
	FPGA_DOUT2	input(2)	-	JP5-3	JP4-21	JP16-5	p178
	FPGA_DOUT3	input(3)	-	JP5-4	JP4-22	JP16-6	p179
	FPGA_DOUT4	input(4)	-	JP5-5	JP4-23	JP16-7	p180
	FPGA_DOUT5	input(5)	-	JP5-6	JP4-24	JP16-8	p181
	FPGA_DOUT6	input(6)	-	JP5-7	JP4-30	JP16-9	p187
	FPGA_DOUT7	input(7)	-	JP5-8	JP4-31	JP16-10	p188
Status Data [0..7]	FPGA_SIN0	-	LED(0)	JP7-1	JP2-41		p95
	FPGA_SIN1	-	LED(1)	JP7-2	JP2-42		p96
	FPGA_SIN2	-	LED(2)	JP7-3	JP2-43		p97
	FPGA_SIN3	-	LED(3)	JP7-4	JP2-44		p98
	FPGA_SIN4	-	LED(4)	JP7-5	JP2-45		p99
	FPGA_SIN5	-	LED(5)	JP7-6	JP2-46		p100
	FPGA_SIN6	-	LED(6)	JP7-7	JP2-47		p101
	FPGA_SIN7	-	LED(7)	JP7-8	JP2-48		p102

⑤ 그림 **5-7(a) Xilinx Constraints Editor**의 **Global** 창에서는 설계된 회로의 입출력 신호에 대한 Implementation 조건을 설정해 줄 수 있다. **Port** 창에서는 설계된 회로의 입출력 신호를 FPGA 외부와 주고받기 위해서는 각 신호가 입출력되기 위한 FPGA의 핀 번호를 할당해 주어야 한다. 표 **5-2**의 **pin_test_01** 동작을 위한 **EDA-Lab 3000**의 핀 할당 정보를 참조하여 각 입출력 신호의 핀 번호를 그림 5-7(a) **Xilinx Constraints Editor - Port** 창에서 할당한 후 이를 저장하고 Xilinx Constraint Editor 창을 닫는다. **Xilinx Contstraint Editor-port** 창에서 **pin location** 번호가 입력이 되지 않으면 **Test Constraints Editor**에서 그림 **5-7(b)**와 같이 직접 입력하도록 한다.

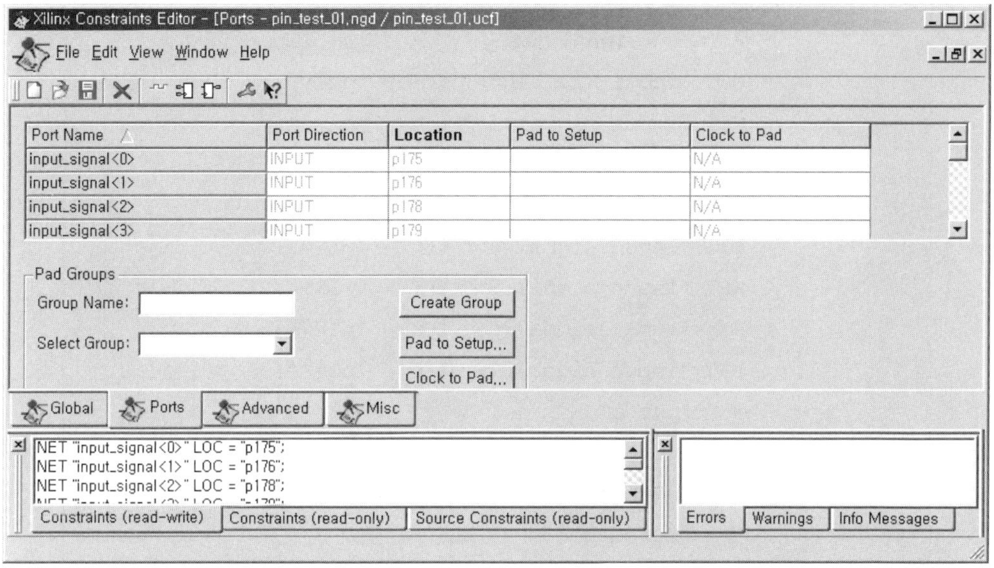

(a) 입출력 신호의 pin location 할당을 위한 Constraints Editor

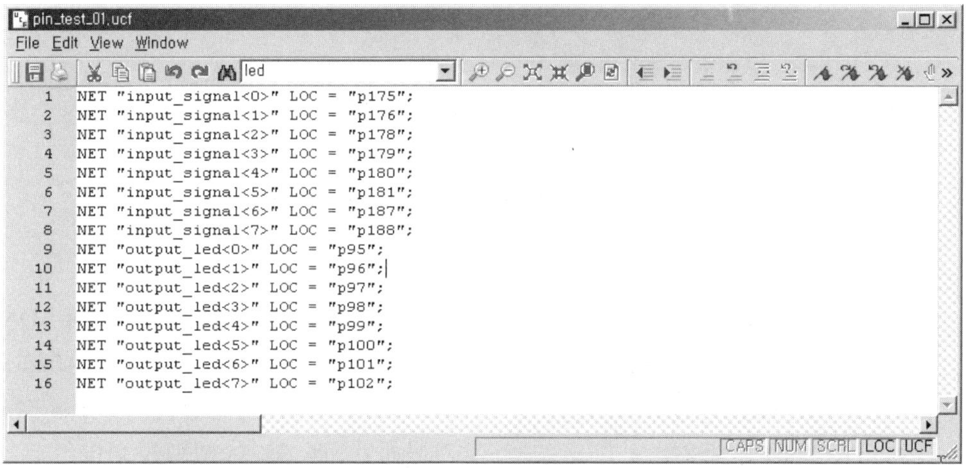

(b) 입출력 신호의 pin location 할당을 위한 Edit constraints(Text)

그림 5-7 입출력 신호의 pin location 할당을 위한 Constraint Editor

```
# Input signal pin
NET "input_signal<0>" LOC = "p175";
NET "input_signal<1>" LOC = "p176";
NET "input_signal<2>" LOC = "p178";
NET "input_signal<3>" LOC = "p179";
NET "input_signal<4>" LOC = "p180";
NET "input_signal<5>" LOC = "p181";
NET "input_signal<6>" LOC = "p187";
NET "input_signal<7>" LOC = "p188";
# Output LED pin
NET "output_led<0>" LOC = "p95";
NET "output_led<1>" LOC = "p96";
NET "output_led<2>" LOC = "p97";
NET "output_led<3>" LOC = "p98";
NET "output_led<4>" LOC = "p99";
NET "output_led<5>" LOC = "p100";
NET "output_led<6>" LOC = "p101";
NET "output_led<7>" LOC = "p102";
```

그림 5-8 pin_test_01.ucf 파일의 핀 할당 정보

그림 5-9는 JP1~JP8까지의 배치도이며 같은 색깔의 핀들을 표 5-2를 참고하여 EDA-Lab Monitoring 테스트 케이블을 연결하고, pin_test_01.ucf를 작성하여 Synthesize, Implement Design, Generate Programming File 작업들을 수행하고, 생성된 pin_test_01.bit을 DesignPro Shop을 이용하여 다운로드하여 에뮬레이션을 할 수 있도록 한다.

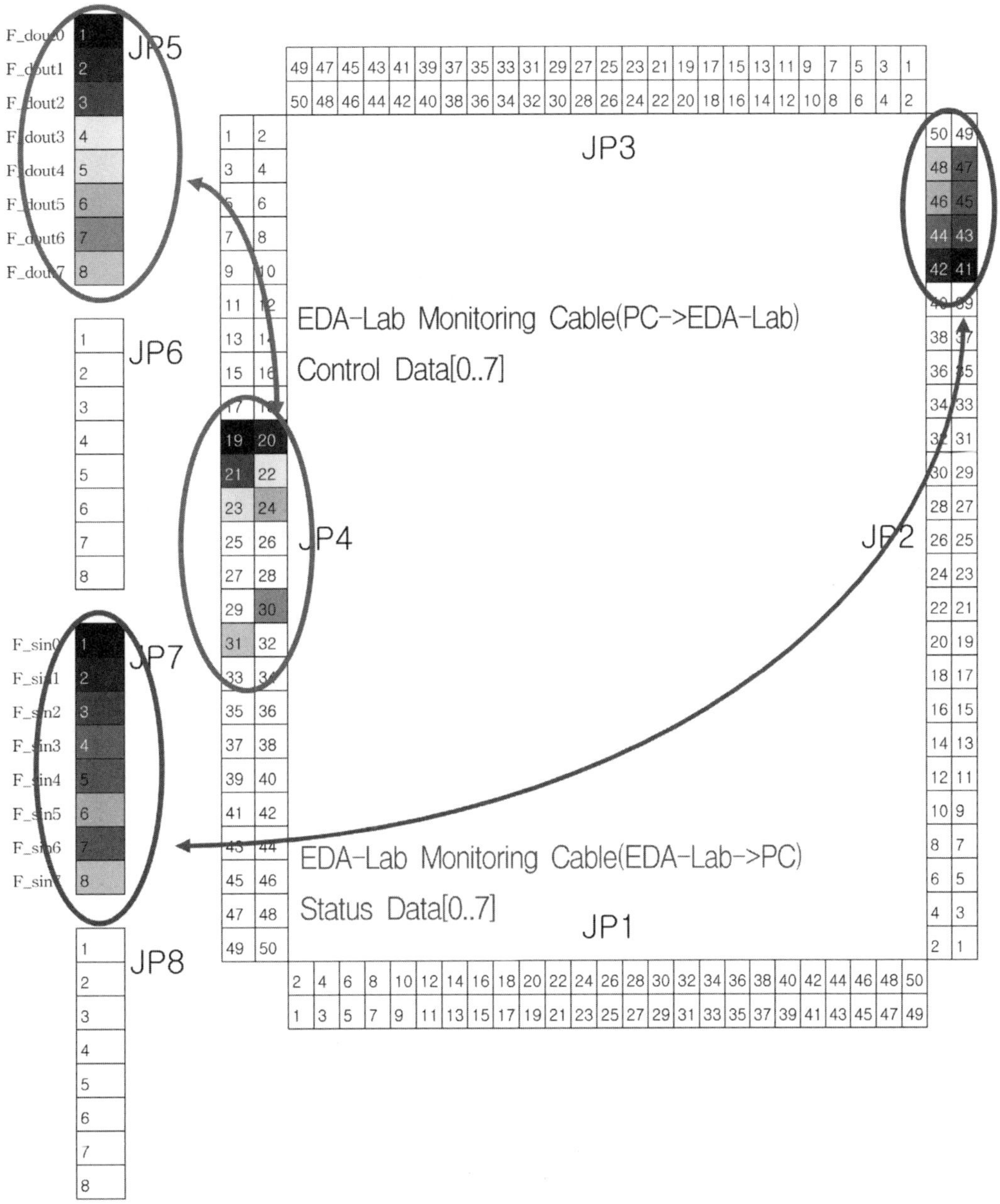

그림 5-9 pin test를 위한 EDA-Lab Monitoring 게이블 핀 연결을 위한 Jump Pin 배치도

⑥ 현재 설정된 내용을 저장하면 설정된 구현 조건에 맞도록 Implementation을 수행하기 위해 Translate 과정을 다시 수행하여야 한다. Translate를 재시작하기 위해 Translate를 마

우스로 클릭한 후 오른쪽 버튼을 클릭해 Rerun을 선택한다.

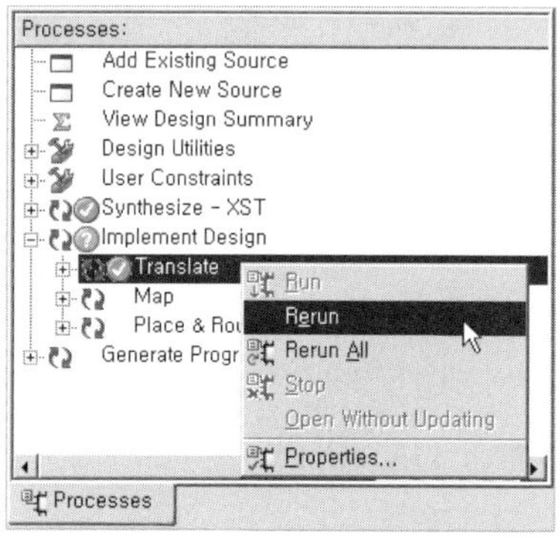

그림 5-10 Translate 재시작 선택

⑦ Translate 과정이 성공적으로 완료되면 **Console** 창에 **"Process "Translate" completed successfully"**와 같은 메시지가 출력된다.

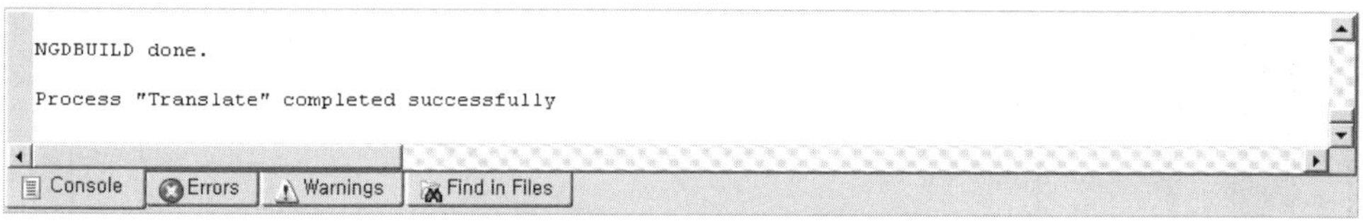

그림 5-11 Translate 수행 완료

⑧ 나머지 Implementation 과정을 진행하기 위해 **Processes :** 창에서 **Implement Design**을 더블 클릭한다.

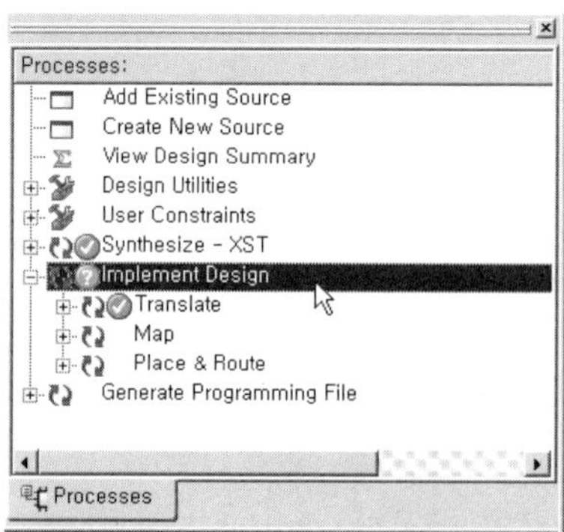

그림 5-12 Implement Design 실행

⑨ **Implementation**이 성공적으로 종료되면 **Console** 창에서 **"Done: complete successfully."**라는 메시지가 나타나고 **Processes :** 창의 Implement Design 메뉴 앞에 녹색 원의 백색체커(✓) 표시가 나타나게 된다.

5 Timing Simulation(Verification)

① Implementation이 완료되면 **Sources for :** 창에서 **Post-Route Simulation**을 선택하고 **Processes :** 창에서 **Simulate Post-Place & Route Model**을 더블 클릭한다. 그러면 Timing Simulation을 위하여 ModelSimXE III/Start 6.0d가 동작을 한다.

② Functional Simulation과 같은 방법으로 결과를 확인한다. Zoom Mode ( ) 아이콘을 사용하여 출력 파형을 일부분을 확대하여 보면 Function Simulation 결과와는 달리 출력 신호가 입력 신호에 대해 약간의 시간 지연이 발생됨을 확인할 수 있다. 이는 FPGA 내부의 논리 소자와 배선 및 입출력 핀에 의한 시간 지연이 포함되어 시뮬레이션되기 때문에 나타난 결과이다.

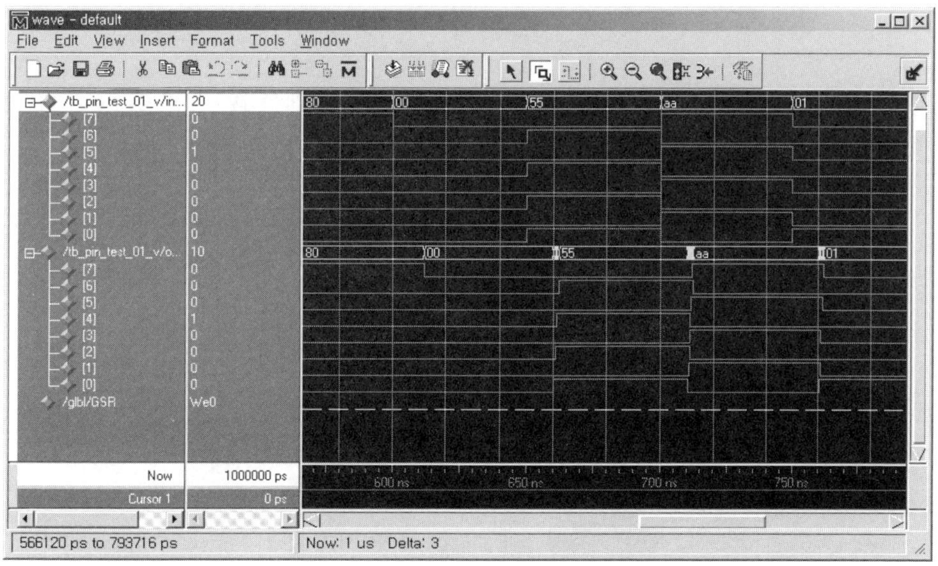

그림 5-13 신호의 지연 시간을 확인할 수 있는 Timing simulation 결과 파형 화면

6 Bit file 생성과 에뮬레이션

① Implementation이 완료되면 **Sources for :** 창에서 **Synthesis/Implementation**을 선택과 함께 **Verilog** 파일인 **"*.v"**를 선택하고 **Processes :** 창에서 **Generate Programming File** 메뉴를

더블 클릭한다. 에러가 없으면 **console** 창에 **"Process 'Generate Programming File" completed successfully"**라는 메시지가 나타난다. **Generate Programming File** 메뉴의 수행으로 **"pin_test_01.bit"** 파일이 생성된다.

② 생성된 pin_test_01.bit 파일을 다운로드하기 위하여 DesignPro Shop 3.1.0. 아이콘( )을 더블 클릭하면 DesignPro Shop 3.1.0.의 초기 화면이 나타난다.

③ 생성된 pin_test_01.bit을 다운로드를 위하여 그림 **5-14**에서 **Tool → Download** 메뉴를 선택하면 *.bit 파일 선택을 위한 그림 5-15와 같은 팝업 메뉴 화면이 나타난다.

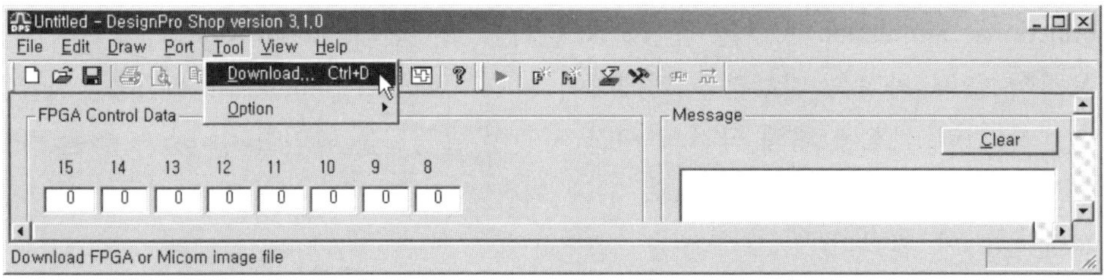

그림 5-14 다운로드를 위한 DesignPro Shop 3.1.0. 풀다운 메뉴 창

④ 생성된 pin_test_01.bit을 다운로드를 위하여 Browse 창에서 pin_test_01.bit 파일을 찾아 선택하고 다운로드하면 된다.

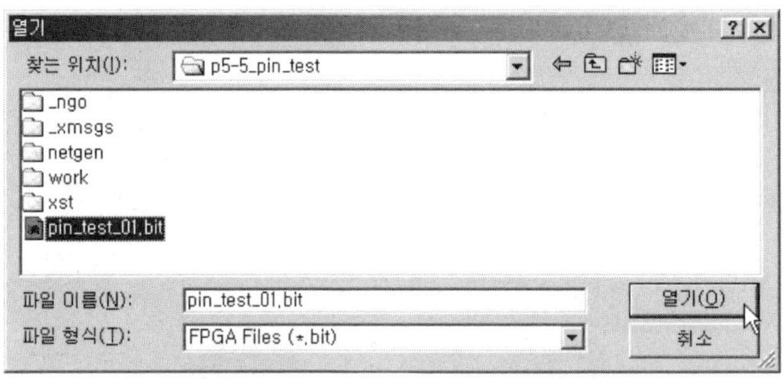

그림 5-15 bit 파일 찾기 및 선택 창

⑤ EDA-Lab 3000 실습 키트에 에뮬레이션을 수행하기 전에 그림 5-9와 같이 EDA-LAB 3000 Monitoring 케이블과 다운로드 병렬 케이블을 연결하고 EDA-Lab 3000 실습키트 전원을 켜야 한다. 그리고 pin_test_01.bit 파일을 다운로드하면 된다. 다운로드가 정상적으로 완료되면 Success 팝업 창이 나타난다.

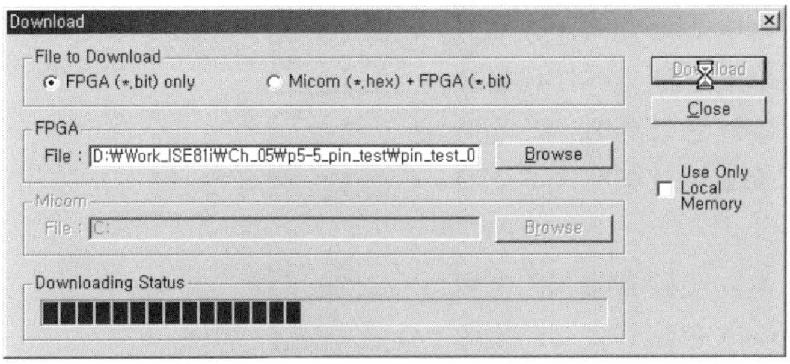

(a) pin_test_01.bit 파일 다운로드 과정

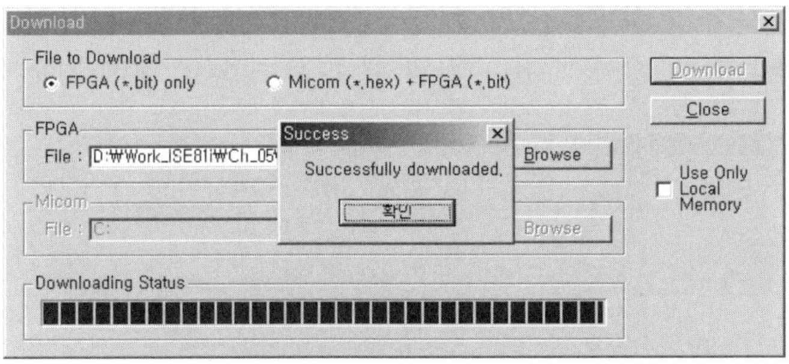

(b) 정상적인 다운로드 과정을 알리는 Success 팝업 창

그림 5-16 에뮬레이션을 위한 다운로드 과정 및 확인

⑥ 에뮬레이션을 위하여 DesignPro Shop 3.1.0.의 Single-Step 모드, Multi-Step 모드, Waveform 모드를 이용하여 파형 입력 및 출력 파형을 확인할 수 있다.
Single-Step 모드에서는 다음과 같은 기능이 지원된다.

- Manual Clock(Rising/Falling Edge) 생성 기능
- 16 bits 테스트 패턴(control data)을 가하는 기능
- FPGA 내외부 신호 상태를 동시에 16개(status data)까지 확인할 수 있는 기능

우선 DesignPro Shop 3.1.0에서 **Single-Step** 모드 아이콘( )을 클릭하면 그림 5-17과 같은 Single-Step 모드 초기 화면을 보게 될 것이다. 그림 5-17은 FPGA Control Data 입력을 위한 값 설정된 화면이다. 이 화면에서 Control data 입력 창에 값을 입력하고 [Write] 버튼을 클릭하면 출력된 Control data 값이 Message 창에 나타난다. 다음의 순서에 따라 Control data 값을 입력하고 [Write] 버튼을 클릭하면

Control data 편집 창에 '00' 입력 → [Write]
Control data 편집 창에 '55' 입력 → [Write]

Control data 편집 창에 'aa' 입력 → Write

Control data 편집 창에 '01' 입력 → Write

Control data 편집 창에 '02' 입력 → Write

Control data 편집 창에 '04' 입력 → Write

⋮

Control data 편집 창에 '80' 입력 → Write

Control data 편집 창에 '55' 입력 → Write

Control data 편집 창에 'aa' 입력 → Write

그 결과는 그림 5-17 화면과 같다. FPGA Status Data 프레임 영역은 결과 값을 표시하고 있다. Status Data 값이 '1'을 나타낼 때 LED는 on 상태가 됨을 알 수 있다.

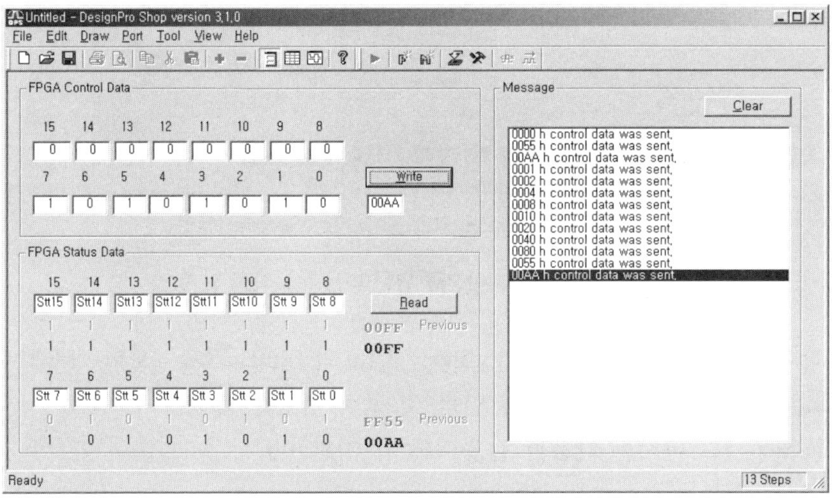

그림 5-17 Single-Step 모드 화면

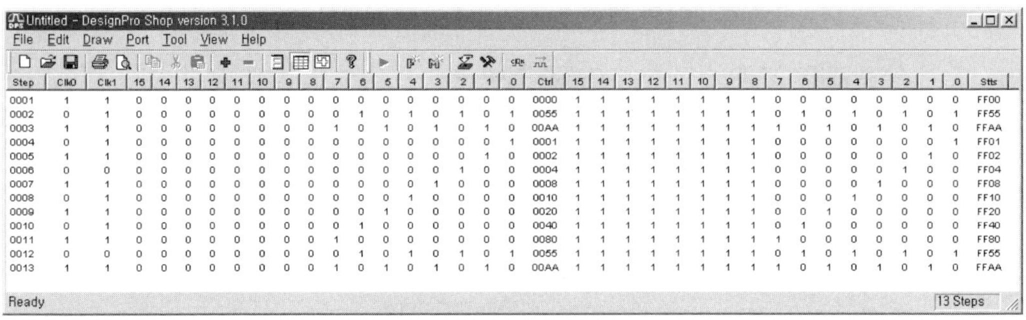

Step	Clk0	Clk1	15	14	13	12	11	10	9	8	7	6	5	4	3	2	1	0	Ctrl	15	14	13	12	11	10	9	8	7	6	5	4	3	2	1	0	Stts
0001	1	1	0	0	0	0	0	0	0	0	0	0	0	0	0	0	0	0	0000	1	1	1	1	1	1	1	1	0	0	0	0	0	0	0	0	FF00
0002	0	1	0	0	0	0	0	0	0	0	0	1	0	1	0	1	0	1	0055	1	1	1	1	1	1	1	1	0	1	0	1	0	1	0	1	FF55
0003	1	1	0	0	0	0	0	0	0	0	1	0	1	0	1	0	1	0	00AA	1	1	1	1	1	1	1	1	1	0	1	0	1	0	1	0	FFAA
0004	0	1	0	0	0	0	0	0	0	0	0	0	0	0	0	0	0	1	0001	1	1	1	1	1	1	1	1	0	0	0	0	0	0	0	1	FF01
0005	1	1	0	0	0	0	0	0	0	0	0	0	0	0	0	0	1	0	0002	1	1	1	1	1	1	1	1	0	0	0	0	0	0	1	0	FF02
0006	0	0	0	0	0	0	0	0	0	0	0	0	0	0	0	1	0	0	0004	1	1	1	1	1	1	1	1	0	0	0	0	0	1	0	0	FF04
0007	1	1	0	0	0	0	0	0	0	0	0	0	0	0	1	0	0	0	0008	1	1	1	1	1	1	1	1	0	0	0	0	1	0	0	0	FF08
0008	0	1	0	0	0	0	0	0	0	0	0	0	0	1	0	0	0	0	0010	1	1	1	1	1	1	1	1	0	0	0	1	0	0	0	0	FF10
0009	1	1	0	0	0	0	0	0	0	0	0	0	1	0	0	0	0	0	0020	1	1	1	1	1	1	1	1	0	0	1	0	0	0	0	0	FF20
0010	0	1	0	0	0	0	0	0	0	0	0	1	0	0	0	0	0	0	0040	1	1	1	1	1	1	1	1	0	1	0	0	0	0	0	0	FF40
0011	1	1	0	0	0	0	0	0	0	0	1	0	0	0	0	0	0	0	0080	1	1	1	1	1	1	1	1	1	0	0	0	0	0	0	0	FF80
0012	0	0	0	0	0	0	0	0	0	0	0	1	0	1	0	1	0	1	0055	1	1	1	1	1	1	1	1	0	1	0	1	0	1	0	1	FF55
0013	1	1	0	0	0	0	0	0	0	0	1	0	1	0	1	0	1	0	00AA	1	1	1	1	1	1	1	1	1	0	1	0	1	0	1	0	FFAA

그림 5-18 Multi-Step 모드 화면

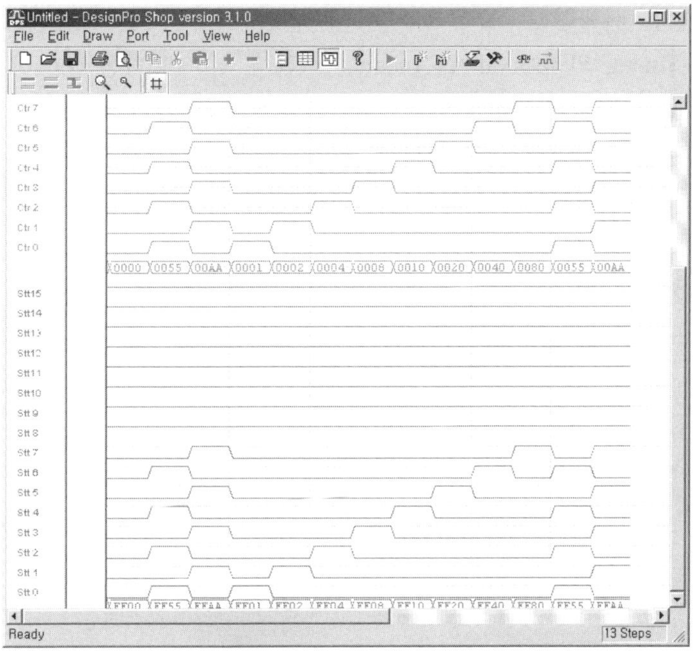

그림 5-19 Waveform 모드 화면

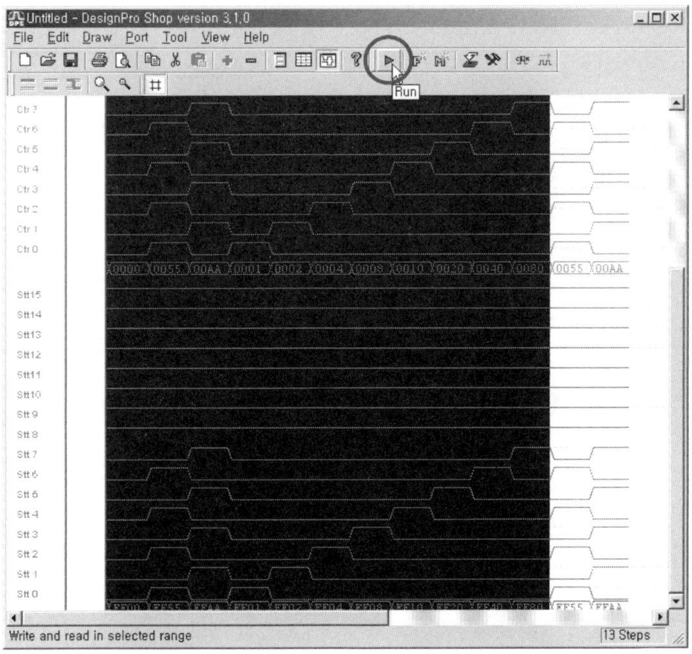

그림 5-20 Auto-run을 위한 선택과 Auto-run 수행

입력된 파형을 선택한 후 Auto-run(▶)을 클릭하면 선택된 입력 신호는 "**Tools 메뉴 → Option-Timing**"의 interval for running 시간에 의하여 자동 control data가 다운되어 EDA-Lab 3000 실습 장비가 수행을 한다. 이때 led는 Waveform 모드( )에서 led 신호가 '1'을 가질 때 EDA-Lab 3000 실습 장비 led가 on되는 것을 확인할 수 있다. Multi-step 모드( )에서도 신호를 선택하고 Auto-run(▶)을 수행할 수 있다.

Practice 2 프로그램 5-1의 BCD 코드에서 excess-3 코드 변환기를 아래의 Test Bench를 이용하여 functional 시뮬레이션을 하고, 그림 5-21의 에뮬레이션 결과와 확인하여라. 표 5-3의 핀 할당 정보와 bcd2excess3.ucf 파일 정보를 이용하여 control data signal 케이블과 status data signal 케이블을 그림 5-24의 Jump Pin 배치도와 표 5-3을 참고하여 케이블을 연결하여라. EDA-Lab 3000 실습 장비를 이용하여 그림 5-25의 BCD 입력 파형을 DesignPro Shop을 이용하여 입력한다. 이 입력 파형을 이용하여 그림 5-26의 출력 파형을 얻도록 하여라.

```
//  *** Test Bench - 사용자 정의 추가 부분  ***————
always begin
        bcd = 4'b0000;  #50;
        bcd = 4'b0001;  #50;
        bcd = 4'b0010;  #50;
        bcd = 4'b0011;  #50;
        bcd = 4'b0100;  #50;
        bcd = 4'b0101;  #50;
        bcd = 4'b0110;  #50;
        bcd = 4'b0111;  #50;
        bcd = 4'b1000;  #50;
        bcd = 4'b1001;  #50;
end
—  *** End Test Bench - 사용자 정의 추가 부분   ***
```

| 프로그램 5-7 | 사용자 정의 추가 부분의 Test Bench

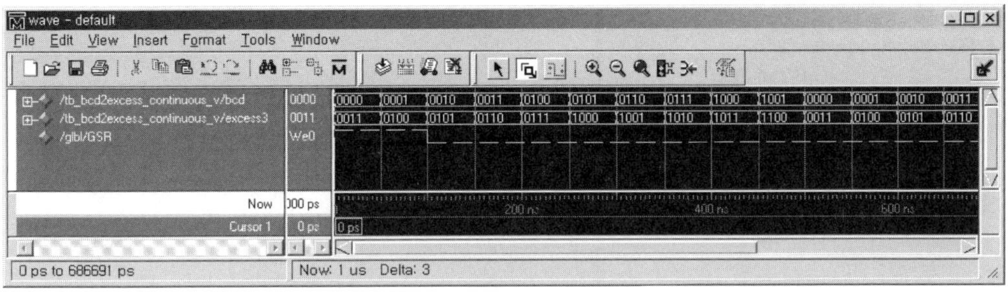

그림 5-21 BCD에서 excess-3 코드 시뮬레이션 결과

| 표 5-3 | BCD 코드에서 excess-3 코드 변환을 위한 EDA-Lab 3000의 핀 할당 정보

EDA Lab의 Signal Name	설계된 회로의		케이블 연결 두 핀			XC2S100PQ208의 핀 할당
	입력 신호명	출력 신호명				
FPGA_DOUT0	bcd(0)	–	JP5–1	JP4–19	JP16–3	p175
FPGA_DOUT1	bcd(1)	–	JP5–2	JP4–20	JP16–4	p176
FPGA_DOUT2	bcd(2)	–	JP5–3	JP4–21	JP16–5	p178
FPGA_DOUT3	bcd(3)	–	JP5–4	JP4–22	JP16–6	p179
FPGA_SIN0	–	excess3(0)	JP7–1	JP2–41		p95
FPGA_SIN1	–	excess3(1)	JP7–2	JP2–42		p96
FPGA_SIN2	–	excess3(2)	JP7–3	JP2–43		p97
FPGA_SIN3	–	excess3(3)	JP7–4	JP2–44		p98

```
# BCD 입력 핀
NET "bcd<0>" LOC = "p175";
NET "bcd<1>" LOC = "p176";
NET "bcd<2>" LOC = "p178";
NET "bcd<3>" LOC = "p179";

# Excess3 출력 핀
NET "excess3<0>" LOC = "p95";
NET "excess3<1>" LOC = "p96";
NET "excess3<2>" LOC = "p97";
NET "excess3<3>" LOC = "p98";
```

그림 5-22 bcd2excess3.ucf 파일의 핀 할당 정보

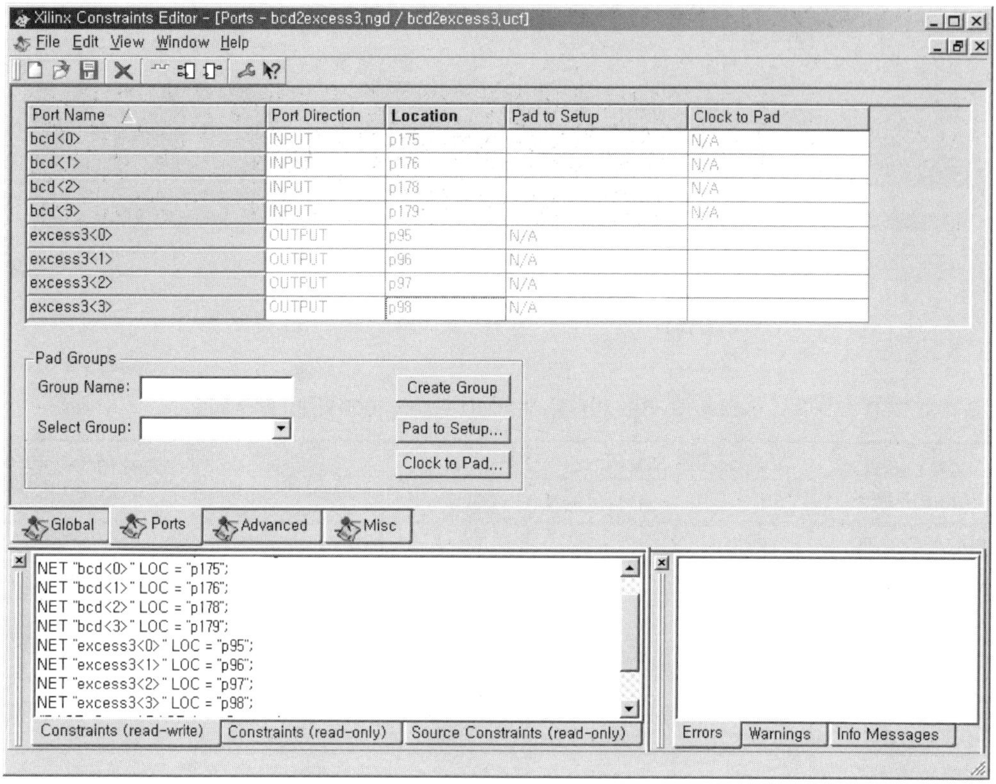

그림 5-23 입출력 신호의 Pin Location 할당

JP1, JP2, JP3, JP4의 핀들은 FPGA의 핀을 재배치한 배치도이다. JP5, JP6은 입력 신호를 가하기 위한 Control data signal 입력단을 나타낸 것이고, JP7, JP8은 신호의 관찰을 위한 Status data signal을 모니터링하기 위한 단자들이다. 그림 5-24는 JP1~JP8까지의 배치도이며 같은 색깔의 핀들은 표 5-3을 참고하여 연결하면 된다.

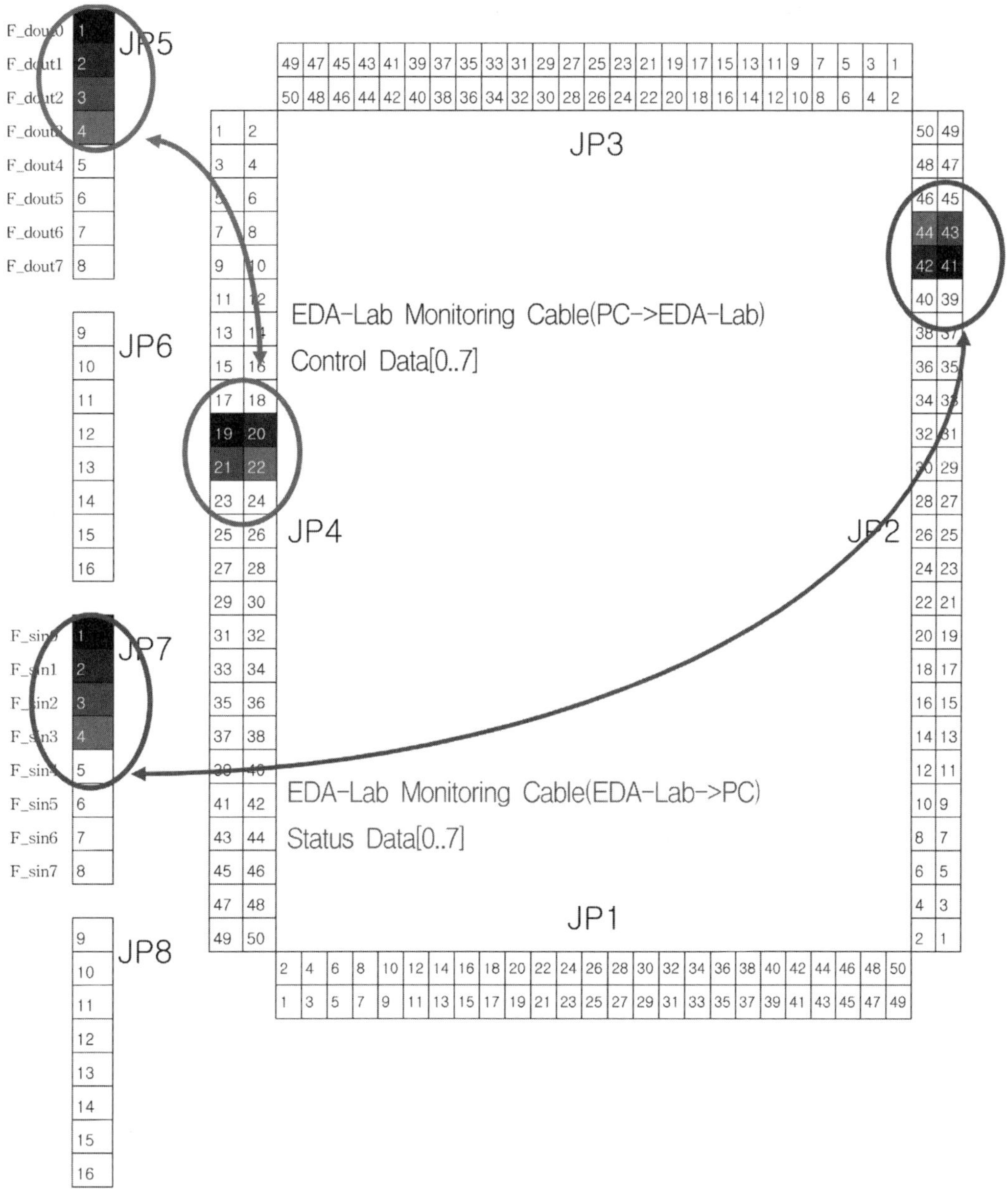

그림 5-24 게이블 핀 연결을 위한 Jump Pin 배치도

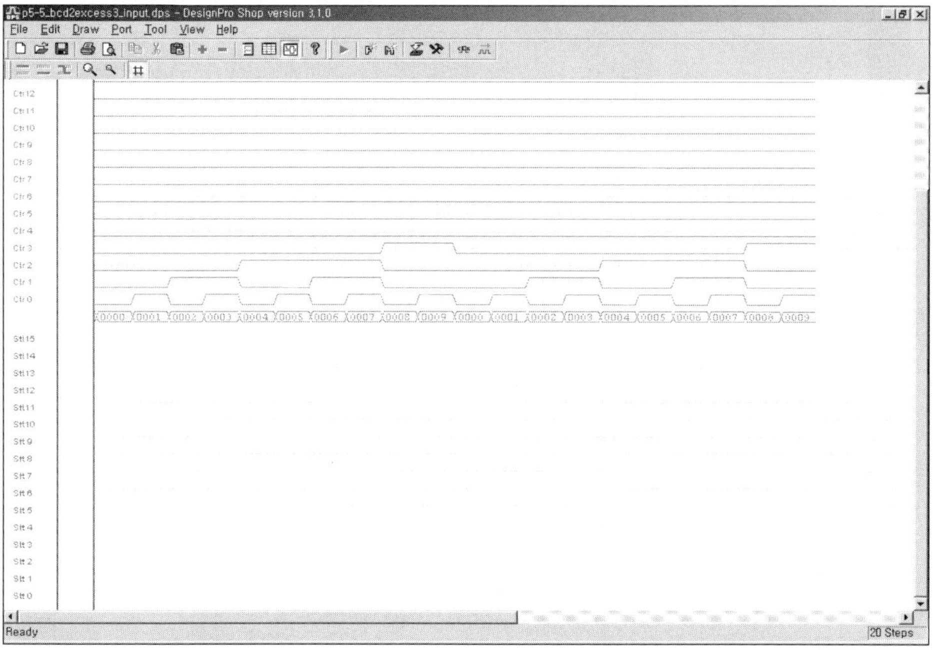

그림 5-25 EDA-Lab 3000으로 가해지는 BCD 코드 입력 신호

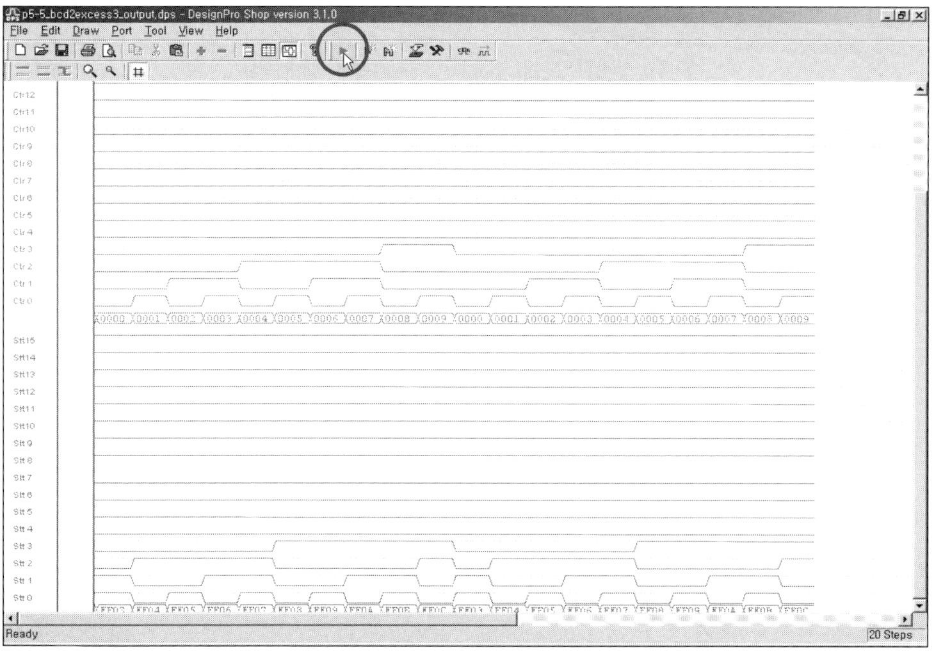

그림 5-26 EDA-Lab 3000으로 가해진 BCD 코드 입력 신호와 excess-3 코드 출력 신호

Practice 3 프로그램 5-1을 if문으로 바꾸어 실습 1)을 다시 실습하라.

Practice 4 프로그램 5-2 BCD 코드에서 excess-3 코드 변환 procedural case 표현을 아래의 Test Bench를 이용하여 functional 시뮬레이션하고, 그 결과가 그림 5-27과 같음을 확인하여라. 그리고 에뮬레이션을 위하여 실습 2의 실습에서 그림 5-24의 케이블 핀 연결을 위한 Jump Pin 배치도 및 그림 5-25 EDA-Lab 3000으로 가해지는 BCD 코드 신호를 이용하여 실습 2의 에뮬레이션 결과가 같음과 led의 동작이 정상적으로 동작함을 확인하여라.

```
//  *** Test Bench - 사용자 정의 추가 부분  ***————
always begin
        bcd = 4'b0000;  #50;
        bcd = 4'b0001;  #50;
        bcd = 4'b0010;  #50;
        bcd = 4'b0011;  #50;
        bcd = 4'b0100;  #50;
        bcd = 4'b0101;  #50;
        bcd = 4'b0110;  #50;
        bcd = 4'b0111;  #50;
        bcd = 4'b1000;  #50;
        bcd = 4'b1001;  #50;
end
// —  *** End Test Bench - 사용자 정의 추가 부분  ***
```

| 프로그램 5-8 | 사용자 정의 추가 부분 Test Bench

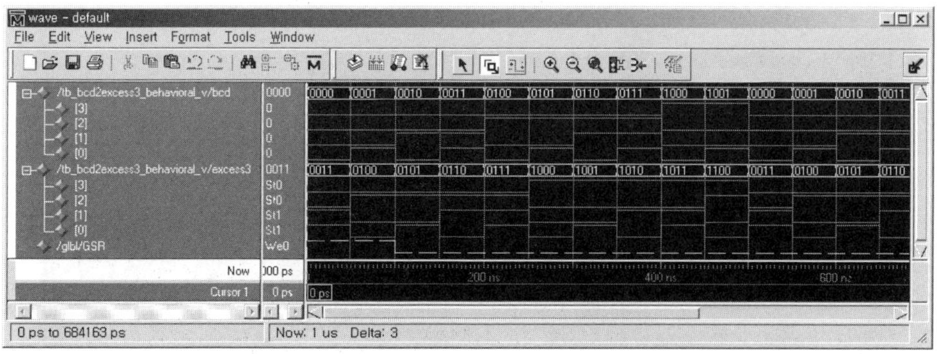

그림 5-27 BCD 코드에서 excess-3 코드 변환 시뮬레이션 결과

Practice 5 프로그램 5-2를 if문으로 수정하여 시뮬레이션 및 에뮬레이션을 다시 하여라.

Practice 6 프로그램 5-3 Binary에서 Gray 코드 변환 continuous assignment 표현에 대하여 아래의 Test Bench을 이용하여 functional 시뮬레이션하고, 그 결과가 그림 5-28과 같음을 확인하여라. 그리고 케이블의 연결은 실습 1과 같이 하고, 그림 5-29와 같이 신호를 입력하여 그림 5-30이 출력되도록 에뮬레이션을 하여라.

```
// *** Test Bench - 사용자 정의 추가 부분 ***
always begin
        binary = 4'b0000;        #50;
        binary = 4'b0001;        #50;
        binary = 4'b0010;        #50;
        binary = 4'b0011;        #50;
        binary = 4'b0100;        #50;
        binary = 4'b0101;        #50;
        binary = 4'b0110;        #50;
        binary = 4'b0111;        #50;
        binary = 4'b1000;        #50;
        binary = 4'b1001;        #50;
        binary = 4'b1010;        #50;
        binary = 4'b1011;        #50;
        binary = 4'b1100;        #50;
        binary = 4'b1101;        #50;
        binary = 4'b1110;        #50;
        binary = 4'b1111;        #50;
end
// — *** End Test Bench - 사용자 정의 추가 부분 ***
```

| 프로그램 5-9 | 사용자 정의 추가 부분 Test Bench

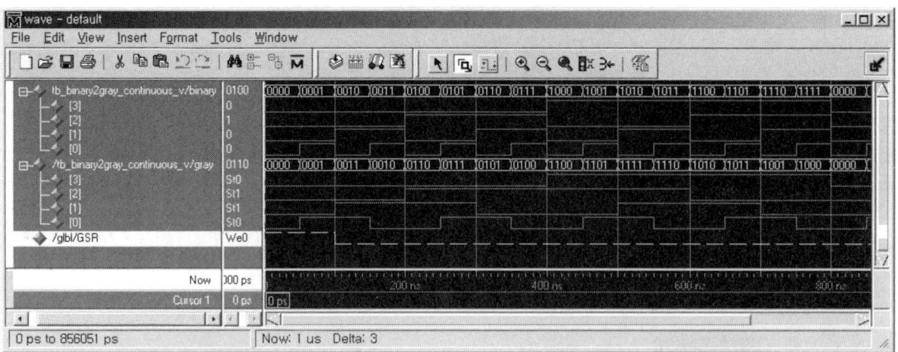

그림 5-28 Binary에서 Gray code 변환 시뮬레이션 결과

| 표 5-4 | BCD 코드에서 Gray 코드 변환을 위한 EDA-Lab 3000의 핀 할당 정보

EDA Lab의 Signal Name	설계된 회로의 입력 신호명	설계된 회로의 출력 신호명	케이블 연결 두 핀			XC2S100PQ208의 핀 할당
FPGA_DOUT0	binary(0)	–	JP5–1	JP4–19	JP16–3	p175
FPGA_DOUT1	binary(1)	–	JP5–2	JP4–20	JP16–4	p176
FPGA_DOUT2	binary(2)	–	JP5–3	JP4–21	JP16–5	p178
FPGA_DOUT3	binary(3)	–	JP5–4	JP4–22	JP16–6	p179
FPGA_SIN0	–	gray(0)	JP7–1	JP2–41		p95
FPGA_SIN1	–	gray(1)	JP7–2	JP2–42		p96
FPGA_SIN2	–	gray(2)	JP7–3	JP2–43		p97
FPGA_SIN3	–	gray(3)	JP7–4	JP2–44		p98

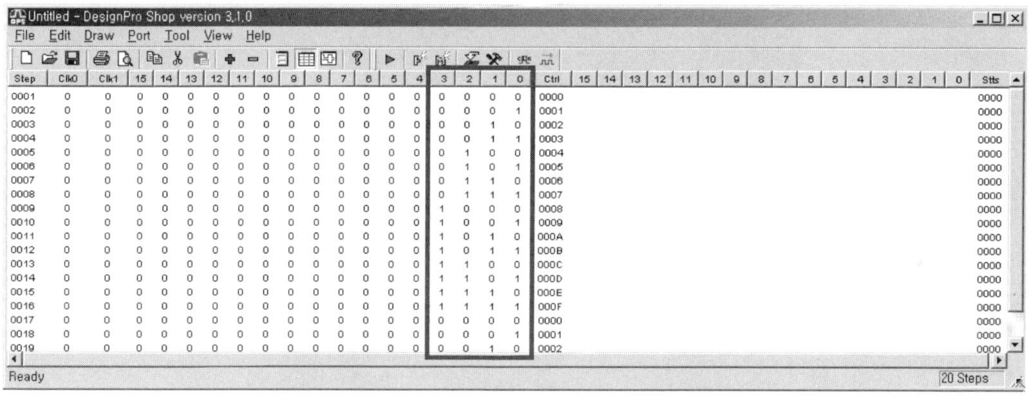

그림 5-29 EDA-Lab 3000에 가해지는 Binary 값

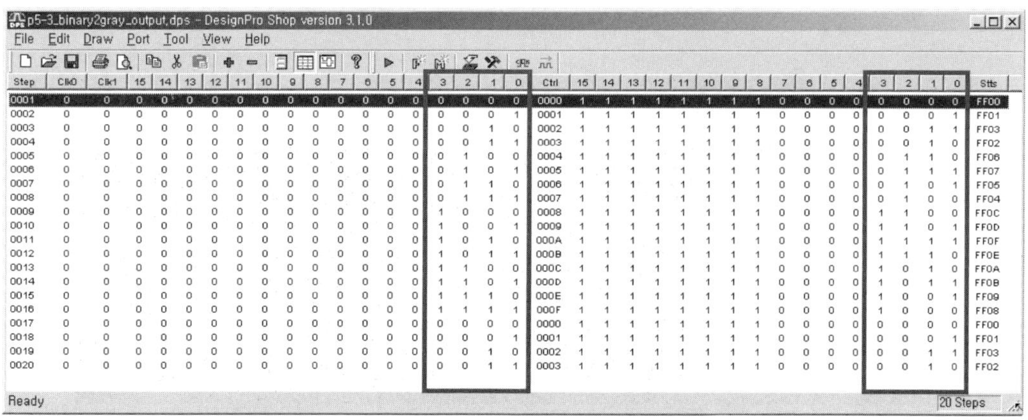

그림 5-30 EDA-Lab 3000에 가해진 Binary 값과 Gray 코드 값

Practice 7 프로그램 5-4의 4 bits로 이루진 Gray 코드를 binary 코드 변환 continuous assignment 표현에서 아래의 Test Bench를 이용하여 functional 시뮬레이션하고, 그 결과 파형이 그림 5-31과 같음을 확인하여라. 그리고 케이블의 연결은 여전히 실습 1과 같이 하고, 그림 5-3과 같이 신호를 입력하여 그림 5-33이 출력되도록 에뮬레이션을 하여라.

```
// *** Test Bench - 사용자 정의 추가 부분 ***————
always begin
       gray = 4'b0000;  #50;
       gray = 4'b0001;  #50;
       gray = 4'b0010;  #50;
       gray = 4'b0011;  #50;
       gray = 4'b0100;  #50;
       gray = 4'b0101;  #50;
       gray = 4'b0110;  #50;
       gray = 4'b0111;  #50;
       gray = 4'b1000;  #50;
       gray = 4'b1001;  #50;
       gray = 4'b1010;  #50;
       gray = 4'b1011;  #50;
       gray = 4'b1100;  #50;
       gray = 4'b1101;  #50;
       gray = 4'b1110;  #50;
       gray = 4'b1111;  #50;
end
// — *** End Test Bench - 사용자 정의 추가 부분 ***
```

| 프로그램 5-10 | 사용자 정의 추가 부분 Test Bench

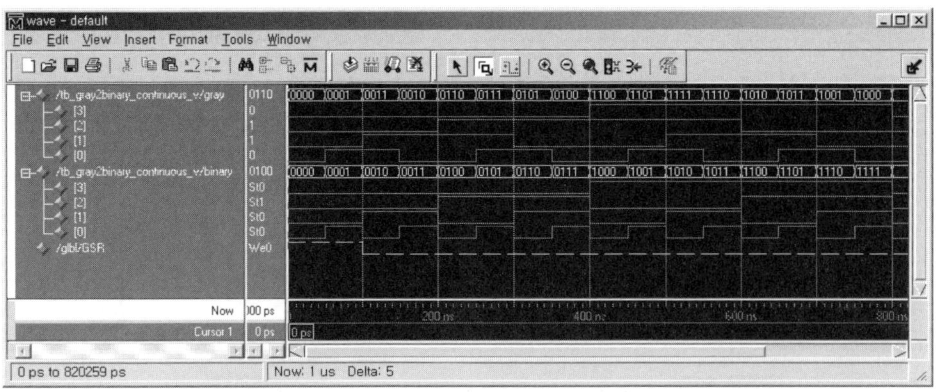

그림 5-31 Gray 코드에서 Binary로 변환 시뮬레이션 결과

| 표 5-5 | BCD 코드에서 excess-3 코드 변환을 위한 EDA-Lab 3000의 핀 할당 정보

EDA Lab의 Signal Name	설계된 회로의		케이블 연결 두 핀			XC2S100PQ208의 핀 할당
	입력 신호명	출력 신호명				
FPGA_DOUT0	gray(0)	–	JP5–1	JP4–19	JP16–3	175
FPGA_DOUT1	gray(1)	–	JP5–2	JP4–20	JP16–4	176
FPGA_DOUT2	gray(2)	–	JP5–3	JP4–21	JP16–5	178
FPGA_DOUT3	gray(3)	–	JP5–4	JP4–22	JP16–6	179
FPGA_SIN0	–	binary(0)	JP7–1	JP2–41		95
FPGA_SIN1	–	binary(1)	JP7–2	JP2–42		96
FPGA_SIN2	–	binary(2)	JP7–3	JP2–43		97
FPGA_SIN3	–	binary(3)	JP7–4	JP2–44		98

그림 5-32 EDA-Lab 3000에 가해지는 Gray 코드 입력 신호

그림 5-33 EDA-Lab 3000에 가해진 Gray 코드 입력 신호 값과 결과 Binary 코드

5.5 연습 문제

1. 16 bits binary 코드를 Gray 코드로 변화하는 코드 변환기를 설계하였다. 이를 for문을 이용하여 재작성하여라.

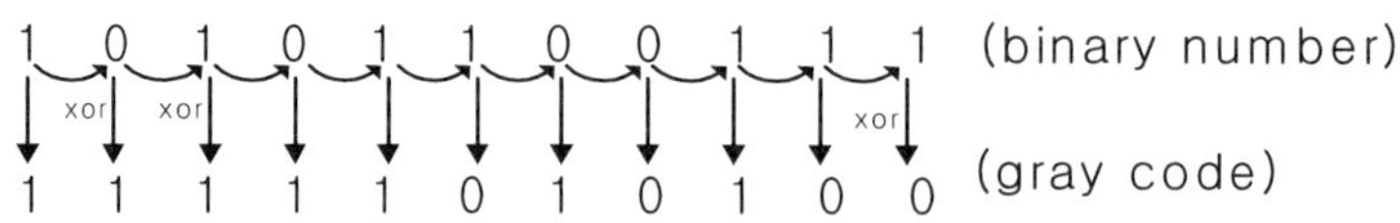


```
-----------------------16 bits bcd to gray code converter-----------------
module bcd2gray(bcd, gray);
        input  [15:0] bcd;
        output [15:0] gray;

        wire   [15:0] gray;
```

```
    assign gray[15] = bcd[15];
    assign gray[14] = bcd[14] ^ bcd[15];
    assign gray[13] = bcd[13] ^ bcd[14];
    assign gray[12] = bcd[12] ^ bcd[13];
    assign gray[11] = bcd[11] ^ bcd[12];
    assign gray[10] = bcd[10] ^ bcd[11];
    assign gray[9] = bcd[9] ^ bcd[10];
    assign gray[8] = bcd[8] ^ bcd[9];
    assign gray[7] = bcd[7] ^ bcd[8];
    assign gray[6] = bcd[6] ^ bcd[7];
    assign gray[5] = bcd[5] ^ bcd[6];
    assign gray[4] = bcd[4] ^ bcd[5];
    assign gray[3] = bcd[3] ^ bcd[4];
    assign gray[2] = bcd[2] ^ bcd[3];
    assign gray[1] = bcd[1] ^ bcd[2];
    assign gray[0] = bcd[0] ^ bcd[1];
endmodule
```

② 아래의 그림을 16bits로 확장하는 16 bits Gray to binary 코드 변환기를 설계하여라.

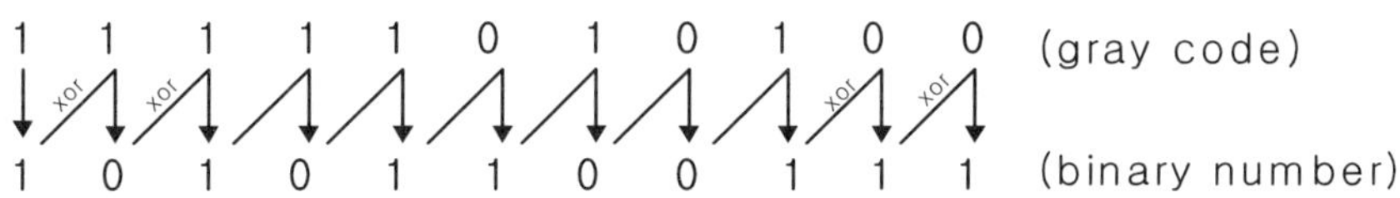

Chapter_06

m bits 가산기와 비교기

6.1 실습 목적

- 조합 논리회로를 이용한 가산기(adder)의 동작을 이해하고 설계한다.
- M bits 가산기의 Verilog HDL 설계 표현에 대하여 공부한다.
- 조합 논리회로를 이용한 비교기(comparator)의 동작을 이해하고 설계한다.
- M bits 비교기의 Verilog HDL 설계 표현에 대하여 공부한다.

6.2 설 명

조합 논리회로는 비교적 설계하기 쉬운 회로이며, 출력은 단지 현재의 입력 값에 의해서만 결정된다. 이를 위하여 우리는 입력 신호에 따른 출력을 열거해 주는 진리표 작성법을 디지털 공학 과목에서 이미 배웠다. 또한 진리표에서 간략화된 부울식을 유도하는 방법을 배웠다. Xilinx ISE series에는 논리식을 간략화하여 부울식을 유도하는 방법들을 완벽하게 갖추고 있기 때문에, 여러분이 해야 할 일은 회로 설계에 있어 회로의 동작을 이해하기 쉽고, 관리하기 쉽게 표현할 수 있는 방법과 알고리즘 개발에 있다. 이러한 설계를 위한 나머지 작업들은 모두 다 회로 합성 tool에 맡겨두면 된다. 이번 장과 다음 장에서는 회로 설계의 기본이 되는 여러 가지 조합 논리를 살펴볼 것이다.

1) 가산기(adder)

M bits 가산기는 2개의 M bits 이진수를 입력으로 받아서 M bits의 덧셈 결과를 출력한다. 하지만 덧셈 결과가 M bits로는 표현할 수 없는 경우도 있다. 즉, overflow bit의 발생 때문이다. Overflow란 표현 가능한 bits 보다 많은 bits를 요구할 경우에 발생한다. 즉, 3 bits의 이진수인 111(7)과 110(6)을 더하면, 그 결과는 1101(13)이 된다. 이를 표현하기 위해서는 4 bits가 필요하다. 이때 필요한 1 bit를 우리는 올림수(Carrier)라 부른다. 올림수 출력이 존재하는 가산기에서는 올림수 입력이 존재하는 것이 당연할 것이다. 이와 같이 두 개의 1 bit 입력에 대한 올림수 입력과 올림수 출력을 가지는 가산기를 전가산기라 하고, 올림수가 없는 두 개의 1 bit 입력에 대한 가산기를 반가산기라 부른다.

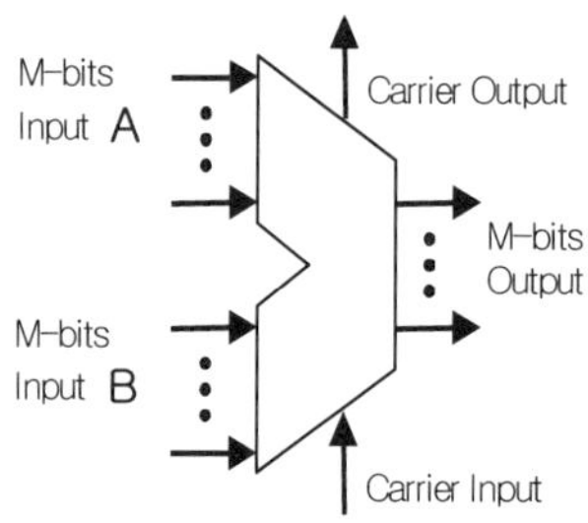

그림 6-1 M bits 전가산기(full adder)

여기에서는 앞장에서 사용되었던 1 bit 전산기를 이용한 4 bits 가산기와 Verilog HDL의 장점을 이용한 하나의 module로 구성된 가산기에 대하여 예제를 통하여 공부할 것이다. 여러 비트들이 동시에 가산이 이루어지는 가산기를 병렬 이진가산기라고 한다.

| 표 6-1 | 1 bit 전가산기의 진리표

x	y	c_in	c_out	sum
0	0	0	0	0
0	0	1	0	1
0	1	0	0	1
0	1	1	1	0
1	0	0	0	1
1	0	1	1	0
1	1	0	1	0
1	1	1	1	1

그림 6-2 1 bit 전가산기의 블록

```
module full_adder(x, y, c_in, sum, c_out);
    input  x, y, c_in;
    output sum, c_out;

    wire   [2:0] d_in;
    reg    [1:0] d_out;

    assign d_in = {x, y, c_in};
    assign c_out = d_out[1];
    assign sum = d_out[0];

    always @(d_in)
```

| 프로그램 6-1 | 1 bit 전가산기의 Verilog HDL 코드

```
        case (d_in)
                3b'000 : d_out = 2'b00;
                3b'001 : d_out = 2'b01;
                3b'010 : d_out = 2'b01;
                3b'011 : d_out = 2'b10;
                3b'100 : d_out = 2'b01;
                3b'101 : d_out = 2'b10;
                3b'110 : d_out = 2'b10;
                default : d_out = 2'b11;
        endcase
endmodule
```

| 프로그램 6-1 | 1 bit 전가산기의 Verilog HDL 코드 *(계속)*

연습 문제 1 프로그램 6-1을 이용하여 4 bits 전가산기를 구현하여라.

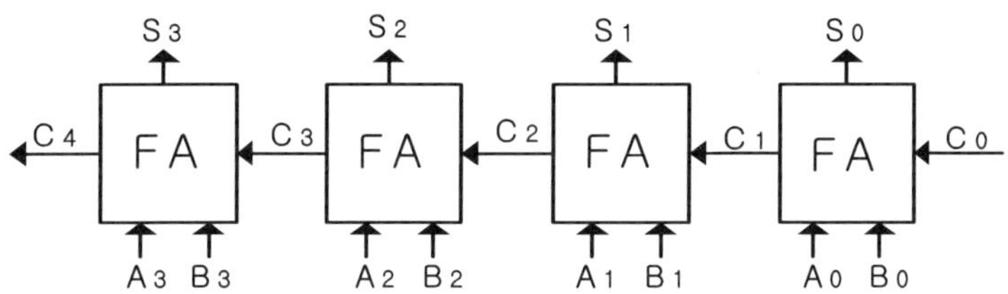

그림 6-3 4 bits 직렬 가산기 블록 다이어그램

```
module fourbits_fulladder(a, b, sum, carry);
    input  [3:0] a;
    input  [3:0] b;
    output [3:0] sum;
    output carry;

    wire  [3:0] sum;
    wire  carry;
    wire  [4:0] TmpCarry;
    wire  [3:0] TmpSum;

    assign TmpCarry[0] = 0;
```

| 프로그램 6-2 | 1 bit 전가산기를 이용한 4 bits 가산기

```
    onebit_fulladder Bit_one  (.x(a[0]), .y(b[0]), .c_in(TmpCarry[0]),
                               .sum_out(TmpSum[0]), .c_out(TmpCarry[1]));
    onebit_fulladder Bit_two  (.x(a[1]), .y(b[1]), .c_in(TmpCarry[1]),
                               .sum_out(TmpSum[1]), .c_out(TmpCarry[2]));
    onebit_fulladder Bit_three(.x(a[2]), .y(b[2]), .c_in(TmpCarry[2]),
                               .sum_out(TmpSum[2]), .c_out(TmpCarry[3]));
    onebit_fulladder Bit_four (.x(a[3]), .y(b[3]), .c_in(TmpCarry[3]),
                               .sum_out(TmpSum[3]), .c_out(TmpCarry[4]));

    assign sum = TmpSum;
    assign carry = TmpCarry[4];

endmodule


module onebit_fulladder(x, y, c_in, sum_out, c_out);
    input  x, y, c_in;
    output sum_out, c_out;

    wire   [2:0] d_in;
    reg    [1:0] d_out;

    assign d_in = {x, y, c_in};
    assign c_out = d_out[1];
    assign sum_out = d_out[0];

    always @(d_in)
        case (d_in)
            0 : d_out = 2'b00;
            1 : d_out = 2'b01;
            2 : d_out = 2'b01;
            3 : d_out = 2'b10;
            4 : d_out = 2'b01;
            5 : d_out = 2'b10;
            6 : d_out = 2'b10;
            default : d_out = 2'b11;
        endcase
endmodule
```

| 프로그램 6-2 | 1 bit 전가산기를 이용한 4 bits 가산기 *(계속)*

프로그램 6-2는 1 bit 전가산기를 이용한 그림 6-3의 구조를 갖는 4 bits 전가산기이다. 프로그램 6-2의 메인 프로그램은 구조적 표현을 갖고 있으며, 구조적 표현에서 사용된 module instance는 반드시 동일 프로그램 내 또는 project 내에 module로 존재해야 한다. 프로그램 6-2에서 두 개의 module이 반드시 있어야 한다.

Functional 시뮬레이션을 위하여 그림 6-4(a)에서는 신호 A는 0xF로 고정하고 신호 B를 0x0에서 0xF까지 변화를 시켰고, 그림 6-4(b)에서는 신호 A는 0x0에서 0xF까지 변화를 하였고, 신호 B는 0xF로 고정시켰다.

Timing 시뮬레이션을 위하여 그림 6-5에서는 신호 A는 0xF로 고정하고 신호 B를 0x0에서 0xF까지 변화를 시켰다. 그림 6-5에서는 그림 6-4와는 달리 신호들의 지연을 확인할 수 있을 것이다. 입력 신호에 대한 출력 신호가 시간 지연을 갖는 않는 논리적인 시뮬레이션을 functional 시뮬레이션이라 하고, 시간 지연 갖는 실제 회로 동작과 같은 시뮬레이션을 timing 시뮬레이션이라 한다. 그림 6-4의 시뮬레이션 결과로 볼 때, 그림 6-3과 같은 XC2S100-5PQ208 FPGA로 구현된 직렬연결 가산기에는 대략 11 ns 정도의 지연 시간을 갖는 것이라 추정된다. 실제 이러한 지연 시간을 측정을 위하여서는 입출력 신호에 대하여 오실로스코프로 관찰해야 한다.

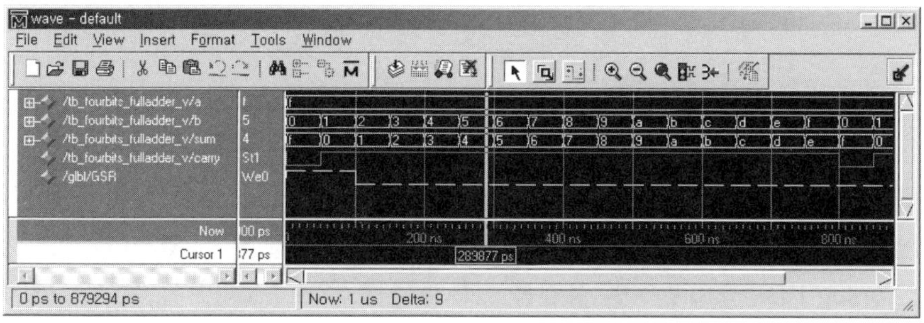

(a) 신호 A=0xF, 신호 B=0x0~0xF까지 변화

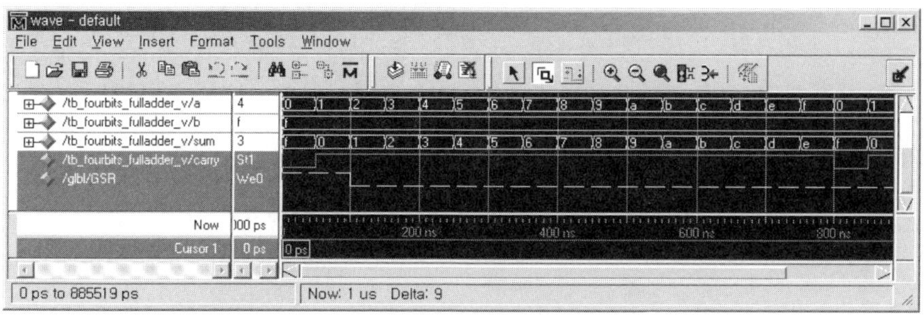

(b) 신호 A=0x0~0xF까지 변화, 신호 B=0xF 고정

그림 6-4 4 bits 가산기 functional 시뮬레이션 결과

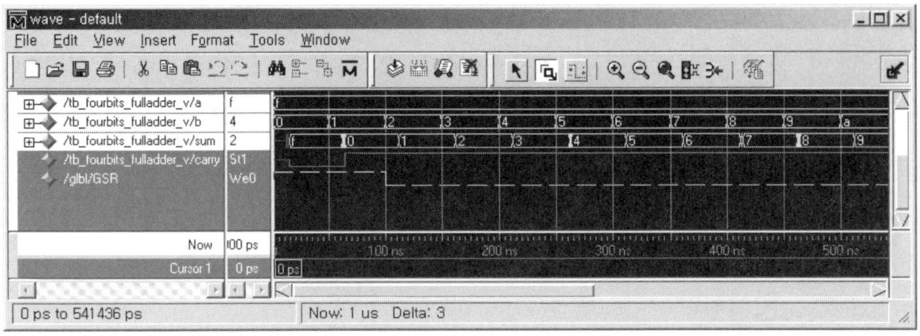

(a) 신호 A=0xF, 신호 B=0x0~0xF까지 변화 timing 시뮬레이션

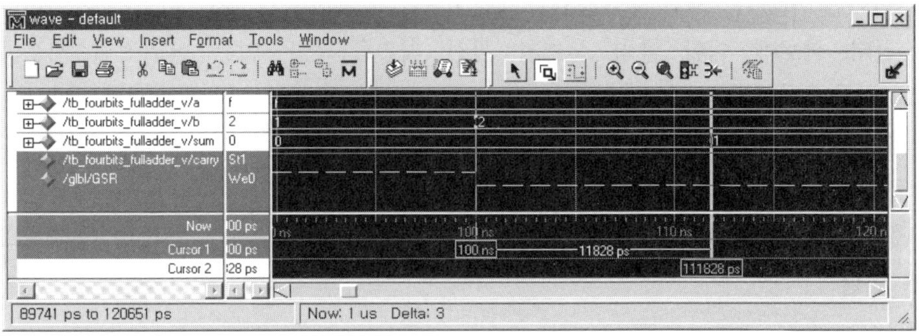

(b) 신호 A=0xF, 신호 B=0x0~0xF까지 변화 timing 시뮬레이션 확대 모습

그림 6-5 4 bits 가산기 timing 시뮬레이션 결과

프로그램 6-2는 1 bit 가산기를 구현하고, 이를 이용하여 4 bits 가산기를 구현하였다. 이와 같이 구현할 회로의 기능에 따라 기존의 설계된 회로를 이용할 수도 있지만, 회로 구현의 성격에 따라 Verilog HDL의 표현적인 장점을 이용하여 구현할 수도 있다. 즉, Verilog HDL에서는 bit들의 열을 배열로만 선언하고 이용하려하는 bit의 수를 지정하여 Verilog 연산자를 이용하면 아주 쉽게 bit 확장 및 가산기를 만들 수 있다. 프로그램 6-2를 bit 확장으로 하여 4 bits 가산기를 프로그램 6-3과 프로그램 6-4로 표현할 수 있다. 프로그램 6-3은 올림수가 없는 4 bits 가산기를 표현하고 프로그램 6-4는 concatenation 연산자 "{ }"를 사용한 bit 확장을 통한 올림수를 갖는 4 bits 가산기를 표현하고 있다.

Verilog HDL의 언어적인 장점을 이용한 가산기에 대하여 예를 들어 보자.

```
module adder(a, b, y);
       input  [3:0] a;
       input  [3:0] b;
       output [3:0] y;

       wire   [3:0] y;

       assign y = a + b;
endmodule
```

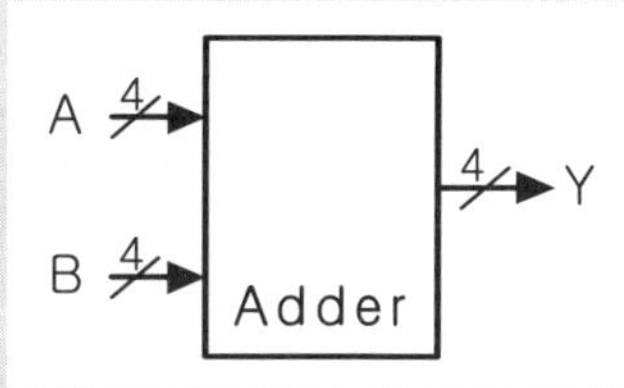

| 프로그램 6-3 | Carrier를 고려하지 않은 4 bits 가산기

```
module adder(a, b, y);
       input  [3:0] a;
       input  [3:0] b;
       output [4:0] y;

       wire   [4:0] y;

       assign y = {1'b0, a} + {1'b0, b};
endmodule
```

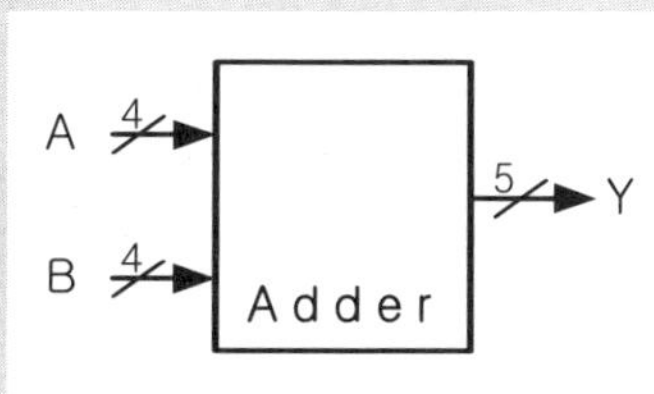

| 프로그램 6-4 | Carrier를 고려한 4 bits 가산기

프로그램 6-2와 프로그램 6-4의 timing 시뮬레이션에서 구조적 차이가 약간의 지연 시간의 차이를 보이는 것을 알 수 있다. 프로그램 6-2는 직렬연결 가산기로 회로의 구조는 설계자에 의해 구성되고 프로그램 6-4는 Verilog HDL 합성툴에서 회로를 합성하여 주는 구조를 갖는다. 이들 두 개의 timing 시뮬레이션에서 직렬연결 가산기 보다 Verilog HDL 합성툴에서 합성하여 주는 회로의 지연 시간이 대략 13 ns로 1 ns 정도의 지연 시간을 갖는 것을 알 수 있다. Verilog HDL 설계 표현에 따른 성능의 변화에 대하여 미미할지라도 관심을 갖고 공부를 하여야 할 것이다.

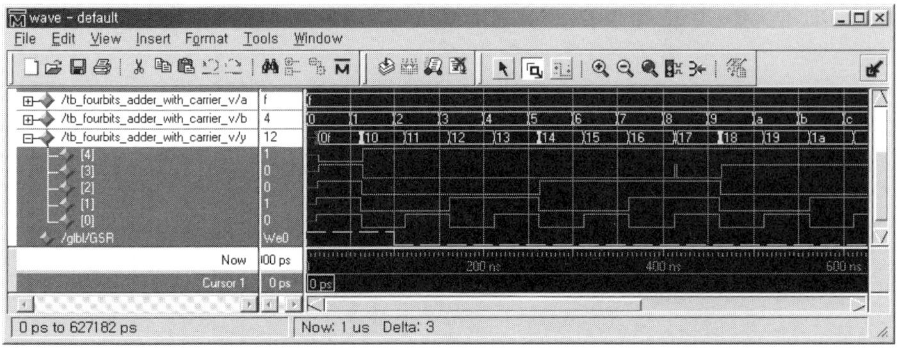

(a) 신호 A=0xF, 신호 B=0x0~0xF까지 변화 timing 시뮬레이션

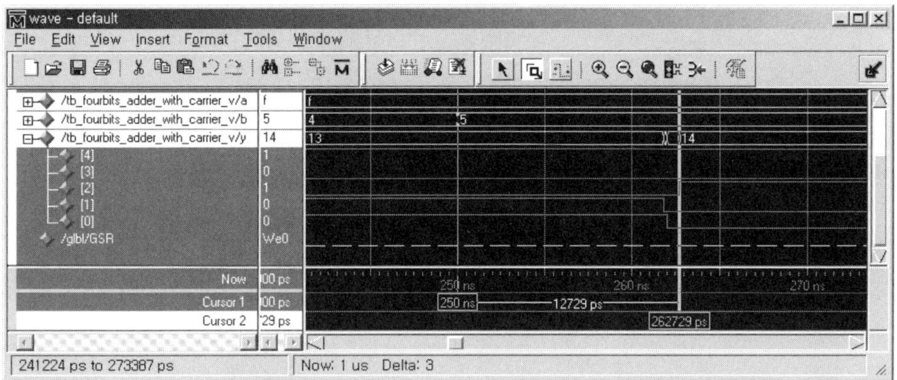

(b) 신호 A=0xF, 신호 B=0x0~0xF까지 변화 timing 시뮬레이션에서 지연 시간 측정

그림 6-6 4 bits 가산기 timing 시뮬레이션에서의 지연 시간 측정

2) 비교기(Comparator)

비교기는 두 입력이 서로 같은지 다른지를 비교하여 알려주는 회로이다. 표 6-2는 1 bit 비교기 진리표이다. 프로그램 6-5는 표 6-2 진리표를 이용한 logic 간략화를 통하여 구현한 Verilog HDL 설계회로이다. 1 bit 비교기는 두 입력이 같으면 '1'을 출력하고 다르면 '0'을 출력하는 회로를 말한다. 이러한 논리로 logic을 구성한 Verilog HDL 회로가 프로그램 6-6이다. 이 프로그램은 알고리즘 표현에 용이한 Verilog HDL의 동작적 표현을 나타내었다. 그리고 2 bits 이상의 M bits 입력에 대하여 비교할 경우는 일반적인 진리표 및 logic 간략화를 이용하기 힘들 경우가 발생한다. 이와 같은 경우에서는 Verilog HDL의 수월성을 느낄 수 있을 것이다. 그러므로 이 장에서는 1 bit 비교기와 4 bits 비교기를 설계하고 시뮬레이션해 본다.

1 bit 비교기(comparator)

표 6-2는 1 bit 비교기의 진리표이며 그림 6-7은 1 bit 비교기를 블록으로 표현하였다. 프로그램 6-5는 behavioral continuous assignment 표현의 1 bit 비교기 코드이다.

| 표 6-2 | 1 bit 비교기

A	B	EQ
0	0	1
0	1	0
1	0	0
1	1	1

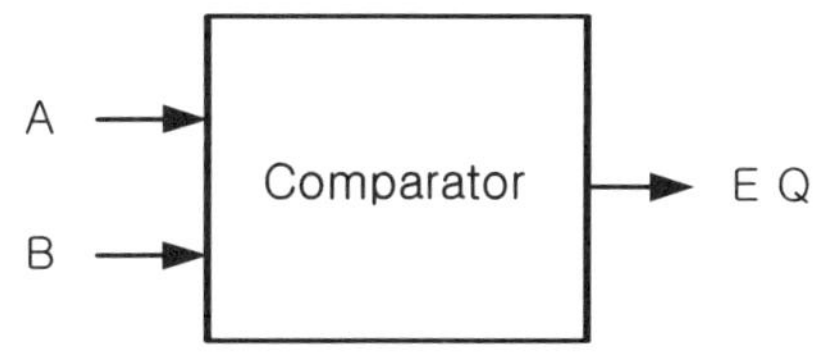

그림 6-7 1 bit 비교기 블록

프로그램 6-6은 behavioral process statement 표현의 1 bit 비교기이다.

```
module One_bit_comparator(a, b, eq);
    input  a;
    input  b;
    output eq;

    wire   eq;

    assign eq = ~(a ^ b);
endmodule
```

| 프로그램 6-5 | Behavioral continuous assignment 표현의 1 bit 비교기 코드

```
module One_bit_comparator(a, b, eq);
    input  a;
    input  b;
    output eq;

    reg   eq;

    always @(a, b)
        if (a==b)
            eq = 1;
```

| 프로그램 6-6 | Behavioral process statement 표현의 1 bit 비교기 코드

```
            else
                        eq = 0;
endmodule
```

| 프로그램 6-6 | Behavioral process statement 표현의 1 bit 비교기 코드 *(계속)*

M bits 비교기

M bits의 비교기(Comparator)는 그림 6-8의 심볼과 표 6-3의 진리표를 만족할 것이다. 두 입력의 값이 같으면 신호 EQ=1, AGB=ALB=0이 발생되며, 신호 A의 값이 B의 값보다 크면, 신호 AGB=1, EQ=ALB=0이 발생되며, 신호 A의 값이 B의 값보다 작으면, 신호 ALB=1, EQ=AGB=0이 발생된다. 이를 표현할 수 있는 4 bits 비교기를 Verilog HDL의 continuous assignment 표현으로 회로를 설계한 것이 프로그램 6-7이다.

| 표 6-3 | M bits 비교기 진리표

	EQ	AGB	ALB
A=B	1	0	0
A〉B	0	1	0
A〈B	0	0	1

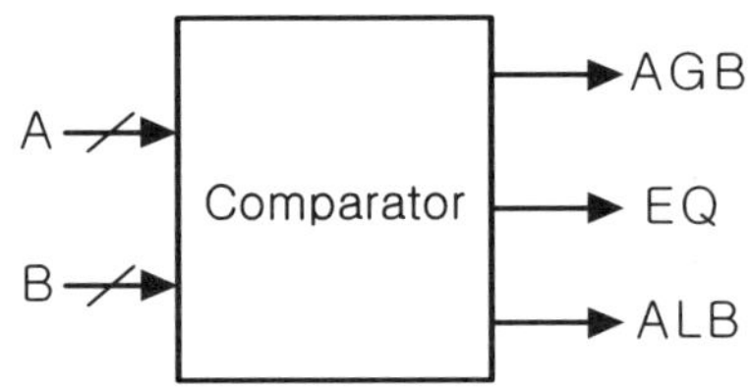

그림 6-8 M bits 비교기 심볼

```
module M_bits_comparator(a, b, eq, agb, alb);
    input  [3:0] a;
    input  [3:0] b;
    output eq;
    output agb;
    output alb;

    wire   eq;
    wire   agb;
    wire   alb;

    assign eq  = (a == b)? 1 : 0;
    assign agb = (a > b)? 1 : 0;
    assign alb = (a < b)? 1 : 0;
endmodule
```

| 프로그램 6-7 | 4 bits 비교기의 코드

6.3 예비 문제

① 다음 TTL adder 관련 소자에 대하여 조사하여라.

74LS80 : 1 bit gated 전가산기
74LS82 : 2 bits 전가산기
74LS83 : 4 bits 2진 전가산기
74LS183 : Dual Carry 저장용 가산기

② 다음 TTL adder 관련 소자에 대하여 조사하여라.

74LS182 : Look ahead carry generator

③ 다음 TTL 비교기 관련 소자의 차이점에 대하여 조사하여라.

74LS85 : 4 bits comparator
74LS518 : 8 bits equal to comparator with OC
74LS519 : 8 bits equal to comparator with OC
74LS520 : 8 bits equal to comparator
74LS521 : 8 bits equal to comparator
74LS522 : 8 bits equal to comparator with OC

④ Open Collector 회로에 대하여 설명하고, 장단점에 대하여 논하여라.

6.4 실습 내용

Practice 1 프로그램 6-2를 시뮬레이션하여라. 입력은 A는 0xF 값으로 고정하고 B는 0x0부터 0xF까지를 변화시켜라. 시뮬레이션을 위한 사용자 정의 부분의 Test Bench은 아래와 같다.

```
//———— 사용자 정의 추가 시작 ————
always begin
        a=4'b1111; b=4'b0000; #50;
        a=4'b1111; b=4'b0001; #50;
        a=4'b1111; b=4'b0010; #50;
        a=4'b1111; b=4'b0011; #50;
        //
        a=4'b1111; b=4'b0100; #50;
        a=4'b1111; b=4'b0101; #50;
        a=4'b1111; b=4'b0110; #50;
        a=4'b1111; b=4'b0111; #50;
        //
        a=4'b1111; b=4'b1000; #50;
        a=4'b1111; b=4'b1001; #50;
        a=4'b1111; b=4'b1010; #50;
        a=4'b1111; b=4'b1011; #50;
        //
        a=4'b1111; b=4'b1100; #50;
        a=4'b1111; b=4'b1101; #50;
        a=4'b1111; b=4'b1110; #50;
        a=4'b1111; b=4'b1111; #50;
end
// ———— 사용자 정의 추가 끝 ————
```

| 프로그램 6-8 | 사용자 정의 추가 부분의 Test Bench *(계속)*

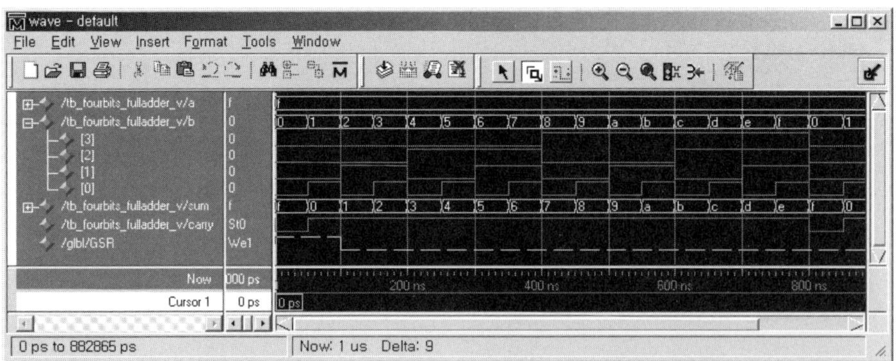

그림 6-9 4 bits 가산기 functional 시뮬레이션 결과

| 표 6-4 | 4 bits 가산기 에뮬레이션을 위한 EDA-Lab 3000의 핀 할당 정보

EDA Lab의 Signal Name	설계된 회로의		케이블 연결 두 핀			XC2S100PQ208의 핀 할당
	입력 신호명	출력 신호명				
FPGA_DOUT0	A(0)	–	JP5–1	JP4–19	JP16–3	p175
FPGA_DOUT1	A(1)	–	JP5–2	JP4–20	JP16–4	p176
FPGA_DOUT2	A(2)	–	JP5–3	JP4–21	JP16–5	p178
FPGA_DOUT3	A(3)	–	JP5–4	JP4–22	JP16–6	p179
FPGA_DOUT8	B(0)	–	JP6–1	JP4–32	JP16–11	p189
FPGA_DOUT9	B(1)	–	JP6–2	JP4–33	JP16–12	p191
FPGA_DOUT10	B(2)	–	JP6–3	JP4–34	JP16–13	p192
FPGA_DOUT11	B(3)	–	JP6–4	JP4–35	JP16–14	p193
FPGA_SIN0	–	Sum(0)	JP7–1	JP2–41		p95
FPGA_SIN1	–	Sum(1)	JP7–2	JP2–42		p96
FPGA_SIN2	–	Sum(2)	JP7–3	JP2–43		p97
FPGA_SIN3	–	Sum(3)	JP7–4	JP2–44		p98
FPGA_SIN4	–	Carry	JP7–5	JP2–45		p99

```
# 입력 신호 A[3:0]
NET "A<0>" LOC = "p175";
NET "A<1>" LOC = "p176";
NET "A<2>" LOC = "p178";
NET "A<3>" LOC = "p179";

# 입력 신호 B[3:0]
NET "B<0>" LOC = "p189";
NET "B<1>" LOC = "p191";
NET "B<2>" LOC = "p192";
NET "B<3>" LOC = "p193";

# 출력 신호 Carry, Sum[3:0]
NET "Sum<0>" LOC = "p95";
NET "Sum<1>" LOC = "p96";
NET "Sum<2>" LOC = "p97";
NET "Sum<3>" LOC = "p98";
NET "Carry" LOC = "p99";
```

그림 6-10 fourbits_fulladder.ucf 파일의 핀 할당 정보

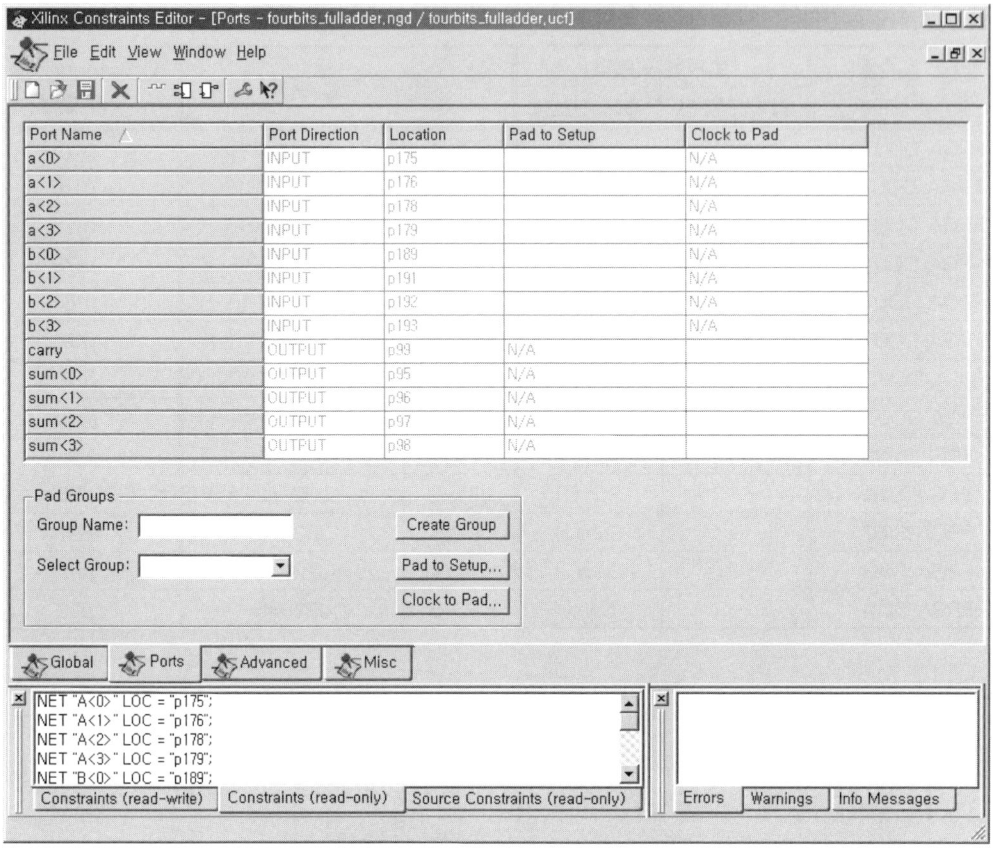

그림 6-11 입출력 신호의 pin location 할당

JP1, JP2, JP3, JP4의 핀들은 FPGA의 핀을 배치도이다. JP5, JP6은 입력 신호를 가하기 위한 Control data signal 입력단을 나타낸 것이고, JP7, JP8은 신호의 관찰을 위한 Status data signal을 모니터링을 위한 단자들이다. 그림 6-12는 JP1~JP8까지의 배치도이며 같은 색깔의 핀들을 표 6-2를 참고하여 연결하면 실습을 할 수 있다.

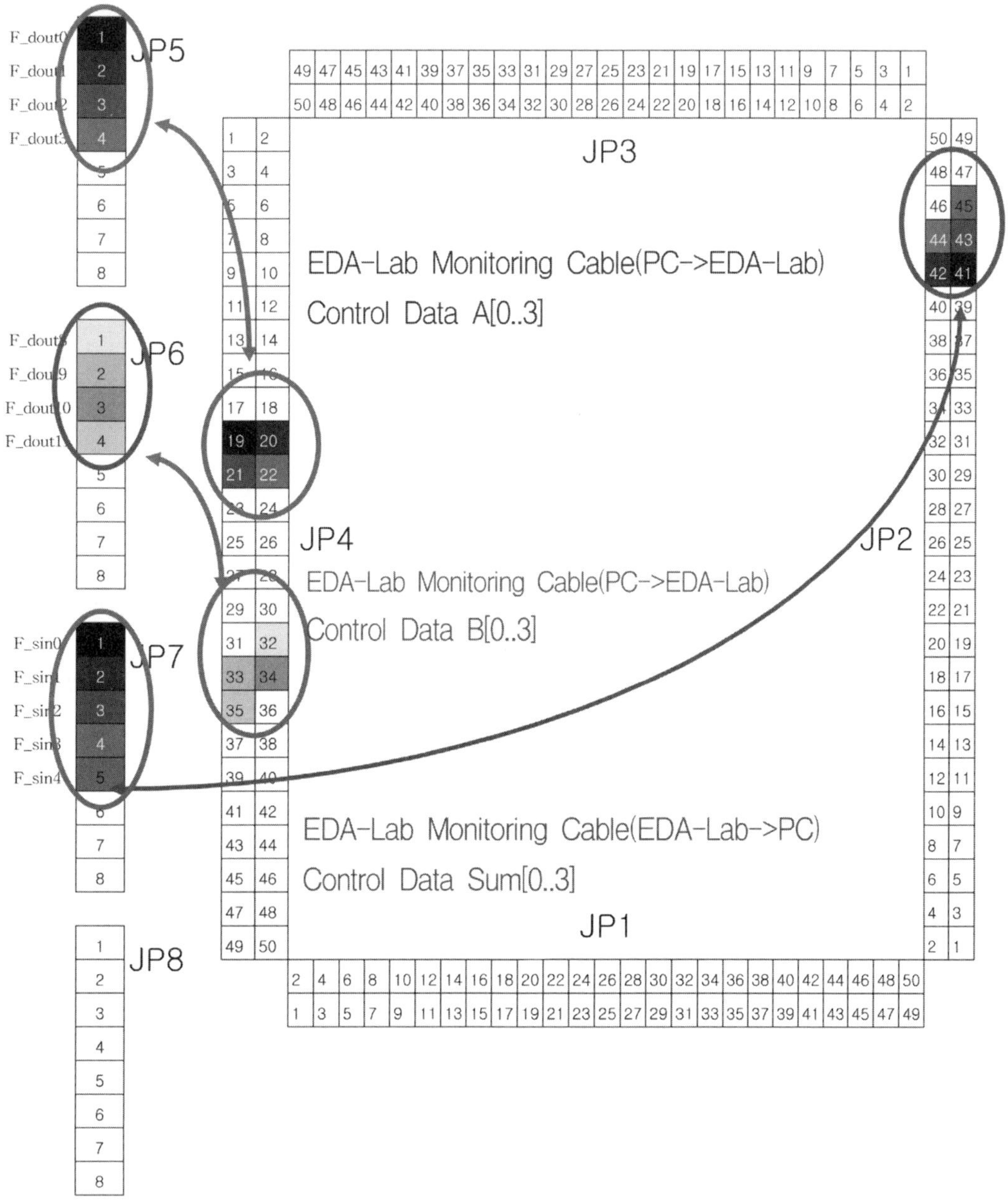

그림 6-12 케이블 핀 연결을 위한 Jump Pin 배치도

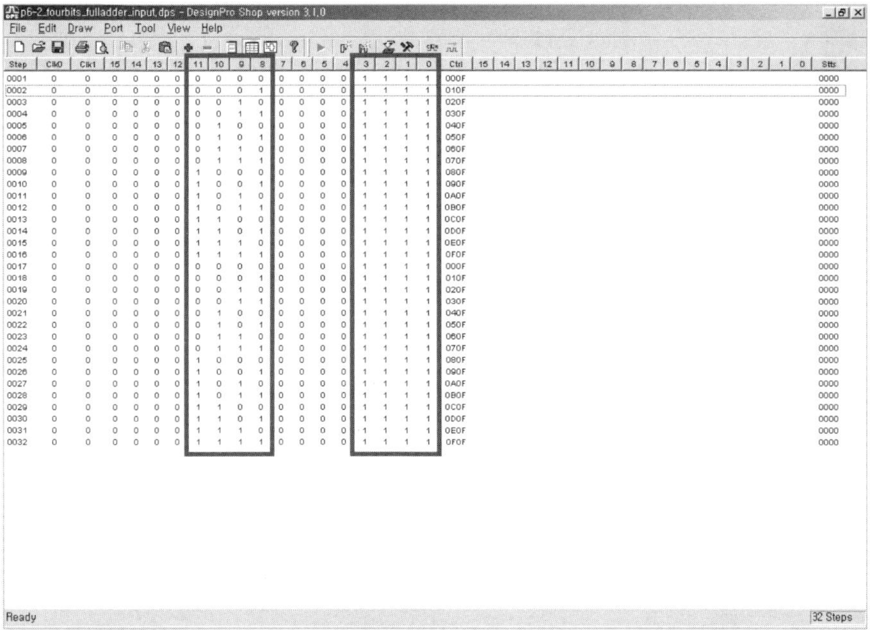

그림 6-13 EDA-Lab 3000으로 가해지는 4 bits 가산기의 입력 신호

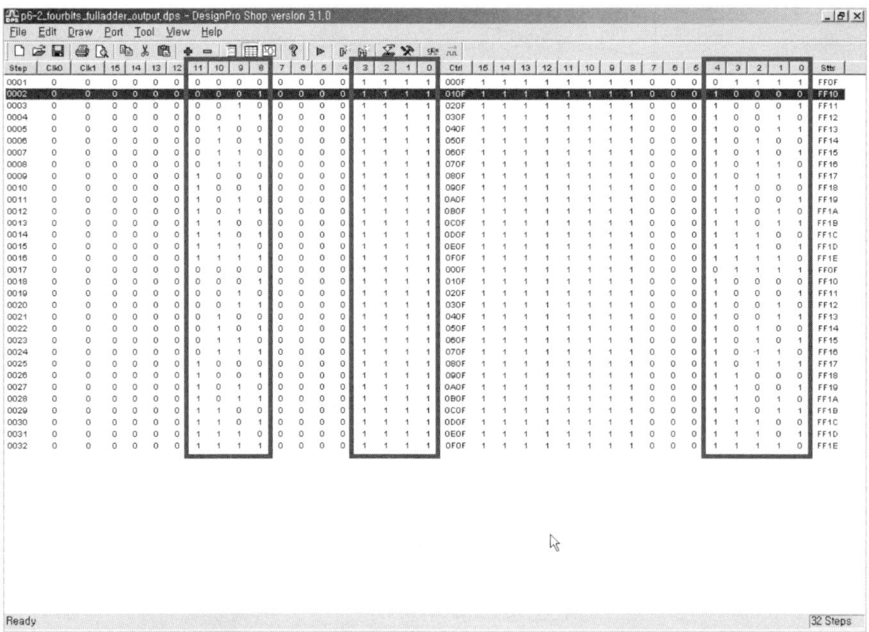

그림 6-14 EDA-Lab 3000으로 4 bits 가산기의 입출력 신호

Practice 2 프로그램 6-3을 시뮬레이션하여라. 입력은 A는 0xF 값으로 고정하고 B는 0x0부터 0xF까지를 변화시켜라. 시뮬레이션을 위한 사용자 정의 부분의 Test Bench은 아래와 같다.

관찰 신호 : 신호 a[3:0], b[3:0], y[3:0]

```
//——— 사용자 정의 추가 시작 ————
always begin
        a=4'b1111;  #50;
end
always begin
        b=4'b0000; #50;
        b=4'b0001; #50;
        b=4'b0010; #50;
        b=4'b0011; #50;

        b=4'b0100; #50;
        b=4'b0101; #50;
        b=4'b0110; #50;
        b=4'b0111; #50;

        b=4'b1000; #50;
        b=4'b1001; #50;
        b=4'b1010; #50;
        b=4'b1011; #50;

        b=4'b1100; #50;
        b=4'b1101; #50;
        b=4'b1110; #50;
        b=4'b1111; #50;
end
// ——— 사용자 정의 추가 끝 ————
```

| 프로그램 6-9 | 사용자 정의 추가 부분의 Test Bench

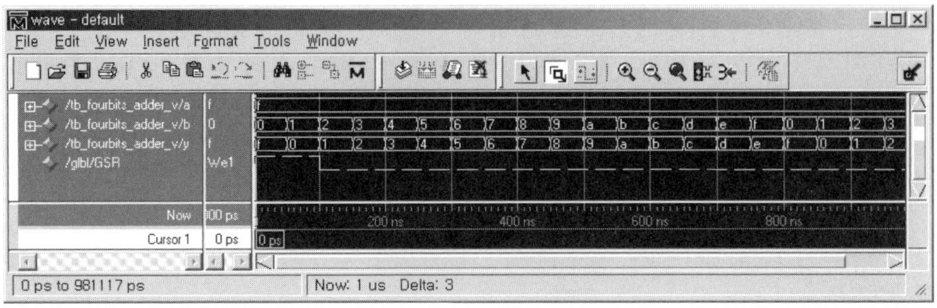

그림 6-15 Carrier를 고려하지 않은 4 bits 가산기의 functional 시뮬레이션

| 표 6-5 | Carrier를 고려하지 않은 4 bits 가산기를 위한 EDA-Lab 3000의 핀 할당 정보

EDA Lab의 Signal Name	설계된 회로의		케이블 연결 두 핀			XC2S100PQ208의 핀 할당
	입력 신호명	출력 신호명				
FPGA_DOUT0	a(0)	-	JP5-1	JP4-19	JP16-3	p175
FPGA_DOUT1	a(1)	-	JP5-2	JP4-20	JP16-4	p176
FPGA_DOUT2	a(2)	-	JP5-3	JP4-21	JP16-5	p178
FPGA_DOUT3	a(3)	-	JP5-4	JP4-22	JP16-6	p179
FPGA_DOUT8	b(0)	-	JP6-1	JP4-32	JP16-11	p189
FPGA_DOUT9	b(1)	-	JP6-2	JP4-33	JP16-12	p191
FPGA_DOUT10	b(2)	-	JP6-3	JP4-34	JP16-13	p192
FPGA_DOUT11	b(3)	-	JP6-4	JP4-35	JP16-14	p193
FPGA_SIN0	-	y(0)	JP7-1	JP2-41		p95
FPGA_SIN1	-	y(1)	JP7-2	JP2-42		p96
FPGA_SIN2	-	y(2)	JP7-3	JP2-43		p97
FPGA_SIN3	-	y(3)	JP7-4	JP2-44		p98

```
NET "a<0>" LOC = "p175";
NET "a<1>" LOC = "p176";
NET "a<2>" LOC = "p178";
NET "a<3>" LOC = "p179";

NET "b<0>" LOC = "p189";
NET "b<1>" LOC = "p191";
NET "b<2>" LOC = "p192";
NET "b<3>" LOC = "p193";

NET "y<0>" LOC = "p95";
NET "y<1>" LOC = "p96";
NET "y<2>" LOC = "p97";
NET "y<3>" LOC = "p98";
```

그림 6-16 fourbits_adder.ucf 파일의 핀 할당 정보

그림 6-12의 JP1, JP2, JP3, JP4의 핀들은 FPGA의 핀을 재배치한 배치도이다. JP5, JP6은 입력 신호를 가하기 위한 Control data signal 입력단을 나타낸 것이고, JP7, JP8은 신호의 관찰을 위한 Status data signal을 모니터링하기 위한 단자들이다. 그림 6-12는 JP1~JP8까지의 Jump pin 배치도이며 같은 색깔의 핀들을 표 6-5를 참고하여 연결하면 실습을 할 수 있다.

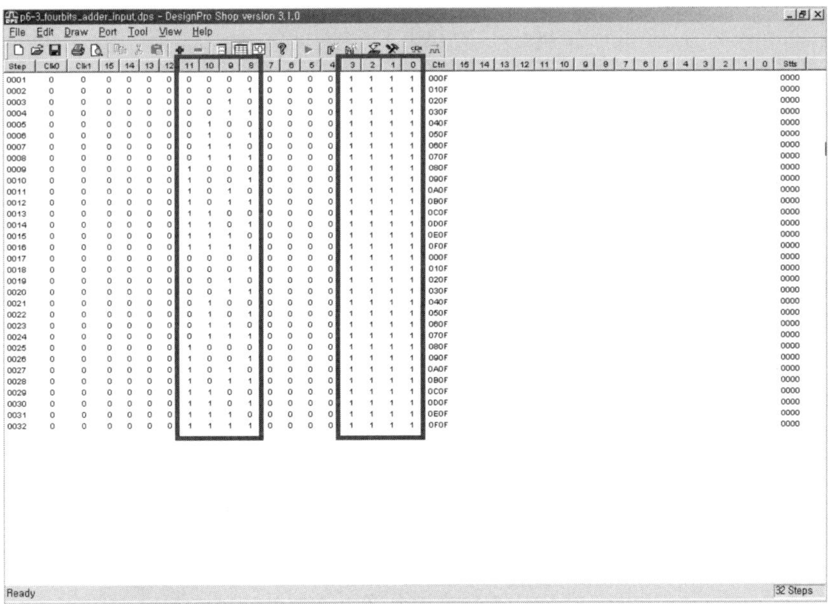

그림 6-17 EDA-Lab 3000으로 가해지는 4 bits 가산기의 입력 신호

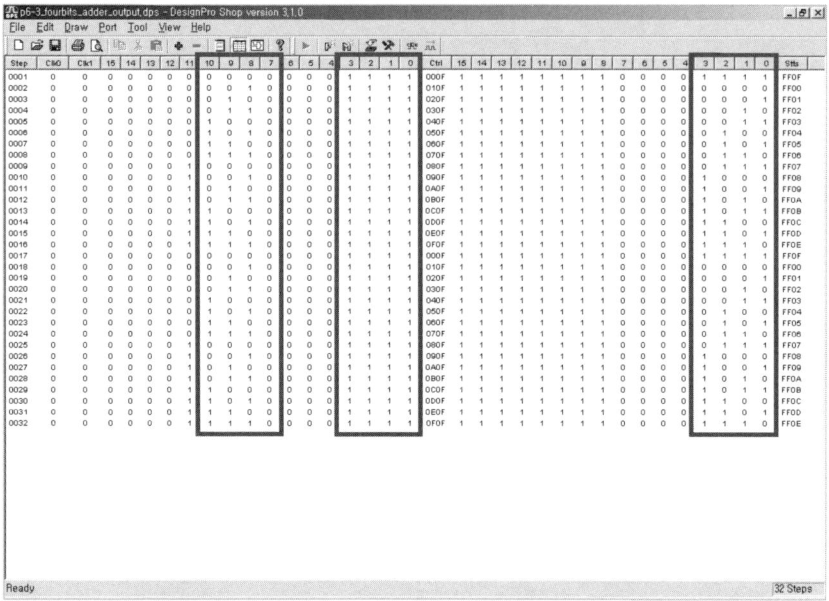

그림 6-18 EDA-Lab 3000으로 4 bits 가산기의 입출력 신호

Practice 3 프로그램 6-4를 functional 시뮬레이션하여라. 입력은 A는 0xF 값으로 고정하고 B는 0x0부터 0xF까지를 변화시켜라. 시뮬레이션을 위한 사용자 정의 부분의 Test Bench은 아래와 같다.

관찰 신호 : 신호 a[3:0], b[3:0], y[4:0]

```
//———— 사용자 정의 추가 시작 ————————
always begin
    a=4'b1111; b=4'b0000; #50;
    a=4'b1111; b=4'b0001; #50;
    a=4'b1111; b=4'b0010; #50;
    a=4'b1111; b=4'b0011; #50;
    //
    a=4'b1111; b=4'b0100; #50;
    a=4'b1111; b=4'b0101; #50;
    a=4'b1111; b=4'b0110; #50;
    a=4'b1111; b=4'b0111; #50;
    //
    a=4'b1111; b=4'b1000; #50;
```

| 프로그램 6-10 | 사용자 정의 추가 부분의 Test Bench

```
        a=4'b1111; b=4'b1001; #50;
        a=4'b1111; b=4'b1010; #50;
        a=4'b1111; b=4'b1011; #50;
        //
        a=4'b1111; b=4'b1100; #50;
        a=4'b1111; b=4'b1101; #50;
        a=4'b1111; b=4'b1110; #50;
        a=4'b1111; b=4'b1111; #50;
end
// ——— 사용자 정의 추가 끝 ———
```

| 프로그램 6-10 | 사용자 정의 추가 부분의 Test Bench *(계속)*

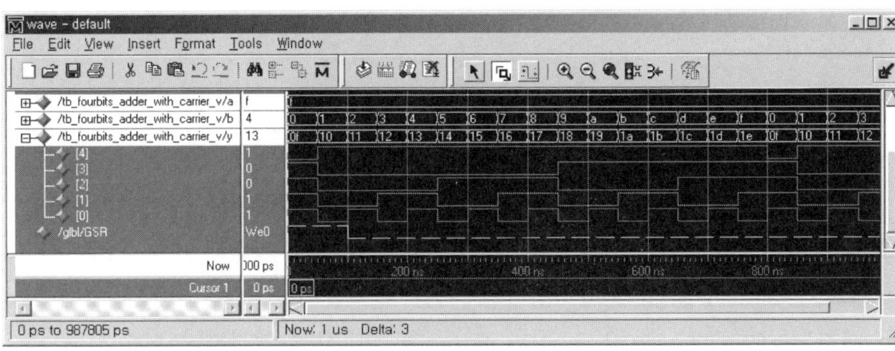

그림 6-19 Carrier를 고려한 4 bits 가산기 functional 시뮬레이션

| 표 6-6 | Carrier를 고려한 4 bits 가산기를 위한 EDA-Lab 3000의 핀 할당 정보

EDA Lab의 Signal Name	설계된 회로의		케이블 연결 두 핀			XC2S100PQ208의 핀 할당
	입력 신호명	출력 신호명				
FPGA_DOUT0	A(0)	–	JP5-1	JP4-19	JP16-3	p175
FPGA_DOUT1	A(1)	–	JP5-2	JP4-20	JP16-4	p176
FPGA_DOUT2	A(2)	–	JP5-3	JP4-21	JP16-5	p178
FPGA_DOUT3	A(3)	–	JP5-4	JP4-22	JP16-6	p179
FPGA_DOUT8	B(0)	–	JP6-1	JP4-32	JP16-11	p189
FPGA_DOUT9	B(1)	–	JP6-2	JP4-33	JP16-12	p191
FPGA_DOUT10	B(2)	–	JP6-3	JP4-34	JP16-13	p192
FPGA_DOUT11	B(3)	–	JP6-4	JP4-35	JP16-14	p193
FPGA_SIN0	–	Y(0)	JP7-1	JP2-41		p95
FPGA_SIN1	–	Y(1)	JP7-2	JP2-42		p96
FPGA_SIN2	–	Y(2)	JP7-3	JP2-43		p97
FPGA_SIN3	–	Y(3)	JP7-4	JP2-44		p98
FPGA_SIN4	–	Y(4)	JP7-5	JP2-45		p99

```
NET "A<0>" LOC = "p175";
NET "A<1>" LOC = "p176";
NET "A<2>" LOC = "p178";
NET "A<3>" LOC = "p179";

NET "B<0>" LOC = "p189";
NET "B<1>" LOC = "p191";
NET "B<2>" LOC = "p192";
NET "B<3>" LOC = "p193";

NET "Y<0>" LOC = "p95";
NET "Y<1>" LOC = "p96";
NET "Y<2>" LOC = "p97";
NET "Y<3>" LOC = "p98";
NET "Y<4>" LOC = "p99 ";
```

그림 6-20 adder.ucf 파일의 핀 할당 정보

그림 6-12의 JP1, JP2, JP3, JP4의 핀들은 FPGA의 핀을 재배치한 배치도이다. JP5, JP6은 입력 신호를 가하기 위한 Control data signal 입력단을 나타낸 것이고, JP7, JP8은 신호의 관찰을 위한 Status data signal을 모니터링하기 위한 단자들이다. 그림 6-12는 JP1~JP8까지의 Jump pin 배치도이며 같은 색깔의 핀들을 표 6-6을 참고하여 연결하면 실습을 할 수 있다.

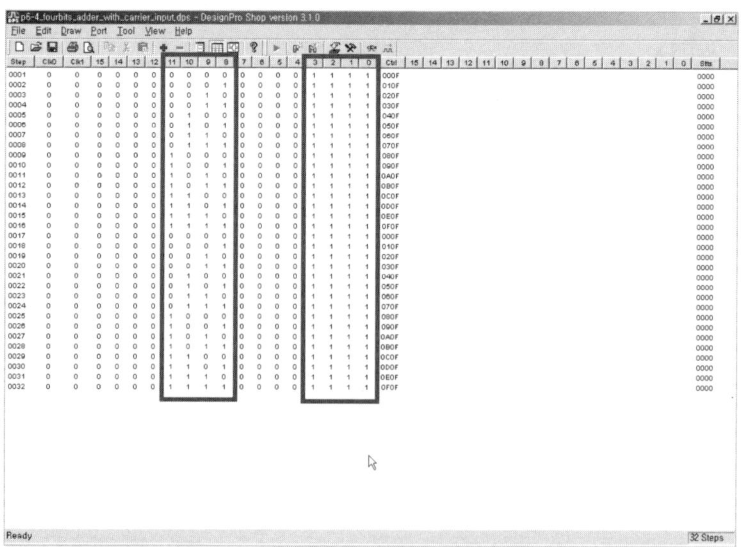

그림 6-21 EDA-Lab 3000으로 가해지는 4 bits 가산기의 입력 신호

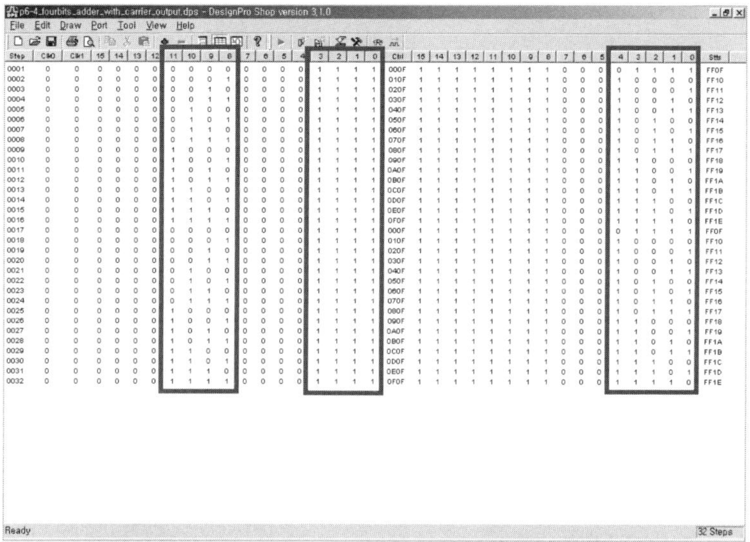

그림 6-22 EDA-Lab 3000으로 4 bits 가산기의 입출력 신호

Practice 4 프로그램 6-2, 프로그램 6-3, 프로그램 6-4의 차이에 대하여 간단히 설명하여라.

Practice 5 프로그램 6-7을 functional 시뮬레이션하여라. 시뮬레이션을 위하여 신호 a는 0x0부터 0xF까지, b는 0xE부터 0그리고 0xF까지 변화시켜라.
관찰 신호 : a[3:0], b[3:0], eq, agb, alb

```
//———— 사용자 정의 수정 및 추가 부분 시작 ————————
initial begin
   a = 4'b0000;
   b = 4'b1110;
end
always begin
        #50 a = 4'b0001;
        #50 a = 4'b0010;
        #50 a = 4'b0011;
        #50 a = 4'b0100;
        #50 a = 4'b0101;
        #50 a = 4'b0110;
        #50 a = 4'b0111;
        #50 a = 4'b1000;
```

| 프로그램 6-11 | 사용자 정의 수정 및 추가 부분의 Test Bench

```
        #50 a = 4'b1001;
        #50 a = 4'b1010;
        #50 a = 4'b1011;
        #50 a = 4'b1100;
        #50 a = 4'b1101;
        #50 a = 4'b1110;
        #50 a = 4'b1111;
end
always begin
        #50 b = 4'b1101;
        #50 b = 4'b1100;
        #50 b = 4'b1011;
        #50 b = 4'b1010;
        #50 b = 4'b1001;
        #50 b = 4'b1000;
        #50 b = 4'b0111;
        #50 b = 4'b0110;
        #50 b = 4'b0101;
        #50 b = 4'b0100;
        #50 b = 4'b0011;
        #50 b = 4'b0010;
        #50 b = 4'b0001;
        #50 b = 4'b0000;
        #50 b = 4'b1111;
end
// ─────  사용자 정의 수정 및 추가 부분 끝  ──────
```

| 프로그램 6-11 | 사용자 정의 수정 및 추가 부분의 Test Bench *(계속)*

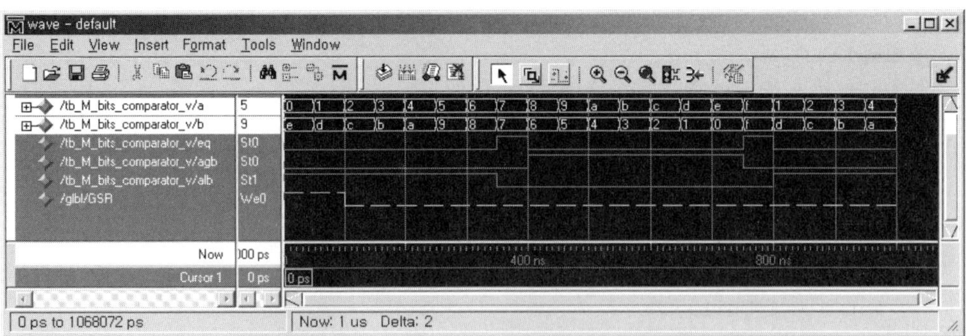

그림 6-23 4 bits 비교기의 functional 시뮬레이션

| 표 6-7 | 4 bits 비교기를 위한 EDA-Lab 3000의 핀 할당 정보

EDA Lab의 Signal Name	설계된 회로의		케이블 연결 두 핀			XC2S100PQ208의 핀 할당
	입력 신호명	출력 신호명				
FPGA_DOUT0	A(0)	–	JP5–1	JP4–19	JP16–3	p175
FPGA_DOUT1	A(1)	–	JP5–2	JP4–20	JP16–4	p176
FPGA_DOUT2	A(2)	–	JP5–3	JP4–21	JP16–5	p178
FPGA_DOUT3	A(3)	–	JP5–4	JP4–22	JP16–6	p179
FPGA_DOUT8	B(0)	–	JP6–1	JP4–32	JP16–11	p189
FPGA_DOUT9	B(1)	–	JP6–2	JP4–33	JP16–12	p191
FPGA_DOUT10	B(2)	–	JP6–3	JP4–34	JP16–13	p192
FPGA_DOUT11	B(3)	–	JP6–4	JP4–35	JP16–14	p193
FPGA_SIN0	–	alb	JP7–1	JP2–41		p95
FPGA_SIN1	–	N. C.	JP7–2	JP2–42		p96
FPGA_SIN2	–	eq	JP7–3	JP2–43		p97
FPGA_SIN3	–	N. C.	JP7–4	JP2–44		p98
FPGA_SIN4	–	agb	JP7–5	JP2–45		p99

```
NET "A<0>" LOC = "p175";
NET "A<1>" LOC = "p176";
NET "A<2>" LOC = "p178";
NET "A<3>" LOC = "p179";

NET "B<0>" LOC = "p189";
NET "B<1>" LOC = "p191";
NET "B<2>" LOC = "p192";
NET "B<3>" LOC = "p193";

NET "alb"   LOC = "p95";
NET "eq"   LOC = "p97";
NET "agb"  LOC = "p99 ";
```

그림 6-24 M_bits_comparator.ucf 파일의 핀 할당 정보

그림 6-12는 JP1~JP8까지의 Jump pin 배치도이며 같은 색깔의 핀들을 표 6-7을 참고하여 EDA-Lab 3000의 test pin들을 연결하면 실습을 할 수 있다.

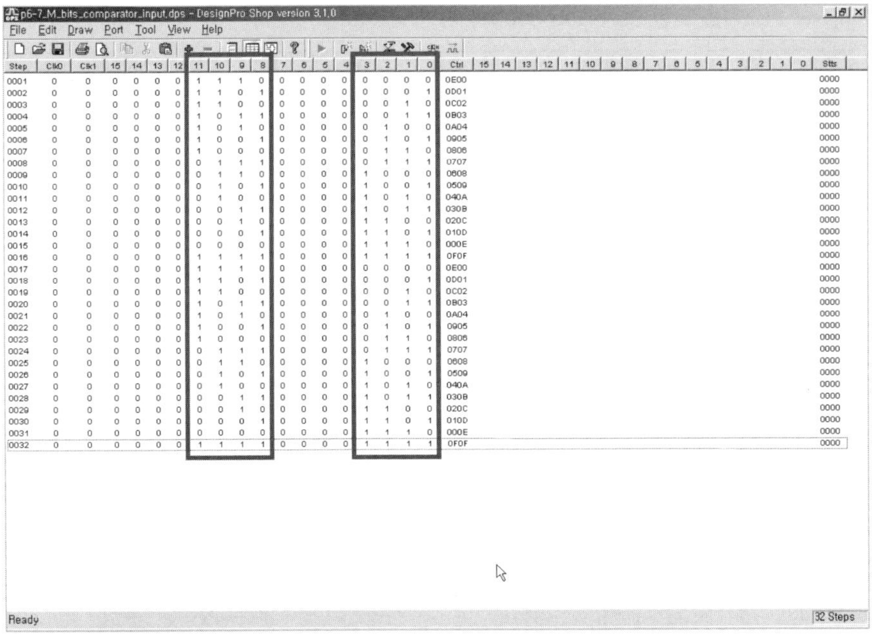

그림 6-25 EDA-Lab 3000으로 가해지는 4 bits 비교기의 입력 신호

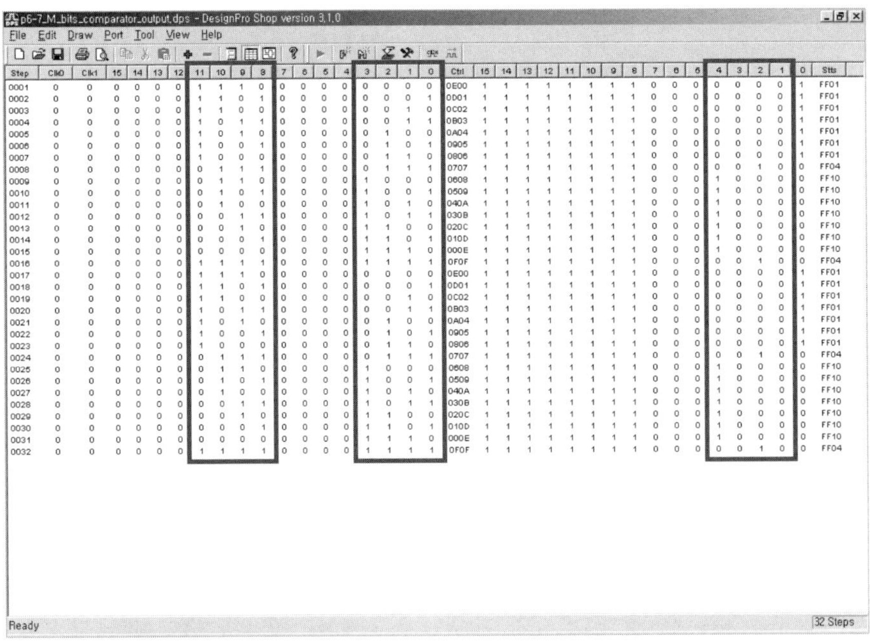

그림 6-26 EDA-Lab 3000으로 4 bits 비교기의 입출력 신호

6.5 연습 문제

1. 8 bits 전가산기를 설계하고 시뮬레이션하여라.

2. 4 bits 가산기를 이용한 8 bits 전가산기를 설계하고 시뮬레이션하여라.

3. 8 bits 비교기를 설계하고 시뮬레이션하여라.

4. 4 bits 비교기를 이용한 8 bits 비교기를 설계하고 시뮬레이션하여라.

Chapter_07

디코더와 엔코더

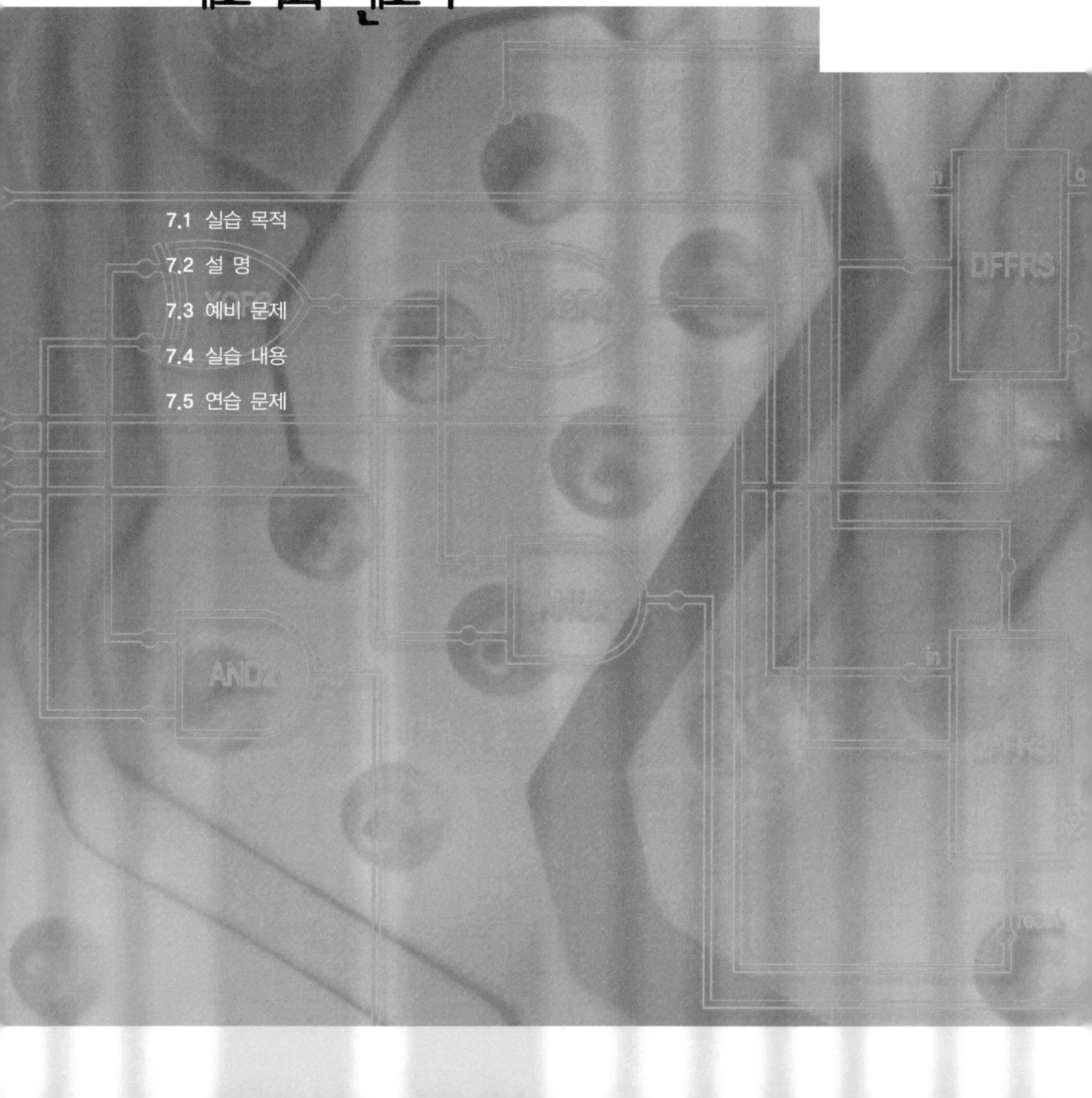

7.1 실습 목적

- 조합 논리회로를 이용한 74LS138 decoder를 이해하고 설계한다.
- 조합 논리회로를 이용한 BCD to 7-segment 데코드를 이해하고 설계한다.
- 조합 논리회로를 이용한 엔코드를 이해하고 설계한다.
- 조합 논리회로를 이용한 priority 엔코드를 이해하고 설계한다.

7.2 설 명

1) 3x8 데코더(decoder) - 74LS138 3x8 decoder

데코더는 그림 7-1에서 보는 바와 같이 입력 N 비트의 이전 정보를 출력 2^N 개의 서로 다른 정보로 바꿔주는 조합 논리회로이다. 입력에서 발생 가능한 모든 이진 정보에 대하여 데코더의 출력이 활성화된다. 3x8 데코더는 기본적으로 3개의 입력에 대하여 8개의 출력이 필요하다. 그리고 제어 신호(enable signal)가 필요에 따라서는 사용될 수 있다.

우리가 TTL 수준에서의 설계에서 가장 널리 사용되는 데코더로는 74LS138이 사용될 거라 생각된다. 표 7-1은 74LS138에 대한 진리표를 나타내고 있다. 그림 7-2는 74LS138의 심볼을 표현하고 있다.

| 표 7-1 | 74LS138의 진리표

$\overline{E_1}$	$\overline{E_2}$	E_3	A_0	A_1	A_2	$\overline{Q_0}$	$\overline{Q_1}$	$\overline{Q_2}$	$\overline{Q_3}$	$\overline{Q_4}$	$\overline{Q_5}$	$\overline{Q_6}$	$\overline{Q_7}$
H	X	X	X	X	X	H	H	H	H	H	H	H	H
X	**H**	X	X	X	X	H	H	H	H	H	H	H	H
X	X	**L**	X	X	X	H	H	H	H	H	H	H	H
L	L	H	L	L	L	**L**	H	H	H	H	H	H	H
			H	L	L	H	**L**	H	H	H	H	H	H
			L	H	L	H	H	**L**	H	H	H	H	H
			H	H	L	H	H	H	**L**	H	H	H	H
			L	L	H	H	H	H	H	**L**	H	H	H
			H	L	H	H	H	H	H	H	**L**	H	H
			L	H	H	H	H	H	H	H	H	**L**	H
			H	H	H	H	H	H	H	H	H	H	**L**

H=HIGH Voltage Level L=LOW Voltage Level X=Don't Care

그림 7-1 N 입력에 대한 2^N 개의 출력

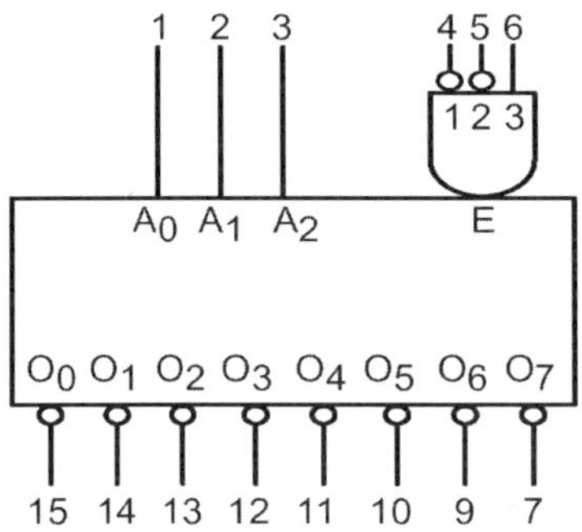

그림 7-2 74LS138 심볼

표 7-1의 진리표를 살펴보면 다음과 같다. 입력 신호로 A_0, A_1, A_2, 3 bits가 사용되며, 출력으로는 Q'_0~Q'_7 8 bits가 사용된다. 그리고 chip enable 비트로 E'_1, E'_2, E_3 세 개의 비트가 사용된다. 우리가 주의 깊게 볼 것은 출력이 active low로 동작한다는 것이다. 또한 chip enable 비트들이 동작하지 않을 경우에는 출력 $Q'_0 \sim Q'_7$은 logic high 상태가 된다는 것을 표 7-1의 진리표를 보고 알 수가 있다. 이러한 논리적인 설명에 대하여 그림 7-2에서 심볼은 잘 표현되었다. 표 7-1과 같은 진리표를 만족하는 74LS138의 내부 논리회로를 그림 7-3에서 보여주고 있다. 그림 7-3의 회로에서 논리식과 관계없이 삽입된 not gate를 볼 수 있으며, not gate를 왜 삽입하였는지를 생각해 볼 필요가 있다. 그 이유는 디지털 논리회로에서 gate들의 출력 신호는 다음 단의 gate들을 구동시킬 수 있으며, 구동되는 게이트 수를 fan-out이라 한다. 이러한 fan-out을 크게 하기 위하여 입력 신호를 not gate가 제일 먼저 받도록 하였다고 볼 수 있다.

그림 7-3의 74LS138의 logic diagram의 출력의 논리식은 다음과 같다.

$Q_0 = ((E'_1 \text{ and } E'_2 \text{ and } E_3) \text{ and } A'_2 \text{ and } A'_1 \text{ and } A'_0)'$

$Q_1 = ((E'_1 \text{ and } E'_2 \text{ and } E_3) \text{ and } A'_2 \text{ and } A'_1 \text{ and } A_0)'$

$Q_2 = ((E'_1 \text{ and } E'_2 \text{ and } E_3) \text{ and } A'_2 \text{ and } A_1 \text{ and } A'_0)'$

$Q_3 = ((E'_1 \text{ and } E'_2 \text{ and } E_3) \text{ and } A'_2 \text{ and } A_1 \text{ and } A_0)'$

$Q_4 = ((E'_1 \text{ and } E'_2 \text{ and } E_3) \text{ and } A_2 \text{ and } A'_1 \text{ and } A'_0)'$

Q5 = ((E'_1 and E'_2 and E_3) and A_2 and A'_1 and A_0)'
Q6 = ((E'_1 and E'_2 and E_3) and A_2 and A_1 and A'_0)'
Q7 = ((E'_1 and E'_2 and E_3) and A_2 and A_1 and A_0)'

이러한 논리식을 이용하여 Verilog HDL로 74LS138을 표현할 수 있을 것이다. 이러한 논리식을 이용하지 않고 논리적인 알고리즘 형식으로 표현하는 동작적 표현으로 74LS138 데코더를 프로그램 7-1에서 Verilog HDL로 표현하였다.

프로그램 7-1은 process문을 이용하였는데, 그 내부에는 조건문인 if문과 case문을 이용하여 구현하였다. Case문은 수식의 값에 따라서 문장을 선택할 수 있어 편리할 수 있다.

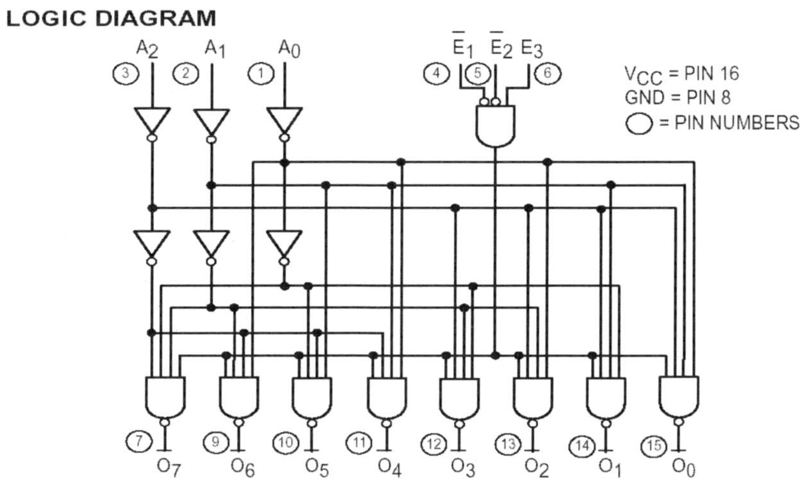

그림 7-3 74LS138의 logic circuits

```
module Decoder_74LS138(a, e, q);
    input  [2:0] a;
    input  [3:1] e;
    output [7:0] q;

    reg    [7:0] q;

    always @(a, e)
        if (e==3'b100)
```

| 프로그램 7-1 | 74LS138 decoder의 코드

```
            case (a)
                    3'b000 : q = 8'b1111_1110;
                    3'b001 : q = 8'b1111_1101;
                    3'b010 : q = 8'b1111_1011;
                    3'b011 : q = 8'b1111_0111;
                    3'b100 : q = 8'b1110_1111;
                    3'b101 : q = 8'b1101_1111;
                    3'b110 : q = 8'b1011_1111;
                    default : q = 8'b0111_1111;
            endcase
        else
            q = 8'b1111_1111;
endmodule
```

| 프로그램 7-1 | 74LS138 decoder의 코드 *(계속)*

2) BCD to 7-segment 데코더

BCD to 7-segment 데코더는 BCD 코드 값을 받아 7개의 LED를 이용하여 숫자를 표현하도록 한다. 이를 위하여 그림 7-5에서는 BCD 값 입력에 따른 LED의 on/off 상태를 나타내어 숫자를 표현하였다. 표 7-2는 BCD 코드 값에 따른 LED segment들의 on/off 진리표를 나타내고 있다. 프로그램 7-2는 Verilog HDL을 이용한 BCD to 7-segment decoder의 구현이다.

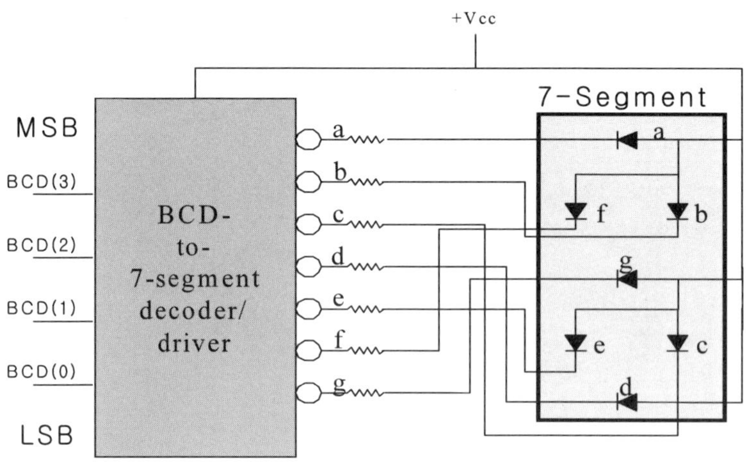

그림 7-4 7-segment 데코더와 7-segment의 인터페이스

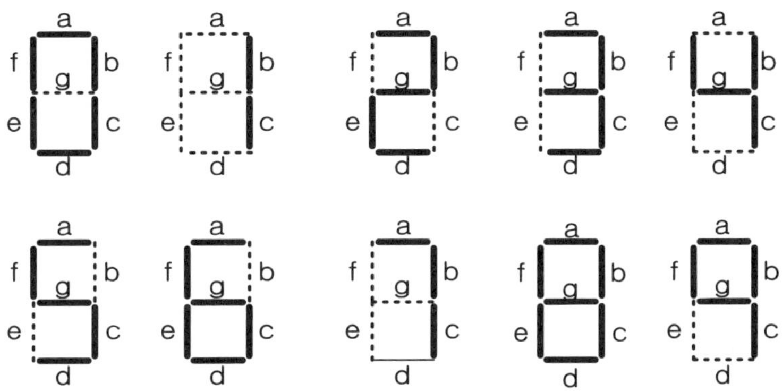

그림 7-5 7-segment의 10진수 표시

| 표 7-2 | BCD to 7-segment 데코더의 진리표

BCD(3)	BCD(2)	BCD(1)	BCD(0)	dp	g	f	e	d	c	b	a
0	0	0	0	0	0	1	1	1	1	1	1
0	0	0	1	0	0	0	0	0	1	1	0
0	0	1	0	0	1	0	1	1	0	1	1
0	0	1	1	0	1	0	0	1	1	1	1
0	1	0	0	0	1	1	0	0	1	1	0
0	1	0	1	0	1	1	0	1	1	0	1
0	1	1	0	0	1	1	1	1	1	0	1
0	1	1	1	0	0	0	0	0	1	1	1
1	0	0	0	0	1	1	1	1	1	1	1
1	0	0	1	0	1	1	0	0	1	1	1
1	0	1	0	0	0	0	0	0	0	0	0
1	0	1	1	0	0	0	0	0	0	0	0
1	1	0	0	0	0	0	0	0	0	0	0
1	1	0	1	0	0	0	0	0	0	0	0
1	1	1	0	0	0	0	0	0	0	0	0
1	1	1	1	0	0	0	0	0	0	0	0

```
module bcd2_7segment(bcd, s7segment);
    input  [3:0] bcd;
    output [7:0] s7segment;

    reg    [7:0] s7segment;

    always @(bcd)      //segment : pgfe_dcba
        if (bcd == 4'b0000 )               // bcd = 0
                s7segment = 8'b0011_1111;
        else if (bcd == 4'b0001)           // bcd = 1
                s7segment = 8'b0000_0110;
        else if (bcd == 4'b0010 )          // bcd = 2
                s7segment = 8'b0101_1011;
        else if (bcd == 4'b0011 )          // bcd = 3
                s7segment = 8'b0100_1111;
        else if (bcd == 4'b0100 )          // bcd = 4
                s7segment = 8'b0110_0110;
        else if (bcd == 4'b0101 )          // bcd = 5
                s7segment = 8'b0110_1101;
        else if (bcd == 4'b0110 )          // bcd = 6
                s7segment = 8'b0111_1101;
        else if (bcd == 4'b0111 )          // bcd = 7
                s7segment = 8'b0000_0111;
        else if (bcd == 4'b1000 )          // bcd = 8
                s7segment = 8'b0111_1111;
        else if (bcd == 4'b1001 )          // bcd = 9
                s7segment = 8'b0110_0111;
        else                               // bcd = a, b, c, d, e, f
                s7segment = 8'b0000_0000;
endmodule
```

| 프로그램 7-2 | BCD to 7-segment decoder 코드

3) 8x3 엔코더(encoder)와 우선순위 엔코더(priority encoder)

엔코더는 입력의 정보를 코드로 변환하는 논리회로이다. 이 엔코더는 2^N의 입력선에 대하여 N개의 출력선을 가지고 있다. 엔코더는 데코더의 대응회로이기 때문에, 데코더와 반대의 논리 동작을 취한다. 8x3 엔코더에 대하여 알아보자.

| 표 7-3 | 8x3 엔코더에 대한 진리표

입력								출력			
D_7	D_6	D_5	D_4	D_3	D_2	D_1	D_0	Q_2	Q_1	Q_0	Valid
1	1	1	1	1	1	1	1	X	X	X	0
0	0	0	0	0	0	0	0	X	X	X	0
1	1	1	1	1	1	1	0	0	0	0	1
1	1	1	1	1	1	0	1	0	0	1	1
1	1	1	1	1	0	1	1	0	1	0	1
1	1	1	1	0	1	1	1	0	1	1	1
1	1	1	0	1	1	1	1	1	0	0	1
1	1	0	1	1	1	1	1	1	0	1	1
1	0	1	1	1	1	1	1	1	1	0	1
0	1	1	1	1	1	1	1	1	1	1	1

$Q_0 = D_1' + D_3' + D_5' + D_7'$
$Q_1 = D_2' + D_3' + D_6' + D_7'$
$Q_2 = D_4' + D_5' + D_6' + D_7'$
Valid = ?

그림 7-6 8x3 엔코더 논리식

표 7-3의 8x3 엔코더에 대한 진리표를 보고 Q0, Q1, Q2를 논리식으로 어렵지 않게 표현할 수 있다. 그런데, 출력 값의 유효를 알리는 Valid는 어떻게 논리식으로 정의할 수 있을까?

Valid를 논리식으로 표현한다는 것이 그리 만만하게 보이지가 않는다. 그런데, Verilog HDL의 동작적 표현으로 표 7-3의 진리표를 표현하면 그리 어렵지 않게 설계할 수 있을 것이다.

프로그램 7-3은 논리식을 이용한 8x3 엔코더의 behavioral continuous assignment 표현이다. 여기에서 Valid에 대한 논리식은 생략되었다. 이유는, Verilog HDL은 논리식을 구하기 위한 것이 아니라 쉽게 회로를 설계하기 위한 것이기에 프로그램 7-4에서 behavioral procedural statement 표현으로 회로를 표현하였다. Behavioral procedural statement 표현의 프로그램 7-4는 논리식을 기반으로 하는 프로그램 7-3에 비하여 훨씬 쉽게 회로를 구현할 수 있다.

Valid의 논리식은 ?

```
module encoder_8x3_continuous(d, q, valid);
        input  [7:0] d;
        output [2:0] q;
        output valid;

        wire    [2:0] q;
        wire    valid;

        assign q[0] = ((~d[1]) | (~d[3]) | (~d[5]) | (~d[7])) ;
        assign q[1] = ((~d[2]) | (~d[3]) | (~d[6]) | (~d[7])) ;
        assign q[2] = ((~d[4]) | (~d[5]) | (~d[6]) | (~d[7])) ;

        assign valid = ?
endmodule
```

| 프로그램 7-3 | Behavioral continuous assignment 표현을 이용한 8x3 엔코더

```
module encoder_8x3_procedural(d, q, valid);
     input  [7:0] d;
     output [2:0] q;
     output valid;

     reg   [2:0] q;
     reg   valid;

     always @( d )
            if (d == 8'b1111_1110) begin
                   q = 3'b000;        valid = 1'b1;
            end else if (d == 8'b1111_1101) begin
                   q = 3'b001;        valid = 1'b1;
            end else if (d == 8'b1111_1011) begin
                   q = 3'b010;        valid = 1'b1;
            end else if (d == 8'b1111_0111) begin
                   q = 3'b011;        valid = 1'b1;
            end else if (d == 8'b1110_1111) begin
```

| 프로그램 7-4 | behavioral procedural statement 표현을 이용한 8x3 엔코더

```
            q = 3'b100;        valid = 1'b1;
        end else if (d == 8'b1101_1111) begin
            q = 3'b101;        valid = 1'b1;
        end else if (d == 8'b1011_1111) begin
            q = 3'b110;        valid = 1'b1;
        end else if (d == 8'b0111_1111) begin
            q = 3'b111;        valid = 1'b1;
        end else begin
            q = 3'b000;        valid = 1'b0;
        end
endmodule
```

| 프로그램 7-4 | behavioral procedural statement 표현을 이용한 8x3 엔코더 *(계속)*

4) 우선순위 엔코더(Priority encoder)

일종의 엔코더로서, 2개 이상의 입력이 동시에 인가될 경우, 입력의 최상위 값에 해당되는 값을 출력하는 장치를 말한다. 표 7-4는 74LS147 10 to 4 line priority encoder 진리표이다. 그림 7-7은 74LS147의 논리회로이다.

| 표 7-4 | 74LS147-10 to 4 line priority encoder 진리표

Inputs									Outputs			
1	2	3	4	5	6	7	8	9	D	C	B	A
H	H	H	H	H	H	H	H	H	H	H	H	H
X	X	X	X	X	X	X	X	**L**	L	H	H	L
X	X	X	X	X	X	X	**L**	H	L	H	H	H
X	X	X	X	X	X	**L**	H	H	H	L	L	L
X	X	X	X	X	**L**	H	H	H	H	L	L	H
X	X	X	X	**L**	H	H	H	H	H	L	H	L
X	X	X	**L**	H	H	H	H	H	H	L	H	H
X	X	**L**	H	H	H	H	H	H	H	H	L	L
X	**L**	H	H	H	H	H	H	H	H	H	L	H
L	H	H	H	H	H	H	H	H	H	H	H	L

H=HIGH Voltage Level   L=LOW Voltage Level   X=Irrelevant

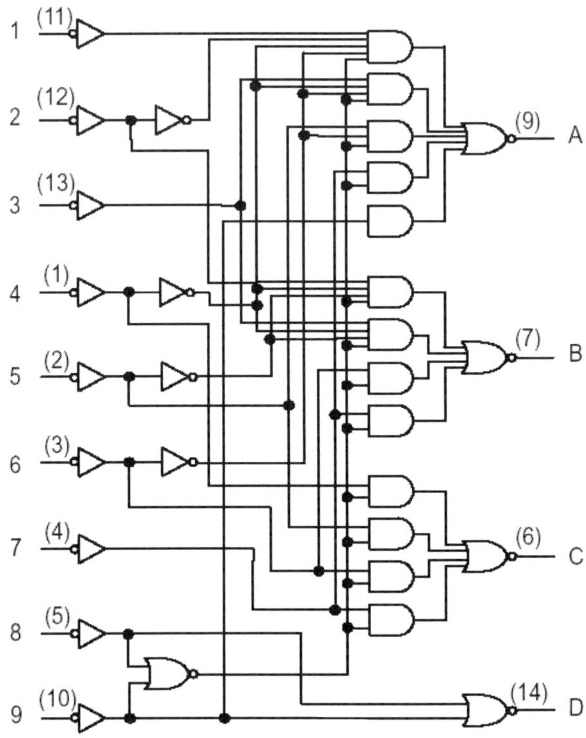

그림 7-7 74LS147의 논리회로

```
———————————————— Priority Encoder : Active low————————————————
module priority_encoder_10to4(a, q, valid);
        input  [9:1] a;
        output [3:0] q;
        output valid;

        wire    [3:0] q;
        reg     valid;
        reg     [3:0] tmp_q;

        assign q = !tmp_q;

        always @(a)
               if (a[9]==0) begin
```

| 프로그램 7-5 | 10 to 4 line 우선순위 엔코더(priority encoder)

```
                    tmp_q = 4'b1001; valid = 1'b1;
        end else if (a[8]==0) begin
                    tmp_q = 4'b1000; valid = 1'b1;
        end else if (a[7]==0) begin
                    tmp_q = 4'b0111; valid = 1'b1;
        end else if (a[6]==0) begin
                    tmp_q = 4'b0110; valid = 1'b1;
        end else if (a[5]==0) begin
                    tmp_q = 4'b0101; valid = 1'b1;
        end else if (a[4]==0) begin
                    tmp_q = 4'b0100; valid = 1'b1;
        end else if (a[3]==0) begin
                    tmp_q = 4'b0011; valid = 1'b1;
        end else if (a[2]==0) begin
                    tmp_q = 4'b0010; valid = 1'b1;
        end else if (a[1]==0) begin
                    tmp_q = 4'b0001; valid = 1'b1;
        end else begin
                    tmp_q = 4'b0000 ; valid = 1'b0;
        end
endmodule
```

| 프로그램 7-5 | 10 to 4 line 우선순위 엔코더(priority encoder) *(계속)*

7.3 예비 문제

1. 데코더(Decoder) 논리회로에 대하여 간단히 설명하여라.

2. 다음 TTL 데코더(decoder) 관련 소자에 대하여 조사하고, 기능에 대하여 간략히 설명하여라.

   74LS42 : BCD to 10 진 decoder

   74LS47 : BCD to 7-segment decoder (Anode type)

   74LS49 : BCD to 7-segment decoder (Cathode type)

   74LS138 : 3 to 8 line decoder

   74LS139 : Dual 2 to 4 line decoder

   74LS154 : 4 to 16 line decoder

3) 엔코더(Encoder) 논리회로에 대하여 간단히 설명하여라.

4) 다음의 TTL 엔코더(encoder) 관련 소자에 대하여 조사하고, 기능에 대하여 간략히 설명하여라.
74LS147 : 10 to 4 line priority encoder
74LS148 : 8 to 3 line priority encoder
74LS348 : 8 to 3 line priority encoder 3 state

5) Tr를 디지털 회로에 사용하기 위한 조건에 대하여 설명하여라.

6) 프로그램 7-1을 behavioral continuous assignment 표현으로 재작성하여라.

7.4 실습 내용

Practice 1 프로그램 7-1을 시뮬레이션하여라. 신호 A[2..0]의 값과 E[3..1]의 값에 대하여 사용자 정의 Test Bench 프로그램을 아래의 표와 같이 되도록 작성하고 시뮬레이션하여라. 아래의 시뮬레이션 결과와 실습 시뮬레이션 결과를 비교하여라.

| 표 7-5 | Test Bench 입력 신호를 위한 표

Inputs									
E[3..1]	A[2..0]			Wait for	E[3..1]	A[2..0]			Wait for
XX1	0	0	0	50 ns	X1X	0	0	0	50 ns
	0	0	1	50 ns		0	0	1	50 ns
	⋮	⋮	⋮	50 ns		⋮	⋮	⋮	50 ns
	1	1	1	50 ns		1	1	1	50 ns
100	0	0	0	50 ns	0XX	0	0	0	50 ns
	0	0	1	50 ns		0	0	1	50 ns
	⋮	⋮	⋮	50 ns		⋮	⋮	⋮	50 ns
	1	1	1	50 ns		1	1	1	50 ns

```
// ———————— *** 사용자 정의 추가 부분 시작 ***————————
always begin
        e = 3'bXX1; #400;
        e = 3'b100; #400;
        e = 3'bX1X; #400;
        e = 3'b0XX; #400;
end

always begin
        a = 3'b000;  #50;
        a = 3'b001;  #50;
        a = 3'b010;  #50;
        a = 3'b011;  #50;
        a = 3'b100;  #50;
        a = 3'b101;  #50;
        a = 3'b110;  #50;
        a = 3'b111;  #50;
end
// ———————— *** 사용자 정의 추가 부분 끝 ***————————
```

| Test Bench 7-1 | 74LS138 decoder의 사용자 정의 추가 Test Bench

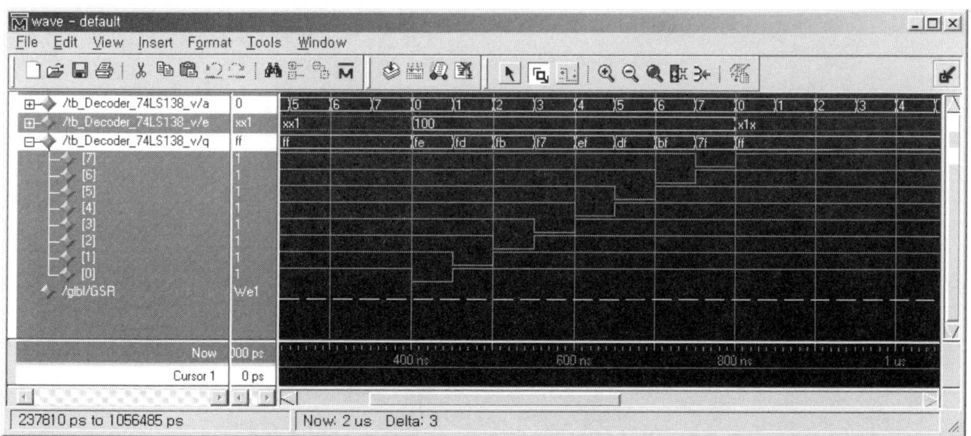

그림 7-8 74LS138 데코더의 functional 시뮬레이션

그림 7-9는 JP1~JP8까지의 배치도이며 같은 색깔의 핀들을 표 7-6을 참고하여 테스트 케이블을 연결하면 74LS138 데코더 에뮬레이션을 할 수 있다.

| 표 7-6 | 74LS138 디코더 에뮬레이션을 위한 EDA-Lab 3000의 핀 할당 정보

EDA Lab의 Signal Name	설계된 회로의		케이블 연결 두 핀			XC2S100PQ208의 핀 할당
	입력 신호명	출력 신호명				
FPGA_DOUT0	A(0)	–	JP5-1	JP4-19	JP16-3	p175
FPGA_DOUT1	A(1)	–	JP5-2	JP4-20	JP16-4	p176
FPGA_DOUT2	A(2)	–	JP5-3	JP4-21	JP16-5	p178
FPGA_DOUT3	N.C.	–	N.C.	N.C.		N.C.
FPGA_DOUT4	E(1)	–	JP5-5	JP4-23	JP16-7	p180
FPGA_DOUT5	E(2)	–	JP5-6	JP4-24	JP16-8	p181
FPGA_DOUT6	E(3)	–	JP5-7	JP4-30	JP16-9	p187
FPGA_DOUT7	N.C	–	N.C.	N.C.		N.C.
FPGA_SIN0	–	Q(0)	JP7-1	JP2-41		p95
FPGA_SIN1	–	Q(1)	JP7-2	JP2-42		p96
FPGA_SIN2	–	Q(2)	JP7-3	JP2-43		p97
FPGA_SIN3	–	Q(3)	JP7-4	JP2-44		p98
FPGA_SIN4	–	Q(4)	JP7-5	JP2-45		p99
FPGA_SIN5	–	Q(5)	JP7-6	JP2-46		p100
FPGA_SIN6	–	Q(6)	JP7-7	JP2-47		p101
FPGA_SIN7	–	Q(7)	JP7-8	JP2-48		p102

```
# Address 신호 A[2:0]
NET "A<0>" LOC = "p175";
NET "A<1>" LOC = "p176";
NET "A<2>" LOC = "p178";

# chip enable 신호 E[3:1]
NET "E<1>" LOC = "p180";
NET "E<2>" LOC = "p181";
NET "E<3>" LOC = "p187";

# 출력 신호 Q[7:0]
NET "Q<0>" LOC = "p95";
NET "Q<1>" LOC = "p96";
NET "Q<2>" LOC = "p97";
NET "Q<3>" LOC = "p98";
NET "Q<4>" LOC = "p99";
NET "Q<5>" LOC = "p100";
NET "Q<6>" LOC = "p101";
NET "Q<7>" LOC = "p102";
```

그림 7-9 decoder_74LS138.ucf 파일의 핀 할당 정보

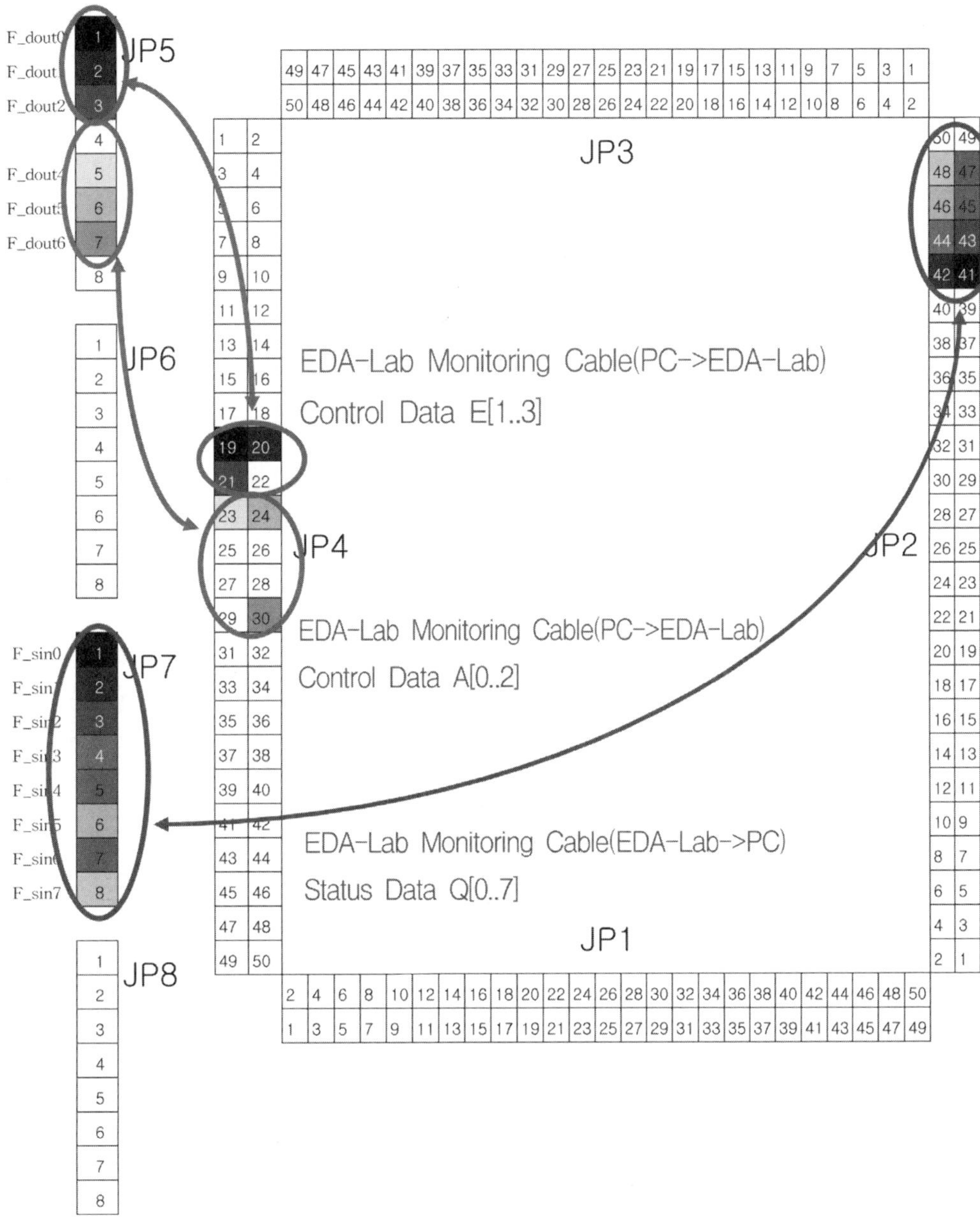

그림 7-10 케이블 핀 연결을 위한 Jump Pin 배치도

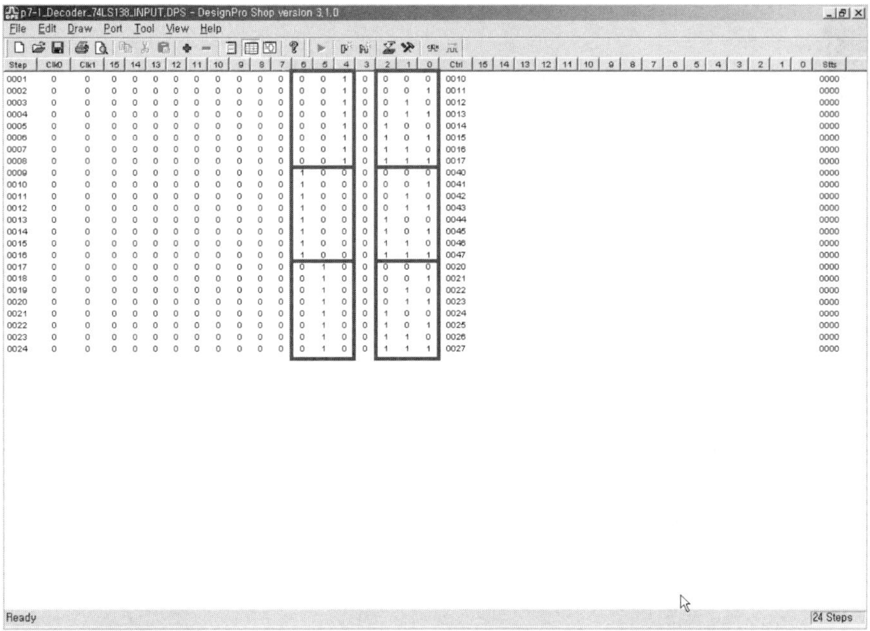

그림 7-11 74LS138 데코더의 에뮬레이션을 위해 가해지는 입력 신호

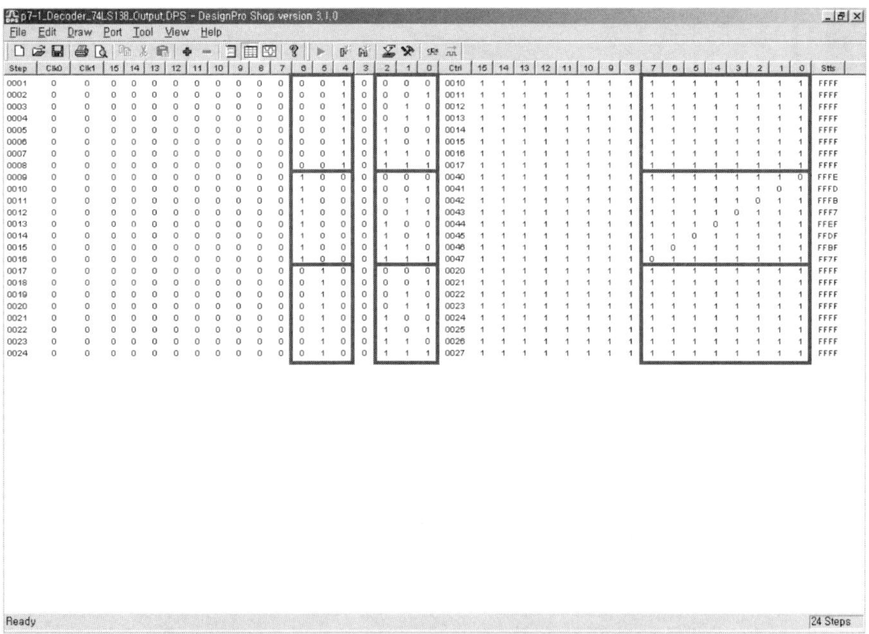

그림 7-12 74LS138 데코더의 에뮬레이션을 결과 파형

Practice 2 프로그램 7-2를 시뮬레이션하여라. 신호 BCD[3..0] 값에 대하여 사용자 정의 Test Bench 프로그램을 아래의 표와 같이 되도록 작성하고 시뮬레이션하여라. 아래의 시뮬레이션 결과와 실습 시뮬레이션 결과를 비교하여라. 그리고 프로그램 7-2를 프로그램 7-6과 같이 수정을 한 후 에뮬레이션을 하기 바란다. 6개의 7-segment 제어를 위하여 프로그램 7-6과 같이 신호 'digit'가 추가되었고, 이를 참고하기 바란다. 그림 **7-13**에서 **segment_H, segment_L**신호는 **wave** 창에서 사용자가 **Combine signal** 메뉴와 **Property** 메뉴를 이용하여 만든 신호들이다.

| 표 7-7 | Test Bench 입력 신호를 위한 표

Inputs				
BCD[3..0]				Wait for
0	0	0	0	50 ns
0	0	0	1	50 ns
	⋮			50 ns
1	1	1	1	50 ns

```
// ——— 사용자 정의 추가 부분 시작 ————————
always begin
       bcd = 4'h0;  #50;
       bcd = 4'h1;  #50;
       bcd = 4'h2;  #50;
       bcd = 4'h3;  #50;
       bcd = 4'h4;  #50;
       bcd = 4'h5;  #50;
       bcd = 4'h6;  #50;
       bcd = 4'h7;  #50;
       bcd = 4'h8;  #50;
       bcd = 4'h9;  #50;
       bcd = 4'ha;  #50;
       bcd = 4'hb;  #50;
       bcd = 4'hc;  #50;
       bcd = 4'hd;  #50;
       bcd = 4'he;  #50;
       bcd = 4'hf;  #50;
end
// ——— 사용자 정의 추가 부분 끝 ————————
```

| Test Bench 7-2 | BCD 코드에서 7-segment 데코더의 사용자 정의 Test Bench

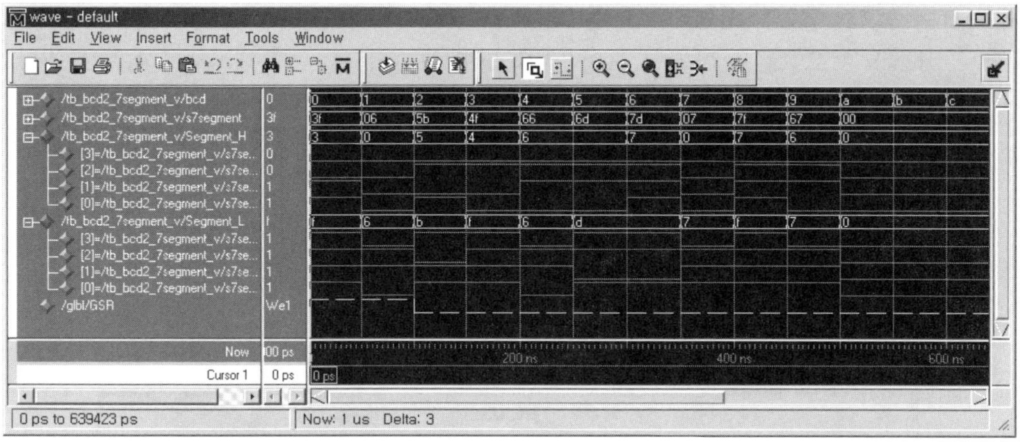

그림 7-13 BCD 코드에 7-segment 데코더 functional 시뮬레이션

```
module bcd2_7segment_digit(bcd, digit, s7segment);
       input  [3:0] bcd;
       output [6:1] digit;  // 첨가된 부분 : 신호 digit 출력으로 선언
       output [7:0] s7segment;

       wire   [6:1] digit;
       reg    [7:0] s7segment;

       assign digit = 6'b00_0001;  // 첨가된 부분 : digit 제어

       always @(bcd)
              if (bcd == 4'b0000) s7segment = 8'b0011_1111; // 0x3f
              else if (bcd == 4'b0001) s7segment = 8'b0000_0110; // 0x06
              else if (bcd == 4'b0010) s7segment = 8'b0101_1011; // 0x5b
              else if (bcd == 4'b0011) s7segment = 8'b0100_1111; // 0x4f
              else if (bcd == 4'b0100) s7segment = 8'b0110_0110; // 0x66
              else if (bcd == 4'b0101) s7segment = 8'b0110_1101; // 0x6d
              else if (bcd == 4'b0110) s7segment = 8'b0111_1101; // 0x7d
              else if (bcd == 4'b0111) s7segment = 8'b0000_0111; // 0x07
              else if (bcd == 4'b1000) s7segment = 8'b0111_1111; // 0x7f
              else if (bcd == 4'b1001) s7segment = 8'b0110_0111; // 0x67
              else s7segment = 8'b0000_0000;
endmodule
```

| 프로그램 7-6 | 에뮬레이션의 위한 수정된 BCD 코드에서 7-segment 데코더 프로그램

| 표 7-8 | BCD 코드에서 7-segment 데코더 에뮬레이션을 위한 EDA-Lab 3000의 핀 할당

EDA Lab의 Signal Name	설계된 회로의		케이블 연결 두 핀		XC2S100PQ208의 핀 할당
	입력 신호명	출력 신호명			
FPGA_DOUT0	BCD(0)	–	JP5–1	JP4–19 JP16–3	p175
FPGA_DOUT1	BCD(1)	–	JP5–2	JP4–20 JP16–4	p176
FPGA_DOUT2	BCD(2)	–	JP5–3	JP4–21 JP16–5	p178
FPGA_DOUT3	BCD(3)	–	JP5–4	JP4–22 JP16–6	p179
–	–	digit(1)	–	JP3–4	p108
–	–	digit(2)	–	JP3–5	p109
–	–	digit(3)	–	JP3–6	p110
–	–	digit(4)	–	JP3–7	p111
–	–	digit(5)	–	JP3–8	p112
–	–	digit(6)	–	JP3–9	p113
FPGA_SIN0	–	s7segment(0)	JP7–1	JP3–10	p114
FPGA_SIN1	–	s7segment(1)	JP7–2	JP3–11	p115
FPGA_SIN2	–	s7segment(2)	JP7–3	JP3–15	p119
FPGA_SIN3	–	s7segment(3)	JP7–4	JP3–16	p120
FPGA_SIN4	–	s7segment(4)	JP7–5	JP3–17	p121
FPGA_SIN5	–	s7segment(5)	JP7–6	JP3–18	p122
FPGA_SIN6	–	s7segment(6)	JP7–7	JP3–19	p123
FPGA_SIN7	–	s7segment(7)	JP7–8	JP3–20	p125

```
## Input signal
NET "bcd<0>" LOC = "p175";
NET "bcd<1>" LOC = "p176";
NET "bcd<2>" LOC = "p178";
NET "bcd<3>" LOC = "p179";

## Output signal
NET "digit<1>" LOC = "p108";
NET "digit<2>" LOC = "p109";
NET "digit<3>" LOC = "p110";
NET "digit<4>" LOC = "p111";
NET "digit<5>" LOC = "p112";
NET "digit<6>" LOC = "p113";

NET "s7segment<0>" LOC = "p114";
NET "s7segment<1>" LOC = "p115";
NET "s7segment<2>" LOC = "p119";
NET "s7segment<3>" LOC = "p120";
NET "s7segment<4>" LOC = "p121";
NET "s7segment<5>" LOC = "p122";
NET "s7segment<6>" LOC = "p123";
NET "s7segment<7>" LOC = "p125";
```

그림 7-14 bcd_7seg.ucf 파일의 핀 할당 정보

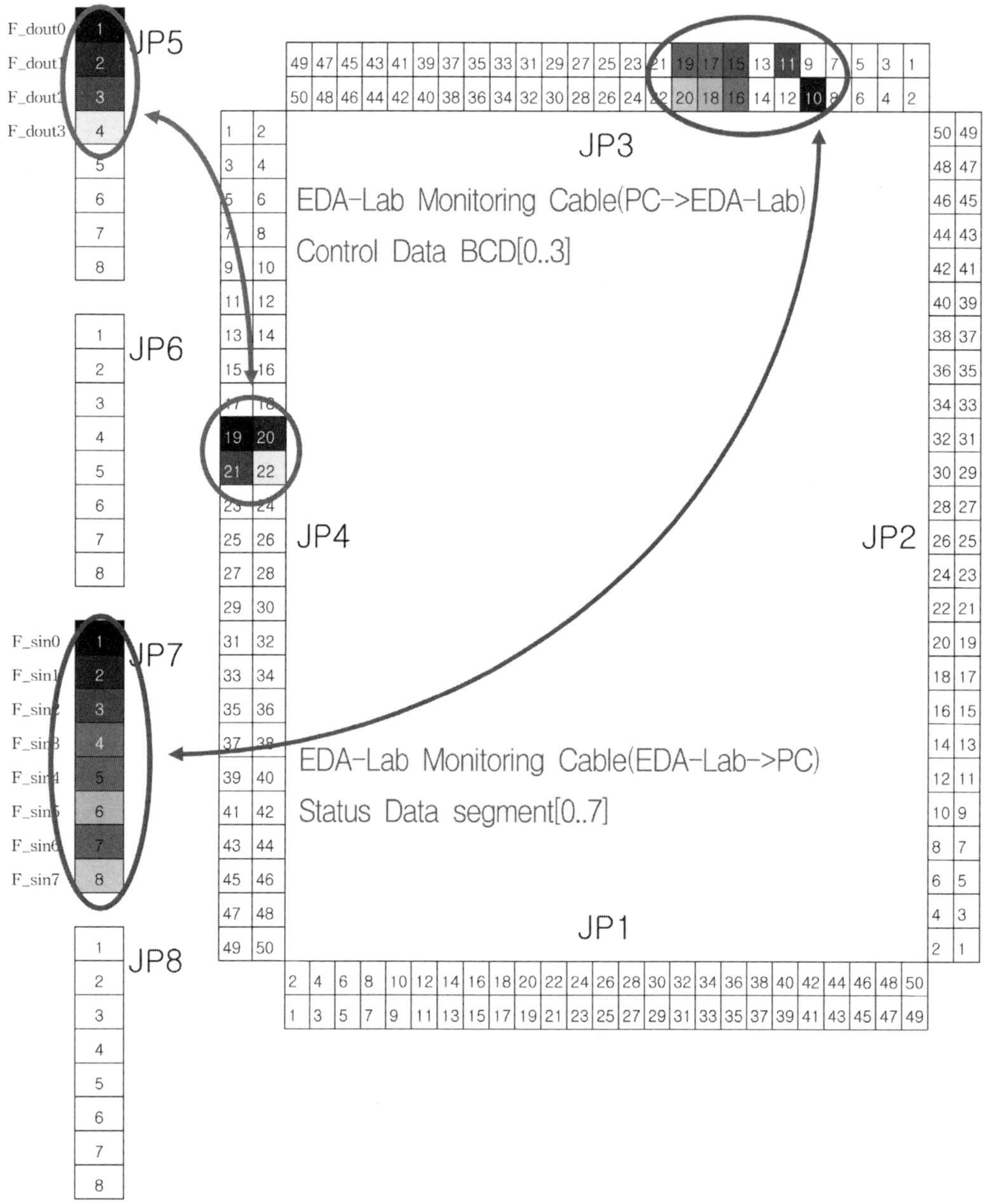

그림 7-15 BCD 코드에서 7-segment 데코더 에뮬레이션 케이블 핀 연결을 위한 Jump Pin 배치도

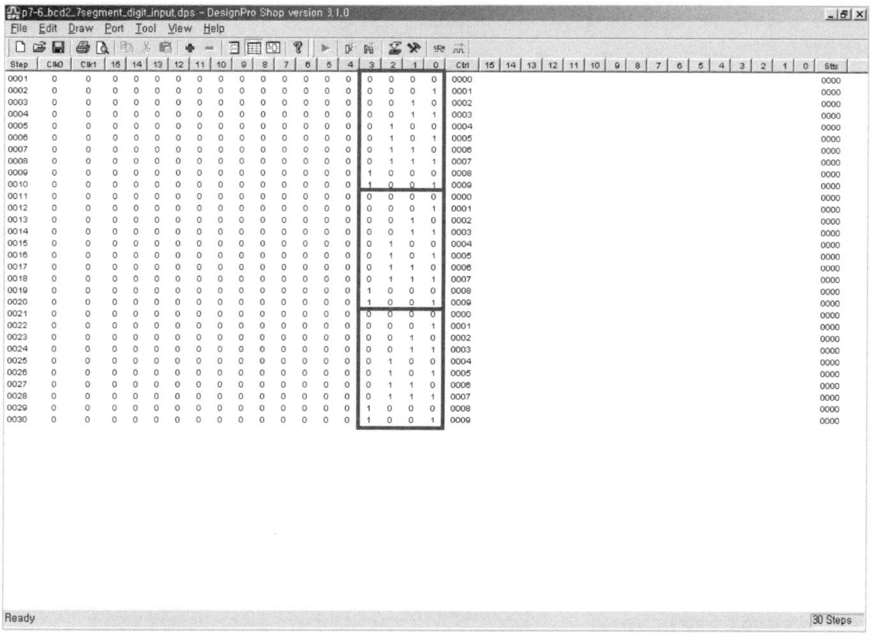

그림 7-16 BCD 코드에서 7-segment 데코더 에뮬레이션 입력 신호

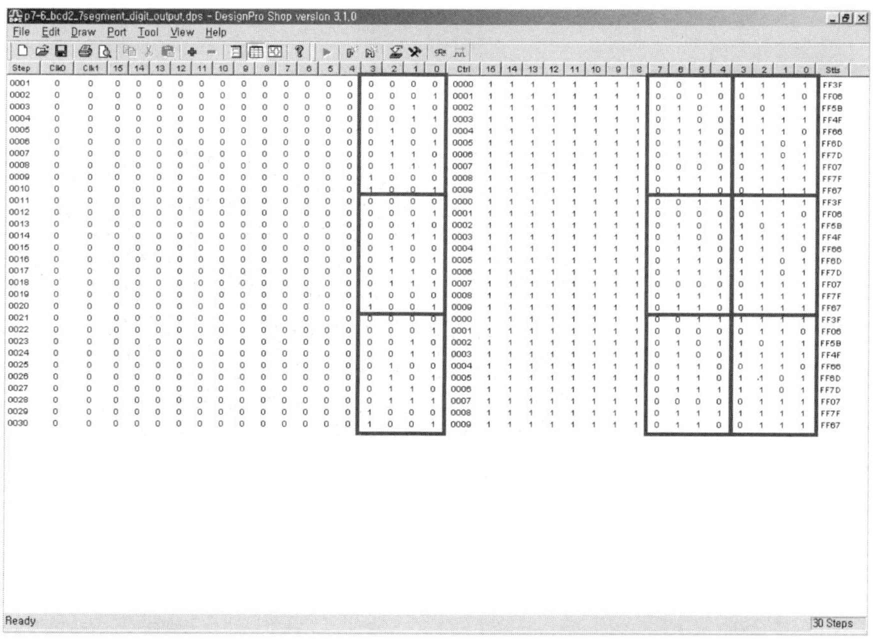

그림 7-17 BCD 코드에서 7-segment 데코더 에뮬레이션 결과 신호

Practice 3 프로그램 7-4의 8x3 엔코더를 functional 시뮬레이션하여라. 신호 D[7..1] 값에 대하여 사용자 정의 Test Bench 프로그램을 아래의 표와 같이 되도록 작성하고 시뮬레이션 하여라. 아래의 시뮬레이션 결과와 에뮬레이션 결과를 비교하여라.

| 표 7-9 | 8x3 엔코더 시뮬레이션의 위한 Test Bench 입력 신호

Input									
D[7..0]									Wait for
1	1	1	1	1	1	1	1	0xff	50 ns
1	1	1	1	1	1	1	0	0xfe	50 ns
1	1	1	1	1	1	0	1	0xfd	50 ns
1	1	1	1	1	0	1	1	0xfb	50 ns
1	1	1	1	0	1	1	1	0xf7	50 ns
1	1	1	0	1	1	1	1	0xef	50 ns
1	1	0	1	1	1	1	1	0xdf	50 ns
1	0	1	1	1	1	1	1	0xbf	50 ns
0	1	1	1	1	1	1	1	0x7f	50 ns
1	1	1	1	1	1	1	1	0xff	50 ns

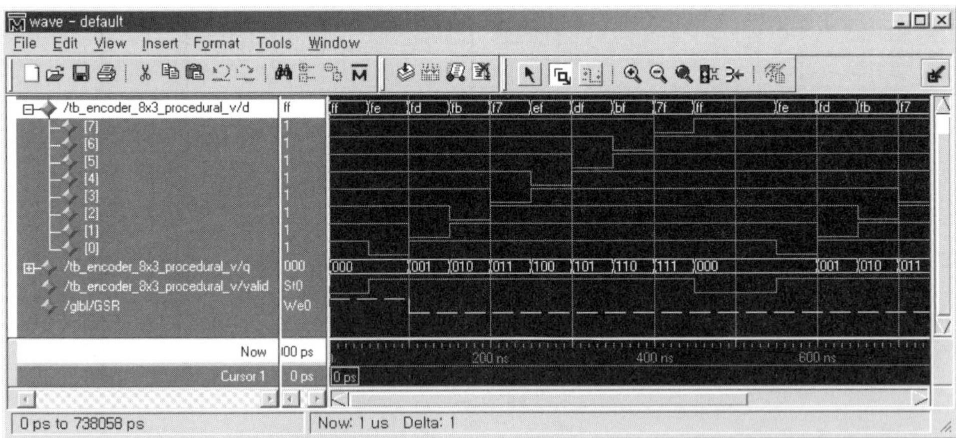

그림 7-18 8x3 encoder의 시뮬레이션 결과

| 표 7-10 | 8x3 엔코더 에뮬레이션을 위한 EDA-Lab 3000의 핀 할당 정보

EDA Lab의 Signal Name	설계된 회로의		케이블 연결 두 핀			XC2S100PQ208의 핀 할당
	입력 신호명	출력 신호명				
FPGA_DOUT0	D(0)	–	JP5-1	JP4-19	JP16-3	p175
FPGA_DOUT1	D(1)	–	JP5-2	JP4-20	JP16-4	p176
FPGA_DOUT2	D(2)	–	JP5-3	JP4-21	JP16-5	p178
FPGA_DOUT3	D(3)	–	JP5-4	JP4-22	JP16-6	p179
FPGA_DOUT4	D(4)	–	JP5-5	JP4-23	JP16-7	p180
FPGA_DOUT5	D(5)	–	JP5-6	JP4-24	JP16-8	p181
FPGA_DOUT6	D(6)	–	JP5-7	JP4-30	JP16-9	p187
FPGA_DOUT7	D(7)	–	JP5-8	JP4-31	JP16-10	p188
FPGA_SIN0	–	Q(0)	JP7-1	JP2-41		p95
FPGA_SIN1	–	Q(1)	JP7-2	JP2-42		p96
FPGA_SIN2	–	Q(2)	JP7-3	JP2-43		p97
FPGA_SIN7	–	Valid	JP7-8	JP2-48		p102

```
## Input Signal
NET "D<0>" LOC = "p175";
NET "D<1>" LOC = "p176";
NET "D<2>" LOC = "p178";
NET "D<3>" LOC = "p179";
NET "D<4>" LOC = "p180";
NET "D<5>" LOC = "p181";
NET "D<6>" LOC = "p187";
NET "D<7>" LOC = "p188";

## Output Signal
NET "Q<0>" LOC = "p95";
NET "Q<1>" LOC = "p96";
NET "Q<2>" LOC = "p97";

NET "Valid" LOC = "p102";
```

그림 7-19 encoder_8x3_procedural.ucf 파일의 핀 할당 정보

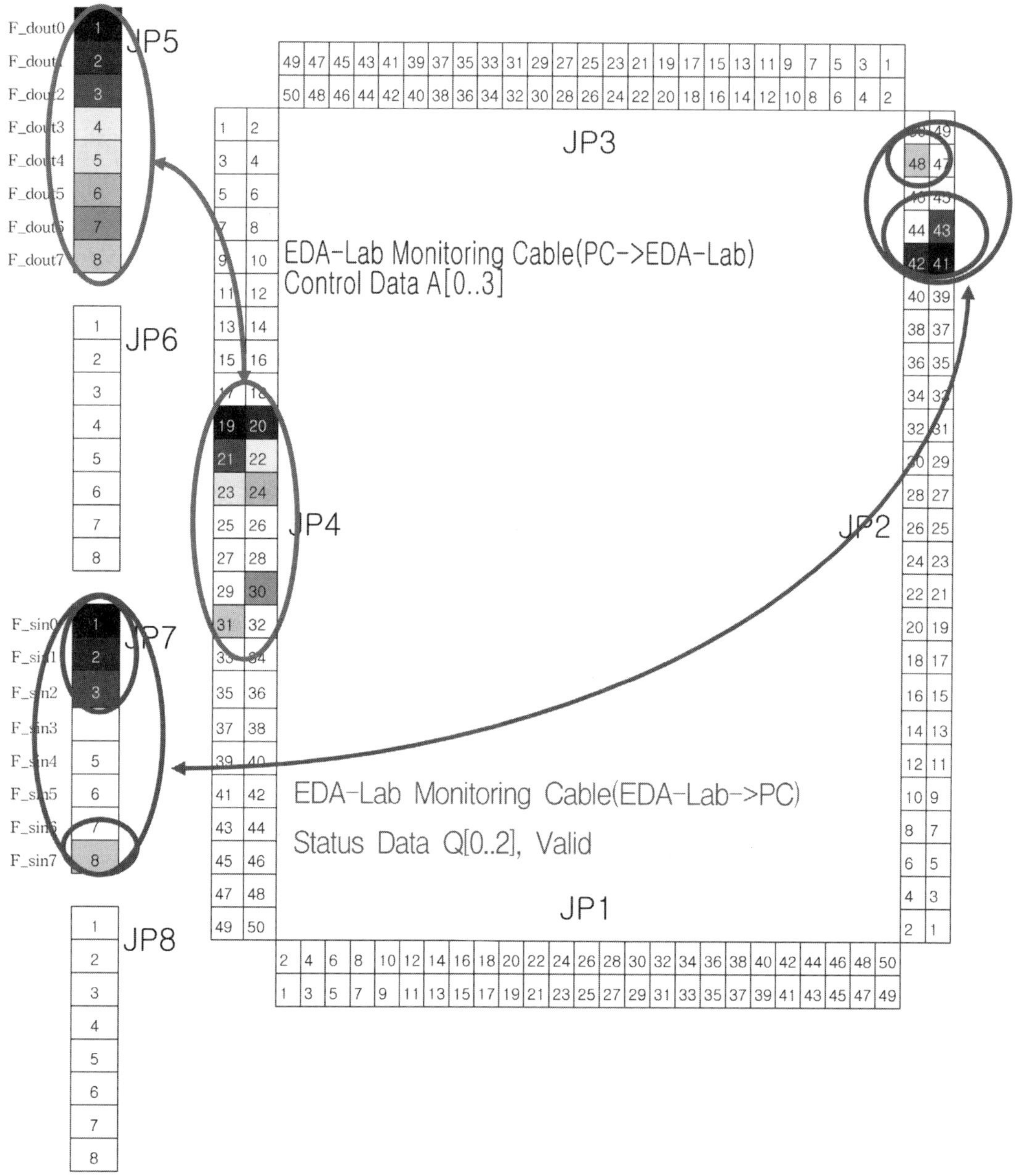

그림 7-20 8x3 엔코더 에뮬레이션 케이블 핀 연결을 위한 Jump Pin 배치도

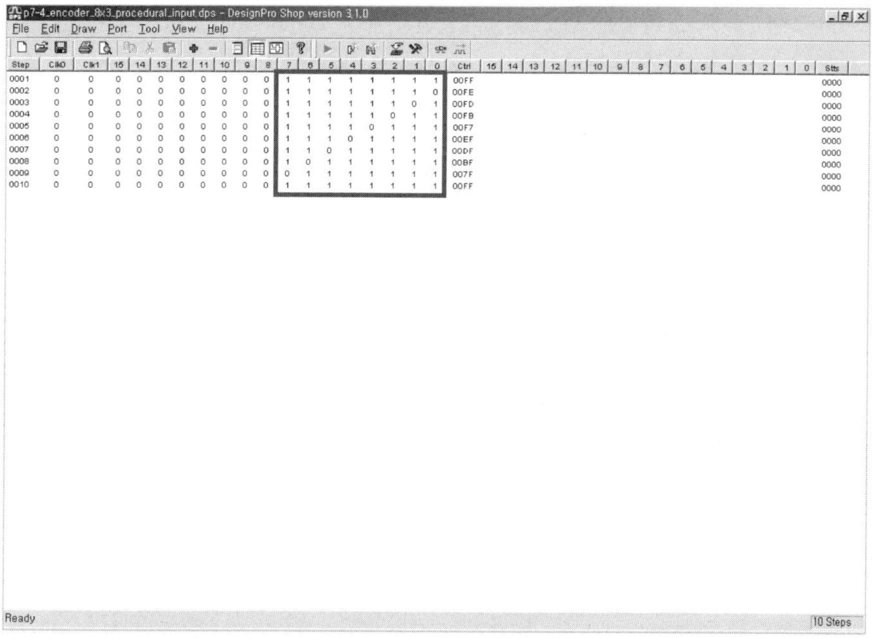

그림 7-21 8x3 엔코더의 에뮬레이션을 위해 가해지는 입력 신호

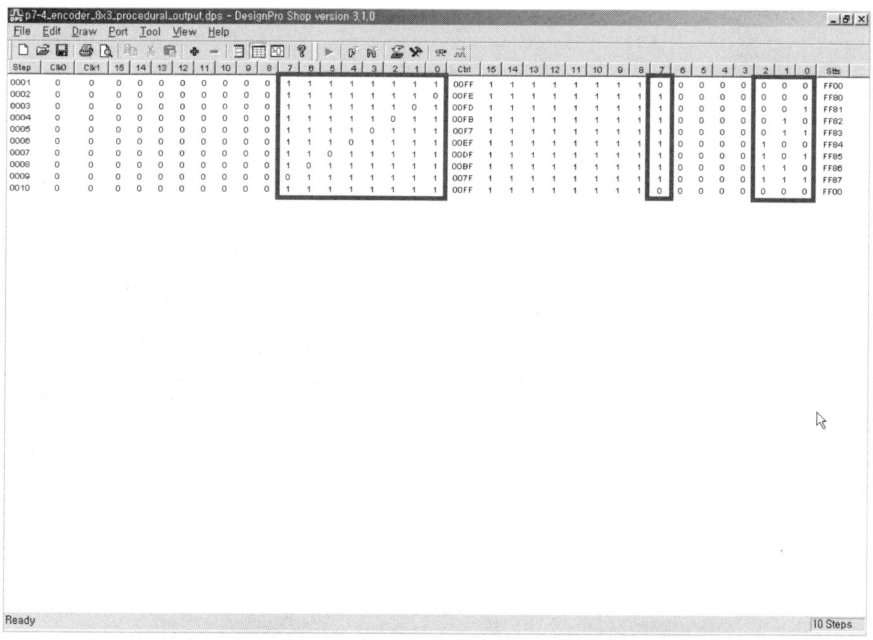

그림 7-22 8x3 엔코더의 에뮬레이션 결과 파형

Practice 4 프로그램 7-5의 우선순위(Priority) 엔코더를 functional 시뮬레이션하여라. 신호 A[9..1] 값에 대하여 사용자 정의 Test Bench 프로그램을 표 7-11과 그림 7-23을 참고로 하여 작성하고 시뮬레이션하여라. 신호 tmp_q는 파형을 보기 위하여 추가하였다. 그림 7-23의 시뮬레이션 결과와 에뮬레이션 결과를 비교하여라. 그림 7-24의 시뮬레이션 결과를 얻기 위하여 Test Bench를 재작성하여 시뮬레이션하여라. (즉 입력 신호를 don't care 처리를 하여 시뮬레이션하여라.)

| 표 7-11 | Priority 엔코더 시뮬레이션의 위한 Test Bench 입력 신호

Input									
A[9..1]									Wait for
1	1	1	1	1	1	1	1	0	50 ns
1	1	1	1	1	1	1	0	X	50 ns
1	1	1	1	1	1	0	X	X	50 ns
1	1	1	1	1	0	X	X	X	50 ns
1	1	1	1	0	X	X	X	X	50 ns
1	1	1	0	X	X	X	X	X	50 ns
1	1	0	X	X	X	X	X	X	50 ns
1	0	X	X	X	X	X	X	X	50 ns
0	X	X	X	X	X	X	X	X	50 ns

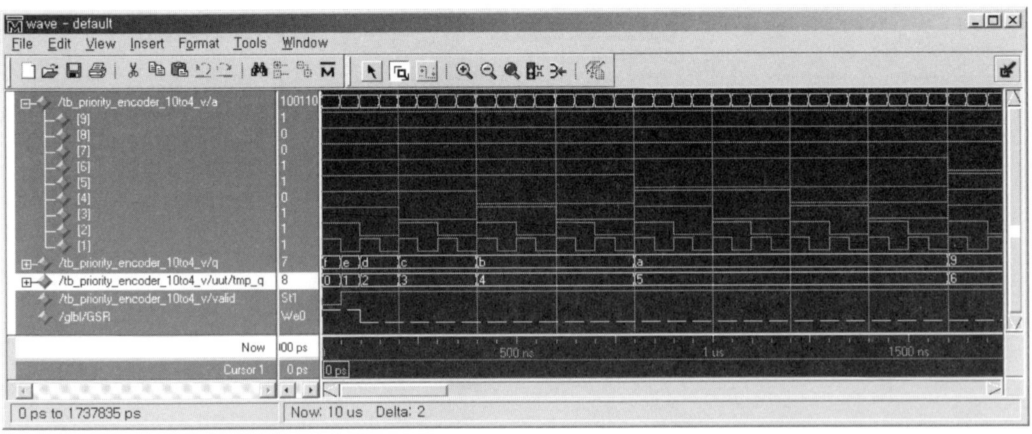

그림 7-23 10 to 4 line priority encoder의 시뮬레이션 결과

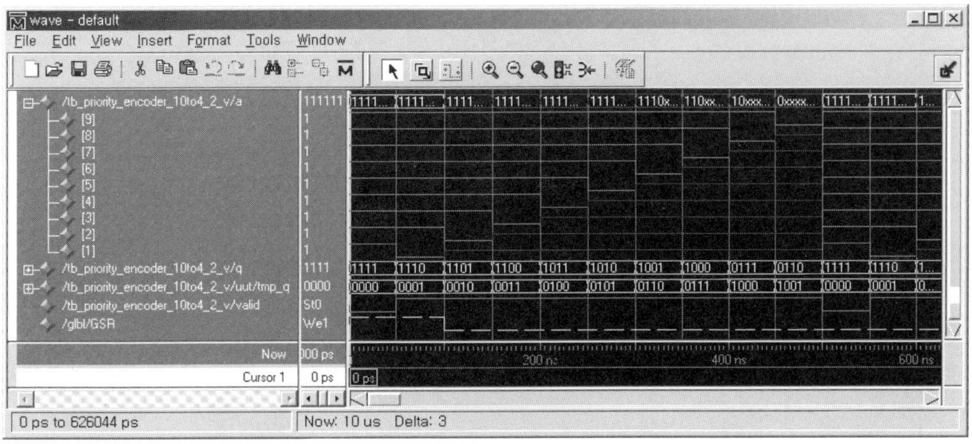

그림 7-24 10 to 4 line priority encoder의 시뮬레이션 결과

| 표 7-12 | 10 to 4 line priority 엔코더 에뮬레이션을 위한 EDA-Lab 3000의 핀 할당 정보

EDA Lab의 Signal Name	설계된 회로의		케이블 연결 두 핀		XC2S100PQ208의 핀 할당
	입력 신호명	출력 신호명			
FPGA_DOUT0	A(1)	–	JP5-1	JP4-19 or JP16-3	p175
FPGA_DOUT1	A(2)	–	JP5-2	JP4-20 or JP16-4	p176
FPGA_DOUT2	A(3)	–	JP5-3	JP4-21 or JP16-5	p178
FPGA_DOUT3	A(4)	–	JP5-4	JP4-22 or JP16-6	p179
FPGA_DOUT4	A(5)	–	JP5-5	JP4-23 or JP16-7	p180
FPGA_DOUT5	A(6)	–	JP5-6	JP4-24 or JP16-8	p181
FPGA_DOUT6	A(7)	–	JP5-7	JP4-30 or JP16-9	p187
FPGA_DOUT7	A(8)	–	JP5-8	JP4-31 or JP16-10	p188
FPGA_DOUT8	A(9)	–	JP6-1	JP4-32 or JP16-11	p189
FPGA_SIN0	–	Q(0)	JP7-1	JP2-41	p95
FPGA_SIN1	–	Q(1)	JP7-2	JP2-42	p96
FPGA_SIN2	–	Q(2)	JP7-3	JP2-43	p97
FPGA_SIN3		Q(3)	JP7-4	JP2-44	p98
FPGA_SIN7	–	Valid	JP7-8	JP2-48	p102

```
## Input Signal
NET "A<1>" LOC = "p175";
NET "A<2>" LOC = "p176";
NET "A<3>" LOC = "p178";
NET "A<4>" LOC = "p179";
NET "A<5>" LOC = "p180";
NET "A<6>" LOC = "p181";
NET "A<7>" LOC = "p187";
NET "A<8>" LOC = "p188";
NET "A<9>" LOC = "p189";

## Output Signal
NET "Q<0>" LOC = "p95";
NET "Q<1>" LOC = "p96";
NET "Q<2>" LOC = "p97";
NET "Q<3>" LOC = "p98";

NET "Valid" LOC = "p102";
```

그림 7-25 Priority_Enccoder_10to4.ucf 파일의 핀 할당 정보

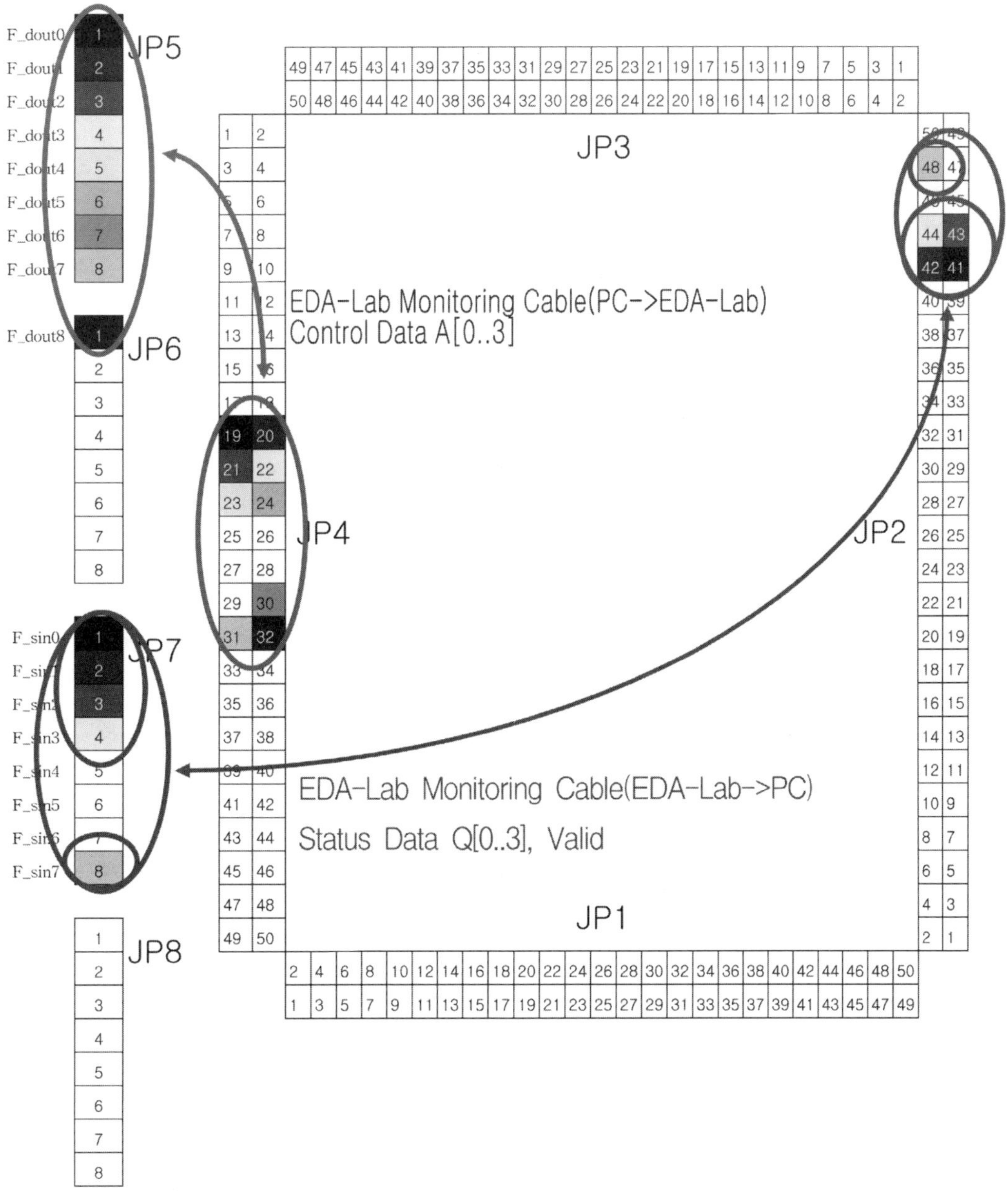

그림 7-26 Priority_Enccoder_10to4.ucf 파일의 핀 할당 정보

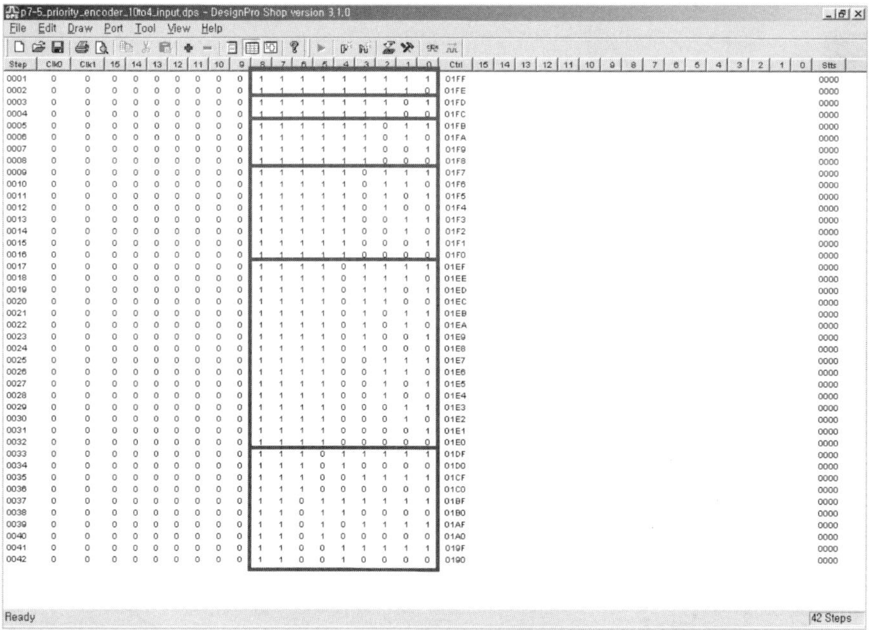

그림 7-27 10 to 4 line priority 엔코더의 에뮬레이션을 위해 가해지는 입력 신호

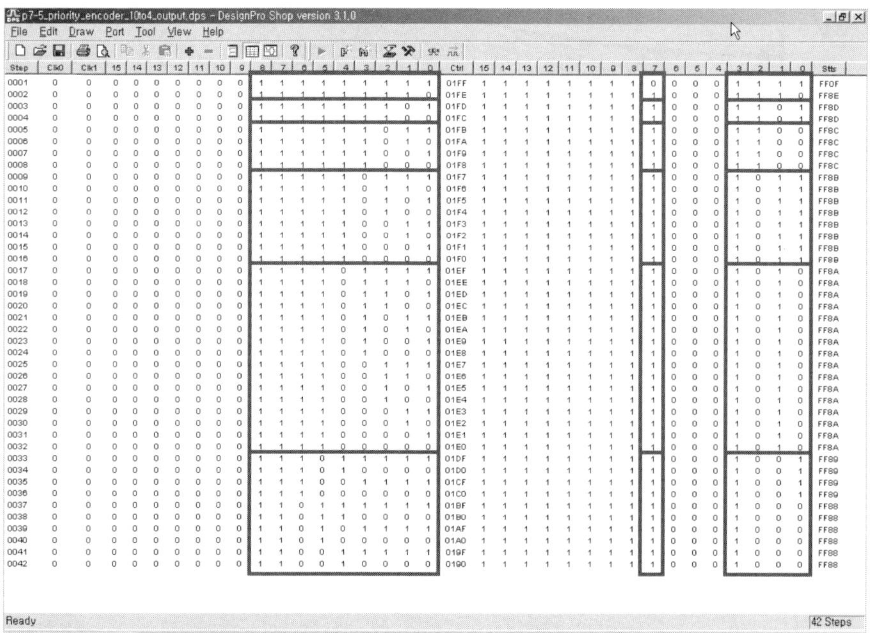

그림 7-28 10 to 4 line priority 엔코더의 에뮬레이션 결과

7.5 연습 문제

1. 다음의 조건에 맞는 6개의 7-segment 회로를 제어할 수 있는 프로그램을 작성하여라.

    조건 1) 이 회로는 common anode이다.

    조건 2) 6개의 7-segment의 segment 단자는 공통으로 사용된다.

    즉, a segment를 on시키면 6개의 7-segment 모두 a segment가 on된다.

    조건 3) Sel_#의 값으로 active 7-segment를 선택한다.

    조건 4) Sel_#의 값에 따른 7-segment on 상태를 확인하여라.

    조건 5) Hex decimal to 7-segment driver를 작성하고, 아래의 회로에 인터페이스하여라.

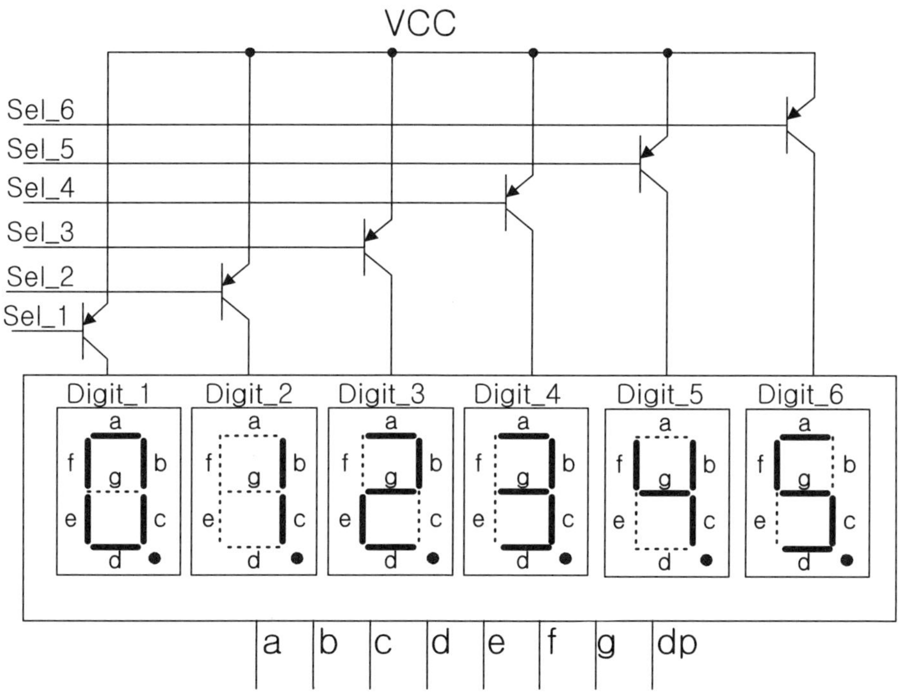

그림 7-29 6개의 7-segment 제어

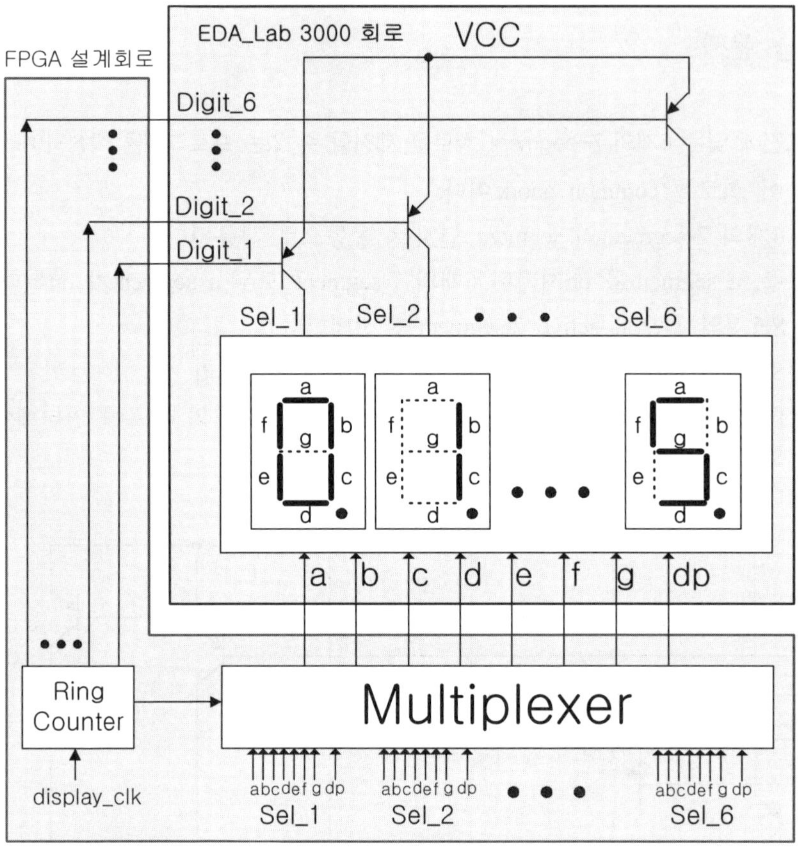

그림 7-30 6개의 7-segment 제어를 위한 세부 블록 다이어그램

Chapter_08

다중화(MUX)와 역다중화(DEMUX)

8.1 실습 목적

- 조합 논리회로를 이용한 MUX를 이해하고 설계를 한다.
- 조합 논리회로를 이용한 DEMUX를 이해하고 설계를 한다.

8.2 설 명

다중화(multiplexing)란 다수의 채널에서 발생한 정보를 한 개의 물리적 전송 선로에 통합하여 전송하는 통신 기술로서 송신단에서 이루어지며, 역다중화(demultiplexing)는 다중화된 정보를 올바르게 수신하기 위해서 수신단에서 수행되어야 한다.

다중화의 근본 목적은 통신 채널의 대역폭을 효율적으로 할당하는 데 있다. 특히, 데이터 통신 시스템에 있어서는 다중화의 기능을 수행하는 다중화기는 송신단으로부터 수신단으로의 전송 효율을 증가시킬 목적으로 사용된다.

다중화(multiplexing) 기술에는 신호의 형태에 따라 주파수 분할 다중화(FDM : frequency division multiplexing), 시간 분할 다중화(TDM : time division multiplexing), 그리고 코드 분할 다중화(CDM : code division multiplexing) 방식으로 분류한다. 주파수 분할 다중화 접근(FDMA) 기술은 아날로그 신호의 다중화에 이용되고, 시간 분할 다중화 접근(TDMA) 기술은 디지털 신호의 다중화에 이용된다. 그리고 코드 분할 다중화 접근(CDMA) 기술은 디지털 방식의 이동통신 기술에 이용되고 있다.

디지털 신호의 대표적인 다중화기는 교환기에서의 T1 시스템일 것이다. T1 시스템은 24개의 입력 채널을 1개의 전송 선로를 이용하여 선로당 24개 논리적인 채널로 다중화하고 이를 역다중화하여 사용자로 하여금 실시간 전화 통화를 가능하게 한다. 이러한 통신의 다중화 기술에 사용되는 디지털 논리회로로는 다중화기(MUX : multiplexer)와 역다중화기(DEMUX : demultiplexer)가 있다.

그림 8-1에서 n = 24이면 T1 시스템의 다중화기와 역다중화기에 대한 동작을 설명한다.

이 장에서는 간단한 MUX와 DEMUX에 대하여 TTL 수준의 간단한 회로를 공부한다.

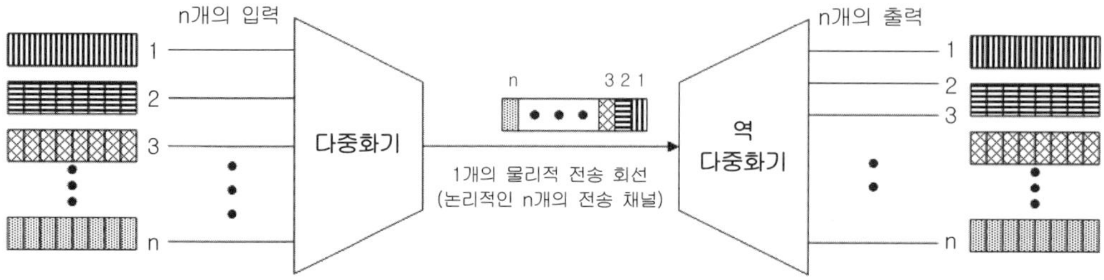

그림 8-1 다중화기와 역다중화기

1) 다중화기(MUX : Multiplexer)

MUX(Multiplexer)는 입력되는 신호들 가운데 선택된 하나의 입력 신호를 출력으로 공급하는 논리회로이다. 그림 8-2는 MUX의 블록도이다. 여기서 MUX의 입력으로서 2^N 개의 데이터 입력 가운데 하나만을 선택하기 위하여 N 개의 선택 제어 신호(Select_Input)와 1개의 출력 신호(Output_z)를 얻기 위한 회로이다. MUX는 선택 제어 신호의 주파수에 따라 사용되어 지는 영역이 달라질 수 있을 것이다. 선택 제어 신호 Select_Input이 저주파수일 때는 2^N 개의 입력 신호 가운데 하나를 선택하는 회로일 것이다. 그리고, 선택 제어 신호 Select_Input이 2^N 개의 입력 신호들을 합한 주파수보다 높은 주파수로 제어 가능할 때는 2^N 개의 입력 신호를 실시간으로 전송 가능한 다중화 회로가 될 것이다.

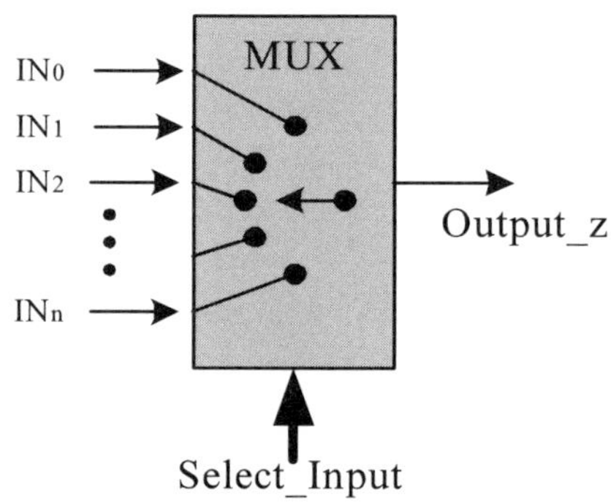

그림 8-2 MUX의 블록도

2 입력 MUX(Multiplexer)

그림 8-3은 2 입력 MUX의 논리회로와 논리식을 표현하고 있다. 이와 같은 회로의 논리식을 이용한 프로그램 8-1의 Verilog HDL 표현을 continuous assignment 표현이라 한다. 그림 8-3의 동작은 신호 Sel='0'이면 and 게이트 U1의 출력으로 신호 i0가 출력되고, and 게이트 U2

의 출력은 '0'이 된다. 그러므로 or 게이트 U3의 출력으로 신호 i0가 된다. 신호 Sel='1'이면 and 게이트 U2의 출력으로 신호 i1이 출력되고, and 게이트 U1의 출력은 '0'이 된다. 따라서 or 게이트 U3의 출력으로 신호 i1이 된다. 이 회로에서 보다시피 2개의 입력 신호 중 하나를 선택하여 출력으로 보낸다. 출력은 출력 선택 신호(Sel)에 의해 선택된다.

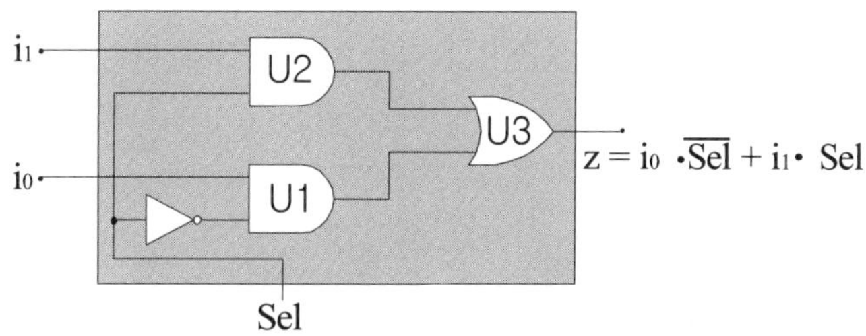

그림 8-3 2 입력 MUX의 논리회로와 논리식

```
//——————————————— 2 to 1 MUX 표현 ———————————————
module mux_2x1(i0, i1, sel, z);
        input  i0;
        input  i1;
        input  sel;
        output z;

        wire   z;

        assign z = (i0 & ~sel) | (i1 & sel);
endmodule
```

| 프로그램 8-1 | 2 입력 MUX를 위한 continuous assignment 표현의 Verilog HDL 코드

4 입력 MUX(Multiplexer)

그림 8-4는 4 입력 MUX의 논리회로이다. 그림 8-4의 동작은 신호 S_1S_0="00"이면 and 게이트 U1의 출력으로 신호 i0가 출력되고, 나머지 and 게이트 U2, U3, U4의 출력은 '0'이 된다. 그러므로 or 게이트 U5의 출력 신호 Y=i0가 된다. 신호 S_1S_0="01"이면 and 게이트 U2의 출력으로 신호 i1가 출력되고, 나머지 and 게이트 U1, U3, U4의 출력은 '0'이 된다. 그러므로 or 게이트 U5의 출력 신호 Y=i1가 된다. 신호 S_1S_0="10"이면 and 게이트 U3의 출력으로 신호 i2가 출력되고, 나머지 and 게이트 U1, U2, U4의 출력은 '0'이 된다. 그러므로 or 게이트 U5의

출력 신호는 Y=i2가 된다. 신호 S_1S_0="11"이면 and 게이트 U4의 출력으로 신호 i3가 출력되고, 나머지 and 게이트 U1, U2, U3의 출력은 '0'이 된다. 그러므로 or 게이트 U5의 출력 신호는 Y=i3가 된다. 이 회로에서 알다시피 4개의 입력 신호 중 하나를 선택하여 출력으로 보낸다. 출력은 출력 선택 신호에 의해 선택된다.

프로그램 8-2는 4 입력 MUX를 동작적 표현인 always문 내의 case 구문을 사용하여 Verilog HDL로 표현하였다. 여기서 동작적 표현은 알고리즘적인 동작에 대하여 표현하는 방법을 얘기한다. 프로그램 8-3은 continuous assignment 구문을 이용하여 4x1 MUX를 구현하였다.

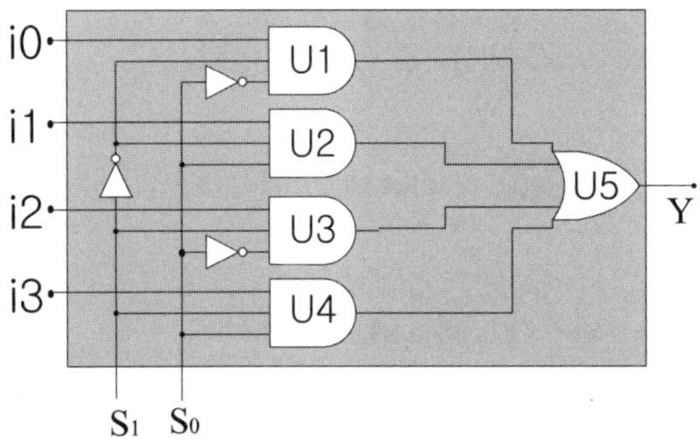

그림 8-4 4 입력 멀티플렉서의 논리회로

```
//---------------------------------- 4 to 1 MUX를 case 구문 ----------------------------
module mux_1(i0, i1, i2, i3, sel, y);
        input  i0;
        input  i1;
        input  i2;
        input  i3;
        input  [1:0] sel;
        output y;

        reg    y;

        always @(sel, i0, i1, i2, i3)
                case (sel)
                        0: y = i0;
                        1: y = i1;
```

| 프로그램 8-2 | 4 입력 MUX를 위한 동작적 표현의 Verilog HDL 코드(case 구문)

```
                2: y = i2;
                default : y = i3;
            endcase
endmodule
```

| 프로그램 8-2 | 4 입력 MUX를 위한 동작적 표현의 Verilog HDL 코드(case 구문) *(계속)*

```
//———————————————— 4 to 1 MUX를 with~select 구문 ————————————————
module mux_4x1_2(i0, i1, i2, i3, sel, y);
      input i0;
      input i1;
      input i2;
      input i3;
      input [1:0] sel;

      output y;

      assign y = sel[1] ? ( sel[0] ? i3 : i2) : (sel[0]? i1:i0);
endmodule
```

| 프로그램 8-3 | 4 입력 MUX의 continuous assignment 표현의 Verilog HDL 코드

프로그램 8-2와 프로그램 8-3은 4 입력 MUX의 표현을 달리하여 Verilog HDL 코드를 작성하였다. 프로그램 8-4는 시뮬레이션을 위한 Test Bench이며, 신호들의 구분을 뚜렷하게 하기 위하여 신호 i0, i1, i2, i3, sel 값은 아래와 같은 신호 특성을 갖도록 하였다.

- 신호 i0는 10ns의 주기를 갖는다.
- 신호 i1은 논리 값 0을 갖는다.
- 신호 i2는 논리 값 1을 갖는다.
- 신호 i3는 100ns의 주기를 갖는다.
- 신호 sel는 200ns의 주기를 갖는다.

즉, 이 Test Bench 프로그램을 설명하면 다음과 같다. 각각의 process문은 독립적으로 동작하고 병렬로 수행한다. 그러므로 각 신호에 대하여 process문을 하나씩 사용하였다.

그림 8-5는 functional 시뮬레이션의 결과이다. 이 결과 파형을 관찰하면 신호 sel의 값에 따라 출력 신호가 i0, i1, i2, i3가 선택된 것을 확인할 수 있다.

```
initial begin
        // Initialize Inputs
        i0 = 0;         i1 = 0;           // 초기 값 변경 없는 부분
        i2 = 1;                           // 초기 값 변경 부분
        i3 = 0;         sel = 0;

        #100;           // Wait 100 ns for global reset to finish
        // Add stimulus here
end

// 사용자 정의 추가 부분
always begin
        #5 i0 = 1;      #5 i0 = 0;
end
//
always begin
        #50 i3 = 1;     #50 i3 = 0;
end
//
always begin
        #200 sel = 1;   #200 sel = 2;
        #200 sel = 3;   #200 sel = 0;
end
```

| 프로그램 8-4 | case~endacse 표현의 4x1 MUX 시뮬레이션을 위한 Test Bench

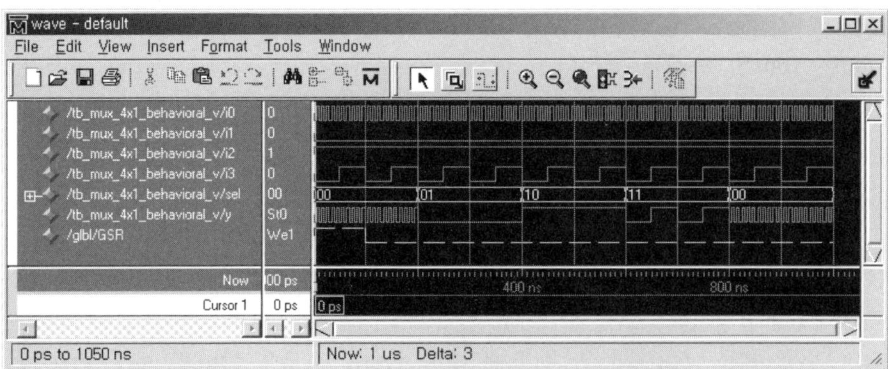

그림 8-5 case~endcase 구문의 4 입력 MUX 시뮬레이션 결과

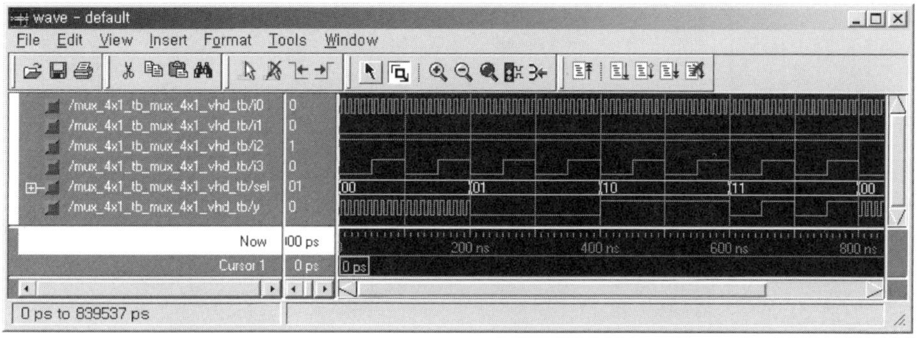

그림 8-6 when~else 구문의 4 입력 MUX 시뮬레이션 결과

8 입력 MUX – 74LS151

그림 8-7은 74LS151의 8 입력 MUX의 로직 심볼을 나타내고, 그림 8-8은 74LS151 내부의 논리회로를 나타내고 있다. 내부 회로에서 buffer1, buffer2는 not 게이트로 이루어져 입력 신호의 출력 구동인 팬-아웃(fan-out)으로 인해 에러(error)를 막기 위하여 추가한 것이다. 그림 8-8의 74LS151의 회로를 Verilog HDL로 프로그램 8-7에서 표현하였다.

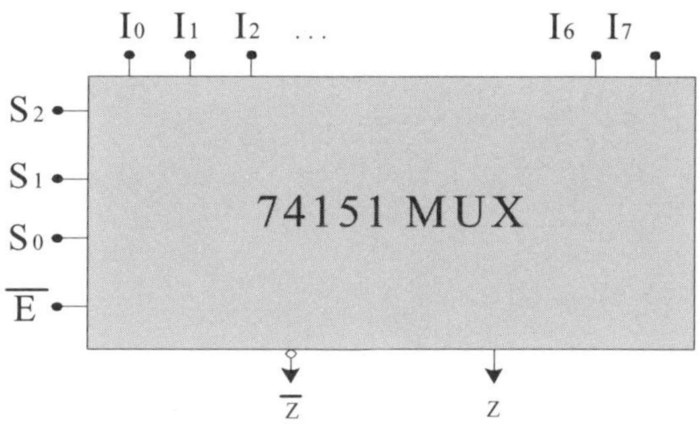

그림 8-7 74151 MUX의 블록 다이어그램

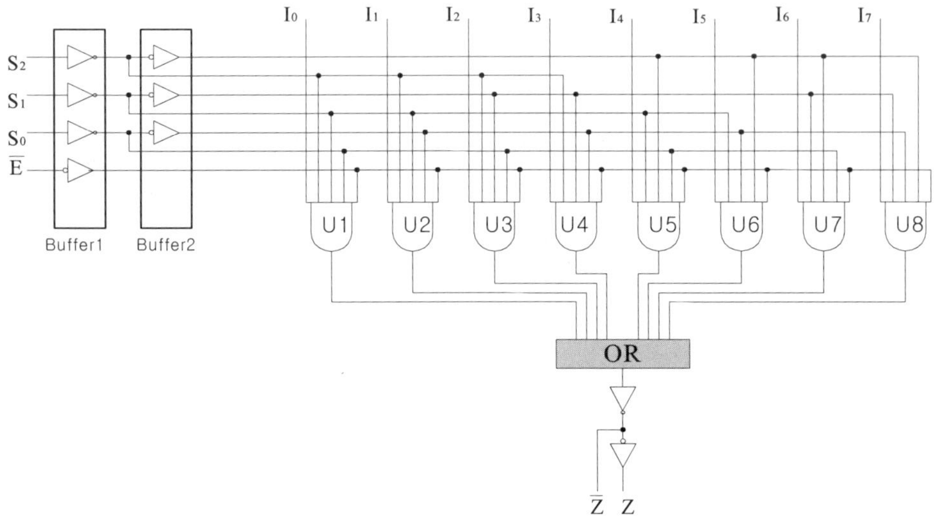

그림 8-8 74LS151 MUX의 내부 로직

프로그램 8-5에서는 동작적 표현인 always문을 이용하여 내부적으로는 if문으로 구현하였다. 이 8 입력 MUX를 시뮬레이션하기 위하여 입력 신호를 다음과 같이 규정하고 이를 프로그램 8-6에 Test Bench로 표현하였다.

- 신호 inp(0)은 100 ns 주기를 갖는다.
- 신호 inp(1)은 10 ns 주기를 갖는다.
- 신호 inp(2)는 50 ns 주기를 갖는다.
- 신호 inp(3)는 논리 값 '0'을 갖는다
- 신호 inp(4)는 논리 값 '1'을 갖는다.
- 신호 inp(5)는 100 ns 주기를 갖고 신호 inp(0)와 반전된 신호이다.
- 신호 inp(6)은 10 ns 주기를 갖고, 신호 inp(1)와 반전된 신호이다.
- 신호 inp(7)은 50 ns 주기를 갖고, 신호 inp(2)와 반전된 신호이다.
- 신호 sel는 선택 값에 대하여 250 ns의 지연 시간을 갖는다, 전체 2 us 주기를 갖는다.
- 신호 En은 4 us 주기를 갖고, 처음 1 us까지는 '1', 다음 3 us까지는 '0', 다음 4 us까지는 '1'을 갖는다.

그림 8-9는 시뮬레이션 결과 파형이다.

```
module mux_8x1(inp, sel, en, z);
       input  [7:0] inp;
       input  [2:0] sel;
       input  en;
       output z;

       reg    z;

       always @(en, inp, sel)
              if (!en)
                     case (sel)
                            0 : z = inp[0];
                            1 : z = inp[1];
                            2 : z = inp[2];
                            3 : z = inp[3];
                            4 : z = inp[4];
                            5 : z = inp[5];
                            6 : z = inp[6];
                            default : z = inp[7];
                     endcase
              else
                     z= 1'bz;           // z : high impedance
endmodule
```

| 프로그램 8-5 | 74LS151 8 입력 MUX의 Verilog HDL 코드

```
initial begin
       // Initialize Inputs
       inp = 8'b0001_0000;  // inp[3]=0, inp[4]=1 수정
       sel = 0;
       en = 0;

       #100;    // Wait 100 ns for global reset to finish

       // Add stimulus here

end

//
```

| 프로그램 8-6 | 74LS151 8 입력 MUX의 시뮬레이션을 위한 Test Bench

```
always begin
        en = 1; #1000;
        en = 0; #2000;
        en = 1; #1000;
end

always begin
        #250 sel = 3'b101;    // 5
        #250 sel = 3'b110;    // 6
        #250 sel = 3'b111;    // 7
        //
        #250 sel = 3'b000;    // 0
        #250 sel = 3'b001;    // 1
        #250 sel = 3'b010;    // 2
        #250 sel = 3'b011;    // 3
        #250 sel = 3'b100;    // 4
end

always begin
        # 50 inp[0] = 1;      # 50 inp[0] = 0;
end

always begin
        # 5 inp[1] = 1;       # 5 inp[1] = 0;
end
always begin
        # 25 inp[2] = 1;      # 25 inp[2] = 0;
end

always begin
        # 50 inp[5] = 0;      # 50 inp[5] = 1;
end

always begin
        # 5 inp[6] = 0;       # 5 inp[6] = 1;
end

always begin
        # 25 inp[7] = 0;      # 25 inp[7] = 1;
end
```

| 프로그램 8-6 | 74LS151 8 입력 MUX의 시뮬레이션을 위한 Test Bench *(계속)*

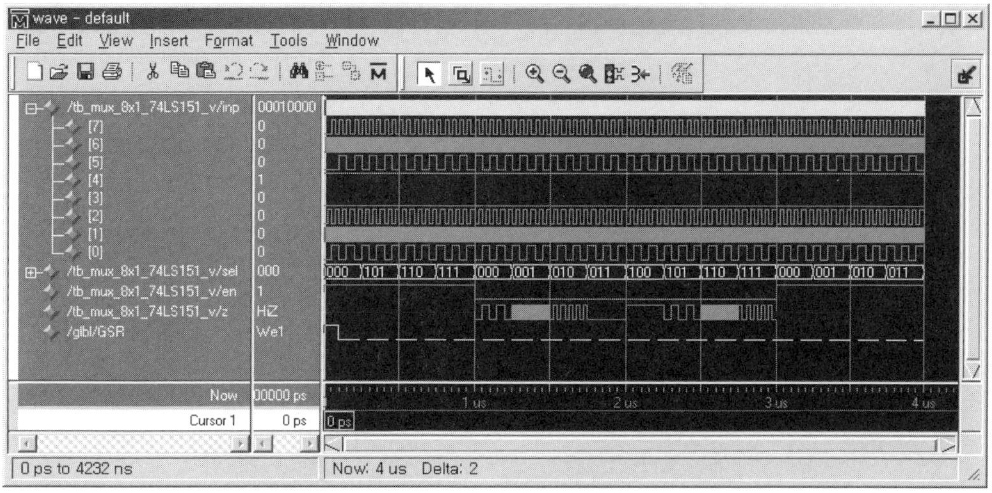

그림 8-9 74LS151 8 입력 멀티플렉서의 시뮬레이션 결과

2) 역다중화기(DEMUX : Demultiplexer)

디멀티플렉서(DEMUX)는 입력의 논리 값을 여러 개의 출력 라인 가운데 하나를 선택하여 입력의 2진 값을 선택 제어 신호(Select_Input)에 의해 선택된 출력 라인으로 전환하는 디지털 회로이다. 입력 데이터를 분배한다고 하여 데이터 분배자(Data distributors)라 부르기도 한다. 이런 논리 동작은 MUX의 논리 동작과 역의 관계가 있다. 그림 8-10은 DEMUX의 블록 다이어그램이다.

프로그램 8-7은 1 line to 4 line DEMUX의 동작적 표현의 Verilog HDL 코드이고, 프로그램 8-8은 1 line to 8 line DEMUX의 동작적 표현의 Verilog HDL 코드이다.

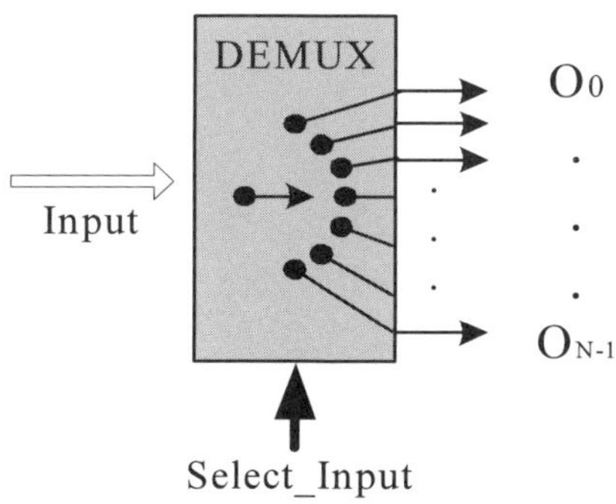

그림 8-10 DEMUX의 블록 다이어그램

```
//---------------------------------------- 1 line to 4 line DEMUX ----------------------------------------
module demux_1x4( reset, in_1, sel, q );
        input  reset;
        input  in_1;
        input  [1:0] sel;
        output [3:0] q;

        reg    [3:0] q;

        always @(reset,in_1, sel)
        begin
                if( reset == 1'b0 )
                        q = 4'b1111;                    // reset에 의해 초기화
                else
                        case (sel)
                                0 : q[0] = in_1;
                                1 : q[1] = in_1;
                                2 : q[2] = in_1;
                                default : q[3] = in_1;
                        endcase
        end
endmodule
```

| 프로그램 8-7 | 1 line to 4 line DEMUX 코드

```
//---------------------------------------- 1 line to 8 line DEMUX ----------------------------------------
module demux_1x8( reset, in_1, sel, q );
        input  reset;
        input  in_1;
        input  [2:0] sel;
        output [7:0] q;

        reg    [7:0] q;

        always @(reset, in_1, sel)
        begin
                if( reset == 1'b0 )
                        q = 8'b11111111;
```

| 프로그램 8-8 | 1 line to 8 line DEMUX 코드

```
        else
            case (sel)
                0 : q[0] = in_1;
                1 : q[1] = in_1;
                2 : q[2] = in_1;
                3 : q[3] = in_1;
                4 : q[4] = in_1;
                5 : q[5] = in_1;
                6 : q[6] = in_1;
                default : q[7] = in_1;
            endcase
    end
endmodule
```

| 프로그램 8-8 | 1 line to 8 line DEMUX 코드 *(계속)*

Decoder와 DEMUX 두 기능을 가진 소자(decoder/demultiplxer 74LS138)

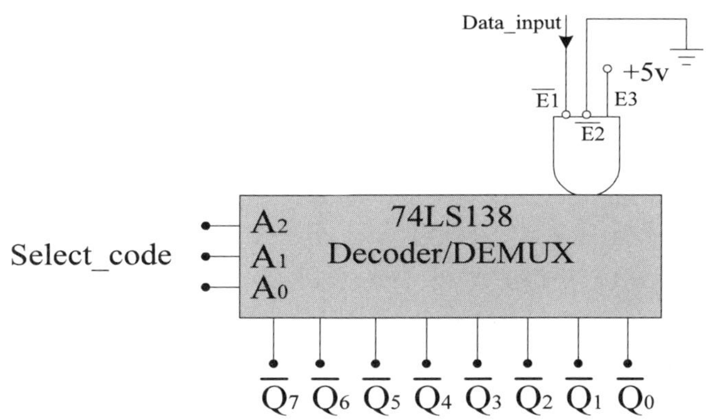

그림 8-11 데코더와 멀티플렉서 기능을 가진 741LS38의 블록도

TTL 소자 가운데 74LS138은 대표적인 데코더 소자이다. 이 데코더 소자를 이용하여 DEMUX로 사용하는 테크닉에 대하여 생각해 보자.

그림 8-11과 같이 74LS138의 입출력 핀의 구성은 칩 사용 가능(chip enable) 3개 신호인 E_1', E_2', E_3와 3개의 어드레스(address) 신호인 A_2, A_1, A_0, 그리고 8개의 출력 신호인 Q_7', Q_6', Q_5', Q_4', Q_3', Q_2', Q_1', Q_0'들로 되어있다. 74LS138 데코더에 대한 동작은 7장에서 설명하였다. 다만, 출력 신호는 active low로 동작한다는 것을 꼭 기억해야 할 것이다.

| 표 8-1 | 74LS138을 이용한 DEMUX의 진리표

<table>
<tr><th colspan="6">입력 신호</th><th colspan="8" rowspan="2">출력 신호</th></tr>
<tr><th colspan="2">칩 가능 신호의 고정된 논리 값</th><th>Data</th><th colspan="3">출력 선택 신호</th></tr>
<tr><th>E_3</th><th>E_2'</th><th>E_1'</th><th>A_2</th><th>A_1</th><th>A_0</th><th>Q_7'</th><th>Q_6'</th><th>Q_5'</th><th>Q_4'</th><th>Q_3'</th><th>Q_2'</th><th>Q_1'</th><th>Q_0'</th></tr>
<tr><td rowspan="9">1</td><td rowspan="9">0</td><td>1</td><td>X</td><td>X</td><td>X</td><td>1</td><td>1</td><td>1</td><td>1</td><td>1</td><td>1</td><td>1</td><td>1</td></tr>
<tr><td rowspan="8">0</td><td>0</td><td>0</td><td>0</td><td>1</td><td>1</td><td>1</td><td>1</td><td>1</td><td>1</td><td>1</td><td>0</td></tr>
<tr><td>0</td><td>0</td><td>1</td><td>1</td><td>1</td><td>1</td><td>1</td><td>1</td><td>1</td><td>0</td><td>1</td></tr>
<tr><td>0</td><td>1</td><td>0</td><td>1</td><td>1</td><td>1</td><td>1</td><td>1</td><td>0</td><td>1</td><td>1</td></tr>
<tr><td>0</td><td>1</td><td>1</td><td>1</td><td>1</td><td>1</td><td>1</td><td>0</td><td>1</td><td>1</td><td>1</td></tr>
<tr><td>1</td><td>0</td><td>0</td><td>1</td><td>1</td><td>1</td><td>0</td><td>1</td><td>1</td><td>1</td><td>1</td></tr>
<tr><td>1</td><td>0</td><td>1</td><td>1</td><td>1</td><td>0</td><td>1</td><td>1</td><td>1</td><td>1</td><td>1</td></tr>
<tr><td>1</td><td>1</td><td>0</td><td>1</td><td>0</td><td>1</td><td>1</td><td>1</td><td>1</td><td>1</td><td>1</td></tr>
<tr><td>1</td><td>1</td><td>1</td><td>0</td><td>1</td><td>1</td><td>1</td><td>1</td><td>1</td><td>1</td><td>1</td></tr>
</table>

그림 8-11과 같이 구성된 핀들을 이용하여 DEMUX의 동작을 생각해 보자.

칩 동작 신호 중 신호 E_1'에는 데이터 신호를 입력시키고, 신호 E_2', E_3에는 E_2'='0', E_3='1' 논리 값을 입력시킨다. 그리고, 어드레스 입력단에는 DEMUX의 선택 신호를 입력시킨다. 이러한 입력에 대하여 74LS138의 동작을 살펴보면, 신호 E_1'에 대하여 칩의 동작 유무가 결정된다.

입력 신호 논리 값이 E_1'='1'이면, 74LS138은 동작될 수 없다. 그 결과, 어드레스 입력 단자에 입력되는 선택 신호에 관계없이 8개의 출력 신호는 active low로 동작하므로 Q_1'~Q_7'의 논리 값은 '1'을 가지게 된다. 반대로 입력 신호 논리 값이 E_1'='0'이면, 74LS138은 동작이 되어 어드레스 입력 단자에 입력되는 선택 신호에 의해 결정되어지는 8개의 출력 중 하나가 선택되어 논리 값 Q?'='0'을 가지게 된다. 즉, 74LS138을 이용한 DEMUX는 표 8-1의 진리표와 같이 동작된다.

```
// ------------------------ 74LS138을 이용한 DEMUX ---------------------------
module demux_74ls138(e, a, q);
        input  [3:1] e;
        input  [2:0] a;
        output [7:0] q;

        wire   enable;
```

| 프로그램 8-9 | 74LS138을 이용한 DEMUX 코드

```
    reg    [7:0] q;

    assign enable = ~e[1] & ~e[2] & e[3];

    always @(enable, a)
    begin
        if ( enable == 1'b1 )
            case (a)
                0 : q[0] = e[1];
                1 : q[1] = e[1];
                2 : q[2] = e[1];
                3 : q[3] = e[1];
                4 : q[4] = e[1];
                5 : q[5] = e[1];
                6 : q[6] = e[1];
                default : q[7] = e[1];
            endcase
        else
            q = 8'b1111_1111;

    end
endmodule
```

| 프로그램 8-9 | 74LS138을 이용한 DEMUX 코드 *(계속)*

8.3 예비 문제

1. MUX(Multiplexer)의 동작에 대하여 설명하여라.

2. 다음 TTL MUX(multiplexer) 소자에 대하여 간단히 설명하여라.

   74LS151 : 8 to 1 line multiplexer
   74LS153 : Dual 4 to 1 line multiplexer
   74LS157 : Quad 2 to 1 line multiplexer
   74LS251 : 8 to 1 line multiplexer (3 state)
   74LS253 : Dual 4 to 1 line multiplexer (3 state)
   74LS257 : Quad 2 to 1 line multiplexer (3 state)
   74LS351 : Dual 8 to 1 line multiplexer (3 state)

③ DEMUX(Demultiplexer)의 동작에 대하여 설명하여라.

④ 다음의 TTL DEMUX(demultiplexer) 소자에 대하여 간단히 설명하여라.

⑤ 주파수 분할 다중화와 시간 분할 다중화에 대하여 간단히 설명하여라.

⑥ T1 시스템의 다중화 부분을 간단히 설명하여라.

⑦ 시간 분할 다중화에서 동기식 시분할 다중화와 비동기식 시분할 다중화 방식에 대하여 설명하여라.

8.4 실습 내용

Practice 1 프로그램 8-2 4x1 MUX를 시뮬레이션하여라. 신호 i0, i1, i2, i3 값과 신호 sel 값에 대하여 사용자 정의 Test Bench 프로그램을 표 8-2와 같이 되도록 작성하고 시뮬레이션하여라. 아래의 시뮬레이션 결과와 실습 시뮬레이션 결과를 비교하고, EDA-Lab 3000 장비를 이용하여 에뮬레이션하여라.

| 표 8-2 | 4x1 MUX Test Bench 입력 신호를 위한 표

Input	
Signal Name and Value	Description
i0	period 10ns
i1	always 0
i2	always 1
i3	period 100ns
sel[1..0] = 00	200 ns
sel[1..0] = 01	200 ns
sel[1..0] = 10	200 ns
sel[1..0] = 11	200 ns

```
// — *** 사용자 정의 변경 및 추가 부분 시작 ***
    initial begin
        // Initialize Inputs
```

| Test Bench 8-1 | 4x1 MUX 사용자 정의 Test Bench

```
            i0 = 0;
            i1 = 0;            // always 0
            i2 = 1;            // always 1
            i3 = 0;
            sel = 0;

            #100;              // Wait 100 ns for global reset to finish

    end

    always begin
            #5 i0 = 1;         #5 i0 = 0;
    end
    //
    always begin
            #50 i3 = 1;        #50 i3 = 0;
    end
    //
    always begin
            #200 sel = 1;      #200 sel = 2;
            #200 sel = 3;      #200 sel = 0;
    end
// — *** 사용자 정의 변경 및 추가 부분 끝 ***
```

| Test Bench 8-1 | 4x1 MUX 사용자 정의 Test Bench *(계속)*

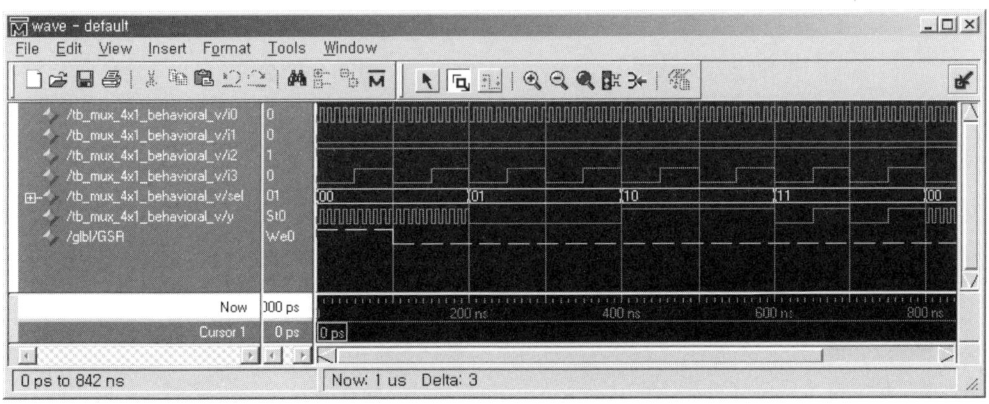

그림 8-12 4 to 1 MUX 시뮬레이션 결과

그림 8-14는 JP1 ~ JP8까지의 배치도이며 같은 색깔의 핀들을 표 8-3을 참고하여 EDA-Lab monitoring 케이블을 연결하고, MUX_4x1.ucf 파일을 작성하여 Synthesize, Implement Design, Generate Programming File 작업들을 수행하고, 생성된 MUX_4x1.bit 파일을 DesignPro Shop을 이용하여 다운로드하여 에뮬레이션을 할 수 있다.

에뮬레이션을 위하여 DesignPro Shop에서는 표 8-2의 입력 신호들을 발생시킬 수 있어야 한다. 그런데, DesignPro Shop의 메뉴 View의 Single-step, Multi-step, Waveform 모드에는 시간의 개념이 없으므로, Waveform 모드에서 그릴 수 있는 가장 작은 단위를 시간의 개념에서 5 ns, 10 ns로 임의로 정의하여 에뮬레이션할 수 있다. 표 8-2에서 신호 i0는 주기 10 ns를 갖는다. 이를 DesignPro Shop에서 파형으로서 그릴 경우에 그릴 수 있는 가장 작은 파형을 그린다. 이때 신호 i0의 '0'과 '1'은 각각 5 ns의 시간을 갖는 주기가 10 ns인 신호로 해석하여 에뮬레이션하면 된다.

| 표 8-3 | 4 to 1 MUX 에뮬레이션을 위한 EDA-Lab 3000의 핀 할당 정보

EDA Lab의 Signal Name	설계된 회로의		케이블 연결 두 핀		XC2S100PQ208의 핀 할당
	입력 신호명	출력 신호명			
FPGA_DOUT0	i0	–	JP5–1	JP4–19 or JP16–3	p175
FPGA_DOUT1	i1	–	JP5–2	JP4–20 or JP16–4	p176
FPGA_DOUT2	i2	–	JP5–3	JP4–21 or JP16–5	p178
FPGA_DOUT3	i3	–	JP5–4	JP4–22 or JP16–6	p179
FPGA_DOUT4	sel(0)	–	JP5–5	JP4–23 or JP16–7	p180
FPGA_DOUT5	sel(1)	–	JP5–6	JP4–24 or JP16–8	p181
FPGA_SIN0	–	Y	JP7–1	JP2–41	p95

```
## Input signal
NET "i0" LOC = "p175";
NET "i1" LOC = "p176";
NET "i2" LOC = "p178";
NET "i3" LOC = "p179";

NET "SEL<0>" LOC = "p180";
NET "SEL<1>" LOC = "p181";

## output signal
NET "Y" LOC = "p95";
```

그림 8-13 mux_4x1.ucf 파일의 핀 할당 정보

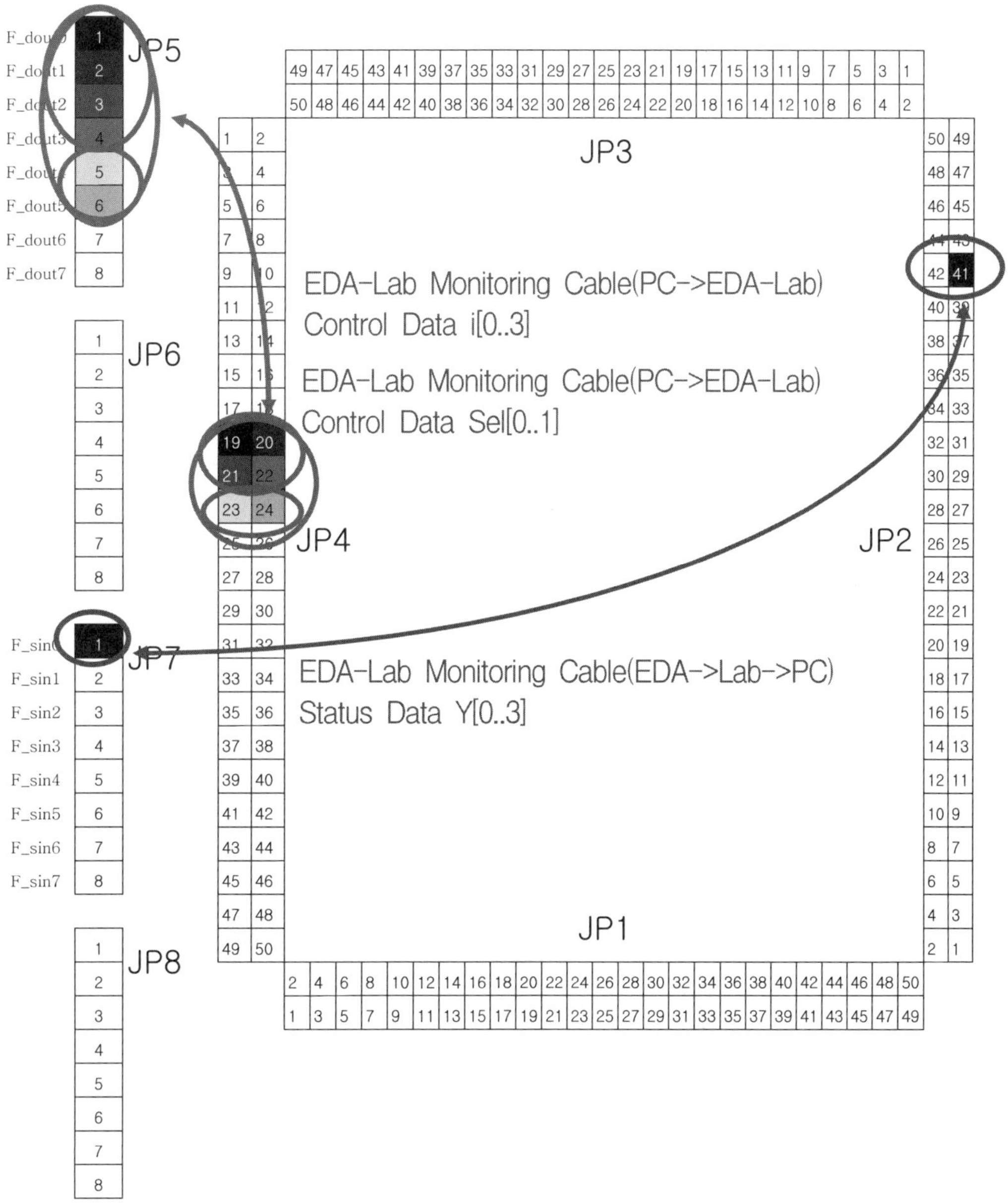

그림 8-14 4 to 1 MUX 에뮬레이션 케이블 핀 연결을 위한 Jump Pin 배치도

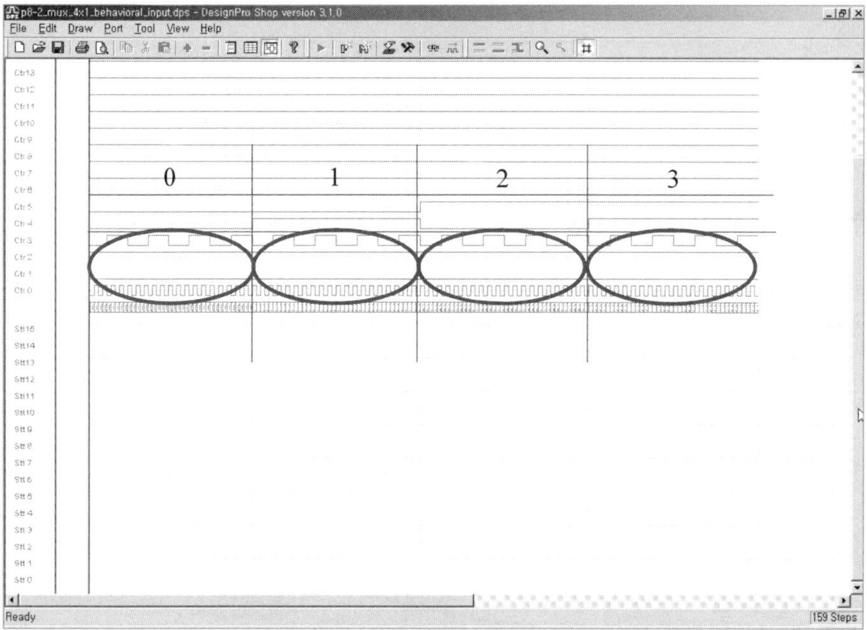

그림 8-15 4x1 MUX 에뮬레이션 입력 신호

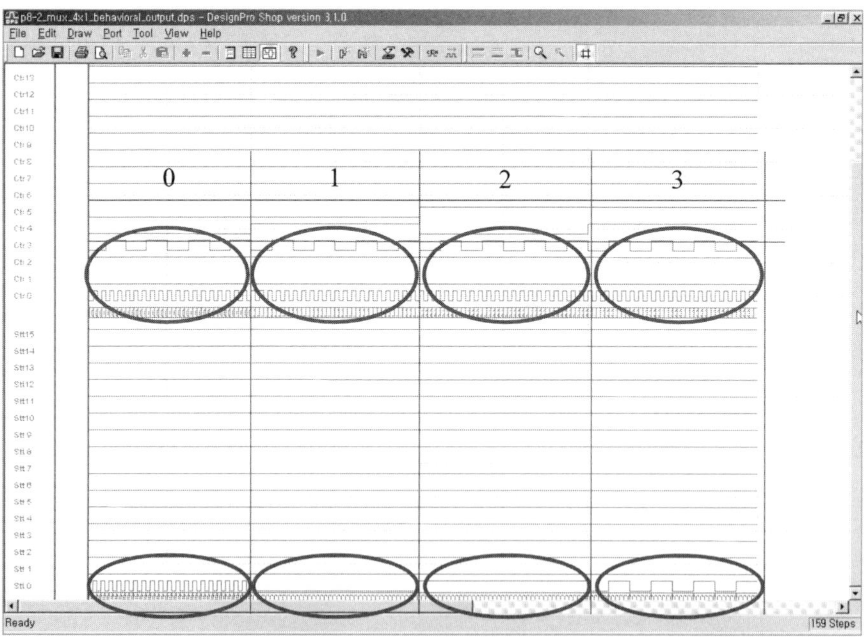

그림 8-16 4 to 1 MUX 에뮬레이션 결과

Practice 2 프로그램 8-7의 1 line to 4 line DEMUX를 시뮬레이션하여라. 신호 in_1 값과 신호 sel 값에 대하여 사용자 정의 Test Bench 프로그램을 표 8-4와 같이 되도록 작성하고 시뮬레이션하여라. 아래의 시뮬레이션 결과와 실습 시뮬레이션 결과를 비교하고, EDA-Lab 3000 장비를 이용하여 에뮬레이션하여라.

| 표 8-4 | 1 line to 4 line DEMUX Test Bench 입력 신호를 위한 표

Input	
Signal Name and Value	Description
reset=0	23ns 까지
reset=1	23ns 이후
in_1	주기 10ns
sel[1..0] = 00	100 ns
sel[1..0] = 01	100 ns
sel[1..0] = 10	100 ns
sel[1..0] = 11	100 ns

```
// — *** 사용자 정의 변경 및 추가 부분 시작 ***
      initial begin
              reset = 0; #23;
              reset = 1;
      end
      always begin
              #5 in_1 = 1;
              #5 in_1 = 0;
      end
      always begin
              sel=0; #100;
              sel=1; #100;
              sel=2; #100;
              sel=3; #100;
      end
// — *** 사용자 정의 변경 및 추가 부분 시작 ***
```

| Test Bench 8-2 | 1 line to 4 line 디멀티플렉서 사용자 정의 Test Bench

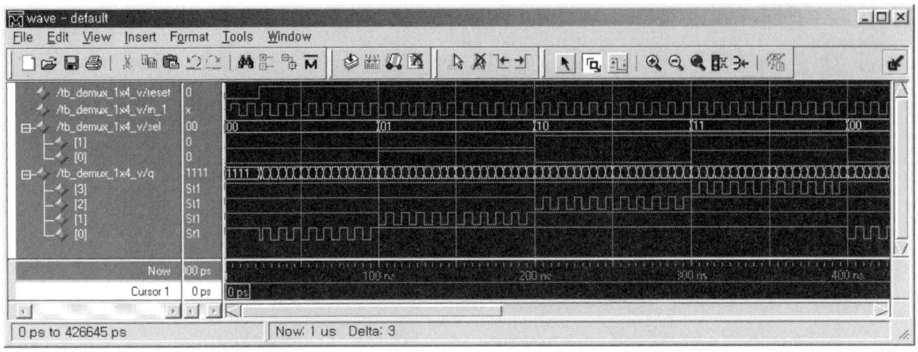

그림 8-17 1 line to 4 DEMUX의 시뮬레이션 결과

그림 8-19는 JP1 ~ JP8까지의 배치도이며 같은 색깔의 핀들을 표 8-5를 참고하여 테스트 케이블을 연결하고, demux_1x4.ucf 파일을 작성하여 Synthesize, Implement Design, Generate Programming File 작업들을 수행하고, 생성된 demux_1x4.bit 파일을 DesignPro Shop을 이용하여 다운로드하여 에뮬레이션을 할 수 있다. 입력 신호는 DesignPro Shop에서 파형을 그릴 때 waveform 모드에서 시간의 개념을 도입하여 그리면 된다.

| 표 8-5 | 1 line to 4 DEMUX 에뮬레이션을 위한 EDA-Lab 3000의 핀 할당 정보

EDA Lab의 Signal Name	설계된 회로의		케이블 연결 두 핀		XC2S100PQ208의 핀 할당
	입력 신호명	출력 신호명			
FPGA_DOUT0	in_1	–	JP5-1	JP4-19 or JP16-3	p175
FPGA_DOUT1	reset	–	JP5-2	JP4-20 or JP16-4	p176
FPGA_DOUT4	sel(0)	–	JP5-5	JP4-23 or JP16-7	p180
FPGA_DOUT5	sel(1)	–	JP5-6	JP4-24 or JP16-8	p181
FPGA_SIN0	–	q(0)	JP7-1	JP2-41	p95
FPGA_SIN1	–	q(1)	JP7-2	JP2-42	p96
FPGA_SIN2	–	q(2)	JP7-3	JP2-43	p97
FPGA_SIN3		q(3)	JP7-4	JP2-44	p98

```
## Input signal
NET "in_1" LOC = "p175";
NET "reset" LOC = "p176";

NET "sel<0>" LOC = "p180";
NET "sel<1>" LOC = "p181";
```

그림 8-18 demux_1x4.ucf 파일의 핀 할당 정보

```
## output signal
NET "q<0>" LOC = "p95";
NET "q<1>" LOC = "p96";
NET "q<2>" LOC = "p97";
NET "q<3>" LOC = "p98";
```

그림 8-18 demux_1x4.ucf 파일의 핀 할당 정보 *(계속)*

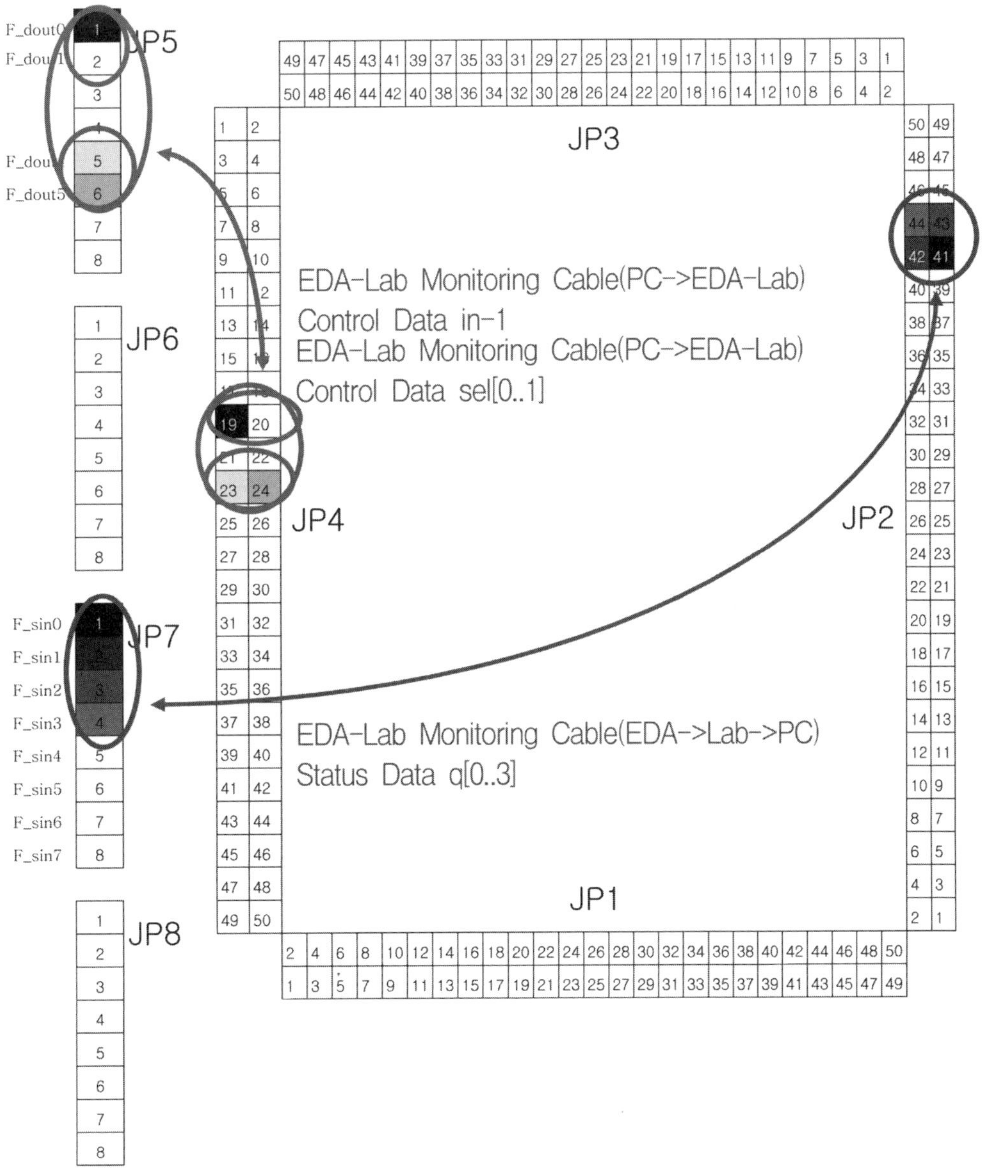

그림 8-19 1 to 4 디멀티플렉서 에뮬레이션 케이블 핀 연결을 위한 Jump Pin 배치도

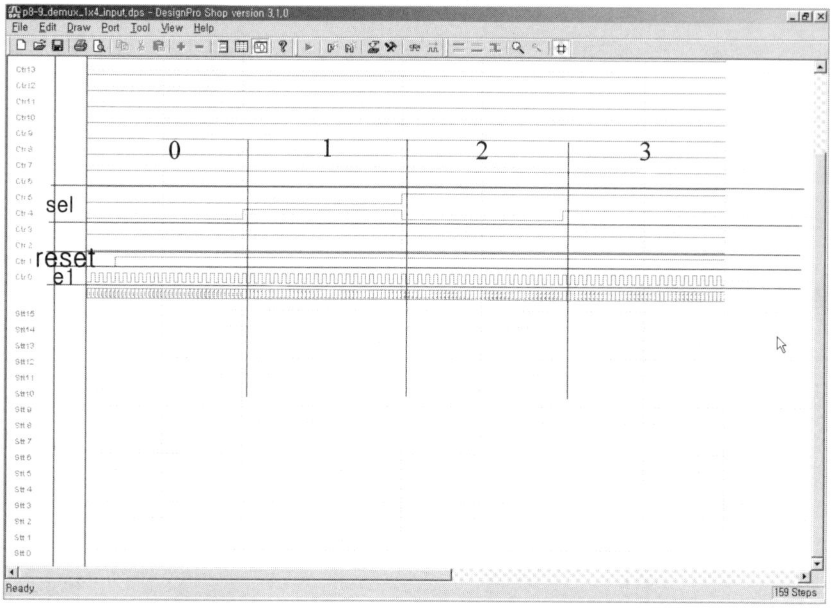

그림 8-20 1 line to 4 DEMUX 에뮬레이션 입력 신호

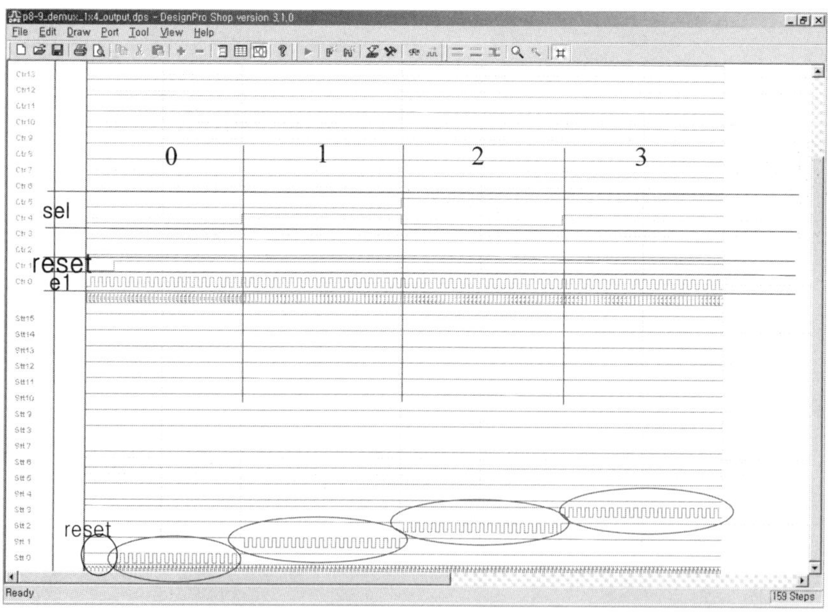

그림 8-21 1 line to 4 DEMUX 에뮬레이션 결과

Practice 3 프로그램 8-9의 74LS138을 이용한 DEMUX를 시뮬레이션하여라. 신호 E 값과 신호 A 값에 대하여 사용자 정의 Test Bench 프로그램을 표 8-6과 같이 되도록 작성하고 시뮬레이션하여라. 아래의 시뮬레이션 결과와 실습 시뮬레이션 결과를 비교하고, EDA-Lab 3000 장비를 이용하여 에뮬레이션하여라.

| 표 8-6 | 74LS138을 이용한 DEMUX Test Bench 입력 신호를 위한 표

Input	
Signal Name and Value	Description
E(3) = 1	always 1
E(2) = 0	always 0
E(1)	주기 20 ns
A[2..0] = 000	200 ns
A[2..0] = 001	200 ns
A[2..0] = 010	200 ns
A[2..0] = 011	200 ns
A[2..0] = 100	200 ns
A[2..0] = 101	200 ns
A[2..0] = 110	200 ns
A[2..0] = 111	200 ns

```
// — *** 사용자 정의 변경 및 추가 부분 시작 ***
    always begin
            #10 e=5;
            #10 e=4;
    end

    always begin
            #200 a=1; #200 a=2; #200 a=3; #200 a=4;
            #200 a=5; #200 a=6; #200 a=7; #200 a=0;
    end
// — *** 사용자 정의 변경 및 추가 부분 끝 ***
```

| Test Bench 8-3 | 74LS138 이용한 DEMUX 사용자 정의 Test Bench 프로그램

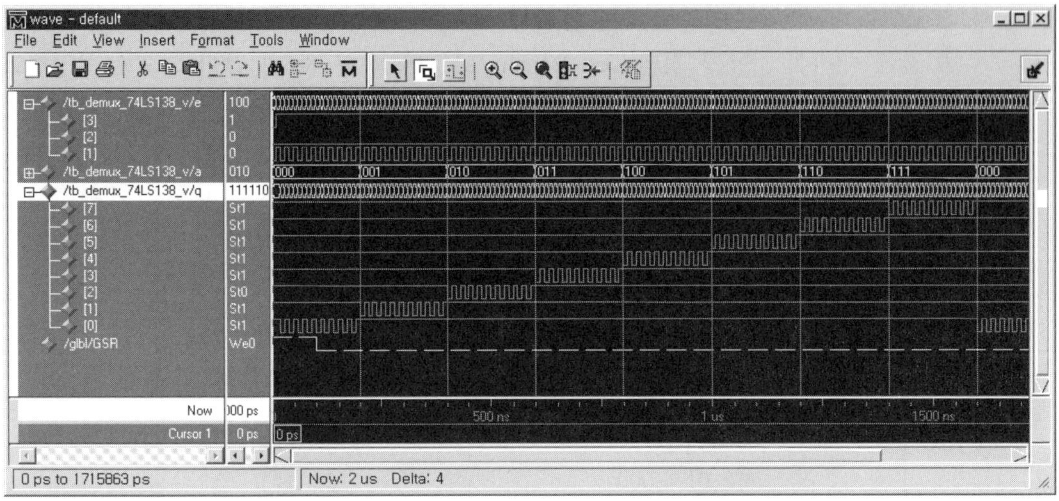

그림 8-22 74LS138을 이용한 DEMUX 시뮬레이션 결과

그림 8-24는 JP1 ~ JP8까지의 배치도이며 같은 색깔의 핀들을 표 8-7을 참고하여 테스트 케이블을 연결하고, demux_74ls138.ucf 파일을 작성하여 Synthesize, Implement Design, Generate Programming File 작업들을 수행하고, 생성된 demux_74ls138.bit 파일을 DesignPro Shop을 이용하여 다운로드하여 에뮬레이션을 할 수 있다.

| 표 8-7 | 74LS138을 이용한 디멀티플렉서 에뮬레이션을 위한 EDA-Lab 3000의 핀 할당

EDA Lab의 Signal Name	설계된 회로의		케이블 연결 두 핀		XC2S100PQ208의 핀 할당
	입력 신호명	출력 신호명			
FPGA_DOUT0	e(1)	–	JP5–1	JP4–19 or JP16–3	p175
FPGA_DOUT1	e(2)	–	JP5–2	JP4–20 or JP16–4	p176
FPGA_DOUT2	e(3)	–	JP5–3	JP4–21 or JP16–5	p178
FPGA_DOUT3	N.C.	–	JP5–4	JP4–22 or JP16–6	p179
FPGA_DOUT4	a(0)	–	JP5–5	JP4–23 or JP16–7	p180
FPGA_DOUT5	a(1)	–	JP5–6	JP4–24 or JP16–8	p181
FPGA_DOUT6	a(2)	–	JP5–7	JP4–30 or JP16–9	p187
FPGA_DOUT7	N.C.	–	JP5–8	JP4–31 or JP16–10	p188
FPGA_SIN0	–	q(0)	JP7–1	JP2–41	p95
FPGA_SIN1	–	q(1)	JP7–2	JP2–42	p96
FPGA_SIN2	–	q(2)	JP7–3	JP2–43	p97

| 표 8-7 | 74LS138을 이용한 디멀티플렉서 에뮬레이션을 위한 EDA-Lab 3000의 핀 할당 *(계속)*

EDA Lab의 Signal Name	설계된 회로의		케이블 연결 두 핀		XC2S100PQ208의 핀 할당
	입력 신호명	출력 신호명			
FPGA_SIN3	–	q(3)	JP7-4	JP2-44	p98
FPGA_SIN4	–	q(4)	JP7-5	JP2-45	p99
FPGA_SIN5	–	q(5)	JP7-6	JP2-46	p100
FPGA_SIN6	–	q(6)	JP7-7	JP2-47	p101
FPGA_SIN7	–	q(7)	JP7-8	JP2-48	p102

```
## Input signal
NET "e<1>" LOC = "p175";
NET "e<2>" LOC = "p176";
NET "e<3>" LOC = "p178";

NET "a<0>" LOC = "p180";
NET "a<1>" LOC = "p181";
NET "a<2>" LOC = "p187";

## output signal
NET "q<0>" LOC = "p95";
NET "q<1>" LOC = "p96";
NET "q<2>" LOC = "p97";
NET "q<3>" LOC = "p98";
NET "q<4>" LOC = "p99";
NET "q<5>" LOC = "p100";
NET "q<6>" LOC = "p101";
NET "q<7>" LOC = "p102";
```

그림 8-23 demux_74ls138.ucf 파일의 핀 할당 정보

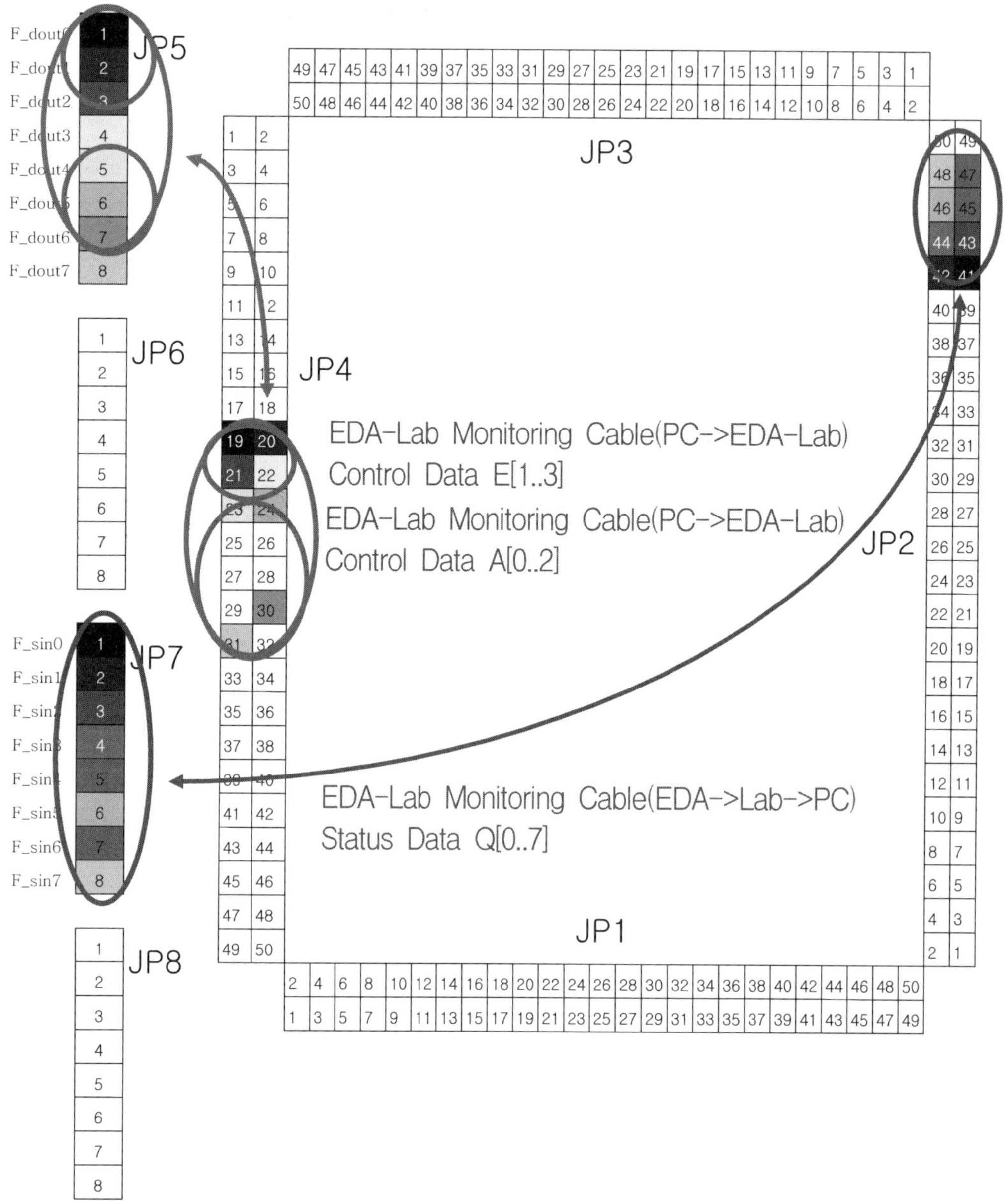

그림 8-24 74LS138을 이용한 DEMUX 에뮬레이션 케이블 핀 연결을 위한 Jump Pin 배치도

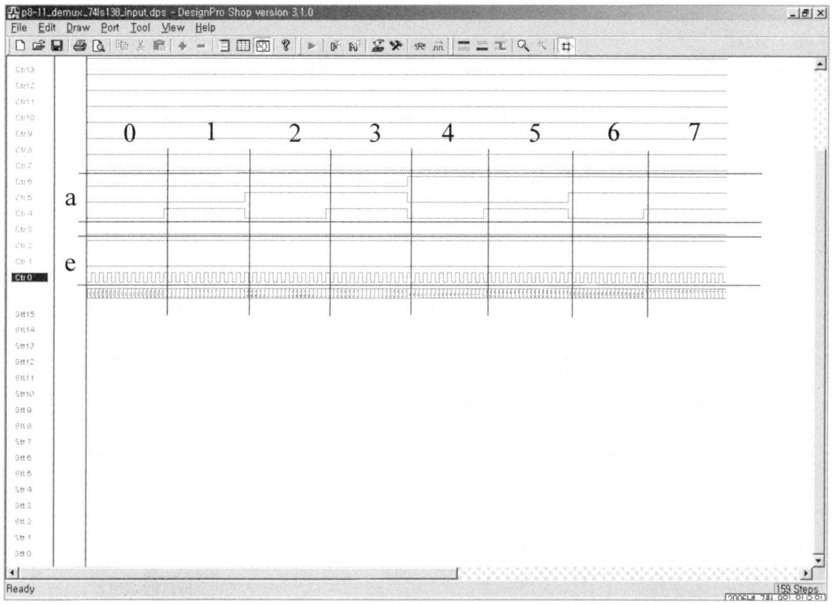

그림 8-25 74LS138을 이용한 DEMUX 에뮬레이션 입력 신호

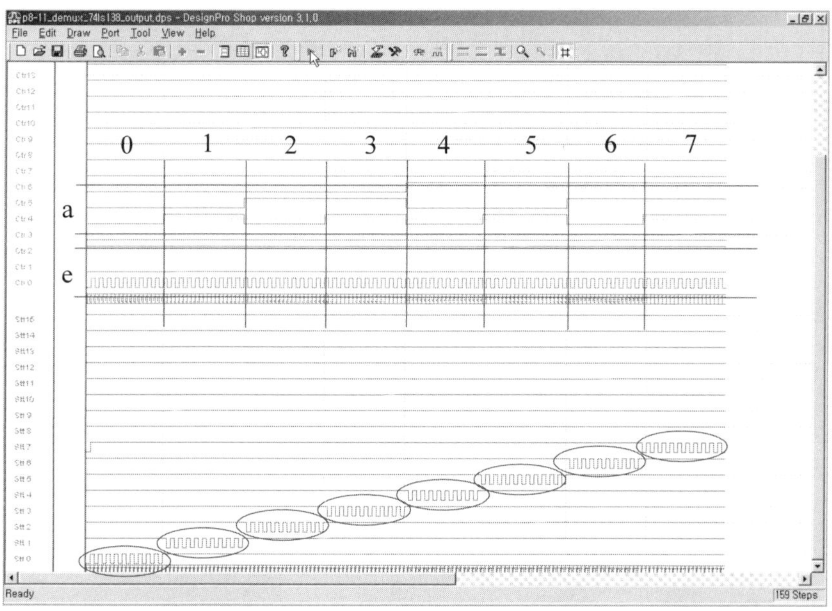

그림 8-26 74LS138을 이용한 DEMUX 에뮬레이션 결과

8.5 연습 문제

1. 그림 8-1의 다중기화(MUX)와 역다중화기(DEMUX)에서 4개의 입력 채널을 1개의 전송 채널로 그리고 1개의 전송 채널에서 4개의 출력 채널로 전송하는 다중화기 시스템의 블록 다이어그램을 그리고, 동작에 대해 간략히 설명하여라.

2. 그림 8-27은 7-segment 제어 부분을 위한 것이다. FPGA의 내부 회로인 MUX 부분을 설계하고, 7-segment에 차례대로 각 digit에 해당하는 값을 1~6까지 출력시키도록 설계하고 에뮬레이션하여라.

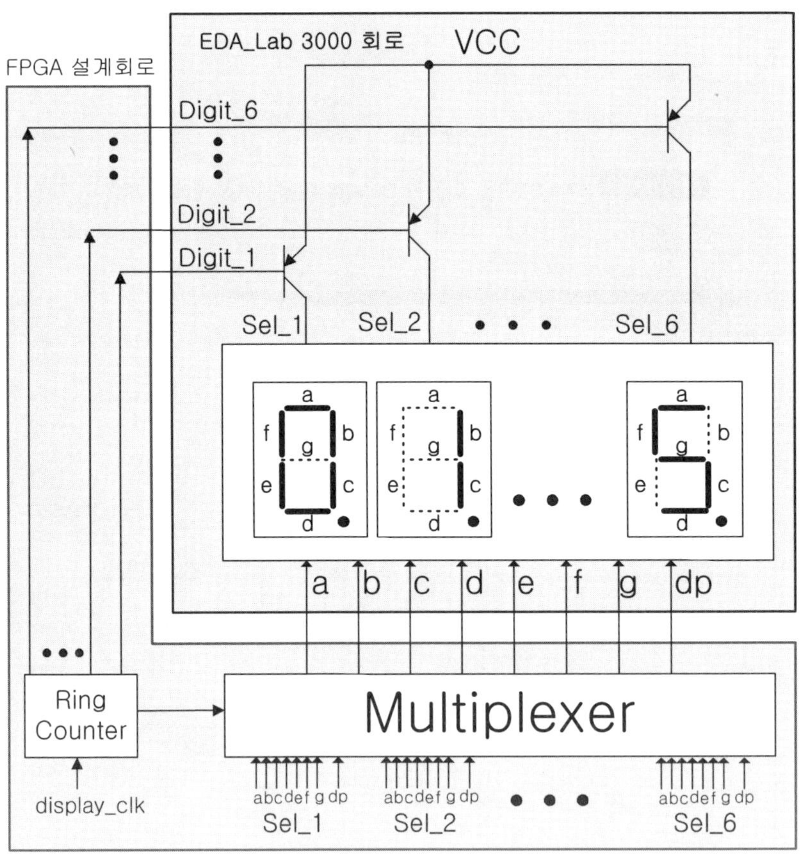

그림 8-27 6개의 7-segment 제어를 위한 세부 블록 다이어그램

Chapter_09

플립플롭과 시리얼에서 병렬 변환

9.1 실습 목적

- R-S 플립플롭을 이해하고 설계를 한다.
- J-K 플립플롭을 이해하고 설계를 한다.
- D 플립플롭을 이해하고 설계를 한다.
- T 플립플롭을 이해하고 설계를 한다.
- 플립플롭을 이용한 레지스터를 이해하고 설계를 한다.
- Serial To Parallel Shift 변환을 이해하고 설계를 한다.

9.2 설 명

지금까지 설명된 논리회로는 조합 논리회로(combinational logic circuits)로 현재 출력은 현재의 입력 상태에 의해서만 결정된다. 이에 반해 순차 논리회로(sequential logic circuits)에서의 현재 출력은 현재의 입력과 기억 소자에 기억된 과거 출력들과의 조합에 의해 결정된다. 이러한 순차 논리회로의 입력으로는 조합 논리회로의 출력 값들과 과거 출력 값을 기억하고 있는 기억 소자의 출력 값들의 조합으로 이루어진다.

또한 조합 논리회로에 대한 순차 논리회로의 차이점은 이전 출력의 현재 입력이라는 시간적인 개념이 도입된다. 이러한 과거 출력을 저장하는 순차 논리회로의 기억 소자로서는 플립플롭이 이용된다.

이 플립플롭은 정보의 저장 또는 기억회로, 계수회로, 및 데이터 정보 전송회로에 많이 사용되며, 동작 특성에 따라 RS 플립플롭, D 플립플롭, JK 플립플롭 그리고 T 플립플롭으로 나누어진다.

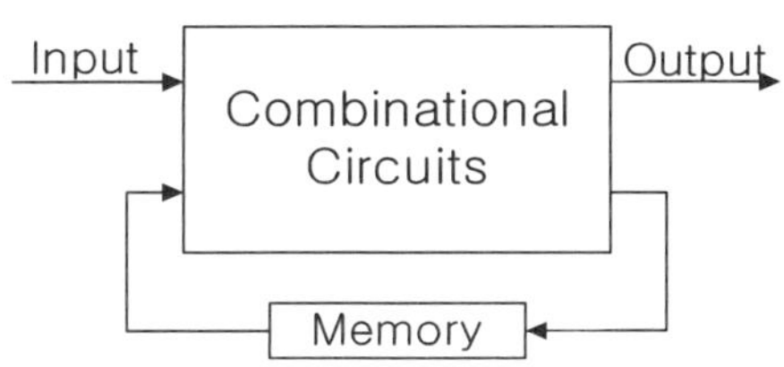

그림 9-1 순차 논리회로의 블록도

또한 플립플롭의 동작은 신호의 level에서 동작하느냐 edge에서 동작하느냐에 따라 비동기형 플립플롭(latch)과 동기형 플립플롭으로 나눈다. 우리가 얘기하는 일반적인 플립플롭은 동기형 플립플롭을 말한다.

▲ 비동기형 플립플롭

Clock 신호와 동기화되지 않는 플립플롭을 말한다. 즉, clock 신호의 level에서 동작되며 종류로는 latch와 gated latch가 있다.

▲ 동기형 플립플롭

Clock 신호와 동기화되는 플립플롭을 말한다. 동기화는 clock 신호의 edge에서 동작되며 종류로는 상승 에지 트리거형(positive edge triggered type)과 하강 에지 트리거형(negative edge triggered type)이 있다.

Verilog HDL 표현에서 latch 회로 같은 경우는 지금까지 배운 조합 논리회로에서처럼 이용하면 된다. 이와는 달리 Verilog HDL 표현에서 에지 트리거형 플립플롭은 clock의 동작을 표현하여야 한다. 그러므로 다음과 같이 clock을 정의한 구문을 이용하게 된다.

▲ Clock 정의 구문

- clock 동기회로 설계를 위한 구문
- always문 내부에서 if~then~else 구문과 함께 사용
- rising, falling edge를 선택

```
@ ( posedge signal )          -- rising edge
@ ( negedge signal )          -- falling edge
```

1) R-S Latch와 R-S 플립플롭(F/F)

▲ NOR 게이트로 연결된 R-S Latch

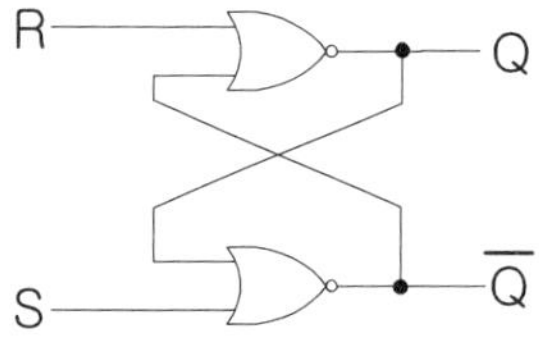

(a) NOR 구성된 회로

S R	Q(t+1)	Description
0 0	Q(t)	No Change
0 1	0	Reset
1 0	1	Set
1 1	—	undetermine

(b) 진리표

그림 9-2 NOR 구성된 R-S Latch의 회로와 진리표

R-S latch는 리셋(Reset) 단자와 셋(Set) 단자를 입력으로 하고 Q와 $\overline{Q}$ 단자들로 출력하는 회로이다. 이 회로는 NOR 게이트 또는 NAND 게이트로 구현할 수 있다. 그림 9-2의 NOR 게이트로 구성된 R-S latch에서 R은 리셋 단자, S는 셋(set)을 의미하며 진리표에서 $Q(t)$는 현재 출력, $Q(t+1)$은 미래 출력을 나타낸다.

그림 9-2의 회로에 대한 동작을 설명하면 다음과 같다.

① S=0, R=0이면, 출력은 과거 출력 값을 그대로 유지한다.
② S=0, R=1이면, 출력 $Q(t)$=0 된다. R=0으로 되어도 출력 $Q(t)$=0을 유지한다.
③ S=1, R=0이면, 출력 $Q(t)$=1 된다. S=0으로 되어도 출력 $Q(t)$=1을 유지한다.
④ S=1, R=1이면 그 값을 결정할 수 없게 된다. 그러므로 이 입력 상태는 입력 금지 상태가 된다.

프로그램 9-1은 위에서 설명한 동작에 대하여 Verilog HDL의 동작적 표현으로 조합 논리 R-S latch를 표현한 것이다. 이 프로그램에서 출력 q와 qb를 output으로 선언하여 출력하였다. R-S latch는 그림 9-2에서 보는 바와 같이 출력 신호를 다시 입력 신호로 이용한다. Module 내에서는 always문과 if문으로 R-S latch를 구현하였다. S=1, R=1인 경우는 금지 사항이기 때문에 if문에서 설정되지 않았다. 금지 사항인 S=1, R=1인 경우가 발생할 경우 시뮬레이션 상에서 에러가 발생할 수 있도록 하여 설계상의 논리적인 오류를 확인할 수 있다. 프로그램 9-2는 R-S latch 논리회로를 게이트 표현 Verilog HDL로 표현한 것이다. 이러한 표현을 자료흐름 표현이라 한다.

```
// ---------- RS-latch using always and assign statement ---------------
module rs_latch(set, reset, q, qb);
        input set;
        input reset;
        output q;
        output qb;
        reg q, qb;
        always @(set or reset)
                if ( set & !reset ) begin
                        q <= 1; qb <= 0;
                end
                else if ( !set & reset ) begin
```

| 프로그램 9-1 | always문과 if문을 이용한 R-S latch에 대한 동작적 표현

```
            q <= 0; qb <= 1;
        end
        else if ( !set & !reset ) begin
            q <= q; qb <= qb;
        end
endmodule
```

| 프로그램 9-1 | always문과 if문을 이용한 R-S latch에 대한 동작적 표현 *(계속)*

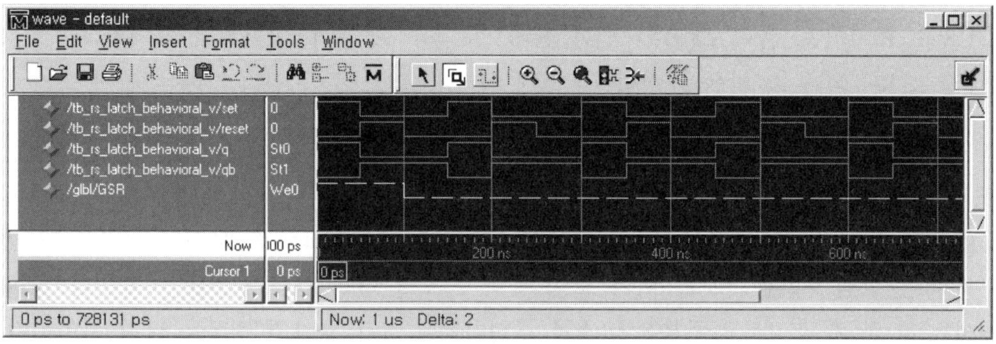

(a) R-S latch 동작적 표현인 프로그램 9-1에 대한 시뮬레이션 결과

```
// — *** 사용자 정의 추가 부분 시작 ***

    always begin
            set = 1;  reset = 0; # 50 ;
            set = 0;  reset = 1; # 50 ;
            set = 0;  reset = 0; # 50 ;
    end

// — *** 사용자 정의 추가 부분 끝 ***
```

(b) 사용자 정의 추가 Test Bench

| 시뮬레이션 9-1 | R-S latch 동작적 표현 시뮬레이션

```
// ────────── RS-latch using continuous assignment ──────────────
module rs_latch_assignment (set, reset, q, qb);
        input set;
        input reset;
        output q;
        output qb;

        wire q, qb;

        assign q = ~ ( qb | reset);
        assign qb = ~ (q | set);

endmodule
```

| 프로그램 9-2 | continuous assignment문을 이용한 R-S latch에 대한 표현

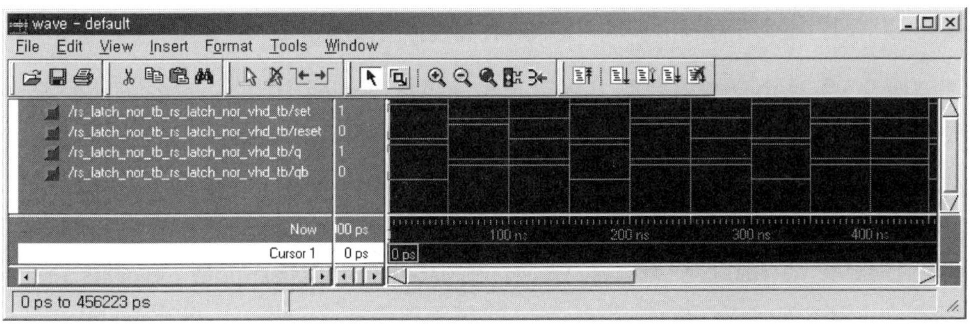

(a) R-S latch continuous assignment 표현인 프로그램 9-2에 대한 시뮬레이션 결과

```
// — *** 사용자 정의 추가 부분 시작 ***

        always begin
                set = 1;  reset = 0; # 50 ;
                set = 0;  reset = 1; # 50 ;
                set = 0;  reset = 0; # 50 ;
        end

// — *** 사용자 정의 추가 부분 끝 ***
```

(b) 사용자 정의 Test Bench

| 시뮬레이션 9-2 | Continuous assignment 구문을 이용한 R-S latch 시뮬레이션

NAND 게이트로 연결된 R-S Latch

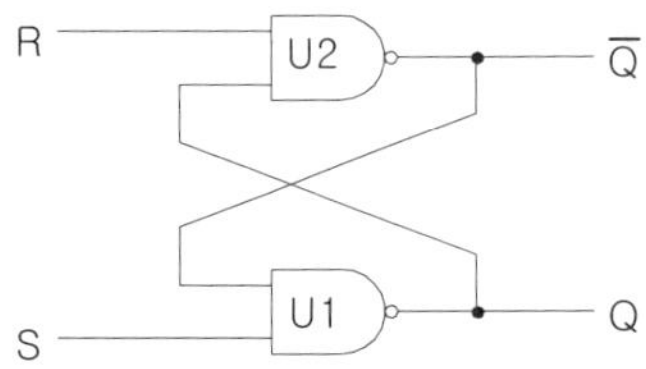

(a) NAND로 구성된 회로

S R	Q(t+1)	Description
0 0	—	undetermine
0 1	1	Set
1 0	0	Reset
1 1	Q(t)	No Change

(b) 진리표

그림 9-3 NAND로 구성된 R-S Latch의 회로와 진리표

그림 9-3은 NAND로 구성된 R-S Latch의 회로와 진리표이다. NAND로 구성된 R-S latch 진리표를 보면 NOR로 구성된 R-S latch 진리표와 차이가 있다. 이것은 각각 게이트 특성으로 발생되는 문제이나 출력 값에 영향을 주므로 유의해야 한다. 입력 S와 R 신호를 반전시켜서 NAND에 입력시키면 NOR 게이트의 진리표와 같이 동작을 한다.

프로그램 9-3은 NAND 게이트로 표현된 R-S latch를 Verilog HDL의 구조적인 표현으로 구현하였다. 구조적 표현은 앞에서 설명한 동작적 표현, 데이터 흐름 표현 보다 복잡한 표현이 아닌가 생각된다. 구조적 표현은 가장 하드웨어에 가까운 표현이나, 복잡한 기능을 갖는 회로 표현을 위하여 작은 기능별로 구현된 module을 계층적 구조로 통합을 위해서는 반드시 필요한 표현이 아닌가 생각된다. 여기서는 NAND 게이트의 module을 구현한 후, 이를 계층적 구조적 표현으로 R-S latch를 구현하였다. 하나의 R-S latch를 위하여 두 개의 module이 구현되었다. 사용자에 따라 구현된 두 개의 module을 하나의 파일로 관리할 수 있으나, 각각의 파일로 관리하는 것이 편한 사용자가 있을 수 있다.

프로그램 9-3에서의 sub_mudule 사용에서 신호들의 결합은 아래와 같은 위치 결합으로 되어있다.

```
nand2 u1( set, qb, q );                -- 위치 결합
```

이를 이름 결합으로 다음과 같이 표현하여도 된다.

```
nand2 u1( .a(set), .b(qb), .c(q) );    -- 이름 결합
```

```
// ─────────── NAND를 이용한 R-S 래치 ───────────
module rs_latch_nand(set, reset, q, qb);
        input set;
        input reset;
        output q;
        output qb;

        nand2 u1(set, qb, q);
        nand2 u2(reset, q, qb);

endmodule

// ─────────── Nand gate ───────────
module nand2(a, b, c);
        input  a;
        input  b;
        output c;

        assign c = ~(a & b);
endmodule
```

| 프로그램 9-3 | NAND를 이용한 R-S 래치에 대한 Verilog HDL의 구조적 표현

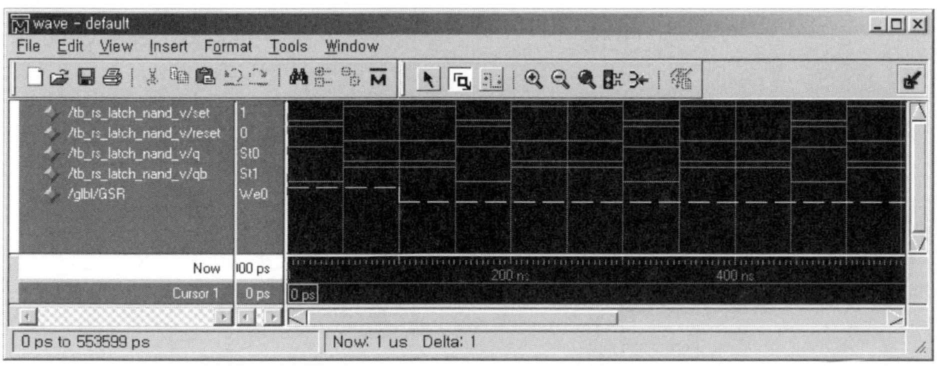

(a) NAND로 구성된 R-S Latch의 시뮬레이션 결과

| 시뮬레이션 9-3 | NAND로 구성된 R-S Latch의 시뮬레이션

```
// — *** 사용자 정의 추가 부분 시작 ***

      always begin
            set = 0;  reset = 1; # 50 ;
            set = 1;  reset = 0; # 50 ;
            set = 1;  reset = 0; # 50 ;
      end

// — *** 사용자 정의 추가 부분 끝 ***
```

(b) 사용자 정의 Test Bench

| 시뮬레이션 9-3 | NAND로 구성된 R-S Latch의 시뮬레이션 *(계속)*

Gated R-S Latch : 인에이블(enable) 신호가 입력되는 R-S 래치

입력			내부		출력	상태
EN	S	R	S'	R'	Q(t+1)	
0	X	X	X	X	Q(t)	불변
1	0	0	1	1	Q(t)	불변
1	0	1	1	0	0	Reset
1	1	0	0	1	1	Set
1	1	1	0	0	—	부정

(a) 진리표

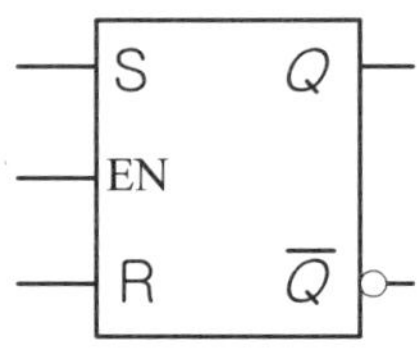

(b) 심볼

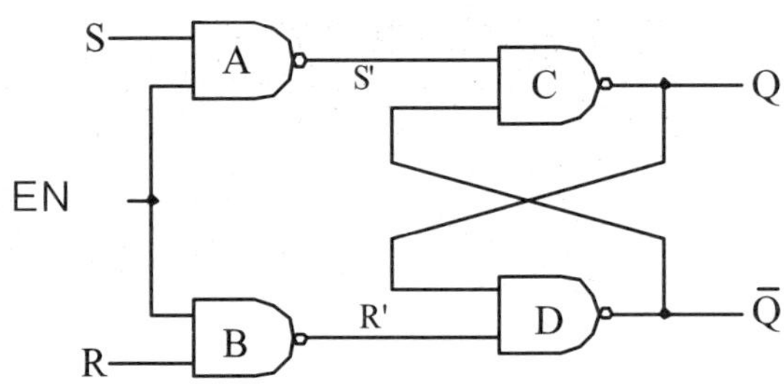

(c) 내부 회로도

그림 9-4 Gated R-S latch의 진리표, 심볼, 내부 회로도

그림 9-4(c)의 내부 회로도에서 R-S latch에 latch 동작 가능 신호 EN 단자를 추가하면 EN 신호로 latch의 동작을 제어할 수 있게 된다. 즉, 신호 EN='1'이면 R-S latch는 동작하게 되는데, 이를 gated R-S latch라 한다. 동작 상태를 표현한 진리표는 그림 9-4(a)와 같고, 심볼은 그림 9-4(b)와 같이 표현한다.

프로그램 9-4는 gated R-S latch를 Verilog HDL의 동작적 표현을 구현한 것으로, R-S latch와 비교할 경우 신호 EN='1'이면 동작하도록 하는 구체적인 설계부분 module의 always문 내에 if문이 추가되었다.

```
//—————————— NAND를 이용한 Gated R–S Latch ————————
module gated_rs_latch( en, set, reset, q, qb);
        input en;
        input set;
        input reset;
        output q;
        output qb;

        wire tmp_set;
        wire tmp_reset;

        assign tmp_set = ~( en & set );      // tmp_set =  en nand set
        assign tmp_reset = ~( en & reset ); // tmp_reset= en nand reset

        rs_latch_nand u1( tmp_set, tmp_reset, q, qb );  -- 위치 결합

endmodule

//—————————— NAND를 이용한 R–S Latch ————————
module rs_latch_nand(set, reset, q, qb);
        input set;
        input reset;
        output q;
        output qb;

        nand2 u1(set, qb, q);
        nand2 u2(reset, q, qb);
endmodule
```

| 프로그램 9-4 | Gated R–S latch에 대한 동작적 표현

```
// ───────────── Nand gate ─────────────
module nand2(a, b, c);
        input  a;
        input  b;
        output c;
        assign c = ~(a & b);
endmodule
```

| 프로그램 9-4 | Gated R-S latch에 대한 동작적 표현 *(계속)*

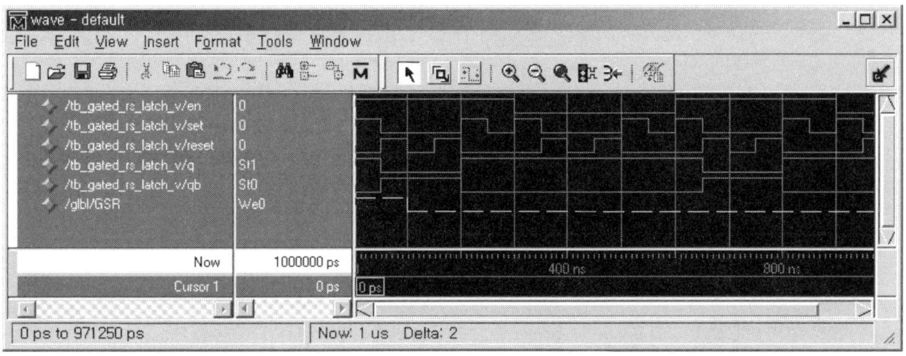

(a) Gated R-S latch 설계인 프로그램 9-4에 대한 시뮬레이션 결과

```
// — *** 사용자 정의 추가 부분 시작 ***
        always begin
                set = 1;  reset = 0; # 50 ;
                set = 0;  reset = 1; # 50 ;
                set = 0;  reset = 0; # 50 ;
                set = 0;  reset = 1; # 50 ;
                set = 1;  reset = 0; # 50 ;
                set = 0;  reset = 0; # 50 ;
        end
        always begin
                en = 1;  # 300;
                en = 0;  # 300 ;
        end
// — *** 사용자 정의 추가 부분 끝 ***
```

(b) 사용자 정의 Test Bench

| 시뮬레이션 9-4 | Gated R-S latch 시뮬레이션

R-S 플립플롭(R-S flip flop)

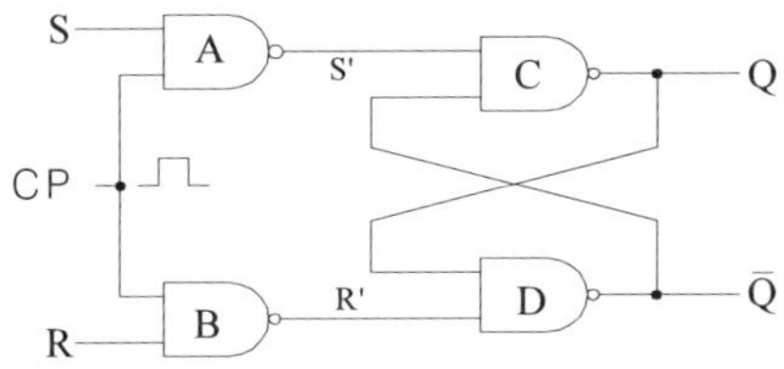

(a) NAND 게이트에 의한 R-S F/F

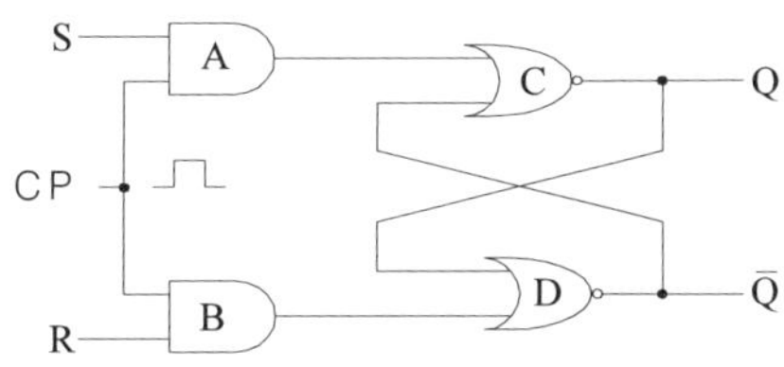

(b) NOR 게이트에 의한 R-S F/F

입력			출력
CP	S	R	Q(t+1)
↑	0	0	Q(t)
↑	0	1	0
↑	1	0	1
↑	1	1	—

(c) 진리표

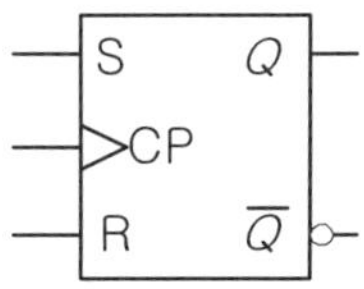

(d) 심볼

그림 9-5 R-S 플립플롭의 내부 회로도, 진리표, 심볼

플립플롭과 latch와 가장 큰 차이점은 전자는 edge에서 동작이 되고, 후자는 level에서 동작이 되는 것이라 할 것이다. 그림 9-5는 R-S 플립플롭의 내부 회로도와 진리표, 심볼 등을 나타내었다. 플립플롭과 gated R-S latch에서 회로적으로는 큰 차이가 없음을 알 수 있는데, 실제로 플립플롭에서는 펄스 변이 검출기(pules transition detector)라는 것이 하나 더 추가되어 있다. 이 회로를 생략한다면 두 개의 회로는 차이가 없다.

동작적으로 생각해 보면, latch에서 동작을 가능하게 하는 신호 EN='1'이 먼저 설정된 후에 입력 R과 S 값에 의해 출력이 결정된다. 이에 반하여 플립플롭은 신호 R과 S 값이 먼저 설정된 후에 신호 CP(클럭펄스)에 의해 출력이 결정되는 점의 차이가 있다. 논리적인 결과는 플립플롭과 같은 결과를 갖게 되나, Verilog HDL 표현에서는 edge에서 동작되는 플립플롭에 대한 edge 정의 구문이 if문으로 always 내에 반드시 존재해야 한다. 하나의 always문 내에서는 단일의 신호에 대한 단일 edge를 사용해야 한다. 심볼에서도 edge 표현으로 그림 9-4(b)와 그림 9-5(d)와 비교하여 보면 '▷'이 추가되어 있다.

프로그램 9-5의 시뮬레이션을 통한 결과 시뮬레이션 9-5(a)를 보면, 신호 R과 S의 값이 변하더라도 결과에는 아무런 변화가 없음을 알 수 있다. 다만, 신호 CP의 상승(rising edge) 시점에서의 입력 신호 S와 R 값에 의해 출력이 발생됨을 알 수 있다.

```
// ————————— R-S F/F ——————————
module rs_ff(reset, rst, set, cp, q, qb);
        input  reset, rst, set, cp;
        output q, qb;
        reg q, qb;

        always @(negedge reset or posedge cp)
                if (!reset) begin
                        q<=0; qb<=1;
                end else  begin
                        if ( set && !rst ) begin
                                q<=1; qb<=0;
                        end
                        else if (!set && rst ) begin
                                q<=0; qb<=1;
                        end

                        else if (!set && !rst ) begin
                                q<=q; qb<=qb;
                        end
                end

endmodule
```

| 프로그램 9-5 | R-S 플립플롭에 대한 Verilog HDL 표현

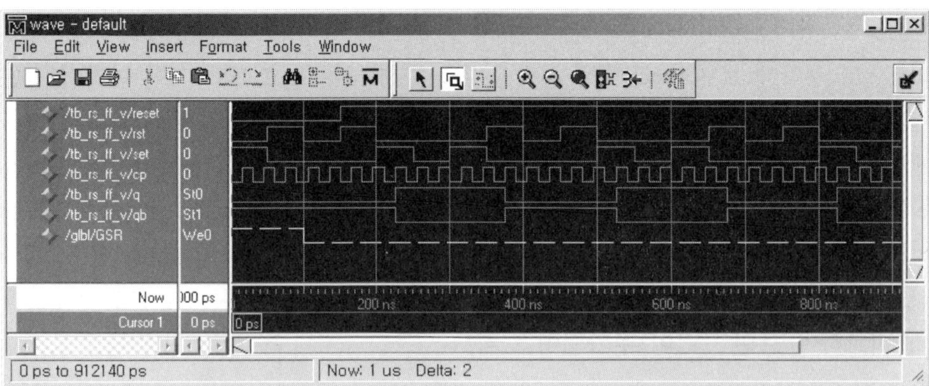

(a) R-S 플립플롭 프로그램 9-5에 대한 시뮬레이션 결과

| 시뮬레이션 9-5 | R-S 플립플롭 시뮬레이션

```
// — *** 사용자 정의 추가 부분 시작 ***
      initial begin
            // Initialize Inputs
            reset = 0;
            rst = 0;
            set = 0;
            cp = 0;
            #150; reset=1;  // 추가 부분
      end
      always begin
            set=1;   rst=0;   #50;
            set=0;   rst=1;    #50;
            set=0;   rst=0;   #50;
            set=0;   rst=1;   #50;
            set=1;   rst=0;   #50;
            set=0;   rst=0;   #50;
      end
      always begin
            cp=0; #15;          cp=1; #15;
      end
// — *** 사용자 정의 추가 부분 끝 ***
```

(b) 사용자 정의 Test Bench

| 시뮬레이션 9-5 | R-S 플립플롭 시뮬레이션 *(계속)*

2) J-K 플립플롭

J-K 플립플롭은 R-S 플립플롭에서의 금지 조건을 해결한 플립플롭으로 R-S 단자에 대응하는 J-K 단자 입력이 J=K=1인 경우에서 출력은 현재 값이 '0'이면 '1'로 set하거나 현재 값이 '1'이면 '0'으로 reset할 수 있도록 하기 위하여 부가적으로 이 toggle 동작을 제공한다.

CLK	J K	Q(t+1)
↓	0 0	Q(t)
↓	0 1	0
↓	1 0	1
↓	1 1	Q'(t)

(a) 진리표

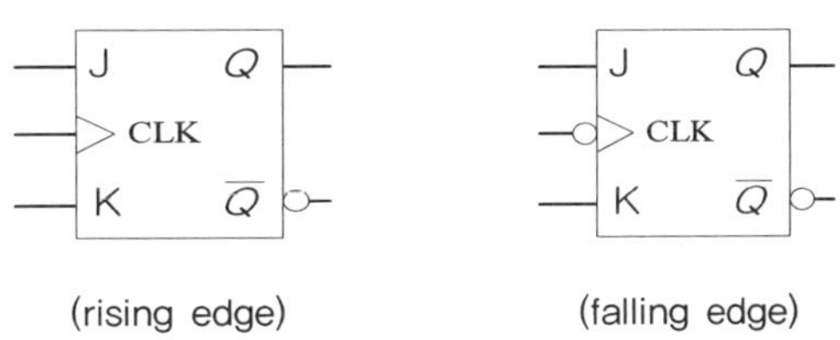

(c) 논리 심볼

그림 9-6 J-K플립플롭의 진리표와 특성 방정식, 로직 심벌, 타이밍 다이어그램

$$Q(t+1) = JQ' + K'Q$$

(b) 특성 방정식

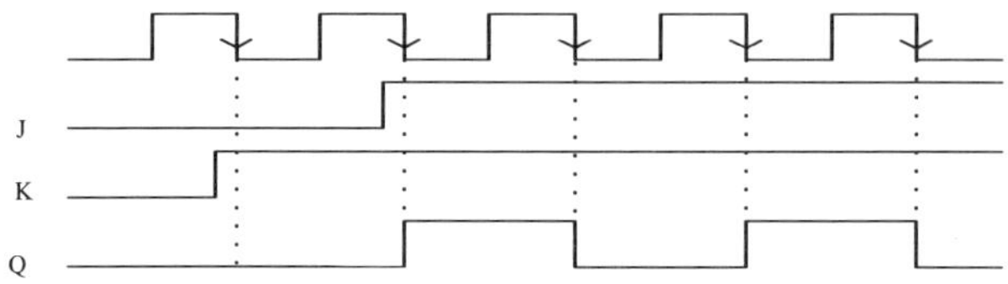

(d) 타이밍 다이어그램

그림 9-6 J-K 플립플롭의 진리표와 특성 방정식, 로직 심벌, 타이밍 다이어그램 *(계속)*

동작 모드	입 력					출 력	
	SD	RD	CP	J	K	Q	Q'
비동기셋	0	1	×	×	×	1	0
비동기리셋	1	0	×	×	×	0	1
미결정	0	0	×	×	×	1	1
토글	1	1	↓	1	1	q'	q
0	1	1	↓	0	1	0	1
1	1	1	↓	1	0	1	0
nochange	1	1	↓	0	0	q	q'

(a) 진리표

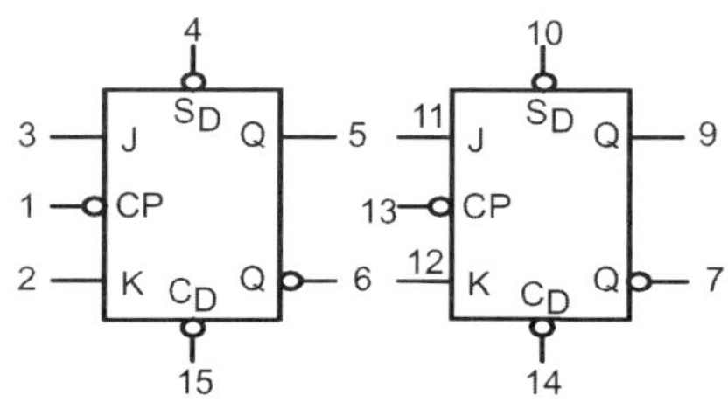

(b) 논리 심벌

그림 9-7 74HC112의 진리표와 논리 심벌

```
// ———————————— J-K F/F ————————————
module jk_ff(rst, j, k, clk, q);
        input  rst, j, k, clk;
        output q;

        reg q;

        always @( negedge rst, negedge clk)
               if (!rst)
                      q<=0;
               else
                      if (!j && !k)
```

| 프로그램 9-6 | Falling edge J-K 플립플롭의 Verilog HDL 표현

```
                    q<=q;
                else if (j && !k)
                    q<=1;
                else if (!j && k)
                    q<=0;
                else
                    q<=~q;
endmodule
```

| 프로그램 9-6 | Falling edge J-K 플립플롭의 Verilog HDL 표현 *(계속)*

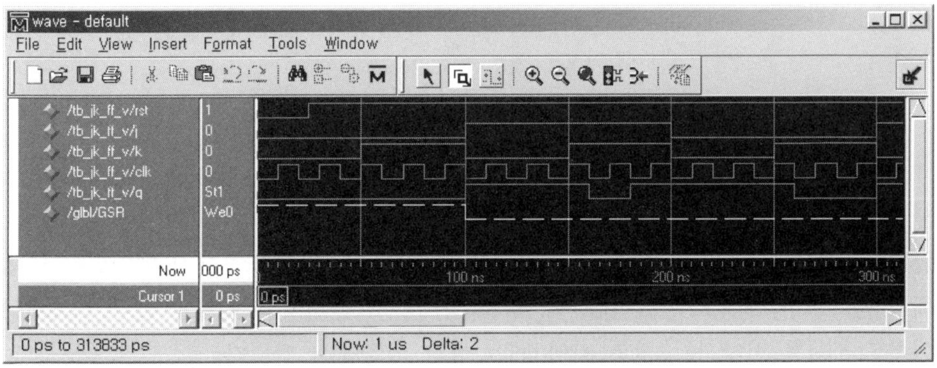

(a) J-K 플립플롭의 시뮬레이션 결과

```
// — *** 사용자 정의 추가 부분 시작 ***
        initial begin
                // Initialize Inputs
                rst = 0;
                j = 0;
                k = 0;
                clk = 0;

                #25 rst=1;     // 수정 부분
        end
        //------------------------------------------
        always begin
```

(b) 사용자 정의 Test Bench

| 시뮬레이션 9-6 | J-K 플립플롭 시뮬레이션

```
            clk = 0; #10;
            clk = 1; #10;
    end

    always begin
            j=0; k=0; #50;
            j=0; k=1; #50;
            j=1; k=0; #50;
            j=1; k=1; #50;
    end
// — *** 사용자 정의 추가 부분 끝 ***
```

(b) 사용자 정의 Test Bench *(계속)*

| 시뮬레이션 9-6 | J-K 플립플롭 시뮬레이션 *(계속)*

3) D 플립플롭

D 플립플롭은 D라는 한 개의 데이터 입력을 가지며, D 입력에 가해진 데이터는 클럭 신호에 의해서 출력으로 그대로 전달된다. 즉, 현재 상태를 지연시키는 역할을 한다. D 플립플롭이라는 이름도 data를 전달하는 것과 지연(delay)하는 역할에서 따왔다.

이 D 플립플롭은 데이터를 잠깐 간직하는 register 등과 빠른 속도의 용량이 작은 메모리 등에 많은 이용되고 있다.

CLK	D	Q(t+1)
↑	L	L
↑	H	H

(a) 진리표

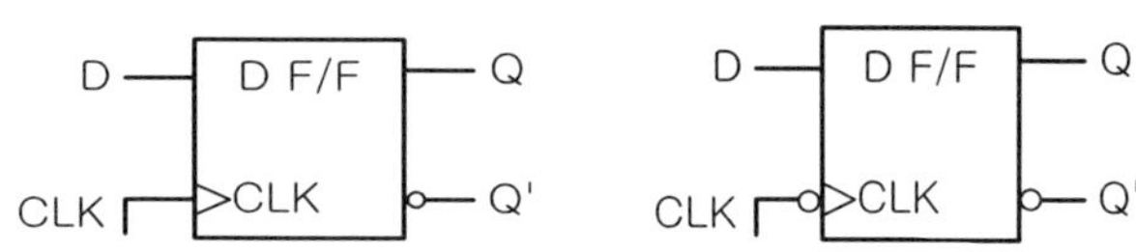

(b) 로직 심벌

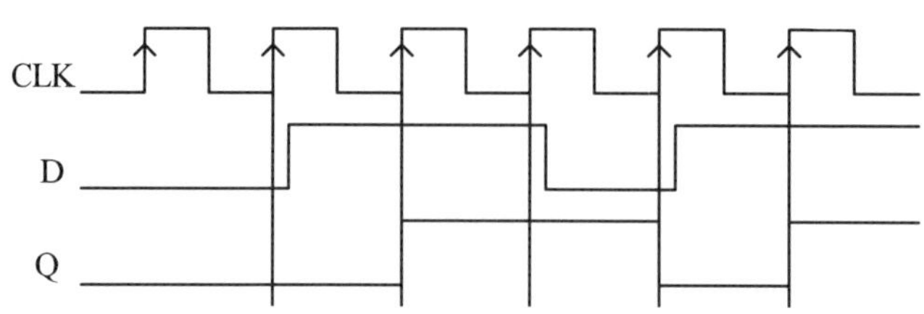

(c) 타이밍 다이어그램

그림 9-8 D 플립플롭의 진리표, 로직 심벌, 타이밍 다이어그램

프로그램 9-8은 D 플립플롭을 Verilog HDL로 표현한 것이다. 설계 표현에서 특별한 내용은 없다. always문 내의 if문에서 clk 신호의 rising edge가 선언되었고, rising edge 시에 입력 D 신호는 출력 Q로 전달된다. 이때 nonblocking assignment 표현 “Q<=D;” 또는 blocking assignment 표현 “Q=D;”이 있다. 이들 표현에서 “<=”과 “=”은 신호의 전달을 표현하고, 실제 신호는 시간적 지연을 갖는 것이 상식이다. 합성에 있어 nonblocking assignment 표현과 blocking assignment 표현은 큰 차이점을 가진다. 여기서 module는 전체 블록의 입출력 신호의 정의와 실제 회로 동작의 구체적인 표현을 하는데, 여기서 표현된 D 플립플롭은

```
Q <= D ;
```

과 같이 nonblocking assignment 표현으로 한다. 너무 간단한 이 표현이 D 플립플롭의 표현 전부인 것이다.

시뮬레이션 9-7(a)에서 D 플립플롭의 시뮬레이션을 보면 D 입력은 clk의 rising edge에서 Q 출력으로 전달되는 것을 확인할 수 있다. 시뮬레이션 9-7(a)와 같은 시뮬레이션을 위하여 clk은 50 ns의 주기를 갖도록 하고 D 입력은 200 ns의 주기를 갖도록 하였다.

```
// ───────── D ff ──────────────────────────
module dff(d, clk, q);
        input  d, clk;
        output q;

        reg q;

        always @(posedge clk)
                q <= d;
endmodule
```

| 프로그램 9-7 | D 플립플롭의 Verilog HDL 표현

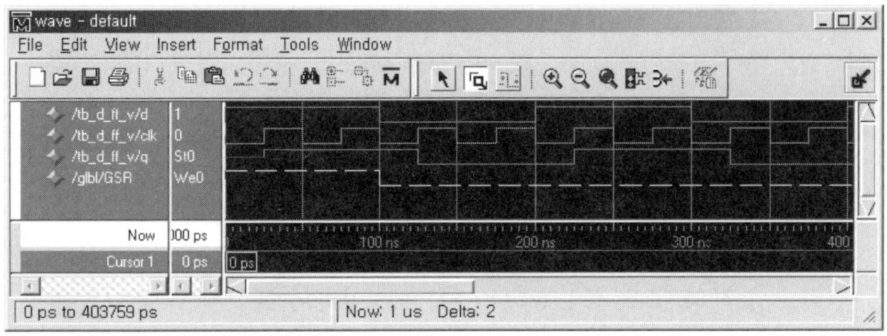

(a) D 플립플롭의 시뮬레이션 결과

```
// — *** 사용자 정의 추가 부분 시작 ***
        always begin
                clk <= 0;  #25;
                clk <= 1;  #25;
        end
        always begin
                d <= 1; #100;
                d <= 0; #100;
        end
// — *** 사용자 정의 추가 부분 끝 ***
```

(b) 사용자 정의 Test Bench

| 시뮬레이션 9-7 | D 플립플롭의 시뮬레이션

D 플립플롭의 비동기(Asynchronous) Reset Architecture

CLK	D	Set	Reset	출 력	
				Q	Q'
X	X	0	1	1	0
X	X	1	0	0	1
↑	0	1	1	0	1
↑	1	1	1	1	0

(a) 진리표

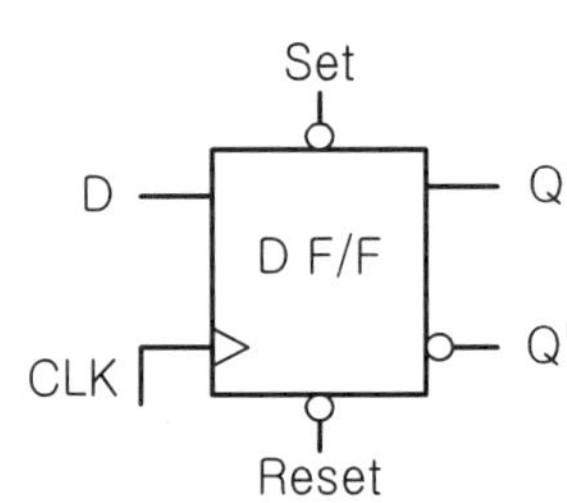

(b) 논리 심볼

그림 9-9 D 플립플롭의 비동기 동작에 대한 진리표, 논리 심볼

여기서 부터는 Reset 신호가 가해질 때 어느 시점에서 Reset이 동작되는가에 따라 비동기식 Reset과 동기식 Reset이 있다. 비동기식 Reset 회로는 플립플롭에 가해지는 CLK 신호와 관계없이 Reset 신호가 가해지는 시점에서 Reset이 동작하는 회로를 얘기한다. 동기식 Reset 회로는 플립플롭에 가해지는 CLK 신호와 동기되어 CLK 신호의 edge에서 Reset이 동작되는 회로를 말한다. Reset 같은 경우는 회로의 초기화, 아주 심각한 상황 발생 등에 의해 강제적으로 이루어지는 부분이 많음으로 동기식보다는 비동기식을 사용하는 것이 회로 상에서 이점이 있으리라 생각한다. 여기서는 두 방식의 동작에 대한 차이점에 대하여 시뮬레이션하고 회로를 이해하도록 한다.

프로그램 9-8은 비동기식 reset을 갖는 D 플립플롭을 그림 9-9(a)의 진리표를 만족하도록 표현하였다. 앞에서 공부한 D 플립플롭과는 달리 reset 신호가 추가되었고 신호 clk의 edge 동작 선언 이전에 동작되도록 clk의 edge 동작 앞 라인에 프로그램하였다.

시뮬레이션 9-8(a)는 비동기 reset 신호를 갖는 D 플립플롭의 시뮬레이션 결과에 대한 생각해 보면, D 플립플롭은 reset='1'일 때 정상적으로 동작하는 것을 알 수 있다. D 입력 신호는 clk의 rising edge에 동기되어 Q 출력이 얻어진다. 그러나, 신호 reset='0'에 의해서는 clk 신호의 edge와 상관없이 Q='0'을 갖는 것으로 그림 9-9(a)의 진리표를 만족하는 것을 확인할 수 있다. 시뮬레이션 9-8(b)는 비동기 reset 신호를 갖는 D 플립플롭의 시뮬레이션을 위한 Test Bench이다.

```
// ———————— 비동기 reset d flip flop ————————
module async_reset_d_ff(d, clk, reset, q);
       input d, clk, reset;
       output q;

       reg   q;

       always @(negedge reset or posedge clk)
       begin
              if (!reset)
                     q <= 0;
              else
                     q <= d;
       end

endmodule
```

| 프로그램 9-8 | 비동기 reset 신호를 갖는 D 플립플롭의 Verilog HDL 표현

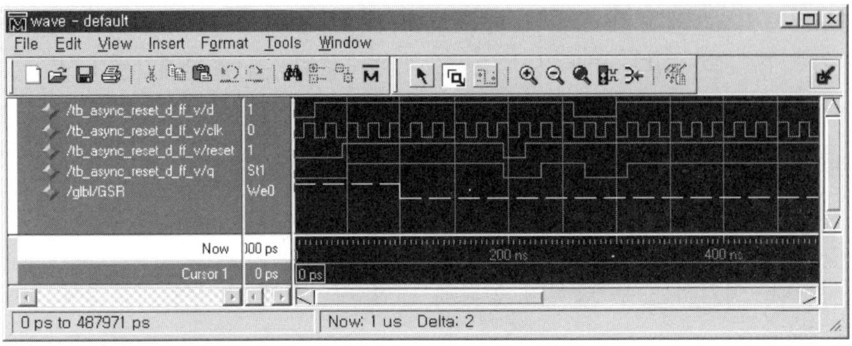

(a) 비동기 reset 신호를 갖는 D 플립플롭의 시뮬레이션 결과

```
// — *** 사용자 정의 추가 부분 시작 ***
        always begin
                reset <= 0;  #45;
                reset <= 1;  #150;
                reset <= 0;  #20;
                reset <= 1;  #1000000000;
        end
        always begin
                clk <= 0; #10;
                clk <= 1; #10;
        end

        always begin
                d <= 0; #20;
                d <= 1; #240;
                d <= 0; #40;
                d <= 1; #1000000000;
        end
// — *** 사용자 정의 추가 부분 끝 ***
```

(b) 사용자 정의 Test Bench

| 시뮬레이션 9-8 | 비동기 reset 신호를 갖는 D 플립플롭의 시뮬레이션

D F/F 동기(Synchronous) Reset Architecture

CLK	D	Set	Reset	출 력	
				Q	Q'
↑	X	0	1	1	0
↑	X	1	0	0	1
↑	0	1	1	0	1
↑	1	1	1	1	0

(a) 진리표

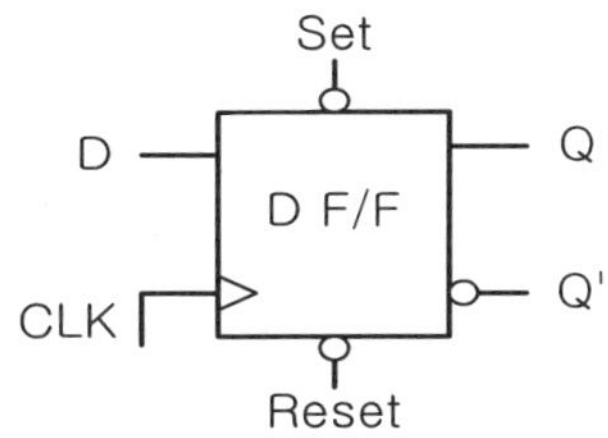

(b) 논리 심볼

그림 9-10 D 플립플롭의 동기 동작에 대한 진리표, 논리 심볼

그림 9-10(a)의 진리표에서 볼 수 있듯이, 동기식 reset을 갖는 D 플립플롭은 비동기식 reset과는 달리 신호 set과 신호 reset은 CLK의 rising edge에서만 출력으로 전달되는 것을 알 수 있다. 이와 같은 진리표를 만족하도록 프로그램 9-9에서 Verilog HDL로 표현하였다. 프로그램 9-8과의 차이점은 신호 reset이 clk의 rising edge 선언 if 내에 reset 신호로 선언되어 있다. 그러므로 reset 신호는 clk의 rising edge가 발생되어야만 동작이 된다. 시뮬레이션 9-9(a)는 프로그램 9-9의 동기식 reset을 갖는 D 플립플롭의 시뮬레이션 결과이다.

시뮬레이션 9-9(a)에서 신호가 reset='0'으로 가해지더라도, reset 신호 입력 즉시 reset 동작이 이루어지지 않고 clk의 rising edge 부분에서 reset이 동작됨을 확인할 수 있다.

```
// ―――――――― Synchronous Reset ――――――――
module sync_reset_d_ff(d, clk, reset, q);
        input  d, clk, reset;
        output q;

        reg    q;

        always @(posedge clk)
               if (!reset)
                      q <= 0;
               else
                      q <= d;
endmodule
```

| 프로그램 9-9 | 동기 reset 신호를 갖는 D 플립플롭의 Verilog HDL 표현

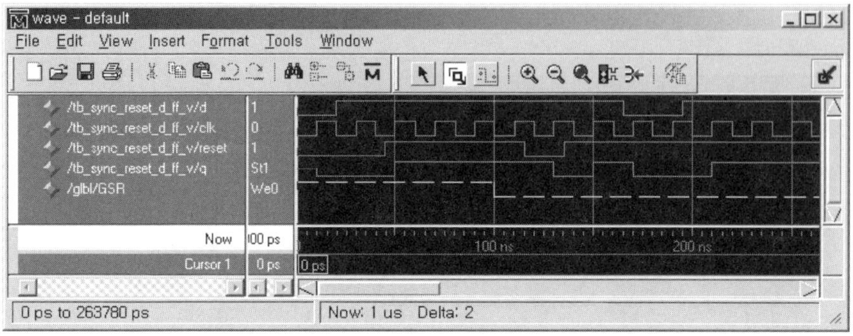

(a) 동기 reset 신호를 갖는 D 플립플롭의 시뮬레이션 결과

```
// — *** 사용자 정의 추가 부분 시작 ***
        initial begin
                reset = 0; #45;
                reset = 1; #70;
                reset = 0; #20;
                reset = 1;
        end
        initial begin
                d = 0;          #20;
                d = 1;          #145;
                d = 0;          #30;
                d = 1;
        end
        always begin
                clk = 0; #10;   clk = 1; #10;
        end
// — *** 사용자 정의 추가 부분 끝 ***
```

(b) 사용자 정의 Test Bench

| 시뮬레이션 9-9 | 동기 reset 신호를 갖는 D 플립플롭 시뮬레이션

4) T 플립플롭의 이해와 설계

T 플립플롭은 J-K 플립플롭 또는 D 플립플롭을 이용하여 만들 수 있다. J-K 플립플롭을 이용하는 경우는 J와 K 입력을 묶어서 하나의 입력 신호 T를 만들면 T 플립플롭이 된다. 이 경우의 T 플립플롭은 J-K 플립플롭의 동작 중에서 입력이 모두 J=K='0'이거나 J=K='1'인 경우

만을 이용하는 플립플롭이다. 즉, 입력이 T='0'이면 J=K=0인 J-K 플립플롭과 같이 동작하므로 출력은 변하지 않으며, T='1'이고 J=K=1인 J-K 플립플롭과 같이 동작하여 출력이 토글(toggle)된다. 그래서 T 플립플롭은 토글(toggle) 플립플롭이라 한다. 프로그램 9-10은 비동기 reset 신호를 갖는 T 플립플롭의 Verilog HDL 표현이다.

CLK	T	Q(t+1)
↑	L	Q(t)
↑	H	Q(t)'

(a) 진리표

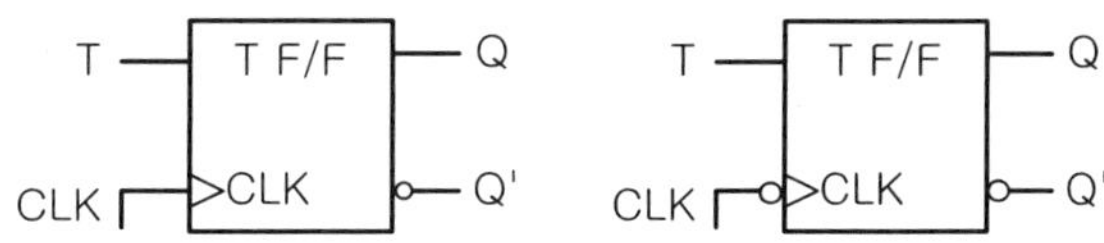

(c) 로직 심벌

$$Q(t+1) = TQ' + T'Q$$

(b) 특성 방정식

그림 9-11 T 플립플롭의 진리표와 특성 방정식, 로직 심벌

```
// ——————— Asynchronous reset and T F/F ——————————
module asynchronous_reset_t_ff (t, clk, reset, q);
        input  t, clk, reset;
        output q;

        reg q;

        always @(negedge reset or posedge clk)
        begin
                if (!reset)                   // reset : active low
                        q <= 0;
                else if ( t )
                        q <= ~q;
        end
endmodule
```

| 프로그램 9-10 | 비동기 reset 신호를 갖는 T 플립플롭의 Verilog HDL 표현

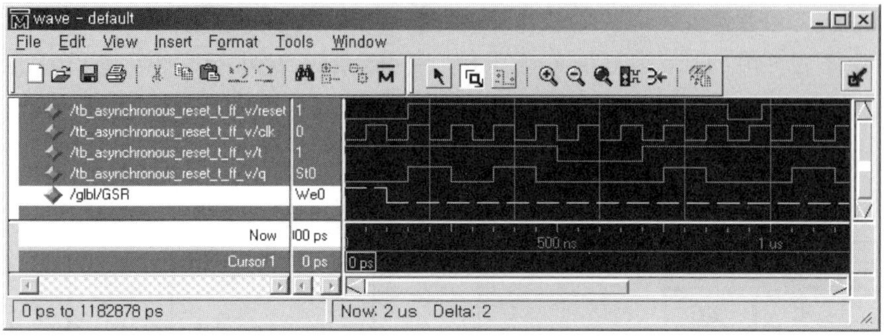

(a) T 플립플롭의 시뮬레이션 결과

```
// — *** 사용자 정의 추가 부분 시작 ***
      initial begin
            reset = 0; #150;
            reset = 1; #750;
            reset = 0; #80;
            reset = 1;
      end
      initial begin
            t = 1;          #500;
            t = 0;          #200;
            t = 1;
      end
      always begin
            clk = 0; #50;   clk = 1; #50;
      end
// — *** 사용자 정의 추가 부분 끝 ***
```

(b) 사용자 정의 Test Bench

| 시뮬레이션 9-10 | 비동기 reset 신호를 갖는 T 플립플롭 시뮬레이션

예제 1 D 플립플롭을 이용하는 경우는 D 플립플롭의 반전 출력 Q'을 D 입력으로 피드백을 시키면 입력 clk에 동기되는 T 플립플롭을 만들 수 있다. 다음의 블록과 시뮬레이션 결과를 만족하도록 프로그램 9-8을 이용하여 설계하고 시뮬레이션하여라.

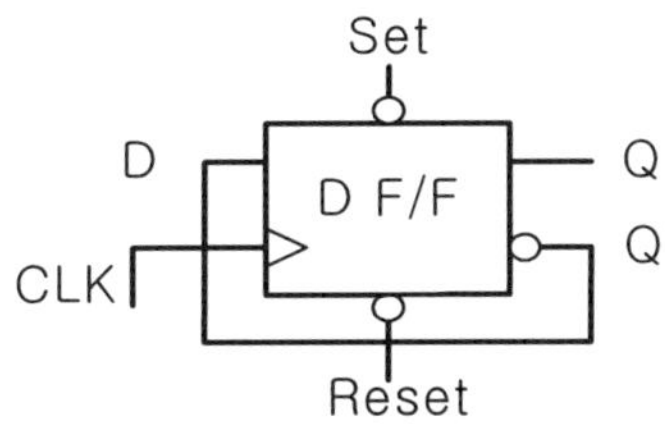


```
// ——————————— Start : T F/F Using  D F/F ———————————————
module t_ff_using_d_ff( reset, clk, q );
       input reset;
       input clk;
       output q;

       wire tq;
       wire not_q;

       async_reset_d_ff u1(  .d(not_q),
                             .clk(clk),
                             .reset(reset),
                             .q(tq) );

       assign not_q = ~tq;
       assign q = tq;

endmodule

// ——————— 비동기 reset d flip flop ——————————
module async_reset_d_ff(d, clk, reset, q);
       input  d, clk, reset;
       output q;

       reg    q;
```

| 프로그램 예제 1 | D 플립플롭을 이용한 T 플립플롭 회로 설계 표현

```
    always @(negedge reset or posedge clk)
    begin
        if (!reset)
            q <= 0;
        else
            q <= d;
    end

endmodule
// ------------------ End : T F/F Using  D F/F ---------------------
```

| 프로그램 예제 1 | D 플립플롭을 이용한 T 플립플롭 회로 설계 표현 *(계속)*

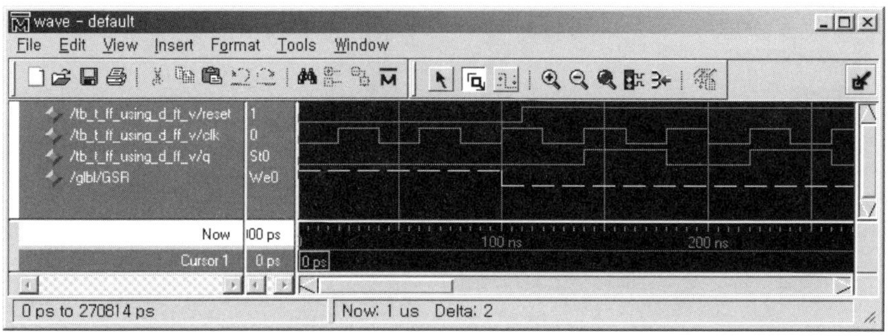

(a) 비동기 D 플립플롭을 이용한 T 플립플롭의 시뮬레이션 결과

```
// — *** 사용자 정의 추가 부분 시작 ***
    initial begin
        reset = 0; #110;
        reset = 1;
    end
    always begin
        clk = 0; #20;
        clk = 1; #20;
    end
// — *** 사용자 정의 추가 부분 끝 ***
```

(b) 사용자 정의 Test Bench

| 시뮬레이션 예제 1 | D 플립플롭을 이용한 T 플립플롭 회로 시뮬레이션

5) 플립플롭을 이용한 register 설계

CLK	RST	D	Q(t+1)
X	0	X	0
↑	1	D	D

(a) 진리표

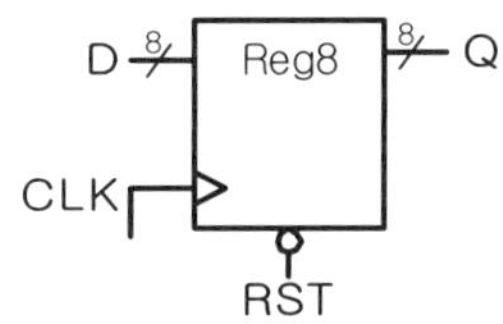

(b) 로직 심벌

그림 9-12 Register의 진리표와 로직 심벌

래치와 플립플롭은 1 bit의 정보를 기억하는 소자이다. 반면에 레지스터는 2 bits 이상의 정보를 제어 신호에 의해서 기억하는 소자이다. 이러한 register로서 널리 사용되는 것이 D 플립플롭이다. 이것은 데이터를 저장했다가 데이터의 변화없이 출력하기 때문이다. 이러한 register는 D 플립플롭으로 쉽게 구현이 가능하며, 이것은 데이터 bits의 확장만 이루어지면 구현되어진다. 그림 9-12(a)의 register 진리표는 D 플립플롭과 같음을 알 수 있다.

프로그램 9-11은 8 bits register를 Verilog HDL로 표현한 것이다. 이것이 프로그램 9-8 비동기 reset 신호를 갖는 D 플립플롭과의 차이점은 module의 입출력 port 선언 부분에 있다. D 플립플롭의 선언 부분

```
module async_reset_d_ff(d, clk, reset, q);
        input  d, clk, reset;
        output q;

        reg    q;
          ⋮
```

과 register의 선언 부분

```
module register_8bits(d, clk, reset, q);
        input  clk, reset;
        input  [7:0] d
        output [7:0] q;

        reg    [7:0] q;
          ⋮
```

에서 데이터 bit들의 선언을 제외한 실제 회로 구현의 module 내의 부분에서는 비동기 reset D

플립플롭과 8 bits register 프로그램이 같음을 알 수 있다.

시뮬레이션 9-11(a)는 register의 시뮬레이션 결과이다. 입력 데이터 D는 clk의 rising edge에서 출력 Q로 전달된다.

```
// ---------------------- 8bits Register ----------------------
module register_8bits(clk, reset, d, q);
        input  clk, reset;
        input  [7:0] d;
        output [7:0] q;

        reg    [7:0] q;

        always @(negedge reset or posedge clk)
        begin
                if (!reset)
                        q <= 0;
                else
                        q <= d;
        end
endmodule
```

| 프로그램 9-11 | 비동기 reset 신호를 갖는 8 bits register의 Verilog HDL 표현

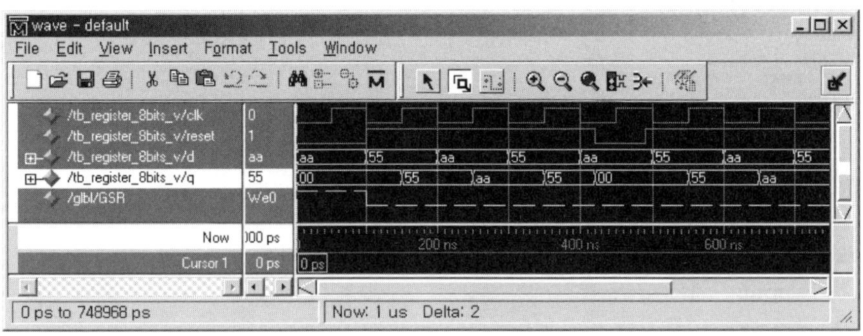

(a) 8 bits register의 시뮬레이션 결과

| 시뮬레이션 9-11 | 비동기 reset 신호를 갖는 8 bits register 시뮬레이션

```
// — *** 사용자 정의 추가 부분 시작 ***
      initial begin
            reset = 0;  #100;
            reset = 1;  #320;
            reset = 0;  #70;
            reset = 1;
      end
      always begin
            clk = 0; #50;
            clk = 1; #50;
      end
      always begin
            d = 8'haa; #100;
            d = 8'h55; #100;
      end
// — *** 사용자 정의 추가 부분 끝 ***
```

(b) 사용자 정의 Test Bench

| 시뮬레이션 9-11 | 비동기 reset 신호를 갖는 8 bits register 시뮬레이션 *(계속)*

6) Serial To Parallel Shift Register 구문

통신회로에 있어서 직렬에서 병렬(Serial To Parallel)과 병렬에서 직렬(Parallel To Serial)로의 변환회로는 아주 중요하다. 왜냐하면, 모든 시스템의 내부 동작은 8 bits, 16 bits, 32 bits 등의 병렬로 처리되지만, LAN 등의 중장거리 통신에서는 직렬 신호로 통신이 이루어지기 때문이다. 여기에서는 직렬 입력 신호(serial_in)를 받아 shift하는 기능을 갖는 8 bits Shift Register를 설계한다. 이 8 bits Shift Register에는 8 bits 데이터로서 사용할 수 있는 데이터의 저장 기능은 없다. 다만 직렬 입력 신호의 8 bits shift 기능밖에 없다.

그림 9-13의 Shift Register의 진리표를 보면, 출력 Q(0)~Q(7) 신호들은 RST='0'일 때는 CLK 신호와 직렬 입력 신호(serial_in)에 관계없이 모두 '0'의 값을 가진다. 신호 RST='1'이고 CLK 신호의 상승 에지(rising edge)일 때 직렬 입력 신호(serial_in)는 Q(0)에 전달되고, Q(0) 신호는 Q(1) 신호에 전달된다. 이와 같은 과정으로 Q(6) 신호는 Q(7) 신호로 전달이 이루어진다. 위의 과정이 8번 반복될 때, shift된 입력 신호 8 bits를 간직할 수 있는 register가 있으면 된다. 프로그램 9-12에서는 데이터 저장을 위한 register 기능은 없다.

입력			출력							
RST	CLK	Serial_in	Q(0)	Q(1)	Q(2)	Q(3)	Q(4)	Q(5)	Q(6)	Q(7)
0	X	X	0	0	0	0	0	0	0	0
1	↑	Serial_in	Serial_in	Q(0)	Q(1)	Q(2)	Q(3)	Q(4)	Q(5)	Q(6)

(a) 진리표

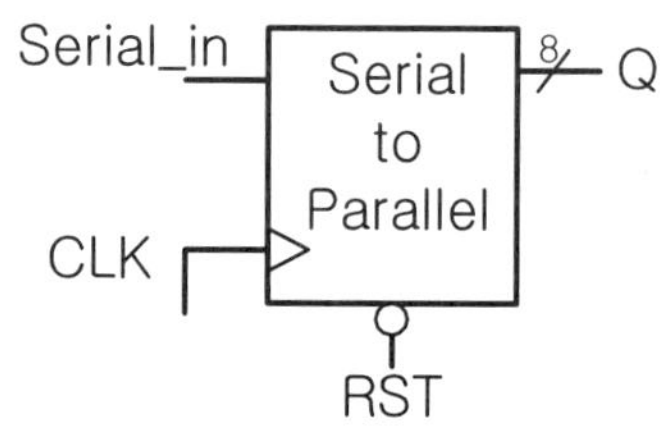

(b) 로직 심볼

그림 9-13 Shift register의 진리표, 로직 심볼

```
// — Serial To Parallel Shift Register Verilog HDL code ————
// — Concatenation을 이용한 Serial In Parallel Shift Register 설계
module serial2parallel_shifter_reg( RST, Serial_in, CLK, Q);
        input  RST, Serial_in, CLK;
        output [7:0] Q;

        reg    [7:0] Q;

        always @(negedge RST or posedge CLK)
        begin
                if (!RST)
                        Q <= 0;
                else
                        Q <= { Q[6:0], Serial_in } ;
        end
endmodule
```

| 프로그램 9-12 | 직렬 입력 신호의 병렬 shift register의 Verilog HDL 표현

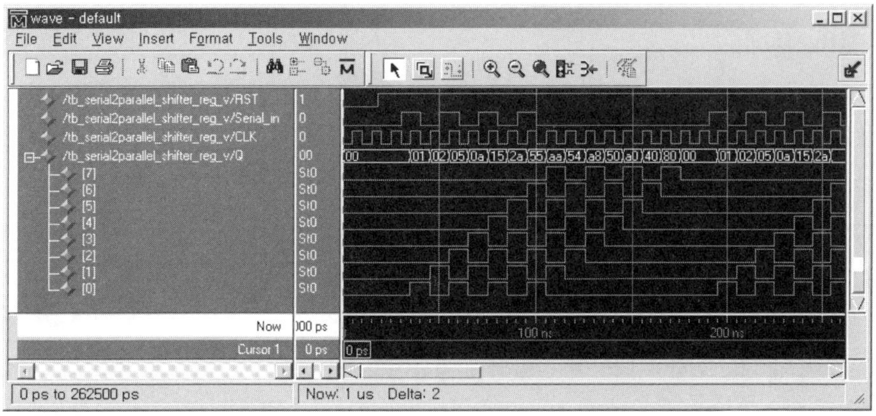

(a) 직렬 입력 신호의 병렬 shift register의 시뮬레이션 결과

```
// — *** 사용자 정의 추가 부분 시작 ***
        integer i ,j ;
        //
        initial begin
                RST = 0;  #18;
                RST = 1;
        end
        //
        initial begin
                Serial_in = 0;  #20;
                for (i=1 ; i<6 ; i=i+1) begin
                        for (j=1 ; j<5 ; j=j+1) begin
                                Serial_in = 0;   #10;
                                Serial_in = 1;   #10;
                        end
                        Serial_in = 0;           #80;
                end
                Serial_in = 0;
        end
        //
        always begin
                CLK = 0; #5;
                CLK = 1; #5;
        end
// — *** 사용자 정의 추가 부분 끝 ***
```

(b) 사용자 정의 Test Bench

| 시뮬레이션 9-12 | 직렬 입력 신호의 병렬 shift register의 시뮬레이션

9.3 예비 문제

1. 다음 TTL 플립플롭 소자에 대하여 간단히 설명하여라.

   74LS74 : Dual D Type Flip Flop
   74LS76 : Dual JK Flip Flop
   74LS279 : Quad RS Latch

2. 다음 latch류의 TTL 소자에 대하여 간단히 설명하여라.

   74LS273 : Octal D type Flip Flop with Clear
   74LS373 : Octal Transparent Latch 3 state
   74LS374 : Octal D Type Flip Flop 3 state
   74LS573 : Octal 3 state Transparent Latch
   74LS574 : Octal 3 state D Type Flip Flop

3. 다음 레지스터류의 TTL 소자에 대하여 간단히 설명하여라.

   74LS165 : 8 bits shift register PISO
   74LS166 : 8 bits shift register PISO
   74LS195 : 4 bits shift register PIPO
   74LS299 : 8 bits universal shift/storage register
   74LS674 : 16 bits Shift Register

4. J-K 플립플롭을 이용하여 T 플립플롭을 Verilog HDL로 작성하여라.

5. 프로그램 9-12에서 직렬에서 병렬 shift register의 동작을 설명하여라.

6. 데이터 전송 방식에서 NRZ(Non Return Zero)와 RZ(Return Zero)에 대하여 설명하여라.

9.4 실습 내용

각 실습마다 EDA-Lab 3000을 이용한 에뮬레이션을 위한 데이터 케이블 연결이 비슷할 수 있으니, 실습마다 케이블 연결의 변경이 있는 부분을 확인하고 변경 부분만 다시 결선하여 실습하기 바란다. 핀 할당 정보를 보고 *.ucf 파일을 작성해야 에뮬레이션이 가능하다.

중요 : 실습에서는 앞에서 설명한 프로그램과 달리 "module IBUF"와 "module BUFG"를 사용하여 프로그램을 수정하여 실습을 수행하여야 한다. 이들 module IBUF와 BUFG를 사용해야 하는 이유는 다음과 같다. FPGA에서는 클럭(clock)으로 사용하는 입력 핀은 정해져 있다. 이 정해진 입력 핀을 제외한 일반적인 입출력 핀을 클럭 신호로 맵핑할 경우 에러가 발생한다. 즉 일반적인 입출력 핀을 클럭 입력 신호 핀으로 사용할 경우에는 반드시 "module IBUF", "module BUFG"를 사용해야만 한다. 이 두 개의 "module IBUF", "module BUFG"를 사용하면, 디바이스 구석구석까지 클럭과 팬아웃(fan-out)이 큰 신호를 골고루 제공할 수 있다. Spartan-II에서는 4개의 global buffer(BUFG)가 있다.

Practice 1 프로그램 9-2 continuous assignment 표현의 R-S latch 회로이다. 이를 에뮬레이션을 위한 EDA-Lab 3000의 핀 할당 정보는 표 9-1과 같다. 이를 에뮬레이션하고, 시뮬레이션 9-2의 시뮬레이션 결과 및 그림 9-2의 R-S latch 진리표와 같음을 확인하여라. 실습 3과 같이 필요 시 IBUG, BUFG를 추가하여 재작성하여 에뮬레이션하여라.

| 표 9-1 | R-S latch 에뮬레이션을 위한 EDA-Lab 3000의 핀 할당 정보

EDA Lab의 Signal Name	설계된 회로의		케이블 연결 두 핀		XC2S100PQ208의 핀 할당
	입력 신호명	출력 신호명			
FPGA_DOUT0	set	–	JP5-1	JP4-19 or JP16-3	p175
FPGA_DOUT1	reset	–	JP5-2	JP4-20 or JP16-4	p176
FPGA_SIN0	–	q	JP7-1	JP2-41	p95
FPGA_SIN1	–	qb	JP7-2	JP2-42	p96

Practice 2 프로그램 9-3은 사용자가 만든 NAND를 이용한 R-S latch 회로이다. 이를 에뮬레이션하고, 에뮬레이션 결과와 시뮬레이션 결과 및 진리표와 같음을 확인하여라. 에뮬레이션을 위한 EDA-Lab 3000의 핀 할당 정보는 표 9-1과 같다. **실습 3과 같이 필요 시 IBUG, BUFG를 추가하여 재작성하여 에뮬레이션하여라.**

Practice 3 프로그램 9-4의 Gated R-S latch에 대하여 수정된 프로그램 9-13을 이용하여 에뮬레이션하고, 에뮬레이션 결과와 시뮬레이션 결과 및 진리표와 같음을 확인하여라. 수정된 프로그램은 en 신호의 IO pin 사용을 위하여 IBUF, BUFG를 추가하여 재작성하였다. 에뮬레이션 결과가 그림 9-4의 Gated S-R latch 진리표와 같음을 확인하여라. 에뮬레이션을 위한 EDA-Lab 3000의 핀 할당 정보는 표 9-2와 같다.

```
// ———————— Modified gated RS latch ————————
module modified_gated_rs_latch( en, set, reset, q, qb);
      input en;
      input set;
      input reset;

      output q;
      output qb;

      wire chip_en1, chip_en2;
      wire tmp_set;
      wire tmp_reset;

      IBUF u2( .I(en), .O(chip_en1) );
      BUFG u3( .I(chip_en1), .O(chip_en2) );
      //
      assign tmp_set = ~( chip_en2 & set );      // tmp_set =  en nand set
      assign tmp_reset = ~( chip_en2 & reset ); // tmp_reset= en nand reset
      //
      rs_latch_nand  u1( tmp_set, tmp_reset, q, qb );

endmodule

// ———————— RS Latch Using NAND ————————
module rs_latch_nand(set, reset, q, qb);
      input set;
      input reset;
      output q;
      output qb;

      nand21 u1(set, qb, q);
      nand21 u2(reset, q, qb);
```

| 프로그램 9-13 | 수정된 Gated R-S latch 프로그램

```
endmodule

// ―――――――――――― Nand gate ――――――――――――
module nand21(a, b, c);
        input  a;
        input  b;
        output c;

        assign c = ~(a & b);
endmodule
```

| 프로그램 9-13 | 수정된 Gated R-S latch 프로그램 *(계속)*

| 표 9-2 | Gated R-S latch 에뮬레이션을 위한 EDA-Lab 3000의 핀 할당 정보

EDA Lab의 Signal Name	설계된 회로의		케이블 연결 두 핀		XC2S100PQ208의 핀 할당
	입력 신호명	출력 신호명			
FPGA_DOUT0	set	–	JP5–1	JP4–19 or JP16–3	p175
FPGA_DOUT1	reset	–	JP5–2	JP4–20 or JP16–4	p176
FPGA_DOUT2	en	–	JP5–3	JP4–21 or JP16–5	p178
FPGA_SIN0	–	q	JP7–1	JP2–41	p95
FPGA_SIN1	–	qb	JP7–2	JP2–42	p96

Practice 4 프로그램 9-6 falling edge J-K 플립플롭의 수정된 프로그램 9-14를 이용하여 에뮬레이션하고, 그 결과가 시뮬레이션 결과 및 진리표와 같음을 확인하여라. 수정된 프로그램은 clk 신호의 IO pin 사용을 위하여 IBUF, BUFG를 추가하여 재작성하였다. 에뮬레이션을 위한 EDA-Lab 3000의 핀 할당 정보는 표 9-3과 같다.

```
// ―――――――――――― modiifed J-K F/F ――――――――――――
module modified_jk_ff(rst, j, k, clk, q);
        input  rst, j, k, clk;
        output reg q;

        wire clk1, mclk;
        IBUF u1( .I(clk), .O(clk1) );
        BUFG u2( .I(clk1), .O(mclk) );
```

| 프로그램 9-14 | 수정된 falling edge J-K 플립플롭 프로그램

```
        always @( negedge rst, negedge mclk)
                if (!rst)               q<=0;
                else
                        if (!j && !k)           q <= q;
                        else if (j && !k)       q <= 1;
                        else if (!j && k)       q <= 0;
                        else                    q <= ~q;
endmodule
```

| 프로그램 9-14 | 수정된 falling edge J-K 플립플롭 프로그램 *(계속)*

| 표 9-3 | Falling edge J-K 플립플롭 에뮬레이션을 위한 EDA-Lab 3000의 핀 할당 정보

EDA Labme의 Signal Na	설계된 회로의		케이블 연결 두 핀		XC2S100PQ208의 핀 할당
	입력 신호명	출력 신호명			
FPGA_DOUT0	j	–	JP5-1	JP4-19 or JP16-3	p175
FPGA_DOUT1	k	–	JP5-2	JP4-20 or JP16-4	p176
FPGA_DOUT2	rst	–	JP5-3	JP4-21 or JP16-5	p178
FPGA_DOUT3	–	–	N.C.	N.C.	–
FPGA_DOUT4	clk	–	JP5-5	JP4-23 or JP16-7	p180
FPGA_SIN0	–	q	JP7-1	JP2-41	p95

Practice 5 프로그램 9-7 D 플립플롭을 이용하여 에뮬레이션하고, 그 결과가 시뮬레이션 결과 및 진리표와 같음을 확인하여라. 수정된 프로그램은 clk 신호의 IO pin 사용을 위하여 IBUF, BUFG를 추가하여 재작성하였다. 에뮬레이션을 위한 EDA-Lab 3000의 핀 할당 정보는 표 9-4와 같다.

| 표 9-4 | D 플립플롭 에뮬레이션을 위한 EDA-Lab 3000의 핀 할당 정보

EDA Lab의 Signal Name	설계된 회로의		케이블 연결 두 핀		XC2S100PQ208의 핀 할당
	입력 신호명	출력 신호명			
FPGA_DOUT0	d	–	JP5-1	JP4-19 or JP16-3	p175
FPGA_DOUT4	clk	–	JP5-5	JP4-23 or JP16-7	p180
FPGA_SIN0	–	q	JP7-1	JP2-41	p95

```
//  ———————————— modified D ff ————————————
module modified_dff(d, clk, q);
        input  d, clk;
        output q;

        reg q;
        wire clk1, mclk;    // mclk : manual clk

        IBUF u1( .I(clk), .O(clk1) );
        BUFG u2( .I(clk1), .O(mclk) );

        always @( posedge mclk)
                q <= d;
endmodule
```

| 프로그램 9-15 | 수정된 D 플립플롭 프로그램

Practice 6 프로그램 9-8 비동기 reset과 프로그램 9-9의 동기식 reset D 플립플롭을 이용하여 에뮬레이션하고, 그 결과가 시뮬레이션 결과 및 진리표와 같음을 확인하고 두 프로그램의 차이점에 대하여 설명하여라. 에뮬레이션을 위한 EDA-Lab 3000의 핀 할당 정보는 표 9-5와 같다.

| 표 9-5 | 동기 및 비동기 reset D 플립플롭 에뮬레이션을 위한 EDA-Lab 3000의 핀 할당

EDA Lab의 Signal Name	설계된 회로의		케이블 연결 두 핀		XC2S100PQ208의 핀 할당
	입력 신호명	출력 신호명			
FPGA_DOUT0	d	–	JP5–1	JP4–19 or JP16–3	p175
FPGA_DOUT1	reset	–	JP5–2	JP4–20 or JP16–4	p176
FPGA_DOUT4	clk	–	JP5–5	JP4–23 or JP16–7	p180
FPGA_SIN0	–	q	JP7–1	JP2–41	p95

```
//  ———————— 수정된 비동기 reset d flip flop ————————
module modifed_async_reset_d_ff(d, clk, reset, q);
        input  d, clk, reset;
        output q;
```

| 프로그램 9-16 | 수정된 비동기 reset D 플립플롭

```
        reg     q;
        wire  clk1, mclk;

        IBUF u1( .I(clk), .O(clk1) );
        BUFG u2( .I(clk1), .O(mclk) );

        always @( negedge reset or posedge mclk )
                if (!reset)
                        q <= 0;
                else
                        q <= d;

endmodule
```

| 프로그램 9-16 | 수정된 비동기 reset D 플립플롭 *(계속)*

```
// ------------- Modified Synchronous Reset ---------------
module modified_sync_reset_d_ff(d, clk, reset, q);
        input  d, clk, reset;
        output q;

        reg    q;
        wire  clk1, mclk;

        IBUF u1( .I(clk), .O(clk1) );
        BUFG u2( .I(clk1), .O(mclk) );

        always @( posedge mclk)
                if (!reset)
                        q <= 0;
                else
                        q <= d;
endmodule
```

| 프로그램 9-17 | 수정된 동기 reset D 플립플롭

Practice 7 프로그램 9-10 비동기 reset 신호를 갖는 T 플립플롭을 이용하여 에뮬레이션하고, 그 결과가 시뮬레이션 결과 및 T F/F의 진리표와 같음을 확인하여라. 수정된 프로그램 9-18은 clk 신호의 IO pin 사용을 위하여 IBUF, BUFG를 추가하여 재작성하였다. 에뮬레이션을 위한 EDA-Lab 3000의 핀 할당 정보는 표 9-6과 같다.

| 표 9-6 | T 플립플롭 에뮬레이션을 위한 EDA-Lab 3000의 핀 할당

EDA Lab의 Signal Name	설계된 회로의		케이블 연결 두 핀		XC2S100PQ208의 핀 할당
	입력 신호명	출력 신호명			
FPGA_DOUT0	T	–	JP5–1	JP4–19 or JP16–3	p175
FPGA_DOUT1	reset	–	JP5–2	JP4–20 or JP16–4	p176
FPGA_DOUT4	clk	–	JP5–5	JP4–23 or JP16–7	p180
FPGA_SIN0	–	Q	JP7–1	JP2–41	p95

```
// ────────── Asynchronous reset and T F/F ──────────
module modified_async_reset_t_ff ( T, clk, reset, Q);
        input  T, clk, reset;
        output Q;

        reg  Q;
        wire  clk1, mclk;

        IBUF u1( .I(clk), .O(clk1) );
        BUFG u2( .I(clk1), .O(mclk) );

        always @( negedge reset or posedge mclk)
                if (!reset)                  // reset : active low
                        Q <= 0;
                else if ( T )
                        Q <= ~Q;
endmodule
```

| 프로그램 9-18 | 수정된 비동기 reset T 플립플롭

Practice 8 프로그램 9-11 비동기 reset 신호를 갖는 8 bits register를 이용하여 에뮬레이션을 하고, 그 결과가 시뮬레이션 결과 및 register의 진리표와 같음을 확인하여라. clk 신호의 IO pin 사용을 위하여 "module IBUF", "module BUFG"를 추가하여 재작성하여라. 에뮬레이션을 위한 EDA-Lab 3000의 핀 할당 정보는 표 9-7과 같다.

```
---------------------------              ---------------------------
module IBUF (O, I);                      module BUFG (O, I);
   output O;                                output O;
   input  I;                                input  I;
      buf B1 (O, I);                           buf B1 (O, I);
endmodule                                endmodule
---------------------------              ----------------------------
```

| 프로그램 9-19 | 추가될 IBUF module과 BUFG module

| 표 9-7 | 8 bits register 에뮬레이션을 위한 EDA-Lab 3000의 핀 할당

EDA Lab의 Signal Name	설계된 회로의		케이블 연결 두 핀		XC2S100PQ208의 핀 할당
	입력 신호명	출력 신호명			
FPGA_DOUT0	D(0)	–	JP5–1	JP4–19 or JP16–3	p175
FPGA_DOUT1	D(1)	–	JP5–2	JP4–20 or JP16–4	p176
FPGA_DOUT2	D(2)	–	JP5–3	JP4–21 or JP16–5	p178
FPGA_DOUT3	D(3)	–	JP5–4	JP4–22 or JP16–6	p179
FPGA_DOUT4	D(4)	–	JP5–5	JP4–23 or JP16–7	p180
FPGA_DOUT5	D(5)	–	JP5–6	JP4–24 or JP16–8	p181
FPGA_DOUT6	D(6)	–	JP5–7	JP4–30 or JP16–9	p187
FPGA_DOUT7	D(7)	–	JP5–8	JP4–31 or JP16–10	p188
FPGA_DOUT8	clk	–	JP6–1	JP4–32 or JP16–11	p189
FPGA_DOUT9	reset	–	JP6–2	JP4–33 or JP16–12	p191
FPGA_SIN0	–	Q(0)	JP7–1	JP2–41	p95
FPGA_SIN1	–	Q(1)	JP7–2	JP2–42	p96
FPGA_SIN2	–	Q(2)	JP7–3	JP2–43	p97
FPGA_SIN3	–	Q(3)	JP7–4	JP2–44	p98
FPGA_SIN4	–	Q(4)	JP7–5	JP2–45	p99
FPGA_SIN5	–	Q(5)	JP7–6	JP2–46	p100
FPGA_SIN6	–	Q(6)	JP7–7	JP2–47	p101
FPGA_SIN7	–	Q(7)	JP7–8	JP2–48	p102

Practice 9 프로그램 9-12 직렬 입력 신호의 병렬 shift register를 이용하여 에뮬레이션을 하고, 그 결과가 시뮬레이션 결과 및 진리표와 같음을 확인하여라. clk 신호의 IO pin 사용을 위하여 "module IBUF", "module BUFG"를 추가하여 재작성하여라. 에뮬레이션을 위한 EDA-Lab 3000의 핀 할당 정보는 표 9-8과 같다.

| 표 9-8 | 8 bits register 에뮬레이션을 위한 EDA-Lab 3000의 핀 할당

EDA Lab의 Signal Name	설계된 회로의		케이블 연결 두 핀		XC2S100PQ208의 핀 할당
	입력 신호명	출력 신호명			
FPGA_DOUT0	serial_in	–	JP5–1	JP4–19 or JP16–3	p175
FPGA_DOUT1	–	–	N.C.	N.C.	–
FPGA_DOUT2	–	–	N.C.	N.C.	–
FPGA_DOUT3	–	–	N.C.	N.C.	–
FPGA_DOUT4	clk	–	JP5–5	JP4–23 or JP16–7	p180
FPGA_DOUT5	reset	–	JP5–6	JP4–24 or JP16–8	p181
FPGA_SIN0	–	Q(0)	JP7–1	JP2–41	p95
FPGA_SIN1	–	Q(1)	JP7–2	JP2–42	p96
FPGA_SIN2	–	Q(2)	JP7–3	JP2–43	p97
FPGA_SIN3	–	Q(3)	JP7–4	JP2–44	p98
FPGA_SIN4	–	Q(4)	JP7–5	JP2–45	p99
FPGA_SIN5	–	Q(5)	JP7–6	JP2–46	p100
FPGA_SIN6	–	Q(6)	JP7–7	JP2–47	p101
FPGA_SIN7	–	Q(7)	JP7–8	JP2–48	p102

Practice 10 프로그램 9-12의 직렬 입력 신호의 병렬 shift register의 concatentation 구문을 아래의 blocking과 nonblocking 표현으로 변경하여 시뮬레이션하고 결과를 비교하여라.

변경 전

```
tq <= { tq[6:0] & serial_in };
```

⇓

변경 후

tq(0) <= serial_in;	tq(0) = serial_in;
tq(1) <= tq(0) ;	tq(1) = tq(0) ;
tq(2) <= tq(1) ;	tq(2) = tq(1) ;
tq(3) <= tq(2) ;	tq(3) = tq(2) ;
tq(4) <= tq(3) ;	tq(4) = tq(3) ;
tq(5) <= tq(4) ;	tq(5) = tq(4) ;
tq(6) <= tq(5) ;	tq(6) = tq(5) ;
tq(7) <= tq(6) ;	tq(7) = tq(6) ;

9.5 연습 문제

1. 프로그램 9-6의 rising edge J-K 플립플롭을 그림 9-2의 74LS112의 진리표와 같이 동작하도록 설계하고 시뮬레이션 및 에뮬레이션을 하여라.

2. 프로그램 9-12 직렬 입력 신호의 병렬 shift register에서는 직렬 입력을 병렬로 처리하기 위하여 계속적인 shift만 이루어진다. 이렇게 shift되는 직렬 입력 신호가 의미있는 데이터로 처리되려면 8 bits, 16 bits, 32 bits 등 shift된 데이터를 간직하는 register 부분이 있어야 한다. 이러한 8 bits register 부분을 추가하여 설계하고 시뮬레이션 및 에뮬레이션하여라.

3. 연습 문제 2는 직렬 통신의 수신단에 해당할 것이다. 전송단을 포함하는 8 bits 직렬 통신회로를 설계하여라. 즉, 병렬 데이터를 레지스터에 보관하여 직렬로 전송하는 parallel to serial 전송단을 설계하고, 전송되어지는 직렬 데이터를 수신하여 직렬 전송 이전이 병렬 데이터로 만드는 수신단을 설계하여라. 전송 데이터의 동기를 위하여 clk 신호도 함께 보내어 설계하여라. (즉, CLK1, CLK2, CLK3, CLK4의 관계는?)

- Data Transmission 구문
  - NRZ 방식
  - Transmission CLK은 CLK1, CLK2, CLK3, CLK4는 신호 지연 문제를 해결해야 한다.

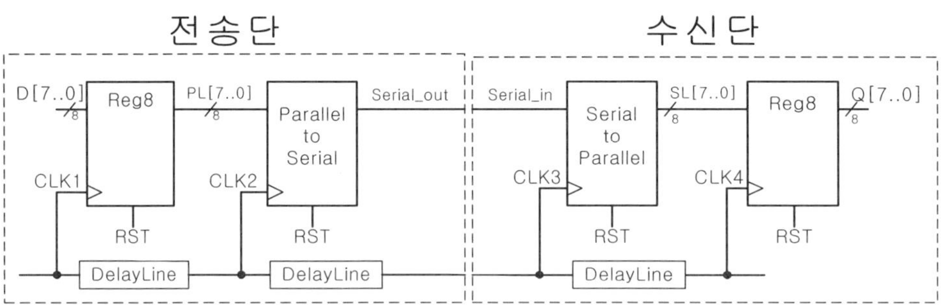

그림 9-14 Parallel to serial 전송과 serial to parallel 전송을 이용한 parallel to parallel 데이터 전송의 블록 다이어그램

Chapter_10
계수기(Counter)

10.1 실습 목적

플립플롭을 이용한 계수기 회로의 설계 및 여러 가지 계수기 회로에 대하여 배운다.

- 레지스터를 이용한 비동기 reset 계수기를 이해하고 설계를 한다.
- 동기식과 비동기식 reset 계수기를 이해하고 설계를 한다.
- 비동기식 계수기를 이해하고 설계를 한다.
- 동기식 계수기를 이해하고 설계를 한다.
- 분주회로로서의 계수기를 이해한다.

10.2 설 명

계수기는 일정한 출력 순서를 반복적으로 발생시키는 순차회로의 대표적인 회로로서 과거의 값에서 현재의 값을 얻는다. 그러므로 이 회로에서 필요로 하는 것은 과거의 값을 저장하는 레지스터와 과거의 값에서 증가시키려는 증가 값이 중요할 것이다. 일반적인 계수기는 1씩 증가되는 계수기를 말한다. 또한 계수기의 reset 신호 인가에 따른 동기식 리셋(synchronous reset)과 비동기식 리셋(asynchronous reset)으로 나누어지며, 클럭 펄스 인가 방식에 따라 동기식 카운터(synchronous counter)와 비동기식 카운터(asynchronous counter)로 나누어진다.

동기식 리셋 계수기는 클럭 펄스의 상승 또는 하강 에지(edge)에 맞추어 리셋 신호에 의해 리셋 동작이 이루어지며, 비동기 리셋 계수기는 가장 널리 사용되는 방식으로 클럭 펄스의 상승 또는 하강 에지와는 관계없이 리셋 신호에 의해서만 계수기의 리셋 동작이 이루어지는 계수기를 말한다. 그리고 동기식 계수기는 계수기를 구성하는 플립플롭의 클럭 입력이 모두 동일한 신호 입력이 될 경우를 말하며, 비동기식 계수기는 외부에서 입력되는 클럭 펄스 신호 또는 다른 플립플롭의 출력 값이 플립플롭의 클럭 펄스로 입력되는 경우를 말한다. (참고 : 동기식 리셋은 시뮬레이션 상에서 동작이 안 될 수도 있다.)

계수기는 출력 값을 2진 데이터의 버스 형태로 묶어서 사용하면 되고, 출력의 2진 값을 갖는 비트들은 그 자체가 입력 클럭 펄스의 분주된 신호 형태를 갖는다. 그러므로 계수기의 입력 펄스와 출력 값을 적절히 이용하면 사용자가 원하는 주파수를 갖는 디지털 주파수 발생기를 설계할 수도 있다. 이 주파수 발생기의 출력 신호는 시간의 기준으로 사용할 수 있으며, 이 신호를 시간 기준 신호(time base signal)라 부른다. 위와 같은 동작을 하는 소자를 우리는 타이머(timer)라 하며, 널리 사용되는 타이머로는 인텔에서 개발한 8254가 있다.

1) 레지스터를 이용한 비동기 reset 계수기(counter) 설계들

Basic Synchronous Counter 구문 (1)

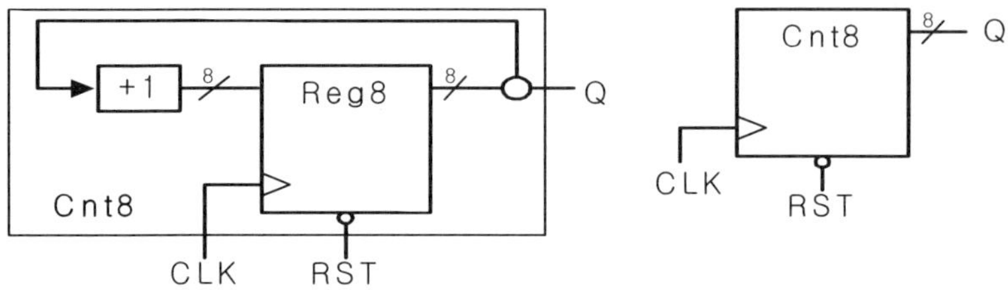

그림 10-1 Counter의 로직 심벌과 내부 블록 다이어그램

그림 10-1은 우리가 생각할 수 있는 계수기(counter)의 내부 회로를 나타내었다. 이 회로는 CLK에 의해 구동된다. CLK의 상승 에지에서 Reg8 회로의 논리 값이 발생되고, 발생된 논리 값은 피트백이 되는데, 이때 피드백 논리 값은 1이 증가되어 Reg8의 입력 값으로 입력되어 CLK의 상승 에지를 기다리는 대기 상태가 될 것이다. 위와 같은 구조로 계수기가 구성된다면 계수기는 레지스터와 1을 증가시키는 조합 논리의 결합으로 될 것이다.

Verilog HDL을 이용한 회로 설계는 그림 10-1과 같이 블록 기능에 대한 설계가 이루어지므로 구체적인 회로 설계에 대한 느낌, 즉 회로의 크기에 대한 것은 schematic 설계보다는 못할 것으로 생각된다. 또한 4bits 계수기와 8bits 계수기의 차이점이라고는 module 입출력 선언부에 선언된 신호들의 데이터 타입에 따른 bits의 할당 외에는 별다른 차이점을 느끼지 못할 것이다. 그런데 실제 구현된 회로의 gate의 수는 배가 되리라는 것을 어렵지 않게 알 수 있다. FPGA의 용량이 충분하다면 module 입출력 선언부만 변경하여 16 bits, 24 bits, 32 bits 계수기도 어렵지 않게 설계할 수 있으리라 생각된다. 프로그램 10-1은 그림 10-1을 표현하는 Verilog HDL 프로그램이다.

시뮬레이션을 위한 테스트 벤치 및 시뮬레이션 결과 파형을 시뮬레이션 10-1에 나타내었다. Wave 창에 나타나는 신호의 표현 형식은 기본 상태로 2진수(binary)로 설정되어 있으므로 이를 16진수로 나타내기 위해서는 변경하고자 하는 신호를 마우스로 클릭한 후 오른쪽 버튼을 클릭해 **"Radix 메뉴"**에서 **"Hexadecimal"**을 선택하면 된다.

```
//------------------------------ Counter 구문 ------------------------------
module cnt8(clk, rst, q);
       input clk, rst;
       output [7:0] q;
```

| 프로그램 10-1 | 8 bits 계수기(counter)의 Verilog HDL 표현

```
    reg     [7:0] q;

    always @( negedge rst or posedge clk)
            if (!rst)
                    q <= 0;
            else
                    q <= q + 1;
endmodule
```

| 프로그램 10-1 | 8 bits 계수기(counter)의 Verilog HDL 표현 *(계속)*

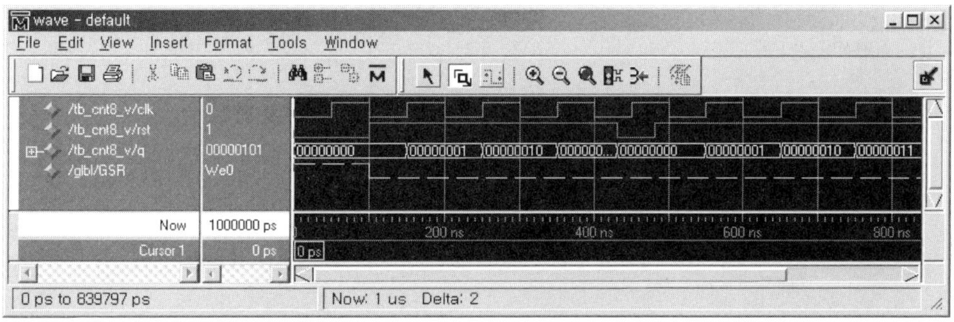

(a) 프로그램 10-1의 시뮬레이션 결과

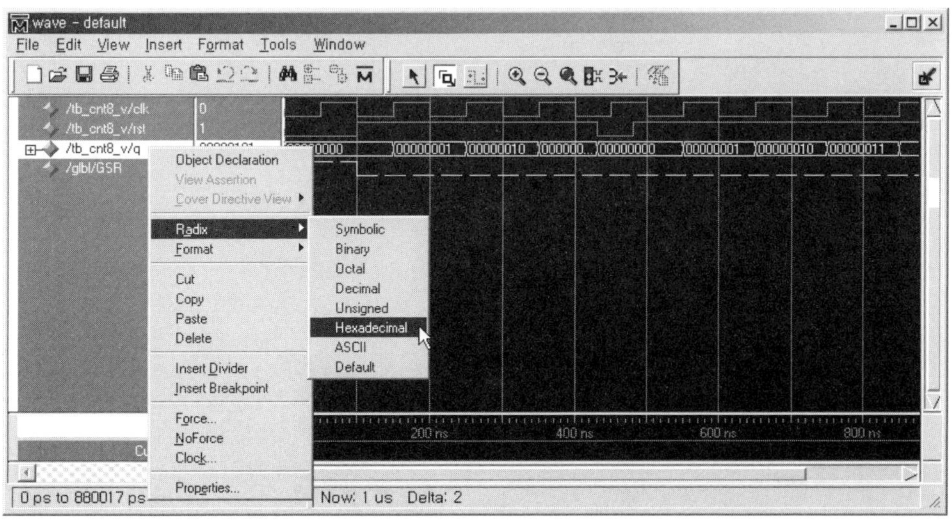

(b) 신호의 표현 형식을 16진수로 변경

| 시뮬레이션 10-1 | 8 bits 계수기의 Verilog HDL 표현 시뮬레이션

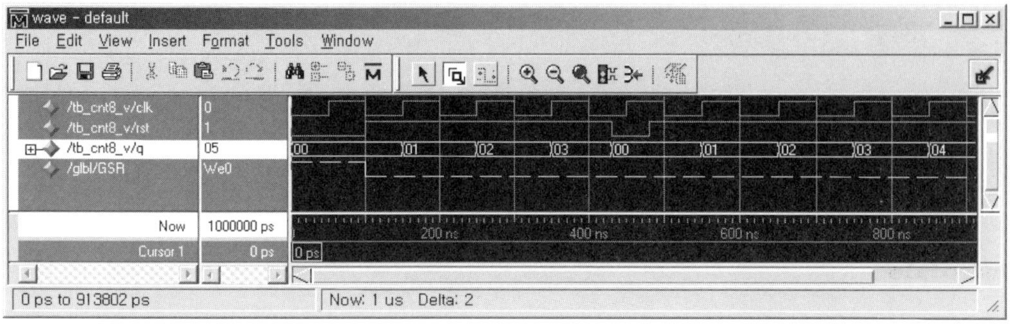

(c) 16진수로 표현된 프로그램 10-1의 시뮬레이션 결과

```
module tb_cnt8_v;

    // Inputs
    reg clk;
    reg rst;

    // Outputs
    wire [7:0] q;

    // Instantiate the Unit Under Test (UUT)
    cnt8 uut (
            .clk(clk),
            .rst(rst),
            .q(q)
    );

    initial begin
            // Initialize Inputs
            clk = 0;
            rst = 0; #100;
            rst = 1; #330;
            rst = 0; #50;
            rst = 1;
    end
    always #50 clk = ~clk;
endmodule
```

(d) 시뮬레이션을 위한 사용자 정의 Test Bench

| 시뮬레이션 10-1 | 8 bits 계수기의 Verilog HDL 표현 시뮬레이션 *(계속)*

Up-down Counter Logic 설계

제어 신호에 의해서 클럭(CLK) 입력에 맞추어 카운터가 증가하거나 또는 감소하는 카운터를 업다운 카운터라고 한다. 그림 10-2의 블록 다이어그램을 설명하면, MUX에 의해 Reg8에서 출력되는 논리 값의 피드백 값이 1이 증가된 값과 1이 감소된 값 중에서 하나를 선택하도록 하는 제어 신호가 필요하며, 이 제어 신호(updn)에 의해 선택된 MUX 출력이 Reg8의 입력 값으로 대기 상태가 된다. 대기된 값은 CLK 신호에 의해 Reg8의 출력 값으로 출력된다. 이 출력된 값은 다시 피드백이 되어 증가 또는 감소된 값이 MUX에 의해 선택되어 up/down 카운터가 이루어진다. 프로그램 10-2는 8 bits up/down 카운터의 Verilog HDL 설계 표현이다.

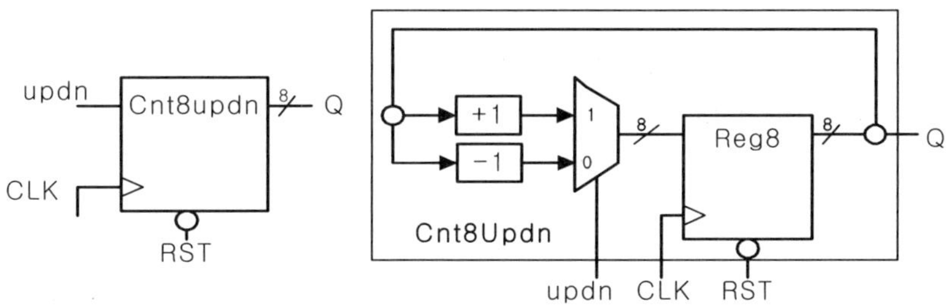

그림 10-2 8 bits Up/Down 계수기의 심볼과 블록 다이어그램

```
// updn = 1 : up counter,     updn = 0 : down counter
module counter_8bits_updn(CLK, updn, RST, Q);
       input  CLK, updn, RST;
       output [7:0] Q;

       reg    [7:0] Q;

       always @( negedge RST or posedge CLK)
              if (!RST)
                     Q <= 0;
              else
                     if (updn)
                            Q <= Q + 1;
                     else
                            Q <= Q - 1;
endmodule
```

| 프로그램 10-2 | 8 bits up/down 계수기의 Verilog HDL 표현

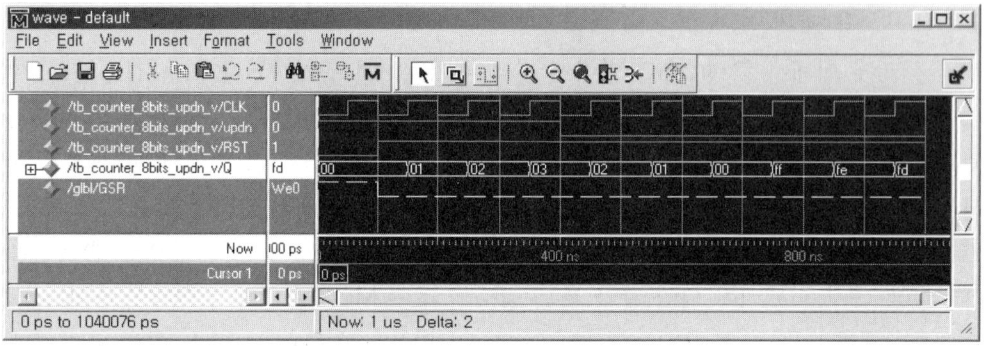

(a) 프로그램 10-2의 시뮬레이션 결과

```
// — *** 사용자 정의 추가 및 수정 부분 시작 ***
      initial begin
            // Initialize Inputs
            CLK = 0;
            updn = 1;       RST = 0; #100;
            RST = 1; #300;
            updn = 0;
      end

      always #50 CLK = ~CLK;

// — *** 사용자 정의 추가 및 수정 부분 끝 ***
```

(b) 시뮬레이션을 위한 사용자 정의 Test Bench

| 시뮬레이션 10-2 | 8 bits up/down 계수기의 Verilog HDL 표현 시뮬레이션

Counter with Enable Logic의 설계

그림 10-3의 블록에 대하여 설명하면 다음과 같다. 이 블록의 회로의 기능은 CLK 신호의 상승 에지에서 EN 신호의 논리 값이 '1'일 때는 계수기로 동작하며, '0'일 때는 현재의 값을 그대로 유지하는 동작을 하는 회로이다. 이 블록은 레지스터, MUX, 그리고 증가회로가 결합되어 동작이 될 것이다. 즉, 레지스터 Reg8의 출력 값은 피드백이 되어 MUX의 입력 신호로 들어간다. 이때 입력되는 2개 값은 하나는 레지스터 Reg8의 출력 값 그대로 입력되며, 다른 하나는 '1'이 증가된 값이 입력된다. MUX의 제어 신호 EN 신호에 의해 MUX의 두 개의 입력 값 가운데 하나가 선택이 되어 레지스터 Reg8의 입력으로 대기 상태가 된다.

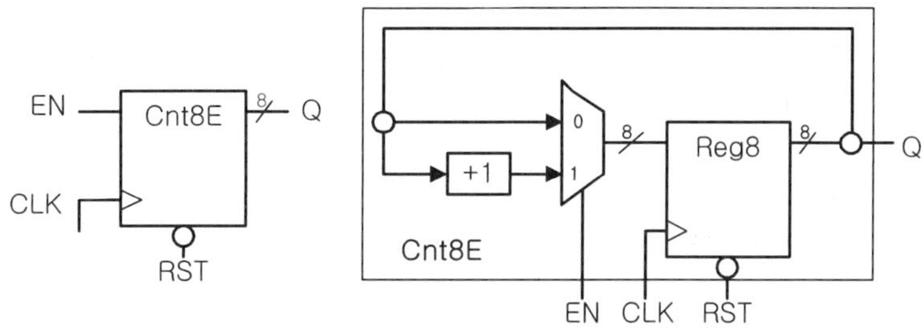

그림 10-3 Enable 신호를 갖는 8 bits 계수기의 심볼과 블록 다이어그램

```
// Counter with Enable
module Counter_8bits_with_Enable(CLK, RST, EN, Q);
        input  CLK, RST, EN;
        output [7:0] Q;

        reg    [7:0] Q;

        always @( negedge RST or posedge CLK )
                if (!RST)
                        Q <= 0;
                else
                        if (EN)
                                Q <= Q + 1;
endmodule
```

| 프로그램 10-3 | Enable 신호를 갖는 8 bits 계수기의 Verilog HDL 표현

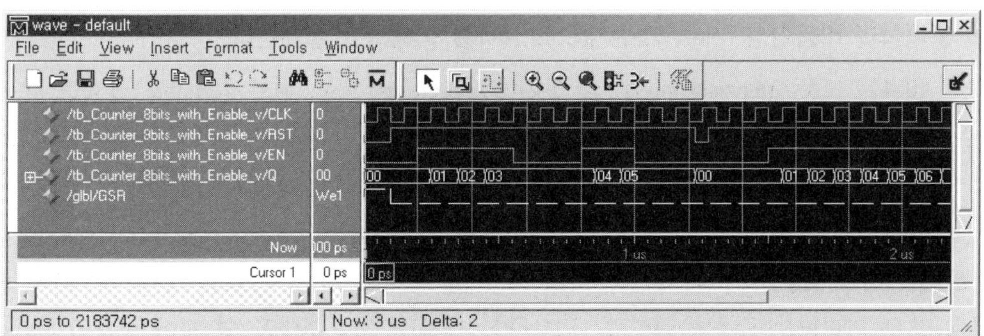

(a) 프로그램 10-3의 시뮬레이션 결과

| 시뮬레이션 10-3 | Enable 신호를 갖는 8 bits 계수기의 Verilog HDL 표현 시뮬레이션

```
// — *** 사용자 정의 추가 및 수정 부분 시작 ***
       initial begin
              CLK = 0;
       end
       initial begin
              RST = 0; #100;
              RST = 1; #1120;
              RST = 0; #50;
              RST = 1;
       end
       initial begin
              EN = 0; #200;
              EN = 1; #350;
              EN = 0; #250;
              EN = 1; #200;
              EN = 0; #500;
              EN = 1;
       end

       always #50 CLK = ~CLK;

// — *** 사용자 정의 추가 및 수정 부분 끝 ***
```

(b) 시뮬레이션을 위한 사용자 정의 Test Bench

| 시뮬레이션 10-3 | Enable 신호를 갖는 8 bits 계수기의 Verilog HDL 표현 시뮬레이션 *(계속)*

2) 동기식과 비동기식 reset 계수기(counter)를 이해하고 설계한다.

그림 10-4는 비동기(asynchronous) 및 동기(synchronous) reset 회로와 enable 신호를 갖는 계수기의 블록 다이어그램이다. 이 블록 다이어그램의 동작은 그림 10-3에서 동기 reset 신호가 첨부되어 동작하도록 한 것이다. 그림 10-4 블록에 대한 회로의 구성과 설명은 다음과 같다.

그림 10-4에서 보는 바와 같이, 레지스터(Reg8), 두 개의 2×1 MUX, 그리고 '1' 증가 조합 논리회로로 이루어져 있다. 이 회로는 CLK에 의해 동작이 되며, CLK의 상승 에지에서 레지스터 Reg8은 입력되는 값을 출력으로 내보낸다. 이 출력 값은 MUX1의 제어 신호인 EN 신호가 '0'의 값을 가질 때는 MUX1의 출력 값으로 레지스터 Reg8의 논리 값 그대로 또는 EN 신호가 '1'의 값을 가질 때는 MUX1의 출력 값으로 '1'이 증가된 값으로 출력된다. MUX1의 출

력 값은 MUX2의 입력으로 되며, MUX2의 다른 입력은 '0'의 논리 값을 갖도록 한다. MUX2는 SR 신호에 의해 제어되는데, 이 신호는 Synchronous Reset의 약어로 사용된다. 제어 신호 SR 신호의 논리 값이 '0'이 되면 MUX2의 출력 값으로 MUX1의 출력 값을 출력시키고, SR 신호의 논리 값이 '1'이 되면 MUX2의 출력 값으로 논리 값 '0'을 출력시킨다. 프로그램 10-4는 위와 같이 설명된 회로에 대한 Verilog HDL 설계 표현이다.

Counter with Enable, Asynchronous and Synchronous Reset Logic의 설계

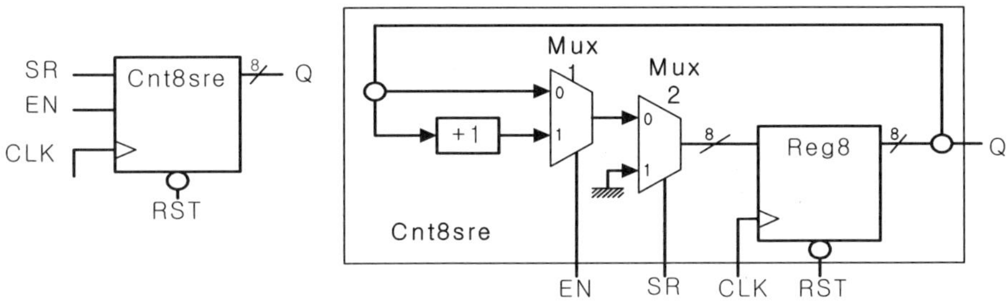

그림 10-4 비동기 및 동기 reset 회로와 enable 신호를 갖는 계수기의 심볼과 블록 다이어그램

```
// Counter with Enable, Asynchronous Reset, and Synchronous Reset
// ( Synchronous Reset 단자의 위치를 다시 한 번 생각해 보자.)
module cnt_8bits_sync_reset_enable(CLK, RST, EN, SR, Q);
        input  CLK, RST, EN, SR;
        output [7:0] Q;

        reg    [7:0] Q;

        always @( negedge RST or posedge CLK)
                if ( !RST )
                        Q <= 0;
                else
                        if ( SR )
                                Q <= 0;
                        else if ( EN )
                                Q <= Q + 1;
endmodule
```

| 프로그램 10-4 | 비동기 reset, 동기 reset, 그리고 enable 신호를 갖는 계수기 표현

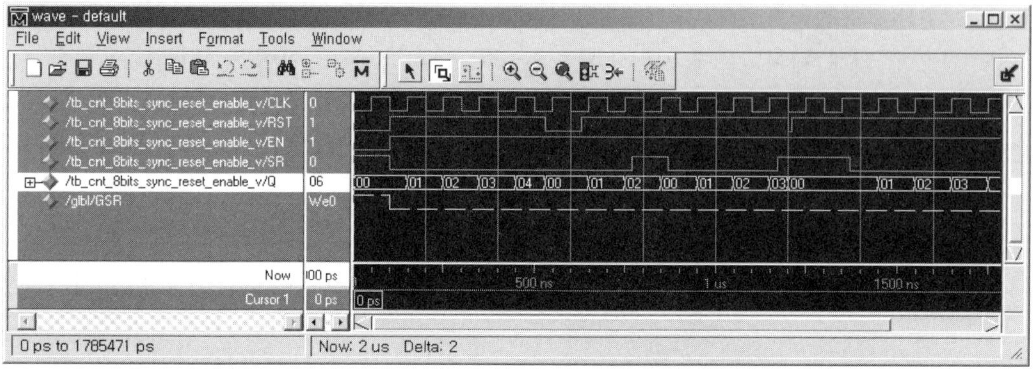

(a) 프로그램 10-4의 시뮬레이션 결과

```
// — *** 사용자 정의 추가 및 수정 부분 시작 ***
    initial begin
        EN=0; #100;
        EN=1;
    end
    initial begin
        RST=0; #100;            RST=1; #430;
        RST=0; #100;            RST=1; #570;
        RST=0; #10;             RST=1;
    end
    initial begin
        SR=1; #100;             SR=0; #670;
        SR=1; #100;             SR=0; #300;
        SR=1; #200;             SR=0;
    end
    always begin
        CLK = 0; #50;           CLK = 1; #50;
    end
// — *** 사용자 정의 추가 및 수정 부분 끝 ***
```

(b) 시뮬레이션을 위한 사용자 정의 Test Bench

| 시뮬레이션 10-4 | 비동기 reset, 동기 reset, 그리고 enable 신호를 갖는 계수기 표현 시뮬레이션

3) 비동기 계수기(Asynchronous counter)를 이해하고 설계한다.

그림 10-5에서 보는 바와 같이 비동기 계수기는 각 계수기 Cnt_#에 입력되는 클럭(clock) 신호가 다르다는 것이다. 그림 10-5의 계수기 Cnt_2는 계수기 Cnt_1로부터 클럭 신호 clk1을

받고, 계수기 Cnt_3에게는 클럭 신호 clk2를 입력시킨다. 이러한 비동기 계수기는 대체적으로 회로의 구성은 동기 계수기보다 간편한 편이나, 속도가 느린 것이 단점이다.

프로그램 10-5는 10진 계수기를 이용한 비동기 계수기를 표현하고 있다. 프로그램 10-5에서의 표현으로는 1 MHz의 clk_in 신호를 10진 계수기에 입력시켜서 10분주된 100 kHz의 clk_100k 신호를 발생시키고, 다시 clk_100k 신호를 10진 계수기에 입력시켜 10 kHz의 clk_10k를 발생시킨다. 이런 방법으로 1 kHz의 clk_1k를 만드는 10진 계수기 및 10 분주 프로그램이다. 시뮬레이션 10-5에서는 입력 신호에 주기 10 ns를 갖는 신호를 입력시켜서 10진 계수기 및 10 분주회로로 동작하는 것을 확인하고 있다.

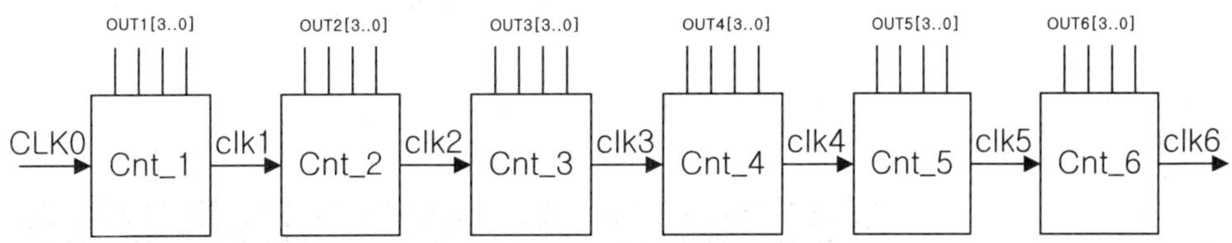

그림 10-5 비동기 계수기의 블록 다이어그램

```
//———— Asynchronous Counter를 이용한 방법 : (10진 계수기를 이용) ————
module async_counter(clk_in, reset, bcd_100k, bcd_10k, bcd_1k,
                     clk_100k, clk_10k, clk_1k);
       input  clk_in, reset;
       output [3:0] bcd_100k, bcd_10k, bcd_1k;
       output clk_100k, clk_10k, clk_1k;

       cnt_10 output_100k(clk_in, reset, bcd_100k, clk_100k);
       cnt_10 output_10k(clk_100k, reset, bcd_10k, clk_10k);
       cnt_10 output_1k(clk_10k, reset, bcd_1k, clk_1k);
endmodule
//————————————decimal counter ————————————
module cnt_10(clk_in, rst, q, clk_out);
       input  clk_in, rst;
       output [3:0] q;
       output clk_out;

       reg    [3:0] q;

       assign clk_out = ~q[3];
```

| 프로그램 10-5 | 10진 counter를 이용한 비동기 counter의 Verilog HDL 표현

```
        always @( negedge rst or posedge clk_in)
        begin
                if (!rst)
                        q <= 0;
                else
                        if (q==9)       q <= 0;
                        else            q <= q + 1;
        end
    endmodule
//------------------------------------------------------------------------
```

| 프로그램 10-5 | 10진 counter를 이용한 비동기 counter의 Verilog HDL 표현 *(계속)*

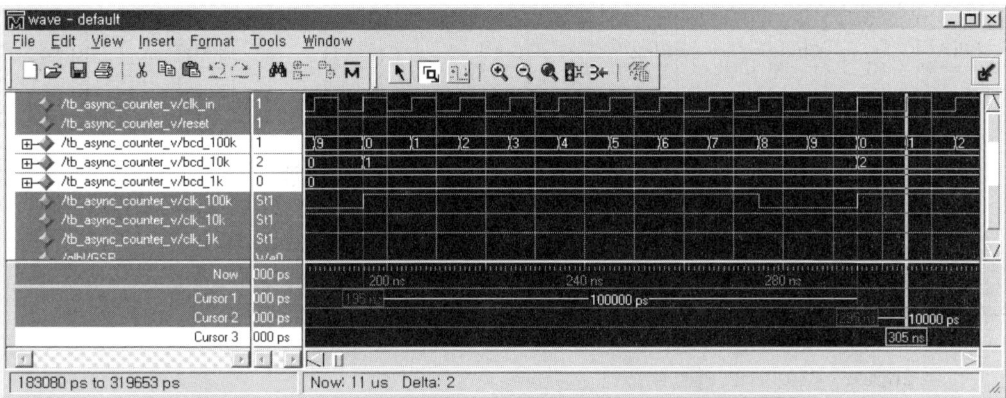

(a) 입력 신호 주기 10 ns에 대한 10분주 신호 주기 100 ns - 10분주

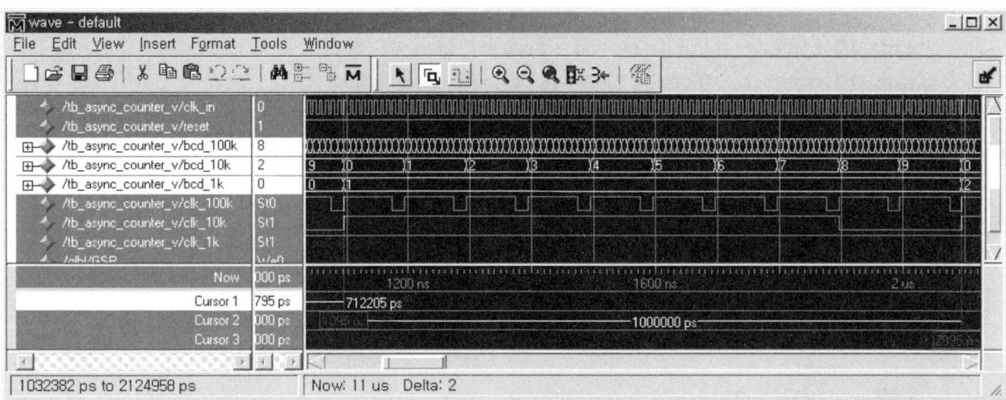

(b) 입력 신호 주기 100 ns에 대한 10분주 신호 주기 1 us - 10분주

| 시뮬레이션 10-5 | 프로그램 10-5에서 10분주 신호를 이용한 비동기 counter의 시뮬레이션 결과

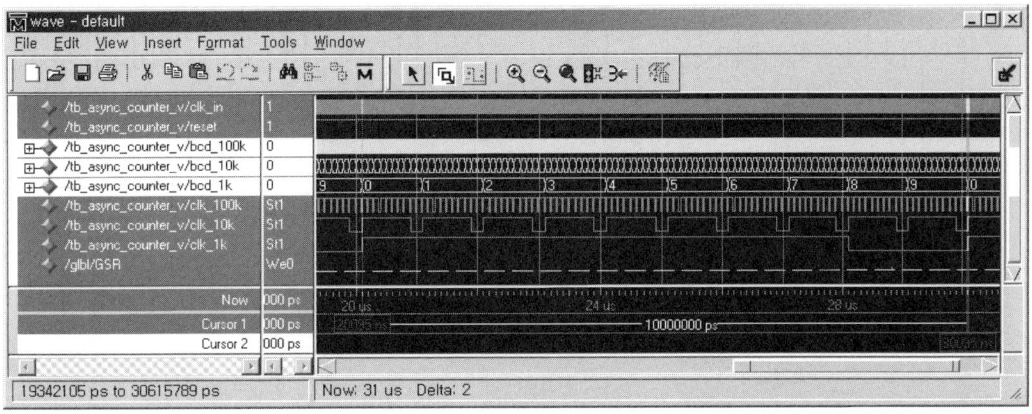

(c) 입력 신호 주기 1 us에 대한 10분주 신호 주기 10 us - 10분주

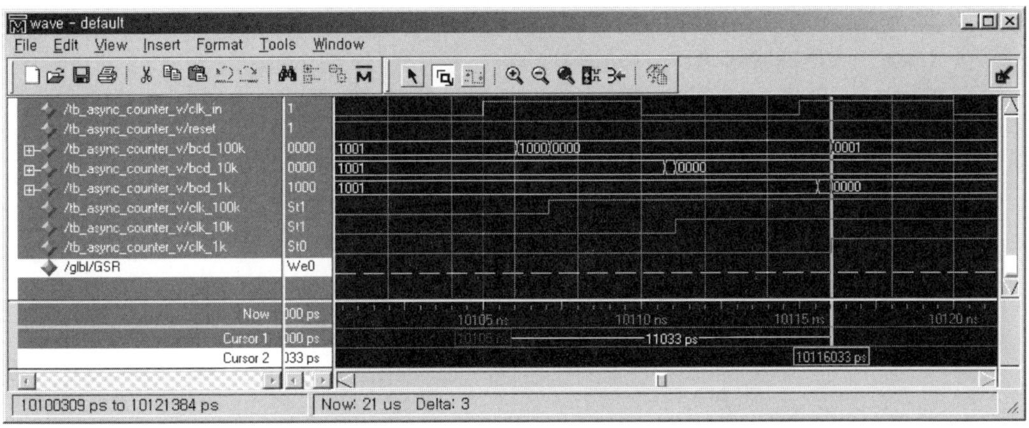

(d) 10분주 신호를 이용한 비동기 counter의 지연 시간 측정(Timing Simulation)

| 시뮬레이션 10-5 | 프로그램 10-5에서 10분주 신호를 이용한 비동기 counter의 시뮬레이션 결과 *(계속)*

4) 동기 계수기(Synchronous counter)를 이해하고 설계한다.

그림 10-6에서 보는 바와 같이 동기 계수기는 각 계수기 Cnt_#에 입력되는 클럭(clock) 신호들은 단일 신호이다. 이러한 동기 계수기는 대체적으로 회로의 구성은 비동기식 보다 복잡한 편이나, 속도가 빠른 장점이 있다. 프로그램 10-6은 단일 clk을 이용한 동기 계수기이다. 프로그램 10-6에서는 입력 신호에 대하여 10분주, 100분주 및 1000분주된 신호를 발생시킨다. 계수기로서의 계수 값은 외부로 출력을 하지 않는다. 계수 값이 필요하다면 entity 부분에 계수 값 표현을 위한 신호를 선언 후에 이용하면 될 것이다. 즉 프로그램의 수정이 필요하지만, 그렇게 어렵지 않게 할 수 있으리라 생각된다.

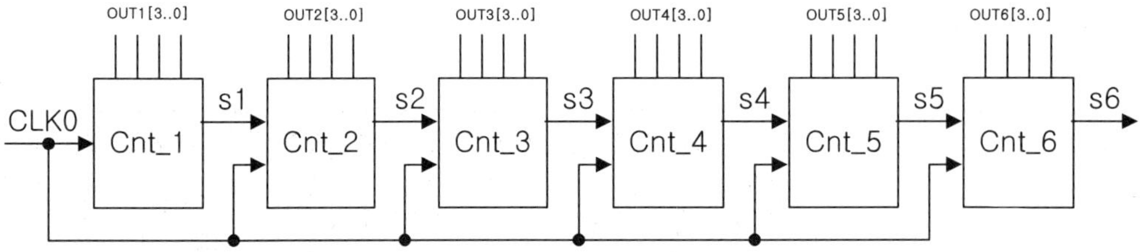

그림 10-6 동기식 계수기의 블록 다이어그램

```
// Synchronous Counter
module sync_counter( reset, clk, clk_100k, clk_10k, clk_1k );
        input  reset, clk;
        output clk_100k, clk_10k, clk_1k;

        reg    clk_100k, clk_10k, clk_1k;
        reg    [8:0] cnt_500;
        reg    [6:0] cnt_50;
        reg    [2:0] cnt_5;

        //-----   clock_1k  --------------
        always @( negedge reset or posedge clk)
        begin : clock_1k
                if (!reset) begin
                        cnt_500 <= 0;
                        clk_1k <= 0;
                end
                else begin
                        if (cnt_500 == 499) begin
                                cnt_500 <= 0;
                                clk_1k <= ~clk_1k;
                        end
                        else
                                cnt_500 <= cnt_500 + 1;
                end
        end  // clock_1k
```

| 프로그램 10-6 | 단일 clk을 이용한 동기 counter의 Verilog HDL 표현

```
    //-----  clock_10k  --------------
    always @( negedge reset or posedge clk)
    begin : clock_10k
            if (!reset) begin
                    cnt_50 <= 0;
                    clk_10k <= 0;
            end
            else begin
                    if (cnt_50 == 49) begin
                            cnt_50 <= 0;
                            clk_10k <= ~ clk_10k;
                    end
                    else
                            cnt_50 <= cnt_50 + 1;
            end
    end  // clock_10k

    //-----  clock_100k  --------------
    always @( negedge reset or posedge clk)
    begin : clock_100k
            if (!reset) begin
                    cnt_5 <= 0;
                    clk_100k <= 0;
            end
            else begin
                    if (cnt_5 == 4) begin
                            cnt_5 <= 0;
                            clk_100k <= ~clk_100k;
                    end
                    else
                            cnt_5 <= cnt_5 + 1;
            end
    end     // clock_100k
    //-----------------------------------------------------
endmodule
```

| 프로그램 10-6 | 단일 clk을 이용한 동기 counter의 Verilog HDL 표현 *(계속)*

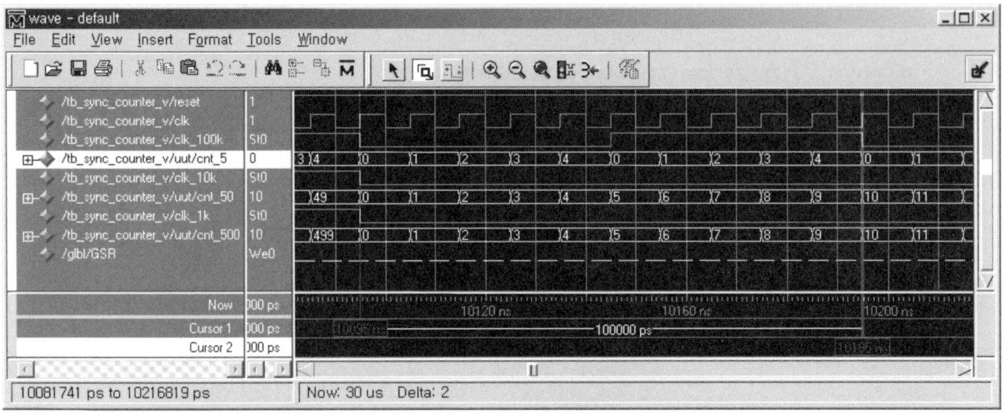

(a) 입력 신호 주기 10 ns에 대한 10분주 신호 주기 100 ns - 10분주

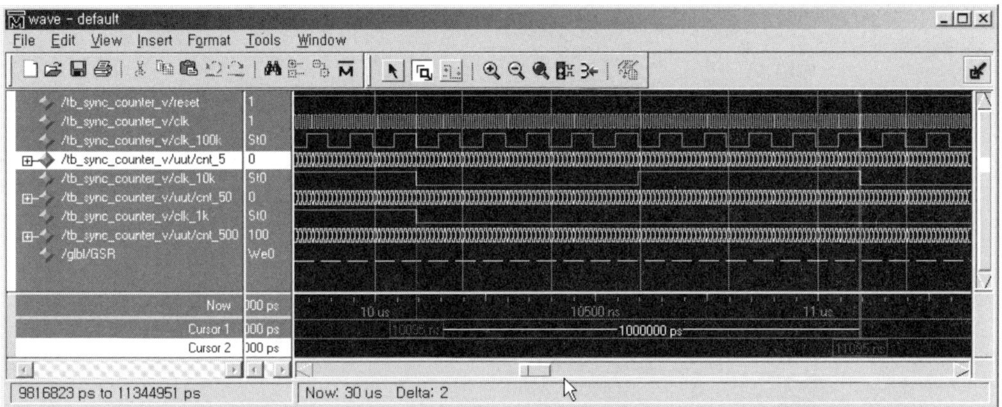

(b) 입력 신호 주기 100 ns에 대한 10분주 신호 주기 1 us - 10분주

(c) 입력 신호 주기 1 us에 대한 10분주 신호 주기 10 us - 10분주

| 시뮬레이션 10-6 | 10분주 신호를 이용한 동기 counter의 시뮬레이션 결과

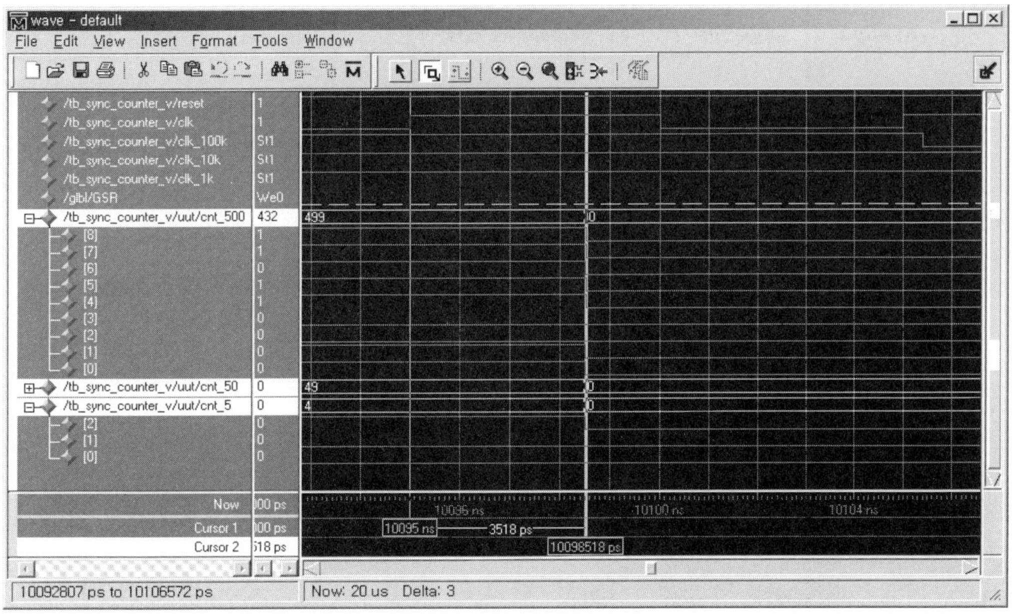

(d) 10분주 신호를 이용한 동기 counter의 지연 시간 측정(Timing Simulation).

| 시뮬레이션 10-6 | 10분주 신호를 이용한 동기 counter의 시뮬레이션 결과 *(계속)*

5) 분주회로로서의 계수기를 이해한다.

이진 분주회로는 입력에 대하여 출력 신호의 주파수가 1/2이 되도록 발생시키는 회로를 말한다. 이 회로는 일반적인 이진 계수기를 말한다. 계수기를 이루는 각 플립플롭의 출력은 입력 신호의 2분주 신호를 갖는다. 프로그램 10-7에서 입력 신호 clk와 출력 신호 Q(0), Q(1), Q(2), Q(3)의 주파수 관계는 다음과 같다.

clk = 2 * Q(0) = 4 * Q(1) = 8 * Q(2) = 16 * Q(3)

주파수 16분주 회로 : 16진 계수기(binary counter)

```
module binary_counter(clk, rst, q);
      input  clk, rst;
      output [3:0] q;

      reg   [3:0] q;
```

| 프로그램 10-7 | 분주 신호를 위한 4 bits 계수기(counter)의 Verilog HDL 표현

```
        always @( negedge rst or posedge clk )
                if ( !rst )
                        q <= 0;
                else
                        q <= q + 1;
endmodule
```

| 프로그램 10-7 | 분주 신호를 위한 4 bits 계수기(counter)의 Verilog HDL 표현 *(계속)*

```
// — *** 사용자 정의 추가 및 수정 부분 시작 ***
        initial begin
                clk = 0;
                rst = 0; #35;
                rst = 1;
        end
        always #10 clk = ~clk;

// — *** 사용자 정의 추가 및 수정 부분 끝 ***
```

(a) 시뮬레이션을 위한 사용자 정의 Test Bench

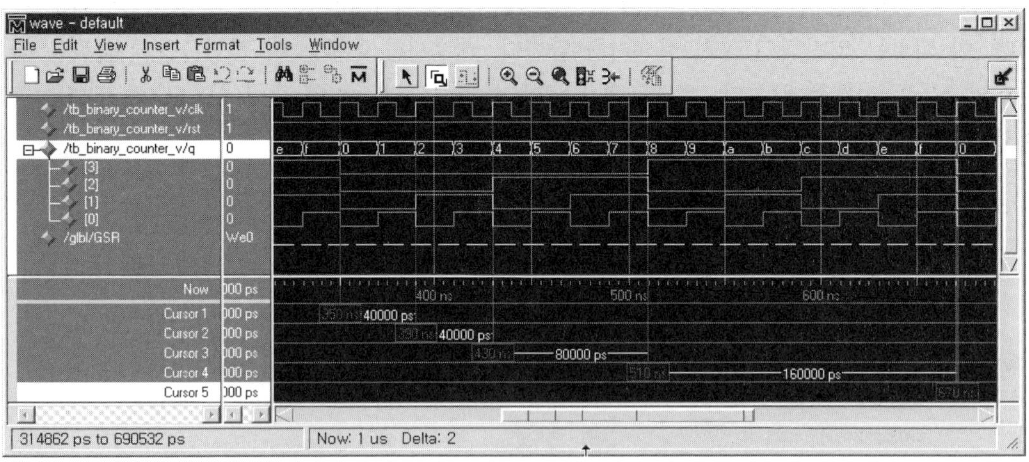

(b) 분주 신호를 위한 4 bits 계수기(counter)의 시뮬레이션 결과

| 시뮬레이션 10-7 | 분주 신호를 위한 4 bits 계수기(counter)의 시뮬레이션

주파수 10진 분주회로 : 10진 계수기(decade counter)

10진 분주 회로는 입력에 대하여 출력 신호의 주파수가 1/10이 되도록 발생시키는 회로를 말한다. 이 회로는 일반적인 이진 계수기를 변화시켜 표현할 수 있으며, 이를 10진 계수기라 부른다. 10진 계수기를 이루는 플립플롭의 출력은 BCD 코드 값을 가진다.

```
//———————————— decimal counter ————————————————
module decimal_counter(clk_in, rst, q, clk_out);
       input  clk_in, rst;
       output [3:0] q;
       output clk_out;

       reg    [3:0] q;

       assign clk_out = ~q[3];

       always @( negedge rst or posedge clk_in)
              if (!rst)
                     q <= 0;
              else
                     if (q==9)
                            q <= 0;
                     else
                            q <= q + 1;
endmodule
```

| 프로그램 10-8 | 10분주 신호를 위한 4 bits 10진 계수기의 Verilog HDL 표현

```
// — *** 사용자 정의 추가 및 수정 부분 시작 ***
       initial begin
              clk_in = 0;
              rst = 0; #18;
              rst = 1;
       end
       always #5 clk_in = ~clk_in;
// — *** 사용자 정의 추가 및 수정 부분 끝 ***
```

(a) 사용자 정의 Test Bench

| 시뮬레이션 10-8 | 10분주 신호를 위한 4 bits 10진 계수기의 시뮬레이션

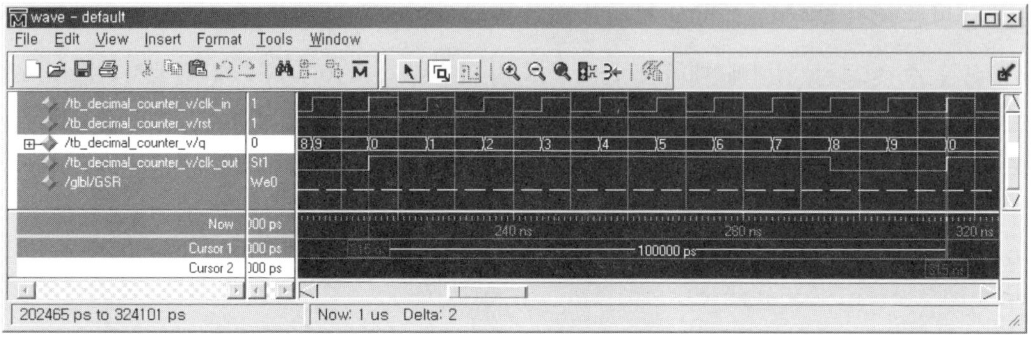

(b) 프로그램 10-8의 시뮬레이션 결과

| 시뮬레이션 10-8 | 10분주 신호를 위한 4 bits 10진 계수기의 시뮬레이션 *(계속)*

10.3 예비 문제

1. 다음 계수기류의 TTL 소자들에 대하여 간단히 설명하여라.

   74LS90 : Decade Counter

   74LS93 : 4 Bits Binary Counter

   74LS161 : Synchronous Binary Counter

   74LS190 : Synchronous up/down Decade Counter

   74LS191 : Synchronous up/down Binary Counter

2. 프로그램 10-1에서 "Q<=tq;"의 위치에 따른 차이에 대해 논하여라.

```
output [7:0] q;
reg    [7:0] tq;

       assign q = tq;
       always @( negedge rst or posedge clk)
              if (!rst)
                 tq <= 0;
              else
                 tq <= tq + 1;
```

```
output [7:0] q;
reg    [7:0] q;
reg    [7:0] tq;

       always @( negedge rst or posedge clk)
              if (!rst)
                 tq <= 0;
              else begin
                 tq <= tq + 1;
                  q <= tq;
              end
```

10.4 실습 내용

각 실습마다 EDA-Lab 3000을 이용한 에뮬레이션을 위한 데이터 입력 케이블 및 모니터링 케이블 연결이 비슷할 수 있으니, 실습마다 케이블 연결의 변경이 있는 부분을 확인하시고 변경 부분만 결선하고 실습하기 바란다. 핀 할당 정보를 보고 *.ucf 파일을 작성하여야 에뮬레이션이 가능하다.

Practice 1 프로그램 10-1 8 bits 계수기를 시뮬레이션 10-1과 같이 시뮬레이션하여 계수기의 동작을 확인하여라. 에뮬레이션을 위한 EDA-Lab 3000의 핀 할당 정보는 표 10-1과 같다. 수정된 프로그램은 clk 신호의 I/O pin 사용을 위하여 IBUF, BUFG를 추가하여 재작성하였다.

```
module modified_cnt8( clk, rst, q );
       input  clk, rst;
       output reg [7:0] q;

       wire  tmp_clk, manual_clk;

       IBUF u1( .O(tmp_clk), .I(clk) );
       BUFG u2( .O(manual_clk), .I(tmp_clk) );
```

| 프로그램 10-9 | I/O pin을 이용한 clock 신호 처리 8 bits 계수기

```
    always @( negedge rst or posedge manual_clk)
        if (!rst)
            q <= 0;
        else
            q <= q + 1;
endmodule
```

| 프로그램 10-9 | I/O pin을 이용한 clock 신호 처리 8 bits 계수기 *(계속)*

| 표 10-1 | 8 bits 계수기 에뮬레이션을 위한 EDA-Lab 3000의 핀 할당

EDA Lab의 Signal Name	설계된 회로의		케이블 연결 두 핀		XC2S100PQ208의 핀 할당
	입력 신호명	출력 신호명			
FPGA_DOUT1	rst	–	JP5-2	JP4-20 or JP16-4	p176
FPGA_DOUT0	clk	–	JP5-1	JP4-19 or JP16-3	p175
FPGA_SIN15	–	q(7)	JP8-8	JP2-48	p102
FPGA_SIN14	–	q(6)	JP8-7	JP2-47	p101
FPGA_SIN13	–	q(5)	JP8-6	JP2-46	p100
FPGA_SIN12	–	q(4)	JP8-5	JP2-45	p99
FPGA_SIN11	–	q(3)	JP8-4	JP2-44	p98
FPGA_SIN10	–	q(2)	JP8-3	JP2-43	p97
FPGA_SIN09	–	q(1)	JP8-2	JP2-42	p96
FPGA_SIN08	–	q(0)	JP8-1	JP2-41	p95

Practice 2 프로그램 10-2 8 bits Up/Down 계수기를 시뮬레이션 10-2와 같이 시뮬레이션하여 계수기의 동작을 확인하여라. 에뮬레이션을 위한 EDA-Lab 3000의 핀 할당 정보는 표 10-2와 같다. 수정된 프로그램은 clk 신호의 I/O pin 사용을 위하여 IBUF, BUFG를 추가하여 재작성하였다.

```
// updn = 1 : up counter,    updn = 0 : down counter
module modified_counter_8bits_updn(CLK, updn, RST, Q);
    input CLK, updn, RST;
    output reg [7:0] Q;

    wire  tmp_clk, manual_clk;
```

| 프로그램 10-10 | I/O pin을 이용한 clock 신호 처리 8 bits Up/Down 계수기

```
        IBUF u1( .O(tmp_clk), .I(CLK) );
        BUFG u2( .O(manual_clk), .I(tmp_clk) );

        always @( negedge RST , posedge manual_clk)
                if (!RST)
                        Q <= 0;
                else
                        if (updn)
                                Q <= Q + 1;
                        else
                                Q <= Q - 1;
endmodule
```

| 프로그램 10-10 | I/O pin을 이용한 clock 신호 처리 8 bits Up/Down 계수기 *(계속)*

| 표 10-2 | 8 bits Up/Down 계수기 에뮬레이션을 위한 EDA-Lab 3000의 핀 할당

EDA Lab의 Signal Name	설계된 회로의		케이블 연결 두 핀		XC2S100PQ208의 핀 할당
	입력 신호명	출력 신호명			
FPGA_DOUT2	updn	–	JP5-3	JP4-21 or JP16-5	p178
FPGA_DOUT1	RST	–	JP5-2	JP4-20 or JP16-4	p176
FPGA_DOUT0	CLK	–	JP5-1	JP4-19 or JP16-3	p175
FPGA_SIN15	–	Q(7)	JP8-8	JP2-48	p102
FPGA_SIN14	–	Q(6)	JP8-7	JP2-47	p101
FPGA_SIN13	–	Q(5)	JP8-6	JP2-46	p100
FPGA_SIN12	–	Q(4)	JP8-5	JP2-45	p99
FPGA_SIN11	–	Q(3)	JP8-4	JP2-44	p98
FPGA_SIN10	–	Q(2)	JP8-3	JP2-43	p97
FPGA_SIN09	–	Q(1)	JP8-2	JP2-42	p96
FPGA_SIN08	–	Q(0)	JP8-1	JP2-41	p95

Practice 3 프로그램 10-3 Enable 신호를 갖는 8 bits 계수기를 시뮬레이션 10-3과 같이 시뮬레이션하여 enable 신호에 따른 counter의 동작 유무를 확인하여라. 에뮬레이션을 위한 EDA-Lab 3000의 핀 할당 정보는 표 10-3과 같다. **프로그램 10-3을 clk 신호의 I/O pin 사용을 위하여 IBUF, BUFG를 추가하여** 재작성하여 에뮬레이션하여라.

```
----------------------------------
module IBUF (O, I);
       output O;
       input  I;
           buf B1 (O, I);
endmodule
----------------------------------
module BUFG (O, I);
       output O;
       input  I;
           buf B1 (O, I);
endmodule
----------------------------------
```

| 프로그램 10-11 | 추가될 IBUF module와 BUFG module

| 표 10-3 | Enable 신호를 갖는 8 bits 계수기 에뮬레이션을 위한 EDA-Lab 3000의 핀 할당

EDA Lab의 Signal Name	설계된 회로의		케이블 연결 두 핀		XC2S100PQ208의 핀 할당
	입력 신호명	출력 신호명			
FPGA_DOUT2	EN	–	JP5-3	JP4-21 or JP16-5	p178
FPGA_DOUT1	RST	–	JP5-2	JP4-20 or JP16-4	p176
FPGA_DOUT0	CLK	–	JP5-1	JP4-19 or JP16-3	p175
FPGA_SIN15	–	Q(7)	JP8-8	JP2-48	p102
FPGA_SIN14	–	Q(6)	JP8-7	JP2-47	p101
FPGA_SIN13	–	Q(5)	JP8-6	JP2-46	p100
FPGA_SIN12	–	Q(4)	JP8-5	JP2-45	p99
FPGA_SIN11	–	Q(3)	JP8-4	JP2-44	p98
FPGA_SIN10	–	Q(2)	JP8-3	JP2-43	p97
FPGA_SIN09	–	Q(1)	JP8-2	JP2-42	p96
FPGA_SIN08	–	Q(0)	JP8-1	JP2-41	p95

Practice 4 프로그램 10-4 비동기 및 동기 reset 회로와 enable 신호를 갖는 계수기를 시뮬레이션 하여 비동기 및 동기 reset에 대하여 바르게 동작됨을 확인하고 에뮬레이션을 하여라. 에뮬레이션을 위한 EDA-Lab 3000의 핀 할당 정보는 표 10-4과 같다. **프로그램 10-4**

를 실습 **3**에서 얘기한 대로 **clk** 신호의 **I/O pin** 사용을 위하여 **IBUF, BUFG**를 추가하여 재작성하여 에뮬레이션하여라.

| 표 10-4 | 동기 및 비동기 reset 그리고 enable 신호를 갖는 8 bits 계수기 에뮬레이션을 위한 EDA-Lab 3000의 핀 할당

EDA Lab의 Signal Name	설계된 회로의		케이블 연결 두 핀		XC2S100PQ208의 핀 할당
	입력 신호명	출력 신호명			
FPGA_DOUT3	SR	–	JP5-4	JP4-22 or JP16-6	p179
FPGA_DOUT2	EN	–	JP5-3	JP4-21 or JP16-5	p178
FPGA_DOUT1	RST	–	JP5-2	JP4-20 or JP16-4	p176
FPGA_DOUT0	CLK	–	JP5-1	JP4-19 or JP16-3	p175
FPGA_SIN15	–	Q(7)	JP8-8	JP2-48	p102
FPGA_SIN14	–	Q(6)	JP8-7	JP2-47	p101
FPGA_SIN13	–	Q(5)	JP8-6	JP2-46	p100
FPGA_SIN12	–	Q(4)	JP8-5	JP2-45	p99
FPGA_SIN11	–	Q(3)	JP8-4	JP2-44	p98
FPGA_SIN10	–	Q(2)	JP8-3	JP2-43	p97
FPGA_SIN09	–	Q(1)	JP8-2	JP2-42	p96
FPGA_SIN08	–	Q(0)	JP8-1	JP2-41	p95

Practice 5 프로그램 10-5를 타이밍 시뮬레이션하여 비동기 계수기의 지연 시간을 측정하여라.

Practice 6 프로그램 10-6을 타이밍 시뮬레이션하여 동기 계수기의 지연 시간을 측정하여라.

Practice 7 프로그램 10-5와 프로그램 10-6을 타이밍 시뮬레이션하여 비동기식 counter와 동기식 counter의 차이에 대하여 확인하여라.

Practice 8 프로그램 10-7 4 bits 계수기(binary counter)를 시뮬레이션하여 입력 신호에 대한 출력 신호가 2분주됨을 확인하고 에뮬레이션하여라. 에뮬레이션을 위한 EDA-Lab 3000의 핀 할당 정보는 표 10-5와 같다. **프로그램 10-7을 실습 3에서 얘기한 대로 clk 신호의 I/O pin 사용을 위하여 IBUF, BUFG를 추가하여 재작성하여 에뮬레이션하여라.**

| 표 10-5 | 4 bits 계수기 에뮬레이션을 위한 EDA-Lab 3000의 핀 할당

EDA Lab의 Signal Name	설계된 회로의		케이블 연결 두 핀		XC2S100PQ208의 핀 할당
	입력 신호명	출력 신호명			
FPGA_DOUT1	rst	–	JP5–2	JP4–20 or JP16–4	p176
FPGA_DOUT0	clk	–	JP5–1	JP4–19 or JP16–3	p175
FPGA_SIN15	–	q(3)	JP8–7	JP2–44	p98
FPGA_SIN14	–	q(2)	JP8–6	JP2–43	p97
FPGA_SIN13	–	q(1)	JP8–5	JP2–42	p96
FPGA_SIN12	–	q(0)	JP8–4	JP2–41	p95

Practice 9 프로그램 10-8 10 분주 신호를 위한 십진 계수기를 시뮬레이션 하여 입력 신호에 대한 출력 신호가 10분주됨을 확인하고 에뮬레이션을 하라. 에뮬레이션을 위한 EDA-Lab 3000의 핀 할당 정보는 표 10-6과 같다. 프로그램 10-8를 실습 3에서 얘기한 대로 clk 신호의 IO pin 사용을 위하여 ibuf, bufg를 추가하여 재작성하여 에뮬레이션하라.

| 표 10-6 | 10분주 신호를 위한 십진 계수기 에뮬레이션을 위한 EDA-Lab 3000의 핀 할당

EDA Lab의 Signal Name	설계된 회로의		케이블 연결 두 핀		XC2S100PQ208의 핀 할당
	입력 신호명	출력 신호명			
FPGA_DOUT1	rst	–	JP5–2	JP4–20 or JP16–4	p176
FPGA_DOUT0	clk_in	–	JP5–1	JP4–19 or JP16–3	p175
FPGA_SIN15	–	q(3)	JP8–8	JP2–44	p98
FPGA_SIN14	–	q(2)	JP8–7	JP2–43	p97
FPGA_SIN13	–	q(1)	JP8–6	JP2–42	p96
FPGA_SIN12	–	q(0)	JP8–5	JP2–41	p95
FPGA_SIN11	–	clk_out	JP8–4	JP4–48 or JP16–24	p206

Practice 10 1 MHz의 입력을 이용한 1 sec 신호 발생회로를 위하여 앞에서 설명한 10진 계수기를 이용하여 다음의 회로를 완성하고 시뮬레이션하여라. (10진 계수기를 이용한 비동기 계수기로 구현하여라.)

Asyschronous Counter를 이용한 방법 : (10진 계수기를 이용)

```
// ----------------------- 1 Sec TimeBase Generator -------------------
module timebase_gen( clk_1m, reset,
             qpos_100k, qpos_10k, qpos_1k, qpos_100, qpos_10, qpos_1,
             clk_100k,  clk_10k,  clk_1k,  clk_100,  clk_10,  clk_1 );
      input  clk_1m, reset;
      output [3:0] qpos_100k, qpos_10k, qpos_1k ;
      output [3:0] qpos_100,  qpos_10,  qpos_1;
      output  clk_100k, clk_10k, clk_1k, clk_100, clk_10, clk_1;
      //
      wire tmp_clk_100k, tmp_clk_10k, tmp_clk_1k;
      wire tmp_clk_100, tmp_clk_10, tmp_clk_1;

      cnt_10 output_100k(clk_1m, reset, qpos_100k, tmp_clk_100k);
      cnt_10 output_10k(tmp_clk_100k, reset, qpos_10k, tmp_clk_10k);
      cnt_10 output_1k(tmp_clk_10k, reset, qpos_1k, tmp_clk_1k);
      cnt_10 output_100(tmp_clk_1k, reset, qpos_100, tmp_clk_100);
      cnt_10 output_10(tmp_clk_100, reset, qpos_10, tmp_clk_10);
      cnt_10 output_1(tmp_clk_10, reset, qpos_1, tmp_clk_1);

      assign clk_100k = tmp_clk_100k;
      assign clk_10k = tmp_clk_10k;
      assign clk_1k = tmp_clk_1k;
      assign clk_100 = tmp_clk_100;
      assign clk_10 = tmp_clk_10;
      assign clk_1 = tmp_clk_1;

endmodule
//-----------------------------------------------------------------
```

| 프로그램 10-12 | 10진 계수기를 이용한 비동기 1 sec timebase 신호 출력의 Verilog HDL 표현

10.5 연습 문제

① 다음 코드의 동작에 대하여 설명하고, 블록 다이어그램을 그려라.

```
// -- 8-bit Counter with Enable, Clear, Load, Up/Down
module counter( clk, clr, ce, load, updn, d, nq );
        input clk, clr, ce, load, updn;
        input  [7:0] d;
        output [7:0] nq;

        reg    [7:0] qout;

        always @( negedge clr or posedge clk )
        begin
                if ( !clr )
                        qout <= 0;
                else
                        if ( !load )
                                qout <= d;
                        else if ( ce )
                                if ( updn )
                                        qout <= qout + 1;
                                else
                                        qout <= qout - 1;
                        else
                                qout <= qout;
        end

        assign nq = ~qout;

endmodule
```

| 프로그램 10-13 | Enable, Clear, Load, Up/Down 단자를 갖는 8 bits Counter

2. 1 MHz 입력을 임의의 주파수를 만드는 주파수 발생기를 설계하여라.

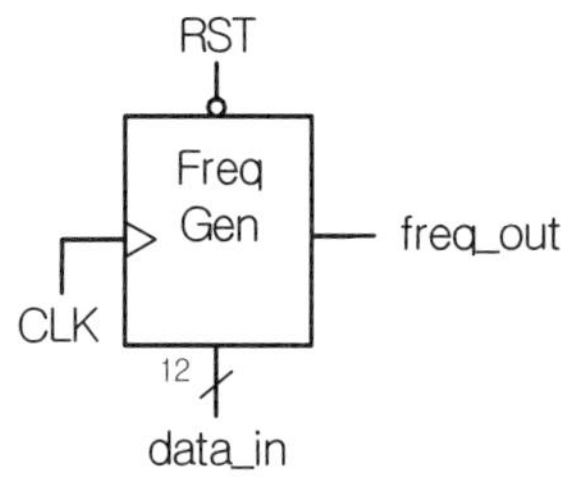

CLK	:	input - 1 MHz
data_in	:	input - 원하는 출력 주파수의 이진 값
RST	:	input - Reset - Active Low
freq_out	:	output - 출력 주파수 신호

Chapter_11

오류검출과 정정

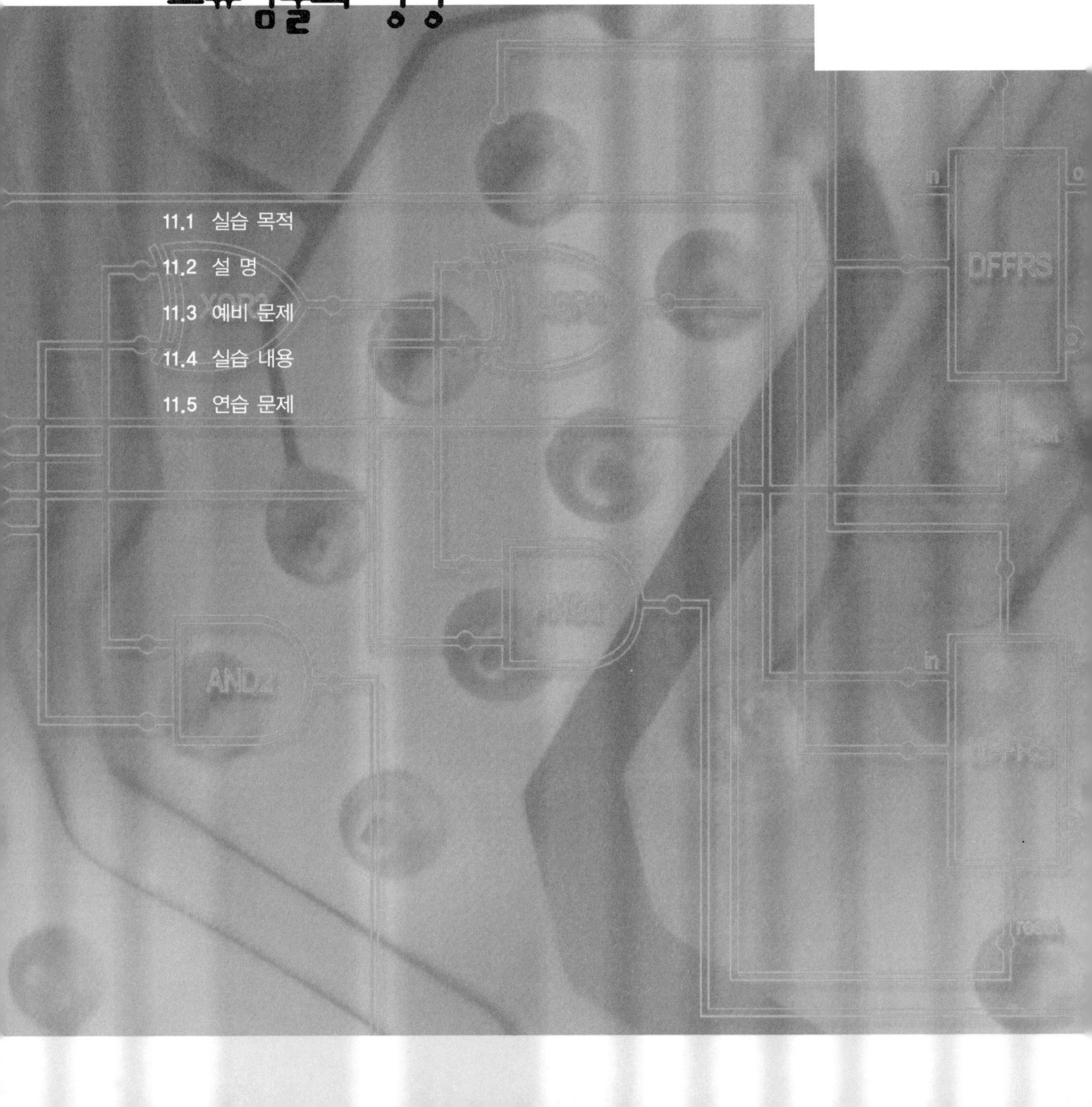

11.1 실습 목적

이 장은 조합 논리회로의 응용을 위한 것으로 오류검출과 정정에 대하여 공부한다.

- Parity check bit에 대하여 이해하고 parity check generator를 Verilog HDL을 이용하여 설계하고 시뮬레이션한다.
- Hamming code encoder에 대하여 이해하고 Verilog HDL을 이용하여 설계하고 시뮬레이션한다.
- Hamming code decoder에 대하여 이해하고 Verilog HDL을 이용하여 설계하고 시뮬레이션한다.

11.2 설 명

오류검출 코드로는 패리티 비트(parity bit), hamming code, 비퀴너리(biquinary) 코드, 2-out-of-5 코드, 링 카운터(ring counter) 코드들이 있으며, 이 대부분의 코드는 송신측에 잉여 bit를 추가하여 송신하면, 수신측에서는 비트열을 검사하여 올바르게 수신하였는지를 확인하여 에러가 없는 데이터를 수신하게 된다. 전송된 데이터에 에러가 발생하면 에러를 수정하거나 재전송을 요구하게 될 것이다. 통신에서는 3회 정도의 재전송이 이루어지며, 계속 에러가 발생하면 통신 선로를 끊게 된다.

1) Parity bit

p	d(7)	d(6)	d(5)	d(4)	d(3)	d(2)	d(1)
	⟨—————— ASCII Code ——————⟩						

그림 11-1 ASCII 코드에 패리티 비트가 첨가된 전송 데이터

송신측에서 패리티 비트를 추가하여 송신하면, 수신측에서는 비트열을 검사하여 올바르게 수신하였는지를 확인한다. 이때 가장 널리 사용되는 오류검출 방법에는 패리티 검사 비트(parity check bit)가 있다.

패리티 검사 비트는 홀수 패리티 비트와 짝수 패리티 비트가 있으며, 이들은 다음과 같이 구성되어진다.

■ **홀수 패리티(odd parity bit)**

전송하고자 하는 전체 2진 데이터에서 "1"의 개수가 홀수 개가 되도록 추가된 bit를 홀수 패리티 비트라 한다.

■ **짝수 패리티(even parity)**

전송하고자 하는 전체 2진 데이터에서 "1"의 개수가 짝수 개가 되도록 추가된 bit를 짝수 패리티 비트라 한다.

■ 이 패리티 비트 체크 방법(parity bit check method)은 짝수 개의 bit가 동시에 바뀌면 검출이 불가능하며, impulse noise에 약한 단점이 있다.

2변수 패리티 발생기(parity generator)

| 표 11-1 | 2변수 패리티 발생기의 진리표

x	y	p_{even}	p_{odd}
0	0	0	1
0	1	1	0
1	0	1	0
1	1	0	1

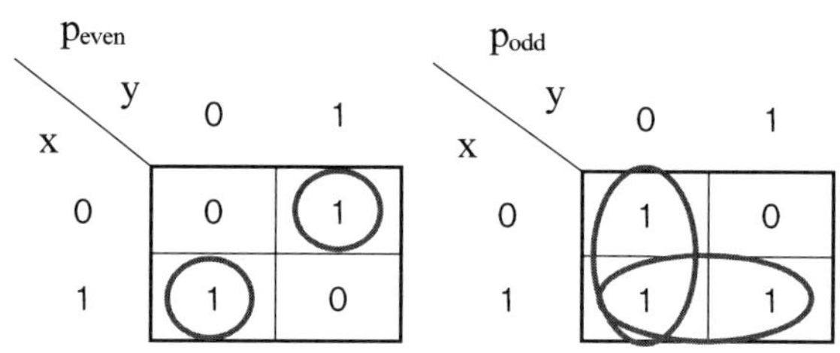

표 11-1의 진리표를 다음과 같은 논리식으로 표현할 수 있다.

$$p_{even} = xy' + x'y = x \oplus y = (x \odot y)' \quad \text{(식 11-1)}$$

$$p_{odd} = xy + x'y' = x \odot y = (x \oplus y)' \quad \text{(식 11-2)}$$

```
//—————————— 2변수 입력, 패리티 바트 발생기 ——————————
module bit2_parity_gen(x, y, p_odd, p_even);
      input  x, y;
      output p_odd, p_even;

      assign p_odd = x ~^ y;        //  xy + x'y' = x ⊙ y
      assign p_even = x ^ y;        //  xy' + x'y = x ⊕ y
endmodule
```

| 프로그램 11-1 | 2변수 입력 패리티 발생기의 continuous assign 표현

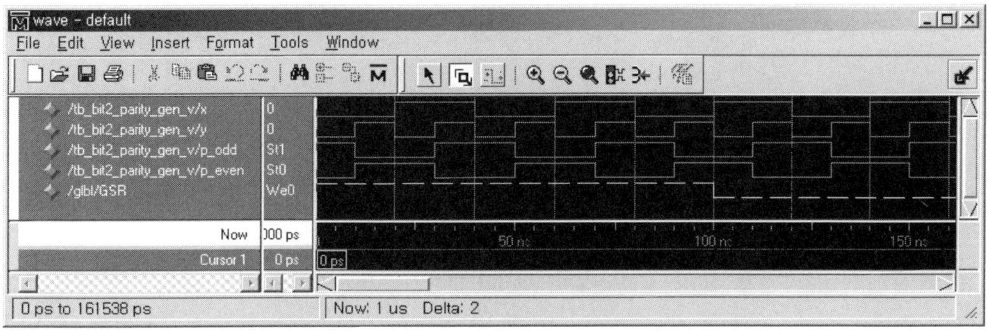

(a) 프로그램 11-1의 시뮬레이션 결과

```
// — *** 사용자 정의 추가 및 수정 부분 시작 ***
always begin
        x = 0; y = 0; #10;
        x = 0; y = 1; #10;
        x = 1; y = 0; #10;
        x = 1; y = 1; #10;
end
// — *** 사용자 정의 추가 및 수정 부분 끝 ***
```

(b) 시뮬레이션을 위한 사용자 정의 Test Bench

| 시뮬레이션 11-1 | 2변수 입력 패리티 발생기의 자료흐름 표현

```
module bit2_parity_gen(x, y, p_odd, p_even);
        input  x, y;
        output p_odd, p_even;

        reg p_even, p_odd;
        wire [1:0] in2;

        assign in2 = {x, y};
        always @(x, y)
        begin
                case (in2)
                        2'b00 : begin p_even <= 0; p_odd <= 1; end
```

| 프로그램 11-2 | 2변수 입력 패리티 발생기의 behavioral 표현

```
                    2'b01 : begin p_even <= 1; p_odd <= 0; end
                    2'b10 : begin p_even <= 1; p_odd <= 0; end
                    default : begin p_even <= 0; p_odd <= 1; end
            endcase
    end
endmodule
```

| 프로그램 11-2 | 2변수 입력 패리티 발생기의 behavioral 표현 *(계속)*

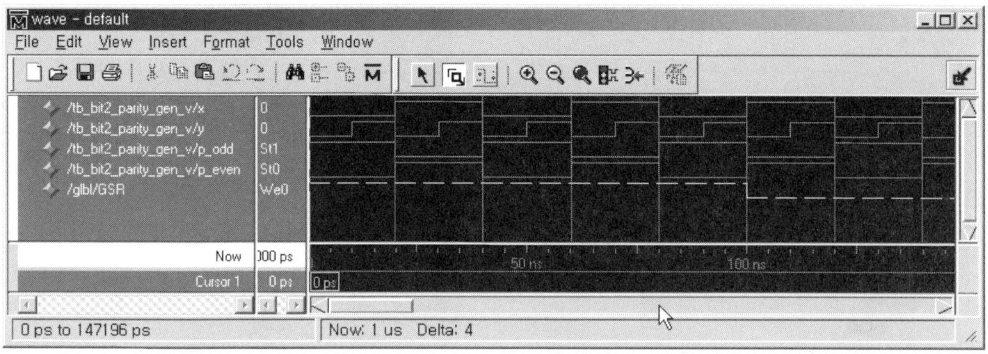

(a) 프로그램 11-2의 시뮬레이션 결과

```
// -- *** 사용자 정의 추가 및 수정 부분 시작 ***
always begin
        x = 0; y = 0; #10;
        x = 0; y = 1; #10;
        x = 1; y = 0; #10;
        x = 1; y = 1; #10;
end
// -- *** 사용자 정의 추가 및 수정 부분 끝 ***
```

(b) 시뮬레이션을 위한 사용자 정의 Test Bench

| 시뮬레이션 11-2 | 2변수 입력 패리티 발생기의 동작적 표현

3변수 패리티 발생기(parity generator)

| 표 11-2 | 3변수 입력에 대한 패리티 발생기의 진리표와 카노맵

x	y	z	p_{even}	p_{odd}
0	0	0	0	1
0	0	1	1	0
0	1	0	1	0
0	1	1	0	1
1	0	0	1	0
1	0	1	0	1
1	1	0	0	1
1	1	1	1	0

peven

x \ y z	00	01	11	10
0	0	(1)	0	(1)
1	(1)	0	(1)	0

표 11-2의 진리표와 카노맵을 다음과 같은 논리식으로 표현할 수 있다.

$-p_{even}(x,y,z) = \sum(1,2,4,7)$

(식 11-3)

$= x'y'z + x'yz' + xy'z' + xyz$

$= x'\ (\ y'z\ +\ yz'\ ) + x\ (\ y'z' + yz\ )$

$(\ \text{replace } A = y'z + yz',\quad A' = y'z' + yz\ )$

$= x'\ A + x\ A'$

$= x \oplus A$

$= x \oplus (\ y \oplus z\ ) = (\ x \oplus y\ ) \oplus z$

$= x \oplus y \oplus z$

$= x \odot y \odot z$

표 11-2의 진리표로부터 다음과 같은 논리식으로 표현할 수 있다.

$-p_{odd}(x,y,z) = \sum(0,3,5,6)$ (식 11-4)

$= x'y'z' + x'yz + xy'z + xyz'$

$= x'(y'z' + yz) + x(y'z + yz')$

$(\ \text{replace } A = y'z + yz',\quad A' = y'z' + yz\ )$

$= x'\ A' + x\ A$

$= x \odot A$

$= x \odot (y \oplus z)$

$= x \odot y \oplus z$

$= x \oplus y \odot z$

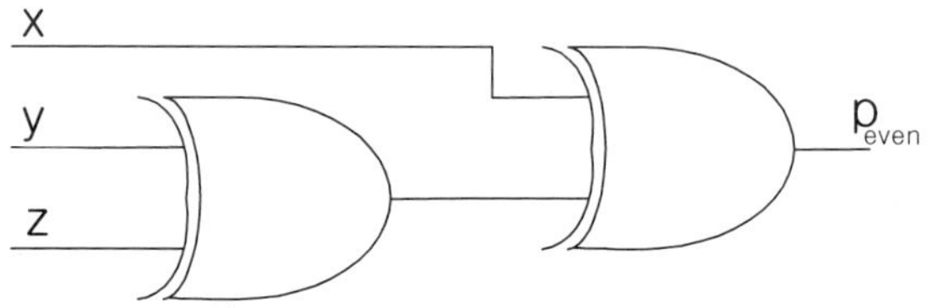

(a) 짝수 패리티 발생기

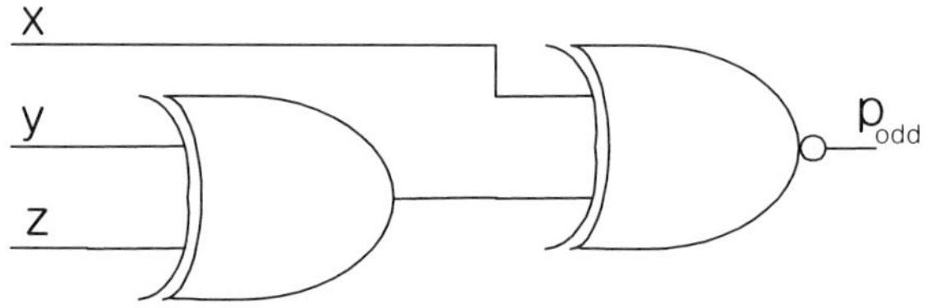

(b) 홀수 패리티 발생기

그림 11-2 3변수 입력에 대한 홀수 및 짝수 패리티 발생기

```
module bit3_parity_gen(x, y, z, p_odd1, p_odd2, p_even1, p_even2);
        input  x, y, z;
        output p_odd1, p_odd2, p_even1, p_even2;

        assign p_odd1 = (x ~^ y) ^ z;          // x ⊙ y ⊕ z
        assign p_odd2 = (x ^ y) ~^ z;          // x ⊕ y ⊙ z
        assign p_even1 = (x ^ y) ^ z;          // x ⊕ y ⊕ z
        assign p_even2 = (x ~^ y) ~^ z;        // x ⊙ y ⊙ z
endmodule
```

| 프로그램 11-3 | 3변수 입력에 대한 패리티 발생기의 continuous assign 표현

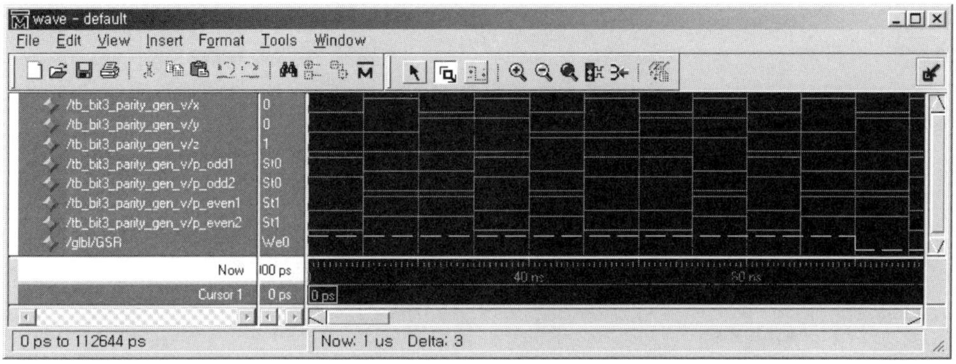

(a) 프로그램 11-3의 시뮬레이션 결과

```
// — *** 사용자 정의 추가 및 수정 부분 시작 ***
        always begin
                z = 0;  y = 0;  x = 0; #10;
                z = 0;  y = 0;  x = 1; #10;
                z = 0;  y = 1;  x = 0; #10;
                z = 0;  y = 1;  x = 1; #10;
                z = 1;  y = 0;  x = 0; #10;
                z = 1;  y = 0;  x = 1; #10;
                z = 1;  y = 1;  x = 0; #10;
                z = 1;  y = 1;  x = 1; #10;
        end
// — *** 사용자 정의 추가 및 수정 부분 끝 ***
```

(b) 시뮬레이션을 위한 사용자 정의 Test Bench

| 시뮬레이션 11-3 | 3변수 입력에 대한 패리티 발생기의 continuous assign 표현

```
module bit3_parity_gen2(x, y, z, p_odd, p_even);
        input  x, y, z;
        output p_odd, p_even;

        reg p_odd, p_even;
        wire [2:0] in3;

        assign in3 = {x, y, z};

        always @(in3) begin
```

| 프로그램 11-4 | 3변수 입력에 대한 패리티 발생기의 behavioral 표현

```
            case (in3)
                    0 : begin p_even <= 0; p_odd <= 1; end
                    1 : begin p_even <= 1; p_odd <= 0; end
                    2 : begin p_even <= 1; p_odd <= 0; end
                    3 : begin p_even <= 0; p_odd <= 1; end
                    4 : begin p_even <= 1; p_odd <= 0; end
                    5 : begin p_even <= 0; p_odd <= 1; end
                    6 : begin p_even <= 0; p_odd <= 1; end
                    default : begin p_even <= 1; p_odd <= 0; end
            endcase
        end
endmodule
```

| 프로그램 11-4 | 3변수 입력에 대한 패리티 발생기의 behavioral 표현 *(계속)*

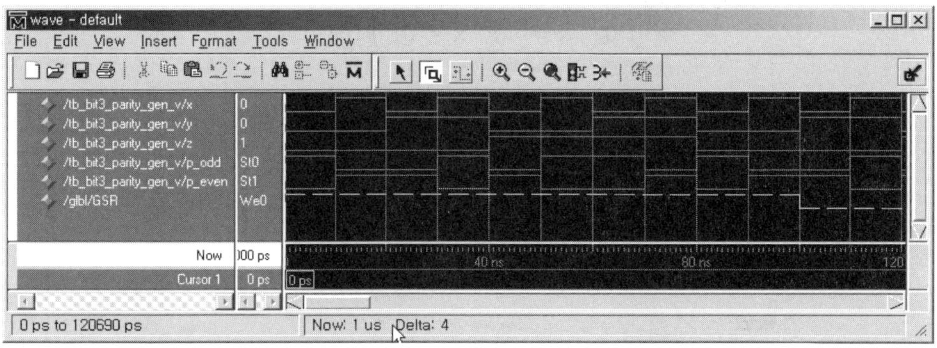

(a) 프로그램 11-4의 시뮬레이션 결과

```
// — *** 사용자 정의 추가 및 수정 부분 시작 ***
        always begin
                z = 0;  y = 0;  x = 0; #10;
                z = 0;  y = 0;  x = 1; #10;
                z = 0;  y = 1;  x = 0; #10;
                z = 0;  y = 1;  x = 1; #10;
                z = 1;  y = 0;  x = 0; #10;
                z = 1;  y = 0;  x = 1; #10;
                z = 1;  y = 1;  x = 0; #10;
                z = 1;  y = 1;  x = 1; #10;
        end
// — *** 사용자 정의 추가 및 수정 부분 끝 ***
```

(b) 시뮬레이션을 위한 사용자 정의 Test Bench

| 시뮬레이션 11-4 | 3변수 입력에 대한 패리티 발생기의 동작적 표현

■ n-변수 xor (exclusive-or) : 만약 입력 중 '1'이 홀수 개이면 출력이 '1' => even parity
■ n-변수 xnor (equivalence) : 만약 입력 중 '0'이 홀수 개이면 출력이 '1'

정리 :
만약, n이 짝수이면 exclusive-or에서 '0'이 홀수
exclusive-equivalence '1'이 짝수
(xor) ' = (equivalence)
만약, n이 홀수이면 (xor) = (equivalence)
예) $x \oplus y \oplus z = x \odot y \odot z$
$(x \oplus y \oplus z)' = (x \odot y \odot z)' = x \oplus y \odot z = x \odot y \oplus z$
** 상황에 따라 동일한 함수가 될 수도 있고 아닐 수도 있다.

4변수 패리티 발생기(parity generator)

| 표 11-3 | 4변수 입력에 대한 패리티 발생기의 진리표와 카노맵

	w	x	y	z	p_{even}	p_{odd}
0	0	0	0	0	0	1
1	0	0	0	1	1	0
2	0	0	1	0	1	0
3	0	0	1	1	0	1
4	0	1	0	0	1	0
5	0	1	0	1	0	1
6	0	1	1	0	0	1
7	0	1	1	1	1	0
8	1	0	0	0	1	0
9	1	0	0	1	0	1
10	1	0	1	0	0	1
11	1	0	1	1	1	0
12	1	1	0	0	0	1
13	1	1	0	1	1	0
14	1	1	1	0	1	0
15	1	1	1	1	0	1

p_{even}

wx \ yz	00	01	11	10
00	0	1	0	1
01	1	0	1	0
11	0	1	0	1
10	1	0	1	0

표 11-3의 진리표와 카노맵에 대한 짝수 패리티에 대한 논리식을 다음과 같이 표현할 수 있다.

$$-p_{even}(x,y,z) = \sum(1,2,4,7,8,11,13,14) \quad \text{(식 11-5)}$$

$$= w'x'y'z + w'x'yz' + w'xy'z' + w'xyz + wx'y'z' + wx'yz + wxy'z + wxyz'$$

$$= w'x' (y'z+yz') + w'x (y'z'+yz) + wx' (y'z'+yz) + wx (y'z + yz')$$

replace $A = y'z + yz'$, $A' = y'z'+yz$

$$= w'x' A + w'x A' + wx' A' + wx A$$

$$= A (w'x' + wx) + A' (w'x + wx')$$

replace $B = w'x + wx'$, $B' = w'x'+wx$

$$= A B' + A' B$$

$$= A \oplus B$$

$$= (w \oplus x) \oplus (y \oplus z)$$

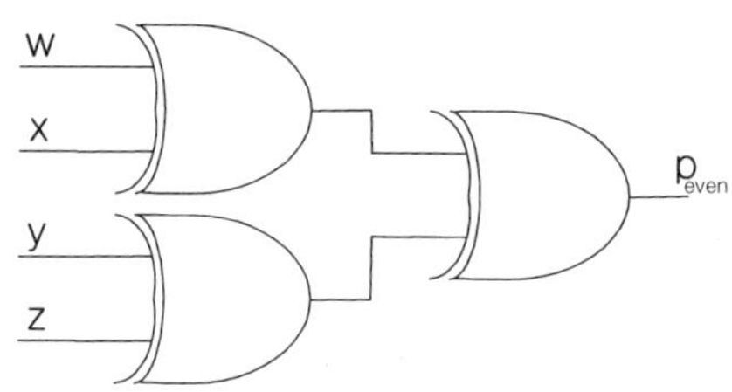

그림 11-3 4변수 입력에 대한 짝수 패리티 발생기

표 11-3의 진리표와 카노맵에 대한 홀수 패리티에 대한 논리식을 다음과 같이 표현할 수 있다

$$-p_{odd}(x,y,z) = \sum (0,3,5,6, 9,10,12,15) \quad \text{(식 11-6)}$$

$$= w'x'y'z' + w'x'yz + w'xy'z + w'xyz' + wx'y'z + wx'yz' + wxy'z' + wxyz$$

$$= w'x' (y'z'+yz) + w'x (y'z+yz') + wx' (y'z+yz') + wx (y'z'+yz)$$

replace $A = y'z + yz'$, $A' = y'z'+yz$

$$= w'x' A' + w'x A + wx' A + wx A'$$

$$= A (w'x + wx') + A' (w'x' + wx)$$

replace $B = w'x + wx'$, $B' = w'x'+wx$

$$= A B + A' B'$$

$$= A \odot B$$

$$= (w \oplus x) \odot (y \oplus z)$$

$$= (w \oplus x)' \odot (y \oplus z)'$$

$$= (w \odot x) \odot (y \odot z)$$

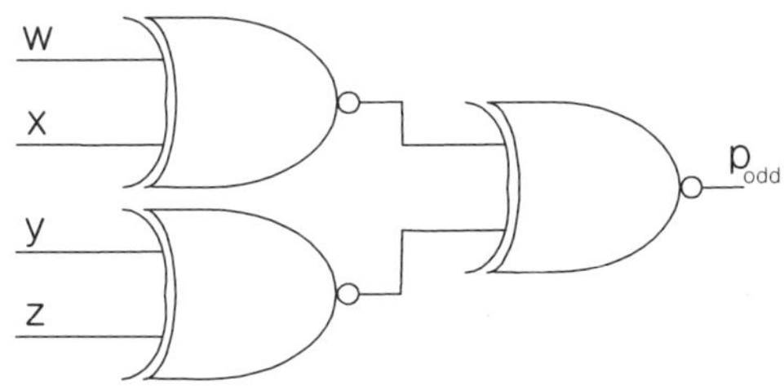

그림 11-4 4변수 입력에 대한 홀수 패리티 발생기

```
module bit4_parity_gen(w, x, y, z, p_odd1, p_odd2, p_even);
      input  w, x, y, z;
      output p_odd1, p_odd2, p_even;

      assign p_odd1 = (w ^ x) ~^ (y ^ z);      //  ( w ⊕ x ) ⊙ ( y ⊕ z )
      assign p_odd2 = (w ~^ x) ~^ (y ~^ z);    //  ( w ⊙ x ) ⊙ ( y ⊙ z )
      assign p_even = (w ^ x) ^ (y ^ z);       //  ( w ⊕ x ) ⊕ ( y ⊕ z )
endmodule
```

| 프로그램 11-5 | 4변수 입력 패리티 발생기의 continuous assignment 표현

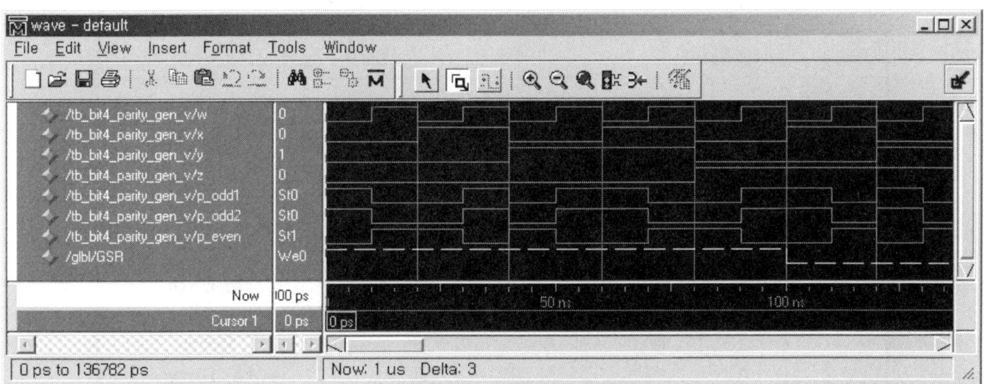

(a) 프로그램 11-5의 시뮬레이션 결과

| 시뮬레이션 11-5 | 4변수 입력 패리티 발생기의 continuous assignment 표현

```
// — *** 사용자 정의 추가 및 수정 부분 시작 ***
        always begin : tb_w
                w=0; #10;        w=1; #10;
        end
        always begin : tb_x
                x=0; #20;        x=1; #20;
        end
        always begin : tb_y
                y=0; #40;        y=1; #40;
        end
        always begin : tb_z
                z=0; #80;        z=1; #80;
        end
// — *** 사용자 정의 추가 및 수정 부분 끝 ***
```

(b) 시뮬레이션을 위한 사용자 정의 Test Bench

| 시뮬레이션 11-5 | 4변수 입력 패리티 발생기의 continuous assignment 표현 *(계속)*

패리티 검사기(parity checker)

| 표 11-4 | 3변수 입력에 대한 홀수 패리티 검사기의 진리표

입 력				패리티 오류 검사	
x	y	z	podd	Check bit	
0	0	0	0	1	Error
0	0	0	1	0	No Error
0	0	1	0	0	No Error
0	0	1	1	1	Error
0	1	0	0	0	No Error
0	1	0	1	1	Error
0	1	1	0	1	Error
0	1	1	1	0	No Error
1	0	0	0	0	No Error
1	0	0	1	1	Error
1	0	1	0	1	Error
1	0	1	1	0	No Error
1	1	0	0	1	Error
1	1	0	1	0	No Error
1	1	1	0	0	No Error
1	1	1	1	1	Error

표 11-4의 진리표에 대한 논리식을 다음과 같이 표현할 수 있다.

$$\text{Check\_bit} = x \odot y \odot z \odot p_{odd} \qquad \text{(식 11-6)}$$

이 결과를 생각해 보면, 3 bits 입력에 대한 패리티 비트 검사(checker)는 4 bits 입력에 대한 패리티 비트 발생기와 같음을 알 수 있다.

그림 11-5는 3변수 입력에 대한 홀수 패리티 검사기의 논리식에 대한 회로도이다. 그림 11-6은 3변수 입력에 대한 홀수 패리티 비트 발생기와 검사기를 결합한 회로도이다. 회로의 'Checker'는 검사 비트를 의미하며 1일 경우 오류가 발생했음을 알린다. 프로그램 11-6은 그림 11-6을 Verilog HDL을 사용하여 3변수 입력에 대한 홀수 패리티 비트 발생기와 검사기를 결합한 프로그램이다.

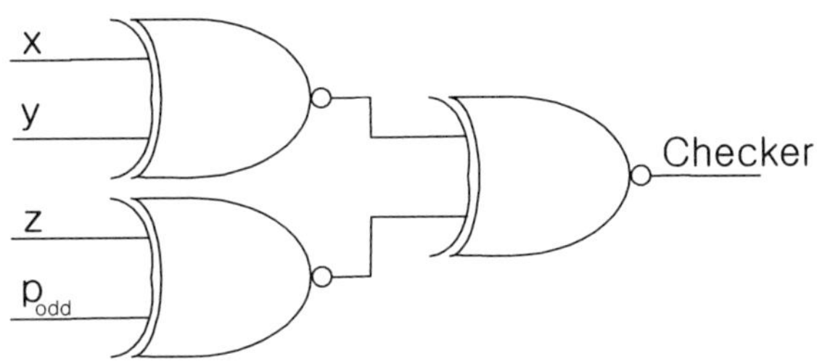

그림 11-5 홀수 패리티 검사기

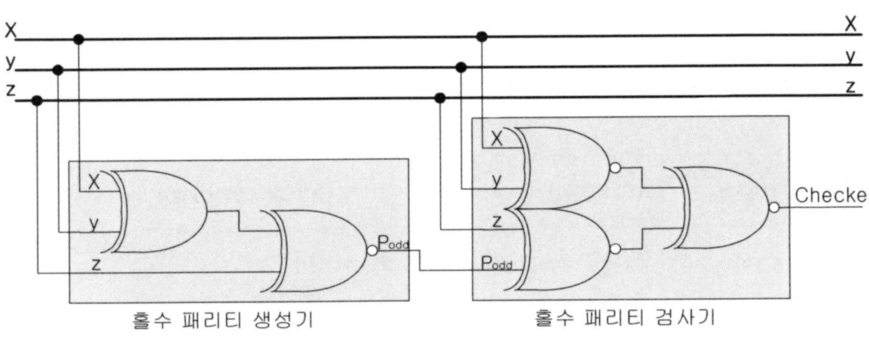

그림 11-6 3변수 입력에 대한 홀수 패리티 발생기와 검사기의 결합

```
//------------------------------------------------------------
module bit3_parity_checker(din, p_odd, check_bit);
       input  [2:0] din;
       output p_odd, check_bit;

       wire tmp_p_odd;

       assign p_odd = tmp_p_odd;

       bit3_parity_gen U1_parity_gen(  .x(din[2]),
                                       .y(din[1]),
                                       .z(din[0]),
                                       .p_odd(tmp_p_odd ) );
       parity_checker U2_parity_check( .x(din[2]),
                                       .y(din[1]),
                                       .z(din[0]),
                                       .p_odd(tmp_p_odd),
                                       .check_bit(check_bit) );
endmodule
//------------------------------------------------------------
//--  3 bits input, parity bit generator  (x, y, z, p_odd, check_bit);
//------------------------------------------------------------
module bit3_parity_gen(x, y, z, p_odd);
       input  x, y, z;
       output p_odd;

       assign p_odd = (x ~^ y) ^ z;   // x ⊙ y ⊕ z
endmodule
//------------------------------------------------------------
//--  3 bits input +  parity bit => parity bit error checker
//------------------------------------------------------------
module parity_checker(x, y, z, p_odd, check_bit);
       input  x, y, z, p_odd;
       output check_bit;

       assign check_bit = (x ~^ y) ~^ (z ~^ p_odd);  // x ⊙ y ⊙ z ⊙ p_odd
endmodule
//------------------------------------------------------------
```

| 프로그램 11-6 | 3 bits 입력에 대한 홀수 패리티 발생기와 검사기의 결합 프로그램

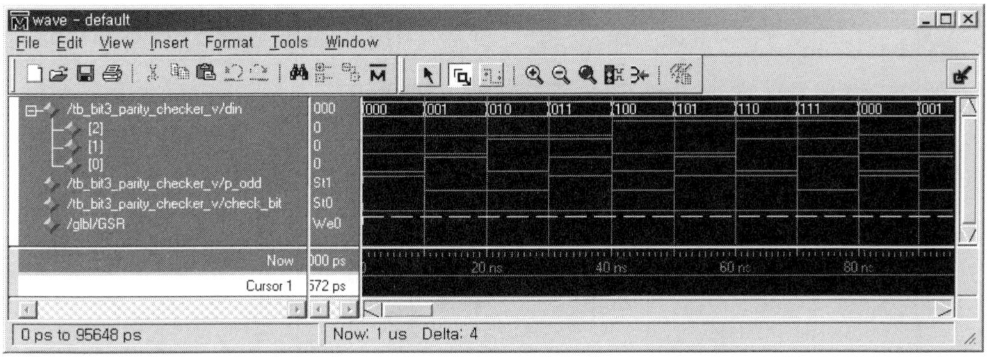

(a) 프로그램 11-6의 시뮬레이션 결과

```
// — *** 사용자 정의 추가 및 수정 부분 시작 ***
        always begin
                din=0; #10;
                din=1; #10;
                din=2; #10;
                din=3; #10;
                din=4; #10;
                din=5; #10;
                din=6; #10;
                din=7; #10;
        end
// — *** 사용자 정의 추가 및 수정 부분 끝 ***
```

(b) 시뮬레이션을 위한 사용자 정의 Test Bench

| 시뮬레이션 11-6 | 3 bits 입력에 대한 홀수 패리티 발생기와 검사기의 결합 프로그램

2) 수직/수평 패리티(parity) 중복 검사

- 2차원의 문자 block으로 구성
- 모든 문자에 패리티 bit 부가(VRC : Vertical Redundancy Check)
- Exclusive-OR 연산
- parity 검사 문자(LRC : Longitudinal Redundancy Check)
- 단순 패리티 bit 보다 4배 이상의 오류검출 효율

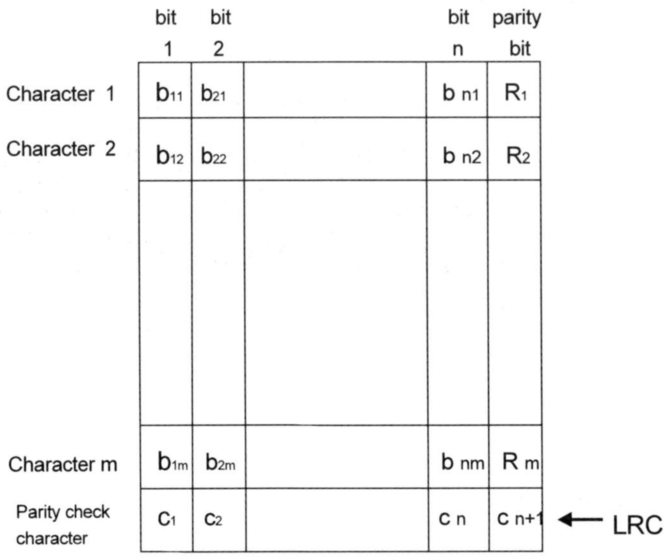

그림 11-7 Block parity check

3) Hamming 코드 방식

R. W. Hamming에 의해 개발되었다. 이 방식은 오류검사 및 정정이 가능한 방식이며, 많은 잉여 bit가 필요로 하다는 단점이 있다.

오류검출을 위한 필요한 패리티 bits 개수의 계산은 다음의 식과 같다.

$$2^r \geq m + r + 1$$

여기서, m = 데이터 bit 수
r = 잉여 bit 수

전송 단위의 전체 데이터 bits의 수가 m + r이면, r은 적어도 m + r + 1의 차이를 지적할 수 있어야 한다.

예) 데이터 비트가 4일 때 필요한 잉여 bits의 개수는 얼마인가?
$2^r \geq 4 + r + 1$ ==> $r = 3$

예) 데이터 비트가 7일 때 필요한 잉여 bits의 개수는 얼마인가?
$2^r \geq 7 + r + 1$ ==> $r = 4$

| 표 11-5 | 데이터와 잉여 bits 사이의 관계

Number of Data bits (m)	Number of Redundancy Bits (r)	Total Bits (m + r)
1	2	3
2	3	5
3	3	6
4	3	7
5	4	9
6	4	10
7	4	11
8	4	12
16	5	21

▲ Hamming 코드에서 잉여 bits의 위치

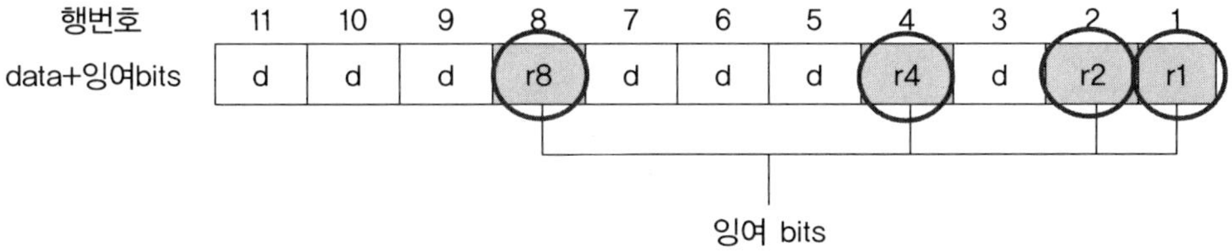

그림 11-8 Hamming 코드의 행번호와 잉여 bits의 위치

▲ 잉여 bits는 데이터의 조합에 의해 만들어지는 패리티 bit이다.

r1 = bits 1, 3, 5, 7, 9, 11 위치의 짝수 패리티 check

r2 = bits 2, 3, 6, 7, 10, 11 위치의 짝수 패리티 check

r4 = bits 4, 5, 6, 7 위치의 짝수 패리티 check

r8 = bits 8, 9, 10, 11 위치의 짝수 패리티 check

데이터 1001101에 대한 잉여 bits가 첨가된 전송 데이터를 발생시켜라.

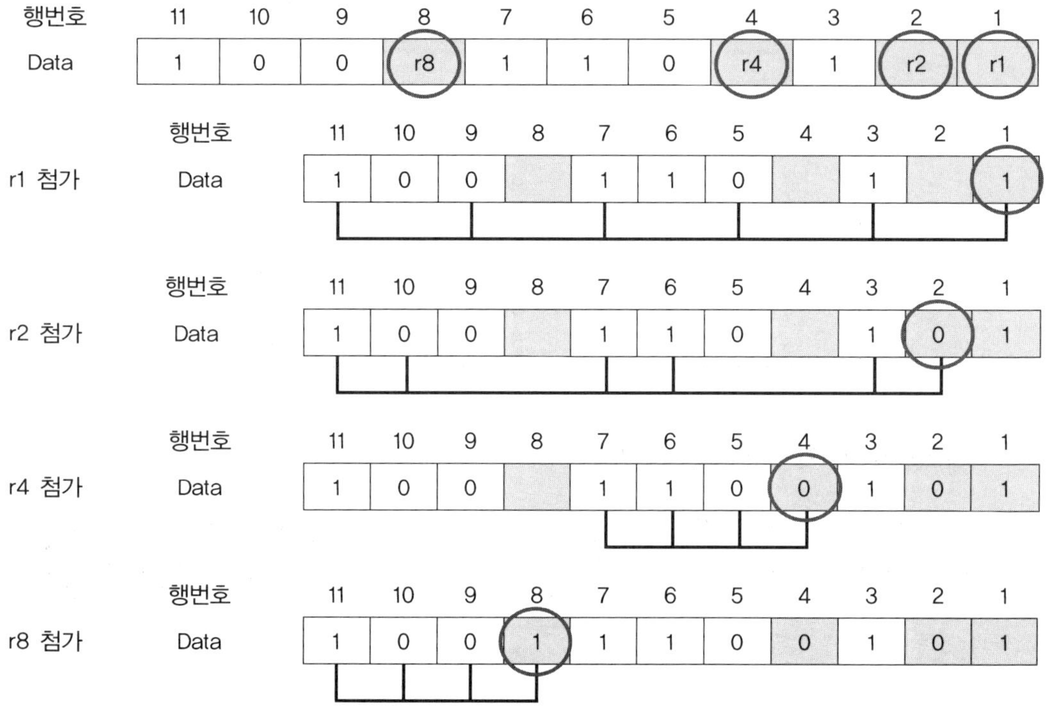

그림 11-9 Hamming 코드 부호화 과정

```
module hamming_encoder( bcd, hamming_code );
    input  [3:0] bcd;
    output [7:1] hamming_code;

    // bcd 값의 위치는 변화될 수 있음. 즉 hamming_code[3] = bcd[0]가 될 수가 있음.
    // colomn order  hamming_code[1] : even parity of bit 1, 3, 5, 7
    // colomn order  hamming_code[2] : even parity of bit 2, 3, 6, 7
    // colomn order  hamming_code[3] : bcd[0]
    // colomn order  hamming_code[4] : even parity of bit 4, 5, 6, 7
    // colomn order  hamming_code[5] : bcd[1]
    // colomn order  hamming_code[6] : bcd[2]
    // colomn order  hamming_code[7] : bcd[3]

    assign hamming_code[1] = bcd[3] ^ bcd[1] ^ bcd[0];
    assign hamming_code[2] = bcd[3] ^ bcd[2] ^ bcd[0];
    assign hamming_code[3] = bcd[0];
```

| 프로그램 11-7 | BCD to Hamming code encoder

```
    assign hamming_code[4] = bcd[3] ^ bcd[2] ^ bcd[1];
    assign hamming_code[5] = bcd[1];
    assign hamming_code[6] = bcd[2];
    assign hamming_code[7] = bcd[3];
endmodule
```

| 프로그램 11-7 | BCD to Hamming code encoder *(계속)*

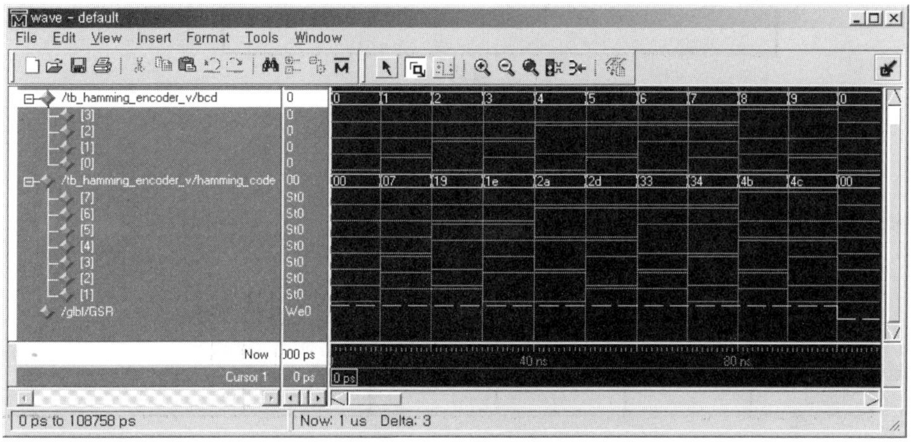

(a) 프로그램 11-7의 시뮬레이션 결과

```
// — *** 사용자 정의 추가 및 수정 부분 시작 ***
        initial begin
                bcd = 0;
        end
        always begin
                bcd = 4'b0000; #10;
                bcd = 4'b0001; #10;
                bcd = 4'b0010; #10;
                bcd = 4'b0011; #10;
                bcd = 4'b0100; #10;
                bcd = 4'b0101; #10;
                bcd = 4'b0110; #10;
                bcd = 4'b0111; #10;
                bcd = 4'b1000; #10;
                bcd = 4'b1001; #10;
        end
// — *** 사용자 정의 추가 및 수정 부분 끝 ***
```

(b) 시뮬레이션을 위한 사용자 정의 Test Bench

| 시뮬레이션 11-7 | BCD to Hammming code encoder

Hamming 코드를 이용한 오류검출과 오류수정

잉여 bits가 포함된 전송 데이터가 수신측에서 7번째 bit가 error가 발생하였다. 이를 수정하여라.

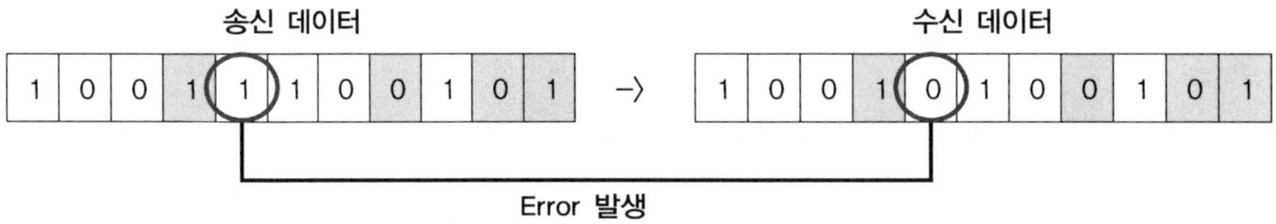

그림 11-10 데이터 전송

Hamming 코드를 사용한 수정 과정

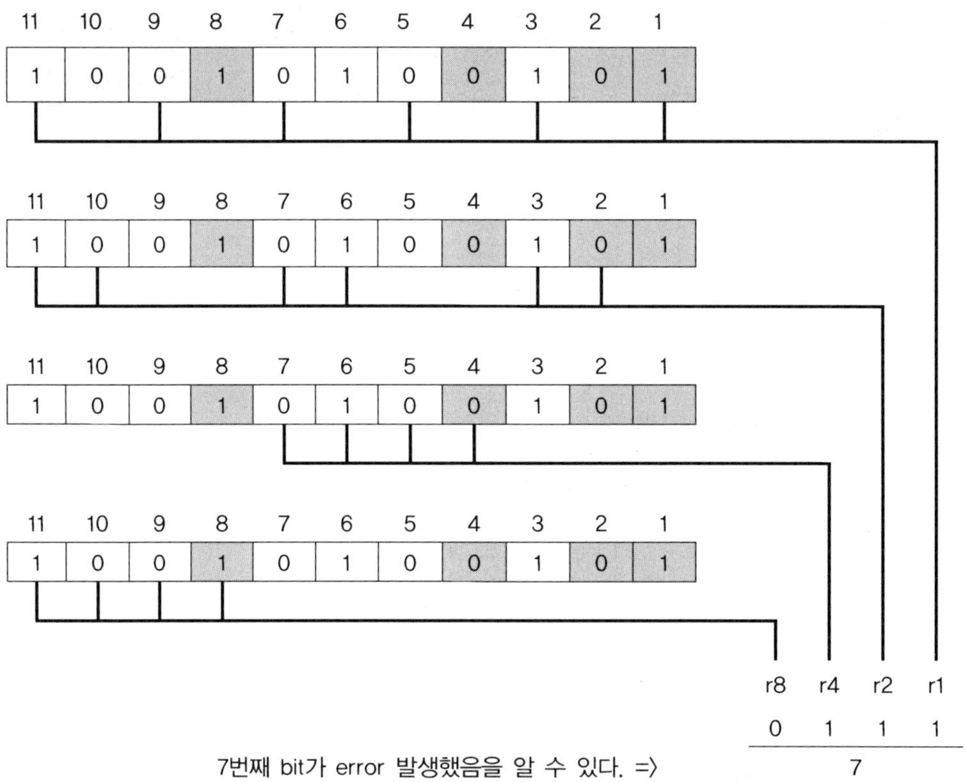

그림 11-11 Hamming 코드를 사용한 오류검출 과정

수정된 데이터

	11	10	9	8	7	6	5	4	3	2	1
Error 데이터	1	0	0	1	0	1	0	0	1	0	1
수정 ↓											
수정된 데이터	1	0	0	1	1	1	0	0	1	0	1

그림 11-12 Hamming 코드를 사용한 오류 수정 과정

```
module hamming_decoder(hamming_code, bcd, modified);
        input  [7:1] hamming_code;
        output [3:0] bcd;
        output modified;

        reg    modified;
        wire   [2:0] err_chk;
        reg    [7:1] mod_signal;
        // colomn order  hamming_code[1] : even parity of bit 1, 3, 5, 7
        // colomn order  hamming_code[2] : even parity of bit 2, 3, 6, 7
        // colomn order  hamming_code[3] : bcd[0]
        // colomn order  hamming_code[4] : even parity of bit 4, 5, 6, 7
        // colomn order  hamming_code[5] : bcd[1]
        // colomn order  hamming_code[6] : bcd[2]
        // colomn order  hamming_code[7] : bcd[3]

        assign err_chk[0] = hamming_code[1] ^ hamming_code[3]
                                  ^ hamming_code[5] ^ hamming_code[7];
        assign err_chk[1] = hamming_code[2] ^ hamming_code[3]
                                   ^ hamming_code[6] ^ hamming_code[7];
        assign err_chk[2] = hamming_code[4] ^ hamming_code[5]
                                   ^ hamming_code[6] ^ hamming_code[7];

        always @(hamming_code or err_chk) begin
                mod_signal <= hamming_code;
                if (err_chk !==0) begin
                        modified <= 1;
```

| 프로그램 11-8 | Hamming code to BCD decoder

```
                case    (err_chk)
                        3'b001 : mod_signal[1] <= ~hamming_code[1];
                        3'b010 : mod_signal[2] <= ~hamming_code[2];
                        3'b011 : mod_signal[3] <= ~hamming_code[3];
                        3'b100 : mod_signal[4] <= ~hamming_code[4];
                        3'b101 : mod_signal[5] <= ~hamming_code[5];
                        3'b110 : mod_signal[6] <= ~hamming_code[6];
                        3'b111 : mod_signal[7] <= ~hamming_code[7];
                        default : mod_signal <= hamming_code;
                endcase
            end
            else
                modified <= 0;
        end
        assign bcd[3] = mod_signal[7];
        assign bcd[2] = mod_signal[6];
        assign bcd[1] = mod_signal[5];
        assign bcd[0] = mod_signal[3];
endmodule
```

| 프로그램 11-8 | Hamming code to BCD decoder *(계속)*

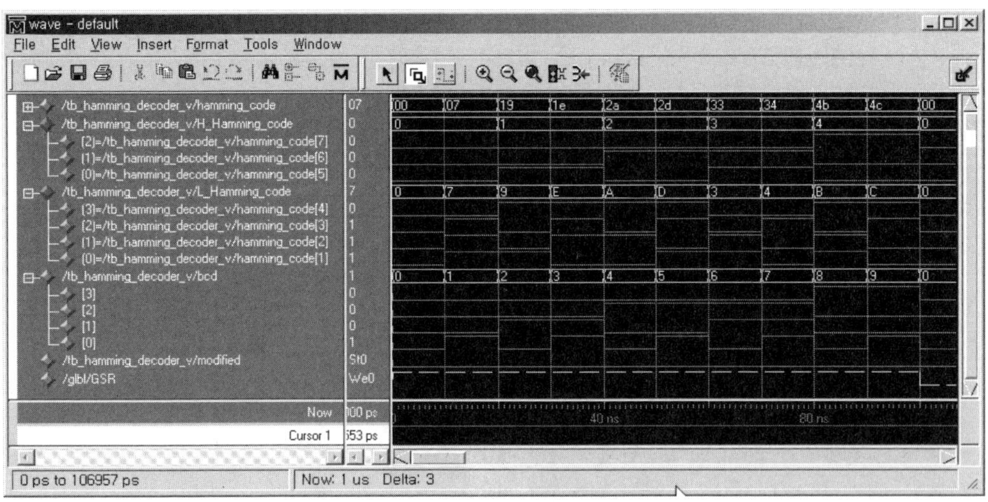

(a) 프로그램 11-8의 시뮬레이션 결과

| 시뮬레이션 11-8 | Hamming code to BCD decoder

```
// — *** 사용자 정의 추가 및 수정 부분 시작 ***
    initial begin
            hamming_code = 7'b000_0000;
    end
    always begin
            hamming_code = 7'b000_0000;  #10;  // 0x00
            hamming_code = 7'b000_0111;  #10;  // 0x07
            hamming_code = 7'b001_1001;  #10;  // 0x19
            hamming_code = 7'b001_1110;  #10;  // 0x1e
            hamming_code = 7'b010_1010;  #10;  // 0x2a
            hamming_code = 7'b010_1101;  #10;  // 0x2d
            hamming_code = 7'b011_0011;  #10;  // 0x33
            hamming_code = 7'b011_0100;  #10;  // 0x34
            hamming_code = 7'b100_1011;  #10;  // 0x4b
            hamming_code = 7'b100_1100;  #10;  // 0x4c
    end
// — *** 사용자 정의 추가 및 수정 부분 끝 ***
```

(b) 시뮬레이션을 위한 사용자 정의 Test Bench

| 시뮬레이션 11-8 | Hamming code to BCD decoder *(계속)*

11.3 예비 문제

1. ASCII 코드 입력 데이터에 even parity bit를 첨가하여 8 bits 출력 데이터를 만드는 설계를 Verilog HDL로 하고 시뮬레이션하여라.

2. 표 11-6에서 Hamming 코드 column을 완성하여라.

| 표 11-6 | BCD 코드에 대한 hamming code

비트의 의미		d3	d2	d1	r4	d0	r2	r1	16진수
10진수	행번호 / BCD	7	6	5	4	3	2	1	[7..5]:[4..1]
0	0000	0	0	0		0			
1	0001	0	0	0		1			
2	0010	0	0	1		0			

| 표 11-6 | BCD 코드에 대한 hamming code *(계속)*

비트의 의미		d3	d2	d1	r4	d0	r2	r1	16진수
10진수	행번호 / BCD	7	6	5	4	3	2	1	[7..5] : [4..1]
3	0011	0	0	1		1			
4	0100	0	1	0		0			
5	0101	0	1	0		1			
6	0110	0	1	1		0			
7	0111	0	1	1		1			
8	1000	1	0	0		0			
9	1001	1	0	0		1			

- r1은 1,3,5,7번 bit에 대한 짝수 패리티 check
- r2는 2,3,6,7번 bit에 대한 짝수 패리티 check
- r4는 4,5,6,7번 bit에 대한 짝수 패리티 check

③ 4 bits binary를 Hamming 코드로 변환하는 encoder를 설계하여라.

④ Hamming 코드를 4 bits binary로 변환하는 decoder를 설계하여라.

11.4 실습 내용

각 실습마다 EDA-Lab 3000을 이용한 에뮬레이션을 위한 데이터 입력 케이블 및 모니터링 케이블 연결이 비슷할 수 있으니, 실습마다 케이블 연결의 변경이 있는 부분을 확인하고 변경 부분만 결선하고 실습하기 바란다. 핀 할당 정보를 보고 *.ucf 파일을 작성하여야 에뮬레이션이 가능하다.

Practice 1 프로그램 11-1의 2변수 입력 패리티 발생기를 시뮬레이션 11-1과 같이 시뮬레이션하여 패리티 발생기의 동작을 확인하여라. 에뮬레이션을 위한 EDA-Lab 3000의 핀 할당 정보는 표 11-1과 같다. 에뮬레이션을 위한 입력 x, y를 출력으로 나타내는 홀수 패리티 발생기 프로그램 11-9의 동작을 확인하도록 한다.

```
module modified_bit2_parity_gen(x, y, x_out, y_out, p_odd);
    input x, y;
```

| 프로그램 11-9 | 수정된 2변수 입력 홀수 패리티 발생기의 continuous assign 표현

```
    output x_out, y_out, p_odd;

    assign  x_out = x;
    assign  y_out = y;
    assign  p_odd = x ~^ y;      //  xy + x'y' = x ⊙ y
endmodule
```

| 프로그램 11-9 | 수정된 2변수 입력 홀수 패리티 발생기의 continuous assign 표현 *(계속)*

| 표 11-1 | 2변수 입력 홀수 패리티 발생기 에뮬레이션을 위한 EDA-Lab 3000의 핀 할당

EDA Lab의 Signal Name	설계된 회로의		케이블 연결 두 핀		XC2S100PQ208의 핀 할당
	입력 신호명	출력 신호명			
FPGA_DOUT1	x	–	JP5–2	JP4–20 or JP16–4	p176
FPGA_DOUT0	y	–	JP5–1	JP4–19 or JP16–3	p175
FPGA_SIN10	–	p_odd	JP8–3	JP2–43	p97
FPGA_SIN08	–	x_out	JP8–2	JP2–42	p96
FPGA_SIN08	–	y_out	JP8–1	JP2–41	p95

Practice 2 프로그램 11-2의 2변수 입력 패리티 발생기를 시뮬레이션 11-2과 같이 시뮬레이션하여 패리티 발생기의 동작을 확인하여라. 에뮬레이션을 위한 EDA-Lab 3000의 핀 할당 정보는 표 11-2와 같다. 에뮬레이션을 위한 입력 x, y를 출력으로 나타내는 짝수 패리티 발생기 프로그램 11-10의 동작을 확인하도록 한다.

```
module modified_bit2_parity_gen( x, y, x_out, y_out, p_even );
    input  x, y;
    output x_out, y_out, p_even;

    reg   p_even;
    wire  [1:0] in2;

    assign  x_out = x;
    assign  y_out = y;
    assign  in2 = {x, y};

    always @(in2) begin
```

| 프로그램 11-10 | 수정된 2변수 입력 짝수 패리티 발생기

```
            case (in2)
                    2'b00 : p_even <= 0;
                    2'b01 : p_even <= 1;
                    2'b10 : p_even <= 1;
                    default : p_even <= 0;
            endcase
      end
endmodule
```

| 프로그램 11-10 | 수정된 2변수 입력 짝수 패리티 발생기 *(계속)*

| 표 11-2 | 2변수 입력 짝수 패리티 발생기 에뮬레이션을 위한 EDA-Lab 3000의 핀 할당

EDA Lab의 Signal Name	설계된 회로의		케이블 연결 두 핀		XC2S100PQ208의 핀 할당
	입력 신호명	출력 신호명			
FPGA_DOUT1	x	–	JP5-2	JP4-20 or JP16-4	p176
FPGA_DOUT0	y	–	JP5-1	JP4-19 or JP16-3	p175
FPGA_SIN10	–	p_even	JP8-3	JP2-43	p97
FPGA_SIN09	–	x_out	JP8-2	JP2-42	p96
FPGA_SIN08	–	y_out	JP8-1	JP2-41	p95

Practice 3 프로그램 11-3의 3변수 입력 패리티 발생기를 시뮬레이션 11-3과 같이 시뮬레이션하여 패리티 발생기의 동작을 확인하여라. 에뮬레이션을 위한 EDA-Lab 3000의 핀 할당 정보는 표 11-3과 같다. 에뮬레이션을 위한 입력 x, y, z를 출력으로 나타내는 홀수 패리티 발생기 프로그램 11-11의 동작을 확인하도록 한다.

```
module modified_bit3_odd_parity_gen(x, y, z, x_out, y_out, z_out, p_odd);
      input  x, y, z;
      output x_out, y_out, z_out;
      output p_odd;

      assign x_out = x;
      assign y_out = y;
      assign z_out = z;
      assign p_odd = (x ~^ y) ^ z;
endmodule
```

| 프로그램 11-11 | 3변수 입력 홀수 패리티 발생기

| 표 11-3 | 3변수 입력 홀수 패리티 발생기 에뮬레이션을 위한 EDA-Lab 3000의 핀 할당

EDA Lab의 Signal Name	설계된 회로의		케이블 연결 두 핀		XC2S100PQ208의 핀 할당
	입력 신호명	출력 신호명			
FPGA_DOUT2	x	–	JP5-3	JP4-21 or JP16-5	p178
FPGA_DOUT1	y	–	JP5-2	JP4-20 or JP16-4	p176
FPGA_DOUT0	z	–	JP5-1	JP4-19 or JP16-3	p175
FPGA_SIN11	–	p_odd	JP8-4	JP2-44	p98
FPGA_SIN10	–	x_out	JP8-3	JP2-43	p97
FPGA_SIN09	–	y_out	JP8-2	JP2-42	p96
FPGA_SIN08	–	z_out	JP8-1	JP2-41	p95

Practice 4 프로그램 11-4의 3변수 입력 패리티 발생기를 시뮬레이션 11-4와 같이 시뮬레이션하여 패리티 발생기의 동작을 확인하여라. 에뮬레이션을 위한 EDA-Lab 3000의 핀 할당 정보는 표 11-4와 같다. 에뮬레이션을 위한 입력 x, y, z를 출력으로 나타내는 짝수 패리티 발생기 프로그램 11-12의 동작을 확인하도록 한다.

```
module modified_bit3_even_parity_gen(x,y, z, x_out, y_out, z_out, p_even);
        input  x, y, z;
        output x_out, y_out, z_out;
        output p_even;

        reg    p_even;
        wire   [2:0] in3;

        assign x_out = x;
        assign y_out = y;
        assign z_out = z;
        assign in3 = {x, y, z};

        always @(in3) begin
               case (in3)
                      3'b000 : p_even <= 0;
                      3'b001 : p_even <= 1;
                      3'b010 : p_even <= 1;
```

| 프로그램 11-12 | 변수 입력 짝수 패리티 발생기

```
                3'b011 : p_even <= 0;
                3'b100 : p_even <= 1;
                3'b101 : p_even <= 0;
                3'b110 : p_even <= 0;
                default: p_even <= 1;
            endcase
        end
endmodule
```

| 프로그램 11-12 | 변수 입력 짝수 패리티 발생기 *(계속)*

| 표 11-4 | 3변수 입력 짝수 패리티 발생기 에뮬레이션을 위한 EDA-Lab 3000의 핀 할당

EDA Lab의 Signal Name	설계된 회로의		케이블 연결 두 핀		XC2S100PQ208의 핀 할당
	입력 신호명	출력 신호명			
FPGA_DOUT2	x	–	JP5–3	JP4–21 or JP16–5	p178
FPGA_DOUT1	y	–	JP5–2	JP4–20 or JP16–4	p176
FPGA_DOUT0	z	–	JP5–1	JP4–19 or JP16–3	p175
FPGA_SIN11	–	p_even	JP8–4	JP2–44	p98
FPGA_SIN10	–	x_out	JP8–3	JP2–43	p97
FPGA_SIN09	–	y_out	JP8–2	JP2–42	p96
FPGA_SIN08	–	z_out	JP8–1	JP2–41	p95

Practice 5 프로그램 11-5의 4변수 입력 패리티 발생기를 시뮬레이션 11-5와 같이 시뮬레이션하여 패리티 발생기의 동작을 확인하여라. 에뮬레이션을 위한 EDA-Lab 3000의 핀 할당 정보는 표 11-5와 같다. 에뮬레이션을 위한 입력 w, x, y, z를 출력으로 나타내는 짝수 패리티 발생기 프로그램 11-13의 동작을 확인하도록 한다.

```
module modified_bit4_even_parity_gen( w, x, y, z, w_out, x_out, y_out, z_out,
                                      p_even );
    input  w, x, y, z;
    output w_out, x_out, y_out, z_out, p_even;

    assign w_out = w;
    assign x_out = x;
```

| 프로그램 11-13 | 4변수 입력 짝수 패리티 발생기

```
        assign y_out = y;
        assign z_out = z;

        assign p_even = (w ^ x) ^ (y ^ z);
endmodule
```

| 프로그램 11-13 | 4변수 입력 짝수 패리티 발생기 *(계속)*

| 표 11-5 | 4변수 입력 짝수 패리티 발생기 에뮬레이션을 위한 EDA-Lab 3000의 핀 할당

EDA Lab의 Signal Name	설계된 회로의		케이블 연결 두 핀		XC2S100PQ208의 핀 할당
	입력 신호명	출력 신호명			
FPGA_DOUT3	w	–	JP5-4	JP4-22 or JP16-6	p179
FPGA_DOUT2	x	–	JP5-3	JP4-21 or JP16-5	p178
FPGA_DOUT1	y	–	JP5-2	JP4-20 or JP16-4	p176
FPGA_DOUT0	z	–	JP5-1	JP4-19 or JP16-3	p175
FPGA_SIN12	–	p_even	JP8-5	JP2-45	p99
FPGA_SIN11	–	w_out	JP8-4	JP2-44	p98
FPGA_SIN10	–	x_out	JP8-3	JP2-43	p97
FPGA_SIN09	–	y_out	JP8-2	JP2-42	p96
FPGA_SIN08	–	z_out	JP8-1	JP2-41	p95

Practice 6 프로그램 11-6의 3 bits 입력 홀수 패리티 검사기를 시뮬레이션 11-6과 같이 시뮬레이션하여 패리티 검사기의 동작을 확인하여라. 에뮬레이션을 위한 EDA-Lab 3000의 핀 할당 정보는 표 11-6과 같다. 에뮬레이션을 위한 입력 x, y, z를 출력으로 나타내는 홀수 패리티 검사기 주프로그램인 프로그램 11-14의 동작을 확인하도록 한다.

```
//--------------------------------------------------------------
module modified_bit3_parity_checker( x, y, z, x_out, y_out, z_out, p_odd,
                                     check_bit);
       input  x, y, z;
       output x_out, y_out, z_out, p_odd, check_bit;

       wire tmp_p_odd;
```

| 프로그램 11-14 | 3변수 입력 홀수 패리티 검사기 주프로그램

```
        assign x_out = x;
        assign y_out = y;
        assign z_out = z;

        assign p_odd = tmp_p_odd;

        // bit3_parity_gen module에 대한 것은 프로그램 11-6을 참고하세요.
        bit3_parity_gen U1_parity_gen(  .x(x),
                                        .y(y),
                                        .z(z),
                                        .p_odd(tmp_p_odd ) );

        // parity_checker module에 대한 것은 프로그램 11-6을 참고하세요,
        parity_checker U2_parity_check( .x(x),
                                        .y(y),
                                        .z(z),
                                        .p_odd(tmp_p_odd),
                                        .check_bit(check_bit) );
endmodule
```

| 프로그램 11-14 | 3변수 입력 홀수 패리티 검사기 주프로그램 *(계속)*

| 표 11-6 | 3변수 입력 홀수 패리티 검사기 에뮬레이션을 위한 EDA-Lab 3000의 핀 할당

EDA Lab의 Signal Name	설계된 회로의		케이블 연결 두 핀		XC2S100PQ208의 핀 할당
	입력 신호명	출력 신호명			
FPGA_DOUT2	x	–	JP5-3	JP4-21 or JP16-5	p178
FPGA_DOUT1	y	–	JP5-2	JP4-20 or JP16-4	p176
FPGA_DOUT0	z	–	JP5-1	JP4-19 or JP16-3	p175
FPGA_SIN12	–	check_bit	JP8-5	JP2-45	p99
FPGA_SIN11	–	p_odd	JP8-4	JP2-44	p98
FPGA_SIN10	–	x_out	JP8-3	JP2-43	p97
FPGA_SIN09	–	y_out	JP8-2	JP2-42	p96
FPGA_SIN08	–	z_out	JP8-1	JP2-41	p95

Practice 7 프로그램 11-7의 BCD to Hamming code encoder를 시뮬레이션 11-7과 같이 시뮬레이션하여 BCD to Hamming code encoder의 동작을 확인하여라. 에뮬레이션을 위한 EDA-Lab 3000의 핀 할당 정보는 표 11-7과 같다.

| 표 11-7 | BCD to Hamming code encoder 에뮬레이션을 위한 EDA-Lab 3000의 핀 할당

EDA Lab의 Signal Name	설계된 회로의		케이블 연결 두 핀		XC2S100PQ208의 핀 할당
	입력 신호명	출력 신호명			
FPGA_DOUT3	bcd(3)	–	JP5–4	JP4–22 orJP16–6	p179
FPGA_DOUT2	bcd(2)	–	JP5–3	JP4–21 or JP16–5	p178
FPGA_DOUT1	bcd(1)	–	JP5–2	JP4–20 or JP16–4	p176
FPGA_DOUT0	bcd(0)	–	JP5–1	JP4–19 or JP16–3	p175
FPGA_SIN15	–	Connect	JP8–8	JP2–48	p102
FPGA_SIN14	–	Hamming_code(7)	JP8–7	JP2–47	p101
FPGA_SIN13	–	Hamming_code(6)	JP8–6	JP2–46	p100
FPGA_SIN12	–	Hamming_code(5)	JP8–5	JP2–45	p99
FPGA_SIN11	–	Hamming_code(4)	JP8–4	JP2–44	p98
FPGA_SIN10	–	Hamming_code(3)	JP8–3	JP2–43	p97
FPGA_SIN09	–	Hamming_code(2)	JP8–2	JP2–42	p96
FPGA_SIN08	–	Hamming_code(1)	JP8–1	JP2–41	p95

Practice 8 프로그램 11-8의 Hamming code to BCD code decoder를 시뮬레이션 11-8과 같이 시뮬레이션하여 Hamming code to BCD code decoder의 동작을 확인하여라. 에뮬레이션을 위한 EDA-Lab 3000의 핀 할당 정보는 표 11-8과 같다.

| 표 11-8 | Hamming code to BCD code decoder 에뮬레이션을 위한 EDA-Lab 3000의 핀 할당

EDA Lab의 Signal Name	설계된 회로의		케이블 연결 두 핀		XC2S100PQ208의 핀 할당
	입력 신호명	출력 신호명			
FPGA_DOUT6	Hamming_code(7)	–	JP5–7	JP4–30 or JP16–9	p187
FPGA_DOUT5	Hamming_code(6)	–	JP5–6	JP4–24 or JP16–8	p181
FPGA_DOUT4	Hamming_code(5)	–	JP5–5	JP4–23 or JP16–7	p180
FPGA_DOUT3	Hamming_code(4)	–	JP5–4	JP4–22 or JP16–6	p179
FPGA_DOUT2	Hamming_code(3)	–	JP5–3	JP4–21 or JP16–5	p178
FPGA_DOUT1	Hamming_code(2)	–	JP5–2	JP4–20 or JP16–4	p176
FPGA_DOUT0	Hamming_code(1)	–	JP5–1	JP4–19 or JP16–3	p175
FPGA_SIN15	–	modified	JP8–8	JP2–48	p102
FPGA_SIN11	–	bcd(3)	JP8–4	JP2–44	p98
FPGA_SIN10	–	bcd(2)	JP8–3	JP2–43	p97
FPGA_SIN09	–	bcd(1)	JP8–2	JP2–42	p96
FPGA_SIN08	–	bcd(0)	JP8–1	JP2–41	p95

Practice 9 ASCII 코드 입력 데이터에 even parity bit를 첨가하여 8 bits 출력 데이터에 대한 검사기를 FILE 입출력을 이용하는 Verilog HDL로 작성하고 시뮬레이션하여라.

Practice 10 BCD를 Hamming code로 변환하고 이를 다시 BCD로 변환하는 codec(Encoder와 Decodor를 합친 회로)을 설계하여라.

11.5 연습 문제

1. ASCII 코드를 Hamming 코드로 변환하는 encoder를 Verilog HDL을 사용하여 설계하고 시뮬레이션하여라.

2. 1에서 작성한 Hamming 코드를 ASCII 코드로 변환하는 decoder를 설계하고 시뮬레이션하여라.

3. 1과 2에서 작성된 Hamming 코드의 encoder와 decoder를 이용하여 ASCII 코드를 Hamming 코드로 변환하고, 이를 다시 ASCII로 변환하는 codec(codec: encoder와 decoder를 합친 회로)을 설계하고 시뮬레이션하여라.

Chapter_12
디지털시계의 제어와 기본 회로

12.1 실습 목적

이 장에서는 시계 및 스톱워치의 동작을 초기화하는 과정, 시간 조정 및 제어 부분에 대하여 각 기능별 구현에 대하여 공부한다.

- Mode switch의 동작에 대하여 공부한다.
- Debounce 회로의 동작에 대하여 공부한다.
- 시계 조정회로(control circuits)의 동작에 대하여 공부한다.
- Timebase signal generator circuits(general form)에 대하여 공부한다.
- General integer to 7-segment output에 대하여 공부한다.

12.2 설 명

디지털시계에서의 제어 부분이란 시, 분, 초를 조정할 수 있는 시간 설정 부분일 것이다. 그리고 스톱워치(StopWatch)는 start, stop, restart, reset의 동작이 필요할 것이다.

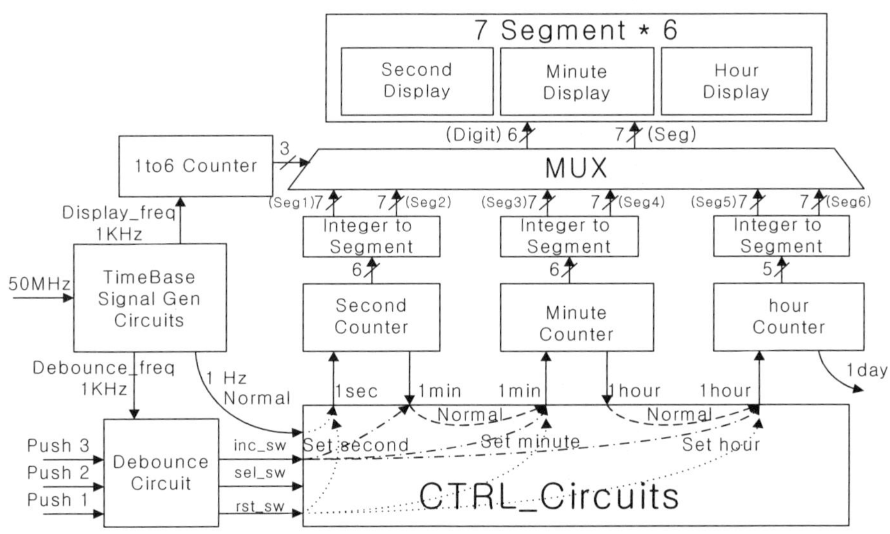

그림 12-1 디지털시계의 블록 다이어그램

그리고 디지털시계를 구현하기 위한 실제 PLD를 사용할 경우에는 하드웨어적인 결선에 따라 구현되어야 하는 부분들이 있을 것이다. 이러한 하드웨어의 결선에 의해 제어되어야 하는 주변 회로로는 시간 설정용 스위치의 오동작을 방지하기 위한 debouncing 회로가 포함될 수 있으며, 출력단으로는 한 개 단위의 7-segment 제어와 6개 단위의 7-segment 제어회로가 하드웨어적으로 차이가 있는 문제로 인해 출력을 위한 회로가 달라질 수 있을 것이다. 이러한 회로에 대하여 공부를 하도록 한다.

| 표 12-1 | Watch 모드와 StopWatch 모드의 동작 설명

Mode_SW	코드	Select_SW	코드	Increment_SW	동작 상태	출 력 단
		일반모드	00	–	X	시, 분, 초, 출력
Watch	0	시 설정	01	시 증가	↑	시간만 깜박임
		분 설정	10	분 증가	↑	분 만 깜박임
		초 설정	11	0으로 초기화	↑	초 만 깜박임
StopWatch	1	Reset	–	준비	↑	0의 값으로 초기화
		Start/Stop	–	–	↑	분, 초, 1/100초 출력

Watch

- 시계만 사용할 경우 SW 2개만 사용 : Select_SW, Increment_SW
- 시계의 시, 분, 초의 설정을 위하여 내부적으로 하나의 스위치에 의해서 동작되는 2 bits 레지스터가 필요 : Select_SW
- 시간 설정을 위하여 시, 분, 초가 선택되며, 선택된 시 또는 분은 증가 스위치(Increment_SW)에 의해서 1씩 증가된다. 그러나 초는 증가 스위치에 의해서 “0”의 값을 가짐.

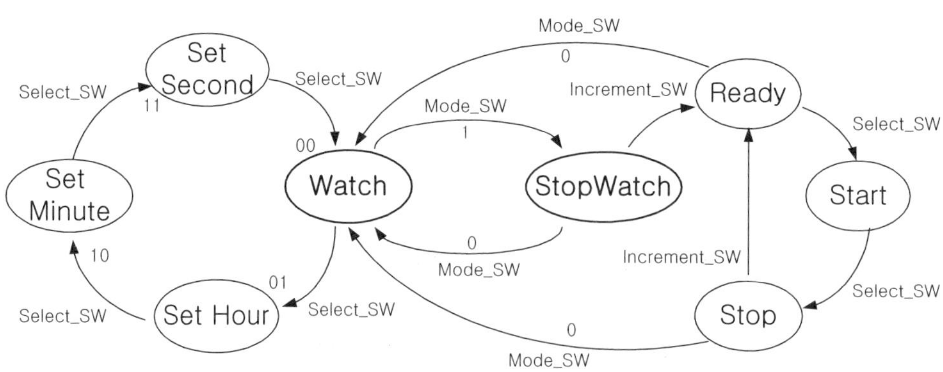

그림 12-2 디지털시계의 상태 다이어그램(StopWatch 포함)

StopWatch

- StopWatch만 사용 시 SW는 2개만 사용 : Select_SW, Increment_SW
- StopWatch 모드로 진입 시는 자동으로 초기화됨.
- 선택 스위치(Select_SW)에 의해 StopWatch가 시작과 멈춤.
- 시계의 증가 스위치(Increment_SW)에 의해 StopWatch는 초기화됨.

Mode Selector(Watch, StopWatch)

여기서는 push_button(Mode_SW)에 의해 동작되는 mode_select의 값에 따라 시계(watch)와 스톱워치(StopWatch)의 동작을 하도록 한다. 시계 동작은 mode_select='0'일 경우, 스톱워치 동작은 mode_select='1'일 경우에 동작되도록 한다. 시뮬레이션 12-1에서는 신호 clk_mode의 상승 에지에서 신호 mode_select가 토글(toggle)되는 것을 볼 수 있다.

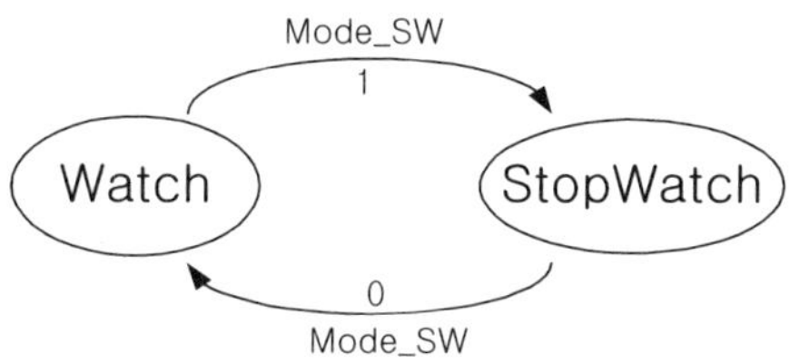

그림 12-3 Mode selector의 상태 다이어그램

```
// ―――――――――――― Mode selector Verilog HDL program ――――――――――――
module mode_selector(reset, clk_mode, mode_select );
        input reset;
        // clk_mode is debounced signal of Mode_SW ( push_button )
        input clk_mode;
        output mode_select;

        reg tmp_mode_select;

        assign mode_select = tmp_mode_select;
        always @( negedge reset, negedge clk_mode)
                if( reset == 0 )
                        tmp_mode_select <= 0;
                else
                        tmp_mode_select <= ~tmp_mode_select;
endmodule
```

| 프로그램 12-1 | Mode selector의 Verilog HDL 설계 프로그램

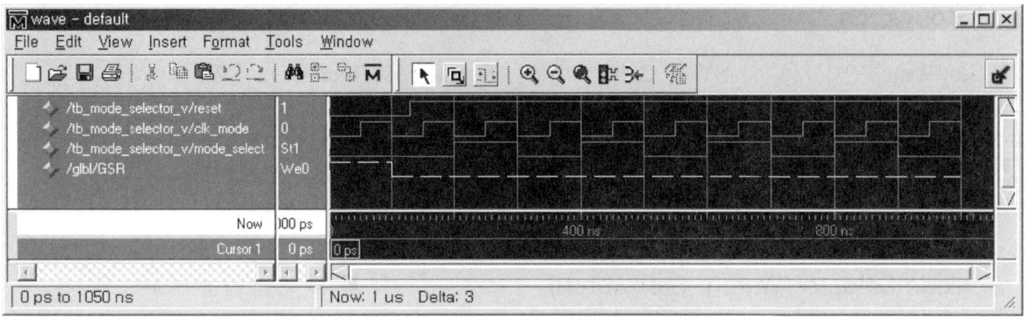

(a) 프로그램 12-1의 시뮬레이션 결과

```
// --- *** 사용자 정의 추가 및 수정 부분 시작 ***
      initial begin
            reset = 0; #130;
            reset = 1;
      end
      always begin
            clk_mode = 0; #50;
            clk_mode = 1; #50;
      end
// --- *** 사용자 정의 추가 및 수정 부분 끝 ***
```

(b) 시뮬레이션을 위한 Test Bench

| 시뮬레이션 12-1 | Mode selector의 시뮬레이션

Control circuits 블록 설계

이 제어 부분은 시계의 동작에 있어 아주 중요한 제어 부분으로 시계의 시간 조정 부분으로 시계의 정상 모드, 시 조정 모드, 분 조정 모드, 초 조정 모드를 제어하기 위한 것이다.

신호 clk_select(push_button) 신호에 의해 **set_select**의 값이 **'0'**일 경우는 정상 시계로 동작하고, **'1'**일 경우는 시간 조정 모드로 동작하고, **'2'**일 경우는 분 조정 모드로 동작하고, **'3'**일 경우는 초 조정 모드로 동작되도록 하였다. 초 조정 모드는 초를 '0'으로 만든다. 각 조정 모드의 제어를 시, 분의 증가를 위해 신호 clk_increment를 이용하였다. 이 부분에서 스톱워치의 제어 부분은 빠져 있다.

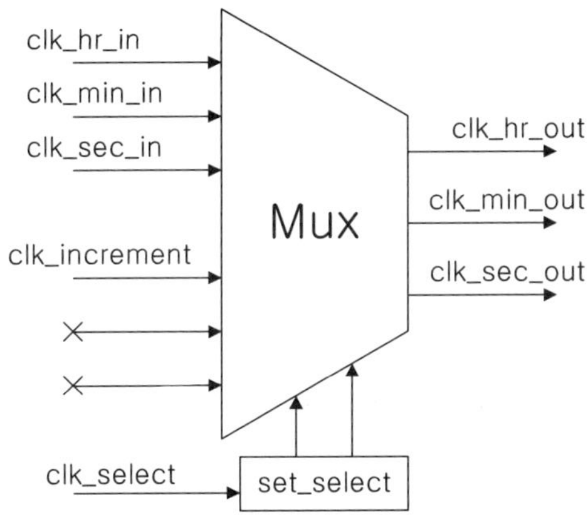

그림 12-4 Control circuits 블록

```
-----------------------------------------------------------------------
module time_function_select(
                reset,
                mode_select,
                clk_select,
                clk_increment,
                clk_sec_in,
                clk_min_in,
                clk_hr_in,
                clk_sec_out,
                clk_min_out,
                clk_hr_out,
                time_func_select
                );
    input  reset;
    input  mode_select;
    //--------------------------------
    input  clk_select;
    input clk_increment;
    //--------------------------------
    input clk_sec_in;
    input clk_min_in;
    input clk_hr_in;
    //--------------------------------
```

| 프로그램 12-2 | 시간 조정 제어회로의 Verilog HDL 설계 프로그램

```
output reg clk_sec_out;
output reg clk_min_out;
output reg clk_hr_out;
output reg [1:0] time_func_select;

reg [1:0] set_select;

// set select process
always @( negedge reset, negedge clk_select) begin
        if( reset == 1'b0) set_select <= 2'b00;
        else
              if( set_select == 2'b11) set_select <= 2'b00;
              else set_select <= set_select + 2'b01;
end

// function process
always @( reset, mode_select, set_select, clk_increment,
              clk_sec_in, clk_min_in, clk_hr_in )
begin
        if( reset == 1'b0 ) begin
              clk_sec_out <= 1'b0 ;
              clk_min_out <= 1'b0 ;
              clk_hr_out <= 1'b0;
              time_func_select <= 2'b00;
        end else if ( mode_select == 1'b0 ) begin
              case ( set_select )
                     2'b00  : begin   // Normal Mode
                                 clk_sec_out <= clk_sec_in;
                                 clk_min_out <= clk_min_in;
                                 clk_hr_out <= clk_hr_in;
                                 time_func_select <= 2'b00;
                            end
                     2'b01  : begin
                                 clk_sec_out <= 1'bz;
                                 clk_min_out <= 1'bz;
                                 clk_hr_out <= clk_increment;
                                 time_func_select <= 2'b01;
                            end
                     2'b10  : begin
```

| 프로그램 12-2 | 시간 조정 제어회로의 Verilog HDL 설계 프로그램 *(계속)*

```
                              clk_sec_out <= 1'bz;
                              clk_min_out <= clk_increment;
                              clk_hr_out <= 1'bz;
                              time_func_select <= 2'b10;
                         end
                    default: begin
                              clk_sec_out <= clk_increment;
                              clk_min_out <= 1'bz;
                              clk_hr_out <= 1'bz;
                              time_func_select <= 2'b11;
                         end
               endcase
          end else begin
                    // Nort Existed Mode : StopWatch Mode
                    clk_sec_out <= 1'b0;
                    clk_min_out <= 1'b0;
                    clk_hr_out <= 1'b0;
          end
     end  // function procedure
endmodule
```

| 프로그램 12-2 | 시간 조정 제어회로의 Verilog HDL 설계 프로그램 *(계속)*

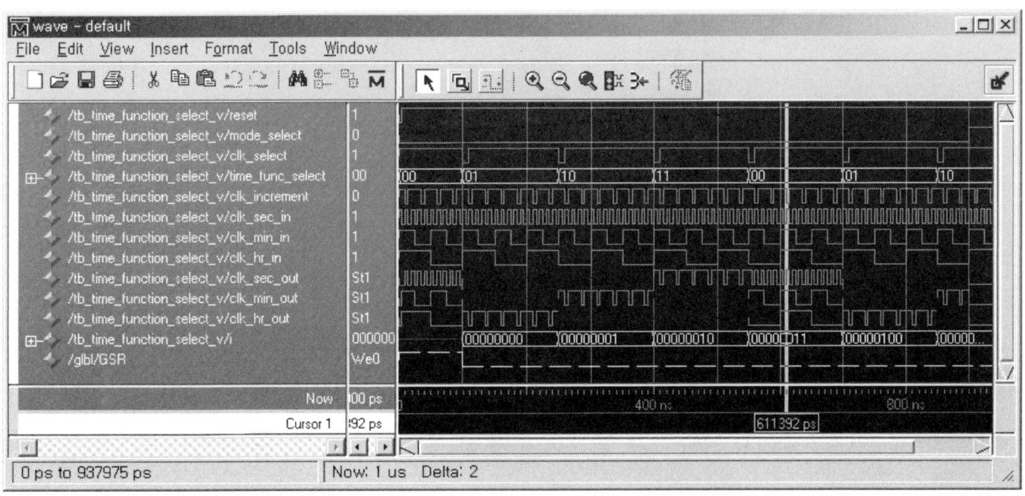

(a) 프로그램 12-2의 시뮬레이션 결과

| 시뮬레이션 12-2 | 시간 조정 제어회로의 설계 프로그램의 시뮬레이션

```
// — *** 사용자 정의 추가 및 수정 부분 시작 ***
      reg unsigned [7:0] i;
      initial begin // tb_reset
            reset = 0;          #5;
            reset = 1;
      end
      initial begin // Tb_mode_select
            mode_select = 0;  #900;
            mode_select = 1;
      end
      always begin  // tb_clk_select
            clk_select = 1;    #100;
            for( i=0 ; i<100; i=i+1 )
            begin
                  clk_select = 0; #10;
                  clk_select = 1; #140;
            end
      end
      always begin // tb_clk_increment
            clk_increment = 1; #10;
            clk_increment = 0; #5;
            clk_increment = 1; #10;
      end
      always begin // tb_clk_sec_in
            clk_sec_in = 1; #5;
            clk_sec_in = 0; #5;
      end
      always begin // tb_clk_min_in
            clk_min_in = 1; #25;
            clk_min_in = 0; #25;
      end
      always begin // tb_clk_hr_in
            clk_hr_in = 1; #50;
            clk_hr_in = 0; #50;
      end
// — *** 사용자 정의 추가 및 수정 부분 끝 ***
```

(b) 시뮬레이션을 위한 사용자 정의 Test Bench

| 시뮬레이션 12-2 | 시간 조정 회로의 설계 프로그램의 시뮬레이션 *(계속)*

Debouncing 회로

이 회로는 push button, switch 등의 기계적인 동작을 전기 신호로 바꿀 경우에 기계적인 떨림 동작이 전기 신호로 그대로 나타나는 현상을 bouncing이라 한다. 이러한 현상을 제거하는 회로를 debouncing 회로라 한다. 즉, 한 번의 switch 동작으로 값이 여러 번 변화되는 현상을 제거하고자 하는 것이다. Debouncing 회로 자체는 D F/F를 사용하여 구현하였다. 이 회로에서 사용되는 clk의 주파수가 중요한 요소로 작용을 한다.

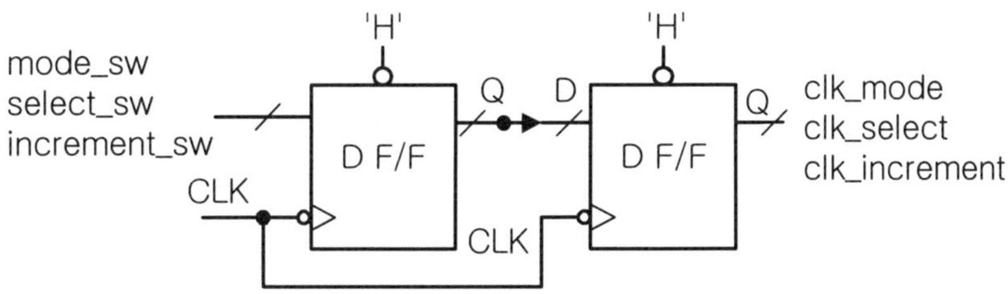

그림 12-5 debouncing 회로

```
// ──────────── Debouncing Circuits Design ────────────
module debounce( clk, reset, mode_sw, select_sw, increment_sw,
                 tmp_clk_mode, tmp_clk_select, tmp_clk_increment,
                 clk_mode, clk_select, clk_increment );
    input clk, reset;
    input mode_sw, select_sw, increment_sw;
    output reg tmp_clk_mode,  tmp_clk_select, tmp_clk_increment;
    output reg clk_mode, clk_select, clk_increment;

    // debounce process
    always @( negedge clk, negedge reset ) begin
        if( reset == 0 ) begin
            // --- Switch : Active Low,  Steady state : high
            clk_mode        <= 1'b1;
            clk_select      <= 1'b1;
            clk_increment   <= 1'b1;
            // ----------------------
            tmp_clk_mode    <= 1'b1;
```

| 프로그램 12-3 | Debouncing 회로 설계의 Verilog HDL 프로그램

```
                tmp_clk_select    <= 1'b1;
                tmp_clk_increment <= 1'b1;
                // -----------------------
            end else begin
                // ------- falling edge
                tmp_clk_mode      <= mode_sw ;
                tmp_clk_select    <= select_sw ;
                tmp_clk_increment <= increment_sw;
                // -----------------------
                clk_mode          <= tmp_clk_mode ;
                clk_select        <= tmp_clk_select ;
                clk_increment     <= tmp_clk_increment ;
                // -----------------------
            end
        end
endmodule
```

| 프로그램 12-3 | Debouncing 회로 설계의 Verilog HDL 프로그램 *(계속)*

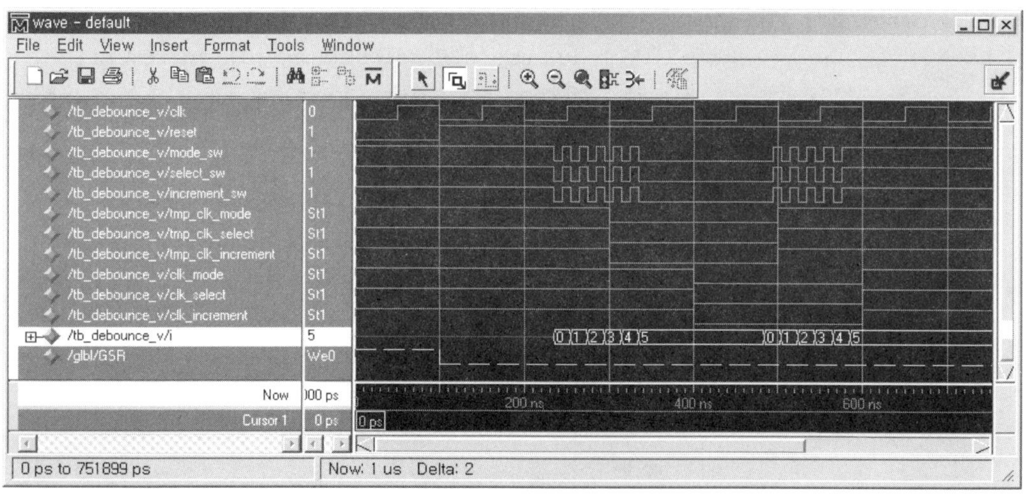

(a) 프로그램 12-3의 시뮬레이션 결과

| 시뮬레이션 12-3 | Debouncing 회로의 시뮬레이션

```
// — *** 사용자 정의 추가 및 수정 부분 시작 ***
    initial begin
            clk = 0;
            reset = 0; #100;
            reset = 1;
    end
    always  #50 clk = ~clk;
    always begin
            mode_sw = 1; select_sw = 1; increment_sw = 1; #235;
            for( i=0 ; i<5;  i=i+1 ) begin
                    mode_sw = 0; select_sw = 0; increment_sw = 0; #10;
                    mode_sw = 1; select_sw = 1; increment_sw = 1; #10;
            end
            mode_sw = 0; select_sw = 0; increment_sw = 0; #150;
            for( i=0 ; i<5;  i=i+1 ) begin
                    mode_sw = 0; select_sw = 0; increment_sw = 0; #10;
                    mode_sw = 1; select_sw = 1; increment_sw = 1; #10;
            end
            mode_sw = 1; select_sw = 1; increment_sw = 1; #1000;
    end
// — *** 사용자 정의 추가 및 수정 부분 끝 ****
```

(b) 시뮬레이션을 위한 수정 부분과 사용자 정의 Test Bench

| 시뮬레이션 12-3 | Debouncing 회로의 시뮬레이션 *(계속)*

Time base Signal Generator Circuits

이 회로의 기능은 입력되는 주요 주파수(master clock)를 내부에서 사용하는 1 kHz, 100 Hz, 1 Hz 등등의 clock 신호를 발생시킨다. 이들 신호들은 아래와 같이 사용된다.

- 1 kHz : debouncing 회로의 clock 신호로 입력
- 100 Hz : 스톱워치의 clock 신호로 입력
- 1 Hz : 시계의 clock 신호로 입력

프로그램 12-4에서의 입력 신호 1 kHz로 하여 출력 신호 100 Hz와 1 Hz을 발생시키는 회로를 설계하였다. 입력 신호 1 kHz의 clk 신호를 시뮬레이션을 위해 주기 100 ns로 하여 시뮬레이션하였다.

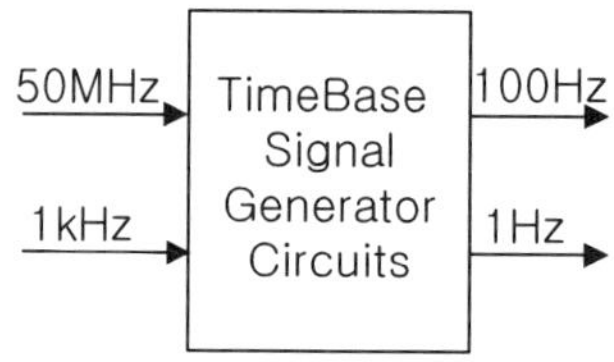

그림 12-6 Time Base Signal Generator 블록

```
module TimeBase_Gen ( reset, clk, clk_100Hz, clk_1Hz );

    input           reset;
    input           clk;                    // 1KHz frequency input
    output reg      clk_1Hz;
    output reg      clk_100Hz;

    integer         clk_1Hz_cnt;
    integer         clk_100Hz_cnt;
    // -----------------------------------------------
    always @ ( negedge clk , negedge reset) begin
        if ( reset == 1'b0 ) begin
            clk_100Hz_cnt           <= 0;
            clk_100Hz               <= 1'b0;
        end else begin
            if (clk_100Hz_cnt == 4 ) begin
                clk_100Hz_cnt   <= 0;
                clk_100Hz       <= ~ clk_100Hz;
            end else begin
                clk_100Hz_cnt   <= clk_100Hz_cnt + 1;
            end
        end
    end
    // -----------------------------------------------
    always @ ( negedge clk, negedge reset) begin
        if ( reset == 1'b0 ) begin
            clk_1Hz_cnt <= 0;
            clk_1Hz                 <= 1'b0;
        end else begin
```

| 프로그램 12-4 | Timebase signal 발생회로의 설계

```
                    if (clk_1Hz_cnt == 499 ) begin
                        clk_1Hz_cnt     <= 0;
                        clk_1Hz         <= ~ clk_1Hz;
                    end else begin
                        clk_1Hz_cnt     <= clk_1Hz_cnt + 1;
                    end
                end
            end
        // ------------------------------------------------
endmodule
//------------------------------------------------------------------------
```

| 프로그램 12-4 | Timebase signal 발생회로의 설계 *(계속)*

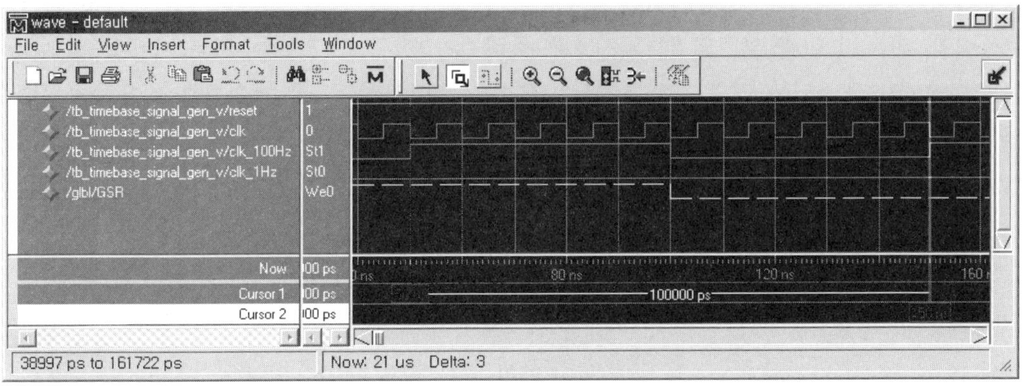

(a) 프로그램 12-4의 시뮬레이션 결과 1

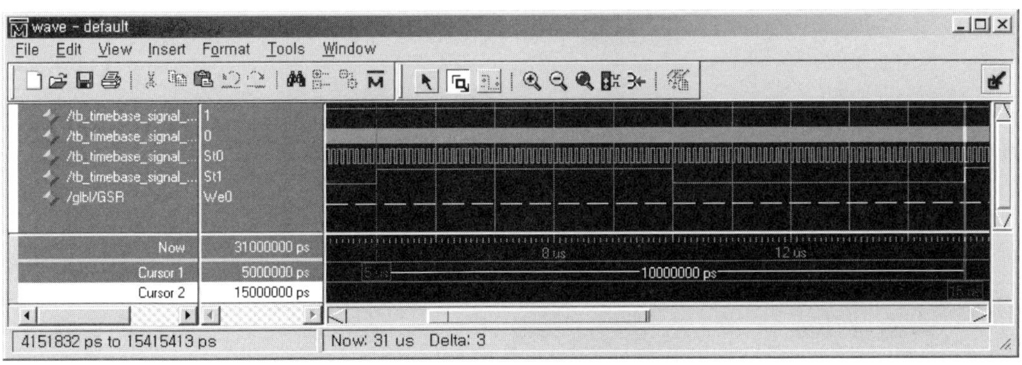

(b) 프로그램 12-4의 시뮬레이션 결과 2

| 시뮬레이션 12-4 | Timebase signal 발생회로의 시뮬레이션

```
// — *** 사용자 정의 추가 및 수정 부분 시작 ***
	initial begin
		clk = 0; reset = 0; #10;
		reset = 1;
	end
	always #5 clk = ~clk;
// — *** 사용자 정의 추가 및 수정 부분 끝 ***
```

(c) 시뮬레이션을 위한 사용자 정의 Test Bench

| 시뮬레이션 12-4 | Timebase signal 발생회로의 시뮬레이션 *(계속)*

General Counter

이 회로는 계수기인데, 일반화시킨 계수기이다. 계수기의 출력으로는 계수 표현을 위한 정수 출력과 계수 값 만큼 분주된 분주 신호를 출력시킨다. 즉, 10진 계수기로 사용할 경우 출력 값을 0~9까지 표현되는 정수 값과 10분주 신호를 출력시킨다. 이 계수기를 이용하여 시계를 구현하기 위한 분과 초를 표현하는 60진수 계수기, 시를 표현하는 12진수 또는 24진수 계수기 그리고 스톱워치를 위한 100진수 계수기를 구현할 수 있다.

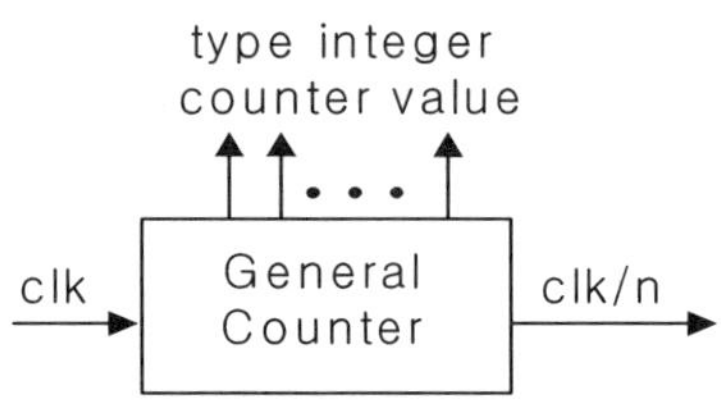

그림 12-7 General Counter 블록

```
//——————————— General Counter ———————————
module General_Counter( reset, clk_in, q, clk_out );
	parameter	cnt_value = 60 ;
	input		reset;
	input		clk_in;

	output reg [5:0]	q;
	output reg		clk_out;
```

| 프로그램 12-5 | General counter를 이용한 60진수 계수기

```
    always @ ( negedge reset, posedge clk_in) begin
            if (reset == 1'b0) begin
                    q       <= 0;
                    clk_out <= 1'b0;
            end else begin
                    if (q == (cnt_value - 1)) begin
                            q          <= 0;
                            clk_out    <= 1'b1;
                    end else begin
                            q          <= q + 1;
                            clk_out    <= 1'b0;
                    end
            end
    end
endmodule

// ---------- 10진, 60진 Counter Design Using  General counter ------------
module decade_cnt (
    reset,
    clk,
    q_10,         // 0~9 정수 출력
    q_60,         // 0~59 정수 출력
    clk_out_10,   // 10 분주 신호
    clk_out_60    // 60 분주 신호
    );

    input         reset;
    input         clk;

    output [3:0]  q_10;             // 0~9 정수 출력
    output [5:0]  q_60;             // 0~59 정수 출력
    output        clk_out_10;       // 10 분주 신호
    output        clk_out_60;       // 60 분주 신호

    // 사용 예 1 : 10진수 계수기
    General_Counter        #( .cnt_value(10))
                           u1 (    .reset        (reset),
                                   .clk_in       (clk),
                                   .q            (q_10),
                                   .clk_out      (clk_out_10)  );
```

| 프로그램 12-5 | General counter를 이용한 60진수 계수기 *(계속)*

```
        //사용 예 2 : 60진수 계수기
        General_Counter      u2 (    .reset      (reset),
                                     .clk_in     (clk),
                                     .q          (q_60),
                                     .clk_out    (clk_out_60)  );
endmodule
```

| 프로그램 12-5 | General counter를 이용한 60진수 계수기 *(계속)*

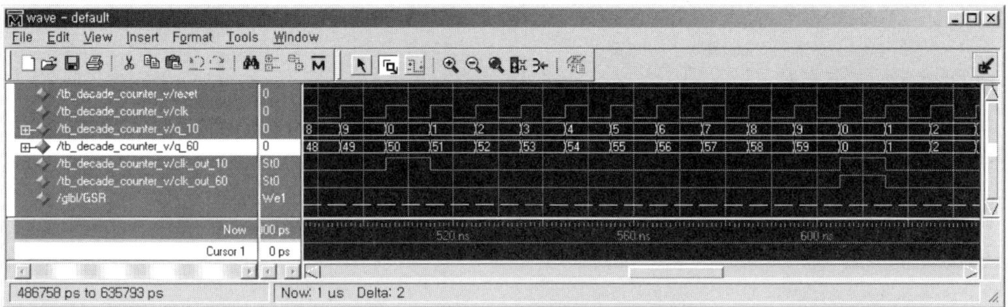

(a) 프로그램 12-5의 시뮬레이션 결과

```
// — *** 사용자 정의 추가 및 수정 부분 시작 ***
      initial begin
              clk            = 0;
              reset          = 0;
              # 15    reset  = 1;
      end
      always # 5    clk      = ~clk;
// — *** 사용자 정의 추가 및 수정 부분 끝 ***
```

(b) 시뮬레이션을 위한 사용자 정의 Test Bench

| 시뮬레이션 12-5 | General counter를 이용한 60진수 계수기

General integer to 7-segment output

이 회로는 2자릿수 정수를 입력받아 10의 자리 정수와 1의 자리 정수를 분리하는 회로와 분리된 각각의 한 자리 정수를 7-segment 제어를 위한 신호를 발생시키는 변환회로로 이루어져 있다.

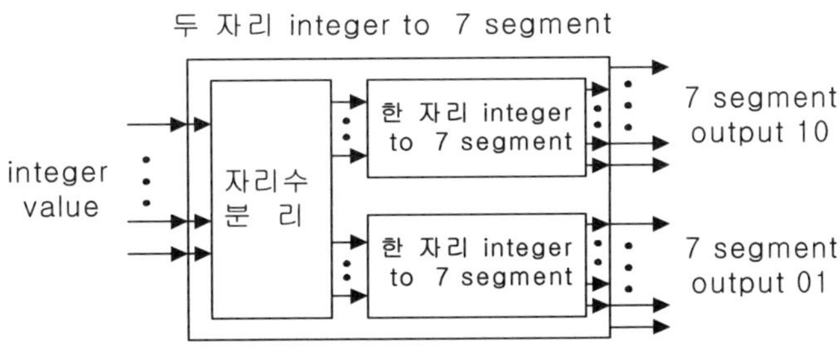

그림 12-8 두 자리 정수의 7-segment 출력 블록

```
-----------------------------------------------------------------------
-- integer to 7-segment converter
-- > 입력 값 : 0 ~ 99
-- > 십의 자리와 일의 자리 분리
-- > 각각의 자리 값에 대한 7-segment로의 변환
-----------------------------------------------------------------------
module seven_segment_output( reset, int_value, seg_10, seg_01 );

       input         reset;
       input  [5:0]  int_value;

       output [7:0]  seg_10;
       output [7:0]  seg_01;

       reg    [3:0]  dec_10;
       reg    [3:0]  dec_01;

       always @ (reset , int_value) begin
              if(reset == 1'b0) begin
                     dec_10    <= 0;
                     dec_01    <= 0;
              end else if (int_value >= 90) begin
                     dec_10    <= 9;
                     dec_01    <= int_value - 90;
              end else if (int_value >= 80) begin
                     dec_10    <= 8;
                     dec_01    <= int_value - 80;
              end else if (int_value >= 70) begin
                     dec_10    <= 7;
                     dec_01    <= int_value - 70;
              end else if (int_value >= 60) begin
```

| 프로그램 12-6 | 두 자리 정수의 7-segment 출력부 설계

```
                dec_10    <= 6;
                dec_01    <= int_value - 60;
        end else if (int_value >= 50) begin
                dec_10    <= 5;
                dec_01    <= int_value - 50;
        end else if (int_value >= 40) begin
                dec_10    <= 4;
                dec_01    <= int_value - 40;
        end else if (int_value >= 30) begin
                dec_10    <= 3;
                dec_01    <= int_value - 30;
        end else if (int_value >= 20) begin
                dec_10    <= 2;
                dec_01    <= int_value - 20;
        end else if (int_value >= 10) begin
                dec_10    <= 1;
                dec_01    <= int_value - 10;
        end else begin
                dec_10    <= 0;
                dec_01    <= int_value  ;
        end
    end

    int_7seg seg_10_ten (    .int_value      (dec_10),
                             .s7segment      (seg_10)       );

    int_7seg seg_01_one (    .int_value      (dec_01),
                             .s7segment      (seg_01)       );
endmodule

//--------------------------------------------------------------------
//-- 1자리 integer to 7-segment converter
//-- > 입력 값 :  0~9
//--------------------------------------------------------------------
module int_7seg ( int_value, s7segment );
     input       [3:0]       int_value;
     output reg  [7:0]       s7segment;

     always @ (int_value) begin
          if (int_value == 0)        s7segment <= 8'b0011_1111; // 0x3f
          else if (int_value == 1)  s7segment <= 8'b0000_0110; // 0x06
          else if (int_value == 2)  s7segment <= 8'b0101_1011; // 0x5B
          else if (int_value == 3)  s7segment <= 8'b0100_1111; // 0x4F
```

| 프로그램 12-6 | 두 자리 정수의 7-segment 출력부 설계 *(계속)*

```
            else if (int_value == 4)  s7segment <= 8'b0110_0110; // 0x66
            else if (int_value == 5)  s7segment <= 8'b0110_1101; // 0x6D
            else if (int_value == 6)  s7segment <= 8'b0111_1101; // 0x7D
            else if (int_value == 7)  s7segment <= 8'b0000_0111; // 0x07
            else if (int_value == 8)  s7segment <= 8'b0111_1111; // 0x7F
            else if (int_value == 9)  s7segment <= 8'b0110_0111; // 0x67
            else                      s7segment <= 8'b0000_0000;
        end
endmodule
// ------------------------------------------------------------------------
```

| 프로그램 12-6 | 두 자리 정수의 7-segment 출력부 설계 *(계속)*

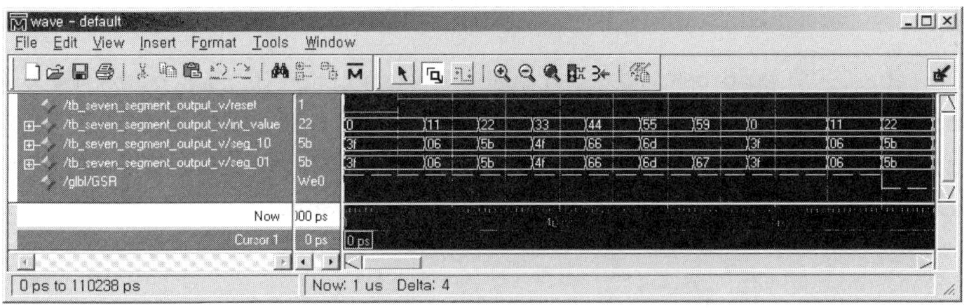

(a) 프로그램 12-6의 시뮬레이션 결과

```
// -- *** 사용자 정의 추가 및 수정 부분 시작 ***
        initial begin
                reset   = 0; # 10;
                reset   = 1;
        end

        always begin
                int_value = 0;  # 15;
                int_value = 11; # 10;
                int_value = 22; # 10;
                int_value = 33; # 10;
                int_value = 44; # 10;
                int_value = 55; # 10;
                int_value = 59; # 10;
        end
// -- *** 사용자 정의 추가 및 수정 부분 끝 ***
```

(b) 시뮬레이션을 위한 Test Bench

| 시뮬레이션 12-6 | 두 자리 정수의 7-segment 출력부 시뮬레이션

12.3 예비 문제

① 그림 12-9의 회로와 같이 동작하는 debounce 회로를 Verilog HDL로 표현하여라.

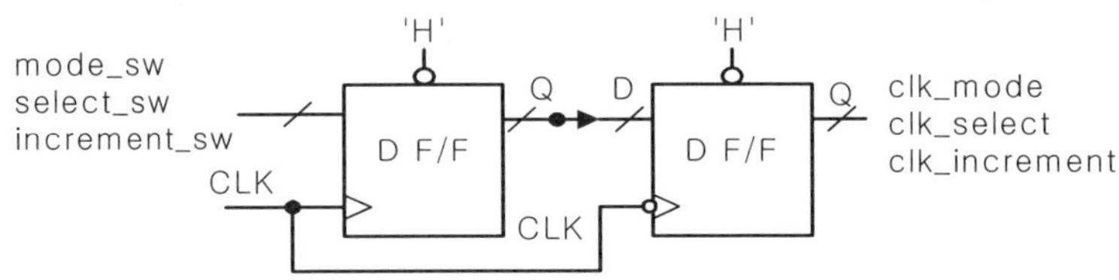

그림 12-9 debouncing 회로

② EDA-Lab 3000의 push button 1, push button 2, push button 3, push button 4를 이용하여, stopwatch 및 디지털시계의 제어 스위치로 사용하도록 한다. 이를 위하여 Debouced된 안정된 신호를 얻기 위한 스위치 신호들을 얻는 회로를 설계하고 LED를 이용하여 동작을 확인하여라. 즉 push button1~4의 on/off에 따라 LED1~4가 toggle 되도록 하여라.

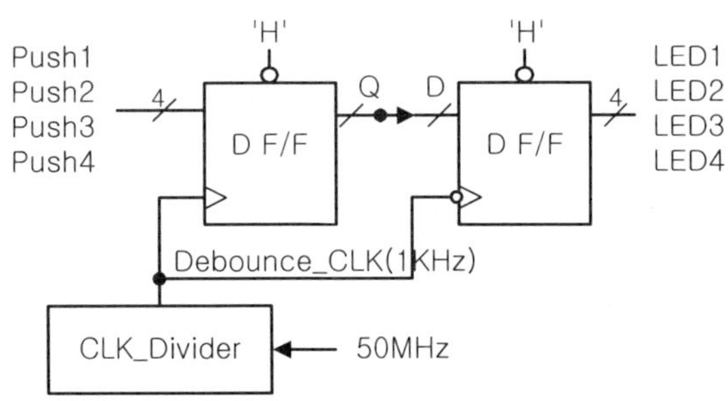

그림 12-10 debouncing 회로

- EDA-Lab 3000의 master clock은 50 MHz이다.
- debouce에 입력되는 clk은 50 MHz을 분주하여 1 kHz(Debounce-CLK)로 하여라.
- Debouced push buttton 출력 신호 LED1, LED2, LED3, LED4을 toggle 되도록 한다.

③ 프로그램 12-6에서 입력 값이 정수 값으로 0~99일 경우, 7-segment 출력을 만드는 decoder를 이용한 두 개의 7-segment에 동시에 나타낼 수 있도록 7-segment 출력회로를 Verilog HDL로 표현하여라.

12.4 실습 내용

이 장의 실습에서는 Verilog HDL 설계뿐만 아니라 *.ucf를 직접 작성하여 실습하도록 한다.

Practice 1 프로그램 12-2의 시간 조정 제어회로를 시뮬레이션하고 시뮬레이션 12-2의 결과와 같음을 확인하여라.

Practice 2 그림 12-10에서 deboucing 회로를 이용하여 push button에 의해 LED가 toggle하는 회로를 Verilog HDL로 설계하여라. 설계된 회로를 합성과 구현(implementation) 후에 EDA-Lab 3000에 다운로딩하여 정상적으로 동작하는지 확인하여라.

Practice 3 프로그램 12-3의 timebase signal 발생회로를 이용하여 50 MHz 클럭에 대하여 1 Hz, 100 Hz, 1 kHz를 출력하도록 회로를 설계하여라. 설계된 회로를 합성과 구현(implementation) 후에 EDA-Lab 3000에 다운로딩하여 정상적으로 동작하는지 확인하여라.

Practice 4 실습 3의 1 Hz 신호와 프로그램 12-5의 general counter를 이용하여 60진수 계수기, 100진수 계수기를 7-segment에 출력할 수 있도록 회로를 설계하여라. 설계된 회로를 합성과 구현(implementation) 후에 EDA-Lab 3000에 다운로딩하여 정상적으로 동작하는지 확인하여라.

12.5 연습 문제

1. StopWatch 구현을 위하여 필요한 기능에 대한 블록 다이어그램을 그리고 각 블록의 기능에 대하여 설명하여라.

2. 1에서 설명한 블록의 기능에 대하여 Verilog HDL을 이용하여 기능 블록을 설계하여라.

3. 앞에서 실습한 프로그램과 12-1과 12-2에서 설계된 회로들을 수정 결합하여 StopWatch를 완성하여라. 그리고 설계된 회로를 합성과 구현(implementation) 후에 EDA-Lab 3000에 다운로딩하여 StopWatch가 정상적으로 동작하는지 확인하여라.

Chapter_13
스톱워치(StopWatch)

13.1 실습 목적

이 장에서는 지금까지 실습을 통해 익힌 회로적인 이해와 Verilog HDL 및 EDA-Lab 3000을 이용하여 StopWatch를 구현하고 동작시키도록 한다. StopWatch의 구동에 필요한 시간 기준 신호(timebase signal)를 발생시키기 위하여 50 MHz 신호를 입력하여 100 Hz 신호와 1 kHz 신호를 발생시키는 회로를 작성하고, 분, 초, 1/100 초를 출력하기 위한 MUX 표현에 대하여 알아본다.

13.2 설 명

디지털시계는 ASIC 설계 과정에서 가장 많이 사용되어지는 설계 예제일 것이다. 디지털시계는 기능별로 순수한 디지털시계와 StopWatch가 포함된 형태의 디지털시계가 있을 것이다. 이는 개별 소자로서도 구현이 가능하고 PLD 소자로도 구현이 가능할 것이다. 설계 방식에 있어서도 개별 소자를 사용하듯이 하는 구조적 표현과 HDL 표현법을 최대로 살린 동작적 표현이 사용될 수 있을 것이다. 아무리 동작적 표현이라도 설계의 반복을 피하고, 기능별 블록을 적절히 이용하려면 동작적 표현을 근간으로 하는 구조적 표현을 사용하는 것이 바람직할 것이다. 그림 13-1은 StopWatch의 블록 다이어그램이다. 그림 13-1의 블록 다이어그램에 대하여 설명하면 다음과 같다.

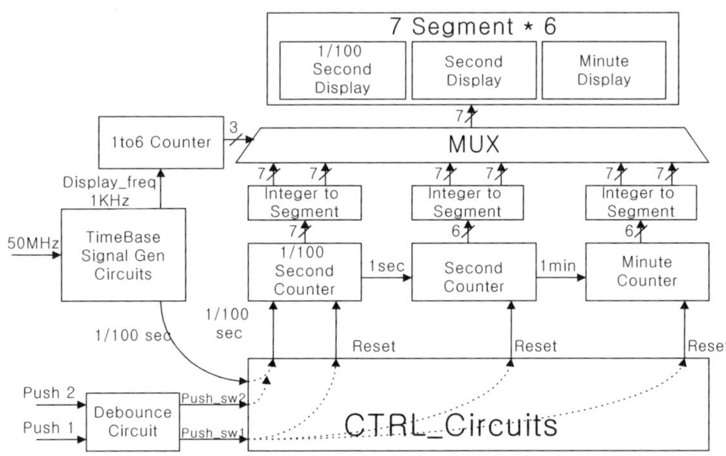

그림 13-1 StopWatch의 블록 다이어그램

Time Base Signal Generator Circuits 블록

이 블록은 1 kHz(1ms), 100 Hz(0.01 sec) 신호를 발생하는 회로로 StopWatch의 시간 기준 신호를 발생시키는 회로이다. 0.01 sec 신호인 100 Hz는 StopWatch를 위한 기본 시간 신호이다. 1 kHz 신호는 스위치의 bounce를 제거하는 debounce 회로의 clk으로 입력하도록 하는 신호이다.

1/100 Second Counter Circuits 블록

이 블록은 1/100 sec 신호를 받아서 0～99 sec를 계수하는 회로이다. 이 계수기의 출력은 계수된 값과 99에서 0으로 변환될 때의 MSB 값을 이용한 1 sec 신호를 발생시키는 회로이다. 1/100 초를 나타내는 0～99까지의 값을 어떻게 표현할 것인가에 따라 몇 가지의 방법이 있을 것이다.

첫째, 10진 계수기를 이용하는 방법

이 방법에서의 출력 값을 BCD 값으로 한다면 BCD에서 7-segment decoder를 이용하면 10의 자리와 1의 자리를 독립적으로 관리가 가능하다.

둘째, 100진 계수기를 이용하는 방법

이 방법에서는 출력 값을 하나의 블록 단위로 처리하므로 출력을 표시하는 7-segment 10의 자리와 1의 자리를 하나의 블록 단위로 처리해야 한다.

Second Counter Circuits 블록

이 블록은 1 초(second) 신호를 받아서 0～59 초를 계수하는 회로이다. 이 계수기의 출력은 계수된 초 값과 59 초에서 0 초로 변환될 때의 MSB 값을 이용한 분(minute)을 표시하는 신호를 발생시키는 회로이다. 초(second)를 나타내는 0～59까지의 값을 표현하는 방법은 1/100 sec를 표현하는 방법을 이용하면 편리할 것이다.

Minute Counter Circuits 블록

이 블록은 Second Counter 회로 블록에서 출력하는 1 min 신호를 입력받아 분을 출력하는 60진 계수기 회로이다. 분(minute)을 나타내는 0～59까지의 값을 표현하는 방법은 1/100 sec를 표현하는 방법을 이용하면 편리할 것이다.

Integer to 7-segment 블록

이 블록은 각 계수기에서 계수된 값은 7 bits로 이루어지며, 이 계수기의 값은 출력하고자 하는 시간으로 1/100 초, 초, 분의 값을 각 자릿수로 나누어 각 자릿수에 대한 7-segment 제어 신호를 발생시킨다. 각 계수기 마다 1의 자리와 10의 자리로 이루어져 있으므로 6개의 7-segment 제어 출력단을 발생시킨다.

MUX 블록

이는 7-segment의 출력은 1개이며, 6개의 7-segment 가운데 하나를 선택하기 위한 선택 핀을 set함으로써 segment를 동작시킨다. 이들 6개의 7-segment를 깜박이는 현상 없이 동작하도록 하기 위해서는 일정 이상의 높은 주파수를 사용하면 된다. 우리의 눈은 영상의 변화가 초당 16회 이상의 변화를 가지면 연속 영상으로 인식한다. 그러므로, 영화는 초당 24화면이 전환되고, TV는 초당 30화면이 전환된다. 이러한 깜박이는 현상을 없애려면

6 * 7-segment/회 * 30회/sec = 180 7-segment/sec

를 제어할 수 있어야 한다. 즉, 180 Hz 이상의 신호를 MUX의 제어 신호로 사용해야 한다. 우리는 1 kHz를 MUX의 제어 신호로 사용하도록 하자.

1/100 Second Display 블록

1/100 second counter에서 출력되어 지는 1/100 초(second) 계수 값을 나타내는 BCD 또는 binary 값에 대하여 7-segment decoder를 이용하여 출력하는 블록이다. 입력되는 값이 BCD 또는 binary에 따라 출력 방법이 조금은 차이가 있을 것이다.

Second Display 블록

Second counter에서 출력되어 지는 초(second) 계수 값을 나타내는 BCD 또는 binary 값에 대하여 7-segment decoder를 이용하여 출력하는 블록이다. 입력되는 값이 BCD 또는 binary에 에 따라 출력 방법이 조금은 차이가 있을 것이다.

Minute Display 블록

Minute counter에서 출력되어 지는 분(minute) 계수 값을 나타내는 BCD 또는 binary 값에 대하여 7-segment decoder를 이용하여 출력하는 블록이다. Second display 블록과 같이 입력되는 값이 BCD 또는 binary에 따라 출력 방법이 조금은 차이가 있을 것이다.

Control Circuits 블록

이 블록은 StopWatch를 조정하기 위한 제어 신호를 발생시키는 블록이다. StopWatch의 시작을 알리는 start 신호, stop 신호, 처음으로 되돌아가는 reset 신호가 필요할 것이다. 이를 위한 동작은 표 13-1과 같이 동작될 것이다.

Push button 1은 reset 스위치로 이에 의해 StopWatch는 초기화가 된다. Push button 2는 start/stop 스위치로 toggle 동작되며, 누르다 떼면 StopWatch가 동작한다. 다시 누르다 떼면 StopWatch는 멈춘다. 다시 누르다 떼면 현상태에서 StopWatch는 재시작한다. StopWatch의 어떤 상황에서도 reset 스위치에 의해 출력은 '0'으로 되며 동작 준비 상태가 된다. 이러한 동작에 필요한 신호를 발생시키는 제어 블록이 필요하다.

| 표 13-1 | StopWatch의 동작에 대한 설명

Push 1	Push 2	코드	버튼 동작	동작 상태	출력단
Reset	–	–	↑	준비	0의 값으로 초기화
–	Start/Restart	1	↑	증가/ 현상태에서 재시작	분, 초, 1/100초 출력
–	Stop	0	↑	멈춤	분, 초, 1/100초 출력

StopWatch 구현 시에 필요한 사항

- StopWatch만 사용 시 SW는 2만 사용 : start/stop_sw, reset_sw
- StopWatch 모드로 진입 시는 자동으로 초기화됨.
- 선택 스위치(start/stop_sw)에 의해 StopWatch 시작과 멈춤.
- reset_sw에 의해 StopWatch는 초기화 및 준비 상태로 감.

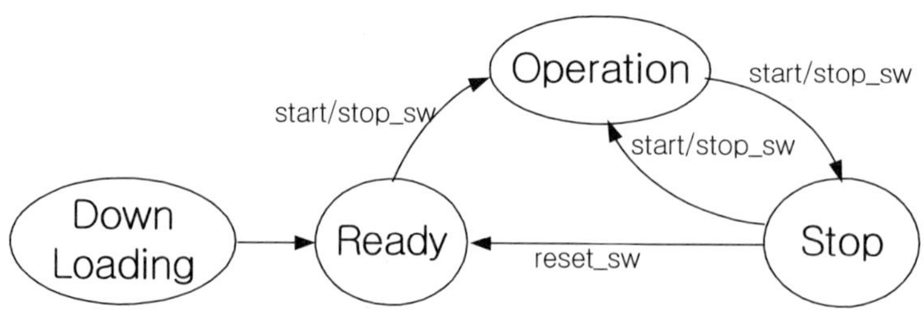

그림 13-2 StopWatch의 상태 다이어그램

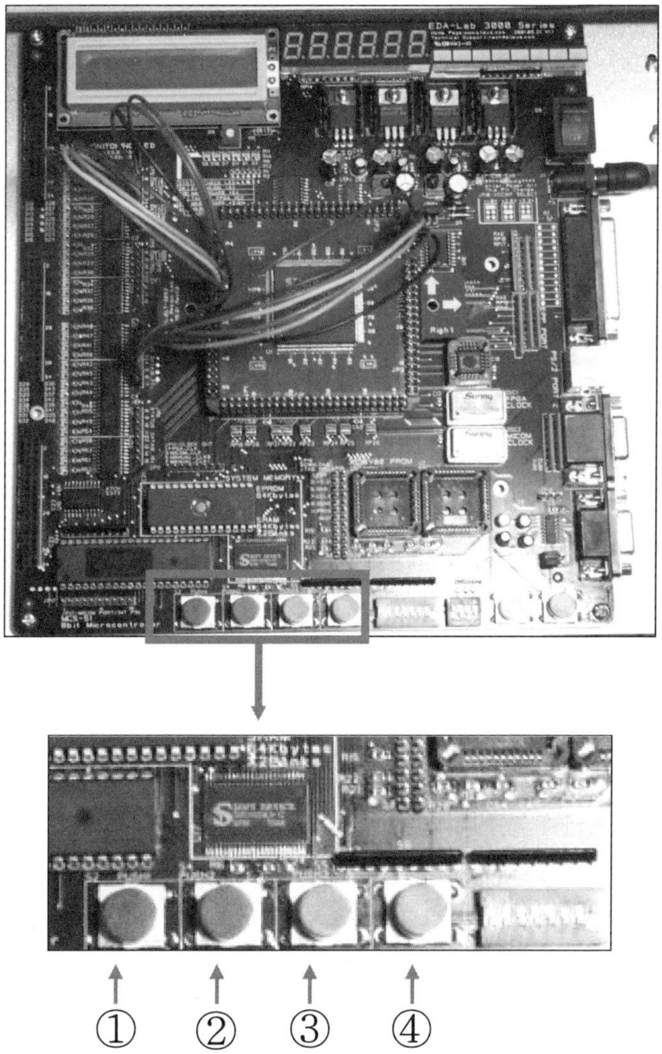

① Push Button1 : Reset
② Push Button2 : Start/Stop
③ Push Button3 : 사용 안함
④ Push Button4 : 사용 안함

그림 13-3 EDA-Lab 3000 series의 보드 사진과 StopWatch를 위한 push button들

1) TimeBase Signal Generator Circuits 블록

이 블록은 주어지는 입력 clk 신호에 대해 원하는 주파수의 신호를 발생시키는 블록이다.

- main_clk : module에 입력되는 실제 clk의 주파수를 얘기한다.
- output_freq : 사용자가 얻고자 하는 주파수 값을 얘기한다. 기본 출력 값은 1 kHz이다.
- clk : 실제 입력단에 입력되는 clock 입력 신호
- reset : TimeBase Signal Generator Circuits 블록을 초기화하는 입력 신호
- clk_out : 실제 사용자가 원하는 주파수의 출력 신호

```
module TimeBase_Gen2 ( clk, reset, clk_out );
        parameter     main_clk=50000000, output_freq=1000;
        parameter     clk_hilow_cnt_value=( (main_clk / output_freq )/2)-1;
        input         clk;
        input         reset;
        output reg    clk_out;

        integer       clk_cnt;

        always @ (negedge reset, posedge clk) begin
                if (reset == 1'b0) begin
                      clk_cnt           <= 0;
                      clk_out           <= 1'b0;
                end else begin
                      if (clk_cnt == clk_hilow_cnt_value) begin
                             clk_cnt   <= 0;
                             clk_out   <= ~clk_out;
                      end else
                             clk_cnt   <= clk_cnt + 1;
                end
        end
endmodule

// -- 1 kHz 출력 신호를 위한 사용 예
TimeBase_Gen2
        U1_1kHz (       .clk(clk),         // 50 MHz input
                        .reset(reset),     // System Reset
                        .clk_out(tmp_clk_1KHz) // 1 kHz output for debounce, mux
```

| 프로그램 13-1 | TimeBase Signal Generator 블록과 사용 예

```
        ) ;

// -- 100 Hz 출력 신호를 위한 사용 예
TimeBase_Gen2 #( .main_clk(50000000), .output_freq(100) )
        U1_100Hz (      .clk(clk ),                // 50 MHz input
                        .reset(reset),             // System Reset
                        .clk_out(clk_100Hz)        // 100 Hz ouput for stopwatch
        ) ;
```

| 프로그램 13-1 | TimeBase Signal Generator 블록과 사용 예 *(계속)*

2) 1/100 초, 초 그리고 분 계수기 회로 블록

이 회로 블록은 1/100초, 초, 분의 계수를 위한 계수기이다. 하나의 계수기를 설계하고, 설계된 module을 이용하여 최소의 module 설계로 안정된 회로를 구현하고자 하였다. 여기서 사용된 신호들과 값을 소개하면 다음과 같다.

- cnt_value : 사용자가 원하는 계수의 범위를 얘기한다.
- reset : 계수기를 '0'으로 초기화하는 신호
- clk_in : 계수기의 계수 동작을 일으키게 하는 clock 신호
- q : 0 ~ 127까지 계수기 출력 신호
- clk_out : clk_in에 대해 cnt_value 만큼 분주된 신호
- tmp_* : FPGA 내부의 임시 신호들

```
module counter ( reset, clk_in, q, clk_out );
        parameter integer cnt_value=60;
        input           reset;
        input           clk_in;

        output reg [6:0]    q;
        output reg          clk_out;

        always @ ( negedge reset, posedge clk_in ) begin
                if (!reset) begin
                        q          <=  0;
```

(a) 일반 계수기

| 프로그램 13-2 | 1/100 초, 초, 분 계수기 회로 블록과 사용 예

```
                clk_out   <=  0;
        end else begin
                if (q == (cnt_value - 1)) begin
                        q        <=  0;
                        clk_out  <= 1'b1;
                end else begin
                        q        <=  q + 1;
                        clk_out  <= 1'b0;
                end
        end
    end
endmodule
```

(a) 일반 계수기 *(계속)*

```
//----------------------------------------------------------------
//--  1/100 계수기 사용 예
counter         #( .cnt_value(100) )
        U1_cent_sec (   .reset   ( tmp_reset ) ,
                        .clk_in  ( tmp_clk_100Hz_in ) ,
                        .q       ( tmp_int_cent_sec ) ,
                        .clk_out( tmp_clk_1sec )
                );

//------------------------------------------------------------------
//--  초 계수기 사용 예
counter  U2_second (    .reset   ( tmp_reset ) ,
                        .clk_in  ( tmp_clk_1sec ) ,
                        .q       ( tmp_int_second ) ,
                        .clk_out(tmp_clk_1min )
                );
//------------------------------------------------------------------
//--  분 계수기 사용 예
counter  U3_minute (    .reset   ( tmp_reset ) ,
                        .clk_in  ( tmp_clk_1min ) ,
                        .q       ( tmp_int_minute )
```

(b) 일반 계수기 component의 사용 예

| 프로그램 13-2 | 1/100 초, 초, 분 계수기 회로 블록과 사용 예 *(계속)*

```
                    .clk_out( )  // 사용하지 않는 port는 생략
        );
--------------------------------------------------------------------
```

(b) 일반 계수기 component의 사용 예 *(계속)*

| 프로그램 13-2 | 1/100 초, 초, 분 계수기 회로 블록과 사용 예 *(계속)*

3) 계수기 출력 값의 7-segment 출력 제어 블록

이 블록은 7 bits로 이루어진 계수기의 출력 값을 10의 자리와 1의 자리로 나누고, 이를 7-segment 출력 신호를 발생시키는 블록이다. 그리하여 이 블록은 성격이 다른 두 개의 module로 이루어져 있다.

첫 번째 module은 10의 자리와 1의 자리를 분리하는 프로그램이고, 두 번째는 분리단 1의 자리를 7-segment 제어 신호를 출력하는 프로그램이다.

- reset : entity를 초기화하는 신호
- int_value : 7 bits의 0~127까지의 입력 신호 값
- seg_10 : 10의 자리에 대한 7-segment decoder 출력 신호
- seg_01 : 1의 자리에 대한 7-segment decoder 출력 신호
- int : 분리된 각 자리 값으로의 입력 신호
- seg : 분리된 각 자리 값으로의 입력 신호에 대한 7-segment decoder 출력 신호

```
//---------------------------------------------------------------------
//--   counter_value to 7-segment converter
//--   > 입력 값 : 7bits ( 0~99 )
//--   > 십의 자리와 일의 자리 분리
//--   > 각각의 자리 값에 대한 7-segment로의 변환
//---------------------------------------------------------------------
module int2seg2 ( reset, int_value, seg_10, seg_01 );
        input           reset;
        input  [6:0]    int_value;
        output [6:0]    seg_10;
        output [6:0]    seg_01;
```

(a) 10의 자리와 1의 자리 분리 프로그램

| 프로그램 13-3 | integer to segment 제어 출력 module과 사용 예

```
    reg     [3:0]  dec_10,
    reg     [3:0]  dec_01;

    always @ (reset, int_value) begin
            if(reset == 1'b0) begin
                    dec_10  <= 0;  dec_01  <= 0;
            end else if (int_value >= 90) begin
                    dec_10  <= 9;  dec_01  <= int_value - 90;
            end else if (int_value >= 80 ) begin
                    dec_10  <= 8;  dec_01  <= int_value - 80;
            end else if (int_value >= 70) begin
                    dec_10  <= 7;  dec_01 <= int_value - 70;
            end else if (int_value >= 60) begin
                    dec_10  <= 6;  dec_01 <= int_value - 60;
            end else if (int_value >= 50) begin
                    dec_10  <= 5;  dec_01 <= int_value - 50;
            end else if (int_value >= 40) begin
                    dec_10  <= 4;  dec_01 <= int_value - 40;
            end else if (int_value >= 30) begin
                    dec_10  <= 3;  dec_01 <= int_value - 30;
            end else if (int_value >= 20) begin
                    dec_10  <= 2;  dec_01 <= int_value - 20;
            end else if (int_value >= 10) begin
                    dec_10  <= 1;  dec_01 <= int_value - 10;
            end else begin
                    dec_10  <= 0;  dec_01  <= int_value ;
            end
    end
    //-----------------------------------------------------------
    int2seg1      seg_10_ten ( .int (dec_10), .seg (seg_10) );
    int2seg1      seg_01_one ( .int (dec_01), .seg (seg_01) );
    //-----------------------------------------------------------
endmodule
//-----------------------------------------------------------------
```

(a) 10의 자리와 1의 자리 분리 프로그램 *(계속)*

| 프로그램 13-3 | integer to segment 제어 출력 module과 사용 예 *(계속)*

```
//------------------------------------------------------------------------
// 1자리 integer to 7 segment converter
// > 입력 값 :  0~9
//------------------------------------------------------------------------
module int2seg1 ( int, seg );
        input       [3:0] int;
        output reg [6:0] seg;

        always @( int ) begin
                if ( int == 0 )
                        seg     <= 7'b011_1111;     // gfedcba
                else if ( int == 1 )
                        seg     <= 7'b000_0110;     // gfedcba
                else if ( int == 2 )
                        seg     <= 7'b101_1011;     // gfedcba
                else if ( int == 3 )
                        seg     <= 7'b100_1111;     // gfedcba
                else if ( int == 4 )
                        seg     <= 7'b110_0110;     // gfedcba
                else if ( int == 5 )
                        seg     <= 7'b110_1101;     // gfedcba
                else if ( int == 6 )
                        seg     <= 7'b111_1101;     // gfedcba
                else if ( int == 7 )
                        seg     <= 7'b000_0111;     // gfedcba
                else if ( int == 8 )
                        seg     <= 7'b111_1111;     // gfedcba
                else
                        seg     <= 7'b110_0111;     // gfedcba   ( int=9 )
        end
endmodule
```

(b) 정수를 7-segment 데코더

```
//------------- 1/100 초 단위 출력 -------------------------------------
int2seg2        cent_sec_output (       .reset          (reset),
                                        .int_value      (tmp_int_cent_sec),
```

(c) 정수를 7-segment 제어 출력 사용 예

| 프로그램 13-3 | integer to segment 제어 출력 module과 사용 예 *(계속)*

```
                              .seg_10          (seg5),
                              .seg_01          (seg6)
           );
//------------- 1 초 단위 출력 ------------------------------------
int2seg2      second_output ( .reset        (reset),
                              .int_value       (tmp_int_second),
                              .seg_10          (seg3),
                              .seg_01          (seg4)
           );
//------------- 1 분 단위 출력 ------------------------------------
int2seg2      minute_output ( .reset        (reset),
                              .int_value       (tmp_int_minute),
                              .seg_10          (seg1),
                              .seg_01          (seg2)
           );
```

(c) 정수를 7-segment 제어 출력 사용 예 *(계속)*

| 프로그램 13-3 | integer to segment 제어 출력 module과 사용 예 *(계속)*

4) 1to6 counter와 MUX

이 블록은 6자리의 StopWatch 출력을 1개의 7-segment 제어단을 제어하여 6자리의 StopWatch의 측정 값을 출력하는 데 있다. 이를 위하여 최소한 1개 7-segment가 초당 30회 이상 'on'이 되기 위해서는 180 Hz 이상의 신호가 가해져야 하며 ring 계수기와 멀티플렉싱이 필요하다. 이 블록에서는 1 kHz를 가하여 초당 7-segment가 160회 이상이 'on' 상태가 되도록 하였다. 이 블록에서는 ring 계수기 대신에 1에서 6까지의 계수기를 만들었고, 이 계수기 값으로 MUX를 제어하여 6개의 StopWatch 출력 7-segment 선택하여 6*7-segment 출력 장치로 보내어 출력하도록 한다.

- clk : 6개의 7-segment를 순차적으로 선택하기 위한 1 kHz 신호
- reset : 계수기를 '0'으로 초기화하는 신호
- value : 1 ~ 6의 출력 값
- sel : MUX 선택 제어 신호로 1 ~ 6의 값이 입력되어야 함
- seg : 7-segment * 6 장치의 segment 제어 입력 신호 벡터
- seg1 : 분의 10의 자리에 대한 7-segment 데코딩된 제어 신호
- seg2 : 분의 1의 자리에 대한 7-segment 데코딩된 제어 신호
- seg3 : 초의 10의 자리에 대한 7-segment 데코딩된 제어 신호

■ seg4 : 초의 10의 자리에 대한 7-segment 데코딩된 제어 신호
■ seg5 : 1/100 초의 10의 자리에 대한 7-segment 데코딩된 제어 신호
■ seg6 : 1/100 초의 10의 자리에 대한 7-segment 데코딩된 제어 신호

```
//------------------------------------------------------------------------
module Cnt_OneToSix ( clk, reset, value );
        input            clk;
        input            reset;
        output reg [2:0] value;

        always @ (negedge reset, posedge clk) begin
                if (!reset)
                        value  <=  1;
                else begin
                        if (value == 6)
                                value    <=  1;
                        else
                                value    <=  value + 1;
                end
        end
endmodule
//------------------------------------------------------------------------
```

(a) 1to6 counter

```
//------------------------------------------------------------------------
always @( sel, seg1, seg2, seg3, seg4, seg5, seg6 ) begin
        if(sel == 1) begin
                digit  <= 6'b00_0001;         seg <= seg1;
        end else if (sel == 2) begin
                digit  <= 6'b00_0010;         seg <= seg2;
        end else if (sel == 3) begin
                digit  <= 6'b00_0100;         seg <= seg3;
        end else if (sel == 4) begin
                digit  <= 6'b00_1000;         seg <= seg4;
        end else if (sel == 5) begin
```

(b) MUX 프로그램

| 프로그램 13-4 | 1to6 counter와 MUX 프로그램

```
            digit  <= 6'b01_0000;          seg <= seg5;
        end else begin
            digit  <= 6'b10_0000;          seg <= seg6;
        end
end
//-----------------------------------------------------------------
```

(b) MUX 프로그램 *(계속)*

| 프로그램 13-4 | 1to6 counter와 MUX 프로그램 *(계속)*

5) Debounce 회로 블록

이 블록은 push button, 스위치 등의 기계적인 동작이 전기 신호로 변환될 때 발생되는 신호의 떨림을 없애 주기 위하여 사용이 된다. Debouncing 방식에서는 저항(resistor)과 커패시터(capacitor)의 시상수(RC-time constant)를 이용하는 방법, R-S Latch 등을 이용하는 방법, 그리고 여기서 보여주는 D 플립플롭을 이용하는 방법 등 다양한 방법들이 있을 수 있다.

- clk : 기계적인 동작이 전기 신호로 변환될 때 안정적이면서도 지연이 없어야 한다. 통상적으로 1 kHz의 주파수를 사용한다.
- reset : Debouce module을 초기화하는 신호
- sw1_in : 기계적인 동작이 변환된 입력 신호
- sw2_out : 변환된 안정된 push button 및 스위치 출력 신호

```
//——————————————— Debouncing Circuits Design ———————————————
module debounce ( clk, reset, sw1_in, sw1_out );

        input           clk;
        input           reset;
        input           sw1_in;
        output reg      sw1_out;

        reg             tmp_sw1;

        always @ ( negedge reset, negedge clk) begin
```

(a) debounce entity 회로

| 프로그램 13-5 | debounce 회로 module과 사용 예

```
            if (!reset) begin
                sw1_out <= 1'b1;  // Switch:Active Low, steady state:high
                tmp_sw1 <= 1'b1;  // Switch:Active Low, steady state:high
            end else begin        // falling edge
                tmp_sw1 <= sw1_in;
                sw1_out <= tmp_sw1;
            end
        end
endmodule
```

(a) debounce entity 회로 *(계속)*

```
debounce  u2 (          .clk            (tmp_clk_1KHz) ,
                        .reset          (reset) ,
                        .sw1_in         (push1) ,
                        .sw1_out        (tmp_push1)
            );

debounce  u3 (          .clk            (tmp_clk_1KHz) ,
                        .reset          (reset) ,
                        .sw1_in         (push2) ,
                        .sw1_out        (tmp_push2)
            );
```

(b) debounc 회로의 사용 예

| 프로그램 13-5 | debounce 회로 module과 사용 예 *(계속)*

6) 각종 제어 신호들

제어 신호로는 reset 신호, start 신호 그리고 stop 신호 등이 있을 것이다. 이들 제어 신호는 push 버튼에 동기되어 동작되도록 되어있다.

- reset : StopWatch를 초기화시키고 ready 상태로 만드는 신호
- tmp_reset : reset 신호와 push 1에 의한 신호의 조합 신호로 StopWatch의 부분적인 기능에 대하여 초기화시키고 ready 상태로 만드는 신호
- tmp_push1 : debounced 안정된 push button 1 신호
- tmp_push2 : debounced 안정된 push button 2 신호
- start_enable : push button 2에 대하여 toggle 됨

‘0’일 때 StopWatch 기능 멈춤

‘1’일 때 StopWatch 기능 동작

- tmp_clk_100Hz : FPGA 내부에서의 100 Hz 신호
- tmp_clk_100Hz_in : StopWatch의 1/100 계수기 입력 1/100 초 신호

```
assign tmp_reset = tmp_push1 & reset;
assign tmp_clk_100Hz_in = start_enable & tmp_clk_100Hz;
//
always @ ( negedge tmp_reset, posedge tmp_push2) begin
        if (tmp_reset == 1'b0)
                start_enable    <= 1'b0;
        else
                start_enable    <= ~start_enable;
end
```

| 프로그램 13-6 | 각종 제어 신호

7) 입출력 신호 및 할당 핀

```
NET   "push1"        LOC = "p68";    # StopWatch reset switch
NET   "push2"        LOC = "p69";    # Start and Stop switch

NET   "clk"          LOC = "p80";    # System Reset
NET   "reset"        LOC = "p75";    # System Clock 50MHz

NET   "led<0>"       LOC = "p95";    # LED(0) Display
NET   "led<1>"       LOC = "p96";    # LED(1) Display
NET   "led<2>"       LOC = "p97";    # LED(2) Display
NET   "led<3>"       LOC = "p98";    # LED(3) Display
NET   "led<4>"       LOC = "p99";    # LED(4) Display
NET   "led<5>"       LOC = "p100";   # LED(5) Display
NET   "led<6>"       LOC = "p101";   # LED(6) Display
NET   "led<7>"       LOC = "p102";   # LED(7) Display

NET   "digit<1>"     LOC = "p108";   # 출력 7-segment 1 선택
NET   "digit<2>"     LOC = "p109";   # 출력 7-segment 2 선택
NET   "digit<3>"     LOC = "p110";   # 출력 7-segment 3 선택
```

| 프로그램 13-7 | StopWatch의 입출력 신호에 대한 FPGA 핀 할당

```
NET    "digit<4>"       LOC = "p111";    # 출력 7-segment 4 선택
NET    "digit<5>"       LOC = "p112";    # 출력 7-segment 5 선택
NET    "digit<6>"       LOC = "p113";    # 출력 7-segment 6 선택

NET    "seg<0>"         LOC = "p114";    # seg(0) of 7-segment Display
NET    "seg<1>"         LOC = "p115";    # seg(1) of 7-segment Display
NET    "seg<2>"         LOC = "p119";    # seg(2) of 7-segment Display
NET    "seg<3>"         LOC = "p120";    # seg(3) of 7-segment Display
NET    "seg<4>"         LOC = "p121";    # seg(4) of 7-segment Display
NET    "seg<5>"         LOC = "p122";    # seg(5) of 7-segment Display
NET    "seg<6>"         LOC = "p123";    # seg(6) of 7-segment Display
```

| 프로그램 13-7 | StopWatch의 입출력 신호에 대한 FPGA 핀 할당 *(계속)*

13.3 예비 문제

1. 프로그램 13-1을 참고로 하여 1 kHz와 100 Hz를 동시에 발생시키는 동기식 회로를 Verilog HDL로 설계하여라(입력 clock 주파수 : 50 MHz).

2. 표 13-2의 4 bits loadable 계수기 진리표를 만족하는 계수기를 설계하여라. (진리표를 참조하여라. 16진 계수기를 설계하여도 좋다.)

| 표 13-2 | 4 bits loadable 계수기의 진리표

CLK	LD	LD Data	Reset	Q(t)	Q(t+1)
X	L	D[3..0]	H	X	D[3..0]
X	X	X	L	X	0
↑	H	X	H	0	1
↑	H	X	H	1	2
↑	H	X	H	2	3
↑	H	X	H	3	4
↑	H	X	H	4	5
↑	H	X	H	5	6
↑	H	X	H	6	7
↑	H	X	H	7	8
↑	H	X	H	8	9
↑	H	X	H	9	0

③ 이 장에서 설명한 블록들의 설명과 Verilog HDL 프로그램을 참고하여 표 13-1을 만족하는 StopWatch를 구현하여라.

13.4 실습 내용

Practice 1 이 장에서 설명한 StopWatch 프로그램을 이용하여 완성하고, 이를 합성(systhesis) 과정과 구현(implementation) 과정을 걸쳐 bit 파일을 생성시켜라. 그리고 EDA-Lab 3000 장비에 다운로딩하여 StopWatch의 동작을 확인하여라.

Practice 2 1to6 counter 회로를 function문으로 구현된 ring counter 회로를 변환하여 StopWatch를 재작성하고 합성 및 구현하여라. 그리고 EDA-Lab 3000 장비에 다운로딩하여 StopWatch의 동작을 확인하여라.

13.5 연습 문제

① 이 장의 StopWatch를 이용하여 디지털시계(Digital Watch)에 대한 설계 프로그램을 작성하여라.

Chapter_14 기본 디지털시계

14.1 실습 목적

이 장에서는 12장, 13장에 이어 디지털시계를 설계하고 이를 구현하도록 한다. 설계된 회로의 동작을 확인하기 위하여 EDA-Lab 3000을 이용하도록 한다.

14.2 설 명

이 장에서는 기본적인 디지털시계를 설계하고 이를 이용한 시간 조정이 가능한 control circuits 블록을 설계하도록 한다. EDA-Lab 3000 실습 키트를 가지고 디지털시계의 동작을 확인하도록 한다. 이 디지털시계는 StopWatch의 입력 신호인 1/100 sec 신호를 1 sec 신호로 입력시키고 60진수 계수기로 변화시키면 기본적으로 동작되는 디지털시계를 만들 수 있다.

그림 14-1에서는 보는 바와 같이 디지털시계의 블록 다이어그램은 StopWatch의 블록 다이어그램과 대동소이하다. 회로적으로 차이가 나는 곳은 제어 회로 블록일 것이다. 이는 StopWatch는 start 신호와 함께 '0'부터 시작해야 하나, 시계는 현재의 시간을 사용자가 직접 조정이 가능해야 하는 시간 조정 기능이 필요함으로 발생되는 회로적인 문제일 것이다.

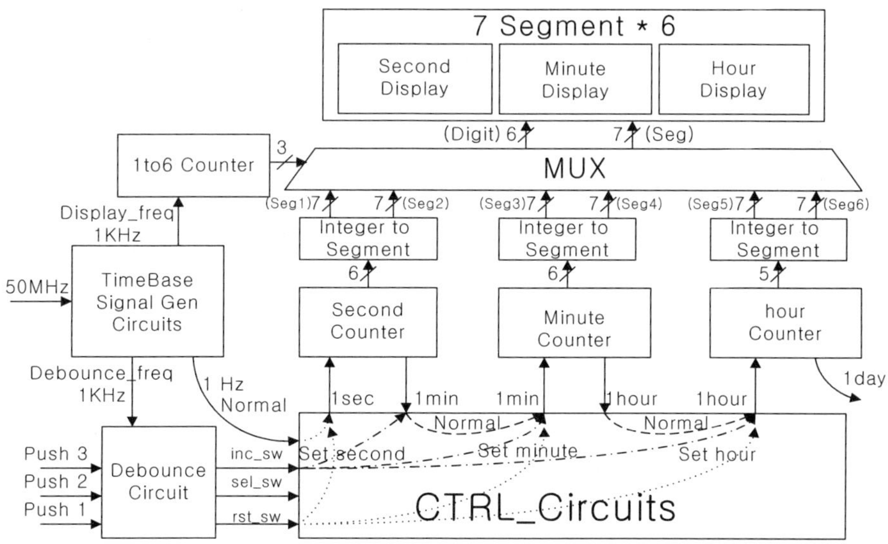

그림 14-1 디지털시계의 블록 다이어그램

각 블록에 대한 설명은 다음과 같다.

▲ Time Base Signal Generator Circuits 블록

이 블록은 1 sec, 0.01 sec, 1 ms 신호를 발생하는 회로로 디지털시계의 시간 기준 신호를 발생시키는 회로이다. 1 sec는 시계를 위한 기본 시간 신호이고, 0.01 sec는 StopWatch를 위한 기본 시간 신호이다. 1 ms 신호는 스위치의 bounce를 제거하는 debounce 회로의 clk으로 입력하도록 하는 신호이다. 그리고 7-segment 출력을 위한 clk으로도 사용한다.

▲ Second Counter 블록

이 블록은 1 sec 신호를 받아서 0 ~ 59 sec를 계수하는 회로이다. 이 계수기의 출력은 계수된 값과 59에서 0으로 변환될 때의 MSB 값을 이용한 1 minute 신호를 발생시키는 회로이다. 초를 나타내는 0 ~ 59까지의 값을 어떻게 표현할 것인가에 따라 몇 가지의 방법이 있을 것이다.

첫째, 10진 계수기와 6진 계수기를 이용하는 방법

이 방법에서의 출력 값을 BCD 값으로 한다면 BCD에서 7-segment decoder를 이용하면 10의 자리와 1의 자리를 독립적으로 관리가 가능하다.

둘째, 60진 계수기를 이용하는 방법

이 방법에서는 출력 값을 하나의 블록을 처리하므로 출력을 표시하는 7-segment 10의 자리와 1의 자리를 하나의 블록 단위로 처리되어야 한다.

▲ Minute Counter 블록

이 블록은 1분(minute) 신호를 받아서 0 ~ 5 9분을 계수하는 회로이다. 이 계수기의 출력은 계수된 분 계수 값과 59분에서 0분으로 변환될 때의 MSB 값을 이용한 시간(hour)을 표시하는 신호를 발생시키는 회로이다. 분을 나타내는 0 ~ 59까지의 값을 표현하는 방법은 초를 표현하는 방법을 이용하면 편리할 것이다.

▲ Hour Counter 블록

이 블록은 Minute Counter 블록에서 출력하는 1 hour 신호를 입력 받아 시간을 출력하는 12진 계수기 또는 24진 계수기 회로이다. 12진 계수기를 사용하면 오전/오후를 표시하여야 한다. 시간을 표현하는 12진 계수기 또는 24진 계수기의 출력에 의해 1일을 변경할 수 있을 것이다.

Second Display 블록

Second Counter에서 출력되어 지는 초(second) 계수 값을 표현하는 BCD 또는 binary 값에 대하여 7-segment decoder를 이용하여 출력하는 블록이다. 입력되는 값이 BCD 또는 binary에에 따라 출력 방법이 조금은 차이가 있을 것이다.

Minute Display 블록

Minute Counter에서 출력되어 지는 분(minute) 계수 값을 표현하는 BCD 또는 binary 값에 대하여 7-segment decoder를 이용하여 출력하는 블록이다. Second Display 블록과 같이 입력되는 값이 BCD 또는 binary에 따라 출력 방법이 조금은 차이가 있을 것이다.

Hour Display 블록

Hour Counter에서 출력되어 지는 시(hour) 계수 값을 표현하는 BCD 또는 binary 값에 대하여 7-segment decoder를 이용하여 출력하는 블록이다. Second Display 블록과 같이 입력되는 값이 BCD 또는 binary에 따라 출력 방법이 조금은 차이가 있을 것이다.

Control Circuits 블록

이 블록은 시간을 조정하기 위한 제어 신호를 발생시키는 블록이다. 초, 분, 시를 조정할 경우 조정되는 시간 표시를 위하여 Mux가 사용될 것이며, 이를 제어할 필요가 있을 것이다. 시간을 조정하기 위한 시, 분, 초에 대한 클럭 신호들을 대신하여 스위치에 의해 입력되는 신호를 이용하여 시간을 맞추어야 할 것이다. 이를 위한 동작은 표 14-1과 같이 될 것이다.

이러한 동작을 수행하도록 제어 신호들을 발생시키는 제어 블록이 필요하다.

counter_value to segment 블록

이 블록은 각 계수기에서 계수된 값은 7 bit로 이루어지며, 이 계수기의 값은 출력하고자 하는 시간으로 초, 분, 시의 계수 값을 각 자릿수로 나누어 각 자릿수에 대한 7-segment 제어 신호를 발생시킨다. 각 계수기마다 1의 자리와 10의 자리로 이루어져 있으므로 6개의 7-segment 제어 출력단을 발생시킨다.

출력을 위한 MUX

StopWatch의 MUX와 같다. 제어 신호로 우리는 1 kHz를 MUX의 제어 신호로 사용한다.

| 표 14-1 | 시계 동작 설명

기능	Select_SW	코드	Increment_SW	동작 상태	출 력 단
Digital Watch	일반모드	00	–	X	시, 분, 초, 출력
	시 설정	01	시 증가	↑	시간만 깜박임
	분 설정	10	분 증가	↑	분 만 깜박임
	초 설정	11	0으로 초기화	↑	초 만 깜박임

디지털시계(Digital Watch) 구현 시 필요한 사항

- 시계의 초기 시간 설정을 위하여 스위치 3개 사용
  reset_sw, select_sw, increment_sw
- 시계의 시, 분, 초를 설정하기 위하여 내부적으로 하나의 스위치에 의해서 동작되는 2 bits 레지스터가 필요하며, 레지스터의 변환을 위한 스위치 1개 사용
  select_sw
- 시간 설정을 위하여 시, 분, 초가 선택되며, 선택된 시, 분은 증가 스위치(increment_sw)에 의해서 1씩 증가된다. 그러나 초는 증가 스위치에 의해서 0의 값을 가진다.
- 설정되는 시, 분, 초는 0.5 sec씩 깜박이도록 하여 설정 부분을 알도록 한다.

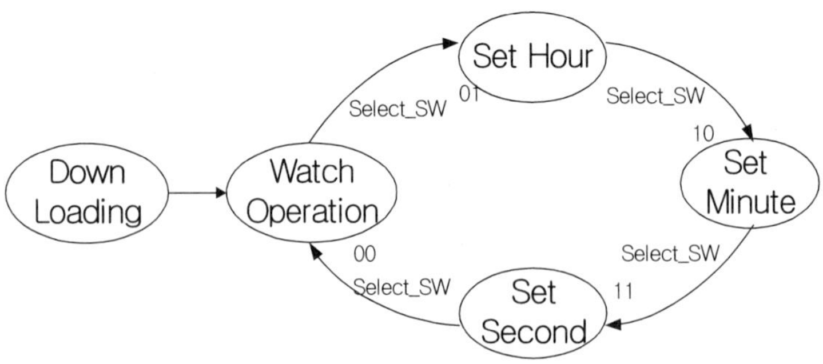

그림 14-2 디지털시계의 상태 다이어그램

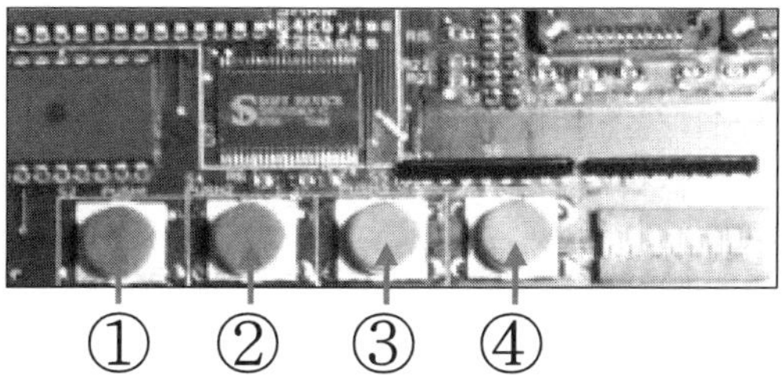

① Push Button1 : Reset
② Push Button2 : Select Switch
③ Push Button3 : Increment Switch
④ Push Button4 : 사용 안함

그림 14-3 Digital Watch를 위한 EDA-Lab 3000 시리즈의 push button들

```
//------------------------------------------------------------
//--   Program by Kim, Jae Chul
//--   Update : 2006. 7. 13.
//--   Digital Watch Top Program
//----------------------------------------------------------
module Digital_Watch_01 ( clk, reset, push1, push2, push3,
                          digit, seg, led );

    input           clk;
    input           reset;
    input           push1;
    input           push2;
    input           push3;
    output  reg  [5:0]      digit;
    output  reg  [6:0]      seg;
    output  reg  [7:0]      led;

    wire            tmp_reset;
    reg             tmp_second_reset;

    wire            tmp_push1;
    wire            tmp_push2;
    wire            tmp_push3;

    wire            tmp_clk_1KHz,  tmp_clk_100Hz;
```

| 프로그램 14-1 | 디지털시계 회로의 최상위 프로그램

```
wire            tmp_clk_1sec,  tmp_clk_1min;
wire            tmp_clk_100Hz_in;

wire            tmp_1sec_mux_in;
wire            tmp_1min_mux_in;
wire            tmp_1hour_mux_in;

reg             tmp_1sec_mux_out;
reg             tmp_1min_mux_out;
reg             tmp_1hour_mux_out;

wire    [2:0]   sel;
wire    [6:0]   seg1, seg2, seg3;
wire    [6:0]   seg4, seg5, seg6;
wire    [5:0]   tmp_int_second;
wire    [5:0]   tmp_int_minute;
wire    [5:0]   tmp_int_hour;

integer         time_modify_mode_select;

//------------------------------------------------------------------
TimeBase_Gen2   u1_1kHz (
        .clk    (clk),              // 50MHz input
        .reset  (reset),            // System Reset
        .clk_out(tmp_clk_1KHz)      // 1KHz output for debounce, mux
        ) ;

TimeBase_Gen2   #( .main_clk(50000000), .output_freq(1) )
    u1_1Hz (
        .clk    (clk),                      // 50MHz input
        .reset  (reset),                    // System Reset
        .clk_out (tmp_1sec_mux_in)          // 1Hz ouput for stopwatch
        ) ;

//------------------------------------------------------------------
debounce        u2 (
        .clk            (tmp_clk_1KHz),
        .reset          (reset),
```

| 프로그램 14-1 | 디지털시계 회로의 최상위 프로그램 *(계속)*

```
        .sw1_in         (push1),
        .sw1_out        (tmp_push1)
        );

debounce        u3 (
        .clk            (tmp_clk_1KHz),
        .reset          (reset),
        .sw1_in         (push2),
        .sw1_out        (tmp_push2)
        );

debounce        u4 (
        .clk            (tmp_clk_1KHz),
        .reset          (reset),
        .sw1_in         (push3),
        .sw1_out        (tmp_push3)
        );
//-------------------------------------------------------------------
// time modify mode
always @ ( negedge tmp_reset, posedge tmp_push2) begin
    if (tmp_reset == 1'b0)
        time_modify_mode_select     <= 0;
    else begin
        if (time_modify_mode_select == 3)
            time_modify_mode_select <=  0;
        else
            time_modify_mode_select <=  time_modify_mode_select + 1;
    end
end
//-------------------------------------------------------------------
assign  tmp_reset = tmp_push1 & reset;

//-------------------------------------------------------------------
// Control Block Mux
always @ ( time_modify_mode_select, tmp_push3,
          tmp_1sec_mux_in, tmp_1min_mux_in, tmp_1hour_mux_in)
begin
        case (time_modify_mode_select)
```

| 프로그램 14-1 | 디지털시계 회로의 최상위 프로그램 *(계속)*

```
            0 : begin
                    tmp_second_reset        <= 1'b1;
                    tmp_1sec_mux_out        <= tmp_1sec_mux_in;
                    tmp_1min_mux_out        <= tmp_1min_mux_in;
                    tmp_1hour_mux_out       <= tmp_1hour_mux_in;
                    led                     <= 8'b0000_0000;
            end
            1 : begin
                    tmp_second_reset        <= 1'b1;
                    tmp_1sec_mux_out        <= 1'b0;
                    tmp_1min_mux_out        <= 1'b0;
                    tmp_1hour_mux_out       <= ~tmp_push3;
                    led                     <= 8'b0000_0001;
            end
            2 : begin
                    tmp_second_reset        <= 1'b1;
                    tmp_1sec_mux_out        <= 1'b0;
                    tmp_1min_mux_out        <= ~tmp_push3 ;
                    tmp_1hour_mux_out       <= 1'b0;
                    led                     <= 8'b0000_0010;
            end
            3 : begin
                    tmp_second_reset        <= tmp_push3;
                    tmp_1sec_mux_out        <= 1'b0;
                    tmp_1min_mux_out        <= 1'b0;
                    tmp_1hour_mux_out       <= 1'b0;
                    led                     <= 8'b0000_0011;
            end
            default : begin
                    tmp_second_reset        <= 1'b1;
                    tmp_1sec_mux_out        <= tmp_1sec_mux_in;
                    tmp_1min_mux_out        <= tmp_1min_mux_in;
                    tmp_1hour_mux_out       <= tmp_1hour_mux_in;
                    led                     <= 8'b0000_0000;
            end
        endcase
    end
```

| 프로그램 14-1 | 디지털시계 회로의 최상위 프로그램 *(계속)*

```
//-------------------------------------------------------------
counter         second_counter (
        .reset          (tmp_second_reset),
        .clk_in         (tmp_1sec_mux_out),
        .q              (tmp_int_second),
        .clk_out        (tmp_1min_mux_in)
        );

int2seg2        second_output (
        .reset          (tmp_reset),
        .int_value      (tmp_int_second),
        .seg_10         (seg5),
        .seg_01         (seg6)
        );

//-------------------------------------------------------------
counter         minute_counter (
        .reset          (tmp_reset),
        .clk_in         (tmp_1min_mux_out),
        .q              (tmp_int_minute),
        .clk_out        (tmp_1hour_mux_in)
        );

int2seg2        minute_output (
        .reset          (tmp_reset),
        .int_value      (tmp_int_minute),
        .seg_10         (seg3),
        .seg_01         (seg4)
        );

//-------------------------------------------------------------
counter         #( .cnt_value(24) )
        hour_counter (
                .reset          (tmp_reset),
                .clk_in         (tmp_1hour_mux_out),
                .q              (tmp_int_hour),
                .clk_out        ()
        );
```

| 프로그램 14-1 | 디지털시계 회로의 최상위 프로그램 *(계속)*

```
    int2seg2        hour_output (
            .reset          (tmp_reset),
            .int_value      (tmp_int_hour),
            .seg_10         (seg1),
            .seg_01         (seg2)
            );

    //------------------------------------------------------------------
    Cnt_OneToSix    u5 (
            .clk            (tmp_clk_1KHz),
            .reset          (tmp_reset),
            .value          (sel)
            );

    always @ (sel, seg1, seg2, seg3, seg4, seg5, seg6) begin
            if (sel == 1) begin
                    digit <= 6'b00_0001;    seg <= seg1;
            end
            if (sel == 2) begin
                    digit <= 6'b00_0010;    seg <= seg2;
            end
            if (sel == 3) begin
                    digit <= 6'b00_0100;    seg <= seg3;
            end
            if (sel == 4) begin
                    digit <= 6'b00_1000;    seg <= seg4;
            end
            if (sel == 5) begin
                    digit <= 6'b01_0000;    seg <= seg5;
            end
            if (sel == 6) begin
                    digit <= 6'b10_0000;    seg <= seg6;
            end
    end
endmodule
//------------------------------------------------------------------------
```

| 프로그램 14-1 | 디지털시계 회로의 최상위 프로그램 *(계속)*

```
//---------------------------------------------------------
//--   Program by Kim, Jae Chul
//--   Update : 2006. 7. 13.
//--   Subprogram of Digital Watch :  TimeBase Signal Generator
//---------------------------------------------------------
module TimeBase_Gen2 ( clk, reset, clk_out );
        parameter       main_clk=50000000, output_freq=1000;
        parameter       clk_hilow_cnt_value=((main_clk/output_freq )/2)-1;
        input           clk;
        input           reset;
        output reg      clk_out;

        integer         clk_cnt;

        always @ ( negedge reset, posedge clk ) begin
                if (reset == 1'b0) begin
                        clk_cnt         <=  0;
                        clk_out         <=  1'b0;
                end else begin
                        if (clk_cnt == clk_hilow_cnt_value) begin
                            clk_cnt     <= 0;
                            clk_out     <= ~clk_out;
                        end else
                            clk_cnt     <= clk_cnt + 1;
                end
        end
endmodule
```

| 프로그램 14-2 | 디지털시계 회로의 시간 기준 신호 발생기

```
//-------------------------------------------------------------------
//--   Program by Kim, Jae Chul
//--   Update : 2006. 7. 13.
//--   Subprogram of Digital Watch :  Debounce
//-------------------------------------------------------------------
//———————————————— Debouncing Circuits Design ————————————————
module debounce ( clk, reset, sw1_in, sw1_out );
        input           clk;
```

| 프로그램 14-3 | 디지털시계 회로의 debounce 회로

```
    input          reset;
    input          sw1_in;
    output reg     sw1_out;

    reg            tmp_sw1;

    always @ (negedge reset, negedge clk) begin
        if (!reset) begin
            sw1_out <= 1'b1; // Switch:Active Low, steady state:high
            tmp_sw1 <= 1'b1; // Switch:Active Low, steady state:high
        end else begin       // falling edge
            tmp_sw1 <= sw1_in;
            sw1_out <= tmp_sw1;
        end
    end
endmodule
//---------------------------------------------------------------------
```

| 프로그램 14-3 | 디지털시계 회로의 debounce 회로 *(계속)*

```
---------------------------------------------------------------------------
--   Program by Kim, Jae Chul
--   Update : 2006. 7. 13.
--   Subprogram of Digital Watch :  General counter
---------------------------------------------------------------------------
module counter ( reset, clk_in, q, clk_out );
    parameter integer cnt_value=60;
    input          reset;
    input          clk_in;

    output reg [6:0] q;
    output reg     clk_out;

    always @ ( negedge reset, posedge clk_in) begin
        if (!reset) begin
            q       <=  0;
            clk_out <=  0;
        end else begin
```

| 프로그램 14-4 | 디지털시계 회로의 일반화된 계수기

```
                    if (q == (cnt_value - 1)) begin
                         q        <= 0;
                         clk_out  <= 1'b1;
                    end else begin
                         q        <= q + 1;
                         clk_out  <= 1'b0;
                    end
               end
          end
endmodule
```

| 프로그램 14-4 | 디지털시계 회로의 일반화된 계수기 *(계속)*

```
//-----------------------------------------------------------------------
//--   Program by Kim, Jae Chul
//--   Update : 2006. 7. 13.
//--   Subprogram of Digital Watch :  counter_value to 7_segment converter
//--   ( function : counter_value_separate,  numeric to 7-segment decoder)
//--   counter_value to 7-segment converter
//--   > 입력 값 : 0~99
//--   > 십의 자리와 일의 자리 분리
//--   > 각각의 자리 값에 대한 7-segment로의 변환
//-----------------------------------------------------------------------
module int2seg2 ( reset, int_value, seg_10, seg_01 );
        input          reset;
        input  [6:0]   int_value;
        output [6:0]   seg_10;
        output [6:0]   seg_01;

        reg    [3:0]  dec_10;
        reg    [3:0]  dec_01;

        always @ (reset, int_value) begin
             if (reset == 1'b0) begin
                  dec_10  <= 0;          dec_01     <= 0;
             end else if (int_value >= 90) begin
```

| 프로그램 14-5 | 디지털시계 회로의 1의 자리와 10의 자리 계수기 값의 분리 프로그램

```
                dec_10   <= 9;               dec_01     <= int_value - 90;
            end else if (int_value >= 80) begin
                dec_10   <= 8;               dec_01     <= int_value - 80;
            end else if (int_value >= 70) begin
                dec_10   <= 7;               dec_01 <= int_value - 70;
            end else if (int_value >= 60) begin
                dec_10   <= 6;               dec_01 <= int_value - 60;
            end else if (int_value >= 50) begin
                dec_10   <= 5;               dec_01 <= int_value - 50;
            end else if (int_value >= 40) begin
                dec_10   <= 4;               dec_01 <= int_value - 40;
            end else if (int_value >= 30) begin
                dec_10   <= 3;               dec_01 <= int_value - 30;
            end else if (int_value >= 20) begin
                dec_10   <= 2;               dec_01 <= int_value - 20;
            end else if (int_value >= 10) begin
                dec_10   <= 1;               dec_01 <= int_value - 10;
            end else begin
                dec_10   <= 0;               dec_01     <=  int_value ;
            end
        end

        int2seg1  seg_10_ten ( .int(dec_10), .seg(seg_10) );
        int2seg1  seg_01_one ( .int(dec_01), .seg(seg_01) );
endmodule
```

| 프로그램 14-5 | 디지털시계 회로의 1의 자리와 10의 자리 계수기 값의 분리 프로그램 *(계속)*

```
//--------------------------------------------------------------------
//--    1자리 수 to 7 segment converter
//--    > 입력 값 :  0~9
//---------------------------------------------------------------------
module int2seg1 ( int, seg );
        input           [3:0]   int;
        output reg      [6:0]   seg;
```

| 프로그램 14-6 | 디지털시계 회로의 정수에서 7-segment 데코더

```
    always @ ( int ) begin
            if ( int == 0 )  seg <= 7'b011_1111;      // gfedcba
            else if ( int == 1 )      seg <= 7'b000_0110;      // gfedcba
            else if ( int == 2 )      seg <= 7'b101_1011;      // gfedcba
            else if ( int == 3 )      seg <= 7'b100_1111;      // gfedcba
            else if ( int == 4 )      seg <= 7'b110_0110;      // gfedcba
            else if ( int == 5 )      seg <= 7'b110_1101;      // gfedcba
            else if ( int == 6 )      seg <= 7'b111_1101;      // gfedcba
            else if ( int == 7 )      seg <= 7'b000_0111;      // gfedcba
            else if ( int == 8 )      seg <= 7'b111_1111;      // gfedcba
            else             seg<= 7'b110_0111;       // gfedcba  ( int=9 )
    end
endmodule
```

| 프로그램 14-6 | 디지털시계 회로의 정수에서 7-segment 데코더 *(계속)*

```
//-----------------------------------------------------------------------
//--  Program by Kim, Jae Chul
//--  Update : 2006. 7. 13.
//--  Subprogram of Digital Watch :  1to6 counter ( ring counter )
//-----------------------------------------------------------------------
module Cnt_OneToSix ( clk, reset, value );
    input      clk;
    input      reset;
    output reg [2:0] value;

    always @ ( negedge reset, posedge clk) begin
        if (!reset)
            value <= 1;
        else begin
            if (value == 6)
                value     <= 1;
            else
                value     <= value + 1;
        end
    end
endmodule
//----------------------------------------------------------------------
```

| 프로그램 14-7 | 디지털시계 회로의 1에서 6까지 순환 계수기

```
## 디지털시계의 입출력 신호 및 할당 핀

NET    "push1"       LOC = "p68";      # Watch reset switch
NET    "push2"       LOC = "p69";      # 시간 조정 모드 선택 switch
NET    "push3"       LOC = "p70";      # increment switch
NET    "reset"       LOC = "p75";      # System Reset
NET    "clk"         LOC = "p80";      # System Clock 50MHz
##
NET    "digit<1>"    LOC = "p108";     # 출력 7 segment 1 선택
NET    "digit<2>"    LOC = "p109";     # 출력 7 segment 2 선택
NET    "digit<3>"    LOC = "p110";     # 출력 7 segment 3 선택
NET    "digit<4>"    LOC = "p111";     # 출력 7 segment 4 선택
NET    "digit<5>"    LOC = "p112";     # 출력 7 segment 5 선택
NET    "digit<6>"    LOC = "p113";     # 출력 7 segment 6 선택
##
NET    "led<0>"      LOC = "p95";      # LED(0) Display
NET    "led<1>"      LOC = "p96";      # LED(1) Display
NET    "led<2>"      LOC = "p97";      # LED(2) Display
NET    "led<3>"      LOC = "p98";      # LED(3) Display
NET    "led<4>"      LOC = "p99";      # LED(4) Display
NET    "led<5>"      LOC = "p100";     # LED(5) Display
NET    "led<6>"      LOC = "p101";     # LED(6) Display
NET    "led<7>"      LOC = "p102";     # LED(7) Display
##
NET    "seg<0>"      LOC = "p114";     # seg(0) of 7 segment Display
NET    "seg<1>"      LOC = "p115";     # seg(1) of 7 segment Display
NET    "seg<2>"      LOC = "p119";     # seg(2) of 7 segment Display
NET    "seg<3>"      LOC = "p120";     # seg(3) of 7 segment Display
NET    "seg<4>"      LOC = "p121";     # seg(4) of 7 segment Display
NET    "seg<5>"      LOC = "p122";     # seg(5) of 7 segment Display
NET    "seg<6>"      LOC = "p123";     # seg(6) of 7 segment Display
```

| 프로그램 14-8 | Digital_Watch_01.ucf 파일

14.3 예비 문제

1. 프로그램 14-2를 시뮬레이션하여라.

2. 프로그램 14-4를 시뮬레이션하여라.

3. 프로그램 14-5를 시뮬레이션하여라.

4. 프로그램 14-7을 시뮬레이션하여라.

5. 프로그램 14-1의 다음 부분을 ring 계수기로 재작성하여 시뮬레이션하여라.

```
//-----------------------------------------------------------------
Cnt_OneToSix       u5 (      .clk(tmp_clk_1KHz),
                             .reset(tmp_reset),
                             .value(sel)
                   );

always @ (sel, seg1, seg2, seg3, seg4, seg5, seg6) begin
   if (sel == 1) begin      digit <= 6'b00_0001;      seg <= seg1;     end
   if (sel == 2) begin      digit <= 6'b00_0010;      seg <= seg2;     end
   if (sel == 3) begin      digit <= 6'b00_0100;      seg <= seg3;     end
   if (sel == 4) begin      digit <= 6'b00_1000;      seg <= seg4;     end
   if (sel == 5) begin      digit <= 6'b01_0000;      seg <= seg5;     end
   if (sel == 6) begin      digit <= 6'b10_0000;      seg <= seg6;     end
end
//-----------------------------------------------------------------
```

14.4 실습 내용

Practice 1 프로그램 14-1에서 프로그램 14-7까지 프로그램을 이용하여 디지털시계를 완성하여 아래의 button들의 동작에 대하여 조정이 바르게 되는지 확인하여라.

push button 1 : reset

push button 2 : 시간 조정 모드 설정

push button 3 : 시, 분 증가 스위치, 초는 초기화시킴.

Practice 2 프로그램 14-1의 always문인 control block MUX 부분을 module로 재작성하여 시계의 동작을 확인하여라.

```
//--------------------------------------------------------------
// Control Block - Mux
always @ ( time_modify_mode_select, tmp_push3,
          tmp_1sec_mux_in, tmp_1min_mux_in, tmp_1hour_mux_in)
begin
        case (time_modify_mode_select)
                0 : begin
                        tmp_second_reset     <= 1'b1;
                        tmp_1sec_mux_out     <= tmp_1sec_mux_in;
                        tmp_1min_mux_out     <= tmp_1min_mux_in;
                        tmp_1hour_mux_out    <= tmp_1hour_mux_in;
                        led                  <= 8'b0000_0000;
                end
                1 : begin
                        tmp_second_reset     <= 1'b1;
                        tmp_1sec_mux_out     <= 1'b0;
                        tmp_1min_mux_out     <= 1'b0;
                        tmp_1hour_mux_out    <= ~tmp_push3;
                        led                  <= 8'b0000_0001;
                end
                2 : begin
                        tmp_second_reset     <= 1'b1;
                        tmp_1sec_mux_out     <= 1'b0;
                        tmp_1min_mux_out     <= ~tmp_push3 ;
                        tmp_1hour_mux_out    <= 1'b0;
                        led                  <= 8'b0000_0010;
                end
                3 : begin
                        tmp_second_reset     <= tmp_push3;
                        tmp_1sec_mux_out     <= 1'b0;
                        tmp_1min_mux_out     <= 1'b0;
                        tmp_1hour_mux_out    <= 1'b0;
                        led                  <= 8'b0000_0011;
                end
                default : begin
                        tmp_second_reset     <= 1'b1;
```

```
                        tmp_1sec_mux_out     <= tmp_1sec_mux_in;
                        tmp_1min_mux_out     <= tmp_1min_mux_in;
                        tmp_1hour_mux_out    <= tmp_1hour_mux_in;
                        led                  <= 8'b0000_0000;
                    end
            endcase
    end
    //------------------------------------------------------------
```

Practice 3 프로그램 14-1의 다음 부분은 7-segment * 6을 제어하는 부분이다. 이를 ring 계수기로 재작성하여 시계의 동작이 이루어지도록 하여라.

```
//------------------------------------------------------------
Cnt_OneToSix      u5 (      .clk(tmp_clk_1KHz),
                            .reset(tmp_reset),
                            .value(sel)
                     );

always @ (sel, seg1, seg2, seg3, seg4, seg5, seg6) begin
    if (sel == 1) begin     digit <= 6'b00_0001;    seg <= seg1;  end
    if (sel == 2) begin     digit <= 6'b00_0010;    seg <= seg2;  end
    if (sel == 3) begin     digit <= 6'b00_0100;    seg <= seg3;  end
    if (sel == 4) begin     digit <= 6'b00_1000;    seg <= seg4;  end
    if (sel == 5) begin     digit <= 6'b01_0000;    seg <= seg5;  end
    if (sel == 6) begin     digit <= 6'b10_0000;    seg <= seg6;  end
end
//------------------------------------------------------------
```

Practice 4 완성된 디지털시계는 시, 분, 초의 설정 시 구분이 되지 않는다. 그러므로 시, 분, 초의 설정이 이루어지는 시점에서 시, 분, 초의 구분이 가능하도록 7-segment가 깜박일 수 있도록 회로를 설계하고, 설계된 회로가 바르게 동작하는지 확인하기 바란다.

14.5 연습 문제

1. 13장의 StopWatch와 14장의 디지털시계(Digital Watch)를 통합하여 "StopWatch가 있는 디지털시계"를 설계하고, 구현하여라.

Appendix

부록

㈜리버트론 홈페이지 : www.libertron.com
제품관련 문의 : sales@libertron.com
전화 : 02-3486-5278(내선 : 201번)

부 록 EDA-Lab 3000 Series - User's Guide

Require Hardware Environment(PC)

- Pentium Processor® CPU
- Windows 95®, Windows 98®, Windows NT®, Windows 2000®, Windows XP®
- System Memory : 32 MB
- 3.5 Inch Floppy Disk Drive
- EPP Mode Parallel Port
- Mouse
- VGA Display
- Minimum 5Mbytes HDD Space

Installation Guide

1. EDA-Lab 3000 Series를 연결하여 사용할 퍼스널 컴퓨터의 프린터 포트를 EPP 모드로 변경한다.
2. EPP 모드로의 변경은 퍼스널 컴퓨터의 CMOS BIOS 셋업을 통하여 확인한다.
3. CMOS BIOS 셋업은 퍼스널 컴퓨터의 전원을 On한 상태에서 키보드 "Del" 키나 "F2" 키(PC 제조사에 따라 다름)를 눌러서 들어간다.
4. DesignPro Shop Disk를 플로피 디스크 드라이브에 넣는다.
5. Setup.exe 파일을 실행하여 설치를 시작한다.
6. 설치 완료 후 새로 생성된 DesignPro Shop 윈도우 내에서 EPP Driver를 실행한다.
7. 시스템을 다시 부팅시킨다.

주) 퍼스널 컴퓨터에서 EPP 모드를 지원하지 않을 경우 ㈜리버트론 기술지원부로 연락하여 기술지원을 받도록 한다.

Product Overview

- EDA-Lab 3000 시리즈는 FPGA 회로 설계 검증용 장비로서 교육 과정 및 회로 개발에 활용할 수 있도록 고안된 개발 장비이다.
- Eda-Lab 3000 시리즈는 PCB Based Socket 방식으로 하나의 메인보드에서 다양한 종류의 FPGA를 사용할 수 있도록 경제적으로 고안되어 있다. 메인보드가 지원하는 FPGA는 3만 게이트에서 100만 게이트 FPGA까지 지원 가능하다. 또한 DesignPro Shop 에뮬레이션 프로그램을 사용하여 FPGA Configuration 및 Micom 프로그램 다운로딩, 테스트 패턴 출력, FPGA 핀 상태 모니터링 등의 다양한 기능을 사용할 수 있다.
- EDA-Lab 3000 시리즈에 기본 장착된 8 bit Micom은 회로 설계자에게 로직 설계와 Micom 프로그래밍을 함께 사용하여 보다 강력한 시스템 설계를 할 수 있도록 FPGA와 데이터 및 어드레스를 공유하고 있다.
- 또한 3개의 확장 포트는 회로 설계자가 다양하게 활용할 수 있도록 되어있으며, 여러 개의 애플리케이션 보드와의 간단한 연결만으로 사용할 수 있도록 되어있다.

Features

구 분		항 목	사 양	비 고
EDA-Lab	메인 보드	사용자 회로 검증용 Target FPGA 보드	FPGA 옵션 리스트 참조 (별도 문서)	FPGA 디바이스 선택 장착
		보드 제어용 FPGA	XC2S50_PQ208 기본 장착	보드 제어 및 PC와 보드간의 인터페이스 제공
		Micom Subsystem (Micom+Local Memory)	80C31(80C51 겸용) SRAM 64Kbytes 1EA EPROM 64Kbytes 1EA	FPGA와 Micom이 공유
		커넥터	RS-232C : 1 Port VGA : 1 Port(6Bits) PS/2 : 1 Port 확장보드 커넥터 : 34Pin * 3EA Parallel Port : 1 Port(보드 제어용) Core 전원 선택 점퍼 : 1EA RS-232C 입, 출력 선택 점퍼 : 1EA Downloading/JTAG 연결 커넥터 : 1EA 보드 클럭 출력 커넥터 : 1EA Control Data 출력 커넥터 : 1EA Status Data 입력 커넥터 : 1EA	
		디스플레이 소자	LCD : 1EA(16 Char*2 Row) 7-Segment LED : 1 EA(6 Digit) LED : 8EA(8 Bit) System Status Check LED : 6EA Data Monitoring LED : 32EA (Control Data LED 16개, Status Data LED16개)	
		스위치	사용자용 : PUSH_SW 4EA DIPSW 16Pin 1EA 보드 제어용 : PUSH_SW 2EA DIPSW 8Pin 1EA	
	부속물	DesignPro Shop 소프트웨어	Downloading FPGA Design(*.bit File) Micom Program(*.hex File) Soft Debugging(Emulation) Control Data Signal(16개) Forcing Status Data Signal(16개) Monitoring Manual Clock(2개)	WIN95/98/NT
		AC-DC 변환 전원 어댑터	110V/220V 60Hz to DC9V/3A	
		다운로드 케이블	IEEE1284 호환 Parallel Cable(1:1 연결)	공유기 케이블
		사용자 매뉴얼	EDA-Lab User's Guide	

Main Board Description

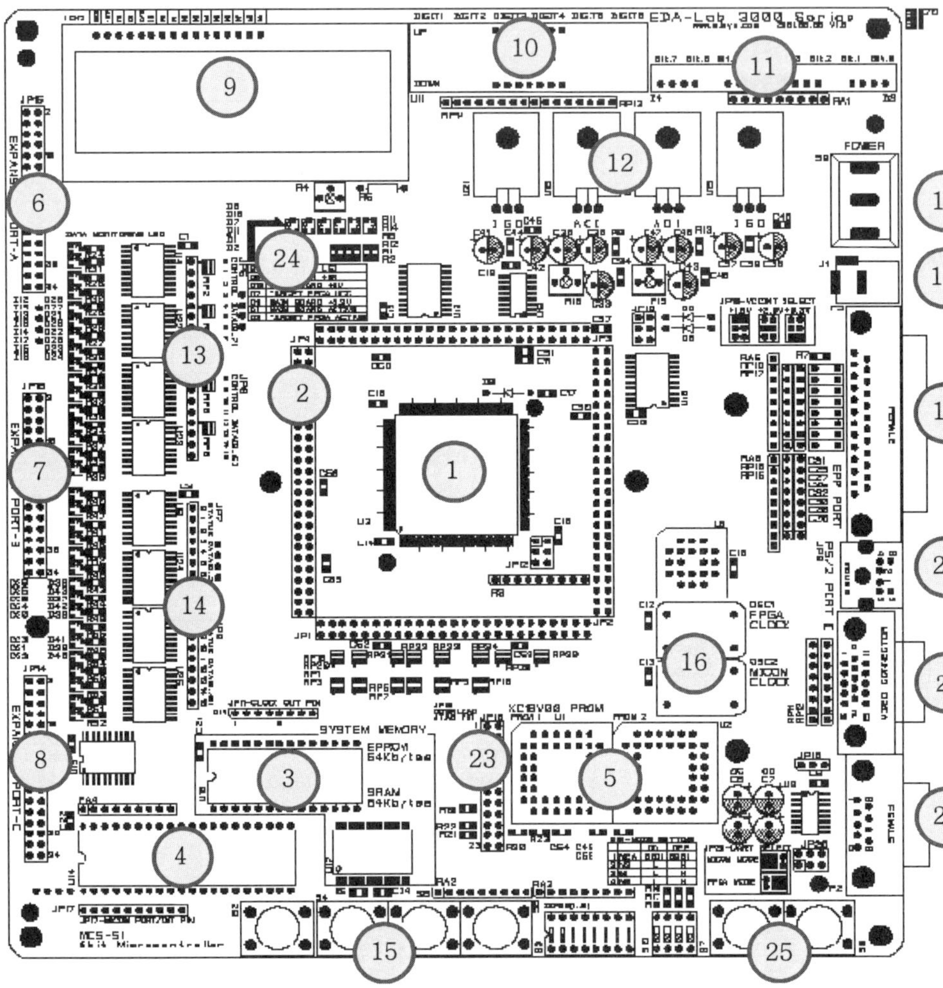

1. Control FPGA

■ 주요 기능

① PC Interface : EPP Mode를 통한 PC Interface

② Bit File Downloading : Target FPGA로 Bit File을 Downloading한다.

③ Hex File Downloading : Local Memory의 SRAM으로 Hex File을 Downloading한다. Hex File의 최대 용량은 32 Kbytes이다.

④ FPGA Reset : Target FPGA의 FPGA_RST Pin으로 Active 'L'의 Reset Pulse를 출력

한다.

⑤ Micom Reset : Micom의 MICOM_RST Pin으로 Active 'H'의 Reset Pulse를 출력한다.

⑥ Control Data Port : DesignPro Shop에서 작성된 Test Pattern을 Control Data Port로 출력한다.

⑦ Status Data Port : Status Data Port로 입력된 Signal을 DesignPro Shop으로 전송한다.

2. Target FPGA : 50Pin 커넥터 4개가 Target FPGA Option B/D와 연결된다. EDA-Lab에서 지원되는 Xilinx FPGA는 SpartanXL, XC4000XL, XC4000XLA, Virtex, Virtex-E, SpartanII가 지원되며 지원 가능한 Gates Counts는 30,000 ~ 1,000,000 게이트까지이다.

3. System Memory : 64 Kbytes의 EPROM 영역과 64 Kbytes의 SRAM 영역으로 구성된다. 64 Kbytes의 SRAM 영역 중 32 Kbytes는 DesignPro Shop을 통하여 Hex File을 다운로딩 받을 수 있다. System Memory와 Target FPGA 간에는 Data Signal MD[0..7]와 Address Signal MA[0..15], 그리고 Control Signal MRENB, MSCEB, MSWEB, MSOEB, MSBHEB, MSBLEB가 연결되어 있다.

4. 8 Bit Micom : Intel MCS-51 계열의 80C31이 기본 장착되어 있다.
Micom은 ALE Signal로 Latch된 Address Bus와 Data Bus는 LS373을 통하여 분리된다. Target FPGA와 Micom은 Local Memory의 Address Bus와 Data Bus를 서로 공유할 수 있도록 공통으로 연결되어 있다.
Micom 사용자의 경우 Local Memory의 SRAM을 Program Memory로 사용하면 DesignPro Shop을 통한 Hex File Downloading 기능으로 프로그램 작성을 편하게 할 수 있다.

5. Configuration Memory : Target FPGA를 Configuration하는 방법으로는 크게 세 가지 방법이 있다.

첫째는 Configuration Memory를 통한 방법으로 Power On과 동시에 Configuration이 이루어진다. Configuration Memory에는 JTAG(IEEE 1149.1) Pin을 통하여 Bit File을 프로그래밍할 수 있다.

둘째는 DesignPro Shop을 통한 Configuration 방법으로 Bit File을 Downloading 받아 Control FPGA를 통하여 Configuration한다.

셋째는 Downloading Cable을 통하여 Configuration하는 방법으로 별도의 Cable이 필요하다.

| 표 A-1 | FPGA별 Configuration Size 및 PROM 구성법

FPGA	Configuration Bits	PROM	Description
XCS40XL	330,696	XC18V01	SpartanXL
XC2S100	781,248	XC18V01	SpartanII
XC2S200	1,335,840	XC18V02	SpartanII
XCV100	781,248	XC18V01	Virtex
XCV400	2,546,080	XC18V04	Virtex
XCV400E	2,693,440	XC18V04	Virtex-E
XCV800	4,715,648	XC18V04 + XC18V01	Virtex
XCV1000E	6,587,520	XC18V04 + XC18V04	Virtex-E

6. Expansion Port A : Target FPGA의 I/O Pin 24개와 FPGA_CLK, FPGA_RST 그리고 Clock 입력 전용 Pin인 FPGA_GCK2가 연결되어 있다. 또한 +5 V와 +3.3 V의 전원이 연결되어 있어 사용자가 회로를 꾸미기 쉽도록 구성되어 있다.

7. Expansion Port B : Target FPGA의 I/O Pin 24개와 FPGA_CLK, FPGA_RST 그리고 Clock 입력 전용 Pin인 FPGA_GCK3가 연결되어 있다. 또한 +5 V와 +3.3 V의 전원이 연결되어 있어 사용자가 회로를 꾸미기 쉽도록 구성되어 있다.

8. Expansion Port C : Local Memory, Micom, Target FPGA에 연결되어 있는 MD[0..7]과 MA[0..15]의 Bus가 연결되어 있고, Micom의 MICOM_CLK, MICOM_RST, MWRB, MRDB가 연결되어 있어 Micom을 이용한 회로 응용에 사용할 수 있도록 구성되어 있다. 또한 +5 V와 +3.3 V의 전원이 연결되어 있어 사용자가 회로를 꾸미기 쉽도록 구성되어 있다.

9. LCD(Liquid Crystal Display) : Target FPGA와 LCD[0..7], LCA_A[0..1], LCD_EN의 Signal Name으로 연결된 LCD는 16Character by 2 Row의 크기를 갖는다.

10. 7-Segment LED : 6자리의 7-Segment LED가 Target FPGA와 연결되어 있다. 연결된 Signal Name은 7-Segment Data Pin인 LED[0..7]와 7-Segment Common Pin인 DIGIT[1..6]이다. 디지털시계 회로 실험을 하기에 편하도록 6자리의 7-Segment LED로 구성되어 있다.

11. LED : 8 Bit의 LED가 Target FPGA에 연결되어 있다. 연결된 Signal Name은 LED[0..7]이다. LED의 구동 신호는 Active 'H'이다.

12. Power Module : 2개의 정전압 Regulator와 2개의 Adjustable Regulator로 구성된다. 하나의 정전압 Regulator는 세 개의 Expansion Port에 +5 V의 전원을 공급한다. 다른 하나의 정전압 Regulator는 Main Board상의 +5 V 전원이 필요한 IC들에 전원을 공급한다. 하나의 Adjustable Regulator는 Target FPGA의 I/O핀 구동 전원을 공급한다. 정상적인 출력 전압은 +3.2 ~ +3.4 V이다. 다른 하나의 Adjustable Regulator는 Main Board 상에 +3.3 V 전원이 필요한 IC들에 전원을 공급한다.

| 표 A-2 | Regulator별 설정 전압 및 허용 전류치

EDA-Lab	Component	Voltage Range(V)	Max Current(A)	Description
U18	LM317	+3.2 V ~ +3.4 V	1.5	Adjustable Regulator
U19	LM7805	+4.9 V ~ +5.1 V	1.5	Voltage Regulator
U20	LM317	+3.2 V ~ +3.4 V	1.5	Adjustable Regulator
U21	LM7805	+4.9 V ~ +5.1 V	1.5	Voltage Regulator

13. Control Data Port : Control FPGA와 연결된 Control Data Port Pin은 DesignPro Shop에서 작성된 Test Pattern을 출력하는 기능을 가지고 있다. 출력되는 Test Pattern은 출력 신호가 'H'가 되면 Control Data Monitoring LED로 나타내어진다.
Control Data Monitoring LED에 대한 설명은 아래와 같다.

D12 ~ D27 : Control Data로 Test Pattern 출력 시 점멸한다. Control Data 출력이 'H'일 때 LED On 상태이고, 'L'일 때 LED Off 상태이다.

14. Status Data Port : Status Data Port Pin을 통하여 입력된 신호는 Control FPGA를 통하여 DesignPro Shop으로 전송되고, 입력되는 Status Signal이 'H'가 되면 Status Data Monitoring LED로 나타내어진다.
Status Data Monitoring LED에 대한 설명은 아래와 같다.

D28 ~ D43 : Status Data로 입력되는 외부 신호가 있는 경우 점멸한다. 고속의 신호는 정확한 상태 표시가 안 될 수도 있다. Status Data 입력이 'H'일 때 LED On 상태이고, 'L'일 때 LED Off 상태이다.

15. Push Switch : Main Board 상의 4개의 Push Switch는 Target FPGA와 PUSH[1..4]의 Signal Name으로 연결되어 있다. 4개의 Push Switch는 누를 때 Active 'L'의 신호를 출력한다.

16. Oscillator : Main Board 상의 2개의 Oscillator는 Target FPGA와 Micom에 공급되는 Clock을 발생한다. Target FPGA와 FPGA_CLK, MICOM_CLK의 Signal Name으로 연결되어 있다.

| 표 A-3 | Oscillator별 사용 가능 주파수

EDA-Lab	기본 제공 Oscillator	Maximum Useable Oscillator
OSC1	50 MHz	~ 80 MHz
OSC2	22.1184 MHz	~ 80 MHz

참고

주파수 체배 기능은 SpartanII, Virtex, Virtex-E에서는 Library로 지원한다. 주파수 체배를 지원하는 Library는 "CLKDLL"이다. "CLKDLL"은 1.5에서 16까지의 분주 기능과 90도 간격의 Clock 위상차 출력, 그리고 2배수의 입력 주파수 체배가 가능하다. 주파수 체배 기능은 2개의 "CLKDLL"을 사용하여 최대 4체 배까지 가능하다.

17. Power Switch : Main Board와 Target FPGA의 전원을 On/Off하는 스위치이다.

18. DC Input Jack : EDA-Lab의 AC-DA Power Adapter에서 입력되는 +9V/3A의 전원을 입력 받는 단자이다. 단자의 가운데가 +9 V이고, 주변이 GND이다.

19. EPP Port : Control FPGA에서 PC Interface용으로 사용하는 Parallel Port이다. EDA-Lab과 DesignPro Shop을 연결하기 위해선 PC Parallel Port가 EPP Mode로 설정되어 있어야 한다.

| 표 A-4 | PC와 EDA-Lab간의 Parallel Cable 연결법

Signal Name	EDA-Lab	PC Parallel Port(EPP Mode)	Description
N_STROBE	P3-1	1	-
PC_D0	P3-2	2	Data 0
PC_D1	P3-3	3	Data 1
PC_D2	P3-4	4	Data 2
PC_D3	P3-5	5	Data 3
PC_D4	P3-6	6	Data 4
PC_D5	P3-7	7	Data 5
PC_D6	P3-8	8	Data 6
PC_D7	P3-9	9	Data 7
N_ACK	P3-10	10	-
BUSY	P3-11	11	Wait
PA_H	P3-12	12	-
N_AUTOFD	P3-14	14	Data Strobe
N_SELECTIN	P3-17	17	Address Strobe
N.C	-	-	Not Connected

20. PS/2 Port : Target FPGA와 PS2_D, PS2_C의 Signal Name으로 연결되어 있다. PS/2 Port로 Key Board나 Mouse를 이용한 회로 설계 실험을 할 수 있다.

21. VGA Port : RGB 각각 2 Bit씩 할당된 6 Bit VGA Port는 Target FPGA와 R[0..1], G[0..1], B[0..1], HSYNC, VSYNC의 Signal Name으로 연결되어 있다. VGA Port를 이용하여 모니터에 간단한 디스플레이 회로를 구현하는 실험에 사용할 수 있다.

22. RS-232C Port : RS-232C Line Driver인 MAX232로 입, 출력되는 RS-232C Port는 Micom을 통한 Serial Communication 실험이나 FPGA를 통한 UART 구현 및 검증 실험에 사용하도록 되어있다.
    Main Board 상의 JP20을 통하여 Micom, FPGA로의 통신 입 출력 경로를 설정할 수 있다. FPGA와는 FRX, FTX로 Micom과는 MTX, MRX의 Signal Name으로 연결되어 있다.

23. Download/JTAG Port : Target FPGA의 Configuration 관련 핀들과 연결된 커넥터로서 Target FPGA Configuration 및 Configuration Memory인 PROM을 프로그래밍할 수 있다. 이때에는 별도의 Xilinx Parallel CableIII, X-Checker Cable, MultiLINX Cable이나

㈜리버트론 제품인 EEPROM Writer를 사용할 수 있다.

24. System Check LED : Main Board의 전원 상태와 동작 상태, 그리고 Target FPGA의 Configuration 상태를 나타내는 LED이다. 사용자는 LED를 확인하여 아래와 같은 상태를 확인할 수 있다.

| 표 A-5 | System Check LED

Main Board Label Name	Description	LED 이상 시 발생될 사항
D8	Expansion Port +5 V 전원 출력 상태 표시	Expansion Port로 공급되는 +5V 전원 이상 발생
D10	Main Board +5 V 전원 출력 상태 표시	Main Board로 공급되는 +5V 전원 이상 발생 Micom 동작 안함 디스플레이 장치 동작 안함
D7	Target FPGA 전원 공급 상태 표시	Target FPGA 동작 안함
D11	Main Board +3.3 V 전원 출력 상태 표시	
D1	Main Board 동작 상태 표시	Control FPGA 이상 발생
D2	Target FPGA Configuration 완료 상태 표시	DesignPro Shop을 사용하여 Bit 파일 다운로딩 후 확인해야 함

25. Board Control Push Switch : Target FPGA와 Micom의 Reset 신호를 발생하는 Push Switch, Control FPGA Register Reset 신호를 발생하는 Push Switch로 구성되어 있다. 두 개의 Push Switch에 대한 동작 설명은 아래와 같다.

| 표 A-6 | Board Control Push Switch 동작 설명

Signal Name	EDA-Lab	Active	Description
SYS_RST	S7	'L'	Push Switch를 누르면 Target FPGA의 "FPGA_RST"와 "MICOM_RST" 신호를 동시에 발생시킨다. Target FPGA의 경우 Active 'L' 상태의 Reset 신호가 발생하며, Micom의 경우 Active "H' 상태의 Reset 신호가 발생한다.
CONT_RST	S8	'L'	Main Board 제어용 FPGA 내부 레지스터 및 회로의 RESET 스위치로서 스위치를 누르면 보드 전체가 초기화된다.

Jumper Pin Setting

1. JP18 : VCCINT Select Jumper Pin

Target FPGA의 Core로 공급되는 전원 선택 점퍼로서 Target FPGA 변경 시에 먼저 확인해야 한다. Core로 공급되는 전원 핀은 VCCINT 핀이다.

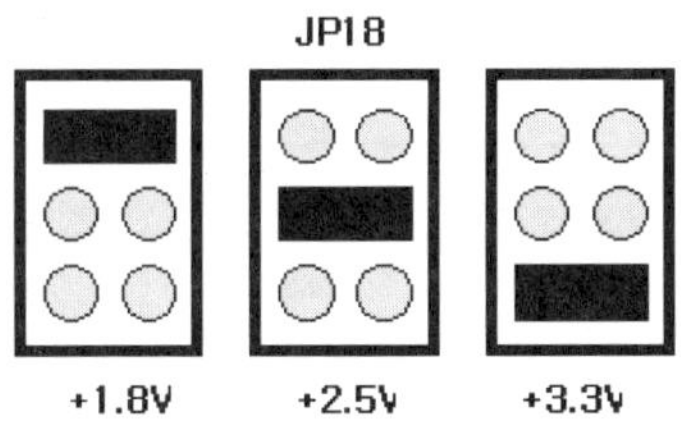

| 표 A-7 | Target FPGA별 Core 전압(VCCINT)

Core 전압(VCCINT)	FPGA	비 고
+1.8 V	Virtex-E	전압 범위 ±5%
+2.5 V	Virtex, Spartan-II	전압 범위 ±5%
+3.3 V	SpartanXL, XC4000XL, XC4000XLA	전압 범위 +3.0 V ~ +3.6 V

2. JP20 : RS-232C Out Select Jumper Pin

RS-232C 통신 실험을 위해서 Micom 내부의 UART를 사용하거나 Target FPGA 내부에 UART를 구현하여 사용할 경우 UART와 관련된 송, 수신 신호를 설정하는 점퍼이다.

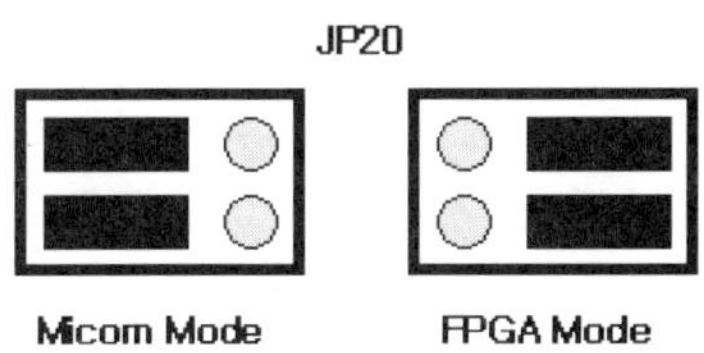

Micom Mode : Micom에 있는 UART를 사용하여 RS-232C 통신 실험을 할 수 있다.
FPGA Mode : FPGA에 UART 설계하여 RS-232C 통신 실험을 할 수 있다.

3. Control DIP Switch Setting

S10 : Mode Setting DIP Switch
Target FPGA의 Configuration Mode Pin과 Micom의 Enable Pin 신호가 연결되어 있다.

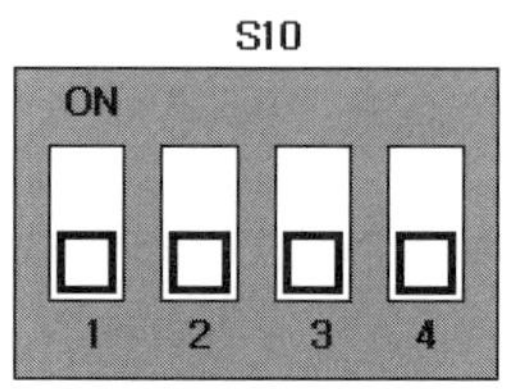

| 표 A-8 | DIP Switch 번호별 연결 신호

Number	Signal Name	Active(On) State
1	MEA	L(0)
2	M2	L(0)
3	M1	L(0)
4	M0	L(0)

| 표 A-9 | 신호 이름별 상태 설명

Signal Name	State	Description
MEA	H(1)	80C51 사용(ROM)
	L(0)	80C31 사용(Romless)
M2 : M1 : M0	L : L : L (0 : 0 : 0)	Master-serial Mode
	L : L : H (0 : 0 : 1)	Master-serial Mode(P)
	L : H : L (0 : 1 : 0)	Slave Parallel Mode(P)
	L : H : H (0 : 1 : 1)	Slave Parallel Mode
	H : L : L (1 : 0 : 0)	Boundary-scan Mode(P)
	H : L : H (1 : 0 : 1)	Boundary-scan Mode
	H : H : L (1 : 1 : 0)	Slave-serial Mode(P)
	H : H : H (1 : 1 : 1)	Slave-serial Mode

참고

P : Pre-configuration Pull-ups
표 A-9는 FPGA 종류에 따라서 차이가 날 수 있다. (Spartan-II 기준임.)
표 A-9에서 Slave Parallel Mode, Slave Parallel Mode(P)는 실제 EDA-Lab의 Mode Pin 상태 확인 LCD(메인보드 좌측상단)에는 나타나지 않는다. 이유는 EDA-Lab 회로도를 참조하거나, 본서의 표 A-10을 참조하기 바란다.

Pin Out Table

Target FPGA 연결핀과 EDA-Lab 신호 이름 리스트

| 표 A-10 | EDA-Lab 3000에서 사용 가능한 device와 pin map

Signal Name	EDA-Lab	Spartan II (PQ208)	Virtex (PQ/HQ240)	Virtex-E (PQ/HQ240)	SpartanXL (PQ240)	XC4000XL/XLA (PQ/HQ240)
FPGA_TMS	JP1-2	2	2	2	17	17
17TMD0	JP1-3	3	3	3	3	3
TMD1	JP1-4	4	4	4	4	4
TMD2	JP1-5	5	6	6	5	5
TMD3	JP1-6	6	9	9	8	8
TMD4	JP1-7	7	10	10	9	9
TMD5	JP1-8	8	11	11	10	10
TMD6	JP1-9	9	12	12	11	11
TMD7	JP1-10	10	13	13	12	12
TMA0	JP1-14	14	17	17	15	15
TMA1	JP1-15	15	18	18	16	16
TMA2	JP1-16	16	19	19	20	20
TMA3	JP1-17	17	20	20	21	21
TMA4	JP1-18	18	21	21	24	24
TMA5	JP1-19	20	23	23	25	25
TMA6	JP1-20	21	24	24	26	26
TMA7	JP1-21	22	26	26	27	27
TMA8	JP1-22	23	27	27	28	28
TMA9	JP1-23	24	28	28	31	31
TMA10	JP1-26	27	31	31	32	32
TMA11	JP1-28	29	34	34	33	33
TMA12	JP1-29	30	35	35	34	34
TMA13	JP1-30	31	36	36	35	35
TMA14	JP1-31	33	38	38	36	36
TMA15	JP1-32	34	39	39	38	38
TMRDB	JP1-33	35	40	40	42	42
TMWRB	JP1-34	36	41	41	43	43
TPSEN	JP1-35	37	42	42	47	47
TALE	JP1-39	41	46	46	48	48
TMINT0	JP1-40	42	47	47	49	49
TMINT1	JP1-41	43	48	48	50	50
MRENB	JP1-42	44	49	49	51	51
MSCEB	JP1-43	45	50	50	52	52
MSWEB	JP1-44	46	52	52	53	53
MSOEB	JP1-45	47	53	53	54	54
MSBHEB	JP1-46	48	56	56	55	55
MSBLEB	JP1-47	49	57	57	56	56
FPGA_M1	JP1-48	50	58	58	58	58
FPGA_M0	JP1-50	52	60	60	60	60

| 표 A-10 | EDA-Lab 3000에서 사용 가능한 device와 pin map *(계속)*

Signal Name	EDA-Lab	Spartan II (PQ208)	Virtex (PQ/HQ240)	Virtex-E (PQ/HQ240)	SpartanXL (PQ240)	XC4000XL/XLA (PQ/HQ240)
FPGA_M2	JP2-2	54	62	62	62(NC)	62
DIPSW1	JP2-3	57	63	63	65	65
DIPSW2	JP2-4	58	64	64	66	66
DIPSW3	JP2-5	59	66	66	67	67
DIPSW4	JP2-6	60	68	68	69	69
DIPSW5	JP2-7	61	71	71	70	70
DIPSW6	JP2-8	62	73	73	71	71
DIPSW7	JP2-9	63	74	74	72	72
DIPSW8	JP2-13	67	78	78	73	73
PUSH1	JP2-14	68	79	79	76	76
PUSH2	JP2-15	69	80	80	77	77
PUSH3	JP2-16	70	81	81	78	78
PUSH4	JP2-17	71	82	82	79	79
FRX	JP2-19	73	84	84	81	81
FTX	JP2-20	74	86	86	82	82
FPGA_RST	JP2-21	75	87	87	85	85
MICOM_CLK	JP2-23	77	89	89	118	118
FPGA_CLK	JP2-26	80	92	92	124	124
VSYNC	JP2-27	81	93	93	86	86
HSYNC	JP2-28	82	95	95	87	87
B1	JP2-29	83	96	96	92	92
B0	JP2-30	84	97	97	93	93
G1	JP2-32	86	99	99	94	94
G0	JP2-33	87	100	100	95	95
R1	JP2-34	88	101	101	96	96
R0	JP2-35	89	102	102	97	97
TPS2_D	JP2-36	90	103	103	103	103
TPS2_C	JP2-40	94	107	107	104	104
LED0	JP2-41	95	108	108	108	108
LED1	JP2-42	96	109	109	109	109
LED2	JP2-43	97	110	110	110	110
LED3	JP2-44	98	111	111	111	111
LED4	JP2-45	99	113	113	112	112
LED5	JP2-46	100	114	114	113	113
LED6	JP2-47	101	117	117	114	114
LED7	JP2-48	102	118	118	115	115
FPGA_DONE	JP2-50	104	120	120	120	120

| 표 A-10 | EDA-Lab 3000에서 사용 가능한 device와 pin map *(계속)*

Signal Name	EDA-Lab	Spartan II (PQ208)	Virtex (PQ/HQ240)	Virtex-E (PQ/HQ240)	SpartanXL (PQ240)	XC4000XL/XLA (PQ/HQ240)
FPGA_PROGB	JP3-2	106	122	122	122	122
FPGA_INITB	JP3-3	107	123	123	89	89
DIGIT1	JP3-4	108	124	124	123	123
DIGIT2	JP3-5	109	125	125	125	125
DIGIT3	JP3-6	110	126	126	126	126
DIGIT4	JP3-7	111	127	127	127	127
DIGIT5	JP3-8	112	128	128	128	128
DIGIT6	JP3-9	113	131	131	130	130
DEG0	JP3-10	114	133	133	131	131
DEG1	JP3-11	115	134	134	129	129
DEG2	JP3-15	119	138	138	141	141
DEG3	JP3-16	120	139	139	132	132
DEG4	JP3-17	121	140	140	133	133
DEG5	JP3-18	122	141	141	134	134
DEG6	JP3-19	123	142	142	137	137
DEG7	JP3-20	125	144	144	138	138
LCD0	JP3-21	126	145	145	148	148
LCD1	JP3-22	127	147	147	144	144
LCD2	JP3-24	129	149	149	145	145
LCD3	JP3-27	132	152	152	146	146
LCD4	JP3-28	133	153	153	147	147
LCD5	JP3-29	134	155	155	149	149
LCD6	JP3-30	135	156	156	152	152
LCD7	JP3-31	136	157	157	153	153
LCD_A0	JP3-32	138	159	159	154	154
LCD_A1	JP3-33	139	160	160	155	155
LCD_EN	JP3-34	140	161	161	156	156
EXPA3	JP3-35	141	162	162	157	157
EXPA4	JP3-36	146	163	163	159	159
EXPA5	JP3-40	146	167	167	173	173
EXPA6	JP3-41	147	168	168	163	163
EXPA7	JP3-42	148	169	169	164	164
EXPA8	JP3-43	149	170	170	168	168
EXPA9	JP3-44	150	171	171	169	169
EXPA10	JP3-45	151	173	173	170	170
EXPA11	JP3-46	152	174	174	171	171
FPGA_DIN	JP3-47	153	177	177	177	177
EXPA12	JP3-48	154	178	178	175	175
FPGA_CCLK	JP3-49	155	179	179	179	179

| 표 A-10 | EDA-Lab 3000에서 사용 가능한 device와 pin map *(계속)*

Signal Name	EDA-Lab	Spartan II (PQ208)	Virtex (PQ/HQ240)	Virtex-E (PQ/HQ240)	SpartanXL (PQ240)	XC4000XL/XLA (PQ/HQ240)
FPGA_TDO	JP4-1	157	181	181	181	181
FPGA_TDI	JP4-3	159	183	183	6	6
EXPA13	JP4-4	160	184	184	183	183
EXPA14	JP4-5	161	185	185	185	185
EXPA15	JP4-6	162	186	186	186	186
EXPA16	JP4-7	163	187	187	189	189
EXPA17	JP4-8	164	188	188	190	190
EXPA18	JP4-9	165	189	189	191	191
EXPA19	JP4-10	166	192	192	192	192
EXPA20	JP4-11	167	194	194	193	193
EXPA21	JP4-12	168	195	195	194	194
EXPA22	JP4-16	172	199	199	197	197
EXPA23	JP4-14	173	200	200	198	198
EXPA24	JP4-18	174	201	201	199	199
EXPB3	JP4-19	175	202	202	205	205
EXPB4	JP4-20	176	203	203	206	206
EXPB5	JP4-21	178	205	205	207	207
EXPB6	JP4-22	179	206	206	208	208
EXPB7	JP4-23	180	208	208	209	209
EXPB8	JP4-24	181	209	209	215	215
FPGA_GCK2	JP4-25	182	210	210	184	184
FPGA_GCK3	JP4-28	185	213	213	239	239
EXPB9	JP4-30	187	215	215	216	216
EXPB10	JP4-31	188	217	217	217	217
EXPB11	JP4-32	189	218	218	218	218
EXPB12	JP4-33	191	220	220	220	220
EXPB13	JP4-34	192	221	221	221	221
EXPB14	JP4-35	193	222	222	224	224
EXPB15	JP4-36	194	223	223	225	225
EXPB16	JP4-37	195	224	224	229	229
EXPB17	JP4-41	199	228	228	230	230
EXPB18	JP4-42	200	229	229	231	231
EXPB19	JP4-43	201	230	230	232	232
EXPB20	JP4-44	202	231	231	233	233
EXPB21	JP4-45	203	234	234	234	234
EXPB22	JP4-46	204	235	235	235	235
EXPB23	JP4-47	205	237	237	236	236
EXPB24	JP4-48	206	238	238	237	237
FPGA_TCK	JP4-49	207	239	239	7	7

| 표 A-11 | EDA-Lab 3000에서 사용 가능한 device들의 전원 pin과 ground pin

Signal Name	EDA-Lab	Spartan II (PQ208)	Virtex (PQ/HQ240)	Virtex-E (PQ/HQ240)	SpartanXL (PQ240)	XC4000XL/XLA (PQ/HQ240)
VCCINT	JP1-13	13, 28	16, 32	16, 32		
	JP1-27	38, 66	43, 77	43, 77		
	JP1-36	76, 91	88, 104	88, 104		
	JP2-12	118, 128	137, 148	137, 148		
	JP2-22	143, 171	164, 198	164, 198		
	JP2-37	186, 196	214, 225	214, 225		
	JP3-14					
	JP3-23					
	JP3-37					
	JP4-15					
	JP4-29					
	JP4-38					
VCCO	JP1-12	12, 26	15, 30	15, 25	19, 30	19, 30
	JP1-25	39, 53	44, 61	30, 44	40, 61	40, 61
	JP1-37	65, 78	76, 90	55, 61	80, 90	80, 90
	JP2-1	92, 105	105, 121	76, 85	101, 121	101, 121
	JP2-11	117, 130	136, 150	90, 105	140, 150	140, 150
	JP2-24	144, 156	165, 180	116, 121	161, 180	161, 180
	JP2-38	170, 184	197, 212	136, 146	201, 212	201, 212
	JP3-1	197, 208	226, 240	150, 165	222, 240	222, 240
	JP3-13			176, 180		
	JP3-25			197, 207		
	JP3-38			212, 226		
	JP3-50			232, 240		
	JP4-14					
	JP4-27					
	JP4-39					
	JP4-50					
GND	JP1-1	1, 11	1, 8	1, 8	1, 14	1, 14
	JP1-11	19, 25	14, 22	14, 22	22, 29	22, 29
	JP1-24	32, 40	29, 37	29, 37	37, 45	37, 45
	JP1-38	51, 64	45, 51	45, 51	59, 75	59, 75
	JP1-49	72, 79	59, 69	59, 69	83, 91	83, 91
	JP2-10	85, 93	75, 83	75, 83	98, 106	98, 106
	JP2-18	103, 116	91, 98	91, 98	119, 135	119, 135
	JP2-25	124, 131	106, 112	106, 112	143, 151	143, 151
	JP2-31	137, 145	119, 129	119, 129	158, 166	158, 166
	JP2-39	158, 169	135, 143	135, 143	182, 196	182, 196
	JP2-49	177, 183	151, 158	151, 158	204, 211	204, 211
	JP3-12	190, 198	166, 172	166, 172	219, 227	219, 227
	JP3-26		182, 190	182, 190		
	JP3-39		196, 204	196, 204		
	JP4-2		211, 219	211, 219		
	JP4-13		227, 233	227, 233		
	JP4-26					
	JP4-40					

| 표 A-12 | 확장포트 'A'와 JP15의 신호 이름 리스트

Signal Name	EDA-Lab JP15	Description
EXT_+5V	JP15-1, 2	
EXPA3	JP15-3	
EXPA4	JP15-4	
EXPA5	JP15-5	
EXPA6	JP15-6	
EXPA7	JP15-7	
EXPA8	JP15-8	
EXPA9	JP15-9	
EXPA10	JP15-10	
EXPA11	JP15-11	
EXPA12	JP15-12	
EXPA13	JP15-13	
EXPA14	JP15-14	
EXPA15	JP15-15	
EXPA16	JP15-16	
EXPA17	JP15-17	
EXPA18	JP15-18	
EXPA19	JP15-19	
EXPA20	JP15-20	
EXPA21	JP15-21	
EXPA22	JP15-22	
EXPA23	JP15-23	
EXPA24	JP15-24	
GND	JP15-25, 26	
FPGA_CLK	JP15-27	
FPGA_GCK2	JP15-28	
FPGA_RST	JP15-29	
N.C	JP15-30, 31, 32	Not Connect
+3.3V	JP15-33, 34	

| 표 A-13 | 확장포트 'B'와 JP16의 신호 이름 리스트

Signal Name	EDA-Lab JP16	Description
EXT_+5V	JP16-1, 2	
EXPB3	JP16-3	
EXPB4	JP16-4	
EXPB5	JP16-5	
EXPB6	JP16-6	
EXPB7	JP16-7	
EXPB8	JP16-8	
EXPB9	JP16-9	
EXPB10	JP16-10	
EXPB11	JP16-11	
EXPB12	JP16-12	
EXPB13	JP16-13	
EXPB14	JP16-14	
EXPB15	JP16-15	
EXPB16	JP16-16	
EXPB17	JP16-17	
EXPB18	JP16-18	
EXPB19	JP16-19	
EXPB20	JP16-20	
EXPB21	JP16-21	
EXPB22	JP16-22	
EXPB23	JP16-23	
EXPB24	JP16-24	
GND	JP16-25, 26	
FPGA_CLK	JP16-27	
FPGA_GCK3	JP16-28	
FPGA_RST	JP16-29	
N.C	JP16-30, 31, 32	Not Connect
+3.3V	JP16-33, 34	

| 표 A-14 | 확장포트 'C'와 JP14의 신호 이름 리스트

Signal Name	EDA-Lab JP14	Description
EXT_+5V	JP14-1, 2	
MD0	JP14-3	System Memory Data 0
MD1	JP14-4	System Memory Data 1
MD2	JP14-5	System Memory Data 2
MD3	JP14-6	System Memory Data 3
MD4	JP14-7	System Memory Data 4
MD5	JP14-8	System Memory Data 5
MD6	JP14-9	System Memory Data 6
MD7	JP14-10	System Memory Data 7
MA0	JP14-11	System Memory Address 0
MA1	JP14-12	System Memory Address 1
MA2	JP14-13	System Memory Address 2
MA3	P14-14	System Memory Address 3
MA4	JP14-15	System Memory Address 4
MA5	JP14-16	System Memory Address 5
MA6	JP14-17	System Memory Address 6
MA7	JP14-18	System Memory Address 7
MA8	JP14-19	System Memory Address 8
MA9	JP14-20	System Memory Address 9
MA10	JP14-21	System Memory Address 10
MA11	JP14-22	System Memory Address 11
MA12	JP14-23	System Memory Address 12
MA13	JP14-24	System Memory Address 13
GND	JP14-25, 26	
MICOM_CLK	JP14-27	Micom Clock
MWRB	JP14-28	Micom Write Signal
MICOM_RST	JP14-29	Micom Reset Signal
MRDB	JP14-30	Micom Read Signal
N.C	JP14-31, 32	Not Connect
+3.3V	JP14-33, 34	

| 표 A-15 | 컨트롤 데이터 핀과 JP15의 신호 이름 리스트

Signal Name	EDA-Lab	Description
FPGA_DOUT0	JP5-1	Control Data Bit 0 Pin(LSB)
FPGA_DOUT1	JP5-2	Control Data Bit 1 Pin
FPGA_DOUT2	JP5-3	Control Data Bit 2 Pin
FPGA_DOUT3	JP5-4	Control Data Bit 3 Pin
FPGA_DOUT4	JP5-5	Control Data Bit 4 Pin
FPGA_DOUT5	JP5-6	Control Data Bit 5 Pin
FPGA_DOUT6	JP5-7	Control Data Bit 6 Pin
FPGA_DOUT7	JP5-8	Control Data Bit 7 Pin
FPGA_DOUT8	JP6-1	Control Data Bit 8 Pin
FPGA_DOUT9	JP6-2	Control Data Bit 9 Pin
FPGA_DOUT10	JP6-3	Control Data Bit 10 Pin
FPGA_DOUT11	JP6-4	Control Data Bit 11 Pin
FPGA_DOUT12	JP6-5	Control Data Bit 12 Pin
FPGA_DOUT13	JP6-6	Control Data Bit 13 Pin
FPGA_DOUT14	JP6-7	Control Data Bit 14 Pin
FPGA_DOUT15	JP6-8	Control Data Bit 15 Pin(MSB)

| 표 A-16 | 스테이터스 데이터 핀과 JP8의 신호 이름 리스트

Signal Name	EDA-Lab	Description
FPGA_SIN0	JP7-1	Status Data Bit 0 Pin(LSB)
FPGA_SIN1	JP7-2	Status Data Bit 1 Pin
FPGA_SIN2	JP7-3	Status Data Bit 2 Pin
FPGA_SIN3	JP7-4	Status Data Bit 3 Pin
FPGA_SIN4	JP7-5	Status Data Bit 4 Pin
FPGA_SIN5	JP7-6	Status Data Bit 5 Pin
FPGA_SIN6	JP7-7	Status Data Bit 6 Pin
FPGA_SIN7	JP7-8	Status Data Bit 7 Pin
FPGA_SIN8	JP8-1	Status Data Bit 8 Pin
FPGA_SIN9	JP8-2	Status Data Bit 9 Pin
FPGA_SIN10	JP8-3	Status Data Bit 10 Pin
FPGA_SIN11	JP8-4	Status Data Bit 11 Pin
FPGA_SIN12	JP8-5	Status Data Bit 12 Pin
FPGA_SIN13	JP8-6	Status Data Bit 13 Pin
FPGA_SIN14	JP8-7	Status Data Bit 14 Pin
FPGA_SIN15	JP8-8	Status Data Bit 15 Pin(MSB)

| 표 A-17 | 다운로드 및 JTAG 관련 핀과 JP19의 신호 이름 리스트

Signal Name	EDA-Lab JP19	Description
+5V	JP19-1	
FPGA_DIN	JP19-2	Target FPGA Din Pin
+3.3V	JP19-3	
EXPB5	JP19-4	Target FPGA D1 Pin
GND	JP19-5	
EXPB4	JP19-6	Target FPGA D2 Pin
FPGA_CCLK	JP19-7	Target FPGA CCLK Pin
LCD6	JP19-8	Target FPGA D3 Pin
FPGA_DONE	JP19-9	Target FPGA DONE Pin
LCD0	JP19-10	Target FPGA D4 Pin
FPGA_DIN	JP19-11	Target FPGA DIN Pin
SEG2	JP19-12	Target FPGA D5 Pin
FPGA_PROGB	JP19-13	Target FPGA PORGRAM Pin
SEG1	JP19-14	Target FPGA D6 Pin
FPGA_INITB	JP19-15	Target FPGA INIT Pin
DIGIT1	JP19-16	Target FPGA D7 Pin
EXPB12	JP19-17	Target FPGA BUSY Pin
FPGA_TMS	JP19-18	Target FPGA TMS Pin
EXPB14	JP19-19	Target FPGA WRITE Pin
FPGA_TCK	JP19-20	Target FPGA TCK Pin
EXPB13	JP19-21	Target FPGA CS Pin
PROM_TDI	JP19-22	XC18V00 PROM TDI Pin
FPGA_TDI	JP19-23	Target FPGA TDI Pin
FPGA_TDO	P19-24	Target FPGA TDO Pin

| 표 A-18 | 메인보드 클럭 핀과 JP11의 신호 이름 리스트

Signal Name	EDA-Lab JP11	Description
FPGA_CLK	JP11-1	FPGA Input Clock
MICOM_CLK	JP11-3	Micom Input Clock
MANUAL_CLK0	JP11-5	Programmed By DesignPro Shop Manual Clock 0
MANUAL_CLK1	JP11-7	Programmed By DesignPro Shop Manual Clock 1
GND	JP11-2, 4, 6	

| 표 A-19 | 8051 I/O 포트 및 인터럽트 핀과 JP17의 신호 이름 리스트

Signal Name	EDA-Lab JP17	Description
MT0	JP17-1	Micom Timer Interrupt 0 Pin
MT1	JP17-2	Micom Timer Interrupt 1 Pin
MP0	JP17-3	Micom Port 1.0 Pin
MP1	JP17-4	Micom Port 1.1 Pin
MP2	JP17-5	Micom Port 1.2 Pin
MP3	JP17-6	Micom Port 1.3 Pin
MP4	JP17-7	Micom Port 1.4 Pin
MP5	JP17-8	Micom Port 1.5 Pin
MP6	JP17-9	Micom Port 1.6 Pin
MP7	JP17-10	Micom Port 1.7 Pin

부록 B DesignPro Shop v3.1 Install Guide

■ **Note :** DesignPro Shop v3.1은 EDA-Lab 전용 에뮬레이션 툴로서 EDA-Lab에서만 사용할 수 있다.

- OS가 Win2000/WinXp일 경우

Administrator로 Login한 후 다음과 같이 설치한다.

① DesignPro Shop 디스켓 또는 CD를 넣는다.

② CD_ROM:\Setup\Setup.exe를 실행 => 다음 버튼 클릭 => 이름 : XX, 회사 : XX를 채움 => 다음 버튼 클릭 => 다음 버튼 클릭 => 설치 버튼 클릭 => 아니오, 나중에 다시 시작하겠습니다. 선택 => 완료 버튼 클릭

③ CD_ROM:\Setup\port95nt.exe를 실행시킨다.

④ 시스템을 다시 부팅한다.

⑤ PC 초기 화면에서 'DEL', 'F2', 'ESC' 키 등을 사용하여 CMOS BIOS 셋업을 실행한다. CMOS BIOS 셋업 화면은 PC 메인보드에 따라 다르며, 다음은 주로 많이 사용되는 CMOS BIOS 셋업 화면을 예로 설명하였다.

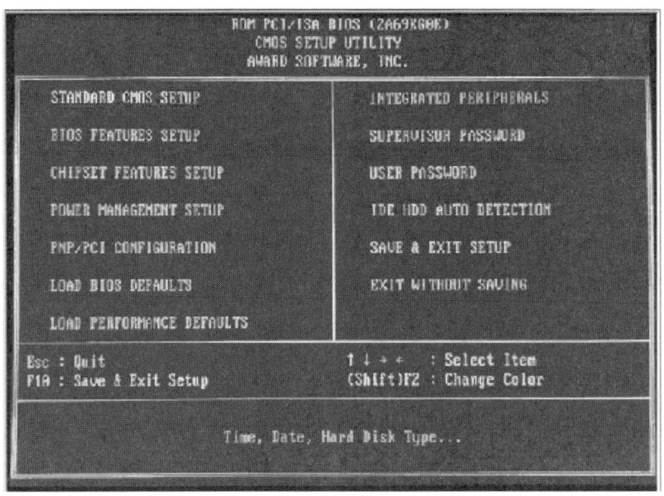

⑥ CMOS BIOS 셋업 화면에서 INTEGRATED PERIPHERALS를 선택한다.

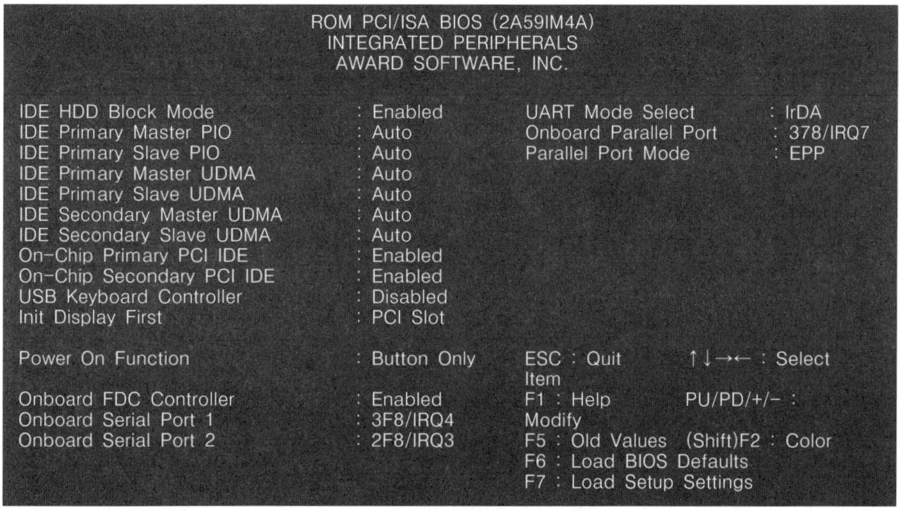

⑦ INTEGRATED PERIPHERALS 화면에서 Onboard Parallel Port(사용할 I/O address와 IRQ를 설정하는 항목)가 378/IRQ7인지 확인하고, Parallel Port Mode를 5가지 모드 중 EPP로 선택한다. (모드 : SPP(Standard Parallel Port), EPP(Enhanced Parallel Port), ECP(Extended Capability Port), ECP+SPP, ECP+EPP Mode가 지원된다.)

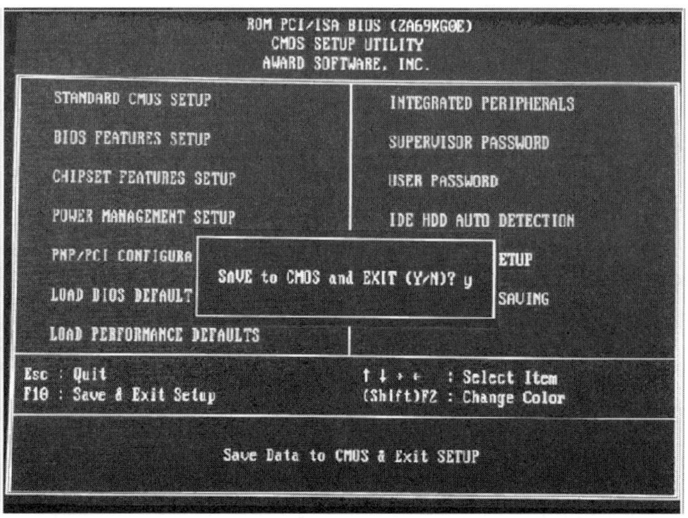

⑧ Setting이 완료되었으면, ESC 키를 누르고 빠져나와 SAVE & EXIT SETUP을 선택한 후 저장한다.

부록 C DesignPro Shop User's Guide

• Menu Bar

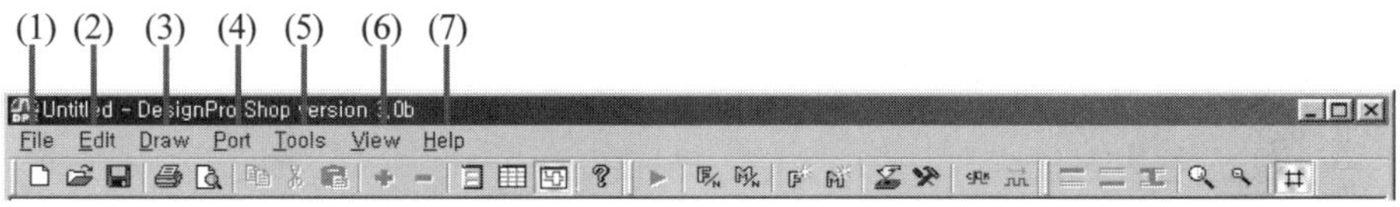

그림 C-1 DesignPro Shop의 Menu Bar

(1) File

1. New : 새로운 작업을 수행할 때에 실행하는 기능이다.
2. Open : 저장된 DesignPro Shop 작업 파일을 읽어오는 기능이다. 읽어 들일 파일의 확장자는 'DPS'이다.
3. Save : New 또는 Open을 사용하여 작업한 데이터를 확장자 'DPS'로 저장하는 기능이다.
4. Save As : 기존의 저장된 데이터를 다른 이름으로 저장하는 기능이다.
5. Print : 작업한 파일을 프린터로 출력하는 기능이다. 출력 시 현재 Multi-Step 모드나 Wave Form으로 표시되는 화면을 출력한다.
6. Print Preview : 프린터로 출력하기 전 프린트된 화면을 미리보는 기능이다.
7. Print Setup : 프린트 기능에 사용할 프린터를 설정하는 기능이다.
8. Exit : DesignPro Shop의 작업을 마치고자 할 때 선택하는 기능이다.

(2) Edit

1. Copy : Control Data((9) 용어 설명 및 기타 사항의 1번 내용 참조)에 대한 편집 기능 중 하나로서 반복되는 Multi-Step이나 Wave를 복사하여 사용하고자 할 때 쓰는 기능이다.
2. Cut : Control Data에 대한 편집 기능 중 하나로서 작업한 데이터의 일부를 잘라내기 하여 다른 곳에 사용하고자 할 때 쓰는 기능이다.
3. Paste : Control Data에 대한 편집 기능 중 하나로서 복사한 데이터나 잘라낸 데이터를 원하는 곳에 붙여넣기 할 때 사용하는 기능이다.
4. Add : Multi-Step 모드((6) View의 2번 내용 참조)에서 테스트 패턴(Control Data)의 스텝 수를 증가시킬 때 사용하는 기능이다.

5. Remove : 작업한 데이터 중 원하지 않는 부분을 삭제하고자 할 때 사용하는 기능이다.
6. Select All : 작업한 데이터 전체를 복사하거나 삭제할 때 전체 데이터를 선택하는 기능이다.

(3) Draw

1. Add High : Waveform 모드에서 편집할 때 사용하는 기능으로 Wave로 나타난 데이터 중 일부를 High로 만드는 기능이다.

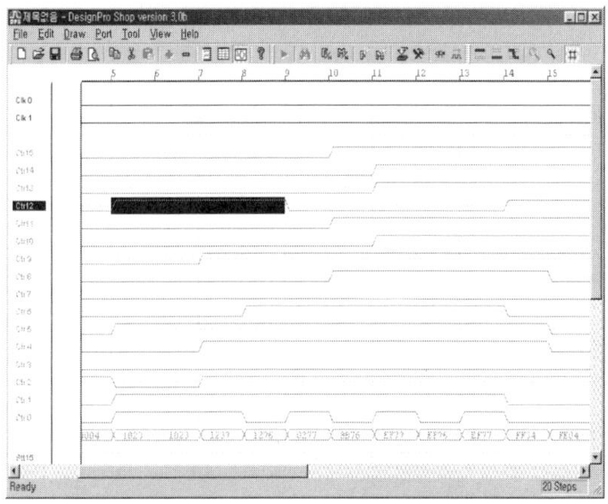

그림 C-2 Add High를 실행한 화면

2. Add Low : Waveform 모드에서 편집할 때 사용하는 기능으로 Wave로 나타난 데이터 중 일부를 Low로 만드는 기능이다.

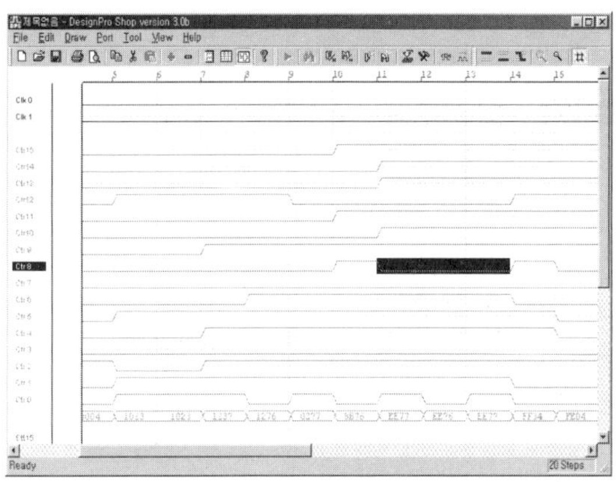

그림 C-3 Add Low를 실행한 화면

3. Invert : Waveform 모드에서 편집할 때 사용하는 기능으로 Wave로 나타난 데이터 중 선택한 부분의 Wave를 반대로 만들어 주는 기능이다.

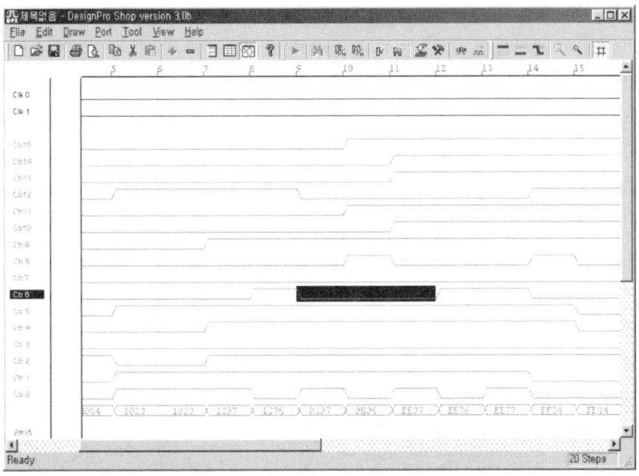

그림 C-4 Invert를 실행한 화면

4. Zoom In : 화면의 눈금 간격을 넓혀주는 기능이다.

5. Zoom Out : 화면의 눈금 간격을 좁혀주는 기능이다.

6. Grid : 눈금 아래로 점선이 그려져 있어 눈금에 위치한 데이터를 쉽게 알 수 있도록 하는 기능이다.

7. Preference : Control Signal, Status Signal , Grid, 3D Box, Ruler 등의 컬러와 글꼴을 원하는 대로 바꿔주는 기능이다.

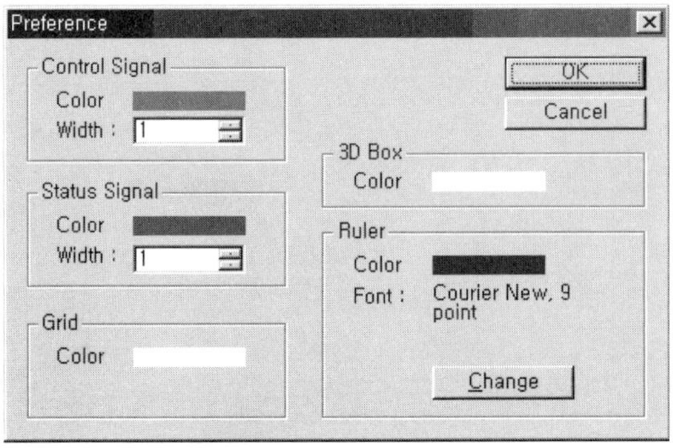

그림 C-5 Preference 화면

• Color 변경 시에는 바꾸고자 하는 색을 한번 클릭하고, 선굵기는 Width의 수를 증가시키고, 글꼴은 Change 버튼을 클릭하여 변경한다.

(4) Port

1. FPGA Clock : Target FPGA에 입력되는 외부 오실레이터 값을 설정된 값으로 분주해 주는 기능이다(256단계로 분주 가능).
2. Micom Clock : Micom에 입력되는 외부 오실레이터 값을 설정된 값으로 분주해 주는 기능이다(256단계로 분주 가능).
3. Run : Control Data를 가한 후 원하는 부분의 Status Dat 결과를 보기 위한 기능이다.
4. FPGA Reset : FPGA에 Reset을 가하는 기능이다.
5. Micom Reset : Micom에 Reset을 가하는 기능이다.

(5) Tool

1. Download : FPGA의 Bit 파일과 Micom의 Hex 파일을 다운로드하여 EDA-Lab을 구동 시키는 기능이다. Local Memory를 사용하려면, Use Only Local Memory 박스에 체크 표시가 되어 있어야 하며, Micom은 Reset된다.

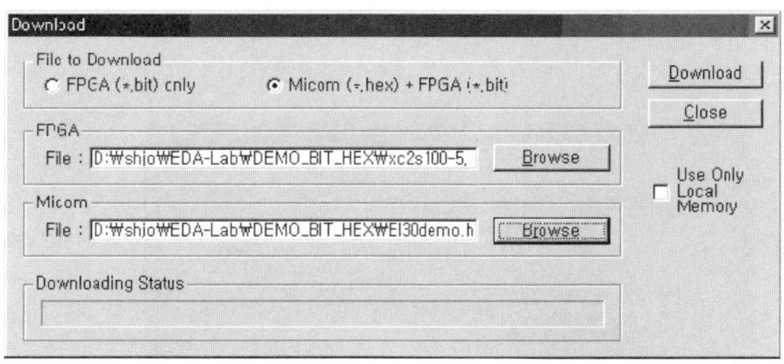

그림 C-6 DesignPro Shop 다운로드 화면

참고

Download와 관련된 문제는 본 S/W 설치 시 생기는 DPS__DOWNLOAD.PDF를 참조하기 바란다.

2. Option : DesignPro Shop을 사용하는 데 있어 기본적인 환경 설정을 하는 항목으로서 Hardware, Timing, Default Folder 등을 설정하여 사용할 수 있다.

① Hardware : LPT(Parallel) Port의 Address 및 모드 셋팅과 함께 메인보드 상에 장착된 Oscillator Frequency 값을 변경할 수 있다.

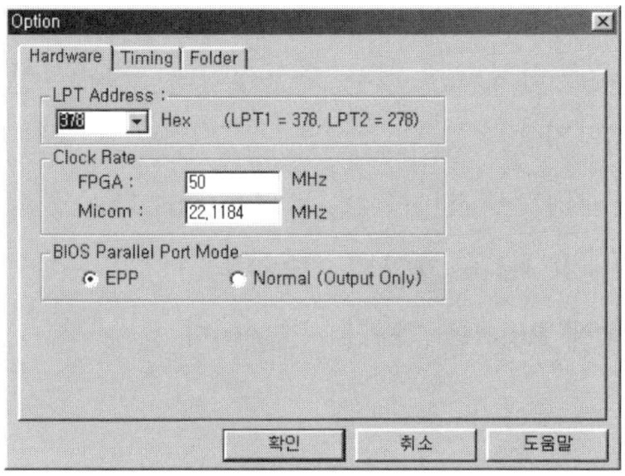

그림 C-7 Hardware 설정 화면

i) Address : 기본적인 값은 378이며, 어드레스의 확인은 제어판에서 프린터 포트의 등록 정보(제어판 → 시스템 → 장치관리자 → 포트 → 프린터 포트 → 리소스)를 확인한다.

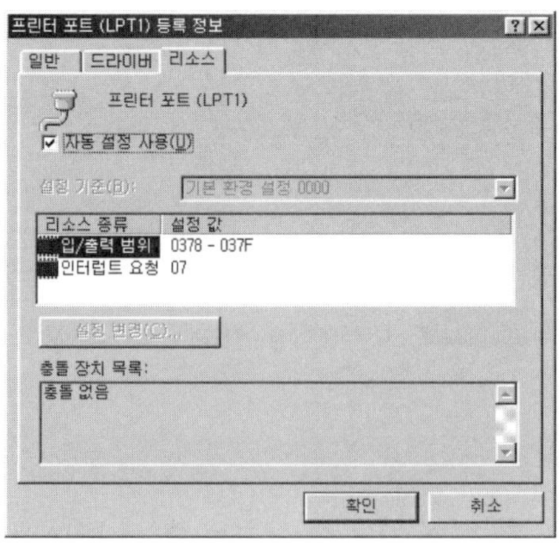

그림 C-8 프린터 포트 등록 정보 화면

ii) Clock Rate : EDA-Lab 메인보드 상에 실제로 장착되어 있는 두 개의 Oscillator의 주파수 값을 명기하여 주어야 하며, 사용자가 별도로 교체하지 않은 상태에서는 기본 설정 값을 변경할 필요가 없다.

iii) BIOS Parallel Port Mode : 항상 EPP를 선택하도록 한다.

② Timing : DesignPro Shop을 이용하여 Target FPGA에 테스트 패턴 즉 Control Data를 가하고 이에 따른 회로 동작 상태를 확인하는 기능으로서, Status Data를 읽는 과정과 관련된 시간이다.

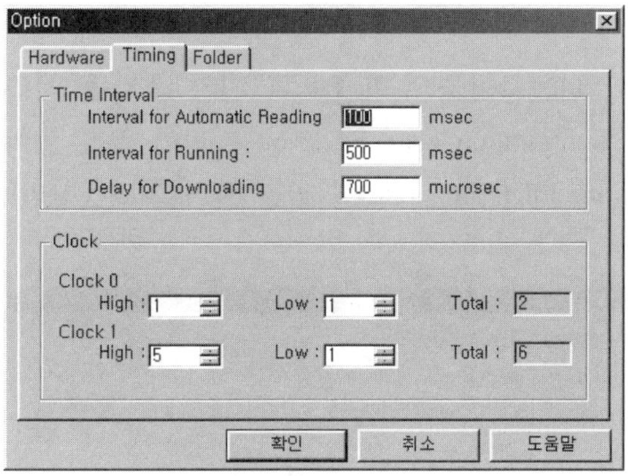

그림 C-9 Timing 설정 화면

i) Interval for Automatic Reading : 이는 Control FPGA가 Target FPGA의 동작을 Monitoring함에 있어 Probe 대상 Signal 즉, Status Data Signal의 상태 변화를 체크하는 시간 간격을 지정하는 것이다.

ii) Interval for Running : 이는 Control FPGA가 Target FPGA의 동작을 제어함에 있어 Control Data Signal의 상태를 변화시키는 시간 간격을 지정하는 것이다. 이는 Multi-Step 모드, Waveform 모드에 있어 하나의 Step과 그 다음 Step 사이의 진행 시간 간격을 조절하는 효과를 갖는다.

iii) Delay for Downloading : 이는 다운로딩에 관련된 셋팅으로 사용자가 직접 셋팅을 변경하는 것을 권장하지 않는다. 만약 다운로딩 상에 에러가 발생할 경우 그림 C-10과 같이 기본 설정 값을 입력한 후 재실행한다.

iv) Clock : 두 개의 서로 다른 Manual 클럭 입력을 설정하여 비교하는 것으로서, 그림 C-9와 같이 설정하였을 경우 그림 C-10과 같은 결과를 확인해 볼 수 있다.

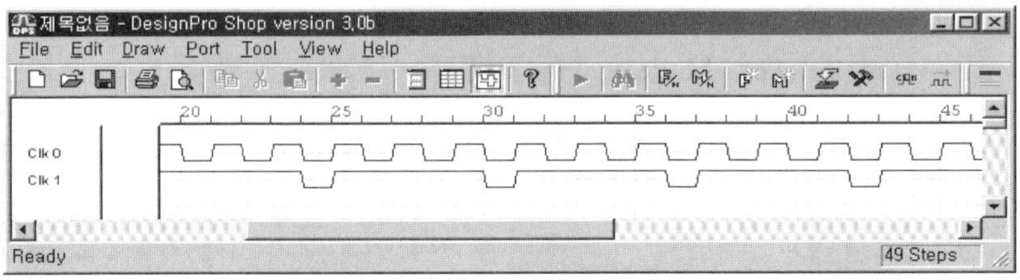

그림 C-10 Manual Clock 실행 화면

③ Default Folder : 다운로딩을 위한 File의 기본 폴더를 지정하는 Menu이다. FPGA Folder의 경우 Configuration Data File(*.bit File)이 있는 폴더를, Micom Folder의 경우 Micom Program File(*.hex File)이 있는 폴더를 지정하면 된다.

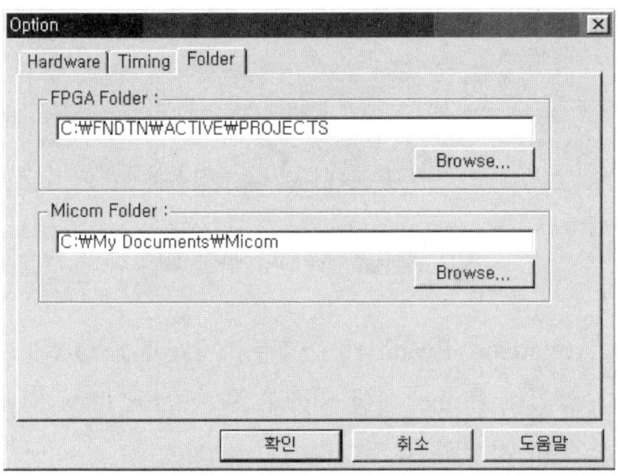

그림 C-11 Default Folder 설정 화면

(6) View

1. Single-Step Mode : Single-Step 모드는 다음과 같은 기능을 가지는 창이다.

   ① 16 Bit 테스트 패턴(Control Data Signal)을 가하는 기능

   ② 별도의 FPGA 외부 신호 상태를 동시에 16개까지 Status Signal을 통해 모니터링하는 기능

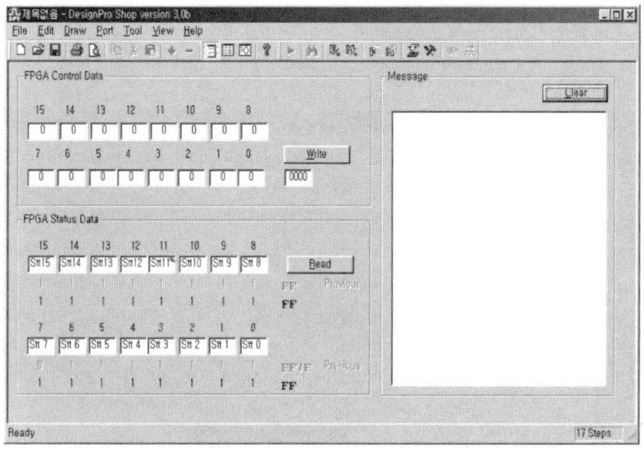

그림 C-12 Single-Step 모드 화면

2. Multi-Step Mode : Multi-Step 모드는 다음과 같은 기능을 가지는 창이다.

① 일련의 Control Data에 대한 편집 기능(Copy, Cut, Paste, Remove)

② 작성한 일련의 Control Data를 순차적으로 가하고, 이때 변화하는 Status Data의 상태를 테이블 형태로 표시하는 기능

③ 화면에 표시된 Control Data와 Status Data들을 파일에 저장하거나 프린터로 출력하는 기능

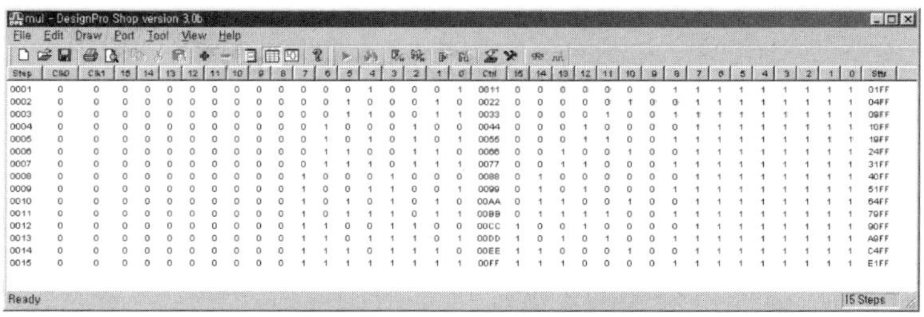

그림 C-13 Multi-Step 모드 화면

3. Waveform Mode : Waveform 모드는 다음과 같은 기능을 가지는 창이다.

① 각 Control Data Signal의 편집 기능과 함께 Multi-Step 모드에서와 마찬가지로 작성된 Control Data Signal을 순차적으로 가하고 이때 변화하는 Status Data Signal을 Waveform 형태로 표시하여 준다.

② Multi-Step 모드와 마찬가지로 Waveform을 파일로 저장하거나 프린터를 통해 출력하는 것이 가능하다.

③ 편집 기능으로는 Adding, Copy, Paste, Cut 등이 지원된다.

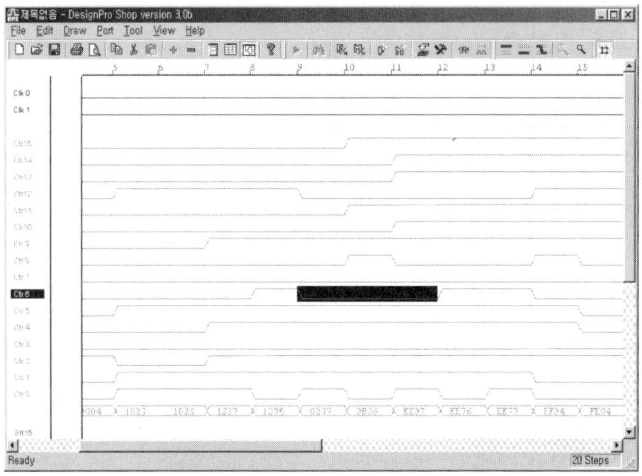

그림 C-14 Waveform 모드 화면

4. Fit to Content : Single-Step 모드나 Multi-Step 모드의 화면 크기를 가장 적합한 사이즈로 보여주는 기능이다.
5. Refresh : DesignPro Shp의 화면을 Refresh해 주는 기능이다.
6. Toolbar : DesignPro Shop의 아이콘바 표시를 설정하는 기능이다.
7. Status Bar : DesignPro Shop 화면 좌측 하단의 상태 표시를 설정하는 기능이다.

(7) Help

1. About DesignPro Shop : DesignPro Shop의 버전 정보와 ㈜리버트론 인터넷 홈페이지 및 연락처를 확인할 수 있다.

그림 C-15 DesignPro Shop의 버전 정보 화면

(8) Tool Bar 설명

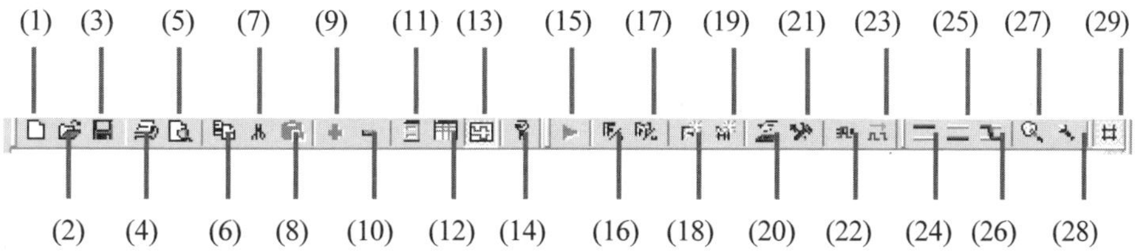

1. New : (1)-1항에 설명한 New 기능을 실행하는 아이콘
2. Open : (1)-2항에 설명한 Open 기능을 실행하는 아이콘
3. Save : (1)-3항에 설명한 Save 기능을 실행하는 아이콘
4. Print : (1)-5항에 설명한 Print 기능을 실행하는 아이콘
5. Print Preview : (1)-6항에 설명한 Print Preview 기능을 실행하는 아이콘
6. Copy : (2)-1항에 설명한 Copy 기능을 실행하는 아이콘
7. Cut : (2)-2항에 설명한 Cut 기능을 실행하는 아이콘
8. Paste : (2)-3항에 설명한 Paste 기능을 실행하는 아이콘
9. Add : (2)-4항에 설명한 Add 기능을 실행하는 아이콘
10. Remove : (2)-5항에 설명한 Remove 기능을 실행하는 아이콘
11. Single-Step Mode : (6)-1항에 설명한 Single-Step Mode 창으로 가는 아이콘
12. Multi-Step Mode : (6)-2항에 설명한 Multi-Step Mode 창으로 가는 아이콘
13. Waveform Mode : (6)-3항에 설명한 Waveform Mode 창으로 가는 아이콘
14. Help
15. Run : (4)-3항에 설명한 Run 기능을 실행하는 아이콘
16. FPGA Clock : (4)-1항에 설명한 FPGA 클럭 분주 기능을 실행하는 아이콘
17. Micom Clock : (4)-2항에 설명한 Micom 클럭 분주 기능을 실행하는 아이콘
18. FPGA Reset : (4)-4항에 설명한 FPGA Reset 기능을 실행하는 아이콘
19. Micom Reset : (4)-5항에 설명한 Micom Reset 기능을 실행하는 아이콘

20. Download : (5)-1항에 설명한 Download 기능을 실행하는 아이콘
21. Option : (5)-2항에 설명한 Option 기능을 실행하는 아이콘
22. Add Step : Waveform 모드에서 테스트 패턴의 스텝 수를 증가시킬 때 사용하는 기능을 실행하는 아이콘
23. Set Manual Clock : 그림 C-10과 같이 설정된 Manual 클럭이 현재의 스텝 수만큼 나타내어지는 기능을 실행하는 아이콘
24. Add High : (3)-1항에 설명한 Add High 기능을 실행하는 아이콘
25. Add Low : (3)-2항에 설명한 Add Low 기능을 실행하는 아이콘
26. Invert : (3)-3항에 설명한 Invert 기능을 실행하는 아이콘
27. Zoom In : (3)-4항에 설명한 Zoom In 기능을 실행하는 아이콘
28. Zoom Out : (3)-5항에 설명한 Zoom Out 기능을 실행하는 아이콘
29. Grid : (3)-6항에 설명한 Grid 기능을 실행하는 아이콘

(9) 용어 설명 및 기타 사항

1. Control Data : Target FPGA 디바이스에 일련의 논리 값(1 또는 0)에 해당되는 전기적 신호를 DesignPro Shop에서 연속적으로 가할 수 있도록 하는 Data이다. 다른 말로 테스트 패턴이라고도 한다.
2. Status Data : Control Data에 의해 출력되어지는 Target FPGA 디바이스의 결과 값이나 특정 부분의 파형을 연속적으로 읽어 들일 수 있다.
3. DesignPro Shop에 대한 질문 사항이나 기타 의견은 아래의 ㈜리버트론 기술지원부를 통하여 지원 받을 수 있도록 한다.

부록 D Xilinx ISE 8.1i에서 Xilinx EEPROM 프로그래밍 방법

1. MCS 파일 만들기

MCS 파일은 EEPROM을 프로그래밍하는 데 필요한 HEX 파일이다. HDL로 회로를 설계하여 EEPROM에 프로그래밍할 때에는 Bit 파일(FPGA Design 파일)을 MCS 파일(EEPROM 프로그래밍 파일)로 변환해야 한다. **이 과정에서는 프로그래밍 cable이 반드시 연결될 필요는 없으나, Cable 등의 하드웨어 연결은 전원을 끄고 연결하는 것이 좋다.**

- "Generate Programming File"까지 완료되면 "Generate PROM, ACE, or JTAG File"을 실행한다. 우측 마우스를 클릭하여 나타나는 팝업 메뉴에서 "Run"을 선택하거나, "Generate PROM, ACE, or JTAG File" 부분을 더블 클릭하면 된다.

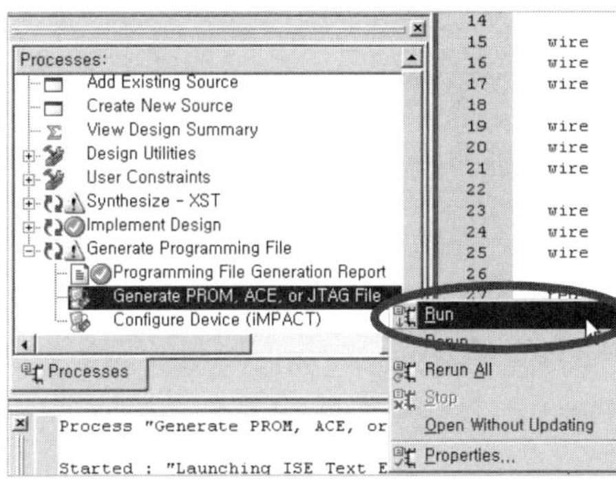

- "iMPACT-Welcome to iMPACT" 대화상자에서 "Prepare a PROM File"을 선택하고 [Next >] 버튼을 클릭한다.

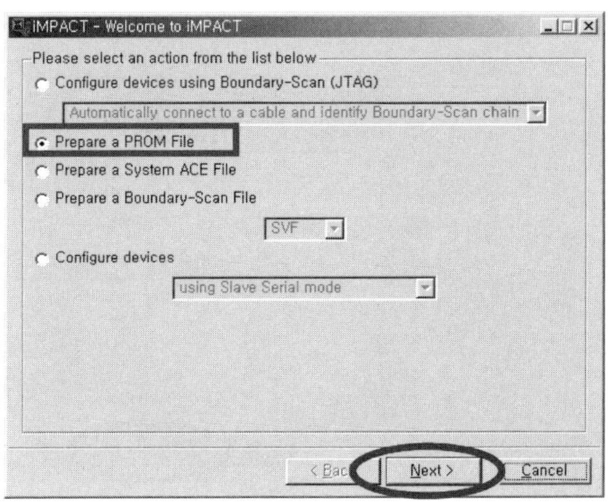

- "iMPACT - Prepare PROM Files" 대화상자에서 "Xilinx PROM"을 선택하고 PROM File Name 입력 상자에 원하는 파일명을 입력하거나 초기 값인 Untitled를 그대로 하여 [Next >] 버튼을 클릭한다.

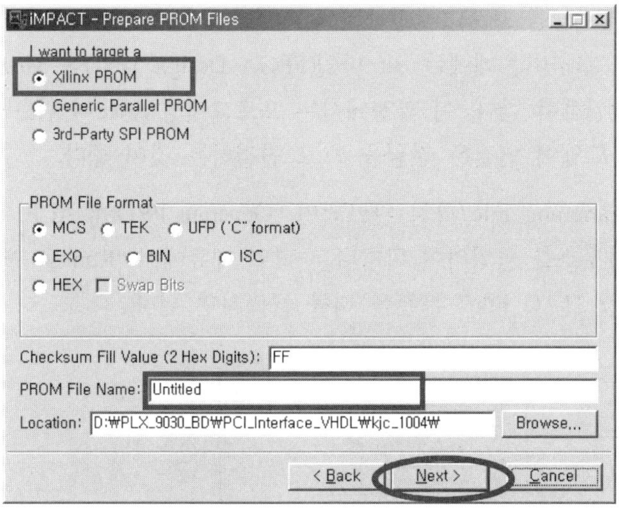

- "iMPACT - Specify Xilinx PROM Device" 대화상자에서 사용하고 있는 PROM을 선택한다. EDA-Lab 3000에서는 XC18V04를 선택하면 된다(확인바람). 사용자가 사용하고 있는 PROM을 확인하여 선택하여 [Next >] 버튼을 클릭한다. (필자가 사용하는 PROM XCf08P를 선택하였음.)

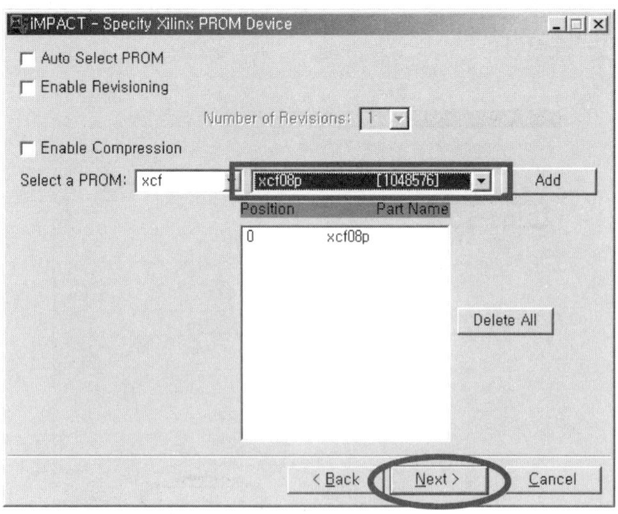

• "iMPACT - File Generation Summary" 대화상자에서는 지금까지 입력된 정보를 확인하고 [Finish] 버튼을 클릭한다.

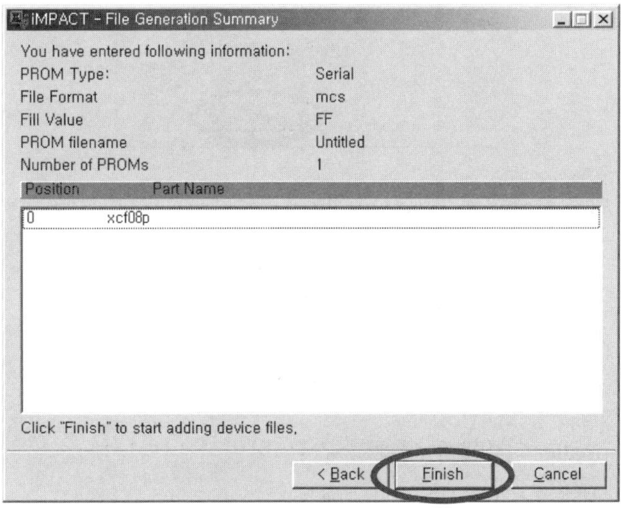

• "Add Device" 대화상자에서 [OK] 버튼을 클릭한다.

• "Add Device" 대화상자에서 bit 파일을 선택하고 [열기(O)] 버튼을 클릭한다.

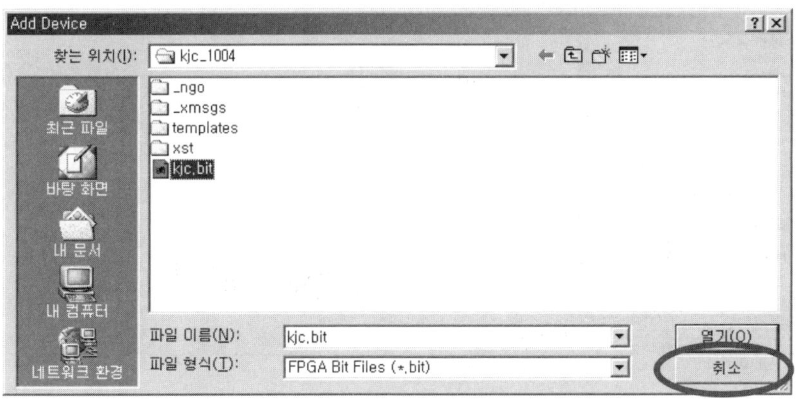

- "Add Device" 대화상자에서 다른 PROM을 더할 것인지를 묻는 창에서 1개의 PROM을 사용할 시에는 "No" 버튼을 클릭한다.

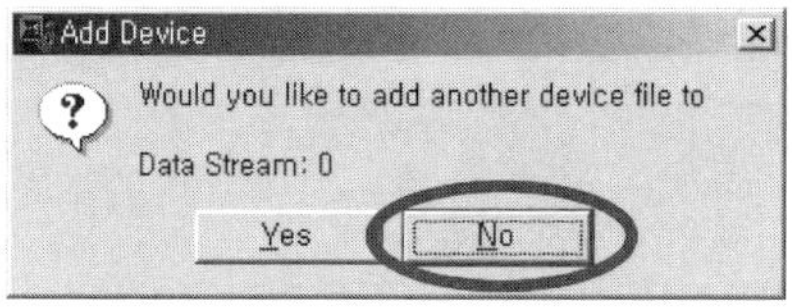

- "Add Device" 대화상자에서 "OK" 버튼을 클릭한다.

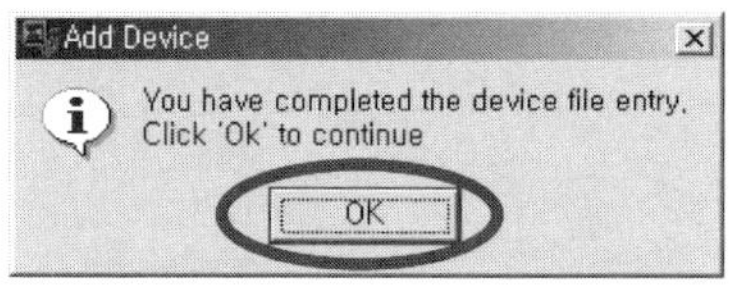

- "PROM File Formatter" 창에서 아래와 같은 화면이 나타난다.

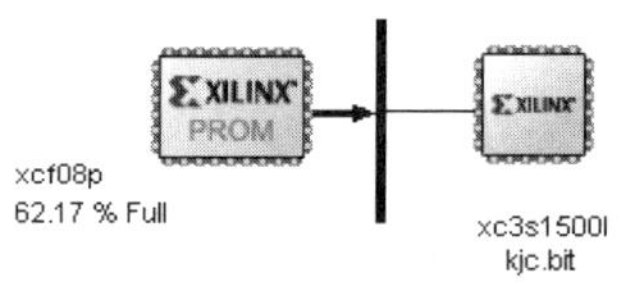

- "PROM File Formatter" 창에서 우측 마우스 버튼을 클릭하면, 팝업 메뉴가 나온다. 팝업 메뉴에서 Generate File...을 선택하면 MCS 파일을 생성된다.

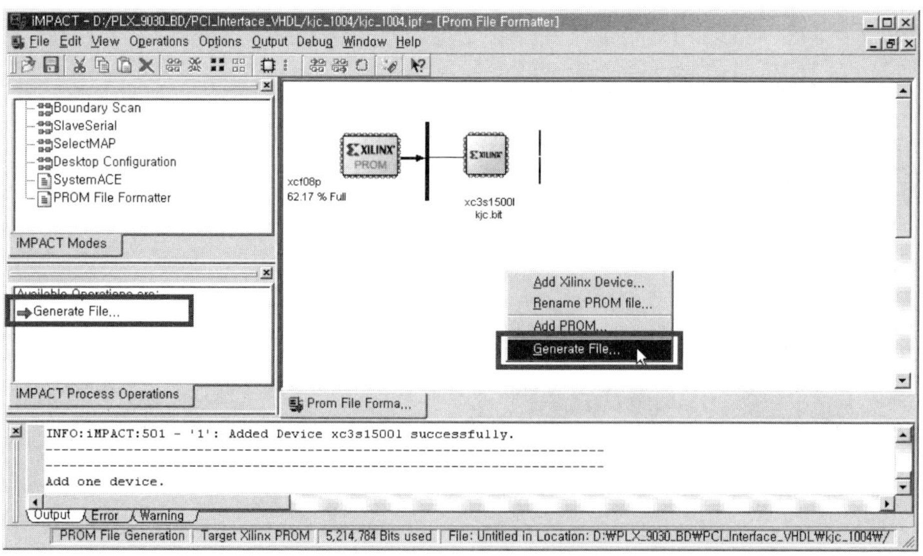

• "PROM File Formatter" 창에서 *.MCS PROM 파일이 생성되면 "PROM File Generation Succeeded" 팝업 메시지가 발생한다.

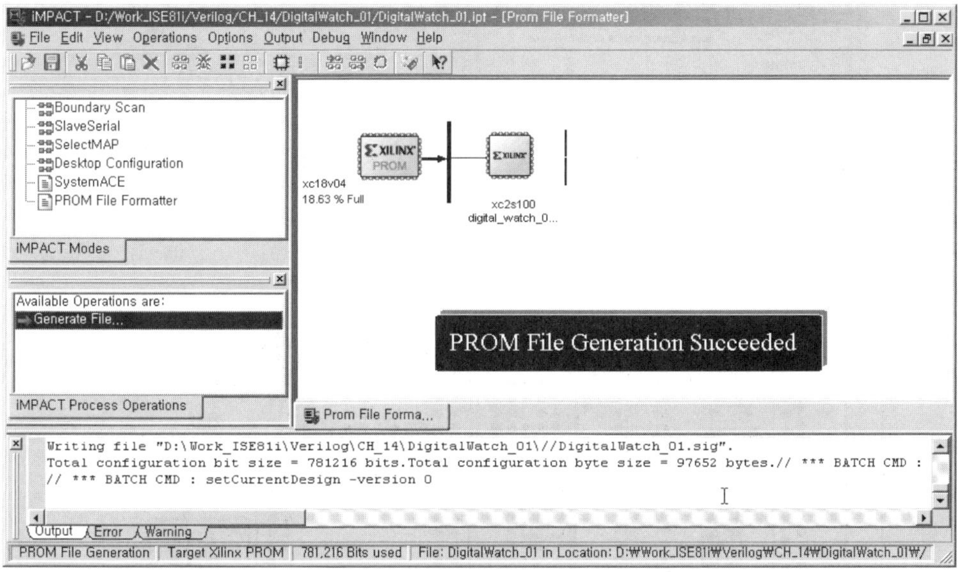

2. 프로그래밍 Cable 연결하기

• EEPROM 프로그래밍하기 전에 반드시 downloader cable이 연결되어야 한다. Parallel Cable 또는 USB Platform Cable의 신호명을 확인하고 사용자 board와 연결하면 된다. 다음의 그림은 EDA-Lab 3000의 메인보드 부품 배치와 핀 배치에 대한 그림이다.

• EEPROM Writer의 D-SUB25P 커넥터와 PC를 공유기(EPP) 케이블을 사용하여 연결한다.

• EDA-Lab 메인보드 JP18과 EEPROM Writer를 연결한다.

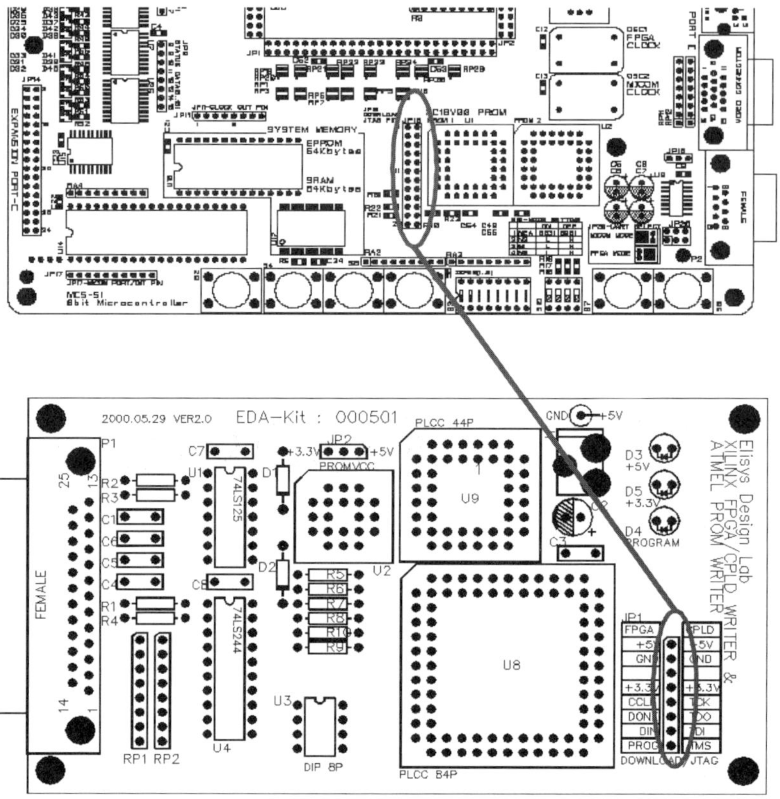

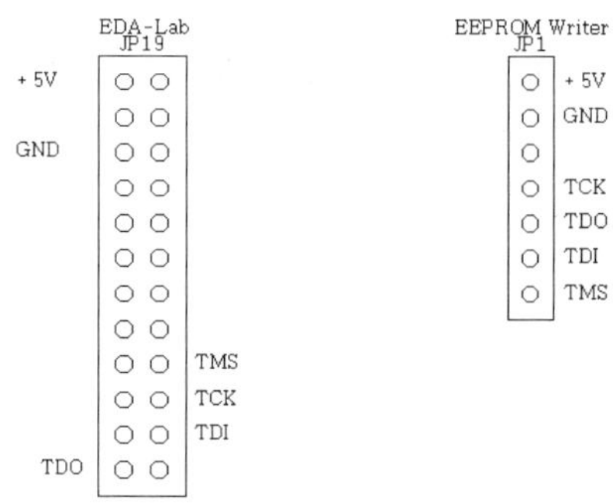

- EEPROM Writer에서 제공하는 8P Cable을 이용하여 EDA-Lab과 EEPROM Writer를 같은 신호 이름끼리 연결한다.

참고

이때에 JTAG Chain 연결을 위하여 반드시 EDA-Lab 메인보드에는 Target FPGA 및 2개의 44핀 PROM 소켓에 XC18V00 PROM이 있어야 한다.

3. EEPROM에 프로그래밍하기(MCS 파일 download)

- PROM File Formatter 대화상자의 iMPACT Modes 탭 창에서 "Boundary Scan" Mode를 더블 클릭한다.

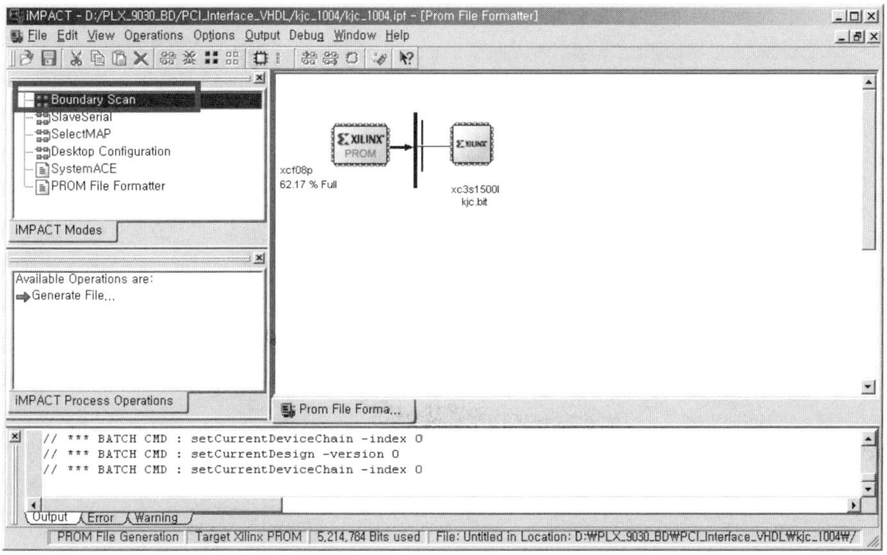

- "Boundary-Scan" 대화상자에서 가운데 창에서 마우스 우측 버튼을 클릭하면 팝업 메뉴가 생성되며, 생성된 팝업 메뉴에서 "Initialize Chain"을 선택한다.

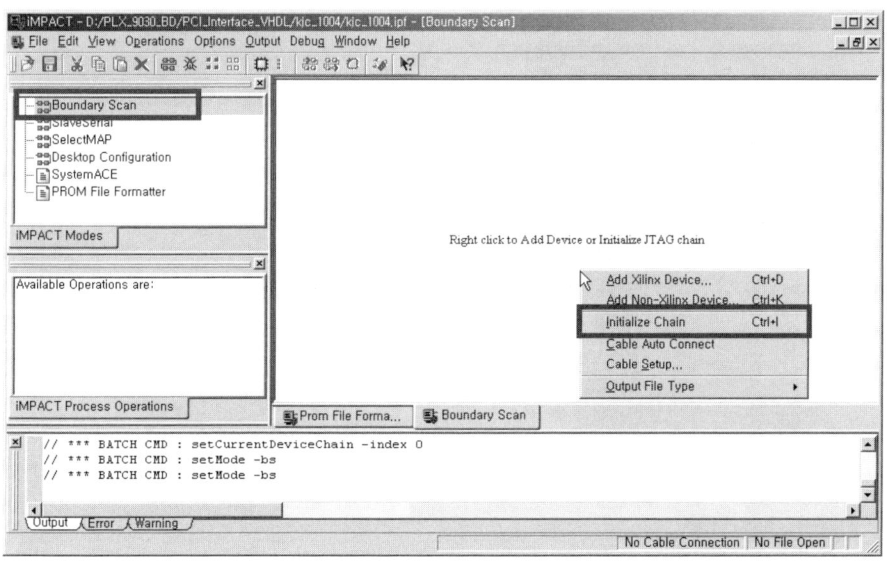

- "Boundary-Scan" 대화상자에서 download cable과 연결된 FPGA와 PROM의 연결 체인이 보이면 정상이다. 그리고, 이때 Assign New Configuration File 대화상자에서 down하고자 하는 bit 파일을 선택하고 [Open] 버튼을 클릭한다. 이 과정이 필요 없으면 [Bypass] 버튼을 클릭해도 된다.

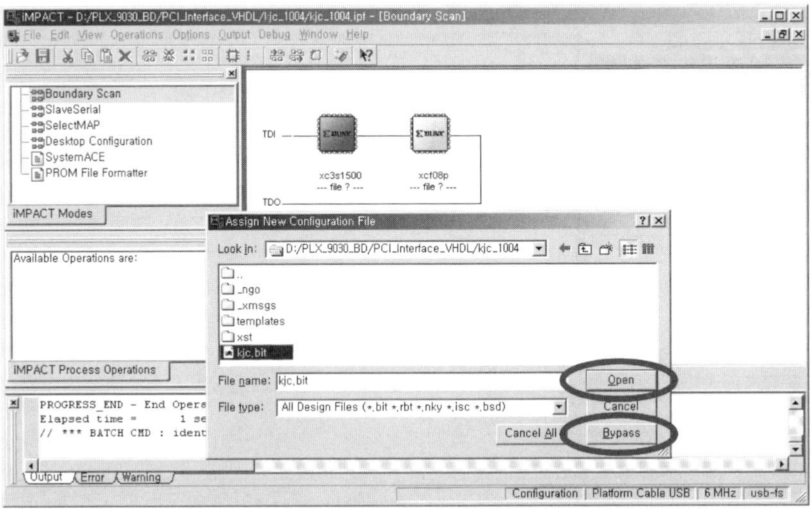

- 다음에 나타나는 "Boundary-Scan" 대화상자는 PROM 프로그래밍을 위한 MCS 파일을 찾는 "Assign New Configuration File" 대화상자가 나타난다. 여기서 down하고자 하는 MCS 파일을 선택하고 [Open] 버튼을 클릭한다.

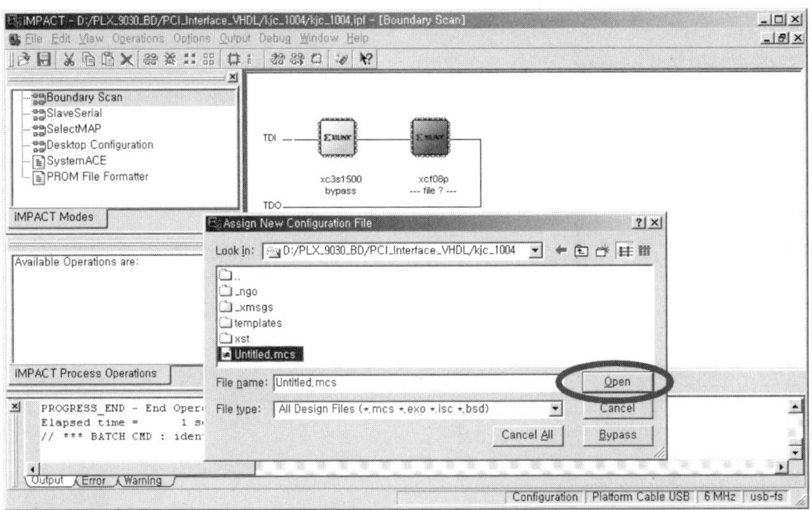

• "Boundary-Scan" 대화상자는 XC3S1500-bypass가 XCF08P-untitle.mcs 파일이 선택되어진 것을 볼 수 있다.

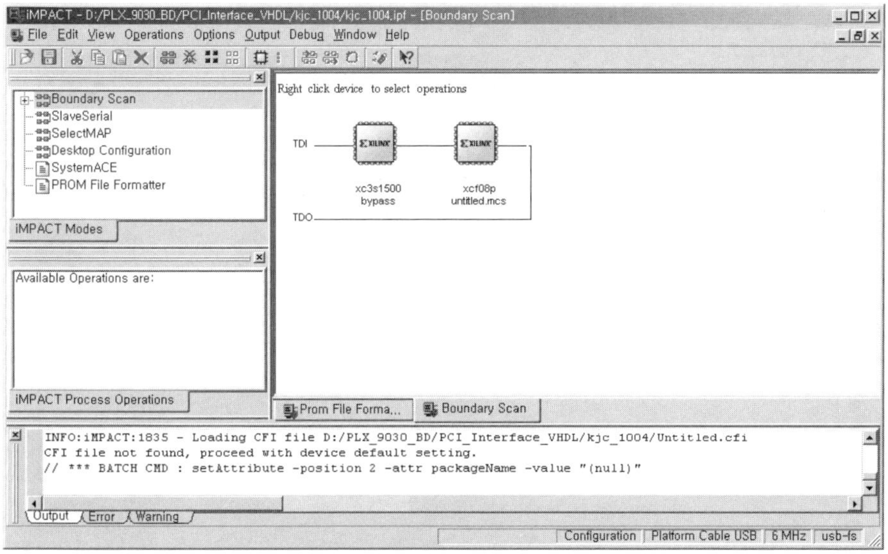

• "Boundary-Scan" 대화상자는 마우스 우측 버튼을 클릭하면 팝업 메뉴가 생성되며, 생성된 팝업 메뉴에서 "Program"을 선택한다.

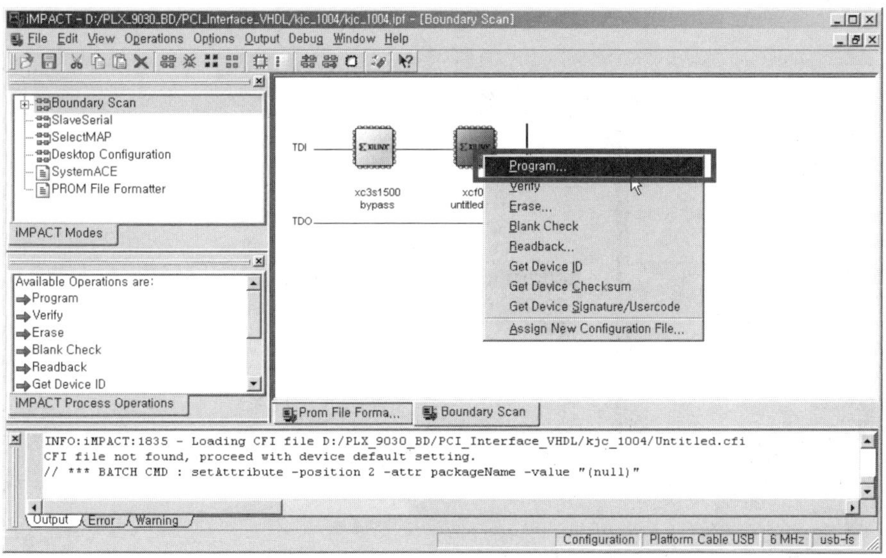

- "Programming Properties" 대화상자에서 Verify와 Erase Before Programming은 반드시 체크하도록 한다. 그러면, PROM에 프로그래밍되어 진다.

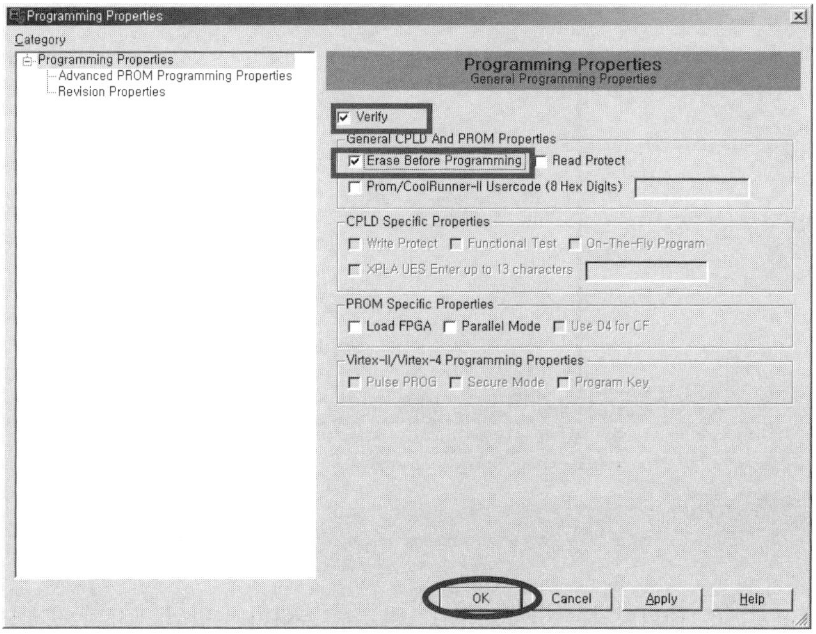

- PROM에 프로그램이 down loading되는 과정을 보여주고 있다.

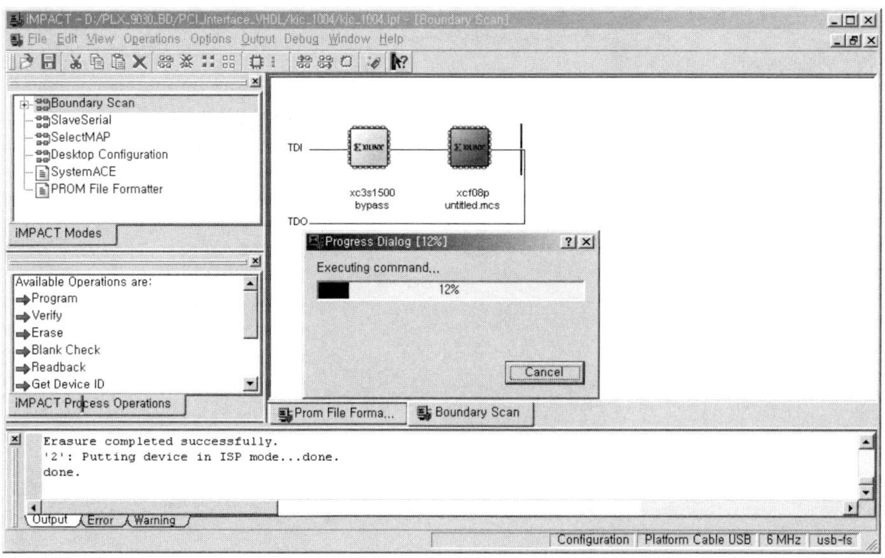

• 정상적으로 PROM에 프로그램이 down loading되면 Program Succeeded 팝업이 생성되고 난 후 사라진다. ISE Process 창에서 "Generate Programming File" → "Configure Device (iMPACT)"를 수행하여 PROM을 프로그래밍할 수도 있다.

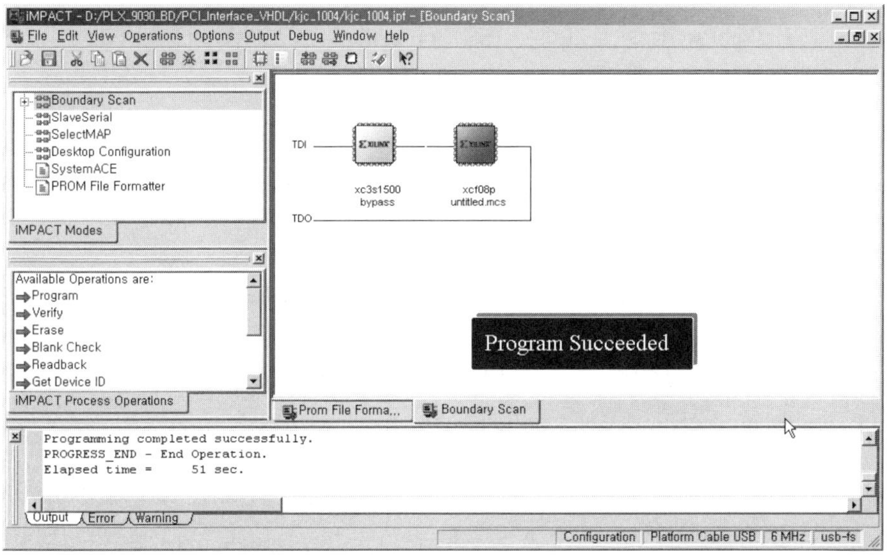

부록 E Xilinx ISE WebPACK 8.1i 다운로드 및 설치

(1) Xilinx ISE WebPack/ModelSim XE 다운로드

Xilinx사의 ISE WebPACK 프로그램은 ISE Foundation 프로그램 기능이 제한된 프로그램으로 Xilinx사에 ID 등록을 통하여 무료로 다운받을 수 있다.

Xilinx사의 ISE WebPack과 VHDL/Verilog Simulator인 MXE(ModelSim Xilinx Edition)을 Xilinx사 홈페이지("http://www.xilinx.com")를 방문하여 "**Products & Services**" 페이지에서 down을 받으면 된다.

Xilinx사에 ID 등록이 안 된 분을 "**Design Tool**" → "**Logic Design**" → "**ISE WebPack**"→ "**Download Free**" → "**Xilinx Registration**" 대화상자에서 새로운 계정을 만든 다음 down 받으면 된다. ID를 가지고 있으면 ID 등록하는 부분은 생략해도 좋다(WebPACK의 특성은 www.xilinx.com/ise/products/webpack_config.htm에 잘 나와 있다).

- IE에서 http://www.xilinx.com 입력 후에서 나타나는 Xilinx Home 페이지 화면이다. Xilinx의 Main Home 페이지 "**Products & Services**" 메뉴의 "**Design Tool**"을 클릭하도록 한다.

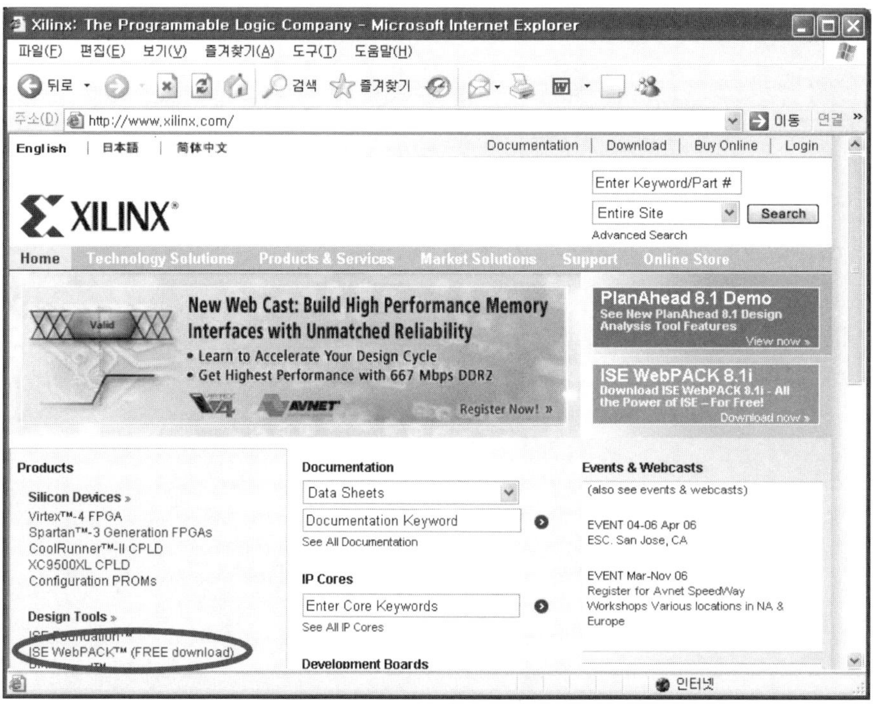

• Products & Services의 Design Tools 메뉴의 Free ISE WebPACK 화면이다. WebPACK 8.1i을 다운하기 위하여 download 버튼을 클릭하여 다운받으면 된다.

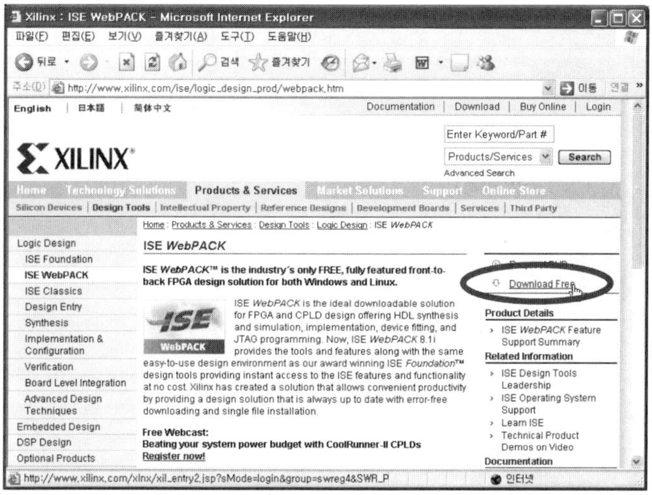

• ISE WebPACK 화면에서 Download Free 버튼을 클릭한 화면이다. 이미 ID 등록된 사용자는 login을 하도록 하며 새로이 ID 등록을 해야 하는 사용자는 계정을 만들어야 한다.

1) 이미 등록된 사용자의 Free ISE WebPACK의 다운로드를 위하여 ID와 Password를 입력 후 login 버튼 클릭한다. 507페이지 iii) ISE *WebPack* Survey 화면이 나타난다.

2) 새로운 계정을 만들어 Free ISE WebPACK을 다운로드를 위하여 "Creat an Account" 버튼 클릭한다.

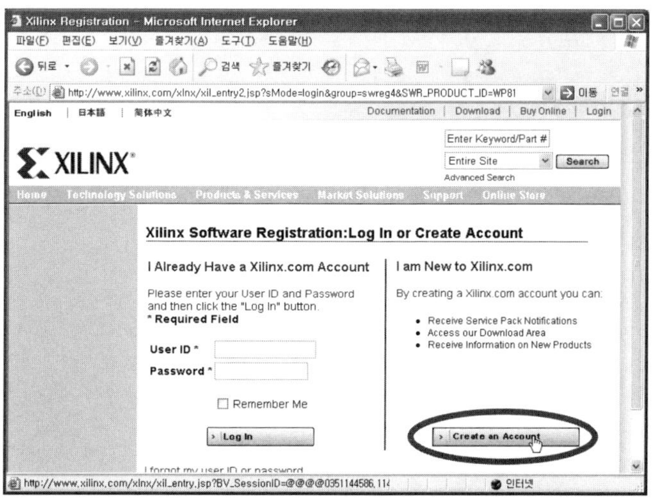

• 계정 등록을 위하여 요구하는 필드에 필요 사항을 입력하고 Next 버튼을 클릭한다.

i) 이름, ID, Password, Email Address 그리고 country 등을 입력한다. 새로운 제품 설명을 얻기 위해서는 Yes를 선택한다.

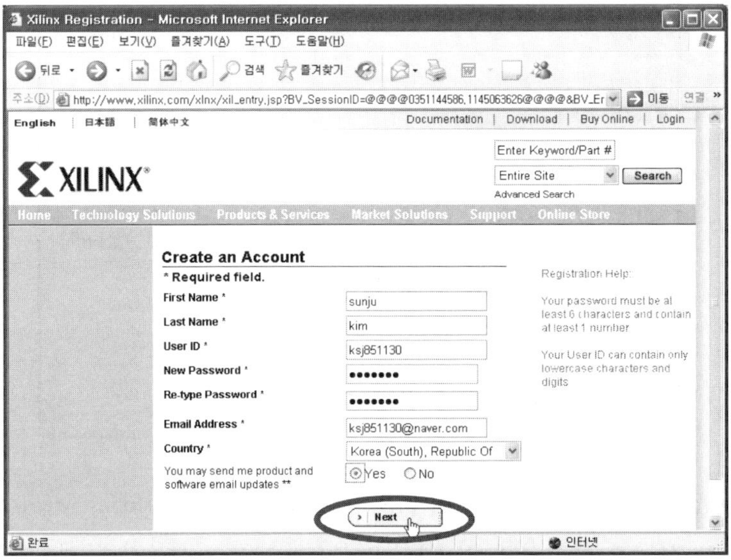

ii) 회사이름, 주소, 도시명, 도명, 우편번호, 전화번호 등을 입력한다. 그리고 Next 버튼을 클릭한다.

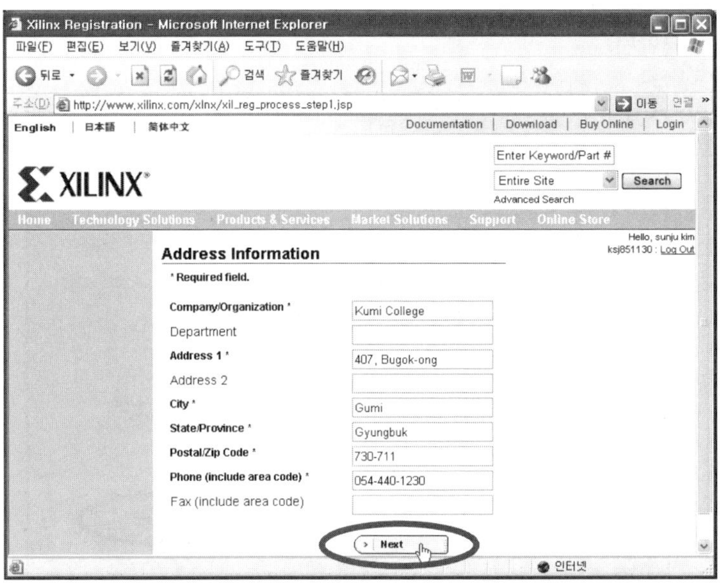

iii) 아래의 기타 사항들을 입력한다. 그리고 Next 버튼을 클릭한다.

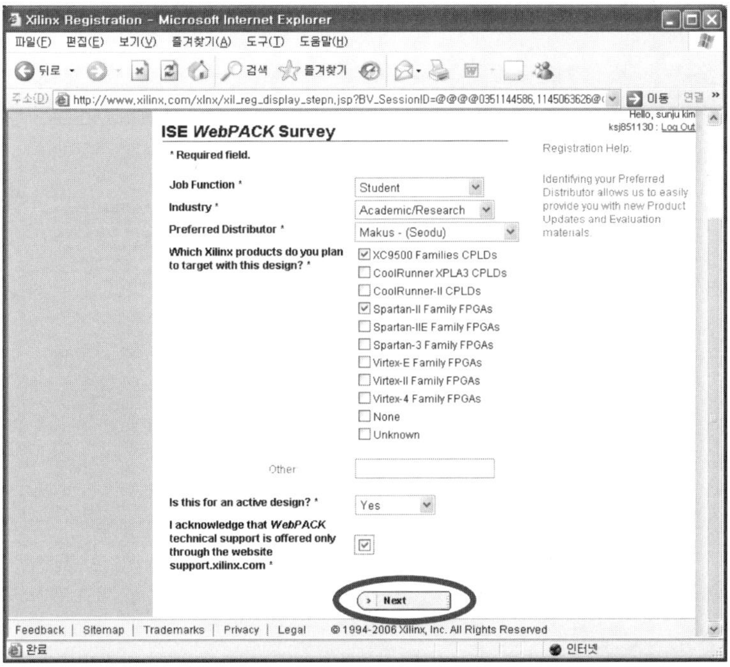

• 등록이 완료되어 ISE WebPACK을 다운받을 수 있다. Download ISE WebPACK을 클릭한다.

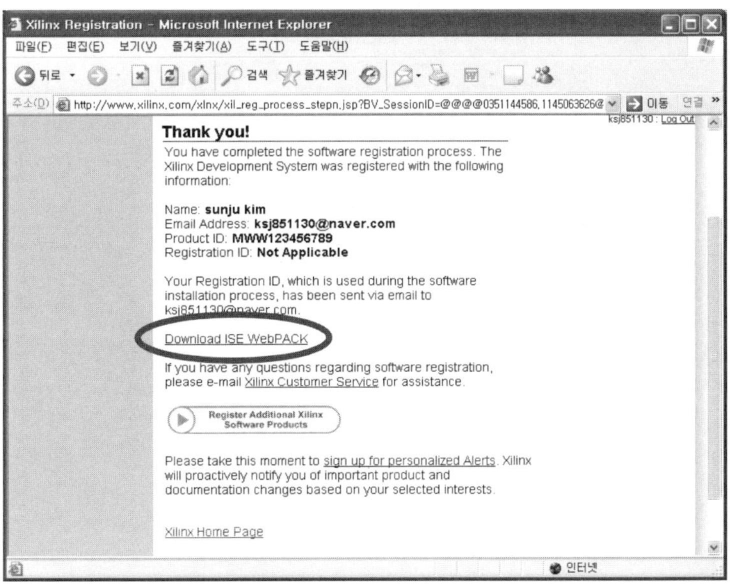

• ISE WebPACK Software와 ModelSim XE Simulator를 선택하여 다운로드하면 된다. 그리고 다운된 ISE WebPACK과 ModelSim XE Software를 install하여 사용하면 된다.

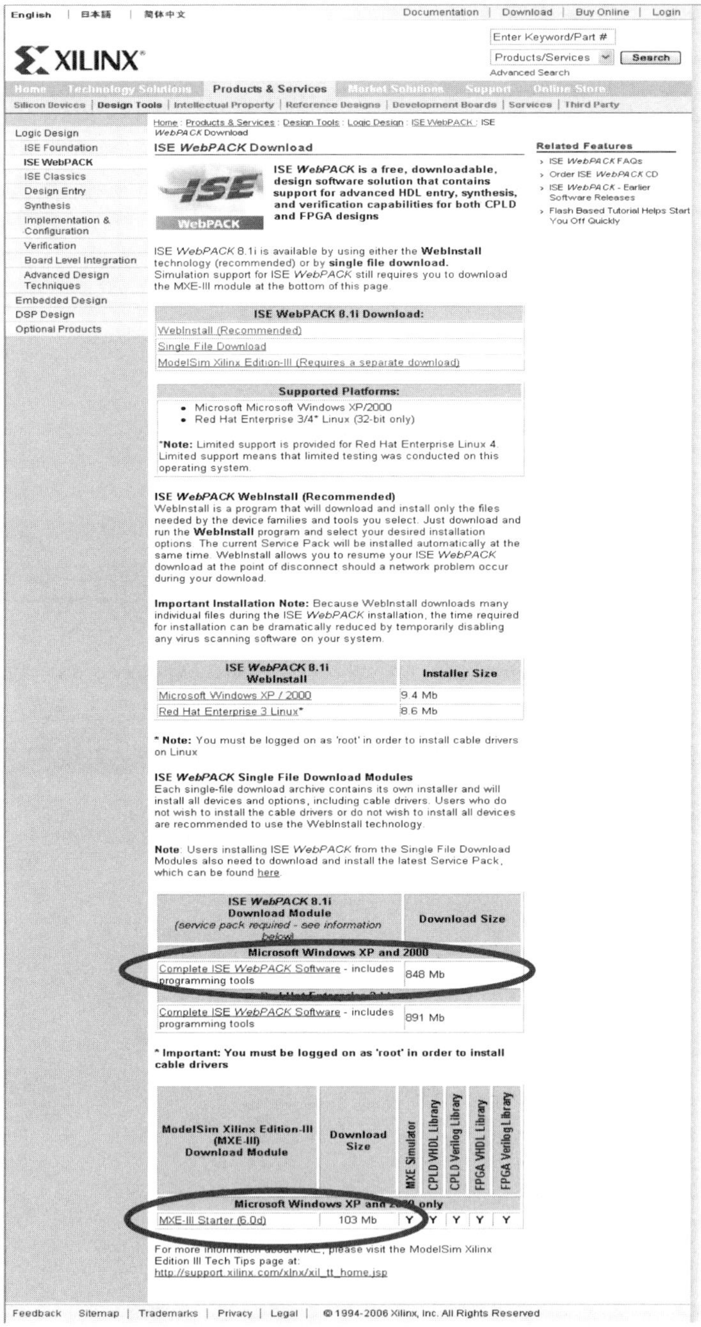

(2) Xilinx ISE WebPACK 8.1i 설치하기

다음의 그림들은 다운받은 ISE WebPACK 8.1i 프로그램을 설치하는 절차를 보여주고 있다.

• 다운받은 Xilinx WebPACK 8.1i 프로그램의 디렉토리 위치로 가서 "WebPACK_81i_SFD.exe"를 더블 클릭하여 실행한다.

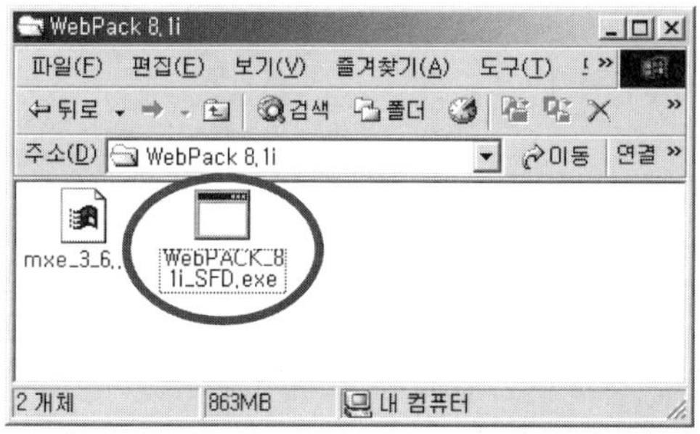

• 설치되고 있는 과정을 보여준다. 그냥, 기다리면 된다.

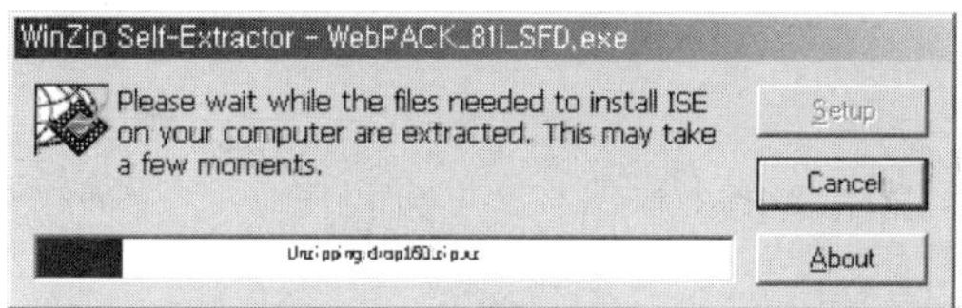

• Check Box에 체크를 하고, "Next" 버튼을 클릭한다. (Accept Software License 대화상자 1)

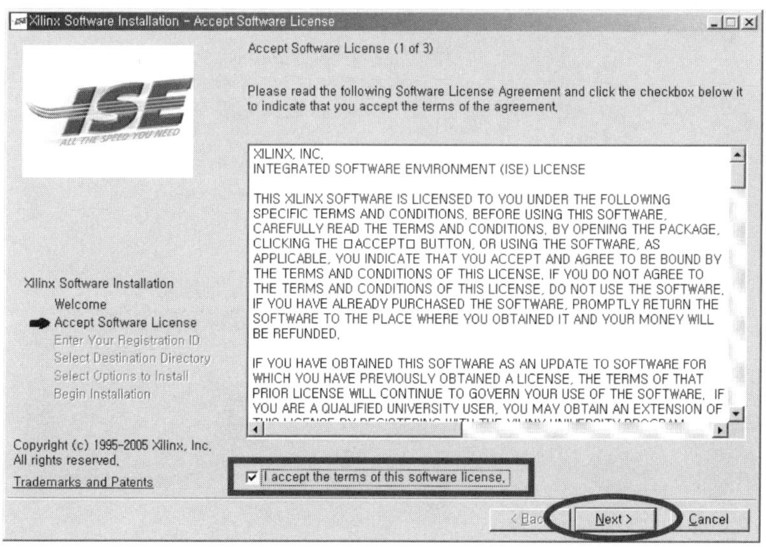

• Check Box에 체크를 하고, "Next" 버튼을 클릭한다. (Accept Software License 대화상자 2)

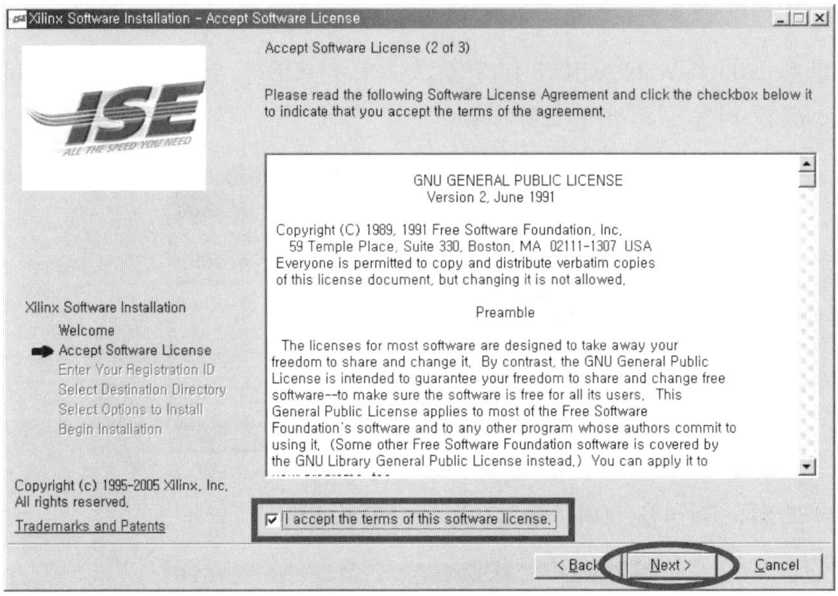

• Check Box에 체크를 하고, "Next" 버튼을 클릭한다.

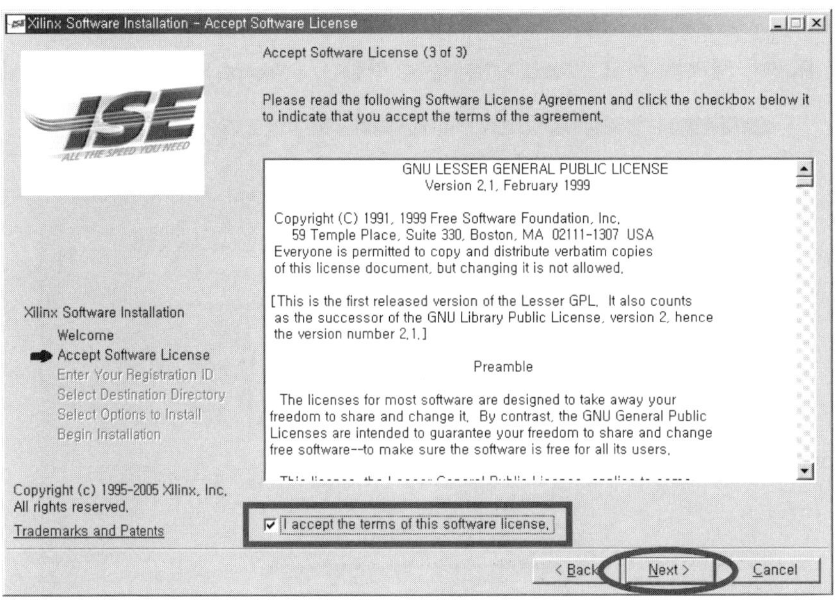

• Xilinx ISE WebPACK 프로그램을 설치할 디렉토리 및 프로그램 폴더를 지정하거나 지정된 초기 상태에서 "Next" 버튼을 클릭한다.

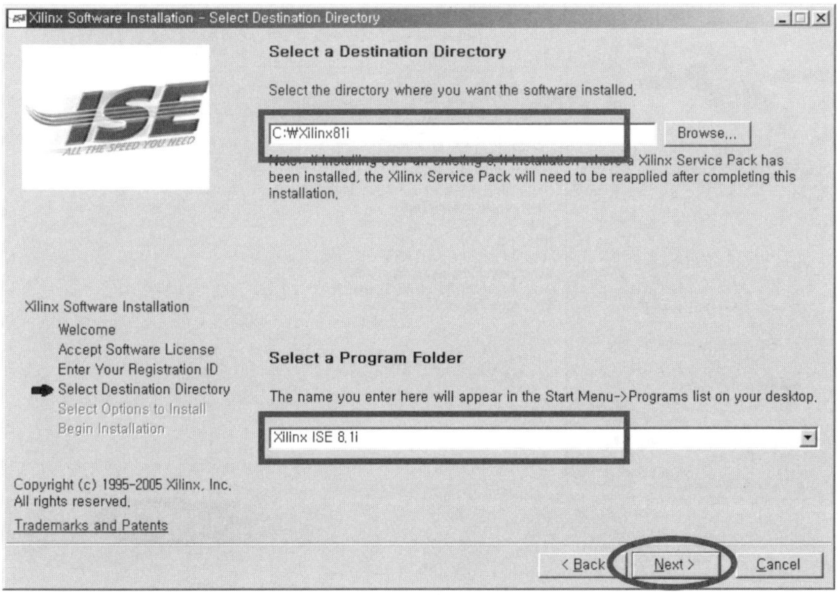

• 새롭게 수정된 환경을 보여준다. 확인 후 "Next" 버튼을 클릭한다.

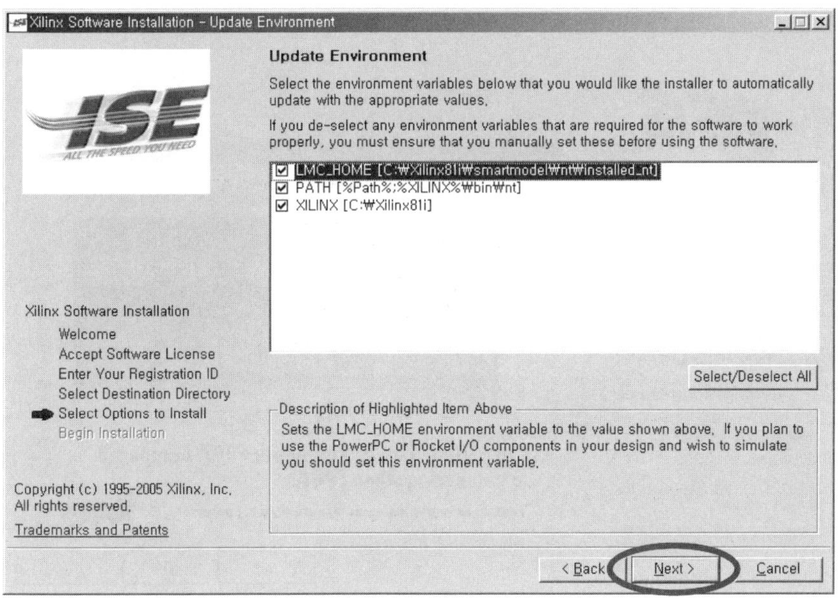

- 프로그램 설치 시 Check한 사항을 확인한 후 “install” 버튼을 클릭하면 된다.

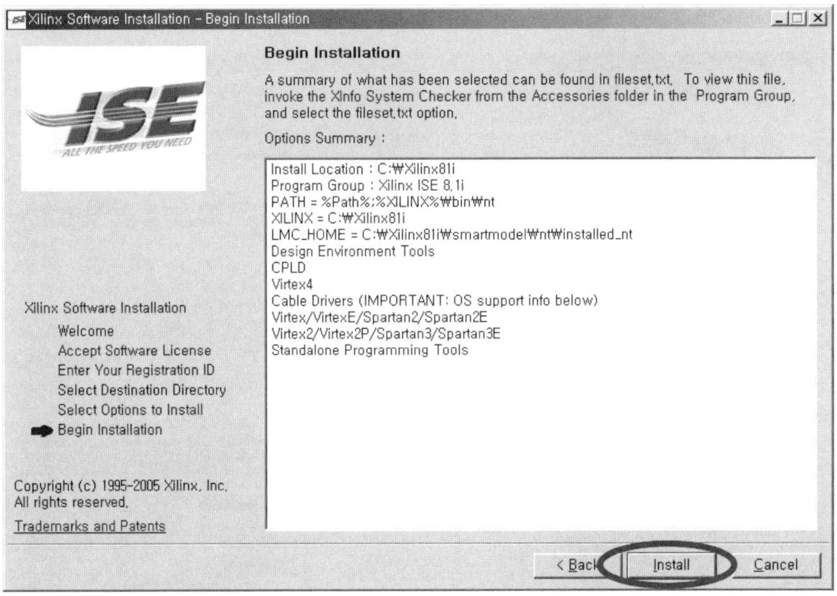

- 설치되고 있는 과정을 보여준다. 그냥, 기다리면 된다. 컴퓨터 사양에 따라 상당한 시간이 필요할 수도 있다.

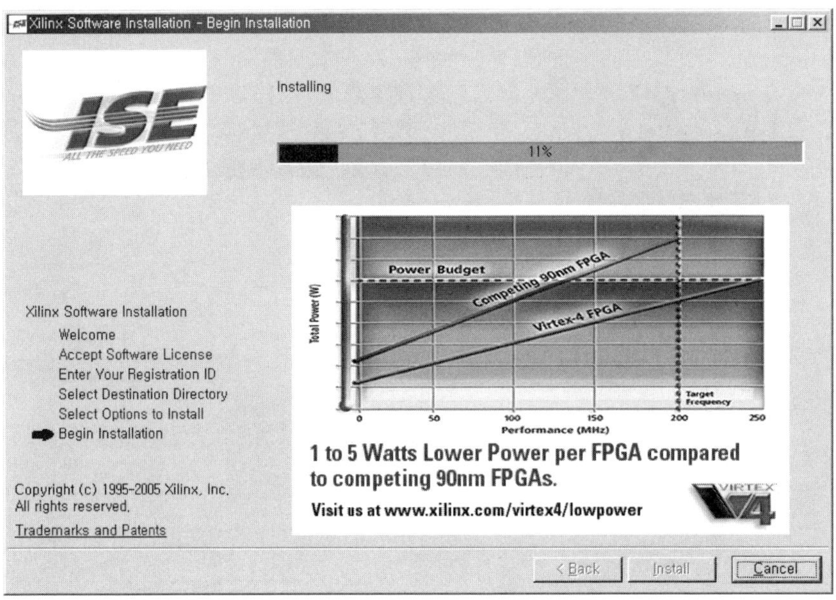

• 이 Error 대화상자는 나타나는 컴퓨터는 이전의 버전이 설치된 컴퓨터이다. 최신 버전으로 update하면 된다. 그러므로 "Yes" 버튼을 클릭하면 이전의 XPC4DRVR.SYS를 최신의 XPC4DRVR.SYS로 덮어쓰기를 수행한다. 따라서 "Yes" 버튼을 클릭한다.

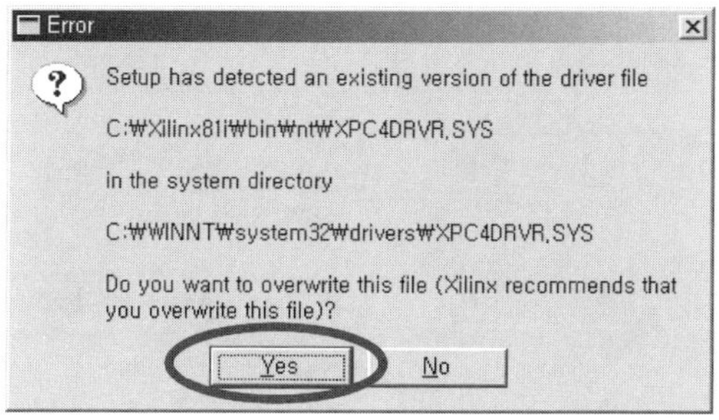

• "Yes" 버튼을 클릭하면 프로그램 설치 종료를 알리는 대화상자이다. "OK" 버튼을 클릭한다.

(3) ModelSim XE 설치와 License 받기

아래의 그림들은 다운받은 ModelSim XE 프로그램의 설치하는 절차를 보여주고 있다. 그리고 설치된 ModelSim을 동작시키기 위해서는 무료 license인 "ModelSim start version license"를 받아 설치해야만 한다.

• 다운받은 MXE(ModelSim Xilinx Edition)의 디렉토리 위치로 가서 "MXE_3_6.0d.zip" 압축 파일, 먼저 압축을 풀어주는 응용 프로그램을 이용하여 임시 폴더를 만들어 압축을 풀어야 한다.

• 압축을 푼 MXE_3_6.0d(ModelSim Xilinx Edition)의 디렉토리 위치로 가서 "Setup.exe"를 더블 클릭한다. Setup 파일이 실행되면서 설치되기 시작한다.

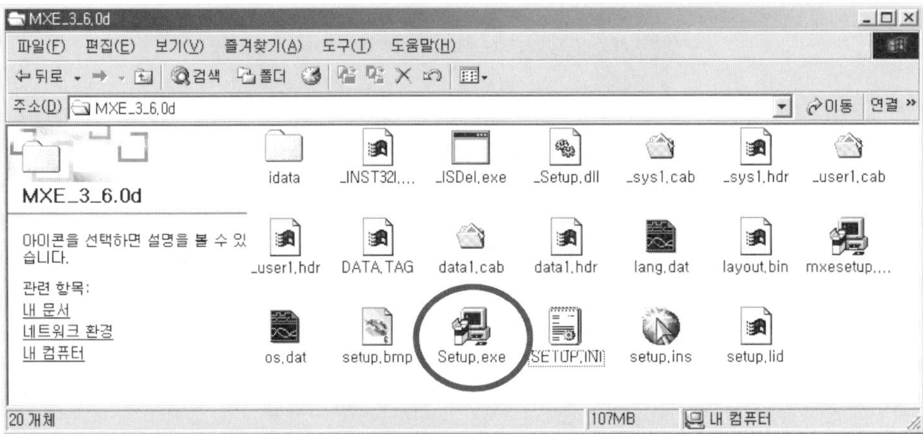

• 그냥, 기다리고 있으면, 잠시 나타났다 사라진다.

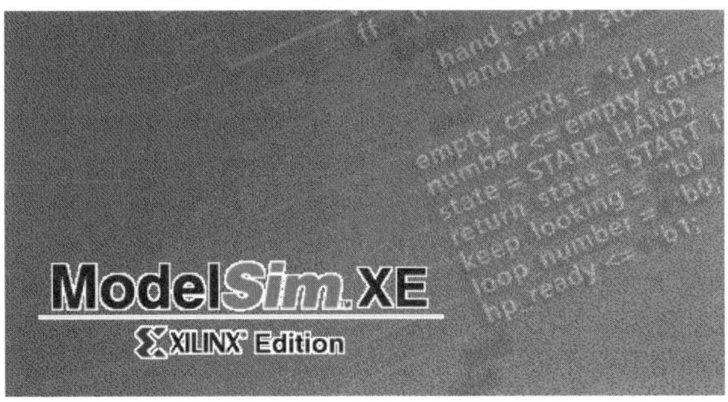

• 설치되고 있는 과정을 보여준다.

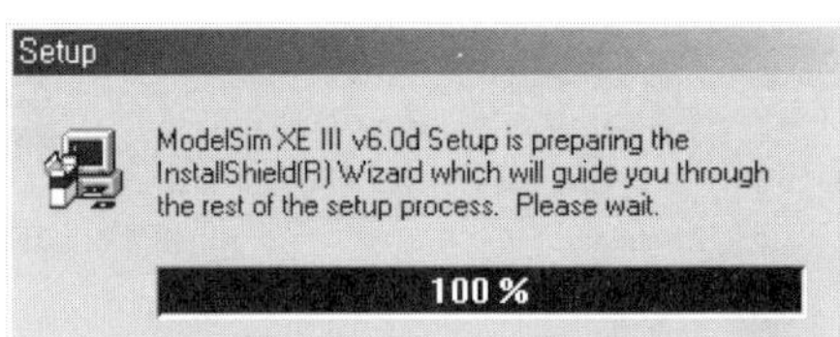

• 반드시 "MXE III Starter" Radio 버튼을 선택하고 "Next" 버튼을 클릭한다.

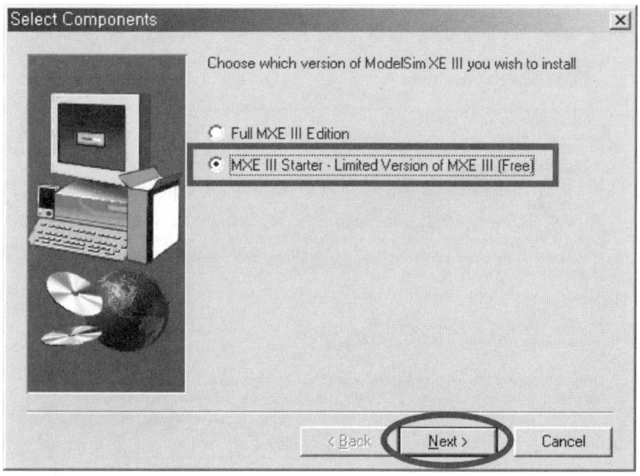

• "Next" 버튼을 클릭한다.

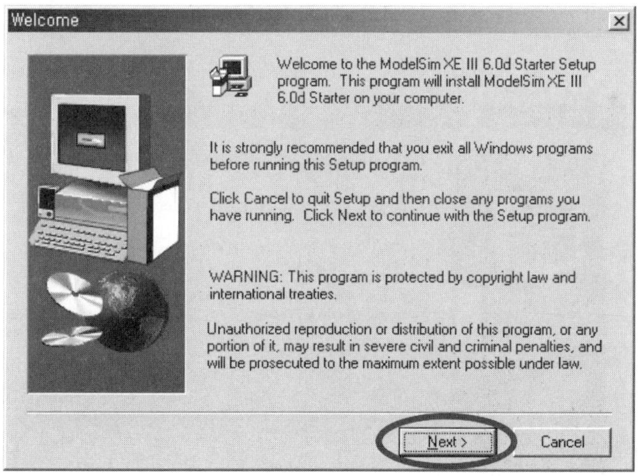

• "Software License Agreement" 대화상자에서 "Yes" 버튼을 클릭한다.

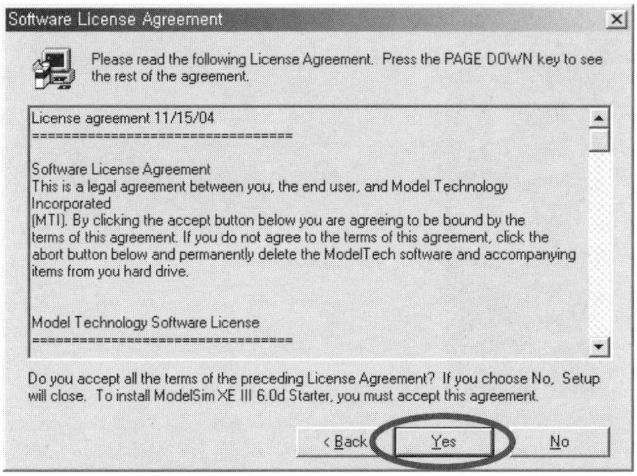

• "Choose Destination Location" 대화상자에서 ModelSim을 설치를 원하는 폴더를 지정할 수 있다. 그렇지 않으면 설치 프로그램에서 설정된 폴더로 저장하기 위해서는 "Next" 버튼을 클릭한다.

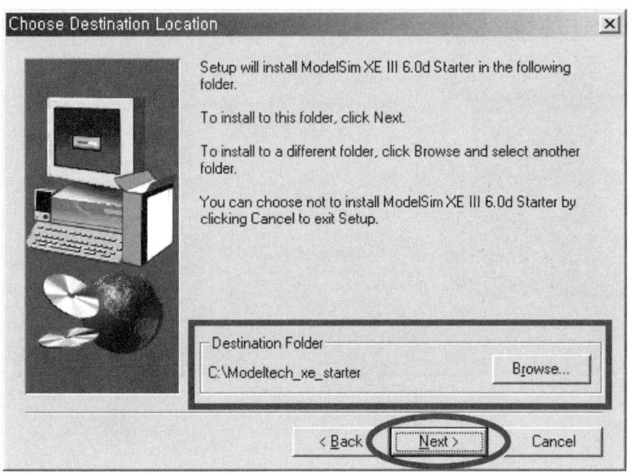

• VHDL 사용자는 "Full VHDL"을 선택하고, Verilog HDL 사용자는 "Full Verilog"를 선택한 후 Next 버튼을 클릭한다.

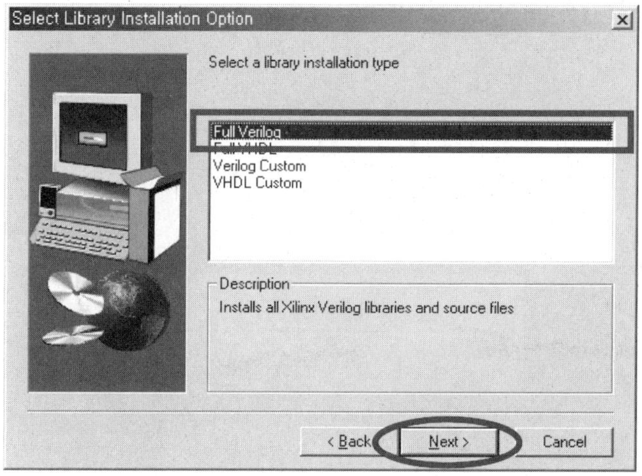

• "Select Program Folder" 대화상자에서 Program Folder를 설정한 후 "Next" 버튼을 클릭한다.

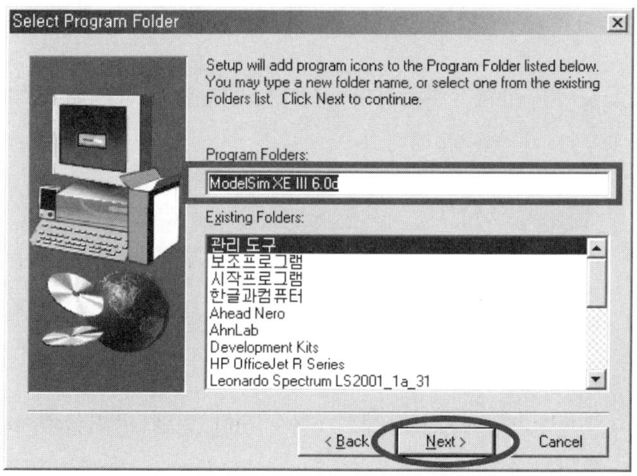

• 완료될 때까지 기다린다.

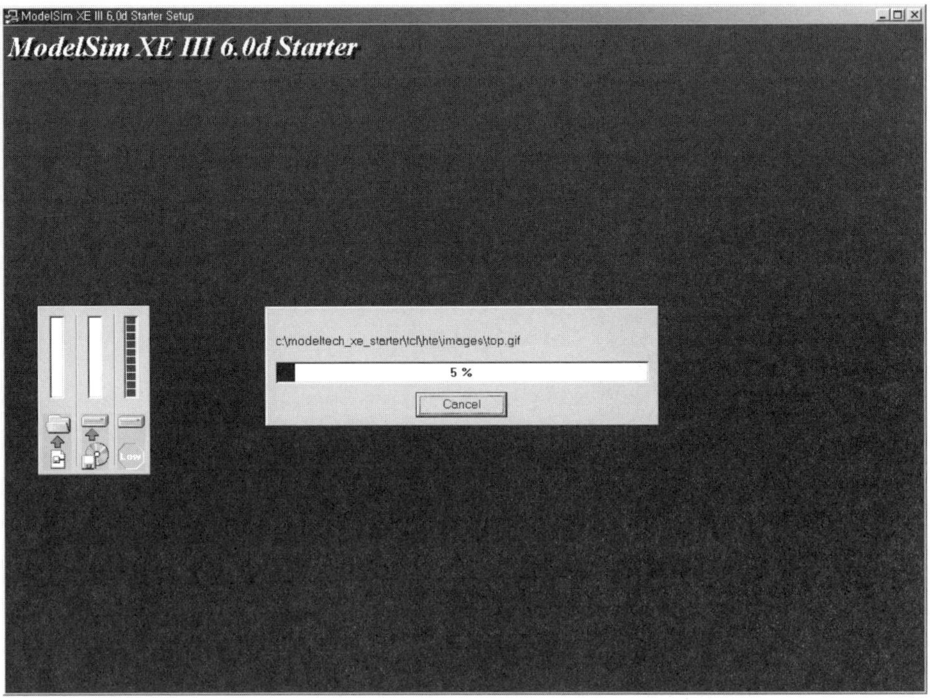

• "ModelSim Desktop Shortcut" 대화상자에서 ModelSim 아이콘을 바탕 화면에 나타나도록 하기 위하여 "예(Y)" 버튼을 클릭한다.

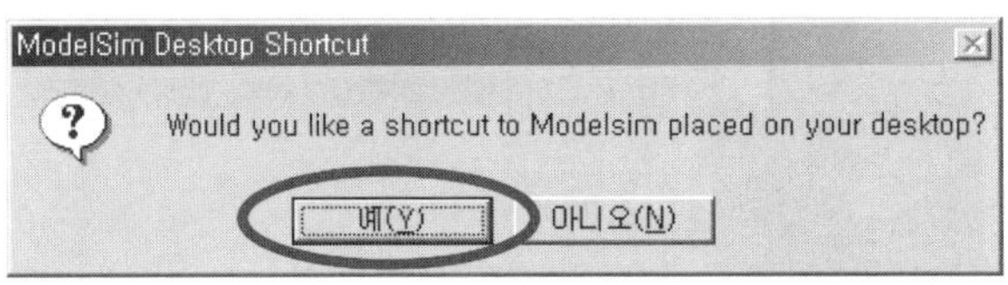

• "Add ModelSim To Path" 대화상자에서 ModelSim 실행 파일을 "path"에 넣기를 원하면 "예(Y)" 버튼을 클릭한다.

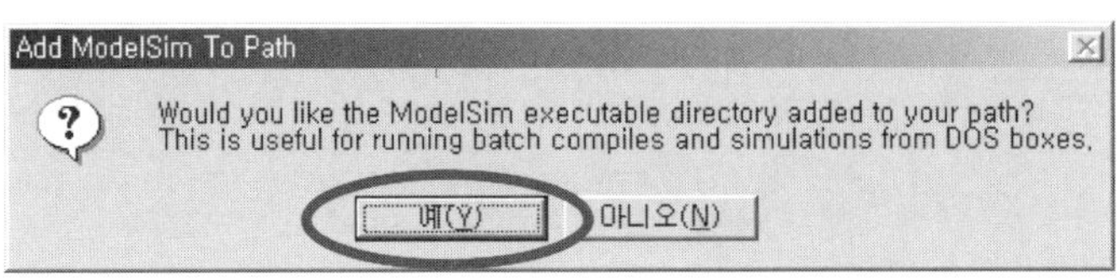

• "License Request" 대화상자에서 License Request 과정을 위해서는 "예(Y)" 버튼을 클릭한다. 프로그램 재설치 등 License를 가지고 있는 사용자는 "아니오(N)" 버튼을 클릭한다.

• "ModelSim XE III Setup Complete" 대화상자가 나오면 설치가 완료되었으므로 "Finish" 버튼을 클릭한다.

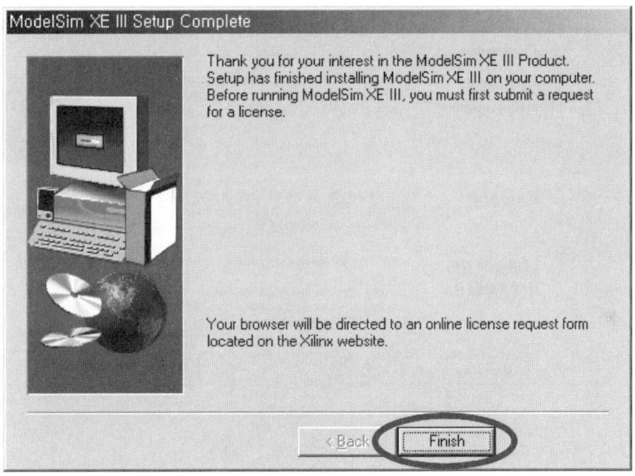

- "ModelSim Xilinx Edition License Request" 대화상자에서 Xilinx에 등록된 사용자는 "Continue"를 미등록된 사용자는 "Register" 버튼을 클릭하여 지시하는 과정들을 처리하면 된다. ISE WebPACK과 ModelSim XE Simulator를 다운로드하기 위하여 ID를 등록하였기에 "Continue"를 클릭한다.

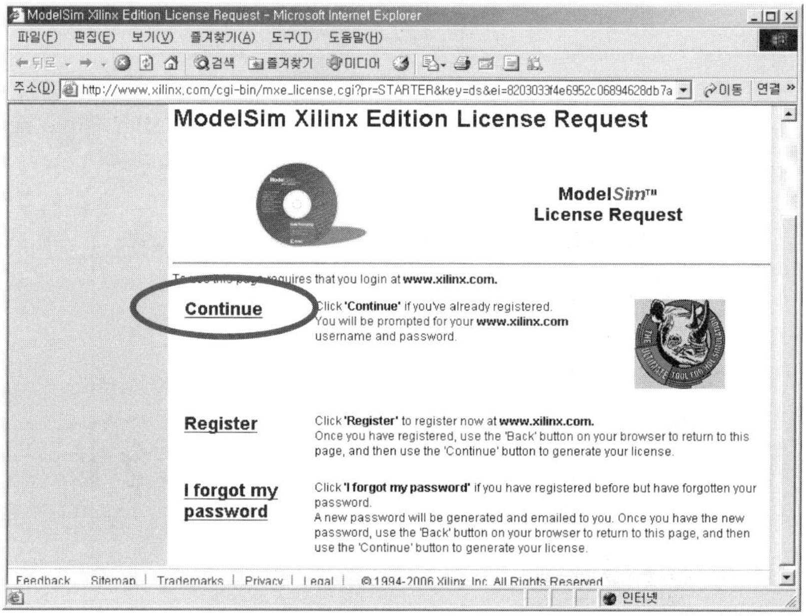

- "Xilinx Account" 대화상자에서 Xilinx에 등록된 사용자 이름과 암호를 입력하고 확인 버튼을 클릭한다.

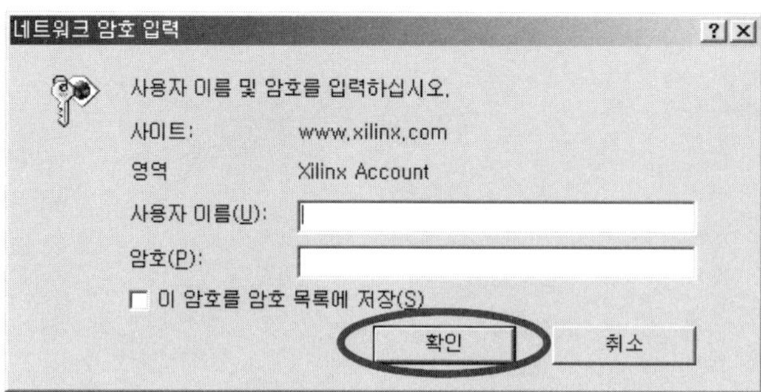

- "ModelSim Xilinx Edition License Request Form" 대화상자는 사용자 등록정보 제출 화면으로 Xilinx Account 대화상자에서 계정과 암호를 입력하고 확인을 클릭하면 나타난다. 대화상자 폼에 맞게 모든 정보를 입력한다. 특히 E-mail address를 정확하게 입력해야 한다. 이미 입력된 사용자 정보가 나타나면 정보가 맞는지 확인하면 된다. 사용자 등록 정보가 맞으면 "Submit" 버튼을 클릭한다. License 파일은 E-mail로 받을 수 있다.

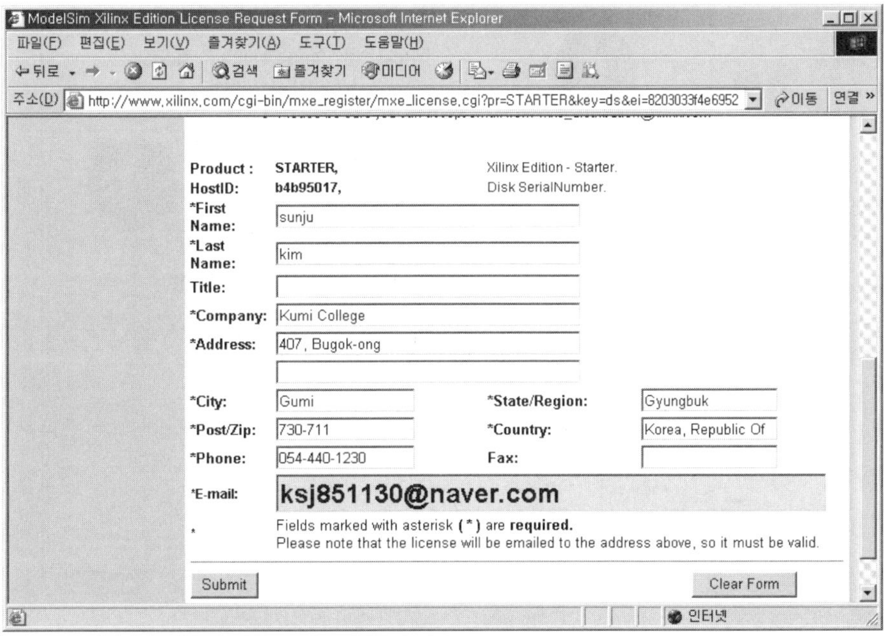

- Free Starter product에 대한 설명이다. "확인"을 클릭한다.

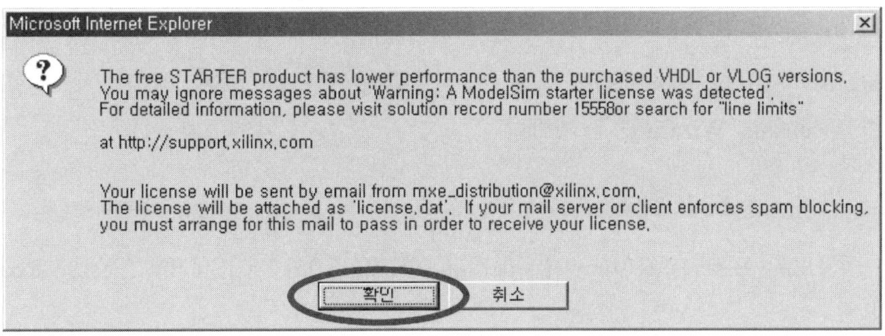

- License Request Form이 전송되었음을 확인하는 화면이다.

  아래와 같은 화면이 나타나면 license 신청이 완료된 것이다. 사용자 등록 정보에 등록한 E-mail로 license 파일이 잠시 후에 도착할 것이다.

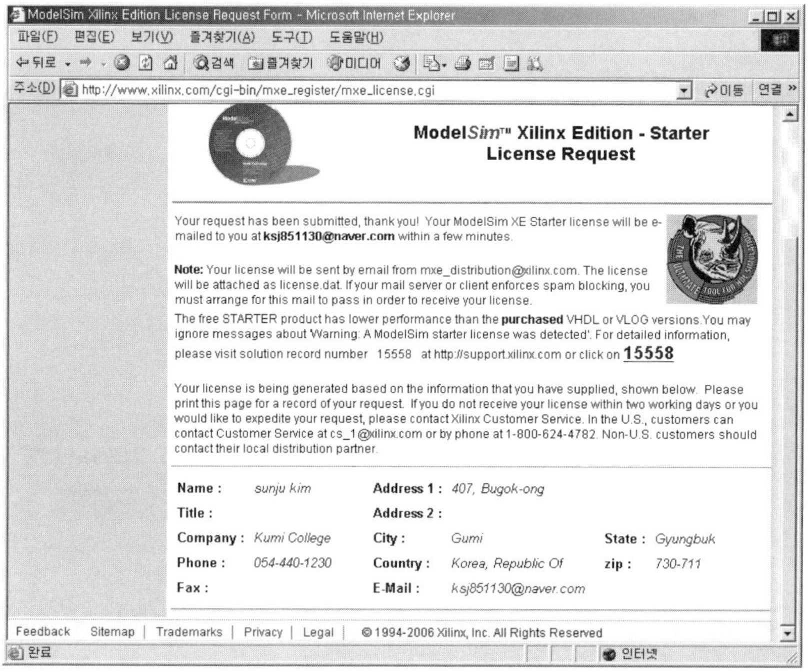

(4) ModelSim XE License 받기와 License 설치하기

E-mail을 통해서 받은 사용자는 license 받기가 필요가 없지만, 설치 도중 license를 받지 못한 사용자는 license를 먼저 받아야 할 것이다. E-mail을 통해서 받은 license.dat 파일을 저장한 뒤에, 이 license 파일을 ModelSim 실행 프로그램에 등록을 해야 한다. 이 과정을 위해서 ModelSim의 Licensing Wizard를 실행한다.

- License 받기 - Submit License Request 실행

  [시작] → [모든 프로그램(P)] → [ModelSim XE III 6.0d] → [Submit License Request]를 선택한다.

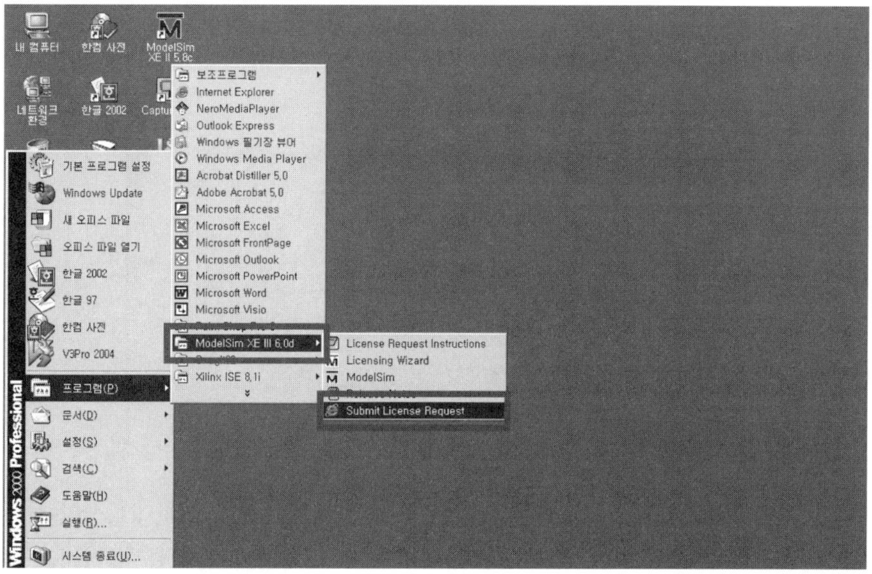

• License 받기 - "ModelSim Xilinx Edition License Request" 대화상자에서 Xilinx에 등록된 사용자는 "Continue"를 미등록된 사용자는 "Register" 버튼을 클릭하여 지시하는 과정들을 처리하면 된다. ISE WebPACK과 ModelSim XE Simulator를 다운로드하기 위하여 ID를 등록하였기에 "Continue"를 클릭한다.

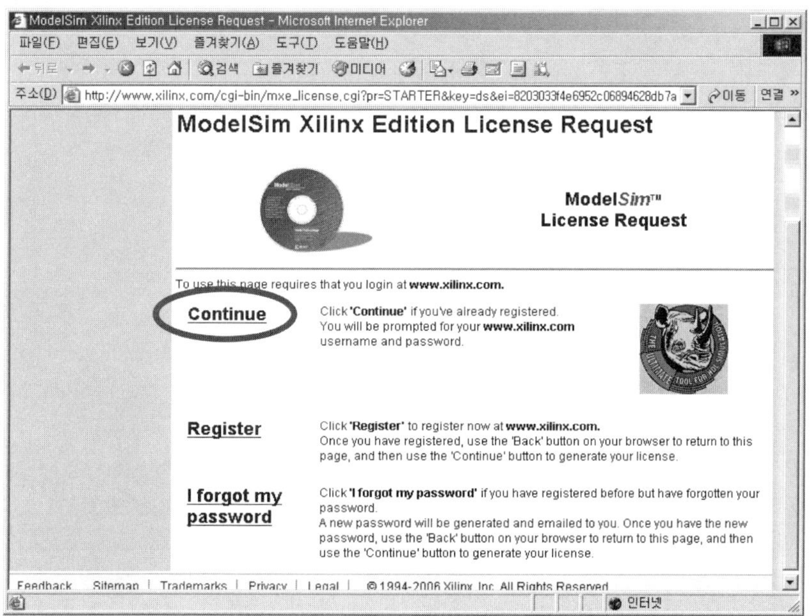

- License 받기 - “Xilinx Account” 대화상자에서 Xilinx에 등록된 사용자 이름과 암호를 입력하고 확인 버튼을 클릭한다.

- License 받기 - “ModelSim Xilinx Edition License Request Form” 대화상자는 사용자 등록정보 제출 화면으로 Xilinx Account 대화상자에서 계정과 암호를 입력하고 확인을 클릭하면 나타난다. 대화상자 폼에 맞게 모든 정보를 입력한다. 특히 E-mail address를 정확하게 입력해야 한다. 이미 입력된 사용자 정보가 나타나면 정보가 맞는지 확인하면 된다. 사용자 등록 정보가 맞으면 “Submit” 버튼을 클릭한다. License 파일은 E-mail로 받을 수 있다.

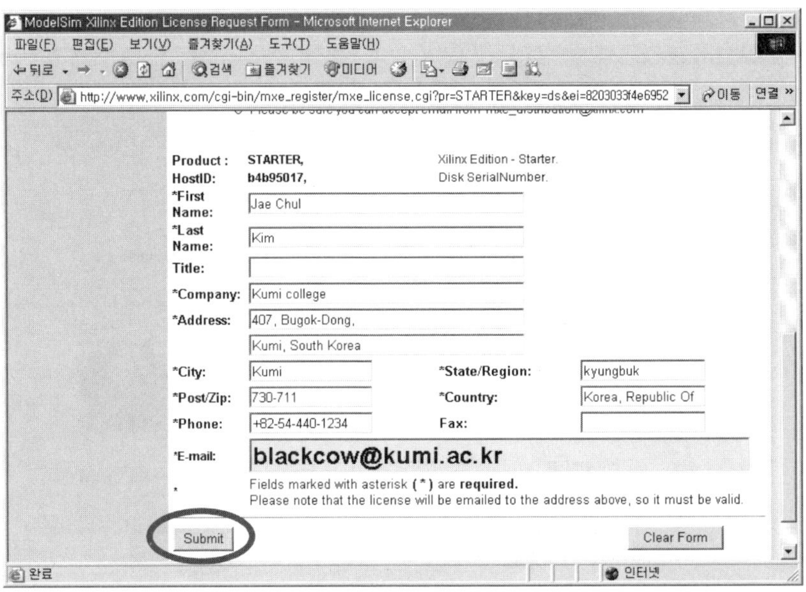

- License 받기 - Free Starter product에 대한 설명이다. "확인" 버튼을 클릭한다.

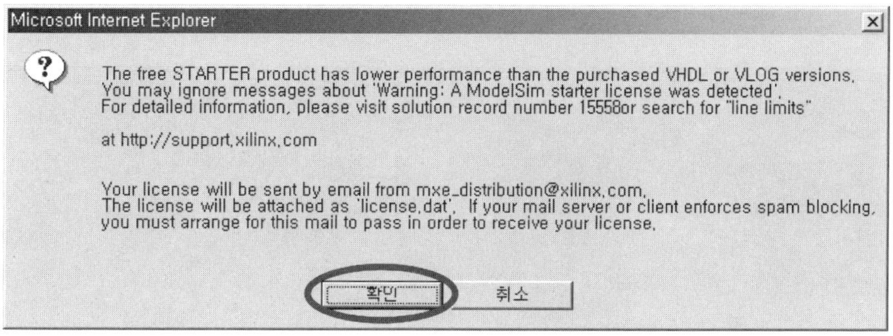

- License 받기 - License Request Form이 전송되었음을 확인하는 화면이다.
  아래와 같은 화면이 나타나면 license 신청이 완료된 것이다. 사용자 등록 정보에 등록한 E-mail로 license 파일이 잠시 후에 도착할 것이다.

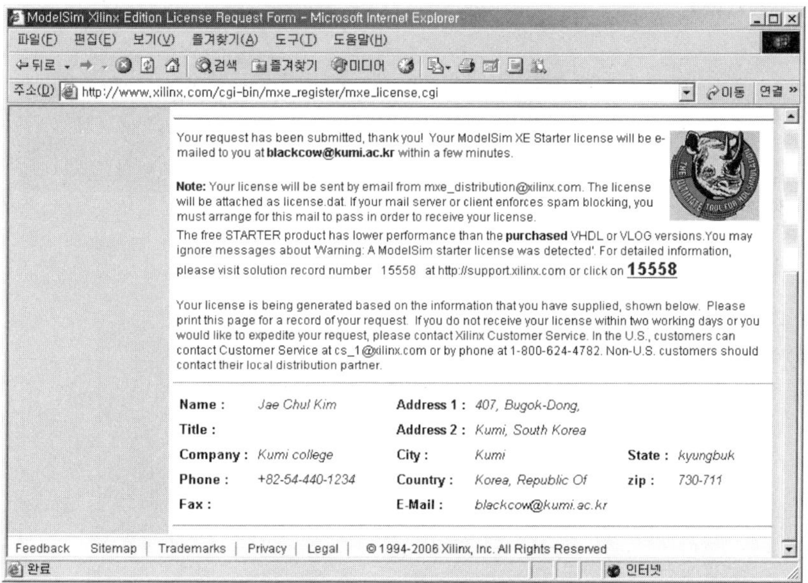

- License 설치 - Licensing Wizard 실행

[시작] → [모든 프로그램(P)] → [ModelSim XE III 6.0d] → [Licensing Wizard]를 선택한다.

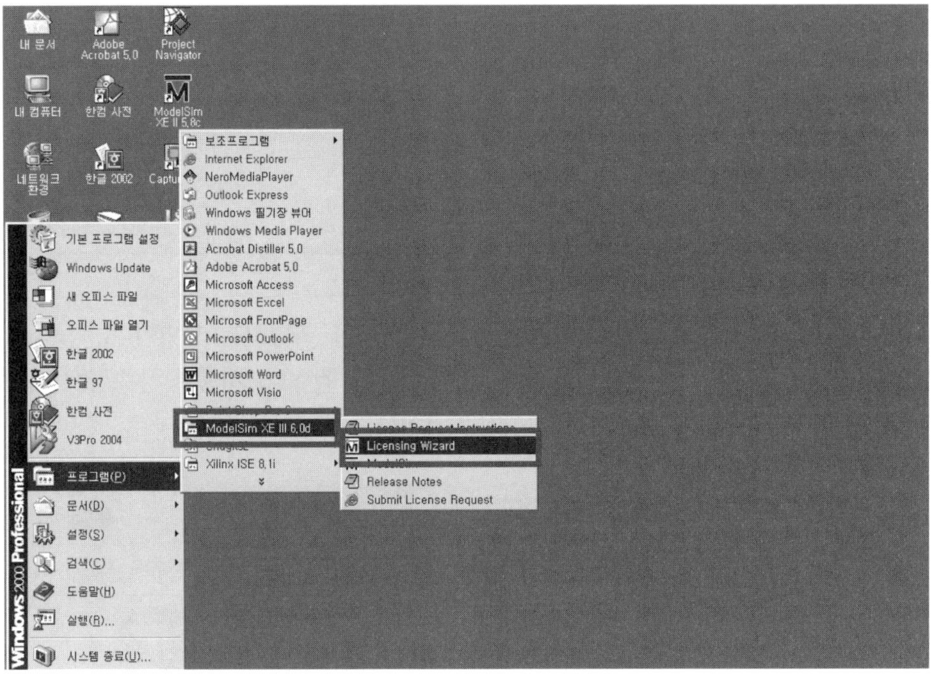

- License 설치 - "Continue" 버튼을 클릭한다.

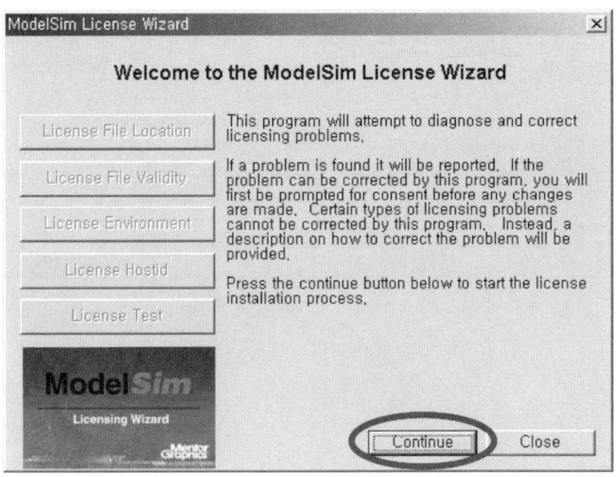

- License 설치 - License 파일 위치 지정

다운받아 저장한 license.dat 파일 위치를 찾아서 확인한 후 “OK” 버튼을 클릭한다.

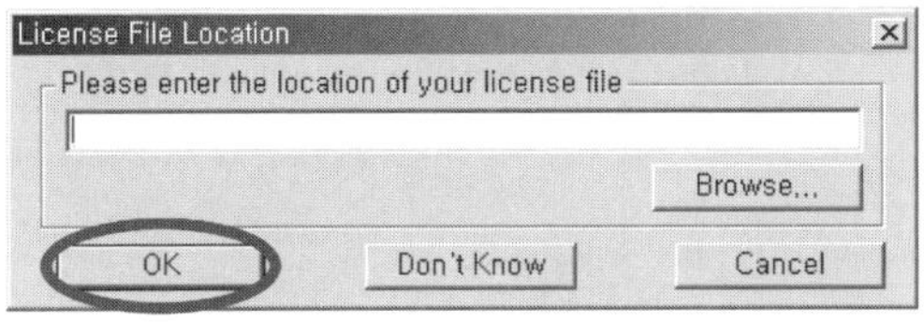

- License 설치 - “Yes” 버튼을 클릭한다. (license가 복사 및 환경변수 설정.)

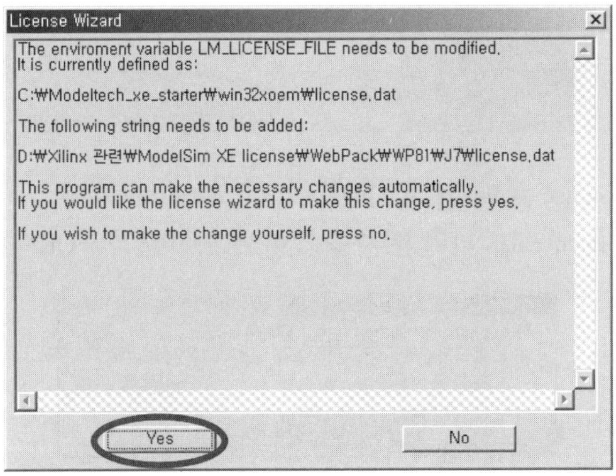

- License 설치 - “확인” 버튼을 클릭하면 화면이 사라진다. (환경변수 업데이트 확인.)

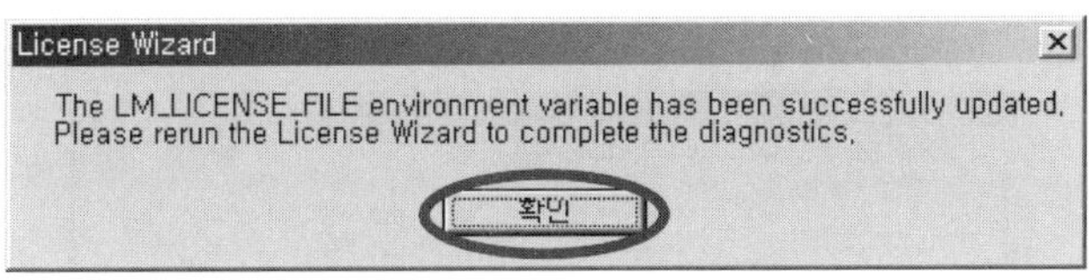

• License 설치 - 다시 Licensing Wizard 실행 하면 다음 화면이 나타난다.
[시작] → [모든 프로그램(P)] → [ModelSim XE III 6.0d] → [Licensing Wizard]를 선택한다.

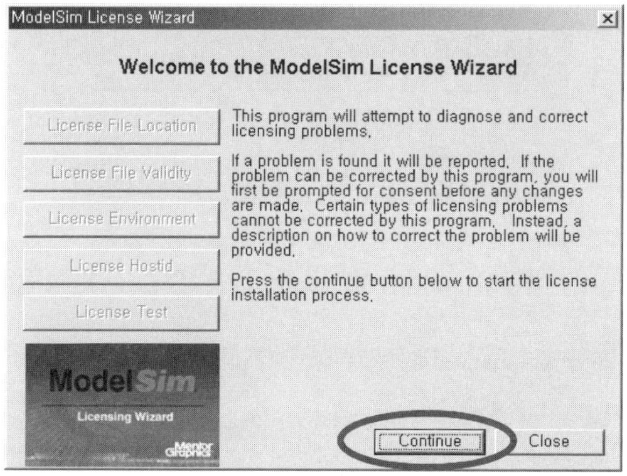

• License 설치 - License 파일 위치 지정
다운받아 저장한 license.dat 파일 위치를 찾아서 확인한 후 "OK" 버튼을 클릭한다.

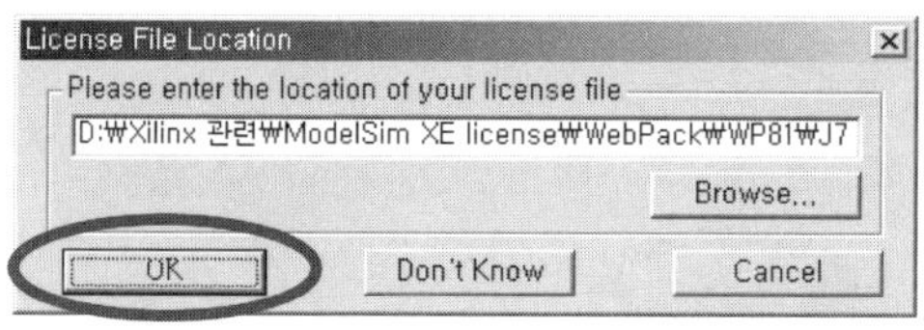

• License 설치 - "OK" 버튼을 클릭한다.
ModelSim Starter를 위한 영구 라이센스가 컴퓨터에 성공적으로 설치되었음을 알려주는 메시지를 볼 수 있다.

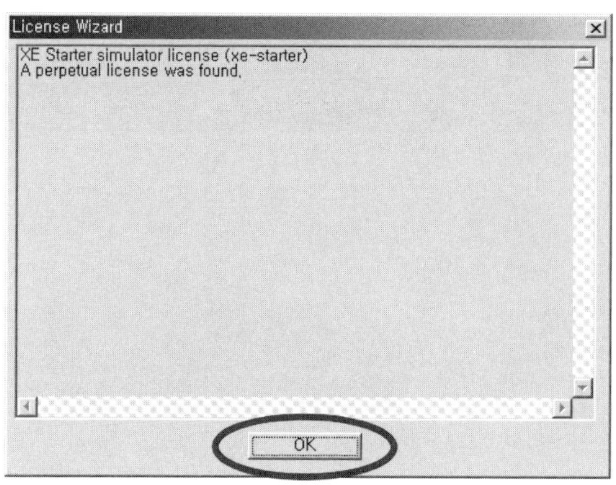

• License 설치 - "Close" 버튼을 클릭한다.
완료 : 현재 license에 대한 상태를 보여주게 되면 완료된 것이다.

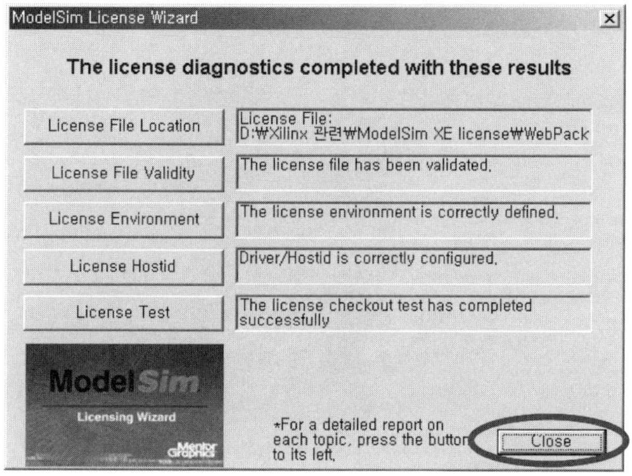

(5) ModelSim XE License 설치 확인 방법

• License 설치 확인을 위하여 "ModelSim XE III 6.0d" 아이콘을 더블 클릭한다.

• License 설치가 정상적으로 등록되었을 때 나타나는 창이며, "ModelSim XE"의 version 공지 사항이다. "Close" 버튼을 클릭한다.

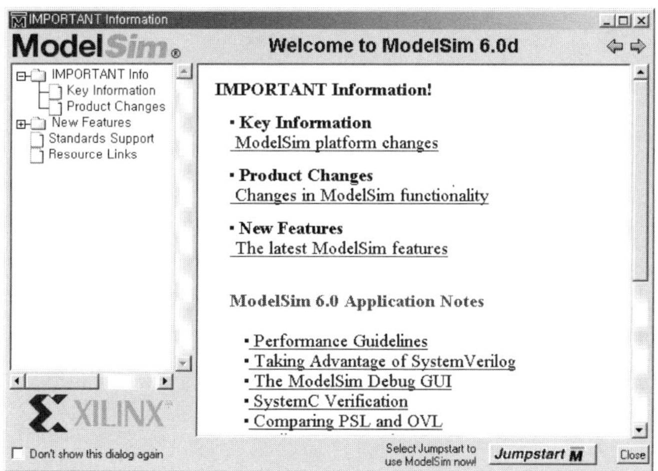

• 최종적으로 그림과 같은 창이 나타나면 ModelSim XE 프로그램을 Xilinx ISE 8.1i에서 schematic 시뮬레이션 시에 사용할 수 있음을 나타낸다.

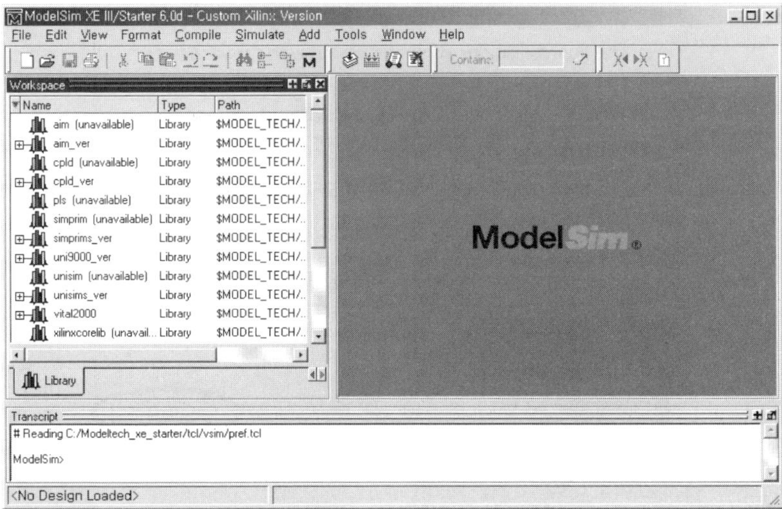

참고문헌

1. 김재철, *ISE를 이용한 VHDL 및 FPGA 실습[개정판]*, 홍릉과학출판사, 2005.
2. *IEEE STD 1364-2001* (Revision of IEEE Std 1364-1995)
3. *Xilinx Systhesis Technology User Guide*, ISE 8.1i, Xilinx.
4. *Systhesis and Simulation Design Guide*, ISE 8.1i, Xilinx.
5. 장 훈 역, Samir Palnitkar 저, *Verilog HDL 디지털 설계와 합성의 길잡이*, 홍릉과학출판사, 2005.
6. 김종수, 박영석, 안광선, 안병철, 양명국, 장종권, 전병민, *디지털 논리회로 설계 - Verilog 기초*, 도서출판 한산, 2005.
7. Michael D. Ciletti, *Advanced Digital Design with the VERILOG HDL*, Prenstice Hall, 2003.
8. 이 강, *Verilog와 FPGA를 이용한 디지털 설계*, 경북대학교 반도체설계교육센터
9. 김재철, *VHDL 이론 및 실습 강의자료(VHDL을 이용한 디지털 데이터 전송 및 실무 응용)*, 구미1대학 정보통신전공, 2001. 12.
10. 차영배, *Verilog HDL*, 다다미디어, 2004. 3. 5.
11. 변형구, *Xilinx Tool 사용자 실습교육(2001.2.8.~9)*, 광운대학교 반도체설계교육지역센터, 2001.
12. 류강수, *디지털공학 강의자료*, 구미1대학 정보통신전공, 1998.
13. 류강수, *데이타통신 강의자료*, 구미1대학 정보통신전공, 1999.
14. 최성진, 이상훈, 신승호, *전기・전자・전산을 위한 디지털 공학*, 웅보출판사, 1998.
15. 김혁, *Real XILINX FPGA World*, 엔트미디어, 2003. 10.
16. 김재철, 리버트론, *Xilinx FPGA 디지털시스템 설계*, 경북대학교 반도체설계교육센터, 2006. 1.

찾아보기

기호

숫자

A

B

C

D

N

P

R

S

T

저자 약력

김재철

경북대학교 전자공학과 졸업(공학박사)
경북대학교 반도체설계교육센터 운영위원
현재, 구미1대학 정보통신계열 조교수

정가 24,000원

ISE를 이용한 Verilog HDL 및 FPGA 실습

2006년 8월 18일 초판 인쇄
2006년 8월 30일 초판 발행
저 자 : 김 재 철
발행자 : 우명찬 · 송 준
발행처 : 홍릉과학출판사
주 소 : 서울시 강북구 수유5동 455-60
142-885
등 록 : 1976년 10월 21일 제5-66호
전 화 : 999-2274 ~ 5, 996-8341, 903-7037
팩 스 : 905-6729
e-mail : hongpub@hongpub.co.kr
http://www.hongpub.co.kr